建筑施工企业管理人员岗位资格培训教材

土建造价员岗位实务知识

（第二版）

建筑施工企业管理人员岗位资格培训教材编委会　组织编写

张囡囡　刘吉诚　主编

U0296306

中国建筑工业出版社

图书在版编目（CIP）数据

土建造价员岗位实务知识/张囡囡等主编. —2 版.—北京：
中国建筑工业出版社，2012.8
（建筑施工企业管理人员岗位资格培训教材）
ISBN 978-7-112-14540-9

Ⅰ.①土… Ⅱ.①张… Ⅲ.①土木工程-工程造价-技术培
训-教材 Ⅳ.①TU723.3

中国版本图书馆 CIP 数据核字（2012）第 170843 号

建筑施工企业管理人员岗位资格培训教材

土建造价员岗位实务知识

（第二版）

建筑施工企业管理人员岗位资格培训教材编委会　组织编写

张囡囡　刘吉诚　主编

*

中国建筑工业出版社出版、发行（北京西郊百万庄）
各地新华书店、建筑书店经销
北京红光制版公司制版
北京建筑工业印刷厂印刷

*

开本：787×1092毫米　1/16　印张：29¾　字数：720千字
2012年11月第二版　　2015年4月第十一次印刷
定价：**65.00**元
ISBN 978-7-112-14540-9
（22608）

本书是建筑施工企业管理人员岗位资格培训教材之一。本书详细地介绍了造价员应该掌握的基础知识，全书包括绪论、工程构造、建筑识图、一般土建工程施工图预算的编制、工程量清单的编制与投标报价、建设工程招标投标与合同管理等内容。并结合实际工程列举了大量实例，对造价知识作了深入浅出、图文并茂的解释，方便读者对造价知识的理解和运用。本书内容全面、系统，充分考虑到了培训教学和读者自学参考的需要。

　　本书可作为建筑施工企业土建造价员岗位资格的培训教材，也可供建筑工程造价人员和其他专业人员学习参考。

＊　　　＊　　　＊

责任编辑：刘　江　范业庶
责任设计：张　虹
责任校对：党　蕾　陈晶晶

《建筑施工企业管理人员岗位资格培训教材》

编写委员会

(以姓氏笔画排序)

艾伟杰　中国建筑一局（集团）有限公司

冯小川　北京城市建设学校

叶万和　北京市德恒律师事务所

李树栋　北京城建集团有限责任公司

宋林慧　北京城建集团有限责任公司

吴月华　中国建筑一局（集团）有限公司

张立新　北京住总集团有限责任公司

张囡囡　中国建筑一局（集团）有限公司

张俊生　中国建筑一局（集团）有限公司

张胜良　中国建筑一局（集团）有限公司

陈　光　中国建筑一局（集团）有限公司

陈　红　中国建筑一局（集团）有限公司

陈御平　北京建工集团有限责任公司

周　斌　北京住总集团有限责任公司

周显峰　北京市德恒律师事务所

孟昭荣　北京城建集团有限责任公司

贺小村　中国建筑一局（集团）有限公司

出 版 说 明

　　建筑施工企业管理人员（各专业施工员、质量员、造价员，以及材料员、测量员、试验员、资料员、安全员等）是施工企业项目一线的技术管理骨干。他们的基础知识水平和业务能力的大小，直接影响到工程项目的施工质量和企业的经济效益；他们的工作质量的好坏，直接影响到建设项目的成败。随着建筑业企业管理的规范化，管理人员持证上岗已成为必然，其岗位培训工作也成为各施工企业十分关心和重视的工作之一。但管理人员活跃在施工现场，工作任务重，学习时间少，难以占用大量时间进行集中培训；而另一方面，目前已有的一些培训教材，不仅内容因多年没有修订而较为陈旧，而且科目较多，不利于短期培训。有鉴于此，我们通过了解近年来施工企业岗位培训工作的实际情况，结合目前管理人员素质状况和实际工作需要，以少而精的原则，于2007年组织出版了这套"建筑施工企业管理人员岗位资格培训教材"，2012年，由于我国建筑工程设计、施工和建筑材料领域等标准规范已部分修订，一些新技术、新工艺和新材料也不断应用和发展，为了适应当前建筑施工领域的新形势，我们对本套教材中的8个分册进行了相应的修订。本套丛书分别为：

　　◇《建筑施工企业管理人员相关法规知识》（第二版）
　　◇《土建专业岗位人员基础知识》
　　◇《材料员岗位实务知识》（第二版）
　　◇《测量员岗位实务知识》（第二版）
　　◇《试验员岗位实务知识》
　　◇《资料员岗位实务知识》（第二版）
　　◇《安全员岗位实务知识》（第二版）
　　◇《土建质量员岗位实务知识》（第二版）
　　◇《土建施工员（工长）岗位实务知识》（第二版）
　　◇《土建造价员岗位实务知识》（第二版）
　　◇《电气质量员岗位实务知识》
　　◇《电气施工员（工长）岗位实务知识》
　　◇《安装造价员岗位实务知识》
　　◇《暖通施工员（工长）岗位实务知识》
　　◇《暖通质量员岗位实务知识》
　　◇《统计员岗位实务知识》
　　◇《劳资员岗位实务知识》

　　其中，《建筑施工企业管理人员相关法规知识》（第二版）为各岗位培训的综合科目，《土建专业岗位人员基础知识》为土建专业施工员、质量员、造价员培训的综合科目，其他分册则是根据不同岗位编写的。参加每个岗位的培训，只需使用2～3册教材即可（土建专业施工员、质量员、造价员岗位培训使用 3 册，其他岗位培训使用 2 册)，各书均按照企业实际培训课时要求编写，极大地方便了培训教学与学习。

　　本套丛书以现行国家规范、标准为依据，内容强调实用性、科学性和先进性，可作为施工企业管理人员的岗位资格培训教材，也可作为其平时的学习参考用书。希望本套丛书能够帮助广大施工企业管理人员顺利完成岗位资格培训，提高岗位业务能力，从容应对各自岗位的管理工作。也真诚地希望各位读者对书中不足之处提出批评指正，以便我们进一步完善和改进。

中国建筑工业出版社

2012 年 8 月

第 二 版 前 言

本书是建筑施工企业专业管理人员岗位资格培训教材。主要介绍了造价员应该掌握的基础知识。2007 年发行了第一版。针对 2008 年国家颁布的《建设工程工程量清单计价规范》(GB 50500—2008) 的新规定，对本书中相应章节进行了相应修订。

修订后本书在内容上分为以下几部分：一、绪论：主要介绍了基本建设；工程概（预）算；建筑安装工程定额与费用；建筑安装工程费用构成。二、工程构造：包括工业与民用建筑工程；工程材料。三、建筑识图：主要介绍建筑制图标准；房屋建筑图的基本知识；建筑施工图；结构施工图。四、一般土建工程施工图预算的编制：主要介绍施工图预算的编制依据及编制程序；工程量计算的原则、意义、步骤；建筑面积计算规则；建筑物檐高及层高的计算；一般建筑工程工程量的计算、工程量计算实例；五、工程量清单的编制与投标报价：主要介绍我国实行工程量清单计价规范的背景及概述；工程量清单下价格的构成情况；工程量清单的计价依据及应用；工程量清单的编制与计价。六、建设工程招标投标与合同管理：主要介绍建设工程招标投标；建设工程合同管理。其中结合实际工程列举了很多实例，对造价知识作了深入浅出、图文并茂的解释。

本书内容由张囡囡、刘吉诚主编，由于工程建设具有复杂性、定额与预算实务具有地方性，加上掌握的资料和知识水平的局限性，错误与缺陷难以避免，不妥之处敬请广大热心读者给予批评指正！

本书在编写过程中得到了建筑界同仁的热心指点和大力帮助。我们仅向所有给予本书关心和帮助的人们致以衷心的感谢！

第 一 版 前 言

本书是建筑施工企业管理人员岗位资格培训教材之一。主要介绍了造价员应该掌握的基础知识。本书在内容上分为以下几部分：一、绪论，主要介绍了基本建设、工程概预算、建筑安装工程定额与费用、建筑安装工程费用构成；二、工程构造，主要包括工业与民用建筑的构造、工程材料；三、建筑识图，主要介绍建筑制图标准、房屋建筑图基本知识、建筑施工图、结构施工图；四、一般土建工程施工图预算的编制，主要介绍编制预算的依据及程序、建筑面积计算规则、一般工程量计算、工程量计算实例；五、工程量清单的编制与投标报价。主要介绍清单下价格的构成、清单计价的依据及应用等。其中结合实际工程列举了很多实例，对造价知识作了深入浅出、图文并茂的解释。

本书采用《全国统一建筑工程基础定额》（GJD—101—95）、《全国统一建筑工程预算工程量计算规则》（GJDGZ—101—95）、《建设工程工程量清单计价规范》（GB 50500—2003）等标准规范作为编写依据。

由于工程建设具有复杂性、定额与预算实务具有地方性，加上编者手头资料和知识水平的局限性，错误与缺陷难以避免，不妥之处敬请广大读者给予批评指正。

本书在编写过程中得到了建筑业同仁的热心指点和大力帮助。我们仅向所有给予本书关心和帮助的人们致以衷心的感谢！

目　录

第一章　绪　论

第一节　基　本　建　设

一、基本建设的含义

基本建设是指社会主义国民经济中投资进行建筑、购置和安装固定资产，以及与此相联系的其他经济活动。它为国民经济各部门的发展和人民物质文化生活水平的提高，建立物质基础。基本建设通过新建、扩建、改建、恢复和迁建等形式来完成，其中新建和扩建是最主要的形式。

基本建设是形成固定资产的生产活动。固定资产是指在其有效使用期内重复使用而不改变其实物形态的主要劳动资料，它是人们生产和活动的必要物质条件，是一个物质资料生产的动态过程，这个过程概括起来，就是将一定的物资、材料、机器设备通过购置、建造和安装等活动把它们转化为固定资产，形成新的生产能力或使用效益的建设工作。

基本建设的最终成果表现为固定资产的增加。但是，并非一切新增加的固定资产都属于基本建设，而规定有一定的界限，即对于那些低于规定的数量或价值的零星固定资产购置和零星土建工程，一般作为固定资产更新改造处理；对于用于各种专项拨款和企业基金进行挖潜、革新、改造项目，也不列入基本建设范围之内。

基本建设是一种宏观的经济活动，它是通过建筑业的勘察、设计和施工等活动，以及其他有关部门的经济活动来实现的。它横跨于国民经济各部门，包括生产、分配、流通各个环节，既有物质生产活动，又有非物质生产活动。它包括的内容有：建筑工程，安装工程，设备、工具、器具的购置，以及其他基本建设工作。

二、基本建设的分类

基本建设项目是指在一个场地或几个场地上，按照一个独立的总体设计兴建的一项独立工程，或若干个互相有内在联系的工程项目的总体，简称建设项目。工程建成后经济上可以独立经营，行政上可以统一管理。

从整个社会来看，基本建设是由一个个基本建设项目组成的。按照不同的分类标准，可将建设项目作如下分类。

1. 按建设项目不同的建设性质分类

（1）新建项目

新建项目是指新开始建设的项目，或者对原有建设项目重新进行总体设计，经扩大建设规模后，其新增固定资产价值超过原有固定资产价值三倍以上的建设项目。

（2）扩建项目

扩建项目是指原有建设单位为了扩大原有主要产品的生产能力或效益，或增加新产品生产能力，在原有固定资产的基础上兴建一些主要车间或其他固定资产。

（3）改建项目

改建项目是指原有企业或事业单位为了提高生产效率，改进产品质量或改进产品方向，对原有设备、工艺流程进行技术改造的项目。另外，为提高综合生产能力，增加一些附属和辅助车间或非生产性工程，也属于改建项目。

（4）恢复项目

恢复项目是指对因重大自然灾害或战争而遭受破坏的固定资产，按原来规模重新建设或在恢复的同时进行扩建的工程项目。

（5）迁建项目

迁建项目是指原有建设单位由于各种原因迁到另外的地方建设的项目，不论其是否维持原有规模，均称为迁建项目。

应当指出，建设项目的性质是按照整个建设项目来划分的，一个建设项目在按总体设计全部建成之前，其性质一直不变。

2. 以计划年度为单位，按建设项目建设过程的不同分类

（1）筹建项目

筹建项目是指在计划年度内，只做准备，还不能开工的项目。

（2）施工项目

施工项目是指正在施工的项目。

（3）投产项目

投产项目是指全部竣工，并已投产或交付使用的项目。

（4）收尾项目

收尾项目是指已经竣工验收投产或交付使用、设计能力全部达到，但还遗留少量收尾工程的项目。

3. 按建设项目在国民经济中的用途不同分类

按用途分类，就是按建设项目中单项工程的直接用途来划分，与单项工程无关的单纯购置，则按该项购置的直接用途来划分。

（1）生产性建设项目

生产性建设项目是指直接用于物质生产或满足物质生产需要的建设项目。它包括工业、建筑业、农业、林业、水利、气象、运输、邮电、商业或物资供应、地质资源勘探等建设项目。

（2）非生产性建设项目

非生产性建设项目一般是指用于满足人民物质文化生活需要的建设项目。它包括住宅、文教卫生、科学实验研究、公共事业以及其他建设项目。

4. 按建设项目建设总规模和投资的多少不同分类

按建设项目建设总规模和投资的多少不同可分为：大、中、小型项目。其划分的标准各行各业并不相同，一般情况下，生产单一产品的企业，按产品的设计能力来划分；生产多种产品的，按主要产品的设计能力来划分；难以按生产能力划分的，按其全部投资额划分。

5. 按建设项目资金来源和渠道不同分类

（1）国家投资建设项目

国家投资建设项目又称为财政投资建设项目，是指国家预算直接安排投资的建设项目。

（2）银行信用筹资建设项目

银行信用筹资建设项目是指通过银行信用方式供应基本建设投资进行贷款建设的项目。其资金来源于银行自有资金、流通货币、各项存款和金融债券。

（3）自筹资金建设项目

自筹资金建设项目是指各地区、各单位按照财政制度提留、管理和自行分配用于固定资产再生产的资金进行建设的项目。它包括地方自筹、部门自筹和企业与事业单位自筹资金进行建设的项目。

（4）引进外资建设项目

引进外资建设项目是指利用外资进行建设的项目。外资的来源有借用国外资金和吸引外国资本直接投资。

（5）长期资金市场筹资建设项目

长期资金市场筹资建设项目是指利用国家债券筹资和社会集资（股票、国内债券、国内合资经营、国内补偿贸易）投资的建设项目。

三、基本建设程序

基本建设是一种多行业与多部门密切配合的、综合性比较强的经济活动，涉及面广、环节多，必须遵循基本建设程序。基本建设程序是对基本建设项目从酝酿、规划到建成投产所经历的整个过程中的各项工作开展先后顺序的规定。它反映工程建设各个阶段之间的内在联系，是从事建设工作的各有关部门和人员都必须遵守的原则。它是客观存在的自然规律和经济规律的正确反映，是经过大量实践工作所总结出来的。

基本建设程序一般可以划分为计划任务书、设计和工程准备、施工和生产准备、竣工验收与交付使用四个阶段。在实际工作中通常将其划分为项目建议书、可行性研究、计划任务书、设计文件、年度计划、建设准备、全面施工、生产准备、竣工验收与交付使用九个环节。

1. 提出项目建议书

项目建议书是要求建设某一具体项目的建设文件，是基本建设程序中最初阶段的工作，是投资决策前对拟建项目的轮廓设想。它主要从宏观上来考察项目建设的必要性，因此，项目建议书把论证的重点放在项目是否符合国家宏观经济政策，是否符合产业政策和产品结构要求，是否符合生产布局要求等方面，从而减少盲目建设和不必要的重复建设。项目建议书主要论证项目建设的必要性，建设方案和投资估算也比较粗，投资误差为±30%左右。当项目建议书批准后即可立项，进行可行性研究。

项目建议书的内容主要有：项目提出的必要性和依据；项目的技术基础；产品市场、资源、建设条件情况和当地的优、劣势等初步分析；项目建设规模、地点及产品方案的初步设想；项目投资估算及资金筹措；环境保护、资源综合利用、节能情况；项目财务分析、经济分析及主要指标等。

2. 进行可行性研究

根据国民经济发展规划及项目建议书，运用多种研究成果，在建设项目投资决策前对有关建设方案、技术方案或生产经营方案进行的技术经济论证，即可行性研究。论证的依据是调研报告。由此观察项目在技术上的先进性和适用性，经济上的盈利性和合理性，建设的可能性和可行性等。项目可行性研究阶段的投资估算误差在±20%以内。

可行性研究的具体内容，随行业的不同而有所差别。但一般应包括下列内容：总论；市场需求情况和拟建规模；资源、原材料及主要协作条件；建厂条件和厂址方案环境；项目设计方案；环境保护；生产组织、劳动定员和人员培训；项目实施计划和进度计划；财务和国民经济评价；评价结论。

可行性研究，是由建设项目的主管部门或地区委托勘察设计单位、工程咨询单位按基本建设审批规定的要求进行的。

3. 编制计划任务书（选定建设地点）

计划任务书，又称设计任务书。是确定建设项目和建设方案的基本文件，也是编制设计文件的主要依据。所有的新建、扩建、改建项目都要按项目的隶属关系，由主管部门组织计划、设计或筹建单位提前编制计划任务书，再由主管部门审查上报。

计划任务书的内容对于不同类型的建设项目不完全相同。对于大中型项目，一般应包括下列内容：建设目的和依据；建设规模、产品方案或纲领；生产方法或工艺原则；矿产资源、水文地质和工程地质条件；主要协作条件；资源综合利用情况和环境保护与"三废"治理要求；建设地区或地点及占地面积；建设工期；投资总额；劳动定员控制数；要求达到的经济指标和技术水平。

在编制计划任务书时，必须慎重确定建设地点。它是生产力布局的根本环节，也是进行设计的前提。选址原则主要有：

（1）靠近主要原材料、燃料供应区和产品销售区。

（2）自然条件和占地面积应符合建设和生产工艺流程的要求。

（3）满足交通、电力等协作条件的要求。

（4）满足环境保护要求。

选择建设地点的工作，由主管部门组织勘察、设计单位和所在地区有关部门共同进行。选址报告，对于大型项目，需报建设部审批；中小型项目，应按项目隶属关系由国务院主管部门或省、市、自治区审查批准。

4. 编制设计文件

设计文件是安排建设项目和组织施工的主要依据，一般由主管部门或建设单位委托设计单位编制。

一般建设项目，按扩大初步设计和施工图设计两个阶段进行。对于技术复杂且缺乏经验的项目，经主管部门指定，按初步设计、技术设计和施工图设计三个阶段进行。根据初步设计编制设计概算，根据技术设计编制修正概算，根据施工图设计编制施工图预算。

初步设计由文字说明、图纸和总概算所组成。其内容包括：建设指导思想；产品方案；总体规划；工艺流程；设备选型；主要建筑物、构筑物和公用辅助设施；"三废"处理；占地面积；主要设备、材料清单和材料用量；劳动定员；主要技术经济指标；建设工期；建设总概算。初步设计和总概算按其规模大小和规定的审批程序，报相应主管部门批准。经批准后，设计部门方可进行施工图阶段设计。

施工图设计的内容包括：建筑平、立、剖面图，建筑详图，结构布置图和结构详图等；各种设备的标准型号、规格，各种非标准设备的加工图；在施工图设计阶段还应编制施工图预算等。

技术设计是对初步设计确定的内容进一步深化，主要明确所采用的工艺过程、建筑和结构的重大技术问题，设备的选型和数量，并编制修正总概算。

5. 制订年度计划

初步设计和总概算批准后，项目即列入国家年度基本建设计划。它是进行工程建设拨款或贷款、分配资源和设备的主要依据。

6. 建设准备

开工前要对建设项目所需要的主要设备和特殊材料申请订货，并组织大型专用设备预安排和施工准备。施工准备的主要内容是：征地拆迁，技术准备，搞好"三通一平"，修建临时生产和生活设施，协调图纸和技术资料的供应，落实建筑材料、设备和施工机械，组织施工力量按时进场。

7. 全面施工

按照计划、设计文件的规定，确定实施方案，将建设项目的设计，变成可供人们进行生产和生活活动的建筑物、构筑物等固定资产。施工阶段一般包括：土建、给水排水、采暖通风、电气照明、动力配电、工业管道以及设备安装等工程项目。为确保工程质量，施工必须严格按照施工图纸、施工验收规范等要求进行，按照合理的施工顺序组织施工。

8. 生产准备

在展开全面施工的同时，要做好各项生产准备工作，以保证及时投产，并尽快达到生产能力。生产准备的内容包括：

（1）组织强有力的生产指挥机构。

（2）制定、颁发必要的管理制度和安全生产操作规程。

（3）招收、培训生产骨干和技术工人，组织生产人员参加设备的安装、调试和竣工验收。

（4）组织工具、器具和配件等的制作和订货。

（5）签订原材料、燃料、动力、运输和生产协作的协议。

9. 竣工验收与交付使用

建设项目按批准的设计文件所规定的内容建完后，便可以组织竣工验收，这是对建设项目的全面性考核。验收合格后，施工单位应向建设单位办理工程移交和竣工结算手续，使其由基本建设系统转入生产系统，并交付使用。

竣工验收的程序一般可分两步进行：

（1）单项工程验收。一个单项工程已按设计施工完毕，并能满足生产要求或具备使用条件，即可由建设单位组织验收。

（2）全部验收。在整个项目全部工程建成后，则必须根据国家有关规定，按工程的不同情况，由负责验收的单位组织建设、施工和设计单位，以及建设银行、环境保护和其他有关部门共同组成验收委员会（或小组）进行验收。

竣工验收之前，要先由建设单位组织设计、施工等单位进行初验，然后向主管部门提出竣工验收报告。其内容包括：竣工决算和工程竣工图，隐蔽工程自检记录，工程定位测量记录，建筑物、构筑物各种试验记录，质量事故处理报告等技术资料。同时，应做好财务清理结算工作。

对于工业建设项目的竣工验收一般分为单体试车、无负荷联动试车、负荷联动试车三个步骤进行。负荷联动试车合格后，双方签订交工验收证书。对未完和需要返工项目，在交工验收证书的附件中加以说明，并按期完成。然后，办理交工验收手续，正式移交动用。

上述九个环节的前六项称为建设前期工作。它包括的范围广、占用的时间长，应引起高度的重视，切不可前松后紧，影响整个基本建设工作。总之，基本建设中的每一个环节都是以前一个环节的工作成果为依据，同时，又为后一个环节创造条件，环环相扣，其中有一个环节失误，即会造成全盘失误。因此，必须严格按基本建设程序办事。

四、基本建设工程项目的划分

建设预算中，工程项目的划分与工程设计项目不大相同。设计图纸一般是按照建筑物的使用要求和设计专业划分的。编制建设预算与确定工程造价，是根据设计资料，按造价构成因素分别计算，并经过汇总而求得。在建设工程造价中，设备、工器具、生产家具概算价值的确定是比较容易的，因为它是一种价值的转移，其他费用的确定，根据国家和地方有关部门的规定进行计算也是方便的。但是对构成建设工程造价的主要组成部分的建筑及安装工程造价的计算，却是一项较为复杂的工作。因为它是由许多部分组成的庞大复杂的综合体，直接计算出它的全部工、料、机械台班的消耗量及其价值是很困难的，所以，为了精确地计算和确定建筑及设备安装工程的造价，必须对基本建设项目进行科学的分析与分解，使之有利于建设预算的编审，以及基本建设的计划、统计、会计和基建拨款等各方面工作。

基本建设工程项目又称为建设项目。一般是指具有一个设计任务书、按一个总体设计进行施工、经济上实行独立核算、行政上有独立组织形式的建设单位。它是由一个或几个单项工程组成。在工业建设中，一般是以一座工厂为一个建设项目，如一个钢铁厂、汽车厂、机械制造厂等。在民用建设中，一般是以一个事业单位，如一所学校、一所医院等为一个建设项目。在农业建设中，一般是以一个拖拉机站、农场等为一个建设项目。在交通运输建设中，是以一条铁路或公路等为一个建设项目。

基本建设工程，按照它的组成内容不同，从大到小，把一个建设项目划分为单项工程、单位工程、分部工程和分项工程等项目。

1. 单项工程

单项工程，又称工程项目。一般是指在一个建设单位中，具有独立的设计文件、单独编制综合预算、竣工后可以独立发挥生产能力或效益的工程。它是建设项目的组成部分。一个建设项目可包括许多工程项目，也可以只有一个工程项目。如一座工厂中的各个主要车间、辅助车间、办公楼和住宅等均为一个工程项目，一所电影院或剧场往往是由一个工程项目组成的。由此可见，单项工程是具有独立存在意义的一个完整工程，也是一个复杂的综合体。因此，工程项目造价的计算是十分复杂的。为方便计算，仍需进一步分解为许多单位工程。

2. 单位工程

单位工程是单项工程的组成部分。它通常是指具有单独设计的施工图纸和单独编制的施工图预算，可以独立施工及独立作为计算成本对象，但建成后一般不能单独进行生产或投入使用的工程。一个单位工程，一般可以按投资构成划分为：建筑工程、安装工程、设备和工器具购置四个方面。

因为建筑工程是一个复杂的综合体，为计算简便，一般根据各个组成部分的性质和作用，分为以下单位工程：

（1）建筑工程一般包括下列单位工程：

1）一般土建工程。一切建筑物或构筑物的结构工程和装饰工程均属于一般土建工程。

2）电气照明工程。如室内外照明设备、灯具的安装、室内外线路敷设等工程。

3）给水排水及暖通工程。如给水排水工程、采暖通风工程、卫生洁具安装等工程。

4）工业管道工程。

（2）设备安装一般包括下列单位工程：

1）机械设备安装工程。如各种机床的安装、锅炉汽机等安装工程。

2）电气设备安装工程。如变配电及电力拖动设备安装调试的工程。

3. 分部工程

分部工程是单位工程的组成部分。一般是按单位工程的各个部位、构件性质、使用的材料、工种或设备的种类和型号等不同划分而成的。例如，一般土建工程可以划分为：土石方工程、打桩工程、脚手架工程、砖石工程、混凝土和钢筋混凝土工程、钢筋混凝土及金属结构构件运输安装工程、木结构工程、楼地面工程、屋面工程、耐酸与防腐工程、装饰工程、构筑物工程和金属结构工程等分部工程。电气照明工程可划分为：配管安装、灯具安装等分部工程。

在每个分部工程中，由于构造、使用材料规格或施工方法等因素的不同，完成同一计量单位的工程所需要消耗的工、料和机械台班数量及其价值的差别是很大的。因此，为计算造价的需要，还应将分部工程进一步划分为分项工程。

4. 分项工程

分项工程一般是按照选用的施工方法、所使用的材料、结构构件规格的不同等因素划分的，用较为简单的施工过程就能完成，以适当的计量单位就可以计算工程量及其单价的建筑或设备安装工程的产品。例如，在砖石工程中，根据选用的施工方法、材料和规格等因素的不同划分为：砖基础、内墙、外墙、柱、空斗墙、空心砖墙、墙面勾缝和钢筋砖过梁等分项工程。每个分项工程都能选用简单的施工过程完成，都可以用一定的计量单位计算（如基础和墙的计量单位为 $10m^3$，勾缝的计量单位为 $100m^2$），并能求出完成相应计量单位的分项工程所需要消耗的人工、材料和机械台班的数量及其单价。分项工程是单项工程组成部分中最基本的构成要素。它一般没有独立存在的意义，只是为了编制建设预算时，人为确定的一种比较简单和可行的"假定"产品。尽管单项工程的类型繁多，但就其组成部分中的基本构成要素，往往是大同小异。任何类型的建筑物，其基本构成要素都是由土方、垫层、基础、回填土、门窗、地面、墙体等分项工程组成的。这样，通过一定的科学方法，对每一个分项工程应完成的工作内容和工程量计算方法，以及完成一定计量单位的分项工程所需要消耗的人工、材料和机械台班数量统一规定出标准，再结合建设地区建筑安装工人的工资标准、材料预算价格、施工机械台班费用等资料，就可以计算出各个分项工程的单位基价，这就形成了概（预）算定额。

综上所述，一个建设项目是由一个或几个单项工程组成的，一个单项工程又是由几个单位工程组成的，一个单位工程又由若干个分部工程组成的，一个分部工程又可以划分为若干个分项工程，而建设预算文件的编制就是从分项工程开始的。

第二节　工程概（预）算

一、工程概（预）算的概念

基本建设预算（简称"建设预算"），是基本建设设计文件的重要组成部分。它是根据不同设计阶段的具体内容，国家（或地方主管部门）规定的定额、指标和各项费用取费标准，预先计算和确定每项新建、扩建、改建和重建工程，从筹建至竣工验收全过程所需投资额的经济文件。它是国家对基本建设进行科学管理和监督的重要手段之一。

建筑安装工程概算和预算是建设预算的重要组成部分之一。它是根据不同设计阶段的具体内容，国家规定的定额、指标和各项费用取费标准，预先计算和确定基本建设中建筑安装工程部分所需要的全部投资额的文件。

建设预算所确定的每一个建设项目、单项工程或其中单位工程的投资额，实质上就是相应工程的计划价格。在实际工作中称其为概算造价或预算造价。在基本建设中用编制基本建设预算的方法来确定基建产品的计划价格，是由建筑工业产品及生产不同于一般工业的技术经济特点和社会主义商品经济规律所决定的。

建筑产品及生产具有如下技术经济特点：

（1）建筑产品建造地点在空间上的固定性。必须根据当地自然条件进行建筑、结构、暖通等设计，材料和构件等物资的选用、施工方法和施工机械等的确定，也必须因地制宜。由于某些费用的取费标准因地区而异，从而影响工程造价。同时，产品的固定性还导致建筑生产的地区性和流动性，施工队伍常常在不同的工地、不同的建筑地区之间转移，势必也要使费用增加。

（2）建筑产品的多样性和生产的单件性。建筑产品的多样性和固定性，导致生产的单件性。为了适应不同的用途，建筑工程的设计就必须在总体规划、内容、规模、标准、造型、结构、装饰等诸方面各不相同。即使是同一类型的工程，按同一标准设计来建设，其工程的局部构造、结构和施工方法等方面也会因建造时间、地点的不同而发生变化，例如，按照同一标准设计两个厂房，由于甲乙两地的地耐力不同，其基础断面就要因地制宜地进行修正，工程越复杂，自然和技术经济条件越不同，所引起工程造价的差异就越大。

（3）建筑产品的形体庞大和生产的露天进行。由于建筑产品的空间固定性和形体庞大，导致其生产露天进行，即使其生产的装配化、工厂化、机械化程度达到很高水平，也需在指定地点露天完成最终的建筑产品。由于气候的变化，要相应采取防寒、防冻、防暑降温、防风、防雨和防汛等措施和不同的施工方法，从而引起费用的增加，使得不同工程的造价各不相同。

（4）建筑工程生产周期长，程序复杂，环节多，涉及面广，社会合作关系复杂。这种特殊的生产过程，决定了建筑工程价值的构成不可能一样。因此，必然影响着每个工程的造价，为了对建筑工业产品价格进行有效的管理，国家主管部门和各省、市、自治区采取了一些行之有效的、具有法定性的科学措施，即制定了编制建设预算的统一的依据（统一的基础定额、概算定额和预算定额，统一的各项费用取费标准和统一的工程量计算规则），制定了统一的编制建设预算的方法，建立健全了建设预算的各项管理制度，从而实现对建筑工业产品用单独编制建设预算的方法确定预算造价。

二、工程概、预算的分类及作用

基本建设程序、建设预算和其他建设阶段编制的相应技术经济文件之间的相互关系，如图 1-1 所示。由图 1-1 中看出，估算、概算、预算、结算、决算均以价值形态贯穿整个基本建设过程中，从申请建设项目，确定和控制基本建设投资，到确定基建产品计划价格，进行基本建设经济管理和施工企业经济核算，最后以决算形成企、事业单位的固定资产。总之，这些经济文件反映了基本建设中的主要经济活动，在一定意义上说，它们是基本建设经济活动的血液，这是一个有机的整体，缺一不可。申请项目要编估算，设计要编概算，施工要编预算，竣工要编结算和决算。同时，国家要求决算不能超过预算，预算不能超过概算。

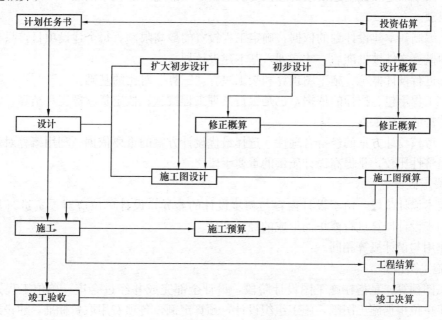

图 1-1　基建程序、建设预算等关系图

根据我国的设计、概（预）算文件编制和管理方法，结合建设工程概（预）算编制的顺序，按建设结算划分如下：

1. 投资估算

投资估算，一般是指在项目建议书、可行性研究或计划任务书阶段，建设单位向国家或主管部门申请基本建设投资时，为了确定建设项目计划任务书的投资总额而编制的经济文件。它是国家或主管部门审批或确定基本建设投资计划的重要文件。投资估算主要根据估算指标、概算指标或类似工程预（决）算等资料进行编制。

投资估算的主要作用：

（1）投资估算是工程项目建设前期从投资决策直至初步设计以前的重要工作环节，是项目建议书、可行性研究报告的重要组成部分，是保证投资决策正确的关键环节。

（2）拟建项目通过全面的技术经济论证后，经济上的合理性成为各级主管部门决定是否立项的重要依据。

（3）投资估算是实施全过程工程造价管理的开端，是控制设计任务书下达的投资限额的重要依据，对初步设计概算编制起控制作用。其准确与否直接影响项目的决策、工程规模、投资经济效果，并影响工程建设能否顺利进行。

2. 设计概算

设计概算，是指在初步设计或扩大初步设计阶段，由设计单位根据初步设计图纸、概算定额或概算指标，设备预算价格，各项费用的定额或取费标准，建设地区的自然、技术经济条件等资料，预先计算建设项目由筹建至竣工验收、交付使用全部建设费用的经济文件。简言之，即计算建设项目总费用。

设计概算的主要作用：

（1）国家确定和控制建设项目总投资的依据。未经规定的程序批准，不能突破总概算的这一限额。

（2）编制基本建设计划的依据，确定工程投资的最高限额。每个建设项目，只有当初步设计和概算文件被批准后，才能列入基本建设计划。

（3）进行设计概算、施工图预算和竣工决算"三算"对比的基础。

（4）工程承包、招标的依据，也是银行办理工程拨款、核定贷款额度和结算，以及实行财政监督的重要依据。

（5）考核设计方案的经济合理性，选择最优设计方案的重要依据。利用概算对设计方案进行经济性比较，是提高设计质量的重要手段之一。

3. 修正概算

在技术设计阶段，由于设计内容与初步设计的差异，设计单位应对投资进行具体核算，对初步设计概算进行修正而形成的经济文件。

其作用与设计概算相同。

4. 施工图预算

施工图预算，是指在施工图设计阶段，设计全部完成并经过会审，单位工程开工之前，施工单位根据施工图纸，施工组织设计，预算定额，各项费用取费标准，建设地区的自然、技术经济条件等资料，预先计算和确定单项工程和单位工程全部建设费用的经济文件。

施工图预算的主要作用：

（1）确定单位工程和单项工程预算造价的依据。施工图预算经过有关部门的审查和批准后，建设工程项目的预算造价就正式确定了。

（2）签订建筑安装工程合同，实行建设单位和施工单位投资包干和办理工程结算的依据。

（3）对实行招标的工程，是工程价款的标底。

（4）设计阶段控制工程造价的重要环节，是控制施工图设计不突破设计概算的重要措施。

（5）施工企业加强经营管理，搞好经济核算，实行对施工预算和施工图预算"两算对比"的基础，也是施工企业编制经营计划，进行施工准备和投标报价的依据。

5. 施工预算

施工预算，是指施工阶段，在施工图预算的控制下，施工单位根据施工图计算的分项工程量、施工定额、单位工程施工组织设计等资料，通过工料分析，计算和确定拟建工程所需的人工、材料、机械台班消耗量及其相应费用的技术经济文件。

施工预算的主要作用：

（1）施工企业对单位工程实行计划管理，编制施工计划、材料需用计划、劳动力使用计划等的依据。

（2）施工队向班组签发施工任务书，实行班组经济核算，考核单位用工、限额领料的依据。

（3）班组推行全优综合奖励制，实行按劳分配的依据。

（4）据以检查和考核施工图预算编制的正确程度，进行"两算"对比的依据。以便施工企业控制成本，开展经济活动分析，督促技术节约措施的贯彻执行。

6. 工程结算

工程结算，是指一个单项工程、单位工程、分部工程或分项工程完工，并经建设单位及有关部门验收或验收点交后，施工企业根据施工时现场实际情况记录、设计变更通知书、现场签证、预算定额、材料预算价格和各项费用取费标准等资料，在概算范围内和施工图预算的基础上编制的向建设单位办理结算工程价款、取得收入，用以补偿施工过程中的资金耗费，确定施工盈亏的经济文件。

工程结算一般有定期结算、阶段结算、竣工结算等方式。其作用：

（1）施工企业取得货币收入，用以补偿资金耗费的依据。

（2）进行成本控制和分析的依据。

7. 竣工决算

竣工决算，是指在竣工验收阶段，当一个建设项目完工并经验收后，建设单位编制的从筹建到竣工验收、交付使用全过程实际支付的建设费用的经济文件。其内容由文字说明和决算报表两部分组成。

竣工决算的主要作用：

（1）国家或主管部门验收小组验收时的依据。

（2）全面反映基本建设经济效果、核定新增固定资产和流动资产价值、办理交付使用的依据。

三、建设预算文件的组成

建设预算文件主要由下列概（预）算书组成。

1. 单位工程概（预）算书

单位工程概（预）算书是确定某一个单项工程中的一般土建工程、卫生工程、工业管道工程、特殊构筑物工程、电气照明工程、机械设备及安装工程、电气设备及安装工程等各单位工程建设费用的文件。

单位工程概算或预算是根据设计图纸和概算指标、概算定额、预算定额、其他直接费和间接费定额及国家有关规定等资料编制的。

2. 其他工程和费用概（预）算书

其他工程和费用概（预）算书是确定建筑工程与设备及其安装工程之外的、与整个建设工程有关的、应在基本建设投资中支付的，并列入建设项目总概算或单项工程综合概（预）算中的其他工程和费用的文件。它是根据设计文件和国家、省、自治区主管部门规定的取费定额或标准，以及相应的计算方法进行编制的。

其他工程和费用，在初步设计阶段编制总概算时，均需编制概算书；在施工图设计阶段，大部分费用项目仍需编制预算书，少部分由建筑安装企业施工的项目，如原有地上、地下障碍物的拆迁等项目，也需要编制预算书。

3. 单项工程综合概（预）算书

单项工程综合概（预）算书是确定某一独立建筑物或构筑物全部建设费用的文件。它是由该单项工程内的各单位工程概（预）算书汇编而成。当一个建设项目中，只有一个单项工程时，则与该工程项目有关的其他工程和费用的概（预）算书，也应列入该单项工程综合概（预）算书中。此时，单项工程综合概（预）算书，实际上就是一个建设项目的总概（预）算书。

4. 建设项目总概算书

建设项目总概算书是确定一个建设项目从筹建到竣工验收全过程的全部建设费用的总文件。这是由该建设项目的各生产车间、独立建筑物或构筑物的综合概算书，以及其他工程和费用概算书综合汇总而成的。它包括建成一项建设项目所需要的全部投资。

综上所述，一个建设项目的全部建设费用是由总概算书确定和反映的，它由一个或几个单项工程的综合概算及其他工程和费用概算书组成。一个单项工程的全部建设费用是由综合概（预）算书确定和反映的，它是由该单项工程内的几个单位工程概（预）算书组成。一个单位工程的全部建设费用是由单位工程概（预）算书确定和反映的，它是由每个单位工程内和各分项工程的直接费和其他直接费、现场经费、间接费、利润、税金等组成。

在编制建设预算时，应首先编制单位工程的概（预）算书，然后编制单项工程综合概（预）算书，最后编制建设项目的总概算书。

第三节 建筑安装工程定额与费用

一、定额的含义、性质、作用及分类

1. 定额的含义

建筑工程定额，是指在一定的生产条件下，生产质量合格的单位产品所需要消耗的人工、材料、机械台班和资金的数量标准。它反映出一定时期的社会劳动生产率水平。

由于工程建设的特点，生产周期长，大量的人力、物力投入以后，需较长时间才能生产出产品。这就必然要求从宏观上和微观上对工程建设中的资金和资源消耗进行预测、计划、调配和控制，以便保证必要的资金和各项资源的供应，以适应工程建设的需要，同时保证资金和各项资源的合理分配和有效利用。要做到这些，就需借助于工程建设定额，利用定额所提供的各类工程的资金和资源消耗的数量标准，作为预测、计划、调配和控制资

金和资源消耗的科学依据，力求用最少的人力、物力和财力的消耗，生产出符合质量标准的建筑产品，取得最好的经济效益。

2. 定额的性质

在社会主义市场经济条件下，定额具有科学性、法令性和群众性及稳定性和时效性。

（1）科学性

定额的科学性，表现在定额是在认真研究施工企业管理的客观规律，遵循其要求，在总结施工生产实践的基础上，根据广泛搜集的资料，经过科学分析研究之后，采用一套已成熟的科学方法制定的。定额是主观的产物，但它能正确地反映工程建设和各种资源消耗之间的客观规律。定额中的各种消耗量指标，应能正确反映当前社会生产力的发展水平。

（2）法令性

定额的法令性，表现在定额是根据国家一定时期的管理体制和管理制度，按不同定额的用途和适用范围，由国家主管部门或由它授权的机构按照一定的程序制定的，一经颁布执行，便有了法规的性质，在其执行范围内，任何单位都必须严格遵守，不得随意更改定额的内容和水平。

（3）群众性

定额的群众性，表现在定额的制定和执行都具有广泛的群众基础。定额水平的高低，主要取决于工人所创造的生产力水平的高低。定额的测定与编制是在施工企业职工直接参加下进行的。工人直接参加定额的技术测定，有利于制定出易于掌握和推广的定额。

（4）定额的稳定性和时效性

建筑工程中的任何一种定额在一段时期内都表现相对稳定的状态，根据具体情况不同，稳定的时间不同。任何一种建筑工程定额都只能反映一定时期的生产力水平，当生产力向前发展了，定额也要随之变动。所以建筑工程定额在具有稳定性的同时也具有显著的时效性，当定额再不能起到它应有的作用时，建筑工程定额就要修订或重新编制。

综上所述，定额的科学性是定额法令性的客观依据，而定额的法令性，又是使定额得以贯彻可行的保证，定额的群众性是定额执行的前提条件。

3. 定额的作用

我国经济体制改革的目标模式是建立社会主义市场经济体制。定额既不是计划经济的产物，也不是与市场经济相悖的体制改革对象。定额管理二重性决定了它在市场经济中仍然具有重要的地位和作用。首先，定额与市场经济的共融性是与生俱来的。在市场经济中，每个商品生产者和商品经营者都被推向市场，他们为了在竞争中求生存、求发展，要努力提高自己的竞争能力，这就必然要求利用手段加强管理，达到提高工作效率、降低生产和经营成本、提高市场竞争能力的目的。其次，定额不仅是市场供给主体加强竞争能力的手段，而且是体现国家加强宏观调控管理的手段。如果没有定额，无法判断项目的经济可行性；没有定额，无法实施建设过程造价的有效控制。可见，利用定额加强宏观调控和宏观管理是经济发展的客观要求，也是建立规范化、竞争、有序的市场的客观要求。

（1）在工程建设中，定额仍然具有节约社会劳动和提高生产效率的作用。一方面，企业以定额作为促进工人节约社会劳动（工作时间、原材料等）和提高劳动效率、加快工作速度的手段，以增加市场竞争能力，获取更多的利润；另一方面，作为工程造价计算依据的各类定额，又促进企业加强管理、把社会劳动的消耗控制在合理的限度内。再者，作为项目决策依据的定额指标，又在更高的层次上促使项目投资者合理而有效地利用和分配社会劳动。这都证明了定额在工程建设中节约社会劳动和优化资源配置的作用。

（2）定额有利于建筑市场公平竞争。定额所提供的准确的信息为市场需求主体和供给主体之间的竞争，以及供给主体和供给主体之间的公平竞争，提供了有利条件。

（3）定额是对市场行为的规范。定额既是投资决策的依据，又是价格决策的依据。对于投资者来说，他可以利用定额权衡自己的财务状况和支付能力、预测资金投入和预期回报，还可以充分利用有关定额的大量信息，有效地提高其项目决策的科学性，优化其投资行为。对于承包商来说，企业在投标报价时，一方面考虑定额的构成，作出正确的价格决策，市场竞争优势，才能获得更多的工程合同。可见，定额在上述两个方面规范了市场的经济行为。

（4）工程建设定额有利于完善市场的信息系统。定额管理是对大量市场信息的加工，也是对市场大量信息进行传递，同时也是市场信息的反馈。信息是市场体系中的不可缺的要素，它的指导性、标准性和灵敏性是市场成熟和市场效率的标志。在我国以定额的形式建立和完善市场信息系统，是以公有制经济为主体的社会主义市场经济的特色。

（5）定额是企业实行经济核算制的重要基础。企业为了分析比较施工过程中的各种消耗，必须用各种定额为核算依据。因此工人完成定额的情况，是实行经济核算制的主要内容。以定额为标准，来分析比较企业各种成本，并通过经济活动分析，肯定成绩，找出薄弱环节，提出改进措施，以不断降低单位工程成本，提高经济效益，所以定额是实行经济核算制的重要基础。

4. 定额的分类

工程建设定额是工程建设中各类定额的总称。它包括多种类定额，可以按不同的原则和方法对它进行科学的分类。

建筑工程定额种类很多，在施工生产中，根据需要而采用不同的定额。建筑工程定额从不同角度分类，如图 1-2 所示。

全国统一定额是指根据全国各专业工程的生产技术与组织管理情况而编制的、在全国范围内执行的定额，如《全国统一建筑工程基础定额》等。

地区统一定额是指由国家授权地方主管部门，结合本地区特点，参照全国统一定额水平制定的、在本地区使用的定额，如《北京市建设工程预算定额》等。

企业定额是指企业自身根据生产力水平和管理水平制定的内部使用定额，如企业内部《施工定额》等。

二、施工定额

1. 施工定额的概念

施工定额，是建筑安装工人或工人小组在正常的施工条件下，为完成单位合格产品所需消耗的劳动力、材料、机械台班的数量标准。施工定额是直接用于施工企业内部的一种定额，它是国家、省（市）、自治区业务主管部门或施工企业，在定性和定量分析施工过程的基础上，采用技术测定方法制定，按照一定程序颁发执行的。

施工定额由劳动消耗定额、材料消耗定额和机械台班消耗定额三部分组成。

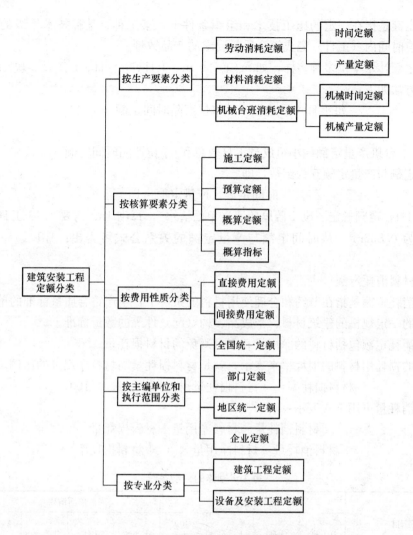

图 1-2　建筑安装工程定额分类

（1）劳动消耗定额

劳动消耗定额，简称劳动定额，又称为人工定额，是指在正常的施工技术和组织条件下，完成单位合格产品所必需的劳动消耗量标准。劳动定额的表现形式分为时间定额和产量定额两种。劳动定额反映了大多数企业和职工经过努力能够达到的平均先进水平。

1）时间定额

时间定额是指在一定的施工技术和组织条件下，某工种、某种技术等级的工人班组，完成符合质量要求的单位产品所必需的工作时间。

时间定额以工日为单位，每个工日现行规定工作时间为 8 小时，计算方法如下：

$$单位产品时间定额（工日）=1/每工产量$$

或

$$单位产品时间定额（工日）=小组成员工日数总和/台班产量（班组完成产品数量）$$

时间定额的计量单位有工日/m^2、工日/m^3、工日/t、工日/块等。

2）产量定额

产量定额是指在一定的施工技术和组织条件下，某工种、某种技术等级的班组或个人，在单位时间内（工日）完成符合质量要求的产品数量。

产量定额计量单位多种多样，如 m/工日、m²/工日、m³/日、t/工日、块/工日等。

计算方法如下：

$$每工日产量定额＝1/单位产品时间定额（工日）$$

或

$$台班产量定额＝小组成员工日数总和/单位产品时间定额（工日）$$

时间定额与产量定额互为倒数，即

$$时间定额×产量定额＝1$$

如表 1-1，定额规定了砌 1 砖厚砖墙（单面清水），每砌 1m³ 需要 1.16 工日，而每一工日产量为 0.862m³。从时间定额与产量定额的关系公式可得出：$1/1.16＝0.862m³/$工日。

（2）材料消耗定额

材料消耗定额是指在节约和合理使用材料的条件下，生产符合质量标准的单位产品所必须消耗的一定规格的建筑材料、半成品、构（配）件等的数量标准。

材料消耗定额包括材料的净用量和不可避免的材料损耗量。

材料的损耗用材料的损耗率来表示，就是材料损耗量与材料净用量的比例。即

$$材料损耗率＝（材料损耗量/材料净用量）×100\%$$

材料消耗量可用下式表示：

$$材料消耗量＝材料净用量＋材料损耗量$$

或

$$材料消耗量＝材料净用量×（1＋材料损耗率）$$

每 1m³ 砌体的劳动定额　　　　　　　　　　　表 1-1

项　目		双面清水				单面清水				序号
		0.5 砖	1 砖	1.5 砖	2 砖及以外	0.5 砖	1 砖	1.5 砖	2 砖及以外	
综合	塔吊	$\dfrac{1.49}{0.671}$	$\dfrac{1.2}{0.833}$	$\dfrac{1.14}{0.877}$	$\dfrac{1.06}{0.943}$	$\dfrac{1.45}{0.69}$	$\dfrac{1.16}{0.862}$	$\dfrac{1.08}{0.926}$	$\dfrac{1.01}{0.99}$	一
	机吊	$\dfrac{1.69}{0.592}$	$\dfrac{1.41}{0.709}$	$\dfrac{1.34}{0.746}$	$\dfrac{1.26}{0.794}$	$\dfrac{1.64}{0.61}$	$\dfrac{1.37}{0.73}$	$\dfrac{1.28}{0.781}$	$\dfrac{1.22}{0.82}$	二
砌砖		$\dfrac{0.996}{1}$	$\dfrac{0.69}{1.45}$	$\dfrac{0.62}{1.62}$	$\dfrac{0.54}{1.85}$	$\dfrac{0.952}{1.05}$	$\dfrac{0.65}{1.54}$	$\dfrac{0.563}{1.78}$	$\dfrac{0.494}{2.02}$	三
综合	塔吊	$\dfrac{0.412}{2.43}$	$\dfrac{0.418}{2.39}$	$\dfrac{0.418}{2.39}$	$\dfrac{0.418}{2.39}$	$\dfrac{0.412}{2.43}$	$\dfrac{0.418}{2.39}$	$\dfrac{0.418}{2.39}$	$\dfrac{0.418}{2.39}$	四
	机吊	$\dfrac{0.61}{1.64}$	$\dfrac{0.619}{1.62}$	$\dfrac{0.619}{1.62}$	$\dfrac{0.619}{1.62}$	$\dfrac{0.61}{1.64}$	$\dfrac{0.619}{1.62}$	$\dfrac{0.619}{1.62}$	$\dfrac{0.619}{1.62}$	五
调制砂浆		$\dfrac{0.081}{12.3}$	$\dfrac{0.096}{10.4}$	$\dfrac{0.101}{9.9}$	$\dfrac{1.102}{9.8}$	$\dfrac{0.081}{12.3}$	$\dfrac{0.096}{10.4}$	$\dfrac{0.101}{9.9}$	$\dfrac{0.102}{9.8}$	六
编号		4	5	6	7	8	9	10	11	

（3）机械台班消耗定额

简称机械台班定额，是在正常的施工条件和合理使用机械的条件下，规定利用某种机

械完成单位合格产品所必须消耗的人—机工作时间，或规定在单位时间内，人—机必须完成的合格产品数量标准。

机械台班定额的表现形式分为机械时间定额和机械产量定额两种。

1）机械时间定额：就是某种机械完成单位合格产品所消耗的时间。

2）机械产量定额：就是某种机械在单位时间内完成合格产品的数量。

机械时间定额与机械产量定额互为倒数关系。

2．施工定额的作用

（1）施工定额是企业计划管理的依据。施工定额在企业计划管理方面的作用，表现在它既是企业编制施工组织设计的依据，也是企业编制施工作业计划的依据。

（2）施工定额是组织和指挥施工生产的有效工具。企业组织和指挥施工，是按照作业计划通过下达施工任务书和限额领料单来实现的。

（3）施工定额是计算工人劳动报酬的依据。施工定额是衡量工人劳动数量和质量，提供成果和效益标准。所以，施工定额是计算工人工资的依据。这样，才能做到完成定额好的，工资报酬就多，达不到定额的，工资报酬就会减少。真正实现多劳多得，少劳少得的社会主义分配原则。

（4）施工定额有利于推广先进技术。施工定额水平中包含着某些已成熟的先进的施工技术和经验，工人要达到和超过定额，就必须掌握和运用这些先进技术；要想大幅度超过定额，就必须创造性地劳动，不断改进工具和改进技术操作方法，注意原材料的节约，避免浪费。当施工定额明确要求采用某些较先进的施工工具和施工方法时，贯彻施工定额就意味着推广先进技术。

（5）施工定额是编制施工预算、加强企业成本管理的基础。施工预算是施工单位用以确定单位工程人工、机械、材料和资金需要量的计划文件。施工预算以施工定额为编制基础，既要反映设计图纸的要求，也要考虑在现有条件下可能采取的节约人工、材料和降低成本的各项具体措施。这就有效地控制人力、物力消耗，节约成本开支。严格执行施工定额不仅可以起到控制消耗、降低成本和费用的作用，同时为贯彻经济核算制、加强班组核算和增加盈利创造良好的条件。

3．施工定额的内容及应用

（1）施工定额的主要内容

1）总说明和分册章、节说明

① 总说明是说明定额的编制依据、适用范围、工程质量要求、各项定额的有关规定及说明，以及编制施工预算的若干说明。

② 分册章、节说明，主要是说明本册、章、节定额的工作内容、施工方法、有关规定及说明、工程量计算规则等内容。

2）定额项目表

定额项目表是由完成本定额子目的工作内容、定额表、附注组成。

3）附录及加工表

① 附录一般放在定额分册说明之后，包括有名词解释、图示及有关参考资料。例如材料消耗计算附表、砂浆、混凝土配合比表等。

② 加工表是指在执行某定额时，在相应的定额基础上需要增加工日的数量表。

（2）施工定额的应用

要正确使用施工定额，首先要熟悉定额编制总说明、册、章、节说明及附注等有关文字说明部分，以了解定额项目的工作内容、有关规定及说明、工程量计算规则、施工操作方法等。施工定额一般可以直接套用，但有时需要换算后才可套用。

1）直接套用

当工程项目的设计要求与定额项目的内容，规定完全一致时，可以直接套用。

【例1-1】 某多层混合结构工程，其设计要求与定额项目内容一致的一砖厚内墙80m³，采用M5的水泥砂浆砌筑，现以2001年《北京市建筑工程施工预算定额》为例，计算其工料用量。

解：查表1-2的子目4-3和表1-3。

施工预算价值：$80 \times 174.59 = 13967.2$（元）

其中：人工费：$80 \times 41.97 = 3357.6$（元）

材料费：$80 \times 128.2 = 10256$（元）

定额用工：$80 \times 1.445 = 115.6$（工日）

材料用量：

标准砖：$80 \times 510 = 40800$（块）

M5水泥砂浆：$80 \times 0.265 = 21.2$（m³）

砂浆成分（查表1-3）：

水泥用量：$21.2 \times 209 = 4430.8$（kg）

砂子用量：$21.2 \times 1631 = 34577.2$（kg）

2）施工定额的换算调整

当设计要求与定额项目内容不一致时，按分册说明、附录等有关规定换算使用。

如在分册说明中规定，调制砂浆以搅拌机为准，人力调制时，相应时间定额乘以1.03系数等。若上例中为人力搅拌，其他不变，则调整后的时间定额＝原时间定额量×$1.03 = 1.445 \times 1.03 = 1.488$工日/m³。则劳动定额的用工：$80 \times 1.488 = 119.04$（工日）。

砌砖墙施工预算定额（单位：m³）　　　　　　　　　　　　　　表1-2

定　额　编　号			4-1	4-2	4-3
项　　　目			砖		
			基　础	外　墙	内　墙
基价（元）			165.13	178.46	174.59
其中	人工费（元）		34.51	45.75	41.97
	材料费（元）		126.57	128.24	128.2
	机械费（元）		4.05	4.47	4.42
名　　称		单位	单价（元）	数　　量	
人工	82002	综合工日	工日	28.24	1.183	1.578	1.445
	82013	其他人工费	元	—	1.1	1.19	1.16
材料	04001	红机砖	块	0.177	523.6	510	510
	81071	M5水泥砂浆	m³	135.21	0.236	0.265	0.265
	84004	其他材料费	元	—	1.98	2.14	2.1
机械	84023	其他机具费	元	—	4.05	4.47	4.42

项目 材料	单位	单价（元）	混合砂浆					水泥砂浆			勾缝水泥砂浆 1：1
			M10	M7.5	M5	M2.5	M1	M10	M7.5	M5	
合价	元		172.41	159.33	142.33	123.86	107.45	185.35	159	135.21	341.56
水泥	kg	0.366	306	261	205	145	84	346	274	209	826
白灰	kg	0.097	29	64	100	136	197				
砂子	kg	0.036	1600	1600	1600	1600	1600	1631	1631	1631	1090

三、预算定额

1. 预算定额的概念

预算定额是指在正常的施工条件下，完成一定计量单位的分项工程和结构构件的人工、材料和机械台班消耗的数量标准。

建筑安装工程预算定额包括建筑工程预算定额和安装工程预算定额。预算定额和施工定额不同，不具有企业定额的性质，它是一种具有广泛用途的计价定额，但不是唯一的计价定额。

2. 预算定额的作用

（1）预算定额是编制施工图预算，编制标底、投标报价、拨付工程款和进行工程竣工结算的依据。

（2）预算定额是对设计方案进行技术经济比较、分析的依据。

（3）是编制施工组织设计、确定劳动力、建筑材料、成品、半成品、施工机械台班需用量的依据。

（4）预算定额是施工企业进行经济活动分析的依据。

（5）预算定额是编制概算定额和概算指标的基础。

3. 预算定额的内容

预算定额主要由总说明、建筑面积计算规则、分册说明、定额项目表和附录、附件五部分组成。

（1）总说明

总说明主要介绍定额的编制依据、编制原则、适用范围及定额的作用等。同时说明编制定额时已考虑和没有考虑的因素、使用方法及有关规定等。

（2）建筑面积计算规则

建筑面积计算规则规定了计算建筑面积的范围、计算方法，不应计算建筑面积的范围等。建筑面积是分析建筑工程技术经济指标的重要数据，现行建筑面积计算规则，是由国家统一作出的规定。

（3）分册（章）说明

分册（章）说明主要介绍定额项目内容、子目的数量、定额的换算方法及各分项工程的工程量计算规则等。

（4）定额项目表

定额项目表是预算定额的主要构成部分，内容包括工程内容、计量单位、项目表等。

定额项目表中，各子目的预算价值、人工费、材料费、机械费及人工、材料、机械台班消耗量指标之间的关系，可用下列公式表示：

$$预算价值＝人工费＋材料费＋机械费$$

其中：

$$人工费＝合计工日×每工日单价$$

$$材料费＝（定额材料用量人材料预算价格）＋其他材料费$$

$$机械费＝定额机械台班用量×机械台班使用费$$

（5）附录、附件

附录和附件列在预算定额的最后，包括砂浆、混凝土配合比表，各种材料、机械台班单价表等有关资料，供定额换算、编制施工作业计划等使用。

4. 预算定额的应用

使用预算定额以前，首先要认真学习定额的有关说明、规定，熟悉定额；在预算定额的使用中，一般分为定额的套用、定额的换算和编制补充定额三种情况。

（1）预算定额的直接套用

当分项工程的设计要求与预算定额条件完全相符时，可以直接套用定额。这是编制施工图预算的大多数情况。

（2）预算定额的换算

当设计要求与定额项目的工程内容、材料规格、施工方法等条件不完全相符，不能直接套用定额时，可根据定额总说明、册说明等有关规定，在定额规定范围内加以调整换算后再套用。

定额换算主要表现在以下几方面：

1）砂浆强度等级的换算。

2）混凝土强度等级的换算。

3）按定额说明有关规定的其他换算。

（3）预算定额的补充

当工程项目在定额中缺项，又不属于调整换算范围之内，无定额可套用时，可编制补充定额，经批准备案，一次性使用。

四、概算定额

1. 概算定额的概念

概算定额，亦称扩大结构定额，全称是建筑安装工程概算定额。它是按一定计量单位规定的，扩大分部分项工程或扩大结构部分的人工、材料和机械台班的消耗量标准。

概算定额是在预算定额基础上的综合和扩大，是介于预算定额和概算指标之间的一种定额。它根据施工顺序的衔接和互相关联性较大的原则，确定定额的划分。例如，在1993年《北京市施工预算定额》中列项的砖砌带形基础、一道圈梁（地梁）、基础防潮等子目合并为1996年《北京市建设工程概算定额》中的带形砖基础（带圈梁）一个子目。

2. 概算定额的作用

（1）概算定额是设计单位在初步设计阶段编制设计概算和在技术设计阶段编制修正概算的依据，也是编制投资估算指标的参考。

(2) 概算定额是对建设工程设计方案进行技术经济比较的依据。

(3) 在编制建设项目施工组织总设计中，概算定额是拟定总进度计划和申报各种资源需用量计划的依据。

(4) 在工程招标投标中，概算定额是编制标底和投标报价的依据。

(5) 概算定额是编制概算指标的依据。

3. 概算定额的内容

概算定额的主要内容包括总说明，册、章、节说明，建筑面积计算规则、定额项目表和附录、附件等。

定额项目表是概算定额的核心，如表 1-2 是 2001 年《北京市建设工程概算定额》第四章墙体工程中有关项目表。

4. 概算定额的应用

使用概算定额前，首先要学习概算定额的总说明，册、章说明，以及附录、附件，熟悉定额的有关规定，能正确地使用概算定额。

概算定额的使用方法同预算定额一样，分为直接套用、定额的调整换算和编制补充定额项目三种情况，这里不再重复。

五、概算指标

1. 概算指标的概念

概算指标是按一定计量单位规定的，比概算定额更加综合扩大的单位工程或单项工程等的人工、材料、机械台班的消耗量标准和造价指标。

概算指标通常以平方米、立方米、座、台、组等为计量单位，因而估算工程造价较为简单。

2. 概算指标的作用

(1) 概算指标作为工程建设主管部门编制投资估算和编制工程建设设计，估算人工和主要材料需用量的依据。

(2) 在初步设计阶段中，概算指标是设计单位编制设计概算和比选设计方案的依据。

(3) 概算指标作为控制工程建设投资的依据。

(4) 作为招标投标工程编制标底和标价的依据。

3. 概算指标的内容及表现形式

概算指标的内容包括总说明、经济指标、结构特征等。

六、工期定额

1. 工期定额的概念

所谓建设工期，一般是指一个建设项目从破土动工之日起到竣工验收交付使用所需的时间。不同的建设项目，工期也不同，即使相同的建设项目，由于管理水平不同及其他外部条件的差异，也可能引起工期的不同。

建设工期定额是指在平均的建设管理水平及正常的建设条件下，一个建设项目从正式破土动工，到工程全部建成、验收合格交付使用全过程所需的额定时间。一般按月数计。

2. 工期定额的作用

（1）工期定额是编制标书、签订建筑安装工程承包合同的依据。

（2）工期定额是提前或者拖延竣工期限、奖罚的依据。

（3）工期定额是工程结算时计算竣工期调价的依据。

（4）工期定额是施工企业编制施工组织设计和栋号承包、考核施工进度的依据。

3. 工期定额的内容

工期定额由总说明、册（章）说明、定额项目等组成。

4. 工期定额的应用

按工程项目的层数、建筑面积等条件，结合总说明、章说明的有关规定，直接套用或乘以相应系数确定工期。

七、定额的管理

1. 工程建设定额管理的内容

工程建设定额管理的内容包括两个方面，即定额的编制、修订和贯彻执行。这两个方面所包括的管理内容之间，既相互联系又相互制约。

2. 工程建设定额管理的组织

工程建设定额的管理体制主要是指国家、地方、部门和企业之间的管理权限和职责范围的划分。建立定额的管理体制，在于保证定额管理任务的顺利完成。

建设部标准定额司是归口的领导机构，主要负责制定和颁发有关工程建设定额的政策、制度、发展规划；组织制定和管理全国工程建设标准、技术经济定额、投资估算指标、建设工期定额；指导省、市、自治区和专业主管部门的定额管理机构的业务工作。

各省、市、自治区和专业主管部门的定额管理机构，是在其管辖范围内各自行使自己的定额管理职能。它在统一政策、统一规划下，主要负责本地区、本部门定额的编制、报批、发行工作；定额的宣传解释、纠纷的调解仲裁工作；为编制国家级定额提供基础资料；收集定额执行情况，研究定额执行中存在的问题，提出解决或改进措施等；组织专业人员模拟考核；指导下属定额机构的业务工作。

第四节 建筑安装工程费用构成

一、概述

为了规范建筑工程施工发包与承包计价行为，维护建筑工程发包与承包双方的合法权益，促进建筑市场的健康发展，在建设部颁发的第 107 号令《建筑工程施工发包与承包计价管理办法》中规定，施工图预算、招标标底和投标报价由成本（直接费、间接费）、利润和税金构成，其编制可采用以下计价办法。

1. 工料单价法

分部分项工程量的单价为直接费，直接费按人工、材料、机械的消耗量及其相应价格确定。间接费、利润、税金按照有关规定另行计算。其人工、材料、机械的规定计量单位工程量的消耗量是经过长期的测定、收集、整理形成的。能够正确反映工程建设和各种资源消耗间的客观规律，反映当前社会生产力的水平，也称为定额计价方法。定额计价法采用的单位价格是工料单价法。

2. 综合单价法

按《建筑工程施工发包与承包计价管理办法》（建设部令第170号）的规定，分部分项工程量的单价为全费用单价。全费用单价综合计算完成分部分项工程所发生的直接费、间接费、利润和税金。

而按《建设工程工程量清单计价规范》（GB 50500—2008）中的规定，综合单价的计价方法是完成规定计量单位工程量需要的人工费、材料费、机械台班费、管理费、利润和风险因素。规费和税金在分部分项费用、措施费、其他项目费汇总后计取。这也是两者的差异之处。以下主要是以107号令为基础进行分析，工程量清单的计价将在本书第五章中进行详细分析。

二、定额计价方法和顺序

单价法指分部分项工程量的单价为直接费，直接费以人工、材料、机械的消耗量及其相应价格与措施费确定。间接费、利润、税金按照有关规定另行计算。

1. 传统施工图预算使用工料单价法的计算步骤

（1）准备资料，熟悉施工图

准备的资料包括施工组织设计、预算定额、工程量计算标准、取费标准、地区材料预算价格等。

（2）计算工程量

1）根据工程内容和定额项目，列出分项工程目录。

2）根据计算顺序和计算规则列出计算式。

3）根据图纸上的设计尺寸及有关数据，代入计算式进行计算。

4）对计算结果进行整理，使之与定额中要求的计量单位保持一致，并予以核对。

（3）套工料单价

核对计算结果后，按单位工程施工图预算直接费计算公式求得单位工程人工费、材料费和机械使用费之和。同时注意以下几项内容：

1）分项工程的名称、规格、计量单位必须与预算定额工料单价或单位计价表中所列内容完全一致。以防重套、漏套或错套工料单价而产生偏差。

2）进行局部换算或调整时，换算指定额中已计价的主要材料品种不同而进行的换价，一般不调量；调整指施工工艺条件不同而对人工、机械的数量增减，一般调量不换价。

3）若分项工程不能直接套用定额、不能换算和调整时，应编制补充单位计价表。

4）定额说明允许换算与调整以外部分不得任意修改。

（4）编制工料分析表

根据各分部分项工程项目实物工程量和预算定额中项目所列的用工及材料数据，计算各分部分项工程所需人工及材料数量，汇总后算出该单位工程所需各类人工、材料的数据。

（5）计算并汇总造价

根据规定的税、费率和相应的计取基础，分别计算措施费、间接费、利润、税金等。

将上述费用累计后进行汇总，求出单位工程预算造价。

（6）复核

对项目填列、工程量计算公式、计算结果、套用的单价、采用的各项取费费率、数字计算、数据精确度等进行全面复核，以便及时发现差错，及时修改，提高预算的准确性。

（7）填写封面、编制说明

1）封面应写明工程编号、工程名称、工程量、预算总造价和单方造价、编制单位名称、负责人和编制日期，以及审核单位的名称、负责人和审核日期等。

2）编制说明主要应写明预算所包括的工程内容范围、依据的图纸编号、承包企业的等级和承包方式、有关部门现行的调价文件号、套用单价需要补充说明的问题及其他需要说明的问题等。

3）现在编制施工图预算时特别要注意，所用的工程量和人工、材料量是统一的计算方法和基础定额；所用的单价是地区性的（定额、价格信息、价格指数和调价方法）。由于在市场条件下价格是变动的，要特别重视定额价格的调整。

2. 实物法编制施工图预算的步骤

实物法编制施工图预算是先算工程量、人工、材料量、机械台班（即实物量），然后再计算费用和价格的方法。这种方法适应市场经济条件下编制施工图预算的需要，在改革中应当努力实现这种方法的普遍应用。其编制步骤如下：

（1）准备资料，熟悉施工图纸。

（2）计算工程量。

（3）套基础定额，计算人工、材料、机械数量。

（4）根据当时、当地的人工、材料、机械单价，计算并汇总人工费、材料费、机械使用费，得出单位工程直接工程费。

（5）计算措施费、间接费、利润和税金，并进行汇总，得出单位工程造价（价格）。

（6）复核。

（7）填写封面，编写说明。

从上述步骤可见，实物法与定额单价法不同，实物法的关键在于第（3）步和第（4）步，尤其是第（4）步，使用的单价已不是定额中的单价了，而是在由当地工程价格权威部门（主管部门或专业协会）定期发布价格信息和价格指数的基础上，自行确定人工单价、材料单价、施工机械台班单价。这样便不会使工程价格脱离实际，并为价格的调整减少许多麻烦。

三、综合单价法计价方法和顺序

综合单价法指分部分项工程量的单价为全费用单价，既包括直接费、间接费、利润（酬金）、税金，也包括合同约定的所有工料价格恶化风险等一切费用，是一种国际上通行的计价方式。综合单价法按其所包含项目工作的内容及工程计量方法的不同，又可分为以下三种表达形式：

（1）参照现行预算定额（或基础定额）对应子目所约定的工作内容和计算规则进行报价。

（2）按招标文件约定的工程量计算规则，以及按技术规范规定的每一分部分项工程所包括的工作内容进行报价。

（3）由投标者依据招标图纸、技术规范，按其计价习惯，自主报价，即工程量的计算方法、投标价的确定，均由投标者根据自身情况决定。

按照《建筑工程施工发包承包管理办法》的规定，综合单价是由分项工程的直接费、间接费、利润和税金组成的，而直接费是以人工、材料、机械的消耗量及相应价格与措施费确定的。

因此计价顺序应当是：

（1）准备资料，熟悉施工图纸；

（2）划分项目，按统一规定计算工程量；

（3）计算人工、材料和机械数量；

（4）套综合单价，计算各分项工程造价；

（5）汇总分部工程造价；

（6）各分部工程造价汇总得单位工程造价；

（7）复核；

（8）填写封面，编写说明。

四、建筑安装工程的计价程序

根据《建筑工程施工发包与承包计价管理办法》（建设部令第 170 号）的规定，发包与承包价的计算方法分为工料单价法和综合单价法。

1. 工料单价法计价程序

工料单价法是以分部分项工程量乘以单价后的合计为直接工程费，直接工程费以人工、材料、机械的消耗量及其相应价格确定。直接工程费汇总后另加间接费、利润、税金合成工程发承包价，其计算程序分为三种：

（1）以直接费为计算基础的工料单价法（见表 1-4）

以直接费为计算基础的工料单价法　　　　　　　　　　　表 1-4

序　号	费用项目	计算方法	备　注
1	直接工程费	按预算表	
2	措施费	按规定标准计算	
3	小计	（1）＋（2）	
4	间接费	（3）×相应费率	
5	利润	［（3）＋（4）］×相应利润率	
6	合计	（3）＋（4）＋（5）	
7	含税造价	（6）×（1＋相应税率）	

（2）以人工费和机械费为计算基础的工料单价法（见表 1-5）

以人工费和机械费为计算基础的工料单价法

表 1-5

序　号	费用项目	计算方法	备　注
1	直接工程费	按预算表	
2	其中人工费和机械费	按预算表	
3	措施费	按规定标准计算	
4	其中人工费和机械费	按规定标准计算	
5	小计	(1) ＋ (3)	
6	人工费和机械费小计	(2) ＋ (4)	
7	间接费	(6) ×相应费率	
8	利润	(6) ×相应利润率	
9	合计	(5) ＋ (7) ＋ (8)	
10	含税造价	(9) × (1＋相应税率)	

（3）以人工费为计算基础的工料计价法（见表 1-6）

以人工费为计算基础的工料单价法

表 1-6

序　号	费用项目	计算方法	备　注
1	直接工程费	按预算表	
2	直接工程费中人工费	按预算表	
3	措施费	按规定标准计算	
4	措施费中人工费	按规定标准计算	
5	小计	(1) ＋ (3)	
6	人工费小计	(2) ＋ (4)	
7	间接费	(6) ×相应费率	
8	利润	(6) ×相应利润率	
9	合计	(5) ＋ (7) ＋ (8)	
10	含税造价	(9) × (1＋相应税率)	

2. 综合单价法计价程序

综合单价法是分部分项工程单价为全费用单价，全费用单价经综合计算后生成，其内容包括直接工程费、间接费、利润和税金（措施费也可按此方法生成全费用价格）。

各分项工程量乘以综合单价的合价汇总后，生成工程发承包价。

由于各分部分项工程中的人工、材料、机械含量的比例不同，各分项工程可根据其材料费占人工费、材料费、机械费合计的比例（以字母"C"代表该项比值）在以下三种计算程序中选择一种计算其综合单价。

（1）当 $C>C_0$（C_0 为本地区原费用定额测算所选典型工程材料费占人工费、材料费、和机械费合计的比例）时，可采用以人工费、材料费、机械费合计为基数计算该分项的间接费和利润（表1-7）。

以直接费为计算基础的综合单价法　　　　　　表1-7

序　号	费用项目	计算方法	备　注
1	分项直接工程费	人工费＋材料费＋机械费	
2	间接费	（1）×相应费率	
3	利润	［（1）＋（2）］×相应利润率	
4	合计	（1）＋（2）＋（3）	
5	含税造价	（4）×（1＋相应税率）	

（2）当 $C < C_0$ 值的下限时，可采用以人工费和机械费合计为基数计算该分项的间接费和利润（表1-8）。

以人工费和机械费为计算基础的综合单价法　　　　　　表1-8

序　号	费用项目	计算方法	备　注
1	分项直接工程费	人工费＋材料费＋机械费	
2	其中人工费和机械费	人工费＋机械费	
3	间接费	（2）×相应费率	
4	利润	（2）×相应利润率	
5	合计	（1）＋（3）＋（4）	
6	含税造价	（5）×（1＋相应税率）	

（3）如该分项的直接费仅为人工费，无材料费和机械费时，可采用以人工费为基数计算该分项的间接费和利润（表1-9）。

以人工费为计算基础的综合单价法　　　　　　表1-9

序　号	费用项目	计算方法	备　注
1	分项直接工程费	人工费＋材料费＋机械费	
2	直接工程费中人工费	人工费	
3	间接费	（2）×相应费率	
4	利润	（2）×相应利润率	
5	合计	（1）＋（3）＋（4）	
6	含税造价	（5）×（1＋相应税率）	

五、建筑安装工程费用项目组成

建筑安装工程费由直接费、间接费、利润和税金组成（见图1-3）。

1. 直接费

直接费由直接工程费和措施费组成。

（1）直接工程费

直接工程费是指施工过程中耗费的构成工程实体的各项费用，包括人工费、材料费、

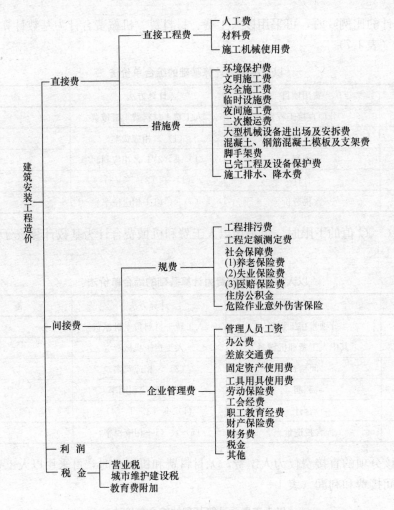

图 1-3 建筑安装工程费用组成示意图（206 号令）

施工机械使用费。

$$直接工程费＝人工费＋材料费＋施工机械使用费$$

1）人工费：是指直接从事建筑安装工程施工的生产工人开支的各项费用。

$$人工费＝\Sigma（工日消耗量\times 日工资单价）$$

$$日工资单价(G)=\sum_{i=1}^{5}G_i$$

其具体内容包括：

① 基本工资：是指发放给生产工人的基本工资。

$$基本工资（G_1）=\frac{生产工人平均月工资}{年平均每月法定工作日}$$

② 工资性补贴：是指按规定标准发放的物价补贴，煤、燃气补贴，交通补贴，住房补贴，流动施工津贴等。

$$工资性补贴（G_2）=\frac{\Sigma 年发放标准}{全年日历日－法定假日}+\frac{\Sigma 月发放标准}{年平均每月法定工作日}+每工作日发放标准$$

③ 生产工人辅助工资：是指生产工人年有效施工天数以外非作业天数的工资，包括

职工学习、培训期间的工资，调动工作、探亲、休假期间的工资，因气候影响的停工工资，女工哺乳时间的工资，病假在六个月以内的工资及产、婚、丧假期的工资。

$$生产工人辅助工资(G_3) = \frac{全年无效工作日 \times (G_1 + G_2)}{全年日历日 - 法定假日}$$

④ 职工福利费：是指按规定标准计提的职工福利费。

$$职工福利费(G_4) = (G_1 + G_2 + G_3) \times 福利费计提比例(\%)$$

⑤ 生产工人劳动保护费：是指按规定标准发放的劳动保护用品的购置费及修理费，徒工服装补贴，防暑降温费，在有碍身体健康环境中施工的保健费用等。

$$生产工人劳动保护费(G_5) = \frac{生产工人年平均支出劳动保护费}{全年日历日 - 法定假日}$$

2) 材料费：是指施工过程中耗费的构成工程实体的原材料、辅助材料、构配件、零件、半成品的费用。

$$材料费 = \Sigma(材料消耗量 \times 材料基价) + 检验试验费$$

其具体内容包括：

① 材料基价：

$$材料基价 = [(供应价格 + 运杂费) \times (1 + 运输损耗率(\%))] \times [1 + 采购保管费率(\%)]$$

其中，材料运杂费：是指材料自来源地运至工地仓库或指定堆放地点所发生的全部费用。

运输损耗费：是指材料在运输装卸过程中不可避免的损耗。

采购及保管费：是指为组织采购、供应和保管材料过程中所需要的各项费用。包括：采购费、仓储费、工地保管费、仓储损耗。

② 检验试验费：是指对建筑材料、构件和建筑安装物进行一般鉴定、检查所发生的费用，包括自设试验室进行试验所耗用的材料和化学药品等费用。不包括新结构、新材料的试验费和建设单位对具有出厂合格证明的材料进行检验，对构件做破坏性试验及其他特殊要求检验试验的费用。

$$检验试验费 = \Sigma(单位材料量检验试验费 \times 材料消耗量)$$

3) 施工机械使用费：是指施工机械作业所发生的机械使用费，以及机械安拆费和场外运费。

$$施工机械使用费 = \Sigma(施工机械台班消耗量 \times 机械台班单价)$$

施工机械台班单价应由下列七项费用组成：

① 折旧费：指施工机械在规定的使用年限内，陆续收回其原值及购置资金的时间价值。

② 大修理费：指施工机械按规定的大修理间隔台班进行必要的大修理，以恢复其正常功能所需的费用。

③ 经常修理费：指施工机械除大修理以外的各级保养和临时故障排除所需的费用。包括为保障机械正常运转所需替换设备与随机配备工具、附具的摊销和维护费用，机械运转中日常保养所需润滑与擦拭的材料费用及机械停滞期间的维护和保养费用等。

④ 安拆费及场外运费：安拆费指施工机械在现场进行安装与拆卸所需的人工、材料、机械和试运转费用以及机械辅助设施的折旧、搭设、拆除等费用；场外运费指施工机械整

体或分体自停放地点运至施工现场或由一施工地点运至另一施工地点的运输、装卸、辅助材料及架线等费用。

⑤ 人工费：指机上司机（司炉）和其他操作人员的工作日人工费及上述人员在施工机械规定的年工作台班以外的人工费。

⑥ 燃料动力费：指施工机械在运转作业中所消耗的固体燃料（煤、木柴）、液体燃料（汽油、柴油）及水、电等。

⑦ 养路费及车船使用税：指施工机械按照国家规定和有关部门规定应缴纳的养路费、车船使用税、保险费及年检费等。

（2）措施费

措施费是指为完成工程项目施工，发生于该工程施工前和施工过程中非工程实体项目的费用。包括内容：

1）环境保护费：是指施工现场为达到环保部门要求所需要的各项费用。

$$环境保护费＝直接工程费×环境保护费费率（\%）$$

$$环境保护费费率（\%）＝\frac{本项费用年度平均支出}{全年建安产值×直接工程费占总造价比例（\%）}$$

2）文明施工费：是指施工现场文明施工所需要的各项费用。

$$文明施工费＝直接工程费×文明施工费费率（\%）$$

$$文明施工费费率（\%）＝\frac{本项费用年度平均支出}{全年建安产值×直接工程费占总造价比例（\%）}$$

3）安全施工费：是指施工现场安全施工所需要的各项费用。

$$安全施工费＝直接工程费×安全施工费费率（\%）$$

$$安全施工费费率（\%）＝\frac{本项费用年度平均支出}{全年建安产值×直接工程费占总造价比例（\%）}$$

4）临时设施费：是指施工企业为进行建筑工程施工所必须搭设的生活和生产用的临时建筑物、构筑物和其他临时设施费用等。

临时设施包括：临时宿舍、文化福利及公用事业房屋与构筑物，仓库、办公室、加工场（厂）以及规定范围内道路、水、电管线等临时设施和小型临时设施。

临时设施费用包括：临时设施的搭设、维修、拆除费或摊销费。主要由三部分组成：周转使用临建（如活动房屋）、一次性使用临建（如简易建筑）、其他临时设施（如临时管线）。

临时设施费＝（周转使用临建费＋一次性使用临建费）×[1＋其他临时设施所占比例（%）]

① 周转使用临建费

$$周转使用临建费＝\sum\left[\frac{临建面积×每平方米造价}{使用年限×365×利用率（\%）}×工期（天）\right]＋一次性拆除费$$

② 一次性使用临建费

一次性使用临建费＝∑临建面积×每平方米造价×[1－残值率（%）]＋一次性拆除费

③ 其他临时设施在临时设施费中所占比例，可由各地区造价管理部门依据典型施工企业的成本资料经分析后综合测定。

5）夜间施工费：是指因夜间施工所发生的夜班补助费、夜间施工降效、夜间施工照明设备摊销及照明用电等费用。

$$夜间施工增加费 = \left(1 - \frac{合同工期}{定额工期}\right) \times \frac{直接工程费中的人工费合计}{平均日工资单价} \times 每工日夜间施工费开支$$

6) 二次搬运费：是指因施工场地狭小等特殊情况而发生的二次搬运费用。

$$二次搬运费 = 直接工程费 \times 二次搬运费费率（\%）$$

$$二次搬运费费率（\%） = \frac{年平均二次搬运费开支额}{全年建安产值 \times 直接工程费占总造价的比例（\%）}$$

7) 大型机械设备进出场及安拆费：是指机械整体或分体自停放场地运至施工现场或由一个施工地点运至另一个施工地点，所发生的机械进出场运输及转移费用及机械在施工现场进行安装、拆卸所需的人工费、材料费、机械费、试运转费和安装所需的辅助设施的费用。

$$大型机械进出场及安拆费 = \frac{一次进出场及安拆费 \times 年平均安拆次数}{年工作台班}$$

8) 混凝土、钢筋混凝土模板及支架费：是指混凝土施工过程中需要的各种钢模板、木模板、支架等的支、拆、运输费用及模板、支架的摊销（或租赁）费用。

① 模板及支架费 = 模板摊销量 × 模板价格 + 支、拆、运输费

摊销量 = 一次使用量 × (1+施工损耗) × [1+(周转次数-1) × 补损率/周转次数-(1-补损率)50%/周转次数]

② 租赁费 = 模板使用量 × 使用日期 × 租赁价格 + 支、拆、运输费

9) 脚手架费：是指施工需要的各种脚手架搭、拆、运输费用及脚手架的摊销（或租赁）费用。

① 脚手架搭拆费 = 脚手架摊销量 × 脚手架价格 + 搭、拆、运输费

$$脚手架摊销量 = \frac{单位一次使用量 \times （1-残值率）}{耐用期 \div 一次使用期}$$

② 租赁费 = 脚手架每日租金 × 搭设周期 + 搭、拆、运输费

10) 已完工程及设备保护费：是指竣工验收前，对已完工程及设备进行保护所需费用。

$$已完工程及设备保护费 = 成品保护所需机械费 + 材料费 + 人工费$$

11) 施工排水、降水费：是指为确保工程在正常条件下施工，采取各种排水、降水措施所发生的各种费用。

排水降水费 = Σ 排水降水机械台班费 × 排水降水周期 + 排水降水使用材料费、人工费

2. 间接费

间接费由规费、企业管理费组成。

（1）规费：是指政府和有关权力部门规定必须缴纳的费用（简称规费）。包括：

1) 工程排污费：是指施工现场按规定缴纳的工程排污费。

2) 工程定额测定费：是指按规定支付工程造价（定额）管理部门的定额测定费。

3) 社会保障费

① 养老保险费：是指企业按规定标准为职工缴纳的基本养老保险费。

② 失业保险费：是指企业按照国家规定标准为职工缴纳的失业保险费。

③ 医疗保险费：是指企业按照规定标准为职工缴纳的基本医疗保险费。

4) 住房公积金：是指企业按规定标准为职工缴纳的住房公积金。

5）危险作业意外伤害保险：是指按照建筑法规定，企业为从事危险作业的建筑安装施工人员支付的意外伤害保险费。

（2）企业管理费：是指建筑安装企业组织施工生产和经营管理所需费用。

内容包括：

1）管理人员工资：是指管理人员的基本工资、工资性补贴、职工福利费、劳动保护费等。

2）办公费：是指企业管理办公用的文具、纸张、账表、印刷、邮电、书报、会议、水电、烧水和集体取暖（包括现场临时宿舍取暖）用煤等费用。

3）差旅交通费：是指职工因公出差、调动工作的差旅费、住勤补助费，市内交通费和误餐补助费，职工探亲路费，劳动力招募费，职工离（退）休、退职一次性路费，工伤人员就医路费，工地转移费以及管理部门使用的交通工具的油料、燃料、养路费及牌照费。

4）固定资产使用费：是指管理和试验部门及附属生产单位使用的属于固定资产的房屋、设备仪器等的折旧、大修、维修或租赁费。

5）工具用具使用费：是指管理使用的不属于固定资产的生产工具、器具、家具、交通工具和检验、试验、测绘、消防用具等的购置、维修和摊销费。

6）劳动保险费：是指由企业支付离（退）休职工的易地安家补助费、职工退职金、六个月以上的病假人员工资、职工死亡丧葬补助费、抚恤费，按规定支付给离休干部的各项经费。

7）工会经费：是指企业按职工工资总额计提的工会经费。

8）职工教育经费：是指企业为职工学习先进技术和提高文化水平，按职工工资总额计提的费用。

9）财产保险费：是指施工管理用财产、车辆保险。

10）财务费：是指企业为筹集资金而发生的各种费用。

11）税金：是指企业按规定缴纳的房产税、车船使用税、土地使用税、印花税等。

12）其他：包括技术转让费、技术开发费、业务招待费、绿化费、广告费、公证费、法律顾问费、审计费、咨询费等。

（3）间接费的计算方法：按取费基数的不同分为以下三种：

1）以直接费为计算基础：间接费＝直接费合计×间接费费率（％）

2）以人工费和机械费合计为计算基础：

$$间接费＝人工费和机械费合计×间接费费率（％）$$

$$间接费费率（％）＝规费费率（％）＋企业管理费费率（％）$$

3）以人工费为计算基础：间接费＝人工费合计×间接费费率（％）

规费费率的计算公式：

① 以直接费为计算基础

$$规费费率（％）＝\frac{\Sigma 规费缴纳标准×每万元发承包价计算基数}{每万元发承包价中的人工费含量}×人工费占直接费的比例（％）$$

② 以人工费和机械费合计为计算基础

$$规费费率（％）＝\frac{\Sigma 规费缴纳标准×每万元发承包价计算基数}{每万元发承包价中的人工费含量和机械费含量}×100％$$

③ 以人工费为计算基础

$$规费费率(\%)=\frac{\Sigma 规费缴纳标准\times每万元发承包价计算基数}{每万元发承包价中的人工费含量}\times100\%$$

企业管理费费率的计算公式：

① 以直接费为计算基础

$$企业管理费费率(\%)=\frac{生产工人年平均管理费}{年有效施工天数\times人工单价}\times人工费占直接费比例(\%)$$

② 以人工费和机械费合计为计算基础

$$企业管理费费率(\%)=\frac{生产工人年平均管理费}{年有效施工天数\times(人工单价+每一工日机械使用费)}\times100\%$$

③ 以人工费为计算基础

$$企业管理费费率(\%)=\frac{生产工人年平均管理费}{年有效施工天数\times人工单价}\times100\%$$

3. 利润

利润是指施工企业完成所承包工程获得的盈利。

4. 税金

税金是指国家税法规定的应计入建筑安装工程造价内的营业税、城市维护建设税及教育费附加等。

$$税金=(税前造价+利润)\times税率(\%)$$

其中税率：

(1) 纳税地点在市区的企业

$$税率(\%)=\frac{1}{1-3\%-(3\%\times7\%)-(3\%\times3\%)}-1$$

(2) 纳税地点在县城、镇的企业

$$税率(\%)=\frac{1}{1-3\%-(3\%\times5\%)-(3\%\times3\%)}-1$$

(3) 纳税地点不在市区、县城、镇的企业

$$税率(\%)=\frac{1}{1-3\%-(3\%\times1\%)-(3\%\times3\%)}-1$$

第二章 工 程 构 造

第一节 工业与民用建筑工程

一、建筑物分类

建筑物是指供生活、学习、工作、居住，以及从事生产和文化活动的房屋。建筑物按用途可分为三类：

1. 民用建筑

指的是供人们工作、学习、生活、居住等类型的建筑。包括居住建筑和公共建筑两大部分。

2. 工业建筑

指的是各类生产用房和为生产服务的附属用房。包括单层工业厂房、多层工业厂房和层次混合的工业厂房。

3. 农业建筑

指各类供农业生产使用的房屋，如种子库、拖拉机站等。

二、工业与民用建筑工程的分类及组成

1. 工业建筑的分类

（1）按层次分

1）单层厂房。指层数仅为一层的工业厂房，多用于冶金、重型及中型机械工业等。

2）多层厂房。指层数在二层及以上的厂房，常用的层数为二～六层。多用于食品、电子、精密仪器工业等。

3）层数混合的厂房。指单层工业厂房与多层工业厂房混合在一幢建筑中。多用于化学工业、热电站的主厂房等。

（2）按用途分

1）生产厂房。指进行产品的备料、加工、装配等主要工艺流程的厂房，为企业的主要车间。如机械制造厂中有铸工车间、电镀车间、热处理车间、机械加工车间和装配车间等。

2）生产辅助厂房。指为生产服务的厂房，如机械制造厂的修理车间、工具车间等。

3）动力用厂房。指为全厂提供能源的厂房，如发电站、变电所、锅炉房等。

4）仓储建筑。是储存原材料、半成品、成品的房屋，一般称为仓库。

5）运输用建筑。是管理、储存及检修交通运输工具的房屋，如汽车库、机车库、起重车库、消防车库等。

6）其他建筑。如水泵房、污水处理建筑等。

（3）按跨度的数量和方向分

1）单跨厂房。指只有一个跨度的厂房。

2）多跨厂房。指由几个跨度组成的厂房，车间内部彼此相通。

3）纵横相交厂房。指由两个方向的跨度组合而成的工业厂房，车间内部彼此相通。

（4）按跨度尺寸分

1）小跨度。指跨度小于或等于12m的单层工业厂房。这类厂房的结构类型以砌体结构为主。

2）大跨度。指跨度15～36m的单层工业厂房。其中15～30m的厂房以钢筋混凝土结构为主，跨度在36m及36m以上时，一般以钢结构为主。

（5）按生产状况分

1）冷加工车间。指在常温状态下，加工非燃烧物质和材料的生产车间，如机械制造类的金工车间、修理车间等。

2）热加工车间。指在高温和熔化状态下，加工非燃烧的物质和材料的生产车间，如机械制造类的铸造、锻压、热处理等车间。

3）恒温恒湿车间。产品生产需要在稳定的温度、湿度条件下进行，如精密仪器、纺织等车间。

4）洁净车间。产品生产需要在空气净化、无尘甚至无菌的条件下进行，如药品、集成电路车间等。

5）其他特种状况的车间。有的产品生产对环境有特殊的需要，如防放射性物质、防电磁波干扰等车间。

2. 单层工业厂房的组成

单层工业厂房的结构组成一般分为两种类型，即墙体承重结构和骨架承重结构。

墙体承重结构是外墙采用砖墙、砖柱的承重结构。

骨架承重结构是由钢筋混凝土构件或钢构件组成骨架的承重结构。厂房的骨架由下列构件组成，墙体仅起围护作用。

（1）屋盖结构。

包括屋面板、屋架（或屋面梁）及天窗架、托架等。

1）屋面板直接铺在屋架或屋面梁上，承受其上面的荷载，并传给屋架或屋面梁。

2）屋架（屋面梁）是屋盖结构的主要承重构件，屋面板上的荷载、天窗荷载却要由屋架（屋面梁）承担，屋架（屋面梁）搁置在柱子上。

（2）吊车梁。

吊车梁安放在柱子伸出的牛腿上，它承受吊车自重、吊车最大起重量以及吊车制动时产生的冲切力，并将这些荷载传给柱子。

（3）柱子。

柱子是厂房的主要承重构件，它承受着屋盖、吊车梁、墙体上的荷载，以及山墙传来的风荷载，并把这些荷载传给基础。

（4）基础。

它承担作用在柱子上的全部荷载，以及基础梁上部分墙体荷载，并由基础传给地基。

（5）外墙围护系统。

它包括厂房四周的外墙、抗风柱、墙梁和基础梁等。这些构件所承受的荷载主要是墙体和构件的自重以及作用在墙体上的风荷载等。

（6）支撑系统。

支撑系统包括柱间支撑和屋盖支撑两大部分，其作用是加强厂房结构的空间整体刚度和稳定性，它主要传递水平风荷载以及吊车产生的冲切力。

3. 民用建筑的分类

（1）按建筑物的规模与数量分

1）大量性建筑。单体建筑规模不大，但兴建数量多、分布面广的建筑，如住宅、学校、商店等。

2）大型性建筑。建筑规模大、耗资多、影响较大的建筑，如大型车站、体育馆、航空站、大会堂、纪念馆等。

（2）按建筑物的层数和高度分

根据《民用建筑设计通则》（GB 50352—2005）的规定，民用建筑按地上层数或高度分类划分应符合下列规定：

1）住宅建筑按层数分类：1～3 层为低层住宅，4～6 层为多层住宅，7～9 层为中高层住宅，10 层及以上为高层住宅。

2）除住宅建筑之外的民用建筑高度不大于 24m 者为单层和多层建筑，大于 24m 者为高层建筑（不包括建筑高度大于 24m 的单层公共建筑）。

3）建筑高度大于 100m 的民用建筑为超高层建筑。

（3）按建筑的耐久年限分

以主体结构确定的建筑耐久年限分为四级：

1）一级建筑：耐久年限为 100 年以上，适用于重要的建筑和高层建筑。

2）二级建筑：耐久年限为 50～100 年，适用于一般性建筑。

3）三级建筑：耐久年限为 25～50 年，适用于次要的建筑。

4）四级建筑：耐久年限为 15 年以下，适用于临时性建筑。

（4）按主要承重结构材料分

1）木结构。即木板墙、木柱、木楼板、木屋顶的建筑。

2）砖木结构。建筑物的主要承重构件用砖木做成，其中竖向承重结构的墙体、柱子采用砖砌，水平承重构件的楼板、屋架采用木材。

3）砖混结构。用钢筋混凝土作为水平的承重构件，以砖墙或砖柱作为承受竖向荷载的构件。

4）钢筋混凝土结构。主要承重构件，如梁、板、柱采用钢筋混凝土结构，而非承重构件用砖砌或其他轻质材料做成。

5）钢结构。主要承重构件均用钢材构成。

（5）按结构的承重方式分

1）墙承重结构。用墙体支撑楼板及屋顶传来的荷载。

2）骨架承重结构。用柱、梁、板组成的骨架承重，墙体只起围护作用。

3）内骨架承重结构。内部采用柱、梁、板承重，外部采用砖墙承重。

4）空间结构。采用空间网架、悬索及各种类型的壳体承受荷载。

（6）按施工方法分

1）现浇、现砌式。房屋的主要承重构件均在现场砌筑和浇筑而成。

2）部分砌筑，部分装配式。房屋的墙体采用现场砌筑，而楼板、楼梯、屋面板均在加工厂制成预制构件，这是一种既有现砌，又有预制的施工方法。

3）部分现浇，部分装配式。内墙采用现浇钢筋混凝土墙板，而外墙、楼板及屋面均采用预制构件。

4）全装配式。房屋的主要承重构件，如墙体、楼板、楼梯、屋面板等均为预制构件，在施工现场吊装、焊接、处理节点。

4. 民用建筑的构造组成

建筑物的主要部分，一般都由基础、墙或柱、楼地面、楼梯、屋顶和门窗六大部分组成。这些构件处在不同的部位，发挥各自的作用。

（1）基础

基础是位于建筑物最下部的承重构件，它承受建筑物的全部荷载，并将其传递到地基上。因此，基础必须具有足够的强度，并能抵御地下各种有害因素的侵蚀。

（2）墙与柱

墙起着承重、围护和分隔作用。承重墙承受着屋顶、楼板传来的荷载，并加上自身重量再传给基础；当柱承重时，柱间的墙仅起围护和分隔作用；作为围护构件，外墙起着抵御自然界各种因素的影响与破坏；内墙起着分隔空间、组成房间、隔声作用。对墙或柱的要求是具有足够的强度、稳定性和保温、隔热、隔声、防火等能力，以及具有经济性和耐久性。

（3）楼板、地面。楼板将整个建筑物分成若干层，是建筑物的水平承重构件，承受着作用其上的荷载，并连同自重一起传递给墙和柱，同时对墙体起水平支撑作用；首层地面直接承受其上的各种使用荷载并传给地基，也起保温、隔热、防水作用。

（4）屋顶

屋顶是建筑物顶部的围护和承重构件，由面层和承重结构层两大部分组成。屋面层起着抵御自然界风、雨、雪及保温、隔热等作用，结构层承受屋顶的全部荷载，并将这些荷载传给墙和柱。因此屋顶必须具有足够的强度、刚度及防水、保温、隔热等作用。

（5）楼梯

楼梯是建筑物的垂直交通设施，供人们上下楼层和紧急疏散之用。楼梯要有足够的强度及稳定性。

（6）门窗

1）门主要用作内外交通联系及分隔房间，门的大小和数量以及开启方向是根据通行能力、使用方便和防火要求决定的。

2）窗的作用是采光和通风。门窗是房屋围护结构的一部分，也需考虑保温、隔热、隔声、防风沙等要求。

建筑物除由上述六大基本部分组成外，还有一些附属部分，如阳台、雨篷、散水、勒脚、防潮层等，有的还有特殊要求，如楼层之间还要设置电梯、自动扶梯或坡道。

三、地基与基础

1. 地基与基础的关系

基础是建筑物的地下部分，是墙、柱等上部结构在地下的延伸。基础是建筑物的一个组成部分，地基是指基础以下的土层，承受由基础传来的整个建筑物的荷载，地基不是建筑物的组成部分。

2. 地基的分类

地基分为天然地基和人工地基两大类。天然地基是指天然土层具有足够的承载能力，不需经过人工加固便可作为建筑物地基者，如岩土、砂土、黏土等。人工地基是指天然土层的承载力不能满足荷载要求，经过人工处理的土层。人工处理地基的方法主要有：压实法、换土法、化学处理法、打桩法等。天然地基施工简单、造价较低，而人工地基一般比天然地基施工复杂，造价也高。因此在一般情况下，应尽量采用天然地基。

（1）压实法

地基土是由土壤颗粒、水、空气三部分组成的。当土壤中水及空气含量过大时，土壤的承载力就低，且压缩变形量也大。含水量大、密实性差的地基土，可预先人工加压，排走一定量的空气和水，使土壤板结，提高地基土的承载力。这种方法不消耗建筑材料，较为经济，但收效较慢。

（2）换土法

当地基的上表层部分为承载能力低的软弱土（如淤泥、杂土）时，可将软弱土层全部挖走，换成坚土（或垫上砂、碎石，或垫上按一定比例配制的砂石混合体），这种方法称为换土法。这种方法处理的地基强度高，见效快，但成本较大。

（3）化学处理法

对局部地基强度不足的在建建筑物或已建建筑物，可以采用注入化学物质，促使土壤板结，提高地基承载力。

（4）打桩法

打桩法是把木、钢、钢筋混凝土等材料打入土中，由桩端好土层或由桩身与周围土层组成桩基础。常见的桩基有：打桩、钻孔桩、振动桩、爆扩桩。

3. 基础的类型

基础的类型与建筑物上部结构形式、荷载大小、地基的承载能力、水文情况、基础选用的材料性能等因素有关，构造方式也因基础式样及选用材料的不同而不同。

基础按受力特点及材料性能可分为刚性基础和柔性基础；按构造的方式可分为条形基础、独立基础、片筏基础、箱形基础等。

（1）按材料及受力特点分类

1）刚性基础

刚性基础所用的材料如砖、石、混凝土等，它们的抗压强度较高，但抗拉及抗剪强度偏低。因此，用此类材料建造的基础，应保证其基底只受压，不受拉。由于受地耐力的影响，基底应比基顶墙（柱）宽些。根据材料受力的特点，不同材料构成的基础，其传递压力的角度也不相同。刚性基础中压力分布角（α），称为刚性角。在设计中应尽量使基础大放角与基础材料的刚性角相一致，以确保基础底面不产生拉应力，最大限度地节约基础材料。受刚性角限制的基础称为刚性基础。构造上通过限制刚性基础宽高比来满足刚性角的要求，如图 2-1 所示。

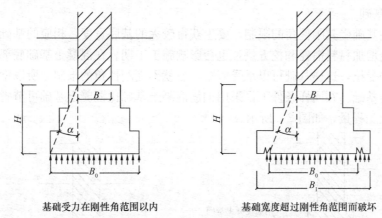

基础受力在刚性角范围以内　　　　　基础宽度超过刚性角范围而破坏

图 2-1　刚性基础的受力、传力特点

① 砖基础。砖基础具有就地取材、价格较低、施工简便的特点，在干燥和温暖的地区应用很广。砖基础的剖面为阶梯形，称为大放角。每一阶梯挑出的长度为砖长的 1/4（即 60mm）。为保证基础外挑部分在基底反力作用下不致发生破坏，大放脚的砌法有两皮一收和二一间隔收两种，两皮一收是每砌两皮砖，收进 1/4 砖长；二一间隔收是砌两皮砖，收进 1/4 砖长，再砌一皮砖，收进 1/4 砖长，如此反复。在相同底宽的情况下，二一间隔收可减少基础高度，但为了保证基础的强度，底层需要用两皮一收砌筑。

由于砖基础的强度及抗冻性较差，因此对砂浆与砖的强度等级，根据地区的潮湿程度和寒冷程度有不同的要求。

② 灰土基础。灰土基础即灰土垫层，是由石灰或粉煤灰与黏土加适量的水拌合经夯实而成的。灰与土的体积比为 2∶8 或 3∶7。灰土每层虚铺 22～25cm，夯层 15cm 为一步；三层以下建筑灰土可做二步，三层以上建筑可做三步。由于灰土基础抗冻、耐水性能差，所以灰土基础适用于地下水位较低的地区，并与其他材料基础共用，充当基础垫层。

③ 三合土基础。三合土基础是由石灰、砂、骨料（碎石或碎砖）按体积比 1∶2∶4或 1∶3∶6 加水拌合夯实而成，每层虚铺 22cm，夯至 15cm。三合土基础宽不应小于600mm，高不小于 300mm。三合土基础一般多用于地下水位较低的四层和四层以下的民用建筑工程中。

④ 毛石基础。毛石基础是用强度较高而未风化的毛石砌筑。它具有强度较高、抗冻、耐水、经济等特点，毛石基础的断面尺寸多为阶梯形，并常与砖基础共用，作为砖基础的底层。为了保证锁结力，每一阶梯宜用三排或三排以上的毛石砌筑。由于毛石尺寸较大，毛石基础的宽度及台阶高度不应小于 400mm。

⑤ 混凝土基础。混凝土基础具有坚固、耐久、耐水、刚性角大，可根据需要任意改变形状的特点。常用于地下水位高，受冰冻影响的建筑物。混凝土基础台阶宽高比为 1∶1～1∶1.5，实际使用时可把基础断面做成锥形或阶梯形。

⑥ 毛石混凝土基础。在上述基础中加入粒径不超过 300mm 的毛石，且毛石体积不超过总体积 20％～30％，称为毛石混凝土基础。毛石混凝土基础阶梯高度一般不得小于

300mm。混凝土基础水泥用量较大，造价也比砖、石基础高。如基础体积较大，为了节约混凝土用量，在浇灌混凝土时，可掺入毛石，做成毛石混凝土基础。

2）柔性基础

鉴于刚性基础受其刚性角的限制，要想获得较大的基底宽度，相应的基础埋深也应加大，这显然会增加材料消耗和挖方量，也会影响施工工期。在混凝土基础底部配置受力钢筋，利用钢筋受拉，这样基础可以承受弯矩，也就不受刚性角的限制。所以钢筋混凝土基础也称为柔性基础。在同样条件下，采用钢筋混凝土基础比混凝土基础可节省大量的混凝土材料和挖土工程量，如图 2-2 所示。

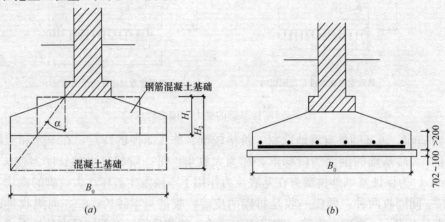

图 2-2　钢筋混凝土基础
(a) 混凝土与钢筋混凝土基础比较；(b) 基础配筋情况

钢筋混凝土基础断面可做成锥形，最薄处高度不小于 200mm；也可以做成阶梯形，每踏步高 300～500mm。通常情况下钢筋混凝土基础下面设有素混凝土垫层，厚度100mm 左右；无垫层时，钢筋保护层为 70mm，以保护受力钢筋受锈蚀。

（2）按构造分类

1）独立基础（单独基础）

① 柱下独立基础。单独基础是柱子基础的主要类型。它所用材料依柱的材料和荷载大小而定，常采用砖、石、混凝土和钢筋混凝土等。

现浇柱下混凝土基础的截面可做成阶梯形或锥形，预制柱下的基础一般做成杯形基础，等柱子插入杯口后，将柱子临时固定，然后用强度等级 C20 的细石混凝土将柱周围的缝隙填实。

② 墙下单独基础。墙下单独基础是当上层土质松软，而在不深处有较好的土层时，为了节约基础材料和减少开挖土方量而采用的一种基础形式。砖墙砌在单独基础上边的钢筋混凝土地梁上。地梁的跨度一般为 3～5m。

2）条形基础

条形基础是指基础长度远大于其宽度的一种基础形式。按上部结构形式，可分为墙下条形基础和柱下条形基础。

① 墙下条形基础。条形基础是承重墙基础的主要形式，常用砖、毛石、三合土或灰土建造。当上部结构荷载较大而土质较差时，可采用钢筋混凝土建造，墙下钢筋混凝土条

形基础一般做成无肋式；如地基在水平方向上压缩性不均匀，为了增加基础的整体性，减少不均匀沉降，也可做成肋式的条形基础。

② 柱下钢筋混凝土条形基础。当地基软弱而荷载较大时，采用柱下单独基础，底面积必然很大，因而互相接近。为增强基础的整体性并方便施工，节约造价，可将同一排的柱基础连通做成钢筋混凝土条形基础。

3）柱下十字交叉基础

荷载较大的高层建筑，如土质较弱，为了增强基础的整体刚度，减少不均匀沉降，可在柱网下纵横方向设置钢筋混凝土条形基础，形成十字交叉基础。

4）片筏基础

如地基基础软弱而荷载又很大，采用十字基础仍不能满足要求或相邻基槽距离很小时，可用钢筋混凝土做成整片的片筏基础。按构造不同它可分为平板式和梁板式两类。平板式是在地基上做一块钢筋混凝土底板，柱子直接支承在底板上。梁板式按梁板的位置不同又可分为两类：一类是在底板上做梁，柱子支承在梁上；另一类是将梁放在底板的下方，底板上面平整，可作建筑物底层底面。

5）箱形基础

为了使基础具有更大的刚度，大大减少建筑物的相对弯矩，可将基础做成由顶板、底板及若干纵横隔墙形成的箱形基础。它是筏片基础的进一步发展。一般都是由钢筋混凝土建造，基础顶板和底板之间的空间可以作为地下室。它的主要特点是刚性大，而且挖去很多土，减少了基础底面的附加应力，因而适用于地基软弱土层厚、荷载大和建筑面积不太大的一些重要建筑物，目前高层建筑中多采用箱形基础。

以上是常见基础的几种基本形式，此外还有一些特殊的基础形式，如壳体基础、圆板、圆环基础等。

4. 基础的埋深

从室外设计地面至基础底面的垂直距离称为基础的埋深，建筑物上部荷载的大小，地基土质的好坏，地下水位的高低，土壤冰冻的深度以及新旧建筑物的相邻交接等，都将影响基础的埋深。埋深大于 4m 的称为深基础，小于 4m 的称为浅基础。为了保证基础安全，同时减少基础的尺寸，要尽量把基础放在良好的土层上。但基础埋置过深，不但施工不便，且会提高基础造价，因此应根据实际情况选择一个合理的埋置深度。原则是在保证安全可靠的前提下，尽量浅埋，但不应浅于 0.5m，因为靠近地表的土体，一般受气候变化的影响较大，性质不稳定，且又是生物活动、生长的场所，故一般不宜作为地基的持力层。基础顶面应低于设计地面 100mm 以上，避免基础外露，遭受外界的破坏。

5. 地下室的防潮和防水构造

在建筑物底层以下的房间叫做地下室。

（1）地下室的分类

1）按功能可以把地下室分为普通地下室和人防地下室两种。

2）按形式可把地下室分为全地下室和半地下室两种。

3）按材料可把地下室分为砖混结构地下室和混凝土结构地下室。

（2）地下室防潮

当地下室地坪位于常年地下水位以上时，地下室需做防潮处理。对于砖墙，其构造要求是：墙体必须采用水泥砂浆砌筑，灰缝要饱满；在墙外侧设垂直防潮层。其具体做法是在墙体外表面先抹一层 20mm 厚的水泥砂浆找平层，再涂一道冷底子油和两道热沥青，然后在防潮层外侧回填低渗透土壤，并逐层夯实。土层宽 500mm 左右，以防地面雨水或其他地表水的影响。

另外，地下室的所有墙体都必须设两道水平防潮层。一道设在地下室地墙附近，具体位置视地坪构造而定；另一道设置在室外地面散水以上 150～200mm 的位置，以防地下潮气沿地下墙身或勒脚渗入室内。凡在外墙穿管、接缝等处，均应嵌入油膏填缝防潮。当地下室使用要求较高时，可在围护结构内侧加防水涂料，以消除或减少潮气的渗入，如图 2-3 所示。

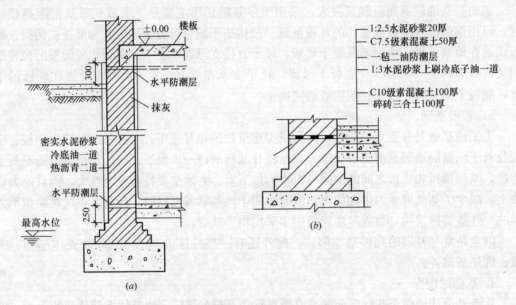

图 2-3　地下室防潮示意图
(a) 墙身防潮；(b) 地坪防潮

至于地下室地面，一般主要借助混凝土材料的憎水性能来防潮，但当地下室的防潮要求较高时，其地层也应作防潮处理。一般设在垫层与地面面层之间，且与墙身水平防潮层在同一水平面上。

（3）地下室防水

当地下室地坪位于最高设计地下水位以下时，地下室需作防水处理。这时地下室四周墙体及底板均受水压影响，均应有防水功能。地下室防水可用卷材防水层，也可用加防水剂的钢筋混凝土来防水。卷材防水层的做法是在土层上先浇筑混凝土垫层地板，板厚约 100mm，将防水层铺满整个地下室，然后于防水层上抹 20mm 厚水泥砂浆保护层，地坪防水层应与垂直防水层搭接，同时做好接头防水层。图 2-4 为地下室防水示意图。

四、墙与框架结构

在一般砌体结构房屋中，墙体是主要的承重构件。墙体的重量占建筑物总重量的 40%～45%，墙的造价占全部建筑造价的 30%～40%。在其他类型的建筑中，墙体可能

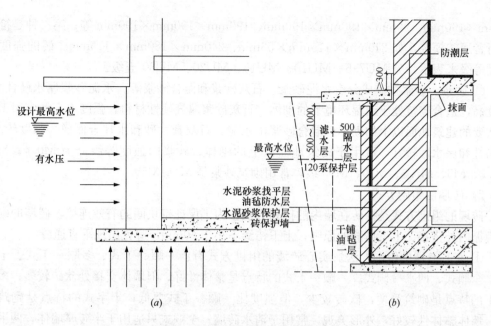

图 2-4　地下室油毡防水示意图

是承重构件，也可能是围护构件，但它所占的造价比重也较大。

1. 墙的类型

墙在建筑物中主要起承重、围护及分隔作用，按墙在建筑物中的位置、受力情况、所用材料和构造方式不同可分成不同类型。

1）根据墙在建筑物中的位置，可分为内墙、外墙、横墙和纵墙。

2）按受力不同，墙可分为承重墙和非承重墙。直接承受其他构件传来荷载的墙称承重墙；不承受外来荷载，只承受自重的墙称非承重墙。建筑物内部只起分隔作用的非承重墙称隔墙。

3）按所用材料，可分为砖墙、石墙、土墙、混凝土墙以及各种天然的、人工的或工业废料制成的砌块墙、板材墙等。

4）按构造方式不同，可分为实体墙、空体墙和组合墙三种类型。实体墙是由一种材料构成，如普通砖墙、砌块墙；空体墙也是一种材料构成，但墙内留有空格，如空斗墙、空气间层墙等；组合墙则是由两种以上材料组合而构成的墙。

墙体材料选择时，要贯彻"因地制宜，就地取材"的方针，力求降低造价。在工业城市中，应充分利用工业废料。

2. 墙体构造

（1）砖墙构造

1）砖墙材料

砖墙是用砂浆将砖按一定技术要求砌筑成的砌体，主要材料是砖和砂浆。

① 砖。普通砖是指孔洞率小于 15％的砖，空心砖是指孔洞率大于等于 15％的砖。我国普通砖尺寸为 240mm×115mm×53mm，如包括灰缝，其长、宽、厚之比为 4：2：1，即一个砖长等于两个砖宽加灰缝（115×2mm＋10mm），或等于四个砖厚加灰缝（53mm×4mm＋9.3mm×3mm）。空心砖尺寸分两种：一种是符合现行模数制，如 90mm×

90mm×190mm、90mm×190mm×190mm、190mm×190mm×190mm 等；第二种是符合现行普通砖模数，如 240mm×115mm×53mm、240mm×180mm×115mm。砖的强度用强度等级来表示，分 MU7.5、MU10、MU15、MU20、MU30 五级。

② 砂浆。砂浆按其成分有水泥砂浆、石灰砂浆和湿合砂浆等。水泥砂浆属水硬性材，强度高，适合砌筑处于潮湿环境下的砌体。石灰砂浆属气硬性材料，强度不高，多用于砌筑次要的建筑地面以上的砌体。混合砂浆由水泥、石灰膏、砂和水拌合而成，强度较高，和易性和保水性较好，适用于砌筑地面以上的砌体。砂浆的强度等级分为 M0.4、M1、M2.5、M5、M7.5、M10、M15 级，常用砌筑砂浆是 M1～M5。

2）砖墙的组砌方式

砖墙的组砌方式是指砖在墙内的排列方式。为了保证砌块间的有效连接，砖墙的砌筑应遵循内外搭接、上下错缝的原则，上下错缝不小于 60mm，避免出现垂直通缝。

① 实心砖墙的组砌方法。实心砖墙的组砌方式有：一顺一丁式、多顺一丁式、十字式、全顺式、两平一侧式。一顺一丁式的特点是整体性好，但墙体交接处砍砖较多；多顺一丁的特点是砌筑简便，砍砖较少，但强度比一顺一丁式要低；十字式的特点是砌筑较难，墙体整体性较好，外形美观，常用于清水砖墙；全顺式只适用于半砖厚墙体，两平一顺式只适用于 180mm 厚墙体。

② 空心砖墙的组砌方法。空心墙的组砌方式分为有眠和无眠两种。其中有眠空心墙常见的有：一斗一眠、二斗一眠、三斗一眠。

（2）实心砖墙细部构造

砖墙厚度有 120mm（半砖）、240mm（一砖）、370mm（一砖半）、490mm（两砖）、620mm（两砖半）等。有时为节省材料丁砌体中有些砖侧砌，构成 180mm 等按 1/4 砖厚进位的墙体。

1）防潮层

在墙身中设置防潮层的目的是防止土壤中的水分沿基础墙上升和勒脚部位的地面水影响墙身。它的作用是提高建筑物的耐久性，保持室内干燥卫生。当室内地面均为实铺时，外墙墙身防潮层设在室内地坪以下 60mm 处；当建筑物墙体两侧地坪不等高时，在每侧地表下 60mm 处，防潮层应分别设置，并在两个防潮层间的墙上加设垂直防潮层；当室内地面采用架空木地板时，外墙防潮层应设在室外地坪以上，地板木搁栅垫木之下。墙身防潮层一般有油毡防潮层、防水砂浆防潮层、细石混凝土防潮层和钢筋混凝土防潮层。

2）勒脚

勒脚是指外墙与室外地坪接近的部分。它的作用是防止地面水、屋檐滴下的雨水对墙面的侵蚀，从而保护墙面，保证室内干燥，提高建筑物的耐久性，同时，还有美化建筑外观的作用。勒脚经常采用抹水泥砂浆、水刷石，或在勒脚部位将墙体加厚，或用坚固材料来砌，如石块、天然石板、人造板贴面。勒脚的高度一般为室内地坪与室外地坪高差，也可以根据立面的需要而提高勒脚的高度尺寸。

3）散水和明沟

为了防止地表水对建筑基础的侵蚀，在建筑物的四周地面上设置散水或明沟，以排除雨水，保护基础。散水适用于年降水量小于等于 900mm 的地区；明沟适用于年降水量大于 900mm 的地区。散水宽度一般为 600～1000mm，坡度为 3%～5%。明沟和散水可用混凝土现浇，也可用砖石等材料铺砌而成。散水与外墙的交接处应设缝分开，缝宽为20～30mm，并用有弹性的防水材料嵌缝，以防渗水。

4）窗台

窗洞口的下部应设置窗台。窗台根据窗子的安装位置可形成内窗台和外窗台。外窗台是为了防止在窗洞底部积水，并流向室内。内窗台则是为了排除窗上的凝结水，以保护室内墙面。外窗台有砖窗台和混凝土窗台两种做法，砖窗台有平砌挑砖和立砌挑砖两种做法。表面可抹1∶3水泥砂浆，并应有10％左右的坡度，挑出尺寸大多为60mm。混凝土窗台一般是现场浇制而成。内窗台的做法也有两种：水泥砂浆抹窗台，一般是在窗台上表面抹20mm厚的水泥砂浆，并应凸出墙面50mm为好；窗台板，对于装修要求较高的房间，一般均采用窗台板，窗台板可以用预制水泥板、水磨石板和木窗台板。窗台外挑部分应做滴水，滴水可做成水槽或鹰嘴形，窗框与窗台交接缝隙处不能渗水，以防窗框受潮腐烂。

5）过梁

过梁是门窗等洞口上设置的横梁，承受洞口上部墙体与其他构件（楼层、屋顶等）传来的荷载，并将荷载传至窗间墙。由于砌体相互错缝咬接，过梁上的墙体在砂浆硬结后具有拱的作用，它的部分自重可以直接传给洞口两侧墙体，而不由过梁承受。

过梁可直接用砖砌筑，也可用木材、型钢和钢筋混凝土制作。砖砌过梁和钢筋混凝土过梁采用最为广泛。

6）圈梁

圈梁是沿外墙、内纵墙、主要横墙设置的处丁同一水平面内的连续封闭梁。它可以提高建筑物的空间刚度和整体性，增加墙体稳定，减少由于地基不均匀沉降而引起的墙体开裂，并防止较大振动荷载对建筑物的不良影响。在抗震设防地区，设置圈梁是减轻震害的重要构造措施。

圈梁有钢筋混凝土圈梁和钢筋砖圈梁两种。钢筋砖圈梁多用于非抗震区，组合钢筋过梁沿外墙形成。钢筋混凝土圈梁其宽度一般同墙厚，对墙厚较大的墙体可做到墙厚的2/3，高度不小于120mm。常见的尺寸有180mm、240mm。圈梁的数量与抗震设防等级和墙体的布置有关，一般情况下，檐口和基础处必须设置。其余楼层的设置可根据结构要求采用隔层设置和层层设置。圈梁宜设在楼板标高处，尽量与楼板结构连成整体，也可设在门窗洞口上部，兼起过梁作用。

当圈梁遇到洞口不能封闭时，应在洞口上部设置截面不小于圈梁截面的附加梁，其搭接长度不小于1m，且应大于两梁高差的两倍，但对有抗震要求的建筑物，圈梁不宜被洞口截断。

7）构造柱

圈梁在水平方向将楼板与墙体箍住，构造柱则从竖向加强墙体的连接，与圈梁一起构成空间骨架，提高了建筑物的整体刚度和墙体的延性，约束墙体裂缝的开展。从而增加建筑物承受地震作用的能力。因此，有抗震设防要求的建筑物中须设钢筋混凝土构造柱。构造柱一般在墙的某些转角部位（如建筑物四周、纵横墙相交处、楼梯间转角处等）设置，沿整个建筑物高度贯通，并与圈梁、地梁现浇成一体。施工时先砌墙并留马牙槎，随着墙体的上升，逐段浇筑混凝土。要注意构造柱与周围构件的连接，根部应与基础或基础梁有良好的连接。

8）变形缝

变形缝包括伸缩缝、沉降缝和防震缝，它的作用是保证房屋在温度变化、基础不均匀沉降或地震时能有一些自由伸缩，以防止墙体开裂，结构破坏。

① 伸缩缝又称温度缝。主要作用是防止房屋因气温变化而产生裂缝。其做法为：沿建筑物长度方向每隔一定距离预留缝隙，将建筑物从屋顶、墙体、楼层等地面以上构件全部断开，基础因受温度影响较小，不必断开。伸缩缝的宽度一般为 20～30mm，缝内应填保温材料，间距在结构规范中有明确规定。

② 沉降缝。当房屋相邻部分的高度、荷载和结构形式差别很大而地基又较软弱时，房屋有可能产生不均匀沉降，致使某些薄弱部位开裂。为此，应在适当位置（如复杂的平面或形体转折处、高度变化处、荷载、地基的压缩性和地基处理方法明显不同处）设置沉降缝。沉降缝与伸缩缝不同之处是除屋顶、楼板、墙身都要断开外，基础部分也要断开，即使相邻部分也可以自由沉降、互不牵制。沉降缝宽度要根据房屋的层数定：二、三层时可取 50～80mm；四、五层时可取 80～120mm；五层以上时不应小于 120mm。

③ 抗震缝。地震区设计多层砖混结构房屋，为防止地震作用使房屋破坏，应用防震缝将房屋分成若干形体简单、结构刚度均匀的独立部分。防震缝一般从基础顶面开始，沿房屋全高设置。缝的宽度按建造物高度和所在地区的地震烈度来确定。一般多层砌体建筑的缝宽取 50～100mm；多层钢筋混凝土结构建筑，高度 15m 及以下时，缝宽为 70mm；当建筑高度超过 15m 时，按烈度增大缝宽。

变形缝的构造较复杂，设置变形缝对建筑造价会有增加，特别是缝的两侧采用双墙或双柱时，无论构件的数量与构造都会增加而更复杂。故有些大工程采取加强建筑物的整体性，使其具有足够的强度与刚度，以阻遏建筑物产生裂缝，但第一次投资会增加，维修费可以节省。

9）烟道与通风道

烟道用于排除燃煤灶的烟气，通风道主要用来排除室内的污浊空气。烟道设于厨房内，通风道常设于暗厕内。

烟道与通风道的构造基本相同，主要不同之处是烟道口靠墙下部，距楼地面 600～1000mm，通风道口靠墙上方，离楼板底约 300mm。烟道与通风道宜设于室内十字形或丁字形墙体交接处，不宜设在外墙内。烟道与通风道不能共用，以免串气。

10）垃圾道

垃圾道由垃圾管道（砖砌或预制）、垃圾斗、排气道口、垃圾出灰口等组成。垃圾管道垂直布置，要求内壁光滑。垃圾管道可设于墙内或附于墙内。垃圾道常设置在公用卫生间或楼梯间两侧。

（3）其他材料墙体

1）加气混凝土墙

有砌块、外墙板和隔墙板墙。加气混凝土砌块墙如无切实有效措施，不得用在建筑物±0.00 以下，或长期浸水、干湿交替部位，受化学侵蚀的环境，制品表面经常处于 80℃以上的高温环境。当用作外墙时，其外表面均应做饰面保护层，规格有三种，长×高为600mm×250mm、600mm×300mm 和 600mm×200mm；厚度从 50mm 起，按模数 25 和

60 进位，设计时应充分考虑砌块规格，尽量减少切锯量。外墙厚度（包括保温块的厚度）可根据当地气候条件、构造要求和材料性能进行热工计算后确定。加气混凝土墙可作承重墙或非承重墙，设计时应进行排块设计，避免浪费，其砌筑方法与构造基本与砖墙类似。在门窗洞口设钢筋混凝土圈梁，外包保温块。在承重墙转角处每隔墙高 1m 左右放墙板和钢筋，以增加抗震能力。

加气混凝土外墙板的规格：宽度 600mm 一种。如需小于 600mm，可根据板材锯切割。厚度可根据不同地区、不同建筑物性质满足建筑热工要求，达到或优于传统墙体材料的效益，北京地区厚度不小于 175mm。长度可根据墙板布置形式、建筑结构构造形式、开间、进深、层高和生产厂切割机的累进值等综合考虑，尽可能做到构件简单、组合多样。如横向布置墙板主要符合开间模数，应按 3 模制，以 300mm 累进，最长不得超过 6m。竖向布置墙板主要符合层高和考虑构造要求，可根据层高减去圈梁或叠合层的高度，如 3.0m 层高的框架结构，一般可采用 2.8m 为主的规格。

加气混凝土墙板的布置，按建筑物结构构造特点采用三种形式：横向布置墙板、竖向布置墙板和拼装大板。

2）压型金属板墙

压型金属板材是指采用各种薄形钢板（或其他金属板材），经过辊压冷弯成型为各种断面的板材，是一种轻质高强的建筑材料，有保温型与非保温型。目前已在国内外得到广泛的应用，如上海宝钢主厂房大量采用彩色压型钢板和国产压型铝板作屋面、墙面，由于自重轻、建造速度快，取得了明显的经济效果。无论是保温的或非保温的压型钢板，对不同的墙面、屋面形状的适应性是不同的，每种产品都有各自的构造图集与产品目录可供选择。

3）现浇与预制钢筋混凝土墙

① 现浇钢筋混凝土墙身的施工工艺主要有大模板、滑升模板、小钢模板三种，其墙身构造基本相同，内保温的外墙由现浇混凝土主体结构、空气层、保温层、内面层组成。

② 预制混凝土外墙板。预制外墙板是装配在预制或现浇框架结构上的围护外墙，适用于一般办公楼、旅馆、医院、教学、科研楼等民用建筑。装配式墙体的建筑构造，设计人员应根据确定的开间、进深、层高，进行全面墙板设计。

装配式外墙板以框架网格为单元进行划分，可以组成三种体系，即水平划分的横条板体系、垂直划分的竖条板体系和一个网格为一块墙板的整间板体系（大开间网格分为两块板）。三种体系可以用于同一幢建筑。

4）石膏板墙

主要有石膏龙骨石膏板、轻钢龙骨石膏板、增强石膏空心条板等，适用于中低档民用和工业建筑中的非承重内隔墙。

5）舒乐舍板墙

舒乐舍板由聚苯乙烯泡沫塑料芯材、两侧钢丝网片和斜插腹丝组成，是钢丝网架轻质夹芯板类型中的一个新品种，由韩国研制成功的。芯板厚 50mm，两侧钢丝网片相距 70mm，钢丝网格距 50mm，每个网格焊一根腹丝，腹丝倾角为 45°，每行腹丝为同一方向，相邻一行腹丝倾角方向相反。规格 1200mm×2400mm×70mm，也可以根据需要由用户选定板长。舒乐舍板两侧铺抹或喷涂 25mm 泵水泥砂浆后形成完整的板材，总厚度约为 110mm，其表面可以喷涂各种涂料、粘贴瓷砖等装饰块材，具有强度高、自重轻、保温隔热、防火及抗震等良好的综合性能，适用于框架建筑的围护外墙及轻质内墙、承重的外保温层、低层框架的承重墙和屋面板等，综合效益显著。

（4）隔墙

隔墙是分隔室内空间的非承重构件。由于隔墙不承受任何外来荷载，且本身的重量还要由楼板或墙下小梁来承受，因此设计应使隔墙自重轻、厚度薄、便于安装和拆卸，有一定的隔声能力，同时还要能够满足特殊使用部位（如厨房、卫生间等处）的防火、防水、防潮等要求。

隔墙的类型很多，按其构造方式可分为块材隔墙、轻骨架隔墙、板材隔墙三大类。

1）块材隔墙

块材隔墙是用普通砖、空心砖、加气混凝土等块材砌筑而成的，常用的有普通砖隔墙和砌块隔墙。普通砖隔墙一般采用半砖（120mm）隔墙。半砖墙用普通砖顺砌，砌筑砂浆宜大于 M2.5。在墙体高度超过 5m 时应加固，一般沿高度每隔 0.5m 砌入 2ϕ4 钢筋，或每隔 1.2～1.5m 设一道 30～50mm 厚的水泥砂浆层，内放 2ϕ6 钢筋。顶部与楼板相接处用立砖斜砌，填塞墙与楼板间的空隙。隔墙上有门时，要预埋铁件或将带有木楔的混凝土预制块砌入隔墙中以固定门框。半砖墙坚固耐久，有一定的隔声能力，但自重大，湿作业多，施工麻烦。

为了减少隔墙的重量，可采用质轻块大的各种砌块，目前最常用的是加气混凝土块、粉煤灰硅酸盐砌块、水泥炉渣空心砖等砌筑的隔墙。隔墙厚度由砌块尺寸而定，一般为 90～120mm。砌块大多具有质轻、孔隙率大、隔热性能好等优点，但吸水性强。因此，砌筑时应在墙下先砌 3～5 皮黏土砖。

砌块隔墙厚度较薄，也需要采用加强稳定性措施，其方法与砖砌隔墙类似。

2）轻骨架隔墙

轻骨架隔墙由骨架和面层两部分组成，由于是先立墙筋（骨架）后再做面层，因而又称为立筋式隔墙。

① 骨架。常用的骨架有木骨架和型钢骨架。近年来，为节约木材和钢材，出现了不少采用工业废料和地方材料以及轻金属制成的骨架，如石棉水泥骨架、浇筑石膏骨架、水泥刨花骨架、轻钢和铝合金骨架等。

木骨架由上槛、下槛、墙筋、斜撑及横档组成，上、下槛及墙筋断面尺寸为（45～50）mm×（70～100）mm，斜撑与横档断面相同或略小些，墙筋间距常用 400mm。横档间距可与墙筋相同，也可适当放大。

轻钢骨架是由各种形式的薄壁型钢制成，其主要优点是强度高、刚度大、自重轻、整体性好、易于加工和大批量生产，还可根据需要拆卸和组装。常用的薄壁型钢有 0.8mm～1mm 厚槽钢和工字钢。

② 面层。轻骨架隔墙的面层常用人造板材面层，人造板材面层可用木骨架或轻钢骨架。

人造板材面层轻钢骨架隔墙的面板多为人造面板，如胶合板、纤维板、石膏板、塑料板。胶合板是用阔叶树或松木经旋切、胶合等多种工序制成，硬质纤维板是用碎木加工而成的，石膏板是用一、二级建筑石膏加入适量纤维、胶粘剂、发泡剂等经辊压等工序制成。胶合板、硬质纤维板等以木材为原料的板材多用骨架，石膏面板多用石膏或轻钢骨架。

人造板与骨架的关系有两种：一种是在骨架的两面或一面，用压条压缝或不用压条压缝即贴面式；另一种是将板材置于骨架中间，四周用压条压住，称为镶板式。

人造板在骨架上的固定方法有钉、粘、卡三种。采用轻钢骨架时，往往用骨架上的舌片或特制的夹具将面板卡到轻钢骨架上，这种做法简便、迅速，有利于隔墙的组装和拆卸。

3）板材隔墙

板材隔墙是指单板高度相当于房间净高，面积较大，且不依赖于骨架，直接装配而成的隔墙。目前，采用的大多为条板，如加气混凝土条板、石膏条板、碳化石灰板、蜂窝纸板、水泥刨花板等。

① 加气混凝土条板隔墙。加气混凝土由水泥、石灰、砂、矿渣等加发泡剂（铝粉），经过原料处理、配料浇筑、切割、蒸压养护工序制成。

加气混凝土条板具有自重轻，节省水泥，运输方便，施工简单，可锯、可刨、可钉等优点；其缺点是吸水性大、耐腐蚀性差、强度较低，运输、施工过程中易损坏。因此不宜用于具有高温、高湿或化学、有害空气介质的建筑中。

② 碳化石灰板隔墙。碳化石灰板是以磨细的生石灰为主要原料，掺3%～4%（质量比）的短玻璃纤维，加水搅拌，振动成型，利用石灰窑的废气碳化而成的空心板。一般的碳化石灰板的规格为长2700～3000mm，宽500～800mm，厚90～120mm。

碳化石灰板隔墙可做成单层或双层，适用于隔声要求高的房间。

③ 增强石膏空心板。增强石膏空心板分为普通条板、钢木窗框条板及防水条板三种，在建筑中按各种功能要求配套使用。石膏空心板能满足防火、隔声及抗撞击的功能要求。

④ 复合板隔墙。用几种材料制成的多层板为复合板。复合板的面层有石棉水泥板、石膏板、铝板、树脂板、硬质纤维板、压型钢板等。夹心材料可用矿棉、木质纤维、泡沫塑料和蜂窝状材料等。

复合板充分利用材料的性能，大多具有强度高，耐火性、防水性、隔声性能好的优点，且安装、拆卸简便，有利于建筑工业化。

3. 框架结构

由柱、纵梁、横梁组成的框架来支承屋顶与楼板荷载的结构，叫做框架结构。由框架、墙板和楼板组成的建筑，叫做框架板材建筑。框架结构的基本特征是由柱、梁和楼板承重，墙板仅作为围护和分隔空间的构件。框架之间的墙称为填充墙，不承重。由轻质墙板作为围护与分隔构件的称为框架板材建筑。

框架建筑的主要优点是空间分隔灵活，自重轻，有利于抗震，节省材料；其缺点是钢材和水泥用量较大，构件的总数量多，吊装次数多，接头工作量大，工序多。

框架建筑适合于要求具有较大空间的多、高层民用建筑、多层工业厂房、地基较软弱的建筑和地震区的建筑。

（1）框架类型

按所用材料分为钢框架和钢筋混凝土框架。前者自重轻，施工速度快；后者防水性能好，造价较低，比较适合我国的国情。钢筋混凝土纯框架，一般不宜超过10层；更高的建筑采用钢框架比较适宜。

框架按主要构件组成又分为四种类型：

1）板、柱框架系统

由楼板和柱组成。板柱框架中不设梁，柱直接支承楼板的四个角，呈四角支承。楼板的平面形式为正方形或接近正方形。楼板可以是梁板合一的大型肋形楼板，也可以是空心大楼板。由于去掉了梁，室内顶棚表面没有凸出物，增大了净空，空间体形规整。板、柱框架系统适用于楼层内大空间布置。

2）梁、板、柱框架系统

由梁、柱组成的横向或纵向框架，再由楼板或连系梁（上面再搭楼板）将框架连接而成，是通常采用的框架形式。

3）剪力墙框架系统

简称框剪系统，是在梁、板、柱框架或板、板、柱框架系统的适当位置，在柱与柱之间设置几道剪力墙。其刚度比原框架增大许多倍。剪力墙承担大部分水平荷载，框架只承受垂直荷载，简化了框架节点构造。框剪结构普遍用于高层建筑中。

4）框架-筒体结构

利用建筑物的垂直交通、电梯、楼梯以及各种上下管道竖井集中组成封闭筒状的抗剪构件，布置在建筑物的中心，形成剪力核心。这个筒状核心，可以看成一个矗立在地面上的箱形断面悬臂梁，具有很好的刚度。

框架-筒体结构是采用密排柱与每层楼板处的较高的窗裙梁拉结而组成的一种结构。这种结构的优点是可以建造较高层的建筑物（可高达 55 层），而且可以在较大的楼层面积中取消柱子，增加了房间使用的灵活性。

框架-筒体的密排柱沿建筑物周边布置，柱距一般为 1.2～3.0m，窗裙墙梁高通常在 0.6～1.5m，宽度为 0.2～1.5m。

（2）框架建筑外墙

一般采用轻型墙板，但有时由于技术和经济等原因；以加气混凝土砌块、陶粒混凝土砌块或空心砖代替轻板。轻型墙板根据材料不同，又可分为混凝土类外墙轻板和幕墙。

五、楼板与地面

楼板是多层建筑中沿水平方向分隔上下空间的结构构件。它除了承受并传递垂直荷载和水平荷载外，还应具有一定程度的隔声、防火、防水等能力。同时，建筑物中的各种水平设备管线，也将在楼板内安装。它主要由楼板结构层、楼面面层、板底顶棚几个组成部分。

地面是指建筑物底层与土壤相接触的水平结构部分，它承受着地面上的荷载并均匀地传给地基。

1. 楼板的类型

根据楼板结构层所采用材料的不同，可分为木楼板、砖拱楼板、钢筋混凝土楼板以及压型钢板与钢梁组合的楼板等多种形式。

（1）木楼板具有自重轻、表面温暖、构造简单等优点，但不防火、不隔声，且耐久性亦较差。为节约木材，现已极少采用。

（2）砖拱楼板可以节约钢材、水泥和木材，曾在缺乏钢材、水泥的地区采用过。由于它自重大、承载能力差，且不宜用于有振动和地震烈度较高的地区，加上施工较繁琐，现已趋于不用。

（3）钢筋混凝土楼板具有强度高、刚度好、既耐久又防火，还具有良好的可塑性，且便于机械化施工等特点，是目前我国工业与民用建筑楼板的基本形式。近年来，由于压型钢板在建筑上的应用，于是出现了以压型钢板为底模的钢衬板楼板。

2. 钢筋混凝土楼板

钢筋混凝土楼板按施工方式的不同可以分为现浇整体式、预制装配式和装配整体式楼板。

（1）现浇钢筋混凝土楼板

在施工现场支模，绑扎钢筋，浇筑混凝土并养护，当混凝土强度达到规定的拆模强度，拆除模板后而形成的楼板，称为现浇钢筋混凝土楼板。

由于是现场施工又是湿作业，且施工工序多，因而劳动强度较大，施工周期相对较长，但现浇钢筋混凝土楼盖具有整体性好，平面形状可根据需要任意选择，防水、抗震性能好等优点，在一些房屋特别是高层建筑中被经常采用。

钢筋混凝土楼板主要分为板式、梁板式、井字形密肋式、无梁式四种。

1）板式楼板

整块板为一厚度相同的平板。根据周边支承情况及板平面长短边边长的比值，又可把板式楼板分为单向板、双向板和悬挑板三种。

① 单向板（长短边比值大于或等于 2、四边支承）仅短边受力，该方向所布钢筋为受力筋，另一方向所配钢筋（一般在受力筋上方）为分布筋。板的厚度一般为板的跨度的 $1/40\sim1/35$，且不小于 80mm。

② 双向板（长短边比值小于 2，四边支承）是双向受力，长边传力较小，短边受力较大。平行于短边方向所配钢筋为主要受力钢筋，并布置在板的下部。平行于长边方向所配钢筋也是受力筋，一般放在主要受力筋的上表面。双向板的厚度确定方法与单向板相同。

③ 悬挑板只有一边支承，因而其主要受力钢筋布置在板的上方，分布钢筋放在主要受力钢筋的下表面，板厚为挑长的 $1/35$，且根部厚度不小于 80mm。由于悬挑板的根部与端部承受弯矩不同，悬挑板的端部厚度比根部厚度要小些。

房屋中跨度较小的房间（如厨房、厕所、贮藏室、走廊）及雨篷、遮阳板等常采用现浇钢筋混凝土板式楼板。

2）梁板式肋形楼板

梁板式肋形楼板由主梁、次梁（肋）组成。它具有传力线路明确、受力合理的特点。当房屋的开间、进深较大，楼面承受的弯矩较大，常采用这种楼板。

① 梁板式肋形楼板的主梁沿房屋的短跨方向布置，其经济跨度为 $5\sim8m$，梁高为跨度的 $1/14\sim1/8$，梁宽为梁高的 $1/3\sim1/2$，且主梁的高与宽均应符合有关模数规定。

② 次梁与主梁垂直，并把荷载传递给主梁。主梁间距即为次梁的跨度。次梁的跨度比主梁跨度要小，一般为 $4\sim6m$，次梁高为跨度的 $1/16\sim1/12$，梁宽为梁高的 $1/3\sim1/2$，次梁的高与宽均应符合有关模数的规定。

③ 板支承在次梁上，并把荷载传递给次梁（如为双向板，则也将荷载传到主梁上）。

其短边跨度即为次梁的间距，一般为 1.7～3m，板厚一般为板跨的 1/40～1/35，常用厚度为 60～80mm，并符合模数规定。

④ 梁和板搁置在墙上，应满足规范规定的搁置长度。板的搁置长度不小于 120mm，梁在墙上的搁置长度与梁高有关，梁高小于或等于 500mm，搁置长度不小于 180mm；梁高大于 500mm 时，搁置长度不小于 240mm。通常，次梁搁置长度为 240mm，主梁的搁置长度为 370mm。值得注意的是，当梁上的荷载较大，梁在墙上的支撑面积不足时，为了防止梁下墙体因局部抗压强度不足而破坏，需设梁垫，以扩散由梁传过来的过大集中荷载。

3）井字形肋楼板

与上述梁板式肋形楼板所不同的是井字形密肋楼板没有主梁，都是次梁（肋），且肋与肋间的距离较小，通常只有 1.5～3m（也就是肋的跨度），肋高也只有 180～250mm，肋宽 120～200mm。当房间的平面形式近似正方形，跨度在 10m 以内时，常采用这种楼板。井字形密肋楼板具有顶棚整齐美观，有利于提高房屋的净空高度等优点，常用于门厅、会议厅等处。

4）无梁楼板

对于平面尺寸较大的房间或门厅，也可以不设梁，直接将板支承于柱上，这种楼板称为无梁楼板。无梁楼板分无柱帽和有柱帽两种类型。当荷载较大时，为避免楼板太厚。应采用有柱帽无梁楼板，以增加板在柱上的支承面积。无梁楼板的柱网一般布置成方形或矩形，以方形柱网较为经济，跨度一般不超过 6m，板厚通常不小于 120mm。

无梁楼板的底面平整，增加了室内的净空高度，有利于采光和通风，但楼板厚度较大，这种楼板比较适用于荷载较大、管线较多的商店和仓库等。

（2）预制装配式钢筋混凝土楼板

预制装配式钢筋混凝土楼板是在工厂或现场预制好的楼板（其尺寸一般是定型的），然后由人工或机械吊装到房屋上经注浆灌缝而成。此做法可节省模板，改善劳动条件，提高效率，缩短工期，促进工业化水平。但预制楼板的整体性不好，灵活性也不如现浇板，更不宜在楼板上穿洞。

目前，被经常选用的钢筋混凝土楼板有普通型和预应力型两类。

普通型就是把受力钢筋置于板底，并保证其有足够的保护层，浇筑混凝土，并经养护而成。由于普通板在受弯时较预应力板先开裂，使钢筋锈蚀，因而跨度较小，在建筑物中仅用作小型配件。

预应力钢筋混凝土楼板常采用先张法建立预应力，即先在张拉平台上张拉板内受力筋，使钢筋具有所需的弹性回缩力，浇筑混凝土并养护，当混凝土强度达到规定值时，剪断钢筋，由钢筋回缩力给板的受拉区施加预压力。与普通型钢筋混凝土构件相比，预应力钢筋混凝土构件可节约钢材 30%～50%，节约混凝土 10%～30%，因而被广泛采用。

1）预制钢筋混凝土板的类型

① 实心平板。预制实心平板的跨度一般较小，不超过 2.4m，如做成预应力构件，跨度可达 2.7m。板厚一般为板跨的 1/30，即 50～100mm，宽度为 600mm 或 900mm。

预制实心平板由于跨度较小，常被用作走道板、贮藏室隔板或厨房、厕所板等。它制作方便，造价低，但隔声效果不好。

② 槽形板。槽形板是由四周及中部若干根肋及顶面或底面的平板组成，属肋梁与板的组合构件。由于有肋，它的允许跨度可大些。当肋在板下时，称为正槽板。正槽板的受力较合理，但安装后顶棚因一根根肋梁而显得凹凸不平。当肋在板上时，称为反槽板。它的受力不合理，安装后楼面上有凸出板面的一根根肋梁，但天棚平整。采用反槽板楼盖时，楼面上肋与肋间可填放松散材料，再在肋上架设木地板等作地面。这种楼面具有保温、隔声等特点，常用于有特殊隔声、保温要求的建筑。

③ 空心板。空心板是将平板沿纵向抽孔而成。孔的断面形式有圆形、方形、长方形和长圆形等，其中以圆孔板最为常见。空心板与实心平板比较，在不增加混凝土用量及钢筋用量的前提下，提高截面抗弯能力，增强结构刚性。空心楼板具有自重小、用料少、强度高、经济等优点，因而在建筑中被广泛采用。

空心板的厚度尺寸视板的跨度而定，一般多为 110～240mm，宽度为 500～1200mm，跨度为 2.4～7.2m，其中较为经济的跨度为 2.4～4.2m。

2）钢筋混凝土预制板的细部构造

① 板的搁置构造。板的搁置方式有两种：一种是板直接搁置在墙上，形成板式结构；另一种是将板搁置在梁上，梁支承在墙或柱子上，形成梁板式结构。板的布置方式视结构布置方案而定。

板在墙上必须具有足够的搁置长度，一般不宜小于 100mm。为使板与墙有可靠的连接，在板安装前，应先在墙上铺设水泥砂浆，俗称坐浆，厚度不小于 10mm。板安装后，板端缝内须用细石混凝土或水泥砂浆灌缝；若为空心板，则应在板的两侧用砖块或混凝土堵孔，以防板端在搁置处被压坏，同时，也能避免板缝灌浆时细石混凝土流入孔内。空心板靠墙一侧的纵向长边应靠墙布置，并用细石混凝土将板边与墙之间的缝隙灌实。为增加建筑物的整体刚度，可用钢筋将板与墙、板与板之间进行拉结。拉结钢筋的配置视建筑物对整体刚度的要求及抗震情况而定。

板在梁上的搁置方式有两种：一是搁置在梁的顶面，如矩形梁；二是搁置在梁出挑的翼缘上，如花篮梁。后一种搁置方式，板的上表面与梁的顶面平齐，此时板的跨度尺寸是梁的中心距减去梁顶面宽度。

② 板缝的处理。为加强楼板的整体性，改善各独立铺板的工作，板的侧缝内应用细石混凝土灌实。整体性要求较高时，可在板缝内配筋，或用短钢筋与预制板的吊钩焊接在一起。

板的侧缝有 V 形缝、U 形缝、凹槽缝三种形式。

为便于施工，在进行板的布置时，一般要求板的规格、类型越少越好，通常一个房间的预制板宽度尺寸的规格不超过两种。因此，在房间的楼板布置时，板宽方向的尺寸与房间的平面尺寸之间可能会产生差额，即出现不足以排开一块板的缝隙。这时，应根据剩余缝隙大小不同，分别采取相应的措施补隙。当缝差 60mm 以内时，调整板缝宽度；当缝差在 60～120mm 时，可沿墙边挑两皮砖解决；当缝差超过 200mm，则需重新选择板的规格。

（3）装配整体式钢筋混凝土楼板

装配整体式钢筋混凝土楼板是将楼板中的部分构件预制安装后，再通过现浇的部分连接成整体。这种楼板的整体性较好，可节省模板，施工速度较快。

53

1）叠合楼板。叠合楼板是由预制板和现浇钢筋混凝土层叠合而成的装配整体式楼板。预制板既是楼板结构的组成部分，又是现浇钢筋混凝土叠合层的永久性模板，现浇叠合层内应设置负弯矩钢筋，并可在其中敷设水平设备管线。叠合楼板的预制部分，可以采用预应力实心薄板，也可采用钢筋混凝土空心板。

2）密肋填充块楼板。密肋填充块楼板的密肋小梁有现浇和预制两种。现浇密肋填充块楼板以陶土空心砖、矿渣混凝土空心块等作为肋间填充块，然后现浇密肋和面板。填充块与肋和面板相接触的部位带有凹槽，用来与现浇肋或板咬接，使楼板的整体性更好。密肋填充块楼板底面平整，隔声效果好，能充分利用不同材料的性能，节约模板，且整体性好。

3. 地面构造

地面主要由面层、垫层和基层三个基本构成组成，当它们不能满足使用或构造要求时，可考虑增设结合层、隔离层、找平层、防水层、隔声层等附加层。

（1）面层

面层是地面上表面的铺筑层，也是室内空间下部的装修层。它起着保证室内使用条件和装饰地面的作用。

（2）垫层

垫层是位于面层之下用来承受并传递荷载的部分，它起到承上启下的作用。根据垫层材料的性能，可把垫层分为刚性垫层和柔性垫层。

（3）基层

基层是地面的最下层，它承受垫层传来的荷载，因而要求它坚固、稳定。实铺地面的基层为地表回填土，它应分层夯实，其压缩变形量不得超过允许值。

六、阳台与雨篷

1. 阳台

阳台是楼房中人们与室外接触的场所。阳台主要由阳台板和栏杆扶手组成。阳台板是承重结构，栏杆扶手是安全防护的构件。阳台按其与外墙的相对位置分为挑阳台、凹阳台、半凹半凸阳台、转角阳台。

（1）阳台的承重构件

挑阳台属悬挑构件，凹阳台的阳台板常为简支板。阳台承重结构的支承方式有墙承式、悬挑式等。

1）墙承式。是将阳台板直接搁置在墙上，其板型和跨度通常与房间楼板一致。这种支承方式结构简单，施工方便，多用于凹阳台。

2）悬挑式。是将阳台板悬挑出外墙。为使结构合理、安全，阳台悬挑长度不宜过大，而考虑阳台的使用要求，悬挑长度又不宜过小，一般悬挑长度为 1.0～1.5m，以 1.2m 左右最常见。悬挑式适用于挑阳台或半凹半挑阳台，按悬挑方式不同有挑梁式和挑板式两种。

① 挑梁式。是从横墙上伸出挑梁，阳台搁置在挑梁上。挑梁压入墙内的长度一般为悬挑长度的 1.5 倍左右，为防止挑梁端部外露而影响美观，可增设边梁。阳台板的类型和跨度通常与房间楼板一致。挑梁式的阳台悬挑长度可适当大些，而阳台宽度应与横墙间距

（即房间开间）一致。挑梁式阳台应用较广泛。

② 挑板式。是将阳台板悬挑，一般有两种做法：一种是将阳台板和墙梁现浇在一起，利用梁上部的墙体或楼板来平衡阳台板，以防止阳台倾覆。这种做法阳台底部平整，外形轻巧，阳台宽度不受房间开间限制，但梁受力复杂，阳台悬挑长度受限，一般不宜超过1.2m。另一种是将房间楼板直接向外悬挑形成阳台板。这种做法构造简单，阳台底部平整，外形轻巧，但板受力复杂，构件类型增多，由于阳台地面与室内地面标高相同，不利于排水。

（2）阳台细部构造

1）阳台栏杆与扶手。阳台的栏杆（栏板）及扶手是阳台的安全围护设施，既要求能够承受一定的侧压力，又要求有一定的美观性。栏杆的形式可分为空花栏杆、实心栏杆和混合栏杆三种。

空花栏杆按材料分为金属栏杆和预制混凝土栏杆两种。金属栏杆一般采用圆钢、方钢、扁钢或钢管等。栏杆与阳台板（或边梁）应有可靠的连接，通常在阳台板顶面预埋通长扁钢与金属栏杆焊接，也可采用预留孔洞插接等方法。组合式栏杆中的金属栏杆有时须与混凝土栏板连接，其连接方法一般为预埋铁件焊接。预制混凝土栏杆与阳台板的连接，通常是将预制混凝土栏杆端部的预留钢筋与阳台板顶面的后浇混凝土挡水边坎现浇在一起，也可采用预埋铁件焊接或预留孔洞插接等方法。

栏板按材料分，有混凝土栏板、砖砌栏板等。混凝土栏板有现浇和预制两种。现浇混凝土栏板通常与阳台板（或边梁）整浇在一起，预制混凝土栏板可预留钢筋与阳台板的后浇混凝土挡水边坎浇筑在一起，或预埋铁件焊接。砖砌栏板的厚度一般为120mm，为加强其整体性，应在栏板顶部设现浇钢筋混凝土扶手，或在栏板中配置通长钢筋加固。

栏板和组合式栏杆顶部的扶手多为现浇或预制钢筋混凝土扶手。栏板或栏杆与钢筋混凝土扶手的连接方法和它与阳台板的连接方法基本相同。空花栏杆顶部的扶手除采用钢筋混凝土扶手外，对金属栏杆还可采用木扶手或钢管扶手。

2）阳台排水处理。为避免落入阳台的雨水泛入室内，阳台地面应低于室内地面30～50mm，并应沿排水方向做排水坡，阳台板的外缘设挡水边坎，在阳台的一端或两端埋设泄水管直接将雨水排出。泄水管可采用镀锌钢管或塑料管，管口外伸至少80mm。对高层建筑应将雨水导入雨水管排出。

2. 雨篷

雨篷是设置在建筑物外墙出入口的上方用以挡雨并有一定装饰作用的水平构件。雨篷的支承方式多为悬挑式，其悬挑长度一般为0.9～1.5m。按结构形式不同，雨篷有板式和梁板式两种。板式雨篷多做成变截面形式，一般板根部厚度不小于70mm，板端部厚度不小于50mm。梁板式雨篷为使其底面平整，常采用翻梁形式。当雨篷外伸尺寸较大时，其支承方式可采用立柱式，即在入口两侧设柱支承雨篷，形成门廊，立柱式雨篷的结构形式多为梁板式。

雨篷顶面应做好防水和排水处理。通常采用刚性防水层，即在雨篷顶面用防水砂浆抹面；当雨篷面积较大时，也可采用柔性防水。雨篷表面的排水有两种，一种是无组织排水。雨水经雨篷边缘自由泻落，或雨水经滴水管直接排至地表。另一种是有组织排水。雨篷表面集水经地漏、雨水管有组织地排至地下。为保证雨篷排水通畅，雨篷上表面向外侧或向滴水管处或向地漏处应做有 1% 的排水坡度。

七、楼梯

建筑空间的竖向组合交通联系，是依靠楼梯、电梯、自动扶梯、台阶、坡道以及爬梯等竖向交通设施。其中，楼梯作为竖向交通和人员紧急疏散的主要交通设施，使用最为广泛。

楼梯的宽度、坡度和踏步级数都应满足人们通行和搬运家具、设备的要求。楼梯的数量，取决于建筑物的平面布置、用途、大小及人流的多少。楼梯应设在明显易找和通行方便的地方，以便在紧急情况下能迅速安全地疏散到室外。

1. 楼梯的组成

楼梯一般由梯段、平台、栏杆扶手三部分组成。

（1）楼梯段

楼梯段是联系两个不同标高平台的倾斜构件。为了减轻疲劳，梯段的踏步步数一般不宜超过 18 级，且一般不宜少于 3 级，以防行走时踩空。

（2）楼梯平台

按平台所处位置和高度不同，有中间平台和楼层平台之分。两楼层之间的平台称为中间平台，用来供人们行走时调节体力和改变行进方向而与楼层地面标高齐平的平台称为楼层平台。楼层平台除起着与中间平台相同的作用外，还用来分配从楼梯到达各楼层的人流。

（3）栏杆与扶手

栏杆是布置在楼梯梯段和平台边缘处有一定安全保障度的围护构件。扶手一般附设于栏杆顶部，供作依扶用。扶手也可附设于墙上，称为靠墙扶手。

2. 楼梯的类型

1）按所在位置，楼梯可分为室外楼梯和室内楼梯两种。

2）按使用性质，楼梯可分为主要楼梯、辅助楼梯，疏散楼梯、消防楼梯等。

3）按所用材料，楼梯可分为木楼梯、钢楼梯、钢筋混凝土楼梯等。

4）按形式，楼梯可分为直跑式、双跑式、双分式、双合式、三跑式、四跑式、曲尺式、螺旋式、圆弧形、桥式、交叉式等数种。

楼梯的形式视使用要求、在房屋中的位置、楼梯间的平面形状而定。

3. 钢筋混凝土楼梯构造

钢筋混凝土楼梯按施工方法不同，主要有现浇整体式和预制装配式。

（1）现浇钢筋混凝土楼梯

现浇钢筋混凝土楼梯是在施工现场支模、绑扎钢筋并浇筑混凝土而形成的整体楼梯。楼梯段与休息平台整体浇筑，因而楼梯的整体刚性好，坚固耐久。现浇钢筋混凝土楼梯按楼梯段传力的特点可以分为板式和梁式两种。

1）板式楼梯。板式楼梯的梯段是一块斜放的板，它通常由梯段板、平台梁和平台板组成。梯段板承受着梯段的全部荷载，然后通过平台梁将荷载传给墙体或柱子。必要时，也可取消梯段板一端或两端的平台梁，使平台板与梯段板连为一体，形成折线形的板直接支承于墙或梁上。

近年来在一些公共建筑和庭园建筑中，出现了一种悬臂板式楼梯，其特点是梯段和平台均无支承，完全靠上下楼梯段与平台组成的空间板式结构与上下层楼板结构共同来受力，其特点为造型新颖，空间感好。

板式楼梯的梯段底面平整，外形简洁，便于支模施工。当梯断跨度不大时，常采用它。当梯段跨度较大时，梯段板厚度增加，自重较大，不经济。

2）梁式楼梯。梁式楼梯段是由斜梁和踏步板组成。当楼梯踏步受到荷载作用时，踏步为一水平受力构造，踏步板把荷载传递左右斜梁，斜梁把荷载传递给与之相连的上下休息平台梁，最后平台梁将荷载传给墙体或柱子。

梯梁通常设两根，分别布置在踏步板的两端。梯梁与踏步板在竖向的相对位置有两种，一种为明步，即梯梁在踏步板之下，踏步外露；另一种为暗步，即梯梁在踏步板之上，形成反梁，踏步包在里面。梯梁也可以只设一根，通常有两种形式，一种是踏步板的一端设梯梁，另一端搁置在墙上；另一种是用单梁悬挑踏步板。

当荷载或梯段跨度较大时，采用梁式楼梯比较经济。

（2）预制装配式式钢筋混凝土楼梯

装配式钢筋混凝土楼梯根据构件尺度的差别，大致可分为：小型构件装配式、中型构件装配式和大型构件装配式。

1）小型构件装配式楼梯。小型构件装配式楼梯是将梯段、平台分割成若干部分，分别预制成小构件装配而成。按照预制踏步的支承方式分为悬挑式、墙承式、梁承式三种。

① 悬挑式楼梯。这种楼梯的每一踏步板为一个悬挑构件，踏步板的根部压砌在墙体内，踏步板挑出部分多为 L 形断面，压在墙体内的部分为矩形断面，由于踏步板不把荷载直接传递给平台，这种楼梯不需要设平台梁，只设有平台板，因而楼梯的净空高度大。

② 墙承式楼梯。预制踏步的两端支承在墙上，荷载直接传递给两侧的墙体。墙承式楼梯不需要设梯梁和平台梁。平台板为简支空心板、实心板、槽形板等。踏步断面为 L 形或一字形。它适宜于直跑式楼梯，若为双跑楼梯，则需要在楼梯间中部砌墙，用以支承踏步。两跑间加设一道墙后，阻挡上下楼行人视线，为此要在这道隔墙上开洞。这种楼梯不利于搬运大件物品。

③ 梁承式楼梯。预制踏步支承在梯梁上，形成梁式梯段，梯梁支承在平台梁上。平台梁一般为 L 形断面。梯梁的断面形式，视踏步构件的形式而定。三角形踏步一般采用矩形梯梁；楼梯为暗步时，可采用 L 形梯梁；L 形和一字形踏步应采用锯齿形梯梁。预制踏步在安装时，踏步之间以及踏步与梯梁之间应用水泥砂浆坐浆。L 形和一字形踏步预留孔洞应与锯齿形梯梁上预埋的插铁套接，孔内用水泥砂浆填实。

2）中型及大型构件装配式楼梯。中型构件装配式楼梯一般是由楼梯段和带有平台梁的休息平台板两大构件组合而成，楼梯段直接与楼梯休息平台梁连接，楼梯的栏杆与扶手在楼梯结构安装后再进行安装。带梁休息平台形成一类似槽形板构件，在支承楼梯段的一侧，平台板肋断面加大，并设计成 L 形断面以利于楼梯段的搭接。楼梯段与现浇钢筋混凝土楼梯类似，有梁板式和板式两种。

大型构件装配式楼梯，是将楼梯段与休息平台一起组成一个构件，每层由第一跑及中间休息平台和第二跑及楼层休息平台板两大构件组合而成。

4. 楼梯的细部构造

（1）楼梯踏步面层及防滑构造

楼梯踏步面层应便于行走、耐磨、防滑并保持清洁。通常面层可以选用水泥砂浆、水磨石、大理石和防滑砖等。

为防止行人使用楼梯时滑倒，踏步表面应有防滑措施，对表面光滑的楼梯必须对踏步表面进行处理，通常是在接近踏口处设置防滑条，防滑条的材料主要有：金刚砂、马赛克、橡皮条和金属材料等。

（2）栏杆、栏板和扶手

楼梯的栏杆、栏板是楼梯的安全防护设施。它既有安全防护的作用，又有装饰作用。

1）栏杆多采用方钢、圆钢、扁钢、钢管等金属型材焊接而成，下部与楼梯段锚固，上部与扶手连接。栏杆与梯段的连接方法有：预埋件焊接、预留孔洞插接、螺栓连接。

2）栏板多由现浇钢筋混凝土或加筋砖砌体制作，栏板顶部可另设扶手，也可直接抹灰作扶手。

3）楼梯扶手可以用硬木、钢管、塑料、现浇混凝土抹灰或水磨石制作。采用钢栏杆、木制扶手或塑料扶手时，两者间常用木螺钉连接；采用金属栏杆金属扶手时，常采用焊接连接。

5. 台阶与坡道

因建筑物构造及使用功能的需要，建筑物的室内外地坪有一定的高差，在建筑物的入口处，可以选择台阶或坡道来衔接。

（1）室外台阶

室外台阶一般包括踏步和平台两部分。台阶的坡度应比楼梯小，通常踏步高度为100~150mm，宽度为300~400mm。台阶一般由面层、垫层及基层组成。面层可选用水泥砂浆、水磨石、天然石材或人造石材等块材；垫层材料可选用混凝土、石材或砖砌体；基层为夯实的土壤或灰土。在严寒地区，为了防止冻害，在基层与混凝土垫层之间应设砂垫层。

（2）坡道

考虑车辆通行或有特殊要求的建筑物室外台阶处，应设置坡道或用坡道与台阶组合。与台阶一样，坡道也应采用耐久、耐磨和抗冻性好的材料。对防滑要求较高或坡度较大时可设置防滑条或做成锯齿形。

八、门与窗

门和窗是建筑物中的围护构件。门在建筑中的作用主要是交通联系，并兼有采光、通风之用；窗的作用主要是采光和通风。门窗的形状、尺寸、排列组合以及材料，对建筑物的立面效果影响很大。门窗还要有一定的保温、隔声、防雨、防风沙等能力，在构造上，应满足开启灵活、关闭紧密、坚固耐久、便于擦洗、符合模数等方面的要求。

房间中门的最小宽度，是由人体尺寸、通过人流数及家具设备的大小决定的。门的最小宽度一般为700mm，常用于住宅中的厕所、浴室。住宅中卧室、厨房、阳台的门应考虑一人携带物品通行，卧室常取900mm，厨房可取800mm。住宅入户门考虑家具尺寸增大的趋势，常取1000mm。普通教室、办公室等的门应考虑一人正在通行，另一人侧身通行，常采用1000mm。

当房间面积较大，使用人数较多时，单扇门宽度小，不能满足通行要求，为了开启方便和少占使用面积，当门宽大于 1000mm 时，应根据使用要求采用双扇门、四扇门或者增加门的数量。双扇门的宽度可为 1200～1800mm，四扇门的宽度可为 2400～3600mm。

按照《建筑设计防火规范》的要求，当房间使用人数超过 50 人，面积超过 60m² 时，至少需设两道门。对于一些大型公共建筑如影剧院的观众厅、体育馆的比赛大厅等，由于人流集中，为保证紧急情况下人流迅速、安全的疏散，门的数量和总宽度应按 600mm/100 人宽计算，并结合人流通行方便，分别设双扇外开门于通道外，且每扇门宽度不应小于 1400mm。

1. 门、窗的类型

（1）按所用的材料分

有木、钢、铝合金、玻璃钢、塑料、钢筋混凝土门窗等种类。

1）木门窗。选用优质松木或杉木等制作。它具有自重轻，加工制作简单，造价低，便于安装等优点。但耐腐蚀性能一般，且耗用木材。

2）钢门窗。由轧制成型的型钢焊接而成，可大批生产，成本较低，又可节约木材。它具有强度大，透光率大，便于拼接组合等优点，但易锈蚀，且自重大，目前采用较少。

3）铝合金门窗。由经表面处理的专用铝合金型材制作构件，经装配组合制成。它具有高强轻质，美观耐久，透光率大，密闭性好等优点，但其价格较高。

4）塑料门窗。由工程塑料经注模制作而成。它具有密闭性好、隔声、表面光洁，不需油漆等优点，但其抗老化性能差，通常只用于洁净度要求较高的建筑。

5）钢筋混凝土门窗。主要是用预应力钢筋混凝土做成门窗框，门窗扇由其他材料制作。它具有耐久性好、价格低、耐潮湿等优点，但密闭性及表面光洁度较差。

（2）按开启方式分类

可分为平开门、弹簧门、推拉门、转门、折叠门、卷门、自动门等。窗分为平开窗、推拉窗、悬窗、固定窗等几种形式。

（3）按镶嵌材料分类

可以把窗分为玻璃窗、百叶窗、纱窗、防火窗、防爆窗、保温窗、隔声窗等几种。按门板的材料，可以把门分为镶板门、拼板门、纤维板门、胶合板门、百叶门、玻璃门、纱门等。

2. 门、窗的构造组成

（1）门的构造组成

一般门的构造主要由门樘和门扇两部分组成。门樘又称门框，由上槛、中槛和边框等组成，多扇门还有中竖框。门扇由上冒头、中冒头、下冒头和边梃等组成。为了通风采光，可在门的上部设腰窗（俗称上亮子），有固定、平开及上、中、下、悬等形式，其构造同窗扇，门框与墙间的缝隙常用木条盖缝，称门头线，俗称贴脸，门上还有五金零件，常见的有铰链、门锁、插销、拉手、停门器、风钩等。

（2）窗的构造组成

窗主要由窗樘和窗扇两部分组成。窗樘又称窗框，一般由上框、下框、中横框、中竖框及边框等组成。窗由上冒头、中冒头、下冒头及边梃组成。依镶嵌材料的不同，有玻璃窗扇、纱窗扇和百叶窗扇等。窗扇与窗框用五金零件连接，常用的五金零件有铰链、风钩、插销、拉手及导轨、滑轮等。窗框与墙的连接处，为满足不同的要求，有时加有贴脸、窗台板、窗帘盒等。

3. 木门窗构造

（1）平开木门窗构造

1）窗框。窗框的断面尺寸主要按材料的强度和接榫的需要确定，一般多为经验尺寸。窗框的安装方式有立口和塞口两种。立口是施工时先将窗框立好，后砌窗间墙；塞口则是在砌墙时先留出洞口，以后再安装窗框，为便于安装，预留洞口应比窗框外缘尺寸多 20 ～30mm。窗框的位置要根据房间的使用要求、墙身的材料及墙体的厚度确定。有窗框内平、窗框居中和窗框外平三种情况。窗框与墙间的缝隙应填塞密实，以满足防风、挡雨、保温、隔声等要求。一般情况下，洞口边缘可采用平口，用砂浆或油膏嵌缝。

2）窗扇。当窗关闭时，均嵌入窗框的裁口内。为安装玻璃的需要，窗芯、边梃、上下冒头均应设有裁口，裁口宽为 10mm，深为 12～15mm。普通窗一般都采用 3mm 厚的平板玻璃，若窗扇过大，可选用 5mm 的玻璃。

（2）平开木门的构造

1）门框。门框的断面形状与窗框类似，但由于门受到的各种冲撞荷载比窗大，故门框的断面尺寸要适当增加。门框的安装、与墙的关系与窗框相同。

2）门扇。门扇嵌入到门框中，门的名称一般以门扇的材料名称命名，门扇的名称又反映了它的构造。

① 镶板门。这是最常用的一种，一般用于建筑的外门。门扇是由骨架和门芯板组成。骨架一般由上冒头、下冒头及边挺组成。骨架中心镶填门芯板，门芯板一般厚度为 10～15mm。木板横向拼接成整块，门芯板端头与骨架裁口内缘应留有一定空隙，以防门板吸潮膨胀鼓起。

② 拼板门。拼板的四周骨架与镶板门类似，门芯板厚度为 15～20mm，竖向拼接。

③ 夹板门。夹板门采用小规格木料做成骨架，在两侧贴上纤维板或胶合板，四周再用木条封闭。

④ 百叶门、纱门。百叶门是在门扇骨架内全部或部分安装百叶片，常用于卫生间、储藏室等处。纱门是在门扇骨架内固定纱网。

九、屋顶

屋顶是房屋顶部的覆盖部分。屋顶的作用主要有两点，一是围护作用，二是承重作用。

屋顶主要由屋面面层、承重结构层、保温层、顶棚等几个部分组成。

1. 屋顶的类型

由于地域不同、自然环境不同、屋面材料不同、承重结构不同，屋顶的类型也很多。归纳起来大致可分为三大类：平屋顶、坡屋顶和曲面屋顶。

（1）平屋顶

平屋顶是指屋面坡度在 10％以下的屋顶。这种屋顶具有屋面面积小、构造简单的特点，但需要专门设置屋面防水层。这种屋顶是多层房屋常采用的一种形式。

（2）坡屋顶

坡屋顶是指屋面坡度在 10％以上的屋顶。它包括单坡、双坡、四坡、歇山式、折板式等多种形式。这种屋顶的屋面坡度大，屋面排水速度快。其屋顶防水可以采用构件自防水（如平瓦、石棉瓦等自防水）的防水形式。

（3）曲面屋顶

屋顶为曲面，如球形、悬索形、鞍形等。这种屋顶施工工艺较复杂，但外部形状独特。

2. 平屋顶的构造

与坡屋顶相比，平屋顶具有屋面面积小，减少建筑所占体积，降低建筑总高度，屋面便于上人等特点，因而被大量性建筑广泛采用。

（1）平屋顶的排水

1）平屋顶起坡方式。要使屋面排水通畅，平屋顶应设置不小于 1％的屋面坡度。形成这种坡度的方法有两种：第一是材料找坡，也称垫坡。这种找坡法是把屋顶板平置，屋面坡度由铺设在屋面板上的厚度有变化的找坡层形成。设有保温层时，利用屋面保温层找坡；没有保温层时，利用屋面找平层找坡。第二种方法是结构起坡，也称搁置起坡。把顶层墙体或圈梁、大梁等结构构件上表面做成一定坡度，屋面板依势铺设形成坡度。

2）平屋顶排水方式。可分为有组织排水和无组织排水两种方式。

3）屋面落水管的布置。屋面落水管的布置与屋面集水面积大小、每小时最大降雨量、排水管管径等因素有关。它们之间的关系可用下式表示：

$$F = 438D^2/H$$

式中　　F——单根落水管允许集水面积（水平投影面积，m^2）；

　　　　D——落水管管径（cm，采用方管时面积可换算）；

　　　　H——每小时最大降雨量（mm/h，由当地气象部门提供）。

【例 2-1】　某地 $H = 145mm/h$，落水管径 $D = 10cm$，每个落水管允许集水面积为：

$$F = (438 \times 10^2)/145 = 302.07 (m^2)$$

若某建筑的屋顶集水面积（屋顶的水平投影面积）为 $1000m^2$，则至少要设置 4 根落水管。

并不是说通过上述经验公式计算得到落水管数量后，就一定符合实际要求。在降雨量小或落水管管径较粗时，单根落水管的集水面积就大，落水管间的距离也大，天沟必然要长，由于天沟要起坡，天沟内的高差也大。很显然，过大的天沟高差，对屋面构造不利。在工程实践中，落水管间的距离（天沟内流水距离）以 10～15m 为宜。当计算间距大于适用距离时，应按适用距离设置落水管；当计算间距小于适用间距时，按计算间距设置落水管。

（2）平屋顶防水及构造

平屋顶的防水是屋顶使用功能的重要组成部分，它直接影响整个建筑的使用功能。平屋顶的防水方式根据所用材料及施工方法的不同可分为两种：柔性防水和刚性防水。

1）柔性防水平屋顶的构造。柔性防水屋顶是以防水卷材和沥青类胶结材料交替粘贴组成防水层的屋顶。常用的卷材有：沥青纸胎油毡、油纸、玻璃布、无纺布、再生橡胶卷材、合成橡胶卷材等。沥青胶结材料有：热沥青、沥青玛碲脂及各类冷沥青胶结材料。

① 卷材防水屋面。防水卷材应铺设在表面平整、干燥的找平层上，找平层一般设在

结构层或保温层上面，用 1：3 水泥砂浆进行找平，其厚度为 15～20mm。待表面干燥后作为卷材防水屋面的基层，基层不得有酥松、起砂、起皮现象。为了改善防水胶结材料与屋面找平层间的连接，加大附着力，常在找平层表面涂冷底子油一道（汽油或柴油溶解的沥青），这层冷底子油称为结合层。油毡防水是由沥青胶结材料和油毡卷材交替粘合而形成的屋面整体防水覆盖层。它的层次顺序是：沥青胶、油毡、沥青胶。由于沥青胶结在卷材的上下表面，因此沥青总是比卷材多一层。当屋面坡度小于 3% 时，卷材平行于屋脊，由檐口向屋脊一层层地铺设，各类卷材上下层应搭接，多层卷材的搭接位置应错开。为了防止屋面防水层出现龟裂现象，一是阻断来自室内的水蒸气，构造上常采取在屋面结构层上的找平层表面做隔汽层（如油纸一道，或一毡两油，或一布两胶等），阻断水蒸气向上渗透；二是在屋面防水层下保温层内设排气通道，并使通道开口露出屋面防水层，使防水层下水蒸气能直接从透气孔排出。保护层是防水层上表面的构造层。它可以防止太阳光的辐射而致防水层过早老化。对上人屋面而言，它直接承受人在屋面活动的各种作用。柔性防水顶面的保护层可选用豆石、铝银粉涂料、现浇或装配细石混凝土面层等。为防止冬季室内热量向外的过快传导，通常在屋面结构层之上、防水层之下设置保温层。保温层的材料为多孔松散材料，如膨胀珍珠岩、蛭石、炉渣等。

② 柔性防水屋面细部构造。卷材防水屋面必须特别注意各个节点的构造处理。泛水与屋面相交处应做成钝角（＞135°）或圆弧（$R=50～100mm$），防水层向垂直面的上卷高度不宜小于 250mm，常为 300mm；卷材的收口应严实，以防收口处渗水。卷材防水檐口分为自由落水、外挑檐、女儿墙内天沟等几种形式，其构造简图如图 2-5 所示。

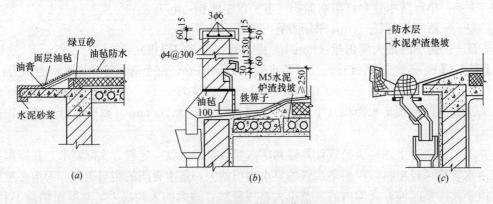

图 2-5　檐口构造示意图

当屋面采用有组织排水时，雨水需经雨水口排至落水管。雨水口分为设在挑天沟底部雨水口和设在女儿墙垂直面上的雨水口两种。雨水口处应排水通畅，不易堵塞，不渗漏。雨水口与屋面防水层交接处应加铺一层卷材，屋面防水卷材应铺设至雨水口内，雨水入口处应有挡杂物设施。

2）刚性防水平屋顶的构造。刚性防水就是防水层为刚性材料，如密实性钢筋混凝土或防水砂浆等。

① 刚性防水材料。刚性防水材料主要为砂浆和混凝土。由于砂浆和混凝土在拌合时掺水，且用水量超过水泥水化时所耗水量，混凝土内多余的水蒸发后，形成毛细孔和管网，成为屋面渗水的通道。为了改进砂浆和混凝土的防水性能，常采取加防水剂、膨胀

剂，提高密实性等措施。

②刚性防水屋面构造。刚性防水层构造包括找平层、隔汽层、保温层、隔热层，做法参照卷材屋面。防水层构造做法见表 2-1 所示。

刚性防水层做法

表 2-1

名称	编号	做　法	备　注
刚性防水层	1	40mm 厚 C30 密实性细石混凝土内配 φ4@150 双向钢筋	常用于装配式屋面
	2	40mm 厚明矾石膨胀剂混凝土	常用于现浇屋面
	3	25mm 厚防水砂浆（内掺 5％防水剂）	常用于现浇屋面

刚性防水屋面为了防止因温度变化产生无规则裂缝，通常在刚性防水屋面上设置分仓缝（也叫做分格缝）。其位置一般在结构构件的支承位置及屋面分水线处。屋面总进深在 10m 以内，可在屋脊处设一道纵向分格缝；超出 10m，可在坡面中间板缝内设一道分仓缝。横向分仓缝可每隔 6～12m 设一道，且缝口在支承墙体上方。分仓缝的宽度在 20mm 左右，缝内填沥青麻丝，上部填 20～30mm 深油膏。横向及纵向屋脊处分仓缝可凸出屋面 30～40mm；纵向非屋脊缝处应做成平缝，以免影响排水。

3. 坡屋顶的构造

所谓坡屋顶是指屋面坡度在 10％以上的屋顶。与平屋顶相比较，坡屋顶的屋面坡度大，因而其屋面构造及屋面防水方式均与平屋面不同。坡屋面的屋面防水常采用构件自防水方式，屋面构造层次主要由屋顶天棚、承重结构层及屋面面层组成。

(1) 坡屋顶的承重结构

1) 硬山搁檩。横墙间距较小的坡屋面房屋，可以把横墙上部砌成三角形，直接把檩条支承在三角形横墙上，叫做硬山搁檩。

檩条可用木材、预应力钢筋混凝土、轻钢桁架、型钢等材料。檩条的斜距不得超过 1.2m。木质檩条常选用 I 级杉圆木，木檩条与墙体交接段应进行防腐处理，常用方法是在山墙上垫上油毡一层，并在檩条端部涂刷沥青。

2) 屋架及支撑。当坡屋面房屋内部需要较大空间时，可把部分横向山墙取消，用屋架作为横向承重构件。坡屋面的屋架多为三角形，屋架可选用木材（I 级杉圆木）、型钢（角钢或槽钢）制作，也可用钢木混合制作（屋架中受压杆件为木材，受拉杆件为钢材），或钢筋混凝土制作。若房屋内部有一道或两道纵向承重墙，可以考虑选用三点支承或四点支承屋架。

为了防止屋架的倾覆，提高屋架及屋面结构的空间稳定性，屋架间要设置支撑。屋架支撑主要有垂直剪刀撑和水平系杆等。

房屋的平面有凸出部分时，屋面承重结构有两种做法：当凸出部分的跨度比主体跨度小时，可把凸出部分的椽条搁置在主体部分屋面檩条上，也可在屋面斜天沟处设置斜梁，把凸出部分椽条搭接在斜梁上。当凸出部分跨度比主体部分跨度大时，可采用半屋架。半屋架的一端支承在外墙上，另一端支承在内墙上；当无内墙时，支承在中间屋架上。对于四坡形屋顶，当跨度较小时，在四坡屋顶的斜屋脊下设斜梁，用于搭接屋面椽条；当跨度较大时，可选用半屋架或梯形屋架，以增加斜梁的支承点。

(2) 坡屋顶屋面

1）平瓦屋面

平瓦有水泥瓦和黏土瓦两种，其外形按防水及排水要求设计制作。机平瓦的外形尺寸约为 400mm×230mm，其在屋面上的有效覆盖尺寸约为 330mm×200mm。按此推算，每平方米屋面约需 15 块瓦。

平瓦屋面的主要优点是瓦本身具有防水性，不需特别设置屋面防水层，瓦块间搭接构造简单，施工方便。缺点是屋面接缝多，如不设屋面板，雨、雪易从瓦缝中飘进，造成漏水。为保证有效排水，瓦屋面坡度不得小于 1:2（26°34'）。在屋脊处需盖上鞍形脊瓦，在屋面天沟下需放上镀锌薄钢板，以防漏水。平瓦屋面的构造方式有下列几种：

① 有椽条、有屋面板平瓦屋面。在屋面檩条上放置椽条，椽条上稀铺或满铺厚度为 8～12mm 的木板（稀铺时在板面上还可铺芦席等），板面（或芦席）上方平行于屋脊方向铺干油毡一层，钉顺水条和挂瓦条，安装机制平瓦。采用这种构造方案，屋面板受力较小，因而厚度较薄。

② 屋面板平瓦屋面。在檩条上钉厚度为 15～25mm 的屋面板（板缝不超过 20mm），平行于屋脊方向铺油毡一层，钉顺水条和挂瓦条，安装机制平瓦。这种方案屋面板与檩条垂直布置，为受力构件，因而厚度较大。

③ 冷摊瓦屋面。这是一种构造简单的瓦屋面，在檩条上钉上断面 35mm×60mm、中距 500mm 的椽条，在椽条上钉挂瓦条（注意，挂瓦条间距符合瓦的标志长度），在挂瓦条上直接铺瓦。由于构造简单，它只用于简易或临时建筑。

2）波形瓦屋面

波形瓦屋面包括水泥石棉波形瓦、钢丝网水泥瓦、玻璃钢瓦、钙塑瓦、金属钢板瓦、石棉菱苦土瓦等。根据波形瓦的波浪大小又可分为大波瓦、中波瓦和小波瓦三种。波形瓦具有重量轻，耐火性能好等优点，但易折断破坏，强度较低。

波形瓦在安装时应注意下列几点：

① 波形瓦的搭接开口应背着当地主导风向；

② 波形瓦搭接时，上下搭接长度不小于 100mm，左右搭接不小于一波半；

③ 波形瓦在用瓦钉或挂瓦钩固定时，瓦钉及挂瓦钩帽下应有防水垫圈，以防瓦钉及瓦钩穿透瓦面缝隙处渗水；

④ 相邻四块瓦搭接时应将斜对的下两块瓦割角，以防止四块重叠使屋面翘曲不平，否则应错缝布置。

3）小青瓦屋面

小青瓦屋面在我国传统房屋中采用较多。目前有些地方仍然采用。小青瓦断面呈弧形，尺寸及规格不统一。铺设时分别将小青瓦仰俯铺排，覆盖成垅。仰铺瓦成沟，俯铺正盖于仰铺瓦纵间接缝处，与仰铺瓦间搭接瓦长 1/3 左右。上下瓦间的搭接长在少雨地区为搭六露四，在多雨区为搭七露三。小青瓦可以直接铺设于椽条上，也可铺于望板（屋面板）上。

（3）坡屋面的细部构造

1）檐口。坡屋面的檐口式样主要有两种：一是挑出檐口，要求挑出部分的坡度与屋面坡度一致；另一种是女儿墙檐口，要做好女儿墙内侧的防水，以防渗漏。

① 砖挑檐。砖挑檐一般不超过墙体厚度的 1/2，且不大于 240mm。每层砖挑长为 60mm。砖可以平挑出，也可把砖斜放，用砖角挑拙，挑檐砖上方瓦伸出 50mm。

② 椽木挑檐。当屋面有椽木时，可以用椽木出挑，以支承挑出部分的屋面。挑出部分的椽条，外侧可钉封檐板，底部可钉木条并油漆。

③ 屋架端部附木挑檐或挑檐木挑檐。如需要较大挑长的挑檐，可以沿屋架下弦伸出附木，支承挑出的檐口木，并在附木外侧面钉封檐饭，在附木底部做檐口吊顶。对于不设屋架的房屋，可以在其横向承重墙内压砌挑檐木并外挑，用挑檐木支承挑出的檐口。

④ 钢筋混凝土挑天沟。当房屋屋面集水面积大、檐口高度高、降雨量大时，坡屋面的檐口可设钢筋混凝土天沟，并采用有组织排水。

2）山墙。双坡屋面的山墙有硬山和悬山两种。硬山是指山墙与屋面等高或高于屋面成女儿墙。悬山是把屋面挑出山墙之外。

3）斜天沟。坡屋面的房屋平面形状有凸出部分，屋面上会出现斜天沟。构造上常采用镀锌薄钢板折成槽状，依势固定在斜天沟下的屋面板上，作为防水层。

4）烟囱泛水构造。烟囱四周应做泛水，以防止雨水的渗漏。一种做法是镀锌薄钢板泛水，将镀锌薄钢板固定在烟囱四周的预埋件上，向下披水。在靠近屋脊的一侧，薄钢板伸入瓦下，在靠近檐口的一侧，薄钢板盖在瓦面上，另一种做法是用水泥砂浆或水泥石灰麻刀砂浆做抹灰泛水。

5）檐口和落水管。坡屋面房屋采用有组织排水时，需在檐口处设檐沟，并布置落水管。坡屋面排水计算、落水管的布置数量、落水管、雨水斗、落水口等要求同平屋顶要求。坡屋面檐沟和落水管可用镀锌薄钢板、玻璃钢、石棉水泥管等材料。

4. 坡屋顶的顶棚、保温、隔热与通风

（1）顶棚

坡屋面房屋，为室内美观及保温隔热的需要，多数均设顶棚（吊顶），把屋面的结构层隐蔽起来，以满足室内使用要求。

顶棚可以沿屋架下弦表面做成平天棚，也可沿屋面坡向做成斜天棚。吊顶棚的面层材料较多，常见的有抹灰天棚（板条抹灰、芦席抹灰等）、板材天棚（纤维板顶棚、胶合板顶棚、石膏板顶棚等）。

顶棚的骨架主要有：主吊顶筋（主搁栅）与屋架或檩条拉结；天棚龙骨（次搁栅）与主吊顶筋连接。按材质，顶棚骨架又可分为木骨架、轻钢骨架等。

（2）坡屋面的保温

当坡屋面有保温要求时，应设置保温层。若屋面设有吊顶，保温层可铺设于吊顶棚的上方；不设吊顶时，保温层可铺设于屋面板与屋面面层之间。保温层材料可选用木屑、膨胀珍珠岩、玻璃棉、矿棉、石灰稻壳、柴泥等。

（3）坡屋面的隔热与通风

坡屋面的隔热与通风有以下几种方法：

1）做通风屋面。把屋面做成双层，从槽口处进风，屋脊处排风，利用空气的流动，带走屋面的热量，以降低屋面的温度。

2）吊顶隔热通风。吊顶层与屋面之间有较大的空间，通过在坡屋面的槽口下，山墙处或屋面上设置通风窗，使吊顶层内空气有效流通。带走热量，降低室内温度。

十、装饰

建筑主体工程构成了建筑物的骨架，装饰后的建筑物则能够完善建筑设计的构想，甚至弥补某些不足，使建筑物最终以丰富、完美的面貌呈现在人们面前。

1. 装饰构造的类别

装饰构造的分类方法很多，这里着重介绍按装饰的位置不同如何进行分类。

（1）墙面装饰

墙面装饰也称饰面装修，分为室内和室外两部分，是建筑装饰设计的重要环节。它对改善建筑物的功能质量、美化环境等都有重要作用。墙面装饰有保护改善墙体的热功能性，美观方面的功能。

（2）楼地面装饰

楼地面的构造前面已有论述，以下着重讲解属于装饰范畴的面层构造。楼面和地坪的面层，在构造上做法基本相同，对室内装修而言，两者可统称地面。它是人们日常生活、工作、学习必须接触的部分，也是建筑中直接承受荷载，经常受到摩擦、清扫和冲洗的部分。

（3）顶棚（天花）装饰

顶棚的高低、造型、色彩、照明和细部处理，对人们的空间感受具有相当重要的影响。顶棚本身往往具有保温、隔热、隔声、吸声等作用，此外人们还经常利用顶棚来处理好人工照明、空气调节、音响、防火等技术问题。

2. 墙体饰面装修构造

按材料和施工方式的不同，常见的墙体饰面可分为抹灰类、贴面类、涂料类、裱糊类和铺钉类等。

饰面装修一般由基层和面层组成，基层即支托饰面层的结构构件或骨架，其表面应平整，并应有一定的强度和刚度。饰面层附着于基层表面，起美观和保护作用，它应与基层牢固结合，且表面需平整均匀。通常将饰面层最外表面的材料，作为饰面装修构造类型的命名。

（1）抹灰类

抹灰类墙面是指用石灰砂浆、水泥砂浆、水泥石灰混合砂浆、聚合物水泥砂浆、膨胀珍珠岩水泥砂浆，以及麻刀灰、纸筋灰、石膏灰等作为饰面层的装修做法。它主要的优点在于材料的来源广泛、施工操作简便和造价低廉。但也存在着耐久性差、易开裂、湿作业量大、劳动强度高、工效低等缺点。一般抹灰按质量要求分为普通抹灰、中级抹灰和高级抹灰三级。

为保证抹灰层与基层连接牢固，表面平整均匀，避免裂缝和脱落，在抹灰前应将基层表面的灰尘、污垢、油渍等清除干净，并洒水湿润。同时还要求抹灰层不能太厚，并分层完成。普通标准的抹灰一般由底层和面层组成；装修标准较高的房间，当采用中级或高级抹灰时，还要在面层与底层之间加一层或多层中间层。

（2）贴面类

贴面类是指利用各种天然石材或人造板、块，通过绑、挂或直接粘贴于基层表面的饰面做法。这类装修具有耐久性好、施工方便、装饰性强、质量高、易于清洗等优点。常用的贴面材料有陶瓷面砖、马赛克，以及水磨石、水刷石、剁斧石等水泥预制板和天然的花岗石、大理石板等。其中，质地细腻的材料常用于室内装修，如瓷砖、大理石板等。而质感粗放的材料，如陶瓷面砖、马赛克、花岗石板等，多用作室外装修。

1）陶瓷面砖、马赛克类装修。对陶瓷面砖、马赛克等尺寸小、重量轻的贴面材料，可用砂浆直接粘贴在基层上。在做外墙面时，其构造多采用 10～15mm 厚 1∶3 水泥砂浆打底找平，用 8～10mm 厚 1∶1 水泥细砂浆粘贴各种装饰材料。粘贴面砖时，常留 13mm 左右的缝隙，以增加材料的透气性，并用 1∶1 水泥细砂浆勾缝。在做内墙面时，多用 10～15mm 厚 1∶3 水泥砂浆或 1∶1∶6 水泥石灰混合砂浆打底找平，用 8～10mm 厚 1∶0.3∶3 水泥石灰砂浆粘贴各种贴面材料。

2）天然或人造石板类装修。这类贴面的平面尺寸一般为 500mm×500mm、600mm×600mm、600mm×800mm 等，厚度一般为 20mm。由于每块板重量较大，不能用砂浆直接粘贴，而多采用绑或挂的做法。

（3）涂料类

涂料类是指利用各种涂料敷于基层表面，形成完整牢固的膜层，起到保护墙面和美观的一种饰面做法，是饰面装修中最简便的一种形式。它具有造价低、装饰性好、工期短、工效高、自重轻，以及施工操作、维修、更新都比较方便等特点，是一种具有发展前途的装饰材料。

建筑材料中涂料品种很多，选用时应根据建筑物的使用功能、墙体周围环境、墙身不同部位，以及施工和经济条件等，选择附着力强、耐久、无毒、耐污染、装饰效果好的涂料。例如，用于外墙面的涂料，应具有良好的耐久、耐冻、耐污染性能。内墙涂料除应满足装饰要求外，还应有一定的强度和耐擦洗性能。炎热多雨地区选用的涂料，应有较好的耐水性、耐高温性和防霉性。寒冷地区则对涂料的抗冻性要求较高。

涂料按其成膜物的不同可分无机涂料和有机涂料两大类。无机涂料包括石灰浆、大白浆、水泥浆及各种无机高分子涂料，如 JH80-1 型、JHN84-1 和 F832 型等。有机涂料依其稀释剂的不同，分溶剂型涂料、水溶性涂料和乳胶涂料，如 812 建筑涂料、106 内墙涂料及 PA-l 型乳胶涂料等。设计中，应充分了解涂料的性能特点，合理、正确地选用。

（4）裱糊类

裱糊类是将各种装饰性墙纸、墙布等卷材横糊在墙面上的一种饰面做法。依面层材料的不同，有塑料面墙纸（PVC 墙纸）、纺织物面墙纸、金属面墙纸及天然木纹面墙纸等。墙布是指可以直接用作墙面装饰材料的各种纤维织物的总称。包括印花玻璃纤维墙面布和锦缎等材料。

墙纸或墙布的裱贴，是在抹灰的基层上进行，它要求基层表面平整、阴阳角顺直。

（5）铺钉类

铺钉类指利用天然板条或各种人造薄板借助于钉、胶粘等固定方式对墙面进行的饰面做法。选用不同材质的面板和恰当的构造方式，可以使这类墙面具有质感细腻，美观大方，或给人以亲切感等不同的装饰效果。同时，还可以改善室内声学等环境效果，满足不同的功能要求。铺钉类装修是由骨架和面板两部分组成，施工时先在墙面上立骨架（墙筋），然后在骨架上铺钉装饰面板。

骨架有木骨架和金属骨架，木骨架截面一般为 50mm×50mm，金属骨架多为槽形冷轧薄钢板。常见的装饰面板有硬木条（板）、竹条、胶合板、纤维板、石膏板、钙塑板及各种吸声墙板等。面板在木骨架上用圆钉或木螺钉固定，在金属骨架上一般用自攻螺钉固定。

3. 楼地面装饰构造

地面的材料和做法应根据房间的使用要求和装修要求并结合经济条件加以选用。地面按材料形式和施工方式可分为四大类，即整体浇筑地面、板块地面、卷材地面和涂料地面。

（1）整体浇筑地面

整体浇筑地面是指用现场浇筑的方法做成整片的地面。按地面材料不同有水泥砂浆面、水磨石地面、菱苦土地面等。

1）水泥砂浆地面。水泥砂浆地面通常是用水泥砂浆抹压而成。一般采用1：2.5的水泥砂浆一次抹成，即单层做法，但厚度不宜过大，一般为15～20mm。水泥砂浆地面构造简单，施工方便，造价低，且耐水，是目前应用最广泛的一种低档地面做法。但地面易起灰，无弹性，热传导性高，且装饰效果较差。

2）水磨石地面。水磨石地面是用水泥作胶结材料、大理石或白云石等中等硬度石料的石屑作骨料而形成的水泥石屑浆浇抹硬结后，经磨光打蜡而成。水磨石地面的常见做法是先用15～20mm厚1：3水泥砂浆找平，再用10～15mm厚1：1.5或1：2的水泥石屑浆抹面，待水泥凝结到一定硬度后，用磨光机打磨，再由草酸清洗，打蜡保护。水磨石地面坚硬、耐磨、光洁，不透水，不起灰，它的装饰效果也优于水泥砂浆地面，但造价高于水泥砂浆地面，施工较复杂，无弹性，吸热性强，常用于人流量较大的交通空间和房间。

3）菱苦土地面。菱苦土地面是用菱苦土、锯末、滑石粉和矿物颜料干拌均匀后，加入氯化镁溶液调制成胶泥，铺抹压光，硬化稳定后，用磨光机磨光打蜡而成。

菱苦土地面易于清洁，有一定弹性，热工性能好，适用于有清洁、弹性要求的房间。由于这种地面不耐水、也不耐高温，因此，不宜用于经常有水存留及地面温度经常处在35℃以上的房间。

（2）板块地面

板块地面是指利用板材或块材铺贴而成的地面。按地面材料不同有陶瓷板块地面、石板地面、塑料板块地面和木地面等。

1）陶瓷板块地面。用作地面的陶瓷板块有陶瓷锦砖和缸砖、陶瓷彩釉砖、瓷质无釉砖等各种陶瓷地砖。陶瓷锦砖（又称马赛克）是以优质瓷土烧制而成的小块瓷砖，它有各种颜色、多种几何形状，并可拼成各种图案。

缸砖是用陶土烧制而成，可加入不同的颜料烧制成各种颜色，以红棕色缸砖最常见。

陶瓷彩釉砖和瓷质无釉砖是较理想的新型地面装修材料，其规格尺寸一般较大，如200mm×200mm、300mm×300mm等。

陶瓷板块地面的特点是坚硬耐磨、色泽稳定，易于保持清洁，而且具有良好的耐水和耐酸碱腐蚀的性能，但造价偏高，一般适用于用水的房间及有腐蚀的房间。

2）石板地面。石板地面包括天然石地面和人造石地面。

天然石有大理石和花岗石等。天然大理石色泽艳丽，具有各种斑驳纹理，可取得较好的装饰效果。大理石板的规格尺寸一般为300mm×300mm～500mm×500mm，厚度为

20~30mm。天然石地面具有较好的耐磨、耐久性能和装饰性，但造价较高。

人造石板有预制水磨石板、人造大理石板等，价格低于天然石板。

3）塑料板块地面。随着石油化工业的发展，塑料地面的应用日益广泛。塑料地面材料的种类很多，目前聚氯乙烯塑料地面材料应用最广泛。它是以聚氯乙烯树脂为主要胶结材料，添加增塑剂、填充料、稳定剂、润滑剂和颜料等经塑化热压而成。可加工成块材，也可加工成卷材，其材质有软质和半硬质两种。目前在我国应用较多的是半硬质聚氯乙烯块材，其规格尺寸一般为 100mm×100mm～500mm×500mm，厚度为 1.5～2.0mm。

4）木地面。木地面按构造方式有空铺式和实铺式两种。

空铺式木地面是将支承木地板的搁栅架空搁置，使地板下有足够的空间便于通风，以保持干燥，防止木板受潮变形或腐烂。空铺式木地面构造复杂，耗费木材较多，因而采用较少。

实铺式木地面有铺钉式和粘贴式两种做法。铺钉式实铺木地面是将木搁栅搁置在混凝土垫层或钢筋混凝土楼板上的水泥砂浆或细石混凝土找平层上，在搁栅上铺钉木地板。粘贴式实铺木地面是将木地板用沥青胶或环氧树脂等粘结材料直接粘贴在找平层上，若为底层地面，则应在找平层上做防潮层，或直接用沥青砂浆找平。

木地板有普通木地板、硬木条形地板和硬木拼花地板等。

木地面具有良好的弹性、吸声能力和低吸热性，易于保持清洁。但耐火性差，保养不善时易腐朽，且造价较高。

（3）卷材地面

卷材地面是用成卷的卷材铺贴而成。常见的地面卷材有软质聚氯乙烯塑料地毡、油地毡、橡胶地毡和地毯等。

（4）涂料地面

涂料地面是利用涂料涂刷或涂刮而成。它是水泥砂浆地面的一种表面处理形式，用以改善水泥砂浆地面在使用和装饰方面的不足。地面涂料品种较多，有溶剂型、水溶性和水乳型等地面涂料。

为保护墙面，防止外界碰撞损坏墙面，或擦洗地面时弄脏墙面，通常在墙面靠近地面处设踢脚线（又称踢脚板），踢脚线的材料一般与地面相同，故可看作是地面的一部分，即地面在墙面上的延伸部分，踢脚线通常凸出墙面，也可与墙面平齐或凹进墙面，其高度一般为 120～150mm。

4. 顶棚装饰构造

一般顶棚多为水平式。但根据房间用途不同，顶棚可做成弧形、凹凸形、高低形、折线形等。依构造方式不同。顶棚有直接式顶棚和悬吊式顶棚之分。

（1）直接式顶棚

直接式顶棚系指直接在钢筋混凝土楼板下喷、刷、粘贴装修材料的一种构造方式。多用于大量性工业与民用建筑中，直接式顶棚装修常用的方法有以下几种：直接喷、刷涂料、抹灰装修、贴面式装修。

（2）悬吊式顶棚

悬吊式顶棚又称吊天花，简称吊顶。在现代建筑中，为提高建筑物的使用功能，除照明、给水排水管道、煤气管需安装在楼板层中外，空调管、灭火喷淋、感知器、广播设备等管线及其装置，均需安装在顶棚上。为处理好这些设施，往往必须借助于吊顶棚来解决。

吊顶依所采用材料、装修标准以及防火要求的不同有木质骨架和金属骨架之分。

十一、工业化建筑的概念

建筑工业化是以现代化的科学技术手段，把分散落后的手工业生产方式转变为集中、先进的现代化工业生产方式，从而加快速度，降低劳动强度，提高生产效率和施工质量。建筑工业化的基本特征是设计标准化，构件生产工厂化，施工机械化，组织管理科学化。

工业化建筑体系是一个完整的建筑生产过程，即把房屋作为一种工业产品，根据工业化生产原则，包括设计、生产、施工和组织管理等在内的建造房屋全过程配套的一种方式。工业化建筑体系分为专用体系和通用体系两种。专用体系是以某种房屋进行定型，再以这种定型房屋为基础进行房屋的构配件配套的一种建筑体系。专用体系采用标准化设计，房屋的构配件、连接方法等都是定型的，因而规格类型少，有利于大批量生产，且生产效率较高。但缺少与其他体系配合的通用性和互换性。通用体系是以房屋构配件进行定型，再以定型的构配件为基础进行多样化房屋组合的一种建筑体系。通用体系的房屋定型构配件可以在各类建筑中互换使用，具有较大的灵活性，可以满足多方面的要求，做到建筑多样化。

民用建筑工业化通常是按建筑结构类型和施工工艺的不同来划分体系的，工业化建筑的结构类型主要为剪力墙结构和框架结构。施工工艺的类型主要为预制装配式、工具模板式以及现浇与预制相结合式等。

1. 预制装配式

预制装配式是在加工厂生产预制构件，用各种车辆将构件运至施工现场，在现场用吊装机械进行安装。这种方法的优点是：生产效率高，构件质量好，受季节影响小，可以均衡生产。缺点是：生产基地一次性投资大，在建造量不稳定的情况下，预制厂的生产能力不能充分发挥。这条途径包括以下建筑类型：

(1) 砌块建筑

这是装配式建筑的初级阶段，它具有适应性强、生产工艺简单、技术效果良好、造价低等特点。砌块按其重量大小可分为大型砌块（350kg 以上）、中型砌块（20～350kg）和小型砌块（350kg 以下）。砌块应注意就地取材和采用工业废料，如粉煤灰、煤矸石、炉渣、矿渣等。我国的南方和北方广大地区均采用砌块来建造民用和工业房屋。

(2) 大板建筑

这是装配式建筑的主导做法。它将墙体、楼板等构件均做成预制板，在施工现场进行拼装，形成不同的建筑。北方地区以北京、沈阳等地的大板住宅，南方地区以南宁的空心大板住宅效果最好。

(3) 框架建筑

这种建筑的特点是采用钢筋混凝土的柱、梁、板制作承重骨架，外墙及内部隔墙采用加气混凝土、镀锌薄钢板、铝板等轻质板材建造。它具有自重轻、抗震性能好、布局灵活、容易获得大开间等优点，它可以用于各类建筑中。

(4) 盒子结构

这是装配化程度最高的一种形式。它以"间"为单位进行预制，分为六面体、五面体、四面体盒子。可以采用钢筋混凝土、铝材、木材、塑料等制作。

2. 工具模板式及现浇与预制相结合方式

这种承重墙、板采用大块模板、台模、滑升模板、隧道模等现场浇筑，而一些非承重构件仍采用预制方法。这种做法的优点是：所需生产基地一次性投资比全装配少，适应性大，节省运输费用，结构整体性好。缺点是：耗用工期比全装配长。这种方式包括以下几种类型：

（1）大模板建筑

不少国家在现场施工时均采用大模板。这种做法的特点是内墙现浇，外墙采用预制板、砌筑砖墙和浇筑混凝土。它的主要特点是造价低，抗震性能好。缺点是：用钢量大，模板消耗较大。

（2）滑升模板

这种做法的特点是在浇筑混凝土的同时提升模板。采用滑升模板可以建造烟囱、水塔等构筑物，也可以建造高层住宅。它的优点是：减轻劳动强度，加快施工进度，提高工程质量，降低工程造价。缺点是：需要配置成套设备，一次性投资较大。

（3）隧道模板

这是一种特制的三面模板，拼装起来后，可以浇筑墙体和楼板，使之成为一个整体。采用隧道模可以建造住宅或公共建筑。

（4）升板升层

这种做法的特点是：先立柱子，然后在地坪上浇筑楼板、屋顶板，通过特制的提升设备进行提升。只提升楼板的叫做"升板"，在提升楼板的同时，连墙体一起提升的叫做"升层"。升板升层的优点是节省施工用地，少用建筑机械。

第二节 工 程 材 料

一、概述

1. 土木建筑工程材料的分类

土木建筑工程材料的品种繁多，性质各异，用途也不同，为了便于应用，工程中常从不同角度对其作出分类。

（1）按基本成分分类

1）有机材料。以有机物构成的材料，包括天然有机材料（如木材）、人工合成有机材料（如塑料）等。

2）无机材料。以无机物构成的材料，包括金属材料（如钢材）、非金属材料（如水泥）等。

3）复合材料。有机-无机复合材料（如玻璃钢等），金属-非金属复合材料（如钢纤维混凝土）。复合材料得以发展及大量应用，其原因在于它能够克服单一材料的弱点，发挥复合后材料的综合优点，满足了当代土木建筑工程对材料的要求。

（2）按功能分类

1）结构材料。承受荷载作用的材料，如构筑物的基础、柱、梁所用的材料。

2）功能材料。具有其他功能的材料，如起围护作用的材料；起防水作用的材料；起装饰作用的材料；起保温隔热作用的材料等。

（3）按用途分类

包括：建筑结构材料；桥梁结构材料；水工结构材料；路面结构材料；建筑墙体材料；建筑装饰材料；建筑防水材料；建筑保温材料等。

2. 土木建筑工程材料的物理力学性质

（1）材料的物理状态参数

1）密度

材料在绝对密实状态下单位体积的重量（法定量应为"质量"，在工程中仍习惯称为"重量"，以下同样情况不另注明），称为密度，公式表示如下：

$$\rho = m/V$$

式中　ρ——材料的密度（g/cm^3）；

　　m——材料在干燥状态下的重量（g）；

　　V——材料在绝对密实状态下的体积（cm^3）。

所谓绝对密实状态下的体积，是指不包括材料内部孔隙的固体物资的实体积。

常用的土木建筑工程材料中，除钢、玻璃、沥青等可认为不含孔隙外，绝大多数均或多或少含有孔隙。测定含孔隙材料绝对密实体积的简单方法，是将该材料磨成细粉，干燥后用排液法测得的粉末体积，即为绝对密实体积。由于磨得越细，内部孔隙消除得越完全，测得的体积也就越精确，因此，一般要求细粉的粒径至少小于 0.20mm。

2）表观密度

材料在自然状态下的单位体积的重量，称为表观密度（原称容量），公式表示如下：

$$\rho_0 = m/V_0$$

式中　ρ_0——材料的表观密度（kg/m^3）；

　　m——材料的重量（kg）；

　　V_0——材料在自然状态下的体积（m^3）。

所谓自然状态下的体积，是指包括材料实体积和内部孔隙的外观几何形状的体积。测定材料自然状态体积的方法较简单，若材料外观形状规则，可直接度量外形尺寸，按几何公式计算。若外观形状不规则，可用排液法求得，为了防止液体由孔隙渗入材料内部而影响测值，应在材料表面涂蜡。

另外，材料的表观密度与含水状况有关。材料含水时，重量要增加，体积也会发生不同程度的变化。因此，一般测定表观密度时，以干燥状态为准，而对含水状态下测定的表观密度，须注明含水情况。

3）堆积密度

颗粒材料在堆积状态下单位体积的重量，称为堆积密度，公式表示如下：

$$\rho_0' = m/V_0'$$

式中　ρ_0'——散粒材料的堆积密度（kg/m^3）；

　　m——散粒材料的重量（kg）；

　　V_0'——散粒材料的自然堆积体积（m^3）。

散粒材料堆积状态下的外观体积，既包含了颗粒自然状态下的体积，又包含了颗粒之间的空隙体积。散粒材料的堆积体积用所填充满的容器的标定容积来表示。散粒材料的堆积方式是松散的，为自然堆积；也可以是捣实的，为紧密堆积。由紧密堆积测试得到的是紧密堆积密度。

4）孔（空）隙率

孔隙率是指材料体积内孔隙体积所占的比例，用下式表示：

$$P = (V_0 - V)/V_0 \times 100\% = (1 - \rho_0/\rho) \times 100\%$$

式中　P——孔（空）隙率（%）。

散状颗粒材料在自然堆积状态时，颗粒间空隙体积占总体积的比率，称为空隙率。

5）密实度

密实度是指材料体积内被固体物质所充实的程度，用下式表示：

$$D = V/V_0 \times 100\% = \rho_0/\rho \times 100\%$$

式中　D——密实度（%）。

密实度和孔隙率两者之和为1，两者均反映了材料的密实程度，通常用孔隙率来直接反映材料密实程度。孔隙率的大小对材料的物理性质和力学性质均有影响，而孔隙特征、孔隙构造和大小对材料性能影响较大。按构造分为封闭孔隙（与外界隔绝）和连通孔隙（与外界连通）；按孔隙的尺寸大小分为粗大孔隙、细小孔隙、极细微孔隙。孔隙率小，并有均匀分布闭合小孔的材料，建筑性能好。

（2）材料与水有关的性质

1）吸湿性和吸水性

①吸湿性。

材料在潮湿空气中吸收水气的能力称为吸湿性。反之，在干燥空气中会放出所含水分，为还湿性。材料吸湿性的大小用含水率表示，按下式计算材料的含水率。

$$\omega_{wc} = (M_{湿} - M)/M \times 100\%$$

式中　$M_{湿}$——材料吸收空气中的水气后的质量（g）；

　　　M——材料烘干到恒重时的质量（g）。

材料含水率大小，除与材料本身组织、结构和成分有关外，还与周围环境的湿度、温度有关。当气温低、相对湿度大时，材料的含水率也大。材料的含水率与外界湿度一致时的含水率称为平衡含水率。平衡含水率并不是不变的，它随环境的温度和湿度的变化而改变。当材料的吸水达到饱和状态时的含水率即为材料的吸水率。材料的开口微孔越多，吸湿性越强。

②吸水性。材料在水中吸收水分的能力称为吸水性。吸水性的大小用吸水率表示。吸水率分质量吸水率和体积吸水率，按下式计算材料的吸水率

质量吸水率为

$$\omega_{wa} = (M_1 - M)/M \times 100\%$$

体积吸水率为

$$\omega_{wa体} = (M_1 - M)/V_0 \times (1/\rho_w) \times 100\%$$

式中　M_1——材料吸水饱和后的质量（g）；

　　　ρ_w——水在常温下的密度，一般 $\rho_w = 1\text{g/cm}^3$；

V_o——干燥材料在自然状态下的体积（cm³）。

材料吸水率的大小与材料孔隙率和孔隙特征有关。具有细微而连通孔隙的材料吸水率大，具有封闭孔隙的材料吸水率小。当材料有粗大的孔隙时，水分不易存留，这时吸水率也小。

轻质材料，如海绵、塑料泡沫等，可吸收水分的质量远大于干燥材料的质量，这种情况下，吸水率一般要用体积吸水率表示。

2）耐水性

材料的耐水性是指材料在长期的饱和水作用下不破坏，其强度也不显著降低的性质。有孔材料的耐水性用软化系数表示，按下式计算材料的软化系数 K_r：

$$K_r = f_b/f_g$$

式中　f_b——材料在水饱和状态下的抗压强度（MPa）；

　　　f_g——材料在干燥状态下的抗压强度（MPa）。

材料的软化系数 K_r 在 0～1 之间波动。因为材料吸水，水分渗入后，材料内部颗粒间的结合力减弱，软化了材料中的不耐水成分，致使材料强度降低。所以材料处于同一条件时，一般而言吸水后的强度比干燥状态下的强度低。软化系数越小，材料吸水饱和后强度降低越多，耐水性越差。对重要工程及长期浸泡或潮湿环境下的材料，要求 K_r＞0.85，对于受湿较轻或次要结构的材料，要求 K_r＞0.75。通常把 K_r＞0.85 的材料称为耐水材料。

3）抗渗性

材料的抗渗性是指其抵抗压力水渗透的性质。材料的抗渗性常用渗透系数或抗渗等级表示。渗透系数按照达西定律以下式表示为：

$$K = Qd/AtH$$

式中　K——渗透系数（cm/h）；

　　　Q——渗水总量（cm³）；

　　　A——渗水面积（cm²）；

　　　d——试件厚度（cm）；

　　　t——渗水时间（h）；

　　　H——静水压力水头（cm）。

抗渗等级（记为 P）是以规定的试件在标准试验条件下所能承受的最大水压力（MPa）来确定。

材料的渗透系数越小或抗渗等级越高，其抗渗性能越好。材料抗渗性的好坏，与材料的孔隙率及其特征有密切关系。孔隙率小而且是封闭孔隙的材料，具有较高的抗渗性能。对于经常受到压力水作用的地下建筑物或水工构筑物，要求材料具有一定的抗渗性。

4）抗冻性

抗冻性是指材料在吸水饱和状态下，抵抗多次冻结和融化作用而不破坏，同时也不严重降低强度的性质，用抗冻等级（记为 F）表示。

冰冻的破坏作用是由材料孔隙内的水分结冰引起的。水结冰时体积增大 9% 左右，从而对孔壁产生压力而使孔壁开裂。"抗冻等级"表示材料经过规定的冻融次数，其质量损失、强度降低均不低于规定值，也无明显损坏和剥落，则此冻融循环次数即为抗冻等级。

如混凝土抗冻等级 F15 是指所能承受的最大冻融次数是 15 次（在－15℃的温度冻结后，在 20℃的水中融化，为一次冻融循环），这时强度损失率不超过 25%，质量损失不超过 5%。显然，冻融循环次数越多，抗冻等级越高，抗冻性越好。在寒冷地区和环境中的结构设计和材料选用，必须考虑到材料的抗冻性能。

（3）材料的力学性质

1）材料的强度与比强度

①强度。强度是指在外力（荷载）作用下材料抵抗破坏的能力。当材料承受外力时，内部产生应力，外力逐渐增加，应力也相应增大，直到材料内部质点间的作用力不再能够抵抗这种应力时，材料即破坏，此时的极限应力就是材料的强度。

材料在土木建筑工程中所承受的外力，主要有压、拉、剪、弯和扭五种，因此，材料抵抗外力破坏的强度也分为抗压、抗拉、抗剪、抗弯和抗扭五种。上述强度都指在静力试验下测得的，又称为静力强度。

②比强度。比强度是按单位质量计算的材料的强度，其值等于材料强度与其表观密度之比，是衡量材料轻质高强性能的重要指标。如普通混凝土 C30 的比强度（0.0125）低于Ⅱ级钢（HRB335）的比强度（0.043），说明这两种材料相比时，混凝土显出质量大而强度低的弱点，应向轻质高强方向改进配制技术。

2）材料的弹性与塑性

弹性是指材料在外力作用下产生变形，当外力去除后，能完全恢复原来形状的性质。这种可恢复的变形属可逆变形，称为弹性变形。若去除外力，材料仍保持变形后的形状和尺寸，且不产生裂缝的性质，称为塑性，此种不可恢复的变形称为塑性变形。

材料在弹性范围内，其应力与应变之间的关系符合如下的虎克定律：

$$\sigma = E\varepsilon$$

式中　σ——应力（MPa）；

　　　ε——应变；

　　　E——弹性模量（MPa）。

弹性模量是材料刚度的度量，反映了材料抵抗变形的能力，是结构设计中的主要参数之一。

土木建筑工程中有不少材料称为弹塑性材料，它们在受力时，弹性变形和塑性变形会同时发生，外力去除后，弹性变形恢复，塑性变形保留。如混凝土，既具有弹性变形，又具有塑性变形。

3）材料的脆性和韧性

脆性是指材料在外力作用下，无显示塑性变形而突然破坏的性质。具有这种性质的材料称为脆性材料。

材料在冲击或振动荷载作用下，能吸收较大的能量，产生一定的变形而不破坏的性质，称为韧性或冲击韧性。

二、钢材、木材、水泥

1. 钢材

这里所涉及的钢材是指用于土木建筑工程中钢结构的各种型材（如圆钢、角钢、工字钢等）、钢板、管材和用于钢筋混凝土中的各种钢筋、钢丝等。将生铁在炼钢炉中冶炼，将含碳量降低到 2% 以下，并使其杂质控制在指定范围即得到钢。钢锭（或钢坯）经过压力加工（轧制、挤压、拉拔等）及相应的工艺处理后得到钢材。

钢材具有良好的技术性质，能承受较大的弹塑性变形，加工性能好，因此在土木建筑工程中被广泛采用。

（1）钢材分类

1）钢按化学成分

可分为碳素钢和合金钢两大类。碳素钢中除铁和碳外，还含有在冶炼中难以除净的少量硅、锰、磷、硫、氧和氮等。其中磷、硫、氧和氮等对钢材性能产生不利影响，为有害杂质。碳素钢按含碳量可分为：低碳钢（含碳小于 0.25%）、中碳钢（含碳 0.25%~0.6%）、高碳钢（含碳大于 0.6%）。

合金钢中含有一种或多种特意加入或超过碳素钢限量的化学元素，如锰、硅、矾、钛等，这些元素称为合金元素。合金元素用于改善钢的性能，或者使其获得某些特殊性能。合金元素总含量小于 5% 为低合金钢；5%~10% 为中合金钢；大于 10% 为高合金钢。

2）钢按用途分类

可分为结构钢、工具钢和特殊性能钢（如不锈钢、耐热钢、耐酸钢等）。

3）钢按脱氧程度不同分类

脱氧充分者为镇静钢和特殊镇静钢（代号 Z 及 TZ）；脱氧不充分者为沸腾钢（F）；介于二者之间为半镇静钢（B）。

土木建筑工程中所使用的钢材大多为普通碳素结构钢的低碳钢和属普通钢一类的低合金结构钢。

（2）钢材的力学性能与工艺性能

1）抗拉性能

抗拉性能是钢材的最重要性能，在设计和施工中广泛使用。表征拉抗性能的技术指标是由拉力试验测定的屈服点、抗拉强度和伸长率。低碳钢（软钢）受拉的应力—应变图能够较好地解释这些重要的技术指标，如图 2-6 所示。

① 屈服点。当试件拉力在 OB 范围内时，如卸去拉力，试件能恢复原状，应力与应变的比值为常数，因此，该阶段被称为弹性阶段。当对试件的拉伸进入塑性变形的屈服阶段 BC 时，称屈服下限 $C_{\text{下}}$ 所对应的应力为屈服强度或屈服点，记作 σ。设计时，一般以 σ_s 作为强度取值的依据。对屈服现象不明显的钢，规定以 0.2% 残余变形时的应力 $\sigma_{0.2}$ 作为屈服强度。

② 抗拉强度。从图 2-6 中 CD 曲线逐步上升可以看出：试件在屈服阶段以后，其抵抗塑性变形的能力又重新提高，称为强化阶段。对应于最高点 D 的应力称为抗拉强度，用 σ_b 表示。

设计中抗拉强度虽然不能利用，但屈强比 σ_s/σ_b 有一定意义。屈强比愈小，反映钢材受力超过屈服点工作时的可靠性愈大，因而结构的安全性愈高。但屈强比太小，则反映钢材不能有效地被利用。

③ 伸长率。图 2-6 中当曲线到达 D 点后，试件薄弱处急剧缩小，塑性变形迅速增加，产生"颈缩现象"而断裂。试件拉断后，量出拉断后标距部分的长度 L_1，即可按下式计算伸长率 δ：

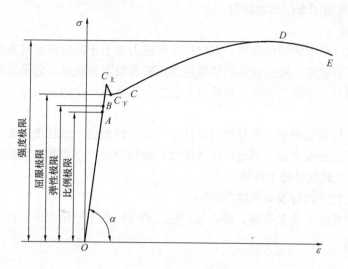

图 2-6 应力—应变图

$$\delta = [(L_1 - L_0)/L_0] \times 100\%$$

式中 L_0——试件的原标距长度（mm）。

伸长率表征了钢材的塑性变形能力。由于在塑性变形时颈缩处的伸长较大，故当原标距与试件的直径之比越大，则颈缩处伸长值在整个伸长值中的比重越小，因而计算伸长率会小些。通常以 δ_5 和 δ_{10} 分别表示 $L_0 = 5d_0$ 和 $L_0 = 10d_0$（d_0 为试件直径）时的伸长率。对同一种钢材，δ_5 应大于 δ_{10}。

2）冷弯性能

冷弯性能是指钢材在常温下承受弯曲变形的能力，是钢材的重要工艺性能。冷弯性能指标是通过试件被弯曲的角度（90°、180°）及弯心直径 d 对试件厚度（或直径）a 的比值（d/a）区分的。试件按规定的弯曲角度和弯心直径进行试验，试件弯曲处的外表面无裂断、裂缝或起层，即认为冷弯性能合格。

冷弯试验是通过试件弯曲处的塑性变形实现的，能揭示钢材是否存在内部组织不均匀、内应力和夹杂物等缺陷。在拉力试验中，这些缺陷常因塑性变形导致应力量分布而得不到反映。因此冷弯试验是一种比较严格的试验，对钢材的焊接质量也是一种严格的检验，能揭示焊件在受弯表面存在的裂纹和夹杂物。

3）冲击韧性

击韧性指钢材抵抗冲击载荷的能力。其指标是通过标准试件的弯曲冲击韧性试验确定。按规定，将带有 V 形缺口的试件进行冲击试验。试件在冲击荷载作用下折断时所吸收的功，称为冲击吸收功（或 V 形冲击功）Ak_v（J）。钢材的化学成分、组织状态、内在缺陷及环境温度等都是影响冲击韧性的重要因素。Ak_v 值随试验温度的下降而减少，当温度降低达到某一范围时，Ak_v 急剧下降而呈脆性断裂，这种现象称为冷脆性。发生冷脆时的温度称为脆性临界温度，其数值越低，说明钢材的低温冲击韧性越好。因此对直接承受动荷载而且可能在负温下工作的重要结构，必须进行冲击韧性检验。

4）硬度

钢材的硬度是指表面层局部体积抵抗压入产生塑性变形的能力。表征值常用布氏硬度值 HB 表示，HB 值用专门试验测得。

5）耐疲劳性

在反复荷载作用下的结构构件，钢材往往在应力远小于抗拉强度时发生断裂，这种现象称为钢材的疲劳破坏。疲劳破坏的危险应力用疲劳极限来表示，它是指疲劳试验中试件在交变应力作用下，于规定的周期基数内不发生断裂所能承受的最大应力。

6）焊接性能

钢材的可焊性是指焊接后在焊缝处的性质与母材性质的一致程度。影响钢材可焊性的主要因素是化学成分及含量。如硫产生热脆性，使焊缝处产生硬脆及热裂纹。又如，含碳量超过 0.3%，可焊性显著下降等。

（3）钢材的化学成分及对性能的影响

钢材的化学成分主要是指碳、硅、锰、硫、磷等，在不同情况下往往还需考虑氧、氮及各种合金元素。

1）碳

土木建筑工程用钢材含碳量不大于 0.8%。在此范围内，随着钢中碳含量的提高，强度和硬度相应提高，而塑性和韧性则相应降低；碳还可显著降低钢材的可焊性，增加钢的冷脆性和时效敏感性，降低抗大气锈蚀性。

2）硅

当硅在钢中的含量较低（小于 1%）时，随着含量的加大可提高钢材的强度，而对塑性和韧性影响不明显。

3）锰

锰是我国低合金钢的主加合金元素，锰含量一般在 1%～2%范围内，它的作用主要是使强度提高；锰还能消减硫和氧引起的热脆性，使钢材的热加工性能改善。

4）硫

硫是有害的元素。呈非金属硫化物夹杂物存在于钢中，具有强烈的偏析作用，降低各种机械性能。硫化物造成的低熔点使钢在焊接时易于产生热裂纹，显著降低可焊性。

5）磷

磷为有害元素，含量提高，钢材的强度提高，塑性和韧性显著下降，特别是温度越低，对韧性和塑性的影响越大。磷在钢中的偏析作用强烈，使钢材冷脆性增大，并显著降低钢材的可焊性。但磷可提高钢的耐磨性和耐腐蚀性，在低合金钢中可配合其他元素作为合金元素使用。

（4）土木建筑工程常用钢材

1）碳素结构钢

碳素结构钢指一般的结构钢及工程用的热轧板、管、带、型、棒材。碳素结构钢的牌号包括四个部分，依顺序为：屈服点字母（Q），屈服点数值（单位 MPa），质量等级（分为 A、B、C、D 四级，逐级提高）和脱氧方法符号（F 为沸腾钢，B 为半镇静钢，Z 为镇静钢，TZ 为特殊镇静钢。但表示中如遇 Z、TZ 可省略）。

如 Q235-A·F，表示屈服点为 235MPa，A 级沸腾钢。

Q235-B，表示屈服点为 235MPa，B 级镇静钢。

碳素结构钢依据屈服点（Q）数值的大小被划分为五个牌号，分别为 Q195、Q215、

Q235、Q255、Q275，依牌号升序，含碳量及抗拉强度增大，但冷弯性及伸长率却反向，呈下降变化。

土木建筑工程中主要应用的碳素结构钢是 Q235 钢，可轧制各种型钢、钢板、钢管与钢筋。Q235 号钢具有较高的强度，良好的塑性与韧性，可焊性及可加工等综合性能好，且冶炼方便，成本较低，广泛用于一般钢结构。其中 C、D 级可用在重要的焊接结构。

Q195、Q215 号钢材强度较低，但塑性、韧性较好，易于冷加工，可制作铆钉、钢筋等。Q255、Q275 号钢材强度高，但塑性、韧性、可焊性差，可用于钢筋混凝土配筋及钢结构中的构件及螺栓等。

选用钢材时，要根据结构的受荷情况（动荷载和静荷载）、连接方式上焊接或非焊，及使用时的温度条件等，综合考虑钢材的牌号、质量等级、脱氧方法加以选择。如受动荷载、焊接结构、在低温情况下工作的结构，不能选用 A、B 质量等级及沸腾钢。

2）低合金结构钢

普通低金结构钢一般是在普通碳素钢的基础上，少量添加若干合金元素而成，如硅、锰、钒、铬、锌等，加入这些合金元素可使这些钢的强度、耐腐蚀性、耐磨性、低温冲击韧性等得到显著提高和改善。

普通低合金结构钢在如下几方面具有优点：

① 强度较高，可以减少钢结构的自重，经济效益好。

② 具有良好的综合性能，如耐腐性，耐低温性好，抗冲击性强，使用寿命长等。

③ 易于加工及施工，良好的可焊性及冷加工性能为施工提供了方便。

因此，在土木建筑工程中普通低合金结构钢应用日益广泛，在诸如大跨度桥梁、大型柱网构架、电视塔、大型厅馆中成为主体结构材料。

另外，当低合金钢中的铬含量达 11.5％时，铬就在合金金属的表面形成一层惰性的氧化铬膜，这时就成为不锈钢。不锈钢具有低的导热性和良好的耐蚀性能，但温度变化时膨胀性较大。

不锈钢可加工成板、管、型材、各种连接件等。表面可加工成无光泽的和高度抛光发亮的材料，既可作为建筑装饰材料，也可作为承重构件。

3）型钢与钢板

① 型钢。绝大部分型钢用热轧方式生产，常用的热轧型钢有角钢（等边和不等边）、I 字钢、槽钢、T 型钢、H 型钢、Z 型钢等。

冷弯薄壁型钢有角钢、槽钢等开口薄壁型钢及方形、矩形等空心薄壁型钢。通常由 2～6mm 薄钢板冷弯或模压而成，可用于轻型钢结构。

② 钢板。热轧钢板按厚度可分为中厚板（厚度大于 4mm）和薄板（厚度为 0.35～4mm）两种，冷轧钢板只有薄板（厚度为 0.2～4mm）一种。薄钢板可在面层镀锌（俗称白铁皮）、敷以有机涂层（或称彩色钢板）等。薄钢板经冷压或冷轧成波形、双曲形、V 形等形状，称为压型钢板，主要用于围扩结构、楼板、屋面等。

4）钢筋

钢筋是土木建筑工程中使用量最大的钢材品种之一，其材质包括普通碳素钢和普通低合金钢两大类。常用的有热轧钢筋、冷加工钢筋以及钢丝、钢绞线等。钢厂按直条或盘圆供货。

① 热轧钢筋。钢筋混凝土结构对热轧钢筋的要求是机械强度较高，具有一定的塑性、韧性、冷弯性与可焊性。

热轧钢筋按屈服点与抗拉强度分为Ⅰ、Ⅱ、Ⅲ三个等级，其强度等级代号分别为HPB235、HRB335、HRB400（RRB400）。其中Ⅰ级钢筋由碳素结构钢轧制，表面光圆；其余均由低合金结构钢轧制而成，外表带肋。带肋钢筋横截面为圆形，长度方向有两纵肋及均匀分布的横肋，按横肋形状又分为月牙肋和等高肋两种。

钢筋混凝土结构对热轧钢筋的要求是机械强度较高，具有一定的塑性、韧性、冷弯性和可焊性。Ⅰ级钢筋的强度较低，但塑性及焊接性能好，便于冷加工，广泛用作普通钢筋混凝土中的非预应力钢筋；Ⅱ级Ⅲ级钢筋的强度较高，塑性及焊接性也较好，广泛用作大、中型钢筋混凝土结构的受力钢筋。

② 冷加工钢筋。在常温下进行机械加工（冷拉、冷拔、冷轧），使其产生塑性变形，从而达到提高强度（屈服点）、节约钢材的目的，这种方法称为冷加工。经冷加工后，虽钢筋强度有所提高但其塑性、韧性会有所下降。

③ 热处理钢筋。热处理钢筋是以热轧的螺纹钢筋经淬火和回火调质处理而成，即以热处理状态交货，成盘供应，每盘长约200m。预应力混凝土用热处理钢筋强度高，可代替高强钢丝使用，配筋根数少，预应力值稳定，主要用作预应力钢筋混凝土轨枕，也可用于预应力混凝土板、吊车梁等构件。

④ 碳素钢丝、刻痕钢丝和钢绞线。预应力混凝土需使用专门的钢丝，这些钢丝用优质碳素结构钢经冷拔、热处理、冷轧等工艺过程制得，具有很高的强度，安全可靠且便于施工。预应力混凝土用钢丝分为碳素钢丝（矫直回火钢丝，代号J）、冷拉钢丝（代号L）及矫直回火刻痕钢丝（代号JK）三种。

a. 碳素钢丝（矫直回火钢丝）。由含碳量不低于0.8%的优质碳素结构钢盘条，经冷拔、及回火制成。碳素钢丝具有很好的力学性能，是生产刻痕钢丝和钢绞线的母材。

b. 刻痕钢丝。将碳素钢丝表面沿长度方向压出椭圆形刻痕，即为刻痕钢丝。压痕后，成盘的刻痕钢丝需作低温回火处理后交货。

c. 钢绞线。钢绞线是将碳素钢丝若干根，经绞捻及热处理后制成。钢绞线张度高、柔性好，特别适用于曲线配筋的预应力混凝土结构、大跨度或重荷载的屋架等。

钢丝和钢绞线主要用于大跨度、大负荷的桥梁、电杆、枕轨、屋架、大跨度吊车梁等，安全可靠，节约钢材，且不需冷拉、焊接接头等加工，因此在土木建筑工程中得到广泛应用。

(5) 焊接材料

焊接多作为钢结构制作和钢筋的连接工艺，是土木建筑工程中常用的工艺手段之一。

1) 焊条

焊条材质分为碳素结构钢及低合金结构钢两种。根据药皮的不同，大体分为酸性型及碱性低氢型两种。焊条的选用要依据构件材质、化学成分及工艺要求来确定。

结构用电焊条用量最大，主要用来焊接碳素钢、普通低合金钢及铸钢。其牌号表示规定为：一个汉字＋两位数字＋一位数码，如"结"表示结构钢，"奥"表示奥氏体不锈钢；两位数字表示焊缝金属抗拉强度下限（MPa）；末位数码为0~9共十种，相应规定见专门手册，如6表示低氢型药皮且交直流两用。

铸铁电焊条适用于焊接各种铸铁施焊物。如一般灰口铸铁、可锻铸铁及球墨铸铁等。其品牌众多，以铸字开头，其后面标三为数码：第一位可取 1～6，后二位均可取 0～9，其含义在专门手册中列出。例如：铸 127 表示铸铁电焊条，焊缝金属主要化学成分属碳素钢或高钒钢，药皮牌号 2，低氢型，工作时用直流电源。

2）焊剂

为使焊头具有较好的机械性能，在进行焊接时多应选择适当的焊剂。焊剂的选择以适应施焊材料及施焊结构为依据。如一般的低碳钢结构可选用高锰高硅型焊剂，并配以 H08A 和 H08M$_n$A 焊丝。对于 Q345、Q390 等低合金钢，则可选高锰型或低锰型焊剂。在使用焊剂时要注意：在使用前，焊剂一般要在 250℃下烘烤 1～2h。

（6）钢材的防锈与防火

1）钢材的防锈

当钢材表面与环境介质发生各种形式的化学作用时，就可能遭到腐蚀。当环境潮湿或与含有电解质的溶液接触时，则可能因形成微电池效应而遭电化学腐蚀。腐蚀的结果是在钢材表面形成疏松的氧化物，或称为生锈。一般说来，钢材的锈蚀有危害，可降低钢材的性能，使钢结构断面减小，因而承载能力降低，甚至由于局部腐蚀引发应力集中，导致钢结构突然破坏，造成严重的后果。

防止钢材锈蚀的方法通常是采用表面刷防锈漆，常用底漆有红丹、环氧富锌漆、铁红环氧漆等；面漆有灰铅油、醋酸磁漆、酚醛磁漆等。薄壁钢材可热浸镀锌或镀锌后加涂塑料涂层，这种方法防锈效果好，但造价高。

埋于混凝土中的钢筋具有一层碱性保护膜，故在碱性介质中不致锈蚀。但氯等卤素离子可加速锈蚀反应，甚至破坏保护膜；造成锈蚀迅速发展。因此，混凝土配筋的防锈措施应考虑：限制水灰比和水泥用量，限制氯盐的使用，采取措施保证混凝土密实性，还可以采用掺加防锈剂（加重铬酸盐等）的方法。

2）钢材的防火

尽管钢结构具有良好的机械性能，尤其是有很高的强度，但在高温时，却会发生很大的变化。裸露的、未作表面防火处理的钢结构，耐火极限仅 15min 左右。在温升 500℃的环境下，强度迅速降低，甚至会迅速塌垮，因此，对于钢结构，尤其是有可能经历高温环境的钢结构，需要作必要的防火处理，主要的方法是在其表面上涂敷防火涂料。

防火涂料有 STI-A 型钢结构防火涂料及 LG 钢结构防火隔热涂料等。一般采用分层喷涂工艺制作涂层，局部修补时，可用手工抹涂或刮涂。

2. 木材

（1）木材的特性与分类

1）木材的特性

木材作为土木建筑工程材料占有重要而独特地位，即使在各种新型结构材料与装饰材料不断涌现的情况下，其地位也不可能被取代，木材具有以下优点：

① 比强度大，具有轻质高强的特点。

② 纹理美观、色调温和、风格典雅，极富装饰性。

③ 弹性韧性好，能承受冲击和振动作用。

④ 导热性低，具有较好的隔热、保温性能。

⑤ 在适当的保养条件下，有较好的耐久性。

⑥ 绝缘性好、无毒性。

⑦ 易于加工，可制成各种形状的产品。

⑧ 木材的弹性、绝热性和暖色调的结合，给人以温暖和亲切感。

木材的组成和构造是由树木生长的需要而决定，因此人们在使用时必然会受到木材自然属性的限制，主要有以下几个方面：

① 构造不均匀，呈各向异性。

② 湿胀干缩大，处理不当易翘曲和开裂。

③ 天然缺陷较多，降低了材质和利用率。

④ 耐火性差，易着火燃烧。

⑤ 使用不当，易腐朽、虫蛀。

2）木材的分类

土木建筑工程用木材，通常以三种材型供货，即：

① 原木：伐倒后经修枝并截成一定长度的木材。

② 板材：宽度为厚度的三倍或三倍以上的型材。

③ 枋材：宽度不及厚度三倍的型材。

板材及枋材，统称锯材。锯材按国家标准分为特种锯材和普通锯材两个级别。普通锯材根据其缺陷又分为一等、二等和三等三个等级。

对于承重结构用木材，按受力要求分成三级，即Ⅰ、Ⅱ、Ⅲ级。Ⅰ级材用于受拉或受弯构件；Ⅱ级材用于受弯或受压弯的构件；Ⅲ级材用于受压构件及次要受弯构件。

（2）木材的物理力学性质

1）木材的物理学性质

① 含水率。木材内部所含的水根据其存在形式可分为三种，即自由水（存在于细胞腔与细胞间隙中）、吸附水（存在于细胞壁内）和化合水（木材化学组成中的结合水）。水分进入木材后，首先吸附在细胞壁内的细纤维间，成为吸附水，吸附水饱和后，其余的水成为自由水。木材干燥时，首先失去自由水，然后才失去吸附水。当木材细胞腔和细胞间隙中的自由水完全脱去为零，而细胞壁吸附水饱和时，木材的含水率称为"木材的纤维饱和点"。纤维饱和点随树种而异，一般在 $25\%\sim35\%$ 之间，平均为 30% 左右。纤维饱和点是木材物理力学性质发生改变的转折点，是木材含水率是否影响其强度和干缩湿胀的临界值。

木材具有较强的"吸湿性"。当木材的含水率与周围空气相对湿度达到平衡时，此含水率称平衡含水率。平衡含水率随周围大气的温度和相对湿度而变化。周围空气的相对湿度为 100% 时，木材的平衡含水率便等于其纤维饱和点。

② 湿胀干缩。木材具有显著的湿胀干缩性，这是由于细胞壁内吸附水含量的变化引起的。当木材由潮湿状态干燥到纤维饱和点时，其尺寸不变，而继续干燥到其细胞壁中的吸附水开始蒸发时，当木材开始发生体积收缩（干缩）。在逆过程中，即干燥木材吸湿时，随着吸附水的增加，木材将发生体积膨胀（湿胀），直到含水率到达纤维饱和点为止，此后，尽管木材含水量会继续增加，即自由水增加，但体积不再发生膨胀。

木材的湿胀干缩对其使用存在严重影响，干缩使木结构构件连接处产生缝隙而结合松弛，湿胀则造成凸起。防止胀缩最常用的方法是对木料预先进行干燥，达到估计的平衡含水率时再加工使用。

2）木材的力学性质

木材的组织结构决定了它的许多性质为各向异性，在力学性质上尤其突出。以强度为例，木材不仅有抗拉、抗压、抗弯和抗剪四种强度，而且均具有明显的方向性。

① 抗拉强度：顺纹方向最大，横纹方向最小。

② 抗压强度：顺纹受压破坏是由于细胞壁丧失稳定所致，而非纤维断裂；而横纹受压则属细胞壁的间隙被压紧直到断裂。横纹抗压强度只有顺纹抗压强度的 $10\% \sim 20\%$。

③ 抗弯强度：木材的抗弯性能很好，在使用时绝大多数为顺纹情况，可以视为弯曲上方为顺纹抗压；弯曲下方为顺纹抗拉的复合情况。

④ 抗剪强度：顺纹方向最小，横纹抗剪切断裂能力很强，达顺纹抗剪强度的 $4 \sim 5$ 倍。

（3）木材的防护

1）干燥

木材在采伐后，使用前通常都应经干燥处理。木材干燥可以防止腐蚀、虫蛀、翘曲及开裂，保持尺寸及形状的稳定性，提高其强度和耐久性。干燥方法有自然干燥和人工干燥两种。

2）防腐

木材是天然的有机材料，易受真菌、昆虫侵害而腐朽变质。木材防腐主要是破坏真菌生存及繁殖条件。常用方法有：干燥至含水率 20% 以下，或用氟化钠、氯化锌及林丹五氯酚等防腐剂涂刷或浸渍处理。

3）防火

木材的易燃性是其主要缺点之一。木材的防火处理（也称阻燃处理）旨在提高木材的耐火性，使之不易燃烧；或当木材着火后，火焰不致沿材料表面很快蔓延；或当火焰移开后，木材表面上的火焰立即熄灭。常用的防火处理方法是在木材表面涂刷或覆盖难燃材料和用防火剂浸注木材。

（4）木材的综合加工利用

木材的综合利用，是提高木材利用率，避免浪费，物尽其用，节约木材的方向。而充分利用木材的边角废料，生产各种人造板材，则是对木材进行综合利用的重要途径。

1）胶合板

胶合板又称层压板，是将原木旋切成大张薄片，各片纤维方向相互垂直交错，用胶粘剂加热压制而成。胶合板一般是 $3 \sim 13$ 层的奇数，并以层数取名，如三合板、五合板等。

生产胶合板是合理利用木材，改善木材物理力学性能的有效途径，它能获得较大幅宽的板材，消除各向异性，克服木节和裂纹等缺陷的影响。

胶合板可用于隔墙板、天花板、门芯板、室内装修和家具等。

2）纤维板

纤维板是将树皮、刨花、树枝等木材废料经切片、浸泡、磨浆、施胶、成型及干燥或热压等工序制成。为了提高纤维板的耐燃性和耐腐性，可在浆料里施加或在湿板坯表面喷涂耐火剂或防腐剂。纤维板材质均匀，完全避免了木节、腐朽、虫眼等缺陷，且胀缩性小、不翘曲、不开裂。纤维板按密度大小分为硬质纤维板、中密度纤维板和软质纤维板。

硬质纤维板密度大、强度高，主要用作壁板、门板、地板、家具和室内装修等。中密度纤维板是家具制造和室内装修的优良材料。软质纤维板表观密度小、吸声绝热性能好，可作为吸声或绝热材料使用。

3）胶合夹心板

胶合夹心板有实心板和空心板两种。实心板内部将干燥的短木条用树脂胶拼成，表皮用胶合板加压加热粘结制成。空心板内部采用蜂窝结构填充，表面用胶合板加压加热粘结制成。

胶合夹心板幅面宽，尺寸稳定，质轻且构造均匀。它多用作门板、壁板和家具。

3. 水泥

水泥呈粉末状，与水混合后，经过物理化学反应过程能由塑性浆体变成坚硬的石状体，并能将散粒状材料胶结成为整体，所以水泥是一种良好的矿物胶凝材料。就硬化条件而言，水泥浆体不但能在空气中硬化，还能更好地在水中硬化，保持并继续增长其强度，故水泥属于水硬性胶凝材料。水泥品种很多，工程中最常用的是硅酸盐系水泥。

（1）硅酸盐水泥、普通硅酸盐水泥

1）定义与代号

①硅酸盐水泥。凡由硅酸盐水泥熟料、0～5％的石灰石或粒化高炉矿渣、适量石膏磨细制成的水硬性胶凝材料，称为硅酸盐水泥（国外统称为波特兰水泥）。它分为两种类型：不掺混合材料的，称为Ⅰ型硅酸盐水泥，代号P·Ⅰ；在硅酸盐水泥熟料粉磨时掺入不超过水泥质量5％的石灰石或粒化高炉矿渣混合材料的，称为Ⅱ型硅酸盐水泥，代号P·Ⅱ。

②普通硅酸盐水泥。由普通硅酸盐水泥熟料、6％～15％的混合材料、适量石膏磨细制成的水硬性胶凝材料，称为普通硅酸盐水泥，代号P·O。

掺活性混合材料时，最大掺量不得超过15％，其中允许用不超过水泥质量5％的窑灰或不超过水泥质量10％的非活性混合材料来代替。掺非活性混合材料时，最大掺量不得超过水泥质量的10％。

2）硅酸盐水泥熟料的组成

硅酸盐水泥熟料主要矿物组成、含量范围和各种熟料单独与水作用表现特性，见表2-2。

水泥熟料矿物含量与主要特征 表2-2

矿物名称	化学式	代号含量（％）	主 要 特 征				
			水化速度	水化热	强 度	体积收缩	抗硅酸盐侵蚀性
硅酸三钙	$3CaO \cdot SiO_2$	C_3S 37～60	快	大	高	中	中
硅酸二钙	$2CaO \cdot SiO_2$	C_2S 15～37	慢	小	早期低，后期高	中	最好
铝酸三钙	$3CaO \cdot AL_2O_3$	C_3A 7～15	最快	最大	低	最大	差
铁铝酸四钙	$4CaO \cdot AL_2O_3 \cdot Fe_2O_3$	C_4AF 10～18	较快	中	中	最小	好

3）硅酸盐水泥的凝结硬化

水泥的凝结硬化是一个不可分割的连续而复杂的物理化学过程。其中包括化学反应

（水化）及物理化学作用（凝结硬化）。水泥的水化反应过程是指水泥加水后，熟料矿物及掺入水泥熟料中的石膏与水发生一系列化学反应。水泥凝结硬化机理比较复杂，一般解释为水化是水泥产生凝结硬化的必要条件，而凝结硬化是水泥水化的结果。

4）硅酸盐水泥及普通水泥的技术性质

① 细度。细度表示水泥颗的粗细程度。水泥的细度直接影响水泥的活性和强度。颗粒越细，与水反应的表面积越大，水化速度快，早期强度高，但硬化收缩较大，且粉磨时能耗大，成本高。而颗粒过粗，又不利于水泥活性的发挥，且强度低。硅酸盐水泥比表面积应大于 $300m^2/kg$。

② 凝结时间。凝结时间分为初凝时间和终凝时间。初凝时间为水泥加水拌合起，至水泥浆开始失去塑性所需要的时间。终凝时间从水泥加水拌合起，至水泥浆完全失去塑性并开始产生强度所需的时间。水泥凝结时间在施工中有重要意义，为使混凝土和砂浆有充分的时间进行搅拌、运输、浇捣和砌筑，水泥初凝时间不能过短；当施工完毕后，则要求尽快硬化，具有强度，故终凝时间不能太长。酸盐水泥初凝时间不得早于45min，终凝时间不得迟于6.5h；普通水泥初凝时间不得早于45min，终凝时间不得迟于10h。

水泥初凝时间不合要求，该水泥报废；终凝时间不合要求，视为不合格。

③ 体积安定性。体积安定性是指水泥在硬化过程中，体积变化是否均匀的性能，简称安定性。水泥安定性不良会导致构件（制品）产生膨胀性裂纹或翘曲变形，造成质量事故。引起安定性不良的主要原因是熟料中游离氧化钙或游离氧化镁过剩或石膏掺量过多。

④ 强度。水泥强度是指胶砂的强度而不是净浆的强度，它是评定水泥强度等级的依据。按《水泥胶砂强度检验方法(ISO法)》(GB/T 17671—1999)（质量比）的规定，水泥：标准砂＝1：3拌合用0.5的水灰比，按规定的方法制成胶砂试件，在标准温度(20±1)℃的水中养护，测3d和28d的试件抗折和抗压强度划分强度等级。将硅酸盐水泥强度等级分为42.5、42.5R、52.5，52.5R、62.5、62.5R(带"R"为早强型，不带"R"为普通型)；将普通水泥分为32.5、32.5R、42.5、42.5R、52.5、52.5R。

⑤ 碱含量。水泥的碱含量将影响构件（制品）的质量或引起质量事故。所以国家标准 GB 175—92 也作出了规定：水泥中的碱含量按 $Na_2O+0.658K_2O$ 计算值来表示，若使用活性骨料，用户要求提供低碱水泥时，水泥中碱含量不得大于 0.60% 或由供需双方商定。

⑥ 水化热。水泥的水化热是水泥水化过程中放出的热量。水化热与水泥矿物成分、细度、掺入的外加剂品种、数量、水泥品种及混合材料掺量有关。水泥的水化热主要在早期释放，后期逐渐减少。

对大型基础、水坝、桥墩等大体积混凝土工程，由于水化热积聚在内部不易发散，使内部温度上升到50～60℃以上，内外温度差引起的应力使混凝土可能产生裂缝，因此水化热对大体积混凝土工程是不利的。

5）硅酸盐水泥、普通水泥的应用

普通水泥掺混合材料的量十分有限，所以性质与硅酸盐水泥十分相近，在工程应用的适应范围内两种水泥是一致的，主要应用在以下几个方面：

① 水泥强度等级较高，主要用于重要结构的高强度混凝土、钢筋混凝土和预应力混凝土工程。

② 凝结硬化较快、抗冻性好，适用于早期强度要求高、凝结快，冬期施工及严寒地区遭受反复冻融的工程，

③ 水泥石中含有较多的氢氧化钙，抗软水侵蚀和抗化学腐蚀性差，所以不宜用于经常与流动软水接触及有水压作用的工程，也不宜用于受海水和矿物水等作用的工程。

④ 因水化过程放出大量的热，故不宜用于大体积混凝土构筑物。

（2）掺混合材料的硅酸盐水泥

1）混合材料

在生产水泥时，为改善水泥性能，调节水泥强度等级，而加到水泥中去的人工的或天然的矿物材料，称为水泥混合材料。按其性能分为活性（水硬性）混合材料和非活性（填充性）混合材料两类。

① 活性混合材料，如符合 GB/T 203 的粒化高炉矿渣、符合 GB/T 1596 的粉煤灰、符合 GB/T 2847 的火山灰质混合材料。水泥熟料中掺入活性混合材料，可以改善水泥性能、调节水泥强度等级、扩大水泥使用范围、提高水泥产量、利用工业废料、降低成本，有利于环境保护。

② 非活性混合材料是指与水泥成分中的氢氧化钙不发生化学作用或很少参加水泥化学反应的天然或人工的矿物质材料，如石英砂、石灰石等各种废渣，活性指标低于 GB/T 203、GB/T 1596、GB/T 2847 标准要求的粒化高炉矿渣、粉煤灰、火山灰质混合材料。

水泥熟料掺入非活性混合材料可以增加水泥产量、降低成本、降低强度等级、减少水化热、改善混凝土及砂浆的和易性等。

2）定义与代号

① 矿渣硅酸盐水泥。由硅酸盐水泥熟料和 20%～70% 的粒化高炉矿渣、适量的石膏磨细制成的水硬性胶凝材料，称为矿渣硅酸盐水泥，代号 P·S。

② 火山灰质硅酸盐水泥。由硅酸盐水泥熟料和 20%～50% 的火山灰质混合材料、适量石膏磨细制成的水硬性胶凝材料，称为火山灰质硅酸盐水泥，代号 P·P。

③ 粉煤灰硅酸盐水泥。由硅酸盐水泥熟料和 20%～40% 的粉煤灰、适量石膏磨细制成的水硬性胶凝材料，称为粉煤灰硅酸盐水泥，代号 P·F。

3）五种水泥的主要特性及适用范围

五种水泥的主要特性及适用范围见表 2-3。

除此之外，还有道路硅酸盐水泥，中低热硅酸盐水泥，白色硅酸盐水泥，快硬水泥，砌筑水泥等，它们都有各自的特性和适用范围，国家也有相应的标准。

特性及适用范围   表 2-3

水泥种类	硅酸盐水泥	普通硅酸盐水泥	矿渣硅酸盐水泥	火山灰质硅酸盐水泥	粉煤灰硅酸盐水泥
密度 （g/cm³）	3.0～3.15	3.0～3.15	2.8～3.10	2.8～3.10	2.8～3.10
堆积密度 （kg/m³）	1000～1600	1000～1600	1000～1200	900～1000	900～1000
强度等级 和类型	42.5，42.5R， 52.5，52.5R， 62.5，62.5R，	32.5，32.5R， 42.5，42.5R， 52.5，52.5R，	32.5，32.5R， 42.5，42.5R， 52.5，52.5R，	32.5，32.5R， 42.5，42.5R， 52.5，52.5R，	32.5，32.5R， 42.5，42.5R， 52.5，52.5R，

水泥种类	硅酸盐水泥	普通硅酸盐水泥	矿渣硅酸盐水泥	火山灰质硅酸盐水泥	粉煤灰硅酸盐水泥
主要特性	1. 早期强度较高，凝结硬化快； 2. 水化热较大； 3. 耐冻性好； 4. 耐热性较差； 5. 耐腐蚀及耐水性较差	1. 早期强度较高； 2. 水化热较大； 3. 耐冻性较好； 4. 耐热性较差； 5. 耐腐蚀及耐水性较差	1. 早期强度低，后期强度增长较快； 2. 水化热较小； 3. 耐热性较好； 4. 耐硫酸盐侵蚀和耐水性较好； 5. 抗冻性较差； 6. 干缩性较大； 7. 抗碳化能力差	1. 早期强度低，后期强度增长较快； 2. 水化热较小； 3. 耐热性较差； 4. 耐硫酸盐侵蚀和耐水性较好； 5. 抗冻性较差； 6. 干缩性较大； 7. 抗渗性较好； 8. 抗碳化能力差	1. 早期强度低，后期强度增长较快； 2. 水化热较小； 3. 耐热性较差； 4. 耐硫酸盐侵蚀和耐水性较好； 5. 抗冻性较差； 6. 干缩性较大； 7. 抗碳化能力较差
适用范围	适用快硬早强的工程、配制高强度等级混凝土	适用于制造地上、地下及水中的混凝土、钢筋混凝土及预应力钢筋混凝土结构，包括受反复冰冻的结构。也可配制高强度等级混凝土及早期强度要求高的工程	1. 适用于高温车间和有耐热、耐火要求的混凝土结构； 2. 大体积混凝土结构； 3. 蒸汽养护的混凝土结构； 4. 一般地上、地下和水中混凝土结构； 5. 有抗硫酸盐侵蚀要求的一般工程	1. 适用于大体积工程； 2. 有抗渗要求的工程； 3. 蒸汽养护的混凝土构件； 4. 可用于一般混凝土工程； 5. 有抗硫酸盐侵蚀要求的一般工程	1. 适用于地上、地下水中及大体积混凝土工程； 2. 蒸汽养护的混凝土构件； 3. 可用于一般混凝土工程； 4. 有抗硫酸盐侵蚀要求的一般工程
不适用范围	1. 不宜用于大体积混凝土工程； 2. 不宜用于受化学受蚀、压力水（软水）作用及海水侵蚀的工程	1. 不适用于大体积混凝土工程； 2. 不宜用于受化学侵蚀、压力水（软水）作用及海水侵蚀的工程	1. 不适用于早期强度要求较高的工程； 2. 不适用于严寒地区并处在水位升降范围内的混凝土工程	1. 不适用于处在干燥环境的混凝土工程； 2. 不宜用于耐磨性要求高的工程； 3. 其他同矿渣硅酸盐水泥	1. 不适用于有抗碳化要求的工程； 2 其他同矿渣硅酸盐水泥

三、石灰与石膏

1. 石灰

石灰（生石灰 CaO）是在土木建筑工程中使用较早的矿物胶凝材料之一。

（1）石灰的原料

石灰是由含碳酸钙（$CaCO_3$）较多的石灰石经过高温煅烧生成的气硬性凝胶材料，其主要成分是氧化钙，化学反应方程式如下：

$$CaCO_3 \xrightarrow[178KJ/mol]{900℃} CaO + CO_2 \uparrow$$

石灰呈白色或灰色块状，根据它的块末比情况，其表观密度为 1200～1400kg/m³。

石灰加水后便消解为熟石灰 $Ca(OH)_2$，这个过程称为石灰的"熟化"，化学反应方程式如下：

$$CaO+H_2O \longrightarrow Ca(OH)_2+64.9kJ/mol$$

石灰熟化放热反应。熟化时，根据石灰块末比的不同情况，其体积增大 1～3 倍左右。因此未完全熟化的石灰不得用于拌制砂浆，防止抹灰后爆灰起鼓。

（2）石灰膏

石灰加大量水熟化形成石灰浆，再加水冲淡成石灰乳，俗称淋灰，石灰乳在储灰池中完成全部熟化过程，经沉淀浓缩成为石灰膏。

石灰膏的另一来源是化学工业副产品。例如用碳化钙（电石，CaC_2，）加水制取乙炔时所产生的电石渣，主要成分也是氢氧化钙。化学反应方程式如下：

$$CaC_2+2H_2O =\!=\!= C_2H_2 \uparrow +Ca(OH)_2$$

石灰膏表观密度为 $1300\sim1400kg/m^3$。每立方米石灰膏需生石灰 630kg 左右。

（3）石灰的硬化

石灰浆体在空气中逐渐硬化，是由下述两个同时进行的过程来完成的：

1）结晶作用。游离水分蒸发，氢氧化钙逐渐从饱和溶液中形成结晶。

2）碳化作用。氢氧化碳与空气中的二氧化碳化合生成碳酸钙结晶，释出水分并被蒸发，这个过程持续较长时间。

$$Ca(OH)_2+CO_2+nH_2O =\!=\!= CaCO_3+(n+1)H_2O$$

（4）石灰的技术性质和要求

生石灰熟化为石灰浆时，能自动形成颗粒极细（直径约为 $1\mu m$）的呈胶体分散状态的氢氧化钙，表面吸附一层厚的水膜。因此用石灰调成的石灰砂浆突出的优点是具有良好的可塑性，在水泥砂浆中掺入石灰浆，可使可塑性显著提高。

石灰的硬化只能在空气中进行，且硬化缓慢，硬化后的强度也不高，受潮后石灰溶解，强度更低，在水中还会溃散。所以，石灰不宜在潮湿的环境下使用，也不宜单独用于建筑物的基础。

石灰在硬化过程中，蒸发大量的游离水而引起显著的收缩，所以除调成石灰乳作薄层涂刷外，不宜单独使用。常在其中掺入砂、纸筋等，以减少收缩和节约石灰。

块状生石灰放置太久，会吸收空气中的水分而自动熟化成消石灰粉，再与空气中的二氧化碳作用而还原为碳酸钙，失去胶结能力。所以贮存生石灰，不但要防止受潮，而且不宜储存过久。由于生石灰受潮熟化时放出大量的热，而且体积膨胀，所以，储存和运输生石灰时还要注意安全。

（5）石灰在土木建筑工程中的应用

1）配制水泥石灰混合砂浆、石灰砂浆等。用熟化并"陈伏"好的石灰膏和水泥、砂配制而成的混合砂浆是目前用量最大、用途最广的砌筑砂浆；用石灰膏和砂或麻刀或纸筋配制成的石灰砂浆、麻刀灰、纸筋灰，广泛用作内墙、天棚的抹面砂浆。此外，石灰膏还可稀释成石灰乳，用作内墙和天棚的粉刷涂料。

2）拌制灰土或三合土。将消石灰粉和黏土按一定比例拌合均匀、夯实而形成灰土，如一九灰土、二八灰土及三七灰土。若将消石灰粉、黏土和骨料（砂、碎砖块、炉渣等）按一定比例混合均匀并夯实，即为三合土。灰土和三合土广泛用作基础、路面或地面的垫层，它的强度和耐水性远远高出石灰或黏土。其原因是黏土颗粒表面的少量活性氧化硅、氧化铝与石灰之间产生了化学反应，生成了水化硅酸钙和水化铝酸钙等水硬性矿物的缘故。石灰改善了黏土的可塑性，在强夯之下，密实度提高也是其强度和耐水性改善的原因之一。

3）生产硅酸盐制品。以磨细生石灰（或消石灰粉）和硅质材料（如石英砂、粉煤灰、矿渣等）为原料，加水拌合，经成型、蒸压处理等工序而成的材料统称为硅酸盐制品，多用作墙体材料。

2. 石膏

石膏是以硫酸钙为主要成分的气硬性胶凝材料。由于石膏胶凝材料及其制品具有许多优良的性质，原料来源丰富，生产能耗低，因而在土木建筑工程中得到广泛应用。

（1）石膏的原料及生产

生产石膏的主要原料是天然二水石膏，又称软石膏，含有二水石膏（$CaSO_4 \cdot 2H_2O$）或含有 $CaSO_4 \cdot 2H_2O$ 与 $CaSO_4$ 的混合物的化工副产品及废渣（如磷石膏、氟石膏、硼石膏等）也可作为生产石膏的原料。

生产石膏的主要工序是加热与磨细。由于加热方式和温度的不同，可生产不同性质的石膏品种，统称熟石膏。

将天然二水石膏加热，随温度的升高，发生如下变化：

温度为 65～75℃ 时，$CaSO_4 \cdot 2H_2O$ 开始脱水，至 107～170℃ 时，生成半水石膏（$CaSO_4 \cdot 1/2H_2O$）。在该阶段中，因加热条件不同，所获得的半水石膏有 α 型和 β 型两种形态。若将二水石膏在非密闭的窑炉中加热脱水，得到的 β 型半水石膏，称为建筑石膏。建筑石膏的晶粒较细，调制成一定稠度的浆体时，需水量较大，因而硬化后强度较低。若将二水石膏置于 0.13MPa、124℃ 的过饱和蒸汽条件下蒸炼脱水，或置于某些盐溶液中沸煮，可得到 α 型半水石膏，称为高强石膏。高强石膏的晶粒较粗，调制成一定稠度的浆体时，需水量较小，因而硬化后强度较高的抹灰工程装饰制品和石膏板；掺入防水剂，可用于湿度较高的环境中。

当加热至 170～200℃ 时，石膏继续脱水，成为可溶性硬石膏，与水调和后仍能很快凝结硬化；当温度升高到 200～350℃ 时，石膏中残留很少的水，即可溶性硬石膏，硬石膏需水量大，硬化慢，强度低；加热温度至 400～750℃ 时，成为不溶性硬石膏，失去凝结硬化能力，即死烧石膏；当温度高于 800℃ 时，部分石膏分解出的氧化钙起催化作用，所得产品又重新具有凝结硬化能力，常称为地板石膏。

（2）建筑石膏的硬结过程

建筑石膏与适量的水拌合后，最初成为可塑的浆体，但很快就失去塑性和产生强度，并逐渐发展成为坚硬的固体。

首先，半水石膏溶解于水，与水进行水化反应，生成二水石膏，即：

$$2(CaSO_4 \cdot 1/2H_2O) + 3H_2O = 2(CaSO_4 \cdot 2H_2O)$$

随着水化的进行，二水石膏胶体微粒的数量不断增多，其颗粒比原来的半水石膏颗粒细得多，即总表面积增大，可吸附更多的水分；同时浆体中的水分因水化和蒸发而逐渐减少。所以浆体的稠度便逐渐增大，颗粒之间的摩擦力和粘结力逐渐增加，因而浆体可塑性逐渐减小，表现为石膏的凝结，称为石膏的初凝。在浆体变稠的同时，二水石膏胶体微粒逐渐变为晶体，晶体逐渐长大，共生和相互交错，使浆体凝结，逐渐产生强度，随着内部自由水排出，晶体之间的摩擦力、粘结力逐渐增大，石膏开始产生结构强度，称为终凝。

（3）建筑石膏的技术性质与应用

1）色白质轻。纯净建筑石膏为白色粉末，密度为 2.60～2.75g/cm，堆积密度为 800～1100kg/m³。

2）凝结硬化快。建筑石膏初凝和终凝时间很短，为便于使用，需降低其凝结速度，可加入缓凝剂。缓凝剂的作用是降低半水石膏的溶解度和溶解速度，便于成型。常用的缓凝剂有硼砂、酒石酸钾钠、柠檬酸、聚乙烯醇、石灰活化骨胶或皮胶等。

3）微膨胀性。建筑石膏浆体在凝结硬化初期体积产生微膨胀（膨胀量约为 0.5%～1%），这一性质使石膏胶凝材料在使用中不会产生裂纹。因此建筑石膏装饰制品，形状饱满密实，表面光滑细腻。

4）多孔性。水石膏水化反应理论需水为 18.6%，但为了使石膏浆体具有可塑性，通常加水 60%～80%，在硬化后由于有大量多余水分蒸发，内部具有很大的孔隙率（约为 50%～60%），因此，硬化后强度较低。石膏制品表观密度小、保温绝热性能好、吸声性强、吸水率大，以及抗渗性、抗冻性和耐水性差。

5）防火性。当受到高温作用时，二水石膏的结晶水开始脱出，吸收热量，并在表面上产生一层水蒸气幕，阻止了火势蔓延，起到了防火作用。

6）耐水性、抗冻性差。建筑石膏硬化后具有很强的吸湿性，在潮湿条件下，晶体粒子间的粘结力减弱，强度显著降低；遇水则因二水石膏晶体溶解而引起破坏；吸水受冻后，将因孔隙中水分结冰而崩裂。所以建筑石膏的耐水性、抗冻性都较差。

根据建筑石膏的上述性能特点，它在土木建筑工程中的主要用途有：制成石膏抹灰材料、各种墙体材料（如纸面石膏板、石膏空心条板、石膏砌块等），各种装饰石膏板、石膏浮雕花饰、雕塑制品等。

其中石膏板具有轻质、保温隔热、吸声、不燃以及热容量大、吸湿性大、可调节室内温度和湿度、施工方便等性能，是一种有发展前途的新型板材。

四、砖与石

1. 砖

（1）烧结砖

1）烧结普通砖。包括黏土砖（N）、页岩砖（Y）、煤矸石砖（M）、粉煤灰砖（F）等多种。根据《烧结普通砖》（GB 5101—2003）的规定，强度和抗风化性能合格的砖，按照尺寸偏差、外观质量、泛霜和石灰爆裂等项指标划分为优等品（A）、一等品（B）和合格品（C）三个质量等级。

① 基本参数。烧结普通传为矩形体，其标准尺寸为 240mm×115mm×53mm。考虑 10mm 厚的砌筑灰缝，则 4 块砖长、8 块砖宽或 16 块砖厚均为 1m。1m³ 的砖砌体需砖数为：4×8×16＝512 块。烧结普通砖的表观密度为 1600～1800kg/m³，孔隙率为 30%～35%，吸水率为 8%～16%，导热系数为 0.78W/（m·K）。

② 外观质量。烧结普通砖的优等品颜色应基本一致，合格品颜色无要求。外观质量包括对尺寸偏差、弯曲程度、杂质凸出高度、缺棱掉角、裂纹长度和完整面的要求。

③ 强度等级。烧结普通砖强度等级是通过取 10 块砖试样进行抗压强度试验，根据抗压强度平均值和强度标准值来划分五个等级：MU30、MU25、MU20、MU15、MU10。

④ 耐久性。包括抗风化性、泛霜和石灰爆裂等指标。抗风化性通常以其抗冻性、吸水率及饱和系数等进行判别，GB 5010—98 中对此作了具体规定。而石灰爆裂与泛霜均与砖中石灰夹杂有关，这些石灰夹杂可能因原料中含有石灰石，在砖的焙烧过程中相伴产生，也可能属石灰被直接带入。当砖砌筑完毕后，石灰吸水熟化，造成体积膨胀，导致砖开裂，称为石灰爆裂。同时，使砌体表面产生一层白色结晶，即为泛霜。它们将不仅影响砖砌体外在观感，而且会造成砌体表面粉刷脱落。标准规定，优等品砖不得有泛霜，且不允许出现最大破坏尺寸大于 2mm 的爆裂区域。

烧结普通砖具有较高的强度，良好的绝热性、耐久性、透气性和稳定性，且原料广泛，生产工艺简单，因而可用作墙体材料，砌筑柱、拱、窑炉、烟囱、沟道及基础等。

2）烧结多孔砖。烧结多孔砖是以黏土、页岩、煤矸石为主要原料烧制的主要用于结构承重的多孔砖。多孔砖大面有孔，孔多而小，孔洞垂直于大面（即受压面），孔洞率在 15％以上，有 190mm×190mm×90mm（M 型）和 240mm×115mm×90mm（P 型）两种规格。

按《烧结多孔砖和多孔砌块》（GB 13544—2011）的规定，根据抗压强度将烧结多孔砖分为 MU30、MU25、MU20、MU15、MU10（MPa）五个强度等级。根据强度、尺寸偏差、外观质量及耐久性，将产品分为优等品（A）、一等品（B）和合格品（C）三个等级。烧结多孔砖主要用于六层以下建筑物的承重墙体。M 型砖符合建筑模数，使设计规范化、系列化、提高施工速度，节约砂浆；P 型砖便于与普通砖配套使用。

3）烧结空心砖。烧结空心砖是以黏土、页岩和粉煤灰为主要原料烧制的主要用于非承重部位的空心砖。其顶面有孔，孔大而少，孔洞为矩形条孔或其他孔形，孔洞率一般在 35％以上。由于其孔洞平行于大面和条面，垂直于顶面，使用时大面承压，承压面与孔洞平行，所以这种砖强度不高，因而多用于非承重墙。有 290mm×190mm×90mm 和 240mm×180mm×115mm 两种规格。

根据《烧结空心砖和空心砌块》（GB 13545—2003）的规定，按砖的表观密度不同，把空心砖分为 800、900、1000、1100（kg/m³）四个密度等级。每个密度等级的空心砖，根据其孔洞及排数、尺寸偏差、外观质量、强度等级和耐久性，可以划分为优等品（A）、一等品（B）及合格品（C）三个产品等级。烧结空心砖自重较轻，强度较低，多用作非承重墙，如多层建筑内隔墙或框架结构的填充墙等。

（2）蒸养（压）砖

蒸养（压）砖属于硅酸盐制品，是以石灰和含硅原料（砂、粉煤灰、炉渣、矿渣、煤矸石等）加水拌合，经成型、蒸养（压）而制成的。目前使用的主要有粉煤灰砖、灰砂砖和炉渣砖。

蒸压灰砂砖以石灰和砂为原料，经制坯成型、蒸压养护而成。这种砖与烧结普通砖尺寸规格相同。按抗压、抗折强度值可划分为 MU25、MU20、MU15、MU10 四个强度等级。MU15 以上者可用于基础及其他建筑部位。MU10 砖可用于防潮层以上的建筑部位。这种砖均不得用于长期经受 200℃高温、急冷急热或有酸性介质侵蚀的建筑部位。

根据尺寸偏差和外观，将这种砖划分为优等品（A）、一等品（B）、合格品（C）三个产品等级。

（3）砌块

1）粉煤灰砌块。以粉煤灰、石灰、石膏为原料，经加水搅拌、振动成型、蒸汽养护制成。

2）中型空心砌块。按胶结料不同分为水泥混凝土型及煤矸石硅酸盐型两种。空心率大于等于25%。

3）混凝土小型空心砌块。以水泥或无熟料水泥为胶结料，配以砂、石或轻骨料（浮石、陶粒等），经搅拌、成型、养护而成。

4）蒸压加气混凝土砌块。以钙质或硅质材料，如水泥、石灰、矿渣、粉煤灰等为基本材料，以铝粉为发气剂，经蒸压养护而成。是一种多孔轻质的块状墙体材料，也可作绝热材料。

砌块建筑是墙体技术改革的一条有效途径，可使墙体自重减轻，建筑功能改善，造价降低，这些突出优点为其广泛使用奠定了基础。

2. 天然石材

天然石材资源丰富、强度高、耐久性好、色泽自然，在土木建筑工程中常用作砌体材料、装饰材料及混凝土的集料。

（1）天然石材的分类

天然石材是采自地壳表层的岩石。根据其生成条件，按地质分类法可分为岩浆岩（火成岩）、沉积岩（水成岩）和变质岩三大类。每类常见石种、技术性质及用途如表2-4所示。

常用岩石的特性与应用 表2-4

岩石种类	常用石种	特 性			用 途
		表观密度（kg/m³）	抗压强度（MPa）	其 他	
岩浆岩（火成岩）	花岗石	2500～2800	120～250	孔隙率小，吸水率低，耐磨、耐酸、耐久性好、耐火、磨光性好	基础、地面、路面、室内外装饰、混凝土集料
	玄武石	2900～3300	250～500	硬度大、细密、耐冻性好、抗风化性强	高强混凝土集料、道路路面
沉积岩（水成岩）	石灰石	2600～2800	80～160	耐久性及耐酸性均较差，力学性质随组成不同变化范围很大	基础、墙体、桥墩、路面、混凝土集料
	砂岩	1800～2500	约200	硅质砂岩（以氧化硅胶结），坚硬、耐久，耐酸性与花岗石相近	基础、墙体、衬面、踏步、纪念碑石
沉积岩	大理石	2600～2700	100～300	质地致密，硬度不高，易加工，磨光性好，易风化，不耐酸	室内墙面、地面、柱面、栏杆等装修
	石英石	2650～2750	250～400	硬度大，加工困难，耐酸、耐久性好，耐酸材料	基础、栏杆、踏步、饰面材料

（2）天然石材的技术性质

1）表观密度。石材的表观密度与矿物组成及孔隙率有关。根据表观密度（ρ_0），天然石材可分为轻质石材和重质石材，可作为建筑物的基础、贴面、地面、房屋外墙、桥梁和水工构筑物等。

2）抗压强度。石材是非均质和各向异性的材料，而且是典型的脆性材料，其抗压强度高，抗拉强度比抗压强度低得多，约为抗压强度的 $1/10 \sim 1/20$。测定岩石抗压强度的试件尺寸为 $50mm \times 50mm \times 50mm$ 的立方体。按吸水饱和状态下的抗压极限强度平均值，天然石材的强度等级分为 MU100、MU80、MU60、MU50、MU40、MU30、MU20、MU15、MU10 九个等级。

3）耐水性。石材的耐水性以软化系数（K_r）来表示。根据软化系数的大小，石材的耐水性分为三等。$K_r > 0.9$ 的石材为高耐水性石材；$K_r = 0.70 \sim 0.90$ 约有材为中耐水性石材；$K_r = 0.60 \sim 0.70$ 的石材为低耐水性石材。土木建筑工程中使用的石材，软化系数应大于 0.80。

4）吸水性。石材的吸水性主要与其孔隙率和孔隙特征有关。孔隙特征相同的石材，孔隙率越大，吸水率也越高。石材吸水后强度降低，抗冻性变差，导热性增加，耐水性和耐久性下降。表观密度大的石材，孔隙率小，吸水率也小。

5）抗冻性。抗冻性是指石材抵抗冻融破坏的能力，是衡量石材耐久性的一个重要指标．石材的抗冻性与吸水率大小有密切关系。一般吸水率大的石材，抗冻性能较差。另外，抗冻性还与石材吸水饱和程度、冻结程度和冻融次数有关。石材在水饱和状态下，经规定次数的冻融循环后，若无贯穿缝且重量损失不超过 5％，强度损失不超过 25％时，则为抗冻性合格。

（3）天然石材的选用

1）毛石。毛石是指以开采所得、未经加工的形状不规则的石块。有乱毛石和平毛石两种。乱毛石各个面的形状不规则，平毛石虽然形状也不规则，但大致有两个平行的面。毛石主要用于砌筑建筑物的基础、勒角、墙身、挡土墙、堤岸及护坡，还可以用来浇筑片石混凝土。

2）料石。料石是指以人工斩凿或机械加工而成，形状比较规则的六面体块石。按表面加工平整程度分为四种：毛料石，是表面不经加工或稍加修整的料石；粗料石，是表面加工成凹凸深度不大于 20mm 的料石；半细料石，是表面加工成凹凸深度不大于 10mm 的料石；细料石，是表面加工成凹凸深度不大于 2mm 的料石。若按外形划分，为条石、方石、拱石（楔形）。料石主要用于建筑物的基础、勒脚、墙体等部位，半细料石和细料石主要用作镶面材料。

3）石板。石板是用致密的岩石凿平或锯成的一定厚度的岩石板材。石板材一般作为装饰用饰面，饰面板材要求耐磨、耐久、无裂缝或水纹，色彩丰富，外表美观。

4）广场地坪、路面、庭院小径用石材。主要有石板、方石、条石、拳石、卵石等，要求坚实耐磨，抗冻和抗冲击性好。当用平毛石、拳石、卵石铺筑地坪或小径时，可以利用石材的色彩和外形镶拼成各种图案。

五、防水材料

防水材料具有阻止雨水、地下水与其他水分等渗透的功能，它是土木建筑工程重要的功能材料之一。防水材料具有品种多、发展快的特点，有传统使用的沥青基防水材料，也有正在发展的改性沥青防水材料和合成高分子防水材料，由多层防水向单层防水发展，由单一材料向复合型多功能材料发展，施工方法也由热熔法向冷粘贴法或自粘贴法发展。各种防水材料的分类及特点见表 2-5 所示。

防水材料的种类和特点　　　　　　　　　　　　　　　　表 2-5

种　类	形　式	特　点
防水卷材	1. 无胎体卷材； 2. 以纸或织物等为胎体的卷材	1. 拉伸强度高、抵抗基层和结构物变形能力强、防水层不易开裂散； 2. 防水层厚度可按防水工程质量要求控制； 3. 防水层较厚，使用年限长； 4. 便于大面积施工
防水涂料	1. 水乳型； 2. 溶剂型	1. 防水层薄、重量轻，可减轻屋面荷载； 2. 有利于基层形状不规则部位的施工； 3. 施工简便，一般为冷施工； 4. 抵抗变形能力较差，使用年限短
嵌缝材料	膏状或糊状	1. 使用时为膏状或糊状，经过一定时间或氧化处理后为塑性、弹塑性或弹性体； 2. 适用于任何形状的接缝和孔槽
	固体带状或片状	1. 埋入接缝两侧的混凝土中间能与混凝土紧密结合； 2. 抵抗变形能力大； 3. 防水效果可靠

1. 防水卷材

（1）沥青防水卷材

沥青防水卷材俗称油毡，是用原纸、纤维织物、纤维毡等胎体浸涂沥青，表面撒布粉状、粒状或片状材料而制成的。常用品种有石油沥青纸胎油毡、石油沥青玻璃布油毡、石油沥青玻纤胎油毡、石油沥青麻布胎油毡等。

石油沥青纸胎油毡是用高软化点的石油沥青涂盖油纸的两面，再涂撒隔离材料制成的一种防水材料。油毡按原纸 $1m^2$ 的重量克数分为 200、350 和 500（g）三个标号；按物理性能分为合格品、一等品和优等品三个等级，其中 200 号油毡适用于简易防水、临时性建筑防水、防潮及包装等；350 号和 500 号油毡适用于一般工程的屋面和地下防水。

（2）聚合物改性沥青防水卷材

聚合物改性沥青防水卷材是以合成高分子聚合物改性沥青为涂盖层，纤维织物或纤维毡为胎体，粉状、粒状、片状或薄膜材料为覆面材料制成的可卷曲片状防水材料。它克服了传统沥青防水卷材温度稳定性差，延伸率小的不足，具有高温不流淌、低温不脆裂、拉伸强度高、延伸率较大等优异性能，且价格适中。常见的有 SBS 改性沥青防水卷材、APP 改性沥青防水卷材、PVC 改性焦油沥青防水卷材、再生胶改性沥青防水卷材等。此类防水卷材一般单层铺设，也可复层使用，根据不同卷材可采用热熔法、冷粘法、自粘法施工。

1）SBS 改性沥青防水卷材。

SBS 改性沥青防水卷材属弹性体沥青防水卷材中的一种，弹性体沥青防水卷材是用沥青或热塑性弹性体（如苯乙烯－丁二烯嵌段共聚物 SBS）改性沥青（简称"弹性体沥青"）浸渍胎基，两面涂以弹性体沥青涂盖层，上表面撒以细砂、矿物粒（片）料或覆盖聚乙烯膜，下表面撒以细砂或覆盖聚乙烯膜所制成的一类防水卷材。该类卷材使用玻纤毡或聚酯毡两种胎基。按《弹性体沥青防水卷材》（JC/T 560—94）的规定，弹性体沥青防水卷材以 10m² 卷材的标称重量（kg）作为卷材的标号；玻纤毡胎基的卷材分为 25 号、35 号和 45 号三种标号，聚酯毡胎基的卷材分为 25 号、35 号、45 号和 55 号四种标号。按卷材的物理性能分为合格品、一等品、优等品三个等级。

该类防水卷材广泛适用于各类建筑防水、防潮工程，尤其适用于寒冷地区和结构变形频繁的建筑物防水。其中，35 号及其以下品种用作多层防水；35 号以上的品种可用作单层防水或多层防水层的面层，并可采用热熔性施工。

2）APP 改性沥青防水卷材。

APP 改性沥青防水卷材属塑性体沥青防水卷材中的一种。塑性体沥青卷材是用沥青或热塑性塑料（如无规聚丙烯 APP）改性沥青（简称"塑性体沥青"）浸渍胎基，两面涂以塑性体沥青涂盖层，上表面撒以细砂、矿物粒（片）料或覆盖聚乙烯膜，下表面撒以细砂或覆盖聚乙烯膜所制成的一类防水卷材。本类卷材也使用玻纤毡或聚酯毡两种胎基。按《弹性体沥青防水卷材》（JC/T 559—94）的规定，塑性体沥青防水卷材以 10m² 卷材的标称重量（kg）作为卷材的标号；玻纤毡胎基的卷材分为 25 号、35 号和 45 号三种标号，聚酯毡胎基的卷材分为 25 号、35 号、45 号和 55 号四种标号。按卷材的物理性能分为合格品、一等品、优等品三个等级。

该类防水卷材广泛适用于各类建筑防水、防潮工程，尤其适用于高温或有强烈太阳辐射的建筑物防水。其中，35 号及其以下品种用作多层防水；35 号以上的品种可用作单层防水或多层防水层的面层，并可采用热溶性施工。

（3）合成高分子防水卷材。

合成高分子防水卷材是以合成橡胶、合成树脂或它们两者的共混物为基料，加入适量的化学助剂和填充料等，经混炼、压延或挤出等工序加工制成的可卷曲的片状防水材料。其中又可分为加筋增强型与非加筋增强型两种。合成高分子防水卷材具有拉伸强度和抗撕裂强度高，断裂伸长率大，耐热性和低温柔性好，耐腐蚀，耐老化等一系列优异的性能，是新型高档防水卷材。常用的有再生胶防水卷材、三元乙丙橡胶防水卷材、三元丁橡胶防水卷材、聚氯乙烯防水卷材、氯化聚乙烯防水卷材、氯化聚乙烯－橡胶共混防水卷材等。一般单层铺设，可采用冷粘法或自粘法施工。

1）三元乙丙（EPDM）橡胶防水卷材。

三元乙丙橡胶防水卷材是以三元乙丙橡胶为主体，掺入适量的硫化剂、促进剂、软化剂、填充料等，经过配料、密炼、拉片、过滤、压延或挤出成型、硫化、检验和分卷包装而成的防水卷材。

由于三元乙丙橡胶分子结构中的主链上没有双键，当它受到紫外线、臭氧、湿和热等作用时，主链上不易发生断裂，故耐老化性能最好，化学稳定性良好。因此，三元乙丙橡胶防水卷材有优良的耐候性、耐臭氧性和耐热性。此外，它还具有重量轻，使用温度范围宽，抗拉强度高，延伸率大，对基层变形适应性强，耐酸碱腐蚀等特点。广泛适用于防水要求高、耐用年限长的土木建筑工程的防水。

2）聚氯乙烯（PVC）防水卷材。

聚氯乙烯防水卷材是以聚氯乙烯树脂为主要原料，掺加填充料和适量的改性剂、增塑剂、抗氧化剂和紫外线吸收剂等，经混炼、压延或挤出成型、分卷包装而成的防水卷材。聚氯乙烯防水卷材根据其基料的组成与特性，分为S型和P型。其中，S型是以煤焦油与聚氯乙烯树脂混熔料为基料的防水卷材；P型是以增塑聚氯乙烯树脂为基料的防水卷材。该种卷材的尺度稳定性、耐热性、耐腐蚀性、耐细菌性等均较好，适用于各类建筑物的屋面防水工程和水池、堤坝等防水抗渗工程。

3）氯化聚乙烯—橡胶共混型防水卷材。

氯化聚乙烯—橡胶共混型防水卷材是以氯化聚乙烯树脂和合成橡胶共混物为主体，加入适量的硫化剂、促进剂、稳定剂、软化剂和填充料等，经过素炼、混炼、过滤、压延或挤出成型、硫化、分卷包装等工序制成的防水卷材。

氯化聚乙烯—橡胶共混型防水卷材兼有塑料和橡胶的特点。它不仅具有氯化聚乙烯所特有的高强度和优异的耐臭氧性、耐老化性能，且具有橡胶类材料所特有的高弹性、高延伸性和良好的低温柔性。因此，该类卷材特别适用于寒冷地区或变形较大的土木建筑防水工程。

2. 防水涂料

防水涂料是一种流态或半流态物质，可用刷、喷等工艺涂布在基层表面，经溶剂或水分挥发或各组分间的化学反应，形成具有一定弹性和一定厚度的连续薄膜，便基层表面与水隔绝，起到防水、防潮作用。

防水涂料固化成膜后的防水涂膜具有良好的防水性能，特别适合于各种复杂不规则部位的防水，能形成无接缝的完整防水膜。它大多采用冷施工，不必加热熬制，涂布的防水涂料既是防水层的主体，又是粘结剂，因而施工质量容易保证，维修也较简单。但是，防水涂料须采用刷子或刮板等逐层涂刷（刮），故防水膜的厚度较难保持均匀一致。防水涂料广泛适用于工业与民用建筑的屋面防水工程、地下室防水工程和地面防潮、防渗等。

防水涂料按成膜物质的主要成分可分为沥青基防水涂料、聚合物改性沥青防水涂料和合成高分子防水涂料等三类。

（1）沥青基防水涂料。

指以沥青为基料配制而成的水乳型或溶剂型防水涂料，这类涂料对沥青基本没有改性或改性作用不大。主要有石灰膏乳化沥青、膨润土乳化沥青和水性石棉沥青防水涂料等。主要适用于Ⅲ级和Ⅳ级防水等级的工业与民用建筑屋面、混凝土地下室和卫生间防水等。

（2）高聚物改性沥青防水涂料。

指以沥青为基料，用合成高分子聚合物进行改性，制成的水乳型或溶剂型防水涂料。这类涂料在柔韧性、抗裂性、拉伸强度、耐高低温性能、使用寿命等方面比沥青基涂料有很大改善。品种有再生橡胶改性防水涂料、氯丁橡胶改性沥青防水涂料、SBS橡胶改性沥青防水涂料、聚氯乙烯改性沥青防水涂料等。适用于Ⅱ、Ⅲ、Ⅳ级防水等级的屋面、地面、混凝土地下室和卫生间等的防水工程。

（3）合成高分子防水涂料。

指以合成橡胶或合成树脂为主要成膜物质制成的单组分或多组分的防水材料。这类涂料具有高弹性、高耐久性及优良的耐高低温性能，品种有聚氨酯防水涂料、丙烯酸酯防水涂料、环氧树脂防水涂料和有机硅防水涂料等。适用于Ⅰ、Ⅱ、Ⅲ级防水等级的屋面、地下室、水池及卫生间等的防水工程。

3. 建筑密封材料

建筑密封材料是能承受位移并具有高气密性及水密性而嵌入建筑接缝中的定形和不定形的材料。定形密封材料是具有一定形状和尺寸的密封材料，如密封条带、止水带等。不定形密封材料通常是黏稠状的材料，分为弹性密封材料和非弹性密封材料。按构成类型分为溶剂型、乳液型和反应型；按使用时的组分分为单组分密封材料和多组分密封材料；按组成材料分为改性沥青密封材料和合成高分子密封材料。

为保证防水密封的效果，建筑密封材料应具有高水密性和气密性，良好的粘结性，良好的耐高低温性和耐老化性能，一定的弹塑性和拉伸—压缩循环性能。密封材料的选用，应首先考虑它的粘结性能和使用部位。密封材料与被粘基层的良好粘结，是保证密封的必要条件，因此应根据被粘基层的材质、表面状态和性质来选择粘结性良好的密封材料；建筑物中不同部位的接缝，对密封材料的要求不同，如室外的接缝要求较高的耐候性，而伸缩缝则要求较好的弹塑性和拉伸—压缩循环性能。

（1）不定形密封材料

目前，常用的不定形密封材料有：沥青嵌缝油膏、聚氯乙烯接缝膏和塑料油膏、丙烯酸类密封膏、聚氨酯密封膏、聚硫密封膏和硅酮密封膏等。

1）沥青嵌缝油膏。

沥青嵌缝油膏是以石油沥青为基料，加大改性材料、稀释剂及填充料混合制成的密封膏。改性材料有废橡胶粉和硫化鱼油；稀释剂有松焦油、松节重油和机油；填充料有石棉绒和滑石粉等。

沥青嵌缝油膏主要作为屋面、墙面、水沟和水槽的防水嵌缝材料。

2）聚氯乙烯接缝膏和塑料油膏。

聚氯乙烯接缝膏是以煤焦油和聚氯乙烯（PVC）树脂粉为基料，按一定比例加大增塑剂（邻苯二甲酸二丁酯、邻苯二甲酸二辛酯）、稳定剂（三盐基硫酸铝、硬脂酸钙）及填充料（滑石粉、石英粉）等，在140℃温度下塑化而成的膏状密封材料，简称PVC接缝膏。塑料油膏是用废旧聚氯乙烯（PVC）塑料代替聚氯乙烯树脂粉，其他原料和生产方法同聚氯乙烯接缝膏。

这种密封材料适用于各种屋面嵌缝或表面涂布作为防水层，也可用于水渠、管道等接缝，用于工业厂房自防水屋面嵌缝，大型墙板嵌缝。

3）丙烯酸类密封膏。

丙烯酸类密封膏是丙烯酸树脂掺入增塑剂、分散剂、碳酸钙、增量剂等配制而成，通常为水乳型。它具有良好的粘结性能、弹性和低温柔性，无溶剂污染，无毒，具有优异的耐候性。

丙烯酸类密封膏主要用于屋面、墙板、门、窗嵌缝，但它的耐水性不算很好，所以不宜用于经常泡在水中的工程，不宜用于广场、公路、桥面等有交通来往的接缝中，也不宜用于水池、污水厂、灌溉系统、堤坝等水下接缝中。

4）聚氨酯密封膏。

聚氨酯密封膏一般用双组分配制，甲组分是含有异氰酸基的预聚体，乙组分含有多轻基的固化剂与增塑剂、填充料、稀释剂等。使用时，将甲乙两组分按比例混合，经固化反应成弹性体。

聚氨酯密封膏的弹性、粘结性及耐气候老化性能特别好，与混凝土的粘结性也很好，同时不需要打底。所以聚氨酯密封材可以用作屋面、墙面的水平或垂直接缝。尤其适用于游泳池工程。它还是公路及机场跑道的补缝、接缝的好材料，也可用于玻璃、金属材料的嵌缝。

5）硅酮密封膏。

硅酮密封膏是以聚硅氧烷为主要成分的单组分和双组分室温固化型的建筑密封材料。目前大多为单组分系统，它以氧烷聚合物为主体，加入硫化剂、硫化促进剂以及增强填料组成。硅酮密封膏具有优异的耐热、耐寒性和良好的耐候性；与各种材料都有较好的粘结性能；耐拉伸—压缩疲劳性强，耐水性好。硅酮建筑密封膏分为 F 类和 G 类两种类别。其中，F 类为建筑接缝用密封膏，适用于塑制混凝土墙板、水泥板、大理石板的外墙接缝，混凝土和金属结构的粘结卫生间和公路接缝的防水密封等；G 类为镶装玻璃用密封膏，主要用于镶嵌玻璃和建筑门、窗的密封。

（2）定形密封材料

定形密封材料包括密封条带，如铝合金门窗橡胶密封条、PVC 门窗密封条、自粘性橡胶、橡胶止水带、塑料止水带等。定形密封材料按密封机理的不同，分为遇水非膨胀型和遇水膨胀型两类。

六、混凝土材料

1. 混凝土的分类

（1）按所使用的胶凝材料划分

混凝土分为水泥混凝土、沥青混凝土、聚合物混凝土等。其中使用最多的是以水泥为胶凝材料的水泥混凝土。

（2）按表观密度大小（主要是骨料不同）划分

干表观密度大于 2600kg/m³ 的重混凝土，是采用高密度骨料（如重晶石、铁矿石、钢屑等）或同时采用重水泥（如钡水泥、锶水泥等）制成，主要用于辐射屏蔽方面；干表观密度为 2000～2500kg/m³ 的普通混凝土，是由天然砂、石为骨料和水泥配制而成，是目前土木建筑工程中常用的承重结构材料；干表观密度小于 2000kg/m³ 的轻混凝土，是指轻骨料混凝土、无砂大孔混凝土和多孔混凝土，主要用于保温和轻质结构。

（3）按施工工艺划分

分为泵送混凝土、喷射混凝土、真空脱水混凝土、造壳混凝土（裹砂混凝土）、碾压混凝土、压力灌浆混凝土（预填骨料混凝土）、热拌混凝土、太阳能养护混凝土等。

（4）按用途划分

分为防水混凝土、防射线混凝土、耐酸混凝土、装饰混凝土、耐火混凝土、补偿收缩混凝土、水下浇筑混凝土等。

此外，还有按掺合料来划分，按抗压强度和按水泥用量来划分等。

2. 普通混凝土

混凝土在未凝结硬化前，称为混凝土的拌合物。它必须具有良好的和易性，便于施工，以保证能获得良好的浇筑质量；混凝土拌合物凝结硬化后，应具有足够的强度，以保证结构能安全地承受设计荷载；并应具有必要的耐久性。

（1）普通混凝土用骨料

混凝土中的砂、石起骨架作用，故称为骨料，它既降低了混凝土的成本，又可传递荷载，并显著减少混凝土的收缩。

1）砂子

砂子的颗粒直径在 0.15～5.0mm 之间。由于产地不同，可分为河砂、海砂和山砂。砂子按其直径划分为三种：粗砂平均直径不少于 0.5mm，中砂平均直径不小于 0.35mm，细砂平均直径不少于 0.25mm。

① 砂子的颗粒级配及粗细程度。砂子的颗粒级配表示大小颗粒砂的搭配情况，混凝土或砂浆中砂的空隙是由水泥来填充的，为达到节约水泥、提高强度和耐久性，应尽量减少砂粒之间的空隙。良好的级配应有较多的粗颗粒，同时配有适当的中颗粒及少量细颗粒填充其空隙。所以控制砂子的颗粒级配和粗细程度既有经济意义，也有技术意义。

② 砂子的含水量与其体积之间的关系。砂子的外观体积随着砂子的湿度变化而变化。假定以干砂体积为标准，当砂的含水率为 5％～7％时，砂堆的体积最大，比干松状态下的体积增大 30％～35％；含水率再增加时，体积便开始逐渐减小，当含水率增到 17％时，体积将缩至与干松状态下相同；当砂子完全水浸泡之后，其密度反而超过干砂，体积可较原来干松体积缩小 7％～8％左右。因此，在设计混凝土和各种砂浆配合比时，均应以干松状态下的砂为标准进行计算。

③ 天然砂、天然干砂、净干砂。天然砂系指从砂坑开采的未经加工（过筛）而运至施工现场的砂，含有少量泥土、石子、杂质和水分。天然净砂系将天然砂过筛后，筛选掉石子、杂质含量的砂。编制土木工程建设概、预算定额时，对三种状态砂子的概念不得混淆。否则将一种状态下的砂，换算为另一种状态下的砂，或将一种状态下砂的体积，换算为另一种状态下砂的重量时，往往产生错误。

④ 天然砂含水率与表观密度的关系。砂子的体积随其含水率的不同而发生变化，导致砂子表观密度随含水率不同而变化。因此，在设计各种砂浆配合比时，必须注意砂的体积、表观密度与含水率的关系。抹灰的水泥砂浆配合比为体积比，系指水泥与净干砂体积比。不得当作水泥与天然净砂的体积比，这样每立方米的水泥砂浆大约增加水泥用量 18％左右。

2）石子

石子分为卵石和碎石，按粒径分为：5～10mm、5～16mm、5～20mm、5～25mm、5～31.5mm、5～40mm。

① 最大粒径。混凝土用的卵石或碎石中粒级的上限，称为该粒级的最大粒径。石子粒径大，其表面积随之减少。因此保证一定厚度的润滑层所需的水泥砂浆的数量也相应减少，所以石子最大粒径在条件许可下，应尽量选用大些的。但石子粒径的选用，取决于构件截面尺寸和配筋的疏密。根据《混凝土结构工程施工质且验收规范》（GB 50204—2002）的规定，石子最大颗粒尺寸不得超过结构截面最小尺寸的 1/4，且不得超过钢筋最小间距的 3/4。对于混凝土实心板，骨料的最大粒径不宜超过板厚的 1/3，且不得超过 40mm。

② 颗粒级配。石子级配好坏对节约水泥和保证混凝土具有良好的和易性有很大关系。特别是拌制高强度混凝土，石子级配更为重要。石子级配也通过筛分试验，计算分析筛余百分率和累计筛余百分率确定的，要求各筛上的累计筛余百分率满足《普通混凝土用砂、石质量及检验方法标准》JGJ 52 的规定，否则，应采取措施。比如，分级过筛重新组合，或用不同级配的骨料经过试验取得结果能保证工程质量的，可以考虑使用。

③ 强度。为保证混凝土的强度要求，粗骨料都必须是质地致密、具有足够的强度。碎石或卵石的强度可用岩石立方体强度和压碎指标两种方法表示。岩石立方体强度比较直观，但试件加工比较困难，其抗压强度未能反映出石子在混凝土中的真实受力情况，只有当混凝土强度等级为 C60 及以上时，应进行岩石抗压强度检验；在选择采石场或对粗骨料强度有严格要求或对质量有争议时，也宜用岩石立方体强度做检验。压碎指标反映了石子的抗压碎能力，间接地表示了石子强度的高低，对经常性的生产质量控制则可用压碎指标值检验。

（2）混凝土拌合物的和易性

1）和易性

系指混凝土拌合物易于施工操作（拌合、浇灌、捣实）并能获得质量均匀、成型密实的性能，包括流动性、黏聚性和保水性三个方面的涵义。

① 流动性是指混凝土拌合物在本身重量和施工机械振捣的作用下，能产生流动，并均匀密实地填满模板的性能。流动性的大小主要取决于单位体积混凝土内的用水量或水泥浆量的多少。

② 黏聚性是指混凝土拌合物在施工过程中组成材料之间有一定黏聚力，不致产生分层和离析现象。

③ 保水性是指混凝土拌合物在施工过程中具有一定保水能力，不致产生严重的泌水现象。发生泌水现象的混凝土拌合物，由于水分分泌出来会形成容易透水的孔隙，而影响混凝土的密实性，降低质量。

2）和易性指标

目前尚没有能够全面反映混凝土拌合物和易性的测定方法。在工地和试验室，通常是做坍落度试验测定拌合物的流动性，并辅以直观经验评定黏聚性和保水性。

3）坍落度（流动性）的选择

选择混凝土拌合物的坍落度，要根据构件截面尺寸、钢筋疏密和捣实方法来确定。当构件截面尺寸较小或钢筋较密，或采用人工振捣时，坍落度可选择小些。

4）影响和易性的主要因素

① 水泥浆的数量。水泥浆是混凝土拌合物中的润滑剂，它赋予拌合物以一定的流动性。在水灰比不变的情况下，单位体积拌合物内水泥浆越多，则拌合物的流动性越大。但若水泥浆过多，将会出现流浆现象，使拌合物的黏聚性变差，同时对混凝土的强度与耐久性也会产生一定影响，且水泥用量也大，不经济。水泥浆过少，致使其不能填满骨料空隙或不能很好包裹骨料表面时，就会产生崩塌现象，黏聚性变差。因此，混凝土拌合物中水泥浆的含量应以满足流动性要求为度，不宜过量。

② 水泥浆的稠度。水泥浆的稀稠是由水灰比决定的，在水泥用量不变的情况下，水泥拌合物的流动性过低，会使施工困难，不能保证混凝土的密实性。增加水灰比会使流动

性加大，如果过大，又会造成拌合物的黏聚性和保水性不良，而产生流浆、离析现象，并严重影响混凝土的强度。因此水灰比的大小，应根据混凝土的设计强度、耐久性、粗骨料的种类、水泥的实际强度等级确定。

③ 砂率。

砂率是指混凝土中砂的重量占砂、石总重量的百分率。砂率过大，意味着骨料的总表面积很大，在水泥浆量不变的条件下，水泥浆包裹层将很薄，减弱了润滑作用，致使流动性降低。若砂率过小，说明用砂量很小，而粗骨料很多，这时很小的水泥浆量也难以充分包裹粗骨料表面，也将使流动性下降。为了保证混凝土拌合物具有良好的和易性，应选用最佳砂率。在水泥浆量不变的条件下，采用最佳砂率可以使拌合物具有最大的流动性，且能保持良好的黏聚性和保水性而达到水泥用量最小。影响最佳砂率大小的因素很多，如合理的石子级配、砂子粗细、水灰比、施工要求的混凝土的流动性以及掺用外加剂等。因此，不可能用计算的方法得出准确的最佳砂率，一般根据经验在保证拌合物的不离析、便于浇筑、捣实的条件下，应尽量选用较小砂率。如无经验数据，可按《普通混凝土配合比设计规程》（JGJ 55—2011）的规定选用砂率。

除上述影响因素，水泥品种、骨料种类、粒形和级配、外加剂、时间、温度等，都对混凝土拌合物的和易性有一定影响。

3. 混凝土的强度

(1) 混凝土的立方体抗压强度（f_{cu}）与强度等级

按照标准的制作方法，制成边长为 150mm 的立方体试件，在标准养护条件〔温度（20+3）℃，相对湿度 90％以上〕下，养护到 28d，按照标准的测定方法测定其抗压强度值称为混凝土立方体试件抗压强度，简称立方体抗压强度，以 f_{cu} 表示。而立方体抗压强度（f_{cu}）只是一组试件抗压强度的算术平均值，并未涉及数理统计和保证率的概念。立方体抗压强度标准值（$f_{cu,k}$）是按数理统计方法确定，具有不低于 95％保证率的立方体抗压强度。

混凝土的强度等级是根据立方体抗压强度标准值（$f_{cu,k}$）来确定的。《混凝土结构设计规范》（GB 50010—2002）规定，钢筋混凝土结构的混凝土强度等级不应低于 C15。强度等级表示中的 "C" 为混凝土强度符号，"C" 后面的数值，即为混凝土立方体抗压强度标准值。

(2) 混凝土的抗拉强度

混凝土在直接受拉时，很小的变形就要开裂。它在断裂前没有残余变形，是一种脆性破坏。混凝土的抗拉强度只有抗压强度的 1/10～1/20，且强度等级越高，该比值越小，所以，混凝土在工作时，一般不依靠其抗拉强度。在设计钢筋混凝土结构时，不是由混凝土承受拉力，而是由钢筋承受拉力。但是，混凝土的抗拉强度对减少裂缝很重要，有时也用来间接衡量混凝土与钢筋的粘结强度。

目前，许多国家都是采用劈裂抗拉试验方法，间接地求混凝土抗拉强度，称为劈裂抗拉强度。

(3) 影响混凝土强度的因素

在混凝土中，骨料最先破坏的可能性小，因为骨料强度经常大大超过水泥石和粘结面的强度，所以混凝土的强度主要取决于水泥石强度及其与骨料表面的粘结强度，而水泥石强度及其与骨料的粘结强度又与水泥强度等级、水灰比及骨料性质有密切关系。此外，混凝土的强度还受施工质量、养护条件及龄期的影响。

1）水灰比和水泥强度等级。

在配合比相同的条件下，所用的水泥强度等级越高，制成的混凝土强度也越高。当用同一品种及相同强度等级水泥时，混凝土强度等级主要取决于水灰比。因为水泥水化时所需的结合水，一般只占水泥重量的 25％左右，为了获得必要的流动性，保证浇灌质量，常需要较多的水，也就是较大的水灰比。当水泥水化后，多余的水分就残留在混凝土中，形成水泡或蒸发后形成气孔，减少了混凝土抵抗荷载的实际有效断面，在荷载作用下，可能在孔隙周围产生应力集中。因此可以认为，在水泥强度等级相同情况下，水灰比越小，水泥石的强度越高，与骨料粘结力也越大，混凝土强度也就越高。

适当控制水灰比及水泥用量，是决定混凝土密实性的主要因素。《普通混凝土配合比设计规程》（JGJ 55—2011）对普通混凝土的最大水灰比和最小水泥用量作了规定。

2）养护的温度和湿度。

混凝土的硬化，关键在于水泥的水化作用，温度升高，水泥水化速度加快，因而混凝土强度发展也快。反之，温度降低，水泥水化速度降低，混凝土强度发展将相应迟缓。周围环境的湿度对水泥的水化作用能否正常进行有显著影响，湿度适当，水泥水化便能顺利进行，使混凝土强度得到充分发展。如果湿度不够，混凝土会失水干燥而影响水泥水化作用的正常进行，甚至停止水化。水泥的水化作用不能完成，致使混凝土结构松散，渗水性增大，或形成干缩裂缝。严重降低了混凝土的强度，从而影响耐久性。因此，在夏季施工中应特别注意浇水，保持必要的湿度，在冬季特别注意保持必要的温度。

3）龄期。

混凝土在正常养护条件下，其强度随着龄期增加而提高。最初 7～14d 内，强度增加较快，28d 以后增长缓慢。普通的流动性混凝土，在标准养护条件下，混凝土强度发展大致与其龄期的对数成正比关系：

$$f_n = f_{28}(\lg n/\lg 28)$$

式中　f_n——第 n 天龄期混凝土的抗压强度（MPa）；

　　　f_{28}——28d 龄期混凝土的抗压强度（MPa）；

　　　n——天（d），$n \geqslant 3$。

根据上式可由已知龄期的混凝土强度，估算另一个龄期（如 28d）的强度。但因为混凝土强度的影响因素很多，强度发展不可能一致，故此式也只能作为参考。

4. 混凝土配合比计算

混凝土配合比是指混凝土中各组成材料之间的比例关系。混凝土配合比通常用每立方米混凝土中各种材料的质量来表示，或以各种材料用料量的比例表示（以水泥质量为1）。

（1）设计混凝土配合比的基本要求

1）满足混凝土设计的强度等级；

2）满足施工要求的混凝土和易性；

3）满足混凝土使用要求的耐久性；

4）满足上述条件下做到节约水泥和降低混凝土成本。

从表面上看，混凝土配合比计算只是水泥、砂子、石子、水这四种组成材料的用量。

实质上是根据组成材料的情况，确定满足上述四项基本要求的三大参数：水灰比、单位用水量和砂率。

(2) 混凝土配合比设计的步骤

1) 混凝土试配强度 ($f_{cu,0}$) 的确定。从理论计算配制强度能满足设计强度等级的混凝土，应考虑到实际施工条件与试验室条件的差别。在实际施工中，混凝土强度难免有波动，如原材料的质量能否保持均匀一致，混凝土配合比能否控制准确，拌合、运输、浇灌、振捣及养护等工序是否准确等，这些因素都会造成混凝土的质量不稳定。

根据设计强度标准值 ($f_{cu,k}$) 和强度保证率为 95% 的规范要求，$f_{cu,0}$ 可按下式计算：

$$f_{cu,0} = f_{cu,k} + 1.645\sigma$$

式中　$f_{cu,0}$——混凝土试配强度 (MPa)；

　　　$f_{cu,k}$——设计混凝土强度标准值 (MPa)；

　　　σ——混凝土强度标准差 (MPa)。施工单位无历史统计资料时，σ 可按表 2-6 取值。

σ 值 (MPa)　　　　　　　　　　　　　　　　表 2-6

混凝土强度等级	低于 C20	C25～C35	高于 C35
标准值 σ	4	5	6

注：采用本表时，施工单位可根据实际情况，对 σ 值做适当调整。

2) 确定水灰比 (W/C)。根据已测定的水泥实际强度 (f_{ce})（或选用的水泥强度等级），粗骨料种类及所要求的混凝土配制强度 ($f_{cu,0}$)，按混凝土强度公式计算出所要求的水灰比值（适用于混凝土强度等级小于 C60）：

$$\frac{W}{C} = \frac{\alpha_a f_{ce}}{f_{cu,0} + \alpha_a \alpha_b f_{ce}}$$

式中　W/C——水灰比；

　　　f_{ce}——水泥实际强度 (MPa)；

　　　α_a、α_b——回归系数。其中采用碎石时，$\alpha_a = 0.46$，$\alpha_b = 0.07$；采用卵石时，$\alpha_a = 0.48$，$\alpha_b = 0.330$。

无法取得水泥实际强度值时，可用下式代入

$$f_{ce} = w_c f_{ce,g}$$

式中　w_c——水泥强度等级值的富余系数，可按实际统计资料确定；

　　　$f_{ce,g}$——水泥强度等级值 (MPa)。

3) 选用单位用水量 (m_{ow})。按施工要求的混凝土坍落度及骨料的种类、规格，按规程 JGJ 55—2000 中对混凝土用水量的参考值选定单位用水量。

4) 计算单位水泥用量 (m_{ock})。

$$m_{ock} = \frac{m_{ow}}{\left(\dfrac{W}{C}\right)}$$

为保证混凝土的耐久性，m_{ock} 要满足规程 JGJ 55—2000 中规定的最小水泥用量的要求，选用合理砂率。若 m_{ock} 小于规定的最小水泥用量，则应取规定的最小水泥用量。计算的水泥用量不宜超过 550kg/m³，若超过应提高水泥强度等级。

5）选用合理砂率（a_s）。合理的砂率值主要应根据混凝土拌和物的坍落度、黏聚性及保水性等特征确定。可按骨料种类、规格及混凝土的水灰比，参考规程 JGJ 55—2011 选用合理砂率。

6）计算粗、细骨料用量（g_o、m_{ock}）。粗细骨料的用量可用体积法和重量法求得。

① 体积法。假定混凝土拌合物的体积等于各组成材料绝对体积和混凝土拌合物中所含空气的体积之总和。因此在计算 $1m^3$ 混凝土拌合物的各种材料用量时，可列出下式：

$$\frac{M_{co}}{\rho_c} + \frac{M_{go}}{\rho_g} + \frac{M_{so}}{\rho_s} + \frac{M_{wo}}{\rho_w} + 0.01\alpha = 1$$

又根据已知的砂率（a_s）可列出下式：

$$\beta_s = \frac{M_{so}}{M_{go} + M_{so}} \times 100\%$$

② 重量法。根据经验，如果原材料情况比较稳定，所配制的混凝土拌合物的表观密度将接近一个固定值，这就可先假设每立方米混凝土拌合物的重量（m_{ap}），列出下式：

$$m_{co} + m_{go} + m_{so} + m_{wo} = m_{ap}$$

同样，根据已知砂率可列出下式：

$$A_s = m_{ost}/(m_{oms}) \times 100\%$$

式中　m_{ap}——每立方米混凝土拌合物的假设重量（kg），其值可取 2350～2450kg。

由以上两个关系可求出粗、细骨料的用量。

7）配合比的调整。根据上述步骤计算，求得材料用量的计算配合比，是利用图表和经验公式初步估算出来的，与实际情况会有出入，所以必须进行试验加以检验并进行必要的调整。

（3）混凝土配合比设计实例

【例 2-2】　某建筑物的钢筋混凝土柱的混凝土设计强度等级为 C30，使用水泥的强度等级为 42.5 级普通硅酸盐水泥，碎石粒径为 5～40mm，中砂、自来水，施工要求混凝土坍落度为 50～70mm，采用机械搅拌、机械振捣，施工单位无混凝土强度标准差历史统计资料。试计算该混凝土的配合比。

解：1）试配混凝土强度：

$$f_{cu,0} = f_{cu,k} + 1.645\sigma$$

查表 2-6，σ 取 5，则：

$$f_{cu,0} = 30 + 1.645 \times 5 = 38.3(MPa)$$

2）确定水灰比：

$$\frac{W}{C} = \frac{\alpha_a \cdot f_{ce}}{f_{cu,0} + \alpha_a \cdot \alpha_b \cdot f_{ce}}$$

其中 $f_{ce} = w_c f_{cu,k}$。w_c 取 1.13，α_a 取 0.46，α_b 取 0.07，则：

$$\frac{W}{C} = \frac{0.46 \times 42.5 \times 1.13}{38.3 + 0.4 \times 0.07 \times 42.5 \times 1.13} = 0.55$$

3）确定用水量：查规程 JGJ 55—2011 塑性混凝土的用水量，初步选该混凝土的单位用水量为 $m_{ow} = 185kg$。

4）计算单位水泥用量：

$$M_{co} = \frac{M_{wo}}{\left(\dfrac{W}{C}\right)} = \frac{185}{0.55} = 336.36(\text{kg})$$

5) 确定砂率：查规程 JGJ 55—2000 混凝土的砂率表，初选定砂率 $a_s = 34\%$。

6) 计算石子、砂子用量：根据题中给定条件。选用重量法，并假设每立方米混凝物的重量 $m_{ap} = 2400\text{kg}$。有

$$\begin{cases} 336.36 + 185 + M_{go} + M_{so} = 2400 \\ \dfrac{M_{so}}{M_{go} + M_{so}} = 34\% \end{cases}$$

解联立方程组得：$m_{go} = 1239.92\text{kg}$，$m_{so} = 638.74\text{kg}$。

即经初步计算，每立方米混凝土材料用量为：水泥 336.36kg、砂子 638.74kg、石子 1239.92kg. 水 185kg。

5. 混凝土外加剂

（1）减水剂

混凝土减水剂是指在保持混凝土坍落度基本相同的条件下，具有减水增强作用的外加剂。

1）混凝土掺入减水剂的技术经济效果：

① 保持坍落度不变，掺减水剂可降低单位混凝土用水量 5%～25%，提高混凝土早期强度，同时改善混凝土的密实度，提高耐久性。

② 保持用水量不变，减水剂可增大混凝土坍落度 10～20cm，能满足泵送混凝土的施工要求。

③保持强度不变，掺入减水剂可节约水泥用量 5%～10%。

2）减水剂常用品种：

① 普通型减水剂木质素磺酸盐类，如木质素磺酸钙（简称木钙粉、M 型），适宜掺量为水泥质量的 0.2%～0.3%，在保持坍落度不变时，减水率为 10%～15%。在相同强度和流动性要求下，节约水泥 10%左右。

② 高效减水剂，如 NNO 减水剂。掺入 NNO 的混凝土，其耐久性、抗硫酸盐、抗渗、抗钢筋锈蚀等均优于一般普通混凝土。适宜掺量为水泥质量的 1%左右，在保持坍落度不变时，减水率为 14%～18%。一般 3d 可提高混凝土强度 60%，28d 可提高 30%左右。在保持相同混凝土强度和流动性的要求下，可节约水泥 15%左右。

（2）早强剂

混凝土早强剂是指能提高混凝土早期强度，并对后期强度无显著影响的外加剂。若外加剂兼有早强和减水作用则称为早强减水剂。

早强剂多用于抢修工程和冬期施工的混凝土。目前常用的早强剂有：氯盐、硫酸盐、三乙醇胺和以它们为基础的复合早强剂。

1）氯盐早强剂。常用的有氯化钙（$CaCl_2$）和氯化钠（$NaCl$）。氯化钙能与水泥中的矿物成分（C_3A）或水化物 [$Ca(OH)_2$] 反应，其生成物增加了水泥石中的固相比例，有助于水泥石结构形成，还能使混凝土中游离水减少、孔隙率降低，因而掺入氯化钙能缩短水泥的凝结时间，提高混凝土的密实度、强度和抗冻性。但氯盐掺量不得过多，否则会

引起钢筋锈蚀。

2）硫酸盐早强剂。常用的硫酸钠（Na_2SO_4）早强剂，又称元明粉，是一种白色粉状物，易溶于水，掺入混凝土后能与水泥水化生成的硫酸钙作用，生成的 $CaSO_4$ 均匀分布在混凝土中，并与 C_3A 反应，迅速生成水化硫铝酸钙，加快水泥硬化。

3）三乙醇胺［$N（C_2H_4OH_3）$］早强剂。是一种有机化学物质，强碱性，无毒，不易燃烧，溶于水和乙醇，对钢筋无锈蚀作用。单独使用三乙醇胺，早强效果不明显，若与其他盐类组成复合早强剂，早强效果较明显。三乙醇胺复合早强剂是由三乙醇胺、氯化钠、亚硝酸钠和二水石膏等复合而成。

（3）引气剂

引气剂是在混凝土搅拌过程中，能引入大量分布均匀的稳定而封闭的微小气泡，以减少拌合物泌水离析、改善和易性，同时显著提高硬化混凝土抗冻融耐久性。兼有引气和减水作用的外加剂称为引气减水剂。

引气剂主要有松香树脂类，如松香热聚物、松脂皂；有烷基苯磺酸盐类，如烷基苯磺酸盐、烷基苯酚聚氧乙烯醚等。也采用脂肪醇磺酸盐类以及蛋白质盐、石油磺酸盐等，其中，以松香树脂类的松香热聚物的效果较好，最常使用。

引气减水剂减水效果明显，减水率较大，不仅起引气作用还能提高混凝土强度，弥补由于含气量而使混凝土降低的不利，而且节约水泥。常在道路、桥梁、港口和大坝等工程上采用。解决混凝土遭受冰冻、海水侵蚀等作用时的耐久性问题，可采用的引气减水剂有改性木质素磺酸盐类、烷基游香磺酸盐类以及由各类引气剂与减水剂组成的复合剂。

引气剂和引气减水剂，除用于抗冻、抗渗、抗硫酸盐混凝土外，还宜用于泌水严重的混凝土、贫混凝土以及对饰面有要求的混凝土和轻骨料混凝土，不宜用于蒸养混凝土和预应力混凝土。无论哪种混凝土中掺引气剂或引气减水剂，其掺量都十分微小，一般为水泥用量的 $0.5/10000 \sim 1.5/10000$。

（4）缓凝剂

缓凝剂是指延缓混凝土凝结时间，并不显著降低混凝土后期强度的外加剂。兼有缓凝和减水作用的外加剂称为缓凝减水剂。

缓凝剂用于大体积混凝土、炎热气候条件下施工的混凝土或长距离运输的混凝土。缓凝剂有糖类，如糖钙；有木质素磺酸盐类，如木质素磺酸钙、木质素磺酸钠羟基羟酸以及盐类和无机盐类；还有胺盐及衍生物、纤维素醚等。最常用的是糖蜜和木质素磺酸钙，糖蜜的效果最好。

混凝土中掺用外加剂。在使用前，必须向厂家了解外加剂的性能、相应的使用条件，查阅出厂产品说明书，不能盲目照搬；使用不当，例如剂量过大和拌合不匀会酿成事故。此外还应注意：

1）外加剂的使用应严格执行现行技术规范，外加剂的质量应符合现行国家标准的要求。

2）外加剂的品种、掺量必须根据混凝土性能的要求、施工和气候条件、混凝土采用的原材料和配合比等因素，通过试验，调整后确定。掺用含氯盐的外加剂，要特别注意对钢筋锈蚀和对混凝土的腐蚀。

3）蒸汽养护的混凝土和预应力混凝土，不宜掺用引气剂和引气减水剂。

6. 特种混凝土

(1) 轻骨料混凝土

轻骨料混凝土是轻混凝土的一种，它是用轻粗骨料、轻细骨料（或普通砂）和水泥配制而成的干表观密度小于 $2000kg/m^3$ 的混凝土。工程中使用轻骨料混凝土可以大幅度降低建筑物的自重，降低地基基础工程费用和材料运输费用；可使建筑物绝热性能改善，节约能源，降低建筑产品的使用费用；可减小构件或结构尺寸，节约原料，使用面积增加等。

1) 轻骨料混凝土的分类

① 按干表观密度及用途分为：保温轻骨料混凝土，干表观密度等级≤$800kg/m^3$；结构保温轻骨料混凝土，干表观密度等级为 $800\sim1400kg/m^3$；结构轻骨料混凝土，干表观密度等级为 $1400\sim2000kg/m^3$。

② 按轻骨料的来源分为：工业废渣轻骨料混凝土，如粉煤灰陶粒混凝土、膨胀矿渣混凝土等；天然轻骨料混凝土，如浮石混凝土等；人造轻骨料混凝土，如膨胀珍珠岩混凝土等。

③ 按细骨料品种分为：砂轻混凝土，由轻粗骨料和全部或部分普通砂为骨料的混凝土；全轻混凝土，粗、细骨料均为轻质骨料的混凝土。

2) 轻骨料混凝土的化学性质

不同轻骨料，其堆积密度相差悬殊，常按其堆积密度分为 8 个等级（$300\sim1200kg/m^3$）。轻骨料本身强度较低，结构多孔，表面粗糙，具有较高吸水率，故轻骨料混凝土的性质在很大程度上受轻骨料性能的制约。

①强度等级。强度等级划分的方法同普通混凝土，按立方体抗压标准强度分为 11 个强度等级：CL5、CL7.5、CL10、CL15、C20、C25、CL30、CL35、CL40、CL45和 CL50。

②表观密度。按干表观密度分为 12 个密度等级（$800\sim2000kg/m^3$）。在抗压强度相同的条件下，其干表观密度比普通混凝土低 25%～50%。

③耐久性。因轻骨料混凝土中的水泥水化充分，毛细孔少，与同强度等级的普通混凝土相比，耐久性明显改善，如抗渗等级可达 P_{25}、抗冻等级可达 F_{150}。

④轻骨料混凝土的弹性模量比普通混凝土低 20%～50%，保温隔热性能较好，导热系数相当于烧结普通砖的导热系数，约 $0.28\sim0.87W/(m\cdot K)$。

(2) 防水混凝土

防水混凝土又叫做抗渗混凝土。一般通过对混凝土组成材料的质量改善，合理选择配合比和集料级配，以及掺加适量外加剂，达到混凝土内部密实或是堵塞混凝土内部毛细管通路，使混凝土具有较高的抗渗性能。它可提高混凝土结构自身的防水能力，节省外用防水材料，简化防水构造，对地下结构、高层建筑的基础以及贮水结构具有重要意义。结构混凝土抗渗等级是根据其工程埋置深度来确定的，按《地下工程防水技术规范》（GB 50108—2008）的规定，设计抗渗等级有 P_6、P_8、P_{10}、P_{12}。

实现混凝土自防水的技术途径有以下几个方面：

1) 提高混凝土的密实度

① 调整混凝土的配合比提高密实度。一般应在保证混凝土拌合物和易性的前提下，

减小水灰比，降低孔隙率，减少渗水通道，适当提高水泥用量、砂率和灰砂比，在粗骨料周围形成质量良好的、足够厚度的砂浆包裹层，阻隔沿粗骨料表面的渗水孔隙。改善骨料颗粒级配，降低混凝土孔隙率。

防水混凝土的水泥用量不得小于 $320kg/m^3$，掺有活性掺合料时，水泥用量不得少于 $280kg/m^3$；砂率宜为 $35\%\sim40\%$，泵送时可增至 45%；水灰比不得大于 0.55；灰砂比宜为 $1:1.5\sim1:2.5$。

② 掺入化学剂提高密实度。在混凝土中掺入适量减水剂、三乙醇胺早强剂或氯化铁防水剂均可提高密实度，增加抗渗性。减水剂既可减少混凝土用水量，又可使水充分分散，水化加速，水化产物增加；三乙醇是水泥水化反应的催化剂，可增加水泥水化产物；氯化铁防水剂可与水泥水化产物中的 $Ca(OH)_2$ 生成不溶于水的胶体，填塞孔隙，从而配制出高密度、高抗渗的防水混凝土。氯化铁防水剂的掺量为水泥重量的 3%，用水稀释后使用。

③ 使用膨胀水泥（或掺用膨胀剂）提高混凝土密实度，提高抗渗性。目前掺用膨胀剂的方法应用颇广，但必须根据《混凝土膨胀剂》（JC 476—2001）的规定，严格检验膨胀剂本身的质量，合格后掺用，方可取得应有的防水效果。

2）改善混凝土内部孔隙结构

在混凝土中掺入适量引气剂或引气减水剂，可以形成大量封闭微小气泡，这些气泡相互独立，既不渗水，又使水路变得曲折、细小、分散，可显著提高混凝土的抗渗性。

防水混凝土施工技术要求较高，施工中应尽量少留或不留施工缝，必须留施工缝时需设止水带，模板不得漏浆；原材料质量应严加控制，加强搅拌、振捣和养护工序等。

（3）碾压混凝土

碾压混凝土是由级配良好的骨料、较低的水泥用量和用水量、较多的混合材料（往往加入适量的缓凝剂、减水剂或引气剂）制成的超干硬性混凝土拌合物，经振动碾压等工艺达到高密度、高强度的混凝土。它是道路工程、机场工程和水利工程中性能好、成本低的新型混凝土材料。

1）对碾压混凝土组成材料的要求

① 骨料。由于碾压混凝土用水量低，较大的骨料粒径会引起混凝土离析并影响混凝土外观，最大粒径以 20mm 为宜，当碾压混凝土分两层摊铺时，其下层集料最大粒径采用 40mm。为获得较高的密实度应使用较大的砂率，必要时应多种骨料掺配使用。为承受施工中的压振作用，骨料应具有较高的抗压强度。

② 使用的活性混合材料应合格。混合材料除具有增加胶结和节约水泥作用外，还能改善混凝土的和易性、密实性及耐久性。

③ 水泥。当混合材料掺量较高时宜选用普通硅酸盐水泥或硅酸盐水泥，以便混凝土尽早获得强度；当不用混合材料或用量很少时，宜选用矿渣水泥、火山灰水泥或粉煤灰水泥，以便混凝土取得良好耐久性。

④ 外加剂。碾压混凝土施工操作时间长，碾压成型后还可能承受上层或附近振动的扰动，为此常加入缓凝剂；为使混凝土在水泥浆用量较少的情况下取得较好的和易性，可加入适量的减水剂；为改善混凝土的抗渗性和抗冻性，可加入适量的引气剂。

2）碾压混凝土的特点

① 内部结构密实、强度高。碾压混凝土使用的骨料级配孔隙率低，经振动碾压，内部结构骨架十分稳定，因此能够充分发挥骨料的强度，使混凝土表现出较高的抗压强度。

② 干缩性小、耐久性好。振动碾压后，一方面内部结构密实且稳定性好，使其抵抗变形的能力增加；另一方面，由于用水量少，混凝土的干缩减少，水泥石结构中易被腐蚀的氢氧化钙等物质含量也很少，这些都为其改善耐久性打下了良好的基础。

③ 节约水泥、水化热低。因为碾压混凝土的孔隙率很低，填充孔隙所需胶结材料比普通混凝土明显减少；振动碾压也对水泥有良好的强化分散和塑化作用，对混凝土流动性要求低，多为干硬性混凝土，需要起润滑作用的水泥浆量减少，所以碾压混凝土的水泥用量大为减少。这不仅节约水泥，而且使水化热大为减少，使其特别适于大体积混凝土工程。

（4）高强混凝土

高强度混凝土是用普通水泥、砂石作为原料，采用常规制作工艺，主要依靠高效减水剂，或同时外加一定数量的活性矿物掺合料，使硬化后强度等级不低于 C60 混凝土。

1）高强混凝土的特点

① 高强混凝的优点：

a. 高强混凝土可减少结构断面，降低钢筋用量，增加房屋使用面积和有效空间，减轻地基负荷。

b. 高强混凝土致密坚硬，其抗渗性、抗冻性、耐蚀性、抗冲击性等诸方面性能均优于普通混凝土。

c. 对预应力钢筋混凝土构件，高强混凝土由于刚度大、变形小，故可以施加更大的预应力和更早地施加预应力，以及减少因徐变而导致的预应力损失。

② 高强混凝土的不利条件：

a. 高强混凝土容易受到施工各环节中环境条件的影响，所以对其施工过程的质量管理水平要求高。

b. 高强混凝土的延性比普通混凝土差。

2）高强混凝土的物理力学性能

① 抗压性能。与中、低强度混凝土相比，高强度混凝土中的孔隙较少，水泥石强度、骨料之间的界面强度这三者之间的差异也很小，所以更接近匀质材料，使得高强混凝土的抗压性能与普通混凝土相比有相当大的差别。

② 早期与后期强度。高强混凝土的水泥用量大，早期强度发展较快，特别是加入高效减水剂促进水化，早期强度更高，早期强度高的后期增长较小，掺高效减水剂的，其后期强度增长幅度要低于没掺减水剂的混凝土。

③ 抗拉强度。混凝土的抗拉强度虽然随着抗压强度的提高而提高，但它们之间的比值却随着强度的增加而降低。劈拉强度约为立方体抗压强度的 $1/15 \sim 1/18$，抗折强度约为立方体抗压强度的 $1/8 \sim 1/12$，而轴心抗拉强度约为立方体抗压强度的 $1/20 \sim 1/24$。在低强度混凝土中，这些比值均要大得多。

④ 收缩。高强混凝土的初期收缩大，但最终收缩量与普通混凝土大体相同，用活性矿物掺和料代替部分水泥还可进一步减小混凝土的收缩。

⑤ 耐久性。混凝土的耐久性包括抗渗性、抗冻性、耐磨性及抗侵蚀性等。高强混凝

土在这些方面的性能均显明优于普通混凝土，尤其是外加矿物掺和料的高强度混凝土，其耐久性进一步提高。

3）对高强混凝土组成材料的要求

① 应选用质量稳定、强度等级不低于42.5级的硅酸盐水泥或普通硅酸盐水泥。

② 对强度等级为C60的混凝土，其粗骨料的最大粒径不应大于31.5mm；对高于C60的，其粗骨料的最大粒径不应大于25mm。

③ 配制高强混凝土所用砂率及所采用的外加剂和矿物掺合料的品种、掺量，应通过试验确定。

④ 高强度混凝土的水泥用量不应大于550kg/m³；水泥和矿物掺合料的总量不应大于600kg/m³。

七、装饰材料

1. 装饰材料的分类

建筑装饰材料品种很多，其用途不一，性能也千差万别。根据建筑装饰材料的化学性质不同，可以分为无机装饰材料（如铝合金、大理石、玻璃等）和有机装饰材料（如有机高分子涂料、塑料地板等）。而无机装饰材料又可分为金属和非金属两大类。

为了便于使用，建筑装饰材料的分类通常按建筑物的装饰部位来划分。

（1）外墙装饰材料

外墙装饰常用的有天然石材（如花岗石）、人造石材、外墙面砖、陶瓷锦砖、玻璃制品（如玻璃马赛克、彩色吸热玻璃、玻璃幕墙等）、白色和彩色水泥装饰混凝土、铝合金和金属面材（金属幕墙）装饰板、石渣类饰面（如刷石、粘石、磨石等）、外墙涂料等。

（2）内墙装饰材料

常用的有天然石材（如大理石、花岗石等）、人造石材、壁纸与墙布、织物类（如挂毯、装饰布等）、复面装饰板（如包铝板等）、玻璃制品、内墙涂料等。

（3）地面装饰材料

常用的有木地板、天然石材（如花岗石）、人造石材、塑料地板、地毯（如羊毛地毯、化纤地毯、混纺地毯等）、陶瓷地砖、陶瓷锦砖、地面涂料等。

（4）顶棚装饰材料

常用的有塑料吊顶板（如钙塑板等）、铝合金吊顶板、石膏板（如浮雕装饰石膏板、纸面石膏板、嵌装式装饰石膏板等）、壁纸装饰天花板、矿棉装饰板、矿棉装饰吸声板、膨胀珍珠岩装饰吸声板、涂料和油漆类等。

（5）其他装饰材料

包括门窗、龙骨、卫生洁具、建筑五金等。

2. 饰面材料

常用饰面材料有石材、陶瓷与玻璃制品、装饰砂浆、装饰混凝土、塑料制品、石膏制品、木材以及金属材料等。

（1）饰面石材

1）天然饰面石材

天然饰面石材一般用致密岩石凿平或锯解而成厚度不大的石板，要求饰面石板具有耐久、耐磨、色彩美观、无裂缝等性质。常用的天然饰面石板有大理石板、花岗石板等。

①大理石板。大理石板是将大理石荒料经锯切、研磨、抛光而成的高级室内外装饰材料，其价格因花色、加工质量而异，差别极大。大理石结构致密，抗压强度高，且硬度不大。因此大理石相对较易锯解、雕琢和磨光等加工。大理石一般含有多种矿物，故通常呈多种彩色组成的花纹，经抛光后光洁细腻，纹理自然，十分诱人。纯净的大理石为白色，称汉白玉，纯白和纯黑的大理石属名贵品种。

按《天然大理石建筑板材》（JC 79—92）的规定，大理石板分为普通板材（N）与异形板材（S）两种。按质量分为优等品种（A）、一等品（B）和合格品（C）三个等级。

对大理石板材的主要技术要求有：规格尺寸允许偏差、外观质量、镜面光泽度、体积密度、吸水率、干燥抗压强度及抗弯强度等。

大理石板材用于宾馆、展览馆、影剧院、商场、图书馆、机场、车站等公共建筑工程的室内柱面、地面、窗台板、服务台、电梯间门脸的饰面等，是理想的室内高级装饰材料。此外还可制作大理石壁画、工艺品、生活用品等。

大理石板材具有吸水率小、耐磨性好以及耐久等优点，但其抗风化性能较差。因为大理石主要化学成分为碳酸钙，易被侵蚀，使表面失去光泽力显得粗糙而降低装饰及使用效果，故除个别品种（含石英为主的砂岩及石英石）外一般不宜用作室外装饰。

② 花岗石板材。花岗石板材为花岗石经锯、磨、切等工艺加工而成的。花岗石板质地坚硬密实，抗压强度高，具有优异的耐磨性及良好的化学稳定性，不易风化变质，耐久性好，但由于花岗石中含有石英，在高温下会发生晶型转变，产生体积膨胀，因此花岗石的耐火性差。

根据《天然花岗石建筑板材》（JC 205—92）的规定，天然花岗石板材分为普通板材（N）（正方形或长方形）与异形板材（S）两种。按表面加工程度则分为细面板材（RB）（表面平整、光滑）、镜面板材（PL）（表面平整，具有镜光泽）与粗面板材（RU）（表面平整、粗糙、具有规则纹理）三种。

对花岗石板材的主要技术要求有：规格尺寸允许偏差、外观质量、镜面光泽度、体积密度、吸水率、干燥抗压强度及抗弯强度等。板材按质量分为优等品（A）、一等品（B）及合格品（C）三个等级。

花岗石板根据其用途不同，其加工方法也不同。建筑上常用的剁斧板，主要用于室外地面、台阶、基座等处；机刨板材一般多用于地面、踏步、槽口、台阶等处；花岗石粗磨板则用于墙面、柱面、纪念碑等；磨光板材因其具有色彩鲜明，光泽照人的特点，主要用于室内外墙面。

2）人造饰面石材

① 建筑水磨石板材。建筑水磨石板材是以水泥、石渣和砂为主要原料，经搅拌、成型、养护、研磨、抛光等工序制成的，具有强度高、坚固耐久、美观、刷洗方便、不易起尘、较好的防水与耐磨性能、施工简便等特点。特别值得注意的是，用高铝水泥作胶凝材料制成的水磨石板的光泽度高、花纹耐久，抗风化性、耐火性与防潮性等更好，原因在于高铝水泥水化生成的氢氧化铝胶体，与光滑的模板表面接触时形成氢氧化铝凝胶层，在水泥硬化过程中，这些氢氧化铝胶体不断填充于骨料的毛细孔隙中，形成致密结构，因而表面光滑、有光泽，呈半透明状。

水磨石板比天然大理石有更多的选择性，物美价廉，是建筑上广泛应用的装饰材料，可制成各种形状的饰面板。用于墙面、地面、窗台、踢脚、台面、踏步、水池等。

水磨石板材按使用部位可分为墙面与柱面用水磨石（Q）、地面与楼面用水磨石（D）、踏脚板、立板与三角板类水磨石（T），隔断板、窗台板和台面板类水磨石（G）类；按表面加工程度分为磨面水磨石（M）与抛光水磨石（P）两类；按外观质量、尺寸偏差及物理力学性能分为优等品（A）、一等品（B）与合格品（C）三个质量等级。

②合成石面板。属人造石板，以不饱和聚酯树脂为胶结料，掺以各种无机物填料加反应促进剂制成。具有天然石材的花纹和质感、体积密度小、强度高、厚度薄、耐酸碱性与抗污染性好，其色彩和花纹均可根据设计意图制作。还可制成弧形、曲面等几何形状，价格较低，品种有仿天然大理石板、仿天然花岗石板等，可用于室内外立面、柱面装饰，作室内墙面与地面装饰材料，还可用作楼梯面板、窗台板等。

（2）饰面陶瓷

建筑装饰用陶瓷制品是指用于建筑室内外装饰且档次较高的烧土制品。建筑陶瓷制品内部构造致密，有一定的强度和硬度，化学稳定性好，耐久性高，制品有各种颜色、图案，但性脆，抗冲击性能差。建筑陶瓷制品按产品种类分为陶器、瓷器与炻器（半瓷）三类，每类又可分为粗、细两种。

1）釉面砖

釉面砖又称为瓷砖。釉面砖为正面挂釉，背面有凹凸纹，以便于粘贴施工。它是建筑装饰工程中最常用的、最重要的饰面材料之一，是由瓷土或优质陶土煅烧而成，属精陶制品。釉面砖按釉面颜色分为单色（含白色）、花色及图案砖三种；按形状分为正方形、长方形和异形配件砖三种；按外观质量分为优等品、一等品与合格品三个等级。

釉面砖表面平整、光滑，坚固耐用，色彩鲜艳，易于清洁，防火、防水、耐磨、耐腐蚀等。但宜不应用于室外，因釉面砖砖体多孔，吸收大量水分后将产生湿胀现象，而釉吸湿膨胀非常小，从而导致釉面开裂，若用于室外，则更易出现剥落、掉皮现象。

2）墙地砖

墙地砖是墙砖和地砖的总称。由于目前其发展趋向为产品作为墙、地两用，故称为墙地砖，实际上包括建筑物外墙装饰贴面用砖和室内外地面装饰铺贴用砖。墙地砖是以品质均匀、耐火度较高的黏土作为原料，经压制成型，在高温下烧制而成。具有坚固耐用、易清洗、防火、防水、耐磨、耐腐蚀等特点。可制成平面、麻面、磨光面、仿花岗石面、无光釉面、有光釉面、防滑面、耐磨面等多种产品。为了与基材有良好的粘结，其背面常常具有凹凸不平的沟槽等，墙地砖品种规格繁多，尺寸各异，以满足不同的使用环境条件的需要。

3）陶瓷锦砖

俗称马赛克，是以优质瓷土烧制成的小块瓷砖。出厂前按设计图案将其反贴在牛皮纸上，每张大小约 30cm×30cm，称作一联。表面有无釉与有釉两种；花色有单色与拼花两种；基本形状有正方形、长方形、六角形等多种。

陶瓷锦砖色泽稳定、美观、耐磨、耐污染、易清洗，抗冻性能好，坚固耐用，且造价较低，主要用于室内地面铺装，也可作为建筑物的外墙饰面，起到装饰作用，并增强建筑物的耐久性。

（3）其他饰面材料

1）石膏饰面材料

石膏饰面材料包括石膏花饰、装饰石膏板及嵌装式装饰石膏板等。它们均以建筑石膏为主要原料，掺入适量纤维增强材料（玻璃纤维、石棉等纤维及108胶等胶粘剂）和外加剂，与水搅拌后，经浇注成型、干燥制成。装饰石膏板按防潮性能分为普通板与防潮板两类，每类又可按平面形状分为平板、孔板与浮雕板三种。如在板材背面四边加厚，并带有嵌装企口，则可制成嵌装式装饰石膏板。石膏板主要用作室内吊顶及内墙饰面。

2）塑料饰面材料

塑料饰面材料包括各种塑料壁纸、塑料装饰板材（塑料贴面装饰板、硬质PVC板、玻璃钢板、钙塑泡沫装饰吸声板等）、塑料卷材地板、块状塑料地板、化纤地毯等。

3）木材、金属等饰面材料

此类饰面材料有薄木贴面板、胶合板、木地板、铝合金装饰板、彩色不锈钢板等。

3. 建筑玻璃

在土木建筑工程中，玻璃是一种重要的建筑材料。它除了能采光和装饰外，还有控制光线、调节热量、节约能源、控制噪声、降低建筑物自重、改善建筑环境、提高建筑艺术水平等功能。

玻璃是以石英砂、纯碱、石灰石和长石等主要原料以及一些辅助材料在高温下熔融、成型、急冷而形成的一种无定形非晶态硅酸盐物质，是各向同性的脆性材料。

（1）平板玻璃

1）普通平板玻璃

土木建筑工程中所用的普通平板玻璃的厚度有2、3、4、5、6、7、8、10、12mm，透光度很高，可通过日光的80%以上。密度为$2500\sim2600kg/m^3$，耐酸能力强，但不耐碱。

2）磨砂玻璃

又称为毛玻璃。由平板玻璃表面用机械喷砂或手工研磨等方法制得，表面粗糙，能透光但不透视，多用于卫生间、浴室等的门窗。

3）压花玻璃

又称花纹玻璃或滚花玻璃。用刻纹滚筒压制处于可塑状态的玻璃料坯制成。其表面凹凸不平，使折射光线不规则，具有透光不透视的特点，常用于办公楼、会议室、卫生间等的门窗。安装时应将花纹朝室内。这样不至于因沾上水后能透视，也不易积灰弄脏。

4）彩色玻璃

在原料中加入金属氧化物可生产出透明的彩色玻璃，适用于建筑物内外墙面、门窗装饰。

（2）安全玻璃

1）钢化玻璃

钢化玻璃是将平板玻璃加热到一定温度后迅速冷却或用化学方法进行钢化处理的玻璃。其特点是强度比平板玻璃高4～6倍，抗冲击性及抗弯性好，破碎时碎片小且无锐角，不易伤人。主要用于高层建筑门窗、隔墙等处。钢化玻璃不能切割磨削，边角不能碰击。

2）夹丝玻璃

将预先编好的钢丝压入软化的玻璃中即为夹丝玻璃。破碎时碎片仍附着在钢丝上，不伤人。这种玻璃抗冲击性能及耐温度剧变的性能好，抗折强度也比普通玻璃高。适用于公共建筑的走廊、防火门、楼梯间、厂房天窗等。

3）夹层玻璃

夹层玻璃是将两片或多片平板玻璃用聚乙烯醇缩丁醛塑料衬片粘合而成。夹层玻璃抗冲击性及耐热性好，破碎时产生辐射状裂纹，不伤人。适用于高层建筑门窗、工业厂房天窗及一些水下工程等。

（3）其他玻璃

1）热反射玻璃

在玻璃表面涂敷金属或金属氧化膜即可得到热反射玻璃。因具有较高的热反射性能，故又称镜面玻璃。多用于门窗上或制造中空玻璃或夹层玻璃。近年来广泛用作高层建筑的幕墙玻璃。幕墙内看窗外景物清晰，而室外却看不清室内。

2）吸热玻璃

在原料中加入氧化亚铁等能吸热的着色剂或在玻璃表面喷涂氧化锡等便可制成吸热玻璃。这种玻璃能吸收大量的太阳辐射热，适用于商品陈列窗、冷库、仓库、炎热地区的大型公共建筑物等。

3）光致变色玻璃

在玻璃中加入卤化银或在玻璃夹层中加入铝和钨的感光化合物，即可制成光致变色玻璃。这种玻璃受太阳或其他光线照射时，颜色会随光线的增强而逐渐变暗，当停止照射时又恢复原来颜色。因成本高，在建筑上不多用。

4）中空玻璃

用两层或两层以上的平板玻璃，四周封严，中间充入干燥气体，即为中空玻璃。这种玻璃具有良好的保温、绝热、隔声等性能，在建筑上应用较多。

5）玻璃马赛克（玻璃锦砖）

为半透明小规格的彩色玻璃，具有色彩丰富、美观大方、化学稳定性好、热稳定性好等优点，适于建筑物的外墙饰面。

6）玻璃空心砖

由两块凹形玻璃经熔接或胶接而成。具有强度高、绝热性能好、隔声性能好、耐火性好等优点。常用来砌筑透光墙体或彩灯地面等。

7）镭射玻璃（光栅玻璃）

玻璃经特殊处理后。在背面能出现全息或其他光栅。在光线照射下能产生艳丽的光彩，且随角度不同会有变化，因此多用于某些高档建筑及娱乐建筑的墙地面装饰。

4. 建筑装饰涂料

1）建筑装饰涂料的基本组成

涂料最早是以天然植物油脂、天然树脂如亚麻子油、桐油、松香、生漆等为主要原料的植物油脂，以前称为油漆。目前，合成树脂在很大程度上已取代了天然树脂，正式命名为涂料，所以油漆仅是一类油性涂料。根据涂料中各成分的作用，其基本组成可分为主要成膜物质、次要成膜物质和辅助成膜物质三部分。

① 主要成膜物质。主要成膜物质也称胶粘剂。它的作用是将其他组分粘成整体，并

能牢固附着在被涂基层表面形成坚韧的保护膜。主要成膜物质分为油料与树脂两类，其中油料成膜物质又分为干性油（桐油等）、半干性油（大豆油等）与不干性油（花生油等）三类，而树脂成膜物质则分为天然树脂（虫胶、松香等）与合成树脂（酚醛、醇酸、硝酸纤维等）两类。现代建筑涂料中，成膜物质多用树脂，尤以合成树脂为主。

② 次要成膜物质不能单独成膜，它包括颜料与填料。颜料不溶于水和油，赋予涂料美观的色彩。填料能增加涂膜厚度，提高涂膜的耐磨性和硬度，减少收缩，常用的有碳酸钙、硫酸钡、滑石粉等。

③ 辅助成膜物质。辅助成膜物质不能构成涂膜，但可用以改善涂膜的性能或影响成膜过程。常用的有助剂和溶剂。助剂包括催干剂（铝、锰氧化物及其盐类）、增塑剂等；溶剂则起溶解成膜物质、降低黏度、利于施工的作用，常用的溶剂有苯、丙酮、汽油等。

建筑涂料主要是指用于墙面与地面装饰涂敷的材料。尽管在个别情况下可少量使用油漆涂料，但用于墙面与地面的涂敷装饰，绝大部分为建筑涂料。建筑涂料的主体是乳液涂料和溶剂型合成树脂涂料，也有以无机材料（钾水玻璃等）胶结的高分子涂料，但成本较高，尚未广泛使用。建筑涂料按其使用不同而分为外墙涂料、内墙涂料及地面涂料。

2）对外墙涂料的基本要求

外墙涂料主要起装饰和保护外墙墙面的作用，要求有良好的装饰性、耐水性、耐候性、耐污染性和施工及维修容易。

① 装饰性良好。要求外墙涂料色彩丰富多样，保色性好，能较长时间保持良好装饰性能。

② 耐水性良好。外墙面暴露在大气中，要经常受到雨水的冲刷，因而作为外墙涂层，应有很好的耐水性能。当基层墙面发生小裂缝时，涂层仍有防水的功能。

③ 耐候性良好。暴露在大气中的涂层，要经受日光、雨水、风沙、冷热变化等作用，在这类自然力的反复作用下，通常的涂层会发生干裂、剥落、脱粉、变色等现象，这样涂层会失去原来的装饰与保护功能。因此作为外墙装饰的涂层，要求在规定年限内，不能发生破坏现象，即应有良好的耐候性能。

④ 耐污染性好。大气中的灰尘及其他物质污染涂层以后，涂层会失去装饰效果，因而要求外墙装饰涂层不易被这些物质沾污或沾污后容易清除掉。

⑤ 施工及维修容易。建筑物外墙面积很大，要求外墙涂料施工操作简便。同时为了始终保持涂层良好的装饰效果，要经常进行清理、重涂等维修施工，要求重涂施工容易。

常用于外墙的涂料有苯乙烯－丙烯酸酯乳液涂料、丙烯酸酯系外墙涂料、聚氨酯系外墙涂料、合成树脂乳液砂壁状涂料等。

3）对内墙涂料的基本要

对于内墙饰面，多数是在近距离上看的，与人接触也很密切，对内墙涂料的基本要求有：

① 色彩丰富、细腻、调和。内墙的装饰效果主要由质感、线条和色彩三个因素构成。采用涂料装饰时，其色彩为主要因素。内墙涂料的颜色一般应淡雅、明亮，由于居住者对颜色的喜爱不同，因此建筑内墙涂料的色彩品种要求十分丰富。

② 耐碱性、耐水性、耐粉化性良好。由于墙面基层常带有碱性，因而涂料的耐碱性应良好；室内湿度一般比室外高，同时为清洁内墙，涂层常要与水接触，因此要求涂料具

有一定的耐水性及可刷洗性，脱粉型的内墙涂料是不可取的，它会给居住者带来极大的不适感。

③ 透气性良好。室内常有水汽，透气性不好的墙面材料易结露、挂水，不利于居住，因而透气性良好是内墙涂料应具备的性能。

④ 涂刷方便，重涂容易。为了保持优雅的居住环境，内墙面翻修的次数较多，因此要求内墙涂料涂刷施工方便，维修重涂容易。

常用于内墙的涂料有聚乙烯醇水玻璃涂料（106 内墙涂料）、聚醋酸乙烯乳液涂料、醋酸乙烯—丙烯酸酯有光乳液涂料、多彩涂料等。

4）对地面涂料的基本要求

地面涂料的主要功能是装饰与保护室内地面。为了获得良好的装饰效果和使用性能，对地面涂料的基本要求有：

① 耐碱性良好。因为地面涂料主要涂刷在水泥砂浆基层上，而基层往往带有碱性，因而要求所用的涂料具有优良的耐碱性能。

② 耐水性良好。为了保持地面的清洁，经常需要用水擦洗，因此要求涂层有良好的耐水洗刷性能。

③ 耐磨性良好。耐磨损性能是地面涂料的主要性能之一。人们的行走，重物的拖移，使地面层经常受到摩擦，因此用作地面保护与装饰的涂料涂层应具有非常好的耐磨性能。

④ 抗冲击性良好。地面容易受到重物的撞击，要求地面涂层受到重物冲击以后不易开裂或脱落，允许有少量凹痕。

⑤ 与水泥砂浆有好的粘结性能。凡用作水泥地面装饰的涂料，必须具备与水泥类基层的粘结性能，要求在使用过程中不脱落，容易脱皮的涂料是不宜用作地面涂料的。

⑥ 涂刷施工方便，重涂容易。为了保持室内地面的装饰效果，待地面涂层磨损或受机械力局部被破坏以后，需要进行重涂，因此要求地面涂料施工方法简单，易于重涂施工。

地面涂料的应用主要有两方面，一是用于木质地面的涂饰，如常用的聚氨酯漆、聚酯地板漆和酚醛树脂地板漆等；二是用于地面装饰，做成无缝涂布地面等，如常用的过氯乙烯地面涂料、聚氨酯地面涂料、环氧树脂厚质地面涂料等。

第三章 建筑识图

第一节 建筑制图标准

为了做到房屋建筑制图基本统一，清晰简明，保证图面质量，提高制图效率，符合设计、施工、存档等要求，以适应工程建设的需要，制图时必须严格遵守国家颁布的制图标准《房屋建筑制图统一标准》（GB/T 50001—2010）等。本节主要介绍有关图纸幅面、图线、字体、比例及尺寸标注等内容。制图标准其余内容将在后面章节中，结合专业工程图的内容予以介绍。

一、图纸幅面

绘制技术图样时，应优先采用表 3-1 所规定的图纸基本幅面及图框尺寸。必要时，也允许选用所规定的加长幅面。这些幅面的尺寸是由基本幅面的短边成整数倍增加后得出。

图纸幅面、图框尺寸   表 3-1

幅面代号	A0	A1	A2	A3	A4
$B \times L$	841×1189	594×841	420×594	297×420	210×297
e	20			10	
c	10			5	
a			25		

二、图框格式

1. 在图纸上必须用粗实线画出图框，其格式分为留有装订边和不留装订边两种。但同一产品的图样只能采用一种格式。

2. 留有装订边的图纸，其图框格式如图 3-1，尺寸按表 3-1 的规定。

3. 不留装订边的图纸，其图框格式，将图 3-1 中的尺寸 a 和 c 都改为表 3-1 中的尺寸 e 即可。

4. 对中符号。为了便于图样复制和缩微摄影时定位方便，对表 1-1 所列各号图纸，均应在图纸各边长的中点处分别画出对中符号。对中符号用粗实线绘制，线宽不小于 0.5mm，长度从纸边界开始至伸入图框内约 5mm，如图 3-1 所示。

三、标题栏与会签栏

1. 每张图纸上都必须画出标题栏。标题栏的位置应位于图纸的右下角，看图的方向与看标题栏的方向一致。标题栏会签栏的位置如图 3-1 所示。

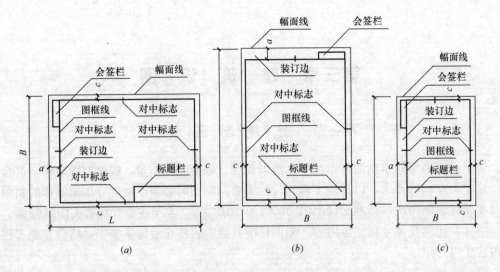

图 3-1　图纸幅面格式及尺寸代号

(*a*) A0～A3 横式图幅；(*b*) A0～A3 立式图面；(*c*) A4 幅面

2. 为了利用预先印制的图纸，允许将图纸放倒使用，即标题栏允许按图 3-2 使用。为了明确绘图与看图时图纸方向，应在图纸下边对中符号处画一个方向符号。

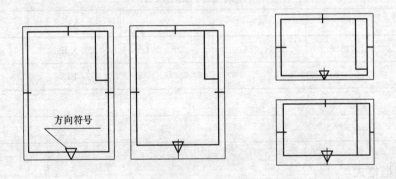

图 3-2　图纸的方向符号

3. 标题栏（简称图标），图标长边的长度，应为 180mm，短边的长度，宜采用 40mm、30mm、50mm。图标应按图 3-3 的格式分区。

4. 会签栏应按图 3-4 的格式绘制，其尺寸应为 75mm×20mm，栏内应填写会签人员所代表的专业、姓名、日期。不需会签的图纸，可不设会签栏。

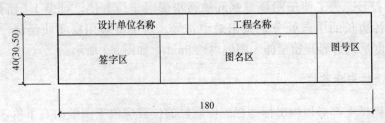

图 3-3　标题栏

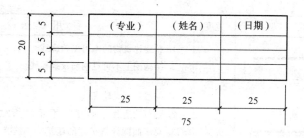

图 3-4 会签栏

四、图纸编排顺序

工程图纸应按专业顺序编排，一般应为图纸目录、总图及说明、建筑图、结构图、给水排水图、采暖通风图、电气图、动力图……以某专业为主体的工程，应突出该专业的图纸。各专业的图纸，应按图纸内容的主次关系，有系统地排列。

五、图线

为了在工程图样上表示出图中的不同内容，并且能够分清主次，绘图时，必须选用不同的线型和不同线宽的图线。工程建设制图应选用表 3-2 所示的线型。

线 型 表 3-2

名　称		线　型	宽度	用　途
实　线	粗		b	1. 一般作主要可见轮廓线 2. 平、剖面图中主要构配件断面的轮廓线 3. 建筑立面图中外轮廓线 4. 详图中主要部分的断面轮廓线和外轮廓线 5. 总平面图中新建建筑物的可见轮廓线
	中		$0.5b$	1. 建筑平、立、剖面图中一般构配件轮廓线 2. 平、剖面图中次要断面的轮廓线 3. 总平面图中新建道路、桥涵、围墙等及其他设施的可见轮廓线和区域分界线 4. 尺寸起止符号
	细		$0.35b$	1. 总平面图中新建人行道、排水沟、草地、花坛等及原有建筑物、铁路、道路、桥涵、围墙的可见轮廓线 2. 图例线、索引符号、尺寸线、尺寸界线、引出线、标高符号较小图形的中心线

名　称		线　型	宽度	用　途
虚线	粗	▬ ▬ ▬ ▬ ▬	b	1. 新建建筑物的不可见轮廓线 2. 结构图上不可见钢筋及螺栓线
	中	▬ ▬ ▬ ▬ ▬	$0.5b$	1. 一般不可见轮廓线 2. 建筑构造及建筑构配件不可见轮廓线 3. 总平面图计划扩建的建筑物、铁路、道路、桥涵、围墙及其他设施的轮廓线 4. 平面图中吊车轮廓线
	细	‑ ‑ ‑ ‑ ‑ ‑ ‑	$0.35b$	1. 总平面图上原有建筑物和道路、桥涵、围墙等设施的不可见轮廓线 2. 结构详图中不可见钢筋混凝土构件轮廓线 3. 图例线
点画线	粗	▬ ‧ ▬ ‧ ▬	b	1. 吊车轨道线 2. 结构图中的支撑线
	中	▬ ‧ ▬ ‧ ▬	$0.5b$	土方填挖区的零点线
	细	‑ ‧ ‑ ‧ ‑	$0.35b$	分水线、中心线、对称线、定位轴线
双点画线	粗	▬ ‥ ▬ ‥ ▬	b	预应力钢筋线
	细	‑ ‥ ‑ ‥ ‑	$0.35b$	假想轮廓线、成型前原始轮廓线
折断线		——⌐ν——	$0.35b$	不需画全的断开界线
波浪线		～～～～～	$0.35b$	不需画全的断开界线

图线的宽度 b，应从下列线宽系列中选取：0.18、0.25、0.35、0.5、0.7、1.0、1.4、2.0mm。

每个图样应根据复杂程度与比例大小，先确定线宽 b，再选用表 3-3 中适当的线宽组。

线　宽　组　　　　　　　　　　　　　　　　　　　　　　　　表 3-3

线宽比	线宽组（mm）					
b	2	1.4	1	0.7	0.5	0.35
$0.5b$	1	0.7	0.5	0.35	0.25	0.18
$0.35b$	0.7	0.5	0.35	0.25	0.18	

六、字体

在图样上除了图形外，还要用数字和文字来表明图形的大小尺寸和技术要求：

1. 书写字体必须做到：字体工整、笔画清楚、间隔均匀、排列整齐。

2. 字体高度（h）的公称尺寸系列为：1.8、2.5、3.5、5.7、10、14、20mm。字体高度代表字体的号数。

3. 汉字应写成长仿宋体字，并应采用国务院正式公布推行的简化字。汉字的高度 h 不应小于 3.5mm，其字宽见表 3-4，字例见图 3-5。

字　高	20	14	10	7	5	3.5
字　宽	14	10	7	5	3.5	2.5

字体端正　笔画清楚　排列整齐　间隔均匀

图 3-5　长仿宋体字高宽示意图

4. 数字可写成斜体或直体。斜体字字头向右倾斜，与水平基准线成 75°。

七、比例

1. 是指图中图形与其实物相应要素的线性尺寸之比。比值为 1 的比例叫做原值比例，比值大于 1 的比例称为放大比例，比值小于 1 的比例为缩小比例。

2. 按比例绘制图样时，应从表 3-5 的系列中选取适当的比例。

图 的 比 例　　　　　　　　　　　　　　　　　　　　表 3-5

图　　名	常用比例	必要时可增加的比例
总平面图	1∶500, 1∶1000, 1∶2000	1∶2500, 1∶5000, 1∶10000
总图专业的断面图	1∶100, 1∶200, 1∶1000, 1∶2000	1∶500, 1∶5000
平、立、剖面图	1∶50, 1∶100, 1∶200	1∶150, 1∶300
次要平面图	1∶300, 1∶400	1∶500
详图	1∶1, 1∶2, 1∶5, 1∶10, 1∶20, 1∶25, 1∶50	1∶3, 1∶4, 1∶30, 1∶40

八、尺寸标注

尺寸是图样的重要组成部分，尺寸是施工的依据。因此，标注尺寸必须认真细致，注写清楚，字体规整，完整正确。

1. 尺寸界线、尺寸线及尺寸起止符号

(1) 图样上的尺寸，由尺寸界线、尺寸线、尺寸起止符号和尺寸数字组成。

(2) 尺寸界线应用细实线绘制，一般应与被标注长度垂直，其一端应离开图样轮廓不小于 2mm、另一端宜超出尺寸线 2~3mm。必要时，图样轮廓线可用作尺寸界线。

(3) 尺寸线应用细实线绘制，与被注长度平行，不宜超出尺寸界线，任何图线均不得用作尺寸线。

(4) 尺寸起止符号一般应用中粗斜短线绘制。其倾斜方向应与尺寸界线成顺时针 45°角，长度宜 2~3mm。半径、直径、角度与弧长的尺寸起止符号，宜用箭头表示（图 3-6）。

2. 尺寸数字

(1) 图样上的尺寸，应以尺寸数字为准，不得从图上直接量取。

(2) 图样上的尺寸单位，除标高及总平面图以米（m）为单位外，均必须以毫米

121

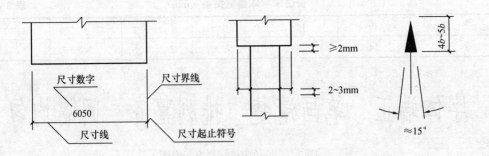

图 3-6　尺寸组成、尺寸界线、箭头尺寸起止符号

（mm）为单位。

（3）尺寸数字的读数方向，应按图 3-7 的规定注写。若尺寸数字在 30°斜线区内，宜按图 3-7 的形式注写。

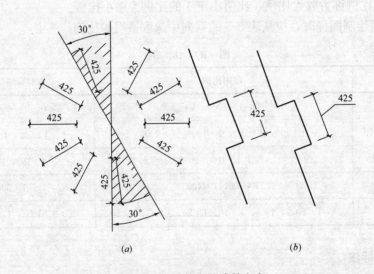

（*a*）　　　　　　　　　　　（*b*）

图 3-7　尺寸数字的读数方向

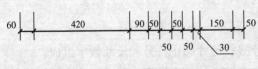

图 3-8　尺寸数字的注写位置

（4）尺寸数字应根据其读数方向注写在靠近尺寸线的上方中部，如没有足够的注写位置，最外边的尺寸数字可注写在尺寸界线的外侧，中间相邻的尺寸数字可错开注写，也可引出注写（图 3-8）。

3. 尺寸的排列与布置

（1）尺寸宜标注在图样轮廓线以外，不宜与图线、文字及符号等相交（图 3-9）。

（2）图线不得穿过尺寸数字，不可避免时，应将尺寸数字处的图线断开（图 3-10）。

（3）互相平行的尺寸线，应从被注的图样轮廓线由近向远整齐排列，小尺寸应离轮廓线较近，大尺寸应离轮廓线较远（图 3-11）。

4. 半径、直径、球的尺寸标注

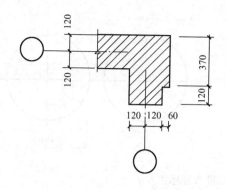

图 3-9　尺寸不宜与图线相交

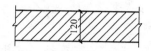

图 3-10　尺寸数字处图线应断开

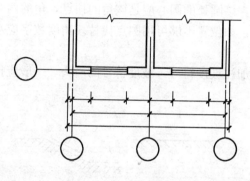

图 3-11　尺寸的排列

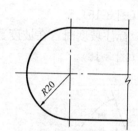

图 3-12　半径标注方法

（1）半径的尺寸线，应一端从圆心开始，另一端画箭头指至圆弧。半径数字前应加注半径符号"R"（图 3-12）。较小圆弧的半径和较大圆弧的半径，可按图 3-13 的形式标注。

（2）标注圆的直径尺寸时，直径数字前，应加符号"ϕ"。在圆内标注的直径尺寸线应通过圆心，两端画箭头指至圆弧。较小圆的直径尺寸，可标注在圆外（图 3-14）。

（3）标注球的半径尺寸时，应在尺寸数字前加注符号"SR"。标注球的直径尺寸时，应在尺寸数字前加注符号"SΦ"。注写方法与圆弧半径和圆直径的尺寸标注方法相同。

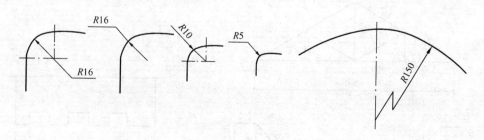

图 3-13　大小圆弧半径的标注方法

123

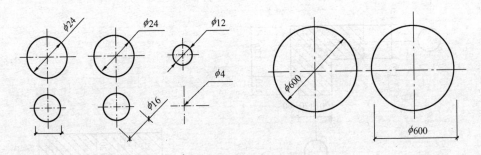

图 3-14　圆及小圆直径标注方法

九、角度、坡度的标注

（1）角度的尺寸线，应以圆弧线表示。该圆弧的圆心应是该角的顶点，角的两个边为尺寸界线。角度的起止符号应以箭头表示，如位置不够可用圆点代替。角度数字应水平方向注写（图 3-15）。

（2）标注坡度时，在坡度数字下，应加注坡度符号，坡度符号的箭头，一般应指向下坡方向（图 3-16）。

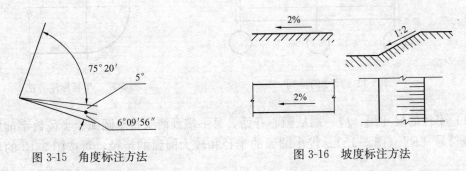

图 3-15　角度标注方法

图 3-16　坡度标注方法

十、尺寸的简化标注

（1）杆件或管线的长度，在单线图（桁架简图、钢筋简图、管线图等）上，可直接将尺寸数字沿杆件或管线的一侧注写（图 3-17）。

（2）连续排列的等长尺寸，可用"个数×等长尺寸＝总长"的形式标注（图 3-18）。

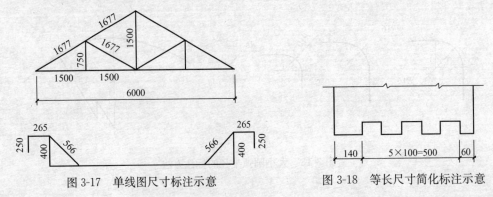

图 3-17　单线图尺寸标注示意

图 3-18　等长尺寸简化标注示意

第二节　房屋建筑图的基本知识

一、概述

将一幢拟建房屋的内外形状和大小，以及各部分的结构、构造、装修、设备等内容，按照"国标"的规定，用投影法，详细准确地画出的图样，称为房屋建筑图。它是用以指导施工的一套图纸，所以又称为施工图。

1. 房屋的组成及其作用

无论工业建筑还是民用建筑，基本上都是由基础、墙或柱、楼地层、楼梯、屋顶、门窗等主要部分组成的，如图 3-19 所示。

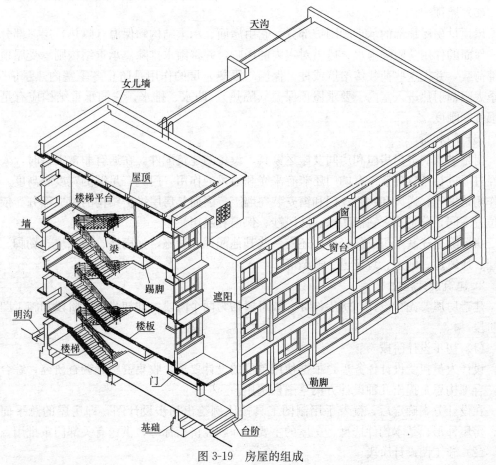

图 3-19　房屋的组成

（1）基础

基础是房屋最下面的部分，埋在自然地面以下，它承受房屋的全部荷载，并把这些荷载传给它下面的土层地基。基础是房屋的重要组成部分，要求它坚固、稳定、能经受冰冻和地下水及其所含化学物质的侵蚀。

（2）墙或柱

墙或柱是房屋的垂直承重构件，它承受楼地层和屋顶传给它的荷载，并把这些荷载传给基础。墙不仅是一个承重构件，它同时也是房屋的围护结构：外墙阻隔雨水、风雪、寒暑对室内的影响；内墙把室内空间分隔为房间，避免相互干扰。当用柱作为房屋的承重构件时，填充在柱间的墙仅起围护作用。墙和柱应该坚固、稳定，墙还应能保温、隔热、隔声和防水。

（3）楼地层

楼地层是房屋的水平承重和分隔构件，它包括楼板和地面两部分。楼板把建筑空间划分为若干层，将其所承受的荷载传给墙或柱。楼板支承在墙上，对墙也有水平支撑作用。地面直接承受各种使用荷载，它在楼层把荷载传给楼板，在首层把荷载传给它下面的地基。要求楼地层应具有一定的强度和刚度，并应有一定的隔声能力和耐磨性。

（4）楼梯

楼梯是楼房建筑中联系上下各层的垂直交通设施。在平时供人们上下楼；在处于火灾、地震等事故状态时供人们紧急疏散。要求楼梯坚固、安全和有足够的通行能力。

（5）屋顶

屋顶是房屋顶部的承重和围护部分，它由屋面、承重结构和保温（隔热）层三部分组成。屋面的作用是阻隔雨水、风雪对室内的影响，并将雨水排除。承重结构则承受屋顶的全部荷载，并把这些荷载传给墙或柱。保温（隔热）层的作用是防止冬季室内热量散失，夏季太阳辐射热进入室内。要求屋顶保温（隔热）、防水、排水，它的承重结构应有足够的强度和刚度。

（6）门和窗

门是供人们进出房屋和房间及搬运家具、设备的建筑配件。在遇有非常灾害时，人们要经过门进行紧急疏散。有的门还兼有采光和通风的作用。门应有足够的宽度和高度。窗的作用是采光、通风和眺望。门和窗安装在墙上，因而是房屋维护结构的组成部分。依所在位置不同，分别要求它们防水、防风沙、保温和隔声。

房屋除上述基本组成部分外，还有一些其他配件和设施，如雨篷、散水坡、勒脚、防潮层、通风道、烟道、垃圾道、壁橱等。

2. 建筑设计程序

建造房屋要先行设计，房屋设计一般可概括为两个阶段，即初步设计阶段和施工图设计阶段。

（1）初步设计阶段

设计人员接受设计任务后，根据使用单位的设计要求，收集资料，调查研究，综合分析，合理构思，提出几种设计方案草图供选用。

在设计方案确定后，就着手用制图工具按比例绘出初步设计图，即房屋的总平面布置、房屋外形、基本构件选型、房屋的主要尺寸和经济指标等，供送有关部门审批用。

（2）施工图设计阶段

首先根据审批的初步设计图，进一步解决各种技术问题，取得各工种的协调与统一，进行具体的构造设计和结构计算。最后，从满足施工要求的角度绘制出一套能反映房屋整体和细部全部内容的图样，这套图样称为施工图，它是房屋施工的主要依据。

3. 施工图的种类

房屋施工图由于专业分工不同，一般分为建筑施工图、结构施工图和水暖电施工图。各专业图纸中又分为基本图和详图两部分。基本图表明全局性的内容，详图表明某些构件或某些局部详细尺寸和材料构成等。

（1）建筑施工图（简称建施）

主要表示建筑物的总体布局、外部造型、内部布置、细部构造、装修和施工要求等。基本图包括总平面图、建筑平面图、立面图和剖面图等；详图包括墙身、楼梯、门窗、厕所、屋槽及各种装修、构造的详细做法。

（2）结构施工图（简称结施）

主要表示承重结构的布置情况、构件类型及构造和做法等。基本图包括基础图、柱网平面布置图、楼层结构平面布置图、屋顶结构平面布置图等。构件图（即详图）包括柱、梁、楼板、楼梯、雨篷等。

（3）给水、排水、采暖、通风、电气等专业施工图（也可统称它们为设备施工图）

简称分别是水施、暖施、电施等，它们主要表示管道（或电气线路）与设备的布置和走向、构件做法和设备的安装要求等。这几个专业的共同点是基本图都是由平面图、轴测系统图或系统图所组成；详细有构件配件制作或安装图。

上述施工图，都应在图纸标题栏注写上自身的简称与图号，如"建施1"、"结施1"等。

一套房屋施工图纸的编排顺序是：图纸目录、设计技术说明、总平面图、建筑施工图、结构施工图、水暖电施工图等。各工种图纸的编排一般是全局性图纸在前，表达局部的图纸在后；先施工的在前，后施工的在后。

图纸目录（首页图）主要说明该工程是由哪几个专业图纸所组成，各专业图纸的名称、张数和图号顺序。

设计技术说明主要是说明工程的概貌和总的要求。包括工程设计依据、设计标准、施工要求等。

一般中小型工程，常把图纸目录设计技术说明和总平面图画在一张图纸内。

4. 房屋建筑图的特点

（1）施工图中的各种图样，除了水暖施工图中水暖管道系统图是用斜投影法绘制的之外，其余的图样都是用正投影法绘制的。

（2）由于房屋的形体庞大而图纸幅面有限，所以施工图一般是用缩小比例绘制的。

（3）由于房屋是用多种构（配）件和材料建造的，所以施工图中，多用各种图例符号来表示这些构（配）件和材料。

（4）房屋设计中有许多建筑物、配件已有标准定型设计，并有标准设计图集可供使用。为了省去大量的设计与制图工作，凡采用标准定型设计之处，只要标出标准图集的编号、页数、图号就可以了。

5. 识读房屋建筑图的方法

房屋建筑图是用投影原理和各种图示方法综合应用绘制的。所以，识读房屋建筑图，必须具备一定的投影知识、掌握形体的各种图示方法和建筑制图标准的有关规定，要熟记建筑图中常用的图例、符号、线型、尺寸和比例的意义，要具有房屋构造的有关知识。

一般识读房屋建筑图的方法步骤是：

（1）查看图纸目录和设计技术说明。通过图纸目录看各专业施工图纸有多少张，图纸是否齐全；看设计技术说明，对工程在设计和施工要求方面有一个概括的了解。

（2）依照图纸顺序通读一遍。对整套图纸按先后顺序通读一遍，对整个工程在头脑中形成概念。如工程的建设地点和周围地形、地貌情况、建筑物的形状、结构情况及工程体量大小、建筑物的主要特点和关键部位等情况，做到心中有数。

（3）分专业对照阅读。按专业次序深入仔细地阅读。先读基本图，再读详图。读图时，要把有关图纸联系一起对照着读，从中了解它们之间的关系，建立起完整准确的工程概念。再把各专业图纸（如建筑施工图与结构施工图）联系在一起对照着读，看它们在图形上和尺寸上是否衔接、构造要求是否一致。发现问题要做好读图记录，以便会同设计单位提出修改意见。

可见，读图的过程也是检查复核图纸的过程，所以读图时必须认真细致，不可粗心大意。

二、房屋建筑制图标准

建筑图除了要符合投影原理及视图、剖面图和断面图等基本图示方法与要求外，为了保证制图质量、提高效率、表达统一和便于识读，在绘图时还应严格遵守《建筑制图标准》中的有关规定。

现将与施工图有关的专业部分制图标准介绍如下：

1. 定位轴线与编号

房屋中承重墙或柱等承重构件，应画出它们的轴线，该轴线一般从墙或柱宽的中心引出，称为定位轴线。

定位轴线应编号，编号注写在轴线端部的圆内。定位轴线用细点画线绘制，圆用细实线绘制，直径 8mm。

平面图上定位轴线的编号，宜标注在图样的下方与左侧。横向编号应用阿拉伯数字，从左至右顺序编写，竖向编号应用大写拉丁字母，从下至上顺序编写。拉丁字母中的 I、O、Z 不得用为轴线编号，如图 3-20 所示。

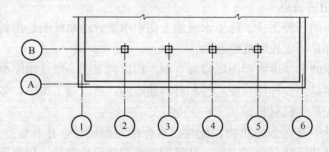

图 3-20　定位轴线

对一些与主要承重构件相联系的局部构件，它的定位用附加轴线。附加轴线的编号用分数表示。分母表示前一轴线的编号，分子表示附加轴线的编号，用阿拉伯数字顺序编写，如图 3-21 所示。

如果一个详图适用几根定位轴线时，应同时注明各有关轴线的编号，见图 3-22（a）～（c）。通用详图的定位轴线，应只画圆，不注写轴线编号，见图 3-22

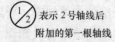 表示 2 号轴线后附加的第一根轴线

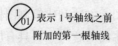 表示 1 号轴线之前附加的第一根轴线

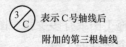 表示 C 号轴线后附加的第三根轴线

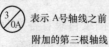 表示 A 号轴线之前附加的第三根轴线

图 3-21　附加轴线

(d)。

2. 标高

标高是指以某点为基准的相对高度。建筑物各部分的高度用标高表示时有两种：

（1）绝对标高 根据规定，凡标高的基准面是以我国山东省青岛市的黄海平均海平面为标高零点，由此而引出的标高均称为绝对标高。

（2）相对标高 凡标高的基准面是

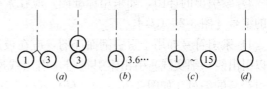

图 3-22 详图的轴线编号

（a）用于两根轴线时；（b）用于三根或三根以上轴线时；（c）用于三根以上连续编号的轴线时；（d）通用详图的定位轴线

根据工程需要而自行选定的，这类标高称为相对标高。在建筑图上一般都用相对标高，即把房屋底层室内地面定为相对标高的零点±0.000。

标高符号的具体画法，如图 3-23 所示。三角形为一等腰直角三角形，高约 3mm，总平面图上的标高符号用涂黑的三角形。标高符号的尖端，应指至被注的高度，尖端可向下，也可向上，如图 3-23 所示。

标高数字应以米为单位，注写到小数点后第三位。在总平面图中，可注写到小数点后第二位。

零点标高应注写成±0.000，正数标高不注"＋"，负数标高应注"－"，例如 3.000、－0.600。在图样的同一位置需表示几个不同标高时，标高数字可按图 3-24 形式注写。

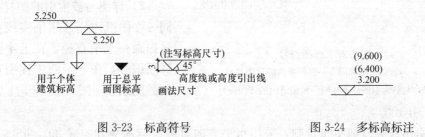

图 3-23 标高符号　　　　　　　图 3-24 多标高标注

3. 索引符号和详图符号

（1）索引符号

图样中的某一局部或构件，如需另见详图，应以索引符号索引。索引符号的圆及直径均应以细实线绘制，圆的直径为 10mm [图 3-25 （a）]。索引符号按下列规定编写：

1）索引出的详图，如与被索引的图样在同一张图纸内，应在索引符号的上半圆中用阿拉伯数字注明该详图的编号，并在下半圆中间画一段水平细实线 [图 3-25 （b）]。

2）索引出的详图，如果与被索引的图样不在同一张图纸内，应在索引符号的下半圆

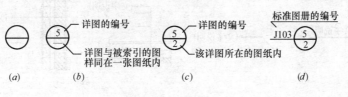

图 3-25 索引符号

中用阿拉伯数字注明该详图所在图纸的图纸号 [图 3-25 (c)]。

3) 索引出的详图，如采用标准图，应在索引符号水平直径的延长线上加注该标准图册的编号 [图 3-25 (d)]。

4) 索引符号如用于索引剖面详图，应在被剖切的部位绘制剖切位置线（粗实线），并应以引出线（细实线）引出索引符号，引出线所在的一侧应为剖视方向 [图 3-26 (a)]。索引符号的编写 [如图 3-26 (a)、(b)、(c)、(d)] 规定同前。

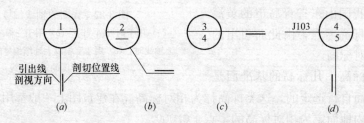

图 3-26　用于索引剖面详图的索引符号

（2）详图符号

详图的位置和编号，应以详图符号表示，详图符号应以粗实线绘制，直径为 14mm。详图按下列规定编号：

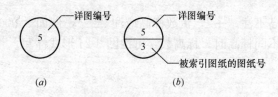

图 3-27　详图符号
(a) 与被索引图样同在一张图纸内的详图符号；
(b) 与被索引图样不在同一张图纸内的详图符号

1) 详图与被索引的图样在同一张图纸内时，应在详图符号内用阿拉伯数字注明详图的编号 [图 3-27 (a)]。

2) 详图与被索引的图样，如不在同一张图纸内，可用细实线在详图符号内画一水平直径，在上半圆中注明详图编号，在下半圆中注明被索引图纸的图纸号 [图 3-27 (b)]。

（3）引出线

1) 引出线应以细实线绘制，采用水平方向直线、与水平方向成 30°、45°、60°、90° 的直线。文字说明注写在横线的上方或横线的端部 [图 3-28 (a)]。

2) 多层构造共用引出线，应通过被引出的各层文字说明注写在横线上方或横线端部，说明的顺序应由上至下，并应与被说明的层次一致 [图 3-28 (b)]。

（4）对称符号与指北针

1) 对称符号用细线绘制，平行线的长度宜为 6～10mm，平行线的间距宜为 2～3mm，平行线在对称线两侧的长度应相等（图 3-29）。

2) 指北针宜用细实线绘制，圆的直径宜为 24mm，指针尾部的宽度宜为 3mm（图 3-30）。

图 3-28　引出线

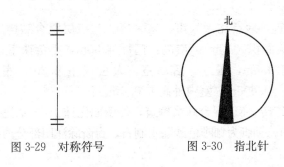

图 3-29　对称符号　　　　　　图 3-30　指北针

第三节　建 筑 施 工 图

一、首页图

首页图在中小工程中通常由两部分内容组成：一是图纸目录，一是对该工程所作的设计与施工说明。首页图放在全套施工图的首页装订，其中图纸目录起到组织编排图纸的作用。从图纸目录可看到该工程是由哪些专业图纸组成，每张图纸的图别、编号和页数，以便于查阅。首页图中的设计说明，可看到工程的性质、设计的根据和对施工提出的总要求。

现以某建筑工程施工图为例，识读首页图的内容（表 3-6）。

某建筑图纸目录　　　　　　　　　　　　　　　　表 3-6

序号	图纸内容	图别	图号	序号	图纸内容	图别	图号
1	图纸目录门窗表图纸说明	建施	1	22	板与墙梁连结	结施	6
2	总平面图	建施	2	23	L-1、GL-1、YPL-1 配筋图	结施	7
3	底层平面图	建施	3	24	L-2、YPL-3、YPL-4 配筋图	结施	8
4	二层平面图	建施	4	25	L-3 配筋图	结施	9
5	三层平面图	建施	5	26	YP-1、YPL-2、YP-2 配筋图	结施	10
6	屋顶平面图	建施	6	27	YKB-1、KB-1、XSB 配筋图	结施	11
7	立面图 1	建施	7	28	楼梯结构详图	结施	12
8	立面图 2	建施	8	29	底层给水、排水平面图	水施	1
9	1-1、2-2 剖面图	建施	9	30	二、三层给水、排水平面图	水施	2
10	3-3、5-5 墙身剖面详图	建施	10	31	给水系统图	水施	3
11	4-4 墙身剖面详图	建施	11	32	排水系统图	水施	4
12	卷材防水屋面、女儿墙泛水、窗台板、散水构造详图	建施	12	33	高水箱蹲便池、污水池、地漏、检查口安装详图	水施	5
13	通风道出屋面、屋面检查孔、水落管出女儿墙详图	建施	13	34	底层采暖平面图	暖施	1
14	门窗详图	建施	14	35	二层采暖平面图	暖施	2
15	楼梯详图	建施	15	36	三层采暖平面图	暖施	3
16	台阶、坡道详图	建施	16	37	采暖系统图	暖施	4
17	基础图	结施	1	38	散热器安装、集气罐制作详图	暖施	5
18	二层结构平面布置图	结施	2	39	底层电照平面图	电施	1
19	三层结构平面布置图	结施	3	40	二层电照平面图	电施	2
20	顶层结构平面布置图	结施	4	41	三层电照平面图	电照	3
21	圈梁结构平面图	结施	5	42	供电系统图	电照	4

建筑部分设计说明：

1. 本设计为××建筑，地点在××市、××区。为三层混合结构。砖墙、钢筋混凝土楼板、毛石基础。建筑面积××m²。层高：门厅 4.05m，小洽谈室、阅览室、资料室 3.9m，办公室、实验室 3.6m，餐厅、活动室、大会议室 4.2m，底层办公室地面为 ±0.000，室外地坪标高−0.600m，室内外高差 0.6m。

2. 墙体采用 MU10 红砖、M5 混合砂浆砌筑，外墙面先抹 1：3 水泥砂浆 20mm 厚。然后再加饰面，详见立面图。勒脚为咖啡色砂漏水刷石，台阶除注明部分均抹 1：3 水泥砂浆。

3. 内装修

（1）顶棚　抹混合砂浆，刮大白，门厅吊顶棚。

（2）墙面　办公室、资料室、走廊、实验室混合砂浆刮大白，门厅刮大白，刷乳胶漆。会议室、阅览室、活动室贴塑料壁纸，厕所抹水泥砂浆 20mm 厚。

（3）墙裙　办公室、门厅、走廊、资料室、实验室刮麻丝刷油二道，高 1.4m，厕所贴 2000mm 高白瓷砖。

（4）地面　活动室、小会议室做硬木地板，办公室、资料室做 1：7 水泥砂浆的地面 20mm 厚，门厅、走廊、实验室、阅览室、会议室水磨石面层，铜条分格，厕所铺马赛克地面。

（5）楼梯　采用钢筋混凝土楼梯，水磨石饰面，木制扶手。

（6）门　门厅入口门采用铝合金，其余均为木制门。

（7）窗　所有窗均为木窗（也可采用空腹钢窗）。

（8）凡埋入或接触砌体之木构件均应进行防腐处理，所采用铁件均为 I 级钢表面涂防锈漆二道。

（9）外墙立面装修颜色，可在装修前由设计和使用单位共同商定。

（10）本设计图纸标高以米为单位，其余均以毫米为单位。

（11）除本设计说明外，均按现行国家及有关规范、规程施工。

4. 从首页图中可看到，首页图中有两部分内容，一部分是图纸目录，另一部分是建筑部分设计说明。看图纸目录，可知该工程设计图纸序号 1～16 是建筑施工图，序号 17～28 是结构施工图，序号 29～42 是设备施工图。建筑施工图的图别是"建施"，结构施工图的图别是"结施"，设备施工图是由给水与排水、采暖、电气三个工种图纸所组成。这部分图纸分别编作"水施"、"暖施"和"电施"。各专业图纸的图号分别由起始顺序往下排。从图纸内容可以看到，每个专业的图纸基本上是由基本图和详图所组成。

5. 从首页图的设计说明部分可知，该工程的名称是××建筑，地址位于××市××区。本设计为三层混合结构，墙是砖砌的，楼板是钢筋混凝土的，基础是毛石的。该办公楼的房间分为办公室、实（化）验室、阅览室、资料室、活动室、会议室和餐厅。各种用途不同的房间设计成不同的层高，如办公室是 3.6m，餐厅是 4.2m 等。此外，设计说明还对墙体、内装修（顶棚、墙面、墙裙、地面、楼梯）、门和窗，所用的材料规格、强度、做法和装修的颜色等，都提出一系列的说明与要求。

二、总平面图

1. 总平面图定义

在地形图上画上拟建工程四周的新建房屋和原有及拆除房屋的外轮廓的水平投影及场

地、道路、绿化等的布置的图形，即为总平面图。

建筑总平面图是表明新建房屋所在基地范围内的总体布置，它反映新建房屋、构筑物的位置和朝向，室外场地、道路、绿化等的布置，地形、地貌、标高等以及与原有环境的关系和邻界情况等。它是新建筑物施工定位及施工总平面设计的重要依据。

2. 总平面图的内容及阅读方法

（1）看图名、比例及有关文字说明。总平面图因包括的地方范围较大，所以绘制时都用较小比例，如1：500、1：1000、1：2000 等。总平面图上的尺寸，是以米为单位。总平面图例见表3-7。

总 平 面 图 例

表 3-7

序号	名　称	图　例	说　明
1	新建的建筑物	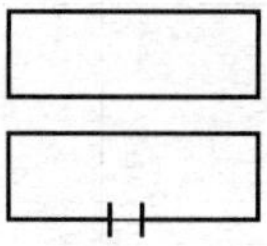	1. 上图为不凹出入口图例，下图为倒出入口图例； 2. 需要时，可在图形内右上角以点数或数字（高层宜用数字）表示层数； 3. 用粗实线表示
2	原有的建筑物	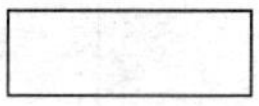	1. 应注明拟利用者； 2. 用细实线表示
3	计划扩建的预留地或建筑物		用中虚线表示
4	拆除的建筑物	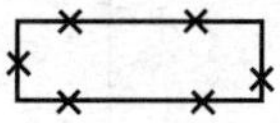	用细实线表示
5	水塔贮罐		水塔或立式贮罐
6	烟囱		实线为烟囱下部直径，虚线为基础
7	围墙及大门	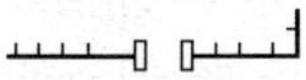	图为砖石、混凝土或金属材料的围墙
8	散装材料露天堆场	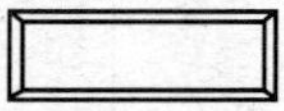	需要时可注明材料名称
9	挡土墙		被挡土在"凸出"的一侧

序号	名　称	图　例	说　明
10	护坡		1. 边坡较长时，可在一端或两端局部表示； 2. 下边线为虚线时表示填方
11	雨水井		
12	消火栓井		
13	原有道路		
14	计划扩建的道路		
15	人行道		
16	室外标高	143.00	
17	针叶乔木		
18	阔叶乔木		
19	阔叶灌木		
20	草地		
21	花坛		

（2）了解新建工程的性质与总体布置，了解各建筑物及构筑物的位置、道路、场地和绿化等布置情况以及各建筑物的层数等。

（3）明确新建工程或扩建工程具体位置，新建工程或扩建工程通常根据原有房屋或道路来定位，并以米为单位标注出定位尺寸。当新建成片的建筑物和构筑物或较大的建筑物时，往往用坐标来确定每一建筑物及道路转折点等位置。地形起伏较大地区，还应画出地形等高线。

（4）看新建房屋底层室内地面和室外整平地面的绝对标高，可知室内、外地面的高差，及正负零与绝对标高的关系。总平面图中标高数字以米为单位，一般注至小数点后两位。

（5）看总平面图中的指北针或风向频率玫瑰图（图上箭头指的是北向），可明确新建房屋，构筑物的朝向和该地区的常年风向频率，有时也可只画单独的指北针。

（6）需要时，在总平面图上还画有给水、排水、采暖、电气等管网布置图。这种图一般是与给水排水、采暖、电气的施工图配合使用。

图 3-31 为某建筑的总平面图，图中用粗实线画出的图形是拟建办公楼、住宅楼和锅炉房等的底层平面轮廓。用中实线画出的是原有的平房住宅、车间、配电室、水塔和烟囱。房屋平面图内的小黑点数，表示房屋的层数。

办公室是三层楼，它的平面定位尺寸是以西、北两条路的中心线为基准的。垂直滨成公路中心线向东 42.00m、垂直通天街中心线向南 29.00m 是办公楼一角的定位尺寸，其余尺寸（均以米为单位）如图所示。办公楼的底层地面相对标高±0.000＝145.40m（绝对标高），室外地坪绝对标高为 144.80m。室内、外地面高差为 0.60m。通过拟建房屋平面图上的长、宽尺寸可算出房屋占地面积。看房屋之间的定位尺寸，可知房屋之间的相对位置。

该建筑位于两条公路交角处，庭院大门入口在滨成公路东侧。办公楼四周有围墙，院内道路用细实线表示。画"×"的房屋表示拆除建筑。花草树木绿化地带用图例符号表示。图中有风向频率图（即风玫瑰图）表示出该地的常年风向和夏季风向。

三、建筑平面图

1. 建筑平面图定义

建筑平面图是假想用一水平的剖切平面，沿着房屋门窗口的位置，将房屋剖开，拿掉上部分，对剖切平面以下部分所做出的水平投影图（图 3-32），即为建筑平面图，简称平面图。平面图（除屋顶平面图外）实际上它是一个房屋的水平全剖图。

2. 平面图的数量及内容分工

一般地说，房屋有几层，就应画出几个平面图，并在图的下面注明相应的图名，如底层平面图、二层平面图等。如果上下各楼层的房间数量、大小和布置都一样时，则相同的楼层可用一个平面图表示，称为标准层平面图或×～×层平面图。若建筑平面图左右对称时，也可将两层平面图画在同一个平面图上，左边画出一层的平面图，右边画出另一层的平面图，中间画一对称符号作分界线，并在图的下边分别注明图名。

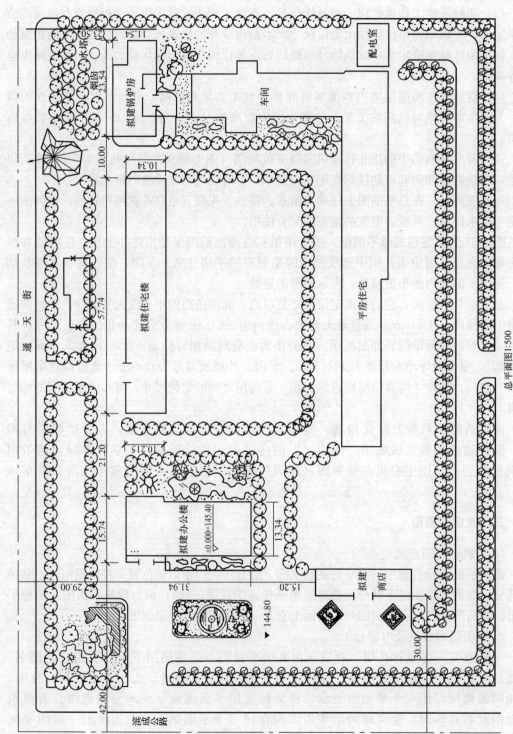

通 天 街

滨成公路

配电室

车间

拟建锅炉房

水塔

烟囱

23.50

11.34

23.54

10.00

10.34

拟建住宅楼

57.74

平房住宅

拟建办公楼

±0.000=145.40

10.215

21.20

15.74

13.34

▼144.80

拟建商店

29.00

31.94

15.20

30.00

42.00

▼144.80

总平面图1:500

图 3-31　某建筑总平面图

楼房的平面图是由多层平面图组成的。在绘制平面图时，除基本内容相同外，房屋中的个别构配件应该画在哪一层平面图上是有分工的。具体来说，底层平面图除表示该层的内部形状外，还画有室外的台阶、花池、散水（或明沟）、雨水管和指北针，以及剖面的剖切符号为1-1、2-2等，以便与剖面图对照查阅。房屋中间层平面图除表示本层室内形状外，需要画上本层室外的雨篷、阳台等。屋顶平面图，是房屋顶面的水平投影图。

平面图上的线型粗细是分明的。凡是被水平剖切平面剖切到的墙、柱等断面轮廓线用粗实线画出，而粉刷层在1：100的平面图中是不画的。在1：50或比例更大的平面图中粉刷层则用细实线画出。没有剖切到的可

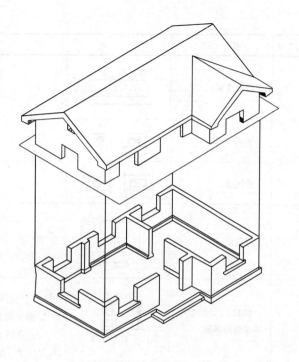

图 3-32　平面图的形成

见轮廓线，如窗台、台阶、明沟、花台、梯段等用中实线画出。表示剖面位置的剖切位置线及剖视方向线，均用粗实线绘制。

底层平面图中，可以只在墙角或外墙的局部分段地画出散水（或明沟）的位置。

由于平面图一般采用1：100、1：200和1：50的比例绘制，所以门、窗和设备等均采用"国标"规定的图例表示。因此，阅读平面图必须熟记建筑图例。常用建筑制图图例见表3-8。

构造及配件图例　　　　　　　　　　　　　　　　　　　　　　　表 3-8

序号	名　称	图　例	说　明
1	楼梯		1. 上图为底层楼梯平面 2. 中图为中间层楼梯平面 3. 下图为顶层楼梯平面 4. 楼梯的形式及步数应按实际情况绘制
2	检查孔		左图为可见检查孔 右图为不可见检查孔

序号	名　　称	图　　例	说　　明
3	墙预留洞	 宽×高或φ	
4	烟道	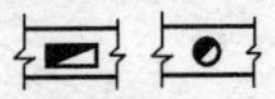	
5	通风道	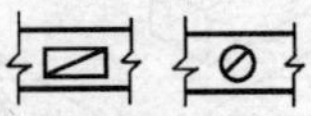	
6	空门洞	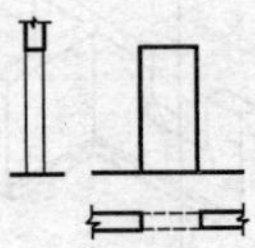	
7	单扇门（包括平开或单面弹簧）	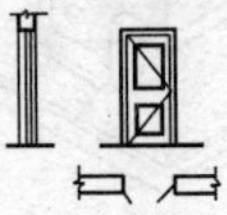	1. 门的名称代号用 M 表示 2. 剖面图上左为外、右为内，平面图上下为外、上为内 3. 立面图上开启方向线交角的一侧为安装合页的一侧，实线为外开，虚线为内开 4. 平面图上的开启弧线及立面图上的开启方向线，在一般设计图上不需表示，仅在制作图上表示 5. 立面形式应按实际情况绘制
8	双扇门（包括平开或单面弹簧）		
9	双扇双面弹簧门	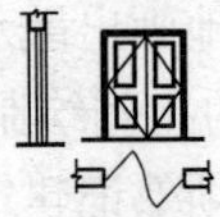	同序号 7、8
10	转门	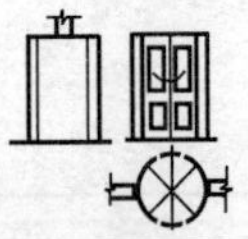	同序号 7、8 中的 1、2、4、5
11	卷门	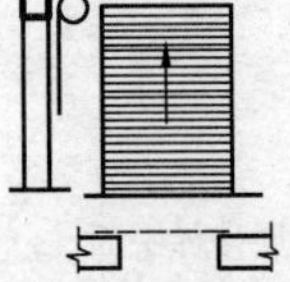	同序号 7、8 中的 1、2、5
12	单层外开上悬窗	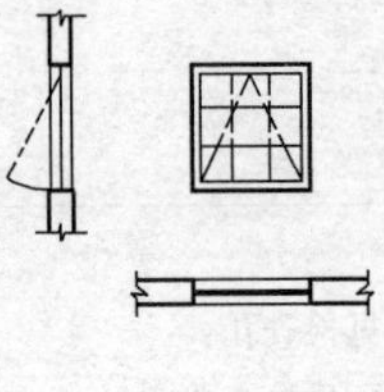	1. 窗的名称代号用 C 表示 2. 立面图中的斜线表示窗的开关方向，实线为外开，虚线为内开；开启方向线交角的一侧为安装合页的一侧，一般设计图中可不表示 3. 剖面图上左为外、右为内，平面图上下为外，上为内 4. 平、剖面图上的虚线仅说明开关方式，在设计图中不需表示 5. 窗的立面形式应按实际情况绘制

序号	名　称	图　例	说　明
13	单层外开平开窗		同序号 12
14	单层内开平开窗		同序号 12

3. 平面图的内容及阅读方法

（1）看图名、比例，了解该图是哪一层平面图，绘图比例是多少。

（2）看底层平面图上画的指北针，了解房屋的朝向。

（3）看房屋平面外形和内部墙的分隔情况，了解房屋平面形状和房间分布、用途、数量及相互间联系，如入口、走廊、楼梯和房间的位置等。

（4）在底层平面图上看室外台阶、花池、散水坡（或明沟）及雨水管的大小和位置。

（5）看图中定位轴线的编号及其间距尺寸。从中了解各承重墙（或柱）的位置及房间大小，以便于施工时定位放线和查阅图纸。

（6）看平面图的各部尺寸，平面图中的尺寸分为外部尺寸和内部尺寸。从各道尺寸的标注，可知各房间的开间、进深、门窗及室内设备的大小位置。

一般在建筑平面图上的尺寸（详图例外）均为未装修的结构表面尺寸（如墙厚、门窗口尺寸等）。现将平面图的尺寸标注形式介绍如下：

1）外部尺寸　一般在图形下方及左侧注写三道尺寸：

第一道尺寸，表示外轮廓的总尺寸，即指从一端外墙边到另一端外墙边的总长和总宽尺寸。用总尺寸可计算出房屋的占地面积。

第二道尺寸，表示轴线间的距离，用以说明房间的开间和进深大小的尺寸。

第三道尺寸，表示门窗洞口、窗间墙及柱等的尺寸。

如果房屋前后或左右不对称时，则平面图上四周都应分别标注三道尺寸，相同的部分不必重复标注。

另外，台阶、花池及散水（或明沟）等细部的尺寸，可单独标注。

2）内部尺寸　为了表明房间的大小和室内的门窗洞、孔洞、墙厚和固定设备（例如厕所、盥洗室、工作台、搁板等）的大小与位置，在平面图上应清楚地注写出有关内部尺寸。

（7）看地面标高　在平面图上清楚地标注着地面标高。楼地面标高是表明各层楼地面对标高零点（即正负零）的相对高度。一般平面图分别标注下列标高：室内地面标高、室外地面标高、室外台阶标高、卫生间地面标高、楼梯平台标高等。

（8）看门窗的分布及其编号　了解门窗的位置、类型及其数量。图中窗的名称代号用

C 表示，门的名称代号用 M 表示。由于一幢房屋的门窗较多，其规格大小和材料组成又各不相同，所以对各种不同的门窗除用各自的代号表示外，还需分别在代号后面写上编号如 M-1、M-2……和 C-1、C-2……。同一编号表示同一类型的门或窗，它们的构造尺寸和材料都一样。从所写的编号可知门窗共有多少种。一般情况下，在首页图上或在本平面图内，附有一个门窗表，列出门窗的编号、名称、尺寸、数量及其所选标准图集的编号等内容。至于门窗的详细构造，则要看门窗的构造详图。

（9）在底层平面图上看剖面的剖切符号，了解剖切部位及编号，以便与有关剖面图对照阅读。

（10）查看平面图中的索引符号，当某些构造细部或构件，需另画比例较大的详图或引用有关标准图时，则须标注出索引符号，以便与有关详图符号对照查阅。

（11）建筑平面图读图举例：

现以某建筑平面图为例，识读如下：

1）底层平面图的识读

①图 3-33 为某建筑底层平面图。绘图比例 1：100。从图中指北针可知房屋主要入口在西侧（实为西偏北）。办公室的多数房间设在楼内西侧。房屋平面外轮廓总长为 31940mm，总宽为 15740mm。在正门外有三步台阶，两侧有花池，楼房四周有散水坡和雨水管。

②从大门入口进入办公楼来看，房屋平面分隔与布置情况。大门入口处设有外门和内门两道进入门厅。右侧是收发室窗口，向右拐是收发室，走廊两侧的房间有办公室、化验室、实验室、楼梯和厕所等。厕所间分男女厕所，设备有蹲式大便器、小便斗和水池子。在楼梯间中只画出第一个梯段的下半部分，这是因为水平剖切平面在楼梯平台下剖切造成的。图中楼梯处箭头旁写有上 24 步 150mm×290mm，是指从底层到二层两个梯段共有 24 个踏步。另一侧下 3 步 150mm×290mm 是指通向楼外的。

③平面图横向编号的轴线有①～⑧，竖向编号的轴线有Ⓐ～Ⓔ，其中还有 ⑴/ₒA、⑴/A 等分轴线。通过轴线表明办公室、收发室、厕所和楼梯间的开间和进深尺寸均为 3600mm×5100mm。墙是红砖的。外墙厚（除个别处外）为 490mm，走廊和楼梯间墙厚为 370mm，办公室的间墙有 240mm 和 120mm 两种。在轴线 ⑴/ₒA、⑴/A 处还设有柱子。图中所有墙身厚度均不包括抹灰层厚度。

④地面标高办公室一侧为±0.000m，餐厅为−0.300m，门厅为−0.150m。由门厅进入右侧走廊要迈上一步台阶，进入餐厅要下一步台阶。

⑤平面图中的门有 M-1，M-2……，窗有 C-1、C-2……等多种类型，其各种类型的门窗口尺寸，详见平面图中里面一道尺寸的标注，如 M-1、1800；C-1、2360……。

⑥底层平面图中有五个剖面剖切符号，表明剖切平面的位置。1-1 在轴线③～④之间，通过楼梯间所作的阶梯剖切；2-2 在轴线①～②之间，通过大门入口穿过门厅、餐厅所作的阶梯剖切。在轴线Ⓐ、⑴/ₒA、⑴/A、Ⓓ等处，标注 3-3、4-4、5-5 等剖切符号，表明墙身、大门入口、楼梯门入口的墙身均另画有剖面详图表示。

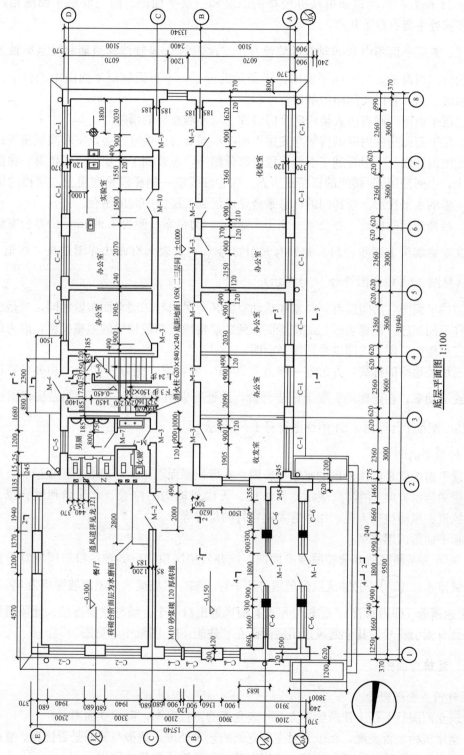

底层平面图 1:100

图 3-33 某建筑底层平面图

141

2）楼层平面图的识读

图3-34和图3-35为该研究所办公楼的二层和三层平面图。除与底层平面图相同处外，其不同处主要有以下几点：

①二、三层平面图中 $\frac{1}{0A}$ 轴线的墙没有了。这表明 $\frac{1}{0A}$ 轴线这道墙和柱是单独为底层房屋的外门而设的。二三层平面图由于图示的分工，不再画底层平面图中的台阶、花池、散水坡、雨水管以及剖面的剖切符号等。

②二层平面图 画有出入楼房两个门口顶上与外墙连接的雨篷。

③二层平面图房屋内部的房间与底层平面图不同处有广播室、会议室和阅览室等。楼梯间平面图的梯段，不但看到了上行梯段的部分踏步，也看到了底层上二层楼第一梯段的部分踏步，中间是用45°斜线的折断线为界。靠③轴线墙一侧梯段是底层上二层楼的第二梯段的完整的水平投影。楼梯间的休息平台是底层到二层楼中间的平台。

④二层楼地面的标高 办公室一侧为3.600m，阅览室一侧为3.900m。由办公室到阅览室要在走廊端头上两步台阶。此处有索引符号 $\left(\frac{1}{15}\right)$ ，表明有做法详图画在"建施15"图纸上（见图3-54中详图符号 $\left(\frac{1}{4}\right)$ 所示）。

⑤三层平面图 房间设有资料室和活动室。其他房间与二层平面布置相同，只是房间用途名称不同而已。楼梯表示三层楼地面下到二层楼地面两段楼梯的完整投影，因为该办公室是三层楼，三层平面图也是顶层平面图。

⑥三层楼地面的标高，办公室一侧为7.200m，资料室一侧为7.800m。由办公室进入资料室或活动室，在走廊端头要上四步台阶，此处有索引符号 $\left(\frac{2}{15}\right)$ ，表明做法详图画在"建施15"图纸上（见图3-54中详图符号 $\left(\frac{2}{5}\right)$ 所示）。

4. 屋顶平面图

屋顶平面图就是屋顶外形的水平投影图。在屋顶平面图中，一般表明屋顶形状、屋顶水箱、屋面排水方向（用箭头表示）及坡度、天沟或檐沟的位置、女儿墙和屋脊线、烟囱、通风道、屋面检查人孔、雨水管及避雷针的位置等。

屋顶平面图读图举例：

图3-36为某研究所办公楼屋顶平面图。该办公楼屋顶②～⑧轴这段房屋屋脊平行Ⓐ轴，两坡流水；$\frac{1}{A}$～Ⓕ轴这段房屋屋脊，平行①轴。两坡流水，屋面坡度均为3%，共有10个水落管（即雨水管）。②轴处屋面有通风道出口6个。墙与屋面连接、通风道出屋面等处画有索引符号。其中通风道出屋面画在"建施13"图纸中，见图3-54。

四、建筑立面图

1. 建筑立面图概念

建筑立面图是平行于建筑物各方向外表立面的正投影图，简称立面图。

一座建筑物是否美观，在于它对主要立面的艺术处理、造型与装修是否优美。立面图就是用来表示建筑物的体形和外貌，并表明外墙面装饰要求等的图样。

2. 立面图的命名与数量

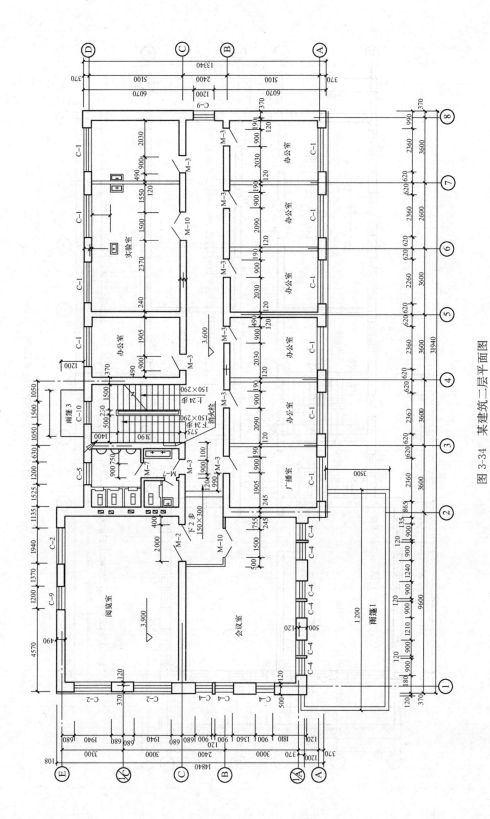

图 3-34 某建筑二层平面图

143

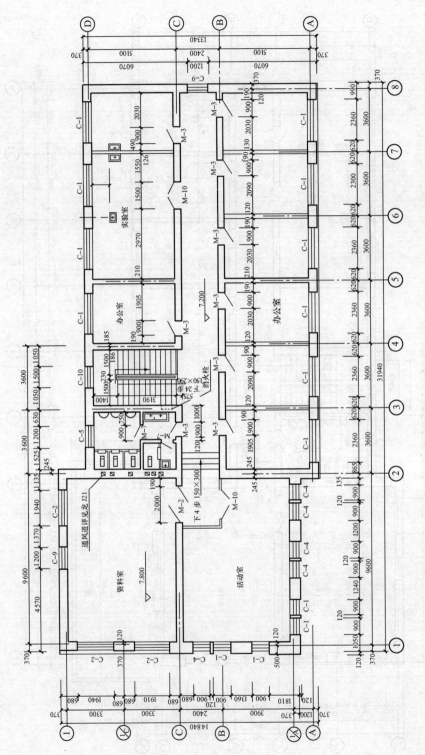

图 3-35　某建筑三层平面图

144

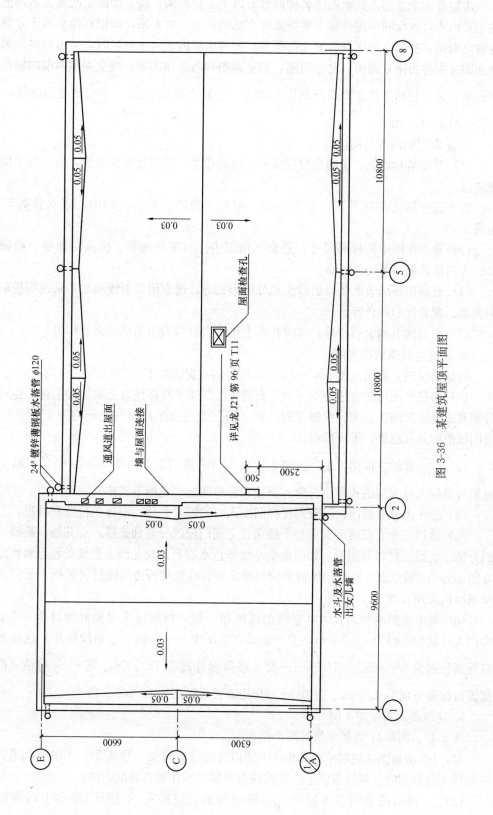

图 3-36 某建筑屋顶平面图

房屋有多个立面，立面图的名称通常有以下三种称谓：按立面的主次来命名，把房屋的主要出入口或反映房屋外貌主要特征的立面图称为正立面图，而把其他立面图分别称之为背立面图、左侧立面图和右侧立面图等；按着房屋的朝向来命名时，又可把房屋的各个立面图分别称为南立面图、北立面图、东立面图和西立面图等；按立面图两端的轴线编号来命名，又可把房屋的立面图分别称为如①～⑧轴立面图、⑤～ (1/A)轴立面图等，如图3-36～图3-38所示。

3. 立面图的内容与阅读方法

（1）看图名和比例：了解是房屋哪一立面的投影，绘图比例是多少，以便与平面图对照阅读。

（2）看房屋立面的外形：以及门窗、屋檐、台阶、阳台、烟囱、雨水管等形状及位置。

（3）看立面图中的标高尺寸：通常立面图中注有室外地坪、出入口地面、勒脚、窗口、大门口及檐口等处的标高。

（4）看房屋外墙表面装修的做法和分格形式等：通常用指引线和文字来说明粉刷材料的类型、配合比和颜色等。

（5）查看图上的索引符号：有时在图上用索引符号表明局部剖面的位置。

4. 建筑立面图读图实例

以某建筑的立面图（图3-37～图3-39）为例，识读如下：

（1）通览全图可知这是房屋三个立面的投影，用轴线标注着立面图的名称，也可把它分别看成是房屋的正立面、左侧立面、背立面三个立面图，图的比例均为1：100。图中表明该房屋是三层楼、平顶屋面。

（2）①～⑧轴立面图，是办公楼主要出入口一侧的正立面图，与⑤～ (1/A)轴立面图对照可看到入口大门的式样、台阶、雨篷和台阶两边的花池等式样。

（3）⑧～①轴立面图，可看到楼梯间出入口的室外台阶、雨篷的位置和外形。

（4）通过三个立面图可看到整个楼房各立面门窗的分布和式样，女儿墙、勒脚、墙面的分格、装修的材料和颜色。如勒角全是咖啡色水刷石，女儿墙全是淡黄色涂料弹涂。正立面（①～⑧轴立面）墙是用淡黄色涂料弹涂和深红色釉面砖两种材料装修，大门入口处贴墨绿色大理石等。

（5）看立面图的标高尺寸（它与剖面图相一致）可知该房屋室外地评为－0.600m，大门入口处台阶面为－0.150m。①～⑧轴立面图中②～⑧轴（②轴没标注）这段各层窗口标高分别为0.900m、3.100m……女儿墙顶面标高为11.500m。⑤～ (1/A)轴立面，各层窗口标高分别为0.700m、3.100m，女儿墙顶面标高为12.900m等。

5. 建筑剖面图读图实例

图3-40、图3-41为某建筑的两个剖面图。

（1）1-1剖面图从底层平面图中1-1剖切线的位置可知，是从③～④轴线间通过办公室和楼梯间剖切的。拿掉房屋④～⑧轴线右半部分所作的右视剖面图。

（2）1-1剖面图表明该房屋②～⑧轴一侧是三层楼房，平屋顶，屋顶上四周有女儿

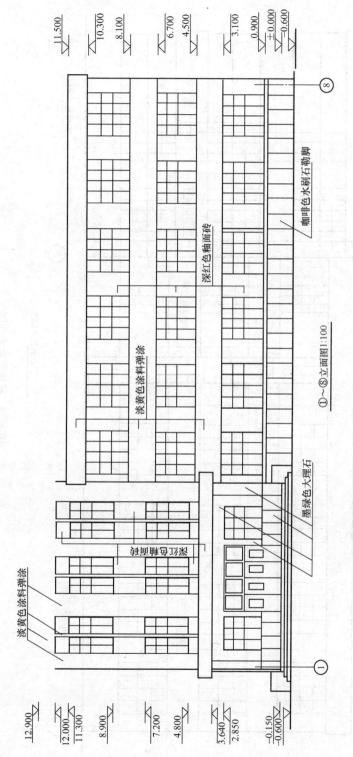

图 3-37 某建筑正立面图

①~⑧立面图1:100

11.500
10.300
8.100
6.700
4.500
3.100
0.900
±0.000
−0.600

12.900
12.000
11.300
8.900
7.200
4.800
3.640
2.850
−0.150
−0.600

淡黄色涂料弹涂

深红色釉面砖

咖啡色水刷石勒脚

墨绿色大理石

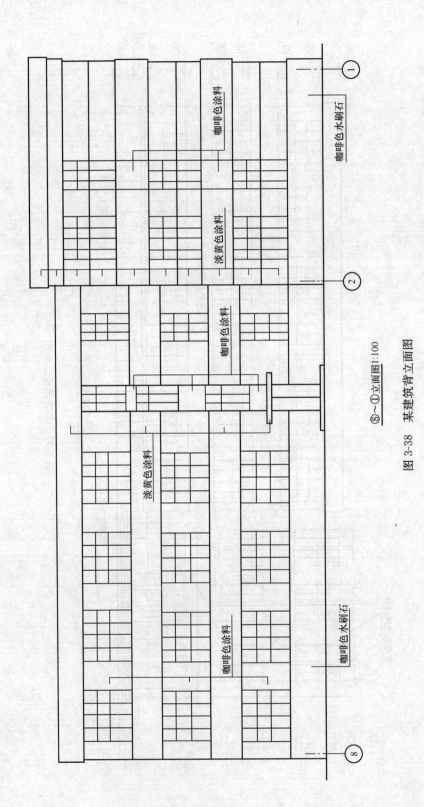

咖啡色水刷石

咖啡色涂料

淡黄色涂料

咖啡色涂料

淡黄色涂料

咖啡色涂料

咖啡色水刷石

⑧～①立面图 1:100

图 3-38　某建筑背立面图

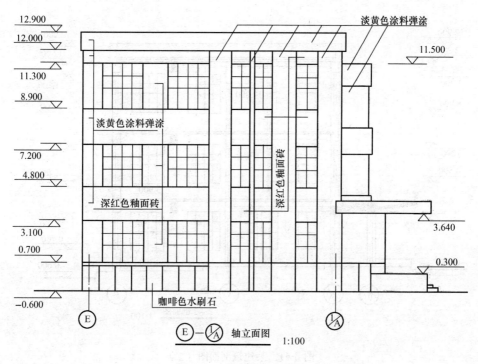

淡黄色涂料弹涂

12.900
12.000
11.300
8.900
淡黄色涂料弹涂
7.200
4.800
深红色釉面砖
3.100
0.700
咖啡色水刷石
−0.600

11.500

3.640

0.300

深红色釉面砖

E — 1/A 轴立面图 1:100

图 3-39 某建筑左立面图

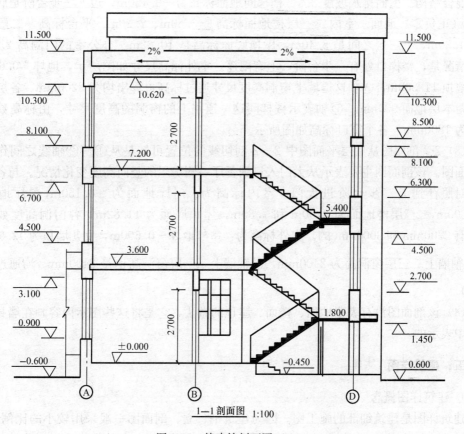

11.500
2%   2%
10.300
10.620
8.100
2700
7.200
6.700
2700
4.500
5.400
3.600
2700
3.100
0.900
1.800
±0.000
−0.450
−0.600

11.500
10.300
8.500
8.100
6.300
4.500
2.700
1.450
0.600

Ⓐ   Ⓑ   Ⓓ

1—1 剖面图 1:100

图 3-40 某建筑剖面图（一）

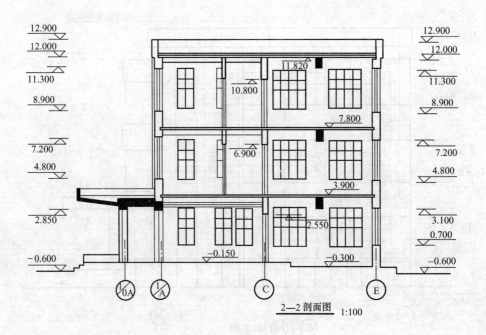

图 3-41　某建筑剖面图（二）

墙，混合结构。屋面排水坡度2%。楼梯间地面标高为一0.450m，迈上三步台阶是底层±0.000（正负零）地面。室内二三层楼地面标高是3.60m、7.20m。平台标高一二层之间的是1.80m，二三层之间是5.40m，屋顶底面标高是10.62m。办公室的门洞高2.70m。室外情况是，楼梯口处有一步台阶，上有雨篷。室外标高尺寸如图所示，地坪一0.600m，女儿墙顶11.500m，Ⓐ轴这道墙上窗洞高度尺寸通过标高可算出均为2200mm，各层窗台高均距本层地面900mm。Ⓓ轴表示楼梯间这一道墙上的窗洞的高度尺寸，由标高数可算出均为1800mm，各个窗口标高如图所示。

(3) 2-2剖面图从底层平面图中2—2剖切线的位置可知是从①～②轴线之间作的阶梯剖面图。该剖面图主要表示从大门入口到餐厅一侧房屋的竖向高度变化情况。与各层平面图对照看到上三步台阶进大门。室内标高为：门厅地面为一0.150m，餐厅地面为一0.300m，二三层楼地面为3.90m和7.80m，屋顶底面为11.82m，各门洞高度如图所示，有2700mm和3000mm的。室外标高为：室外地坪一0.600m，女儿墙顶为12.900m。

①/Ⓐ轴墙上二三层窗洞高为2400mm，Ⓕ轴墙上二三层窗洞高也是2400mm（均通过标高算出）。

(4) 该剖面图没有表明地面、楼面、屋顶的做法，它是将这些图示内容画在墙身剖面详图中表示的。

五、建筑详图

1. 建筑详图概念

建筑详图是建筑细部的施工图。因为建筑平、立、剖面图一般采用较小的比例绘制，因而某些建筑构配件（如门、窗、楼梯、阳台及各种装饰等）和某些建筑剖面节点（如门口、窗台、散水以及楼地面层和屋顶层等）的详细构造（包括式样、层次、做法、用料和详细尺寸等）都无法表达清楚。根据施工需要，必须对房屋的细部或构、配件用较大的比例将其形状、大小、材料和做法绘制出详细图样，才能表达清楚，这种图样称为建筑详图，简称详图。因此，建筑详图是建筑平、立、剖面图的补充，是建筑施工图的重要组成部分，是施工的重要依据。建筑详图包括建筑构件、配件详图和剖面节点详图。对于采用标准图或通用详图的建筑构、配件和剖面节点，只要注明所采用的图集名称、编号或页次，则可不必再画详图。

如某建筑的楼梯栏杆、扶手、踏步等，不是采用通用图而是自行设计的，所以，都单独画出了详图，如图3-53所示。该办公楼的门（M-1）、窗（C-1）是采用通用图的，不必另画详图。但是，本书为了识图需要，仍将该定型设计图画出，如图3-49、图3-50所示。

建筑详图所画的节点部位，除应在有关的建筑平、立、剖面图中标注出索引符号外，并需在所画建筑详图上，绘制详图符号和写明详图名称，以便查阅。

2. 外墙身详图

墙身详图是将墙体从上至下作一剖切，画出放大的局部剖面图。这种剖切可以表明墙身及其屋檐、屋顶面、楼板、地面、窗台、过梁、勒脚、散水、防潮层等细部的构造与材料、尺寸大小以及与墙身的关系等。

墙身详图根据需要可以画出若干个，以表示房屋不同部位的不同构造内容。

墙身详图，在多层房屋中若干层的情况一样时，可以只画底层、顶层、加一个中间层来表示。画图时，通常在窗洞中间断开，成为几个节点详图的组合，如图3-42所示。

现以3—3墙身剖面图（图3-42）为例，说明外墙详图的内容与阅读方法。

（1）看图名。查找底层平面图中的局部剖切线可以知道，该墙身剖面的剖切位置和投影方向。从底层平面图3-33可知它是Ⓐ轴外墙的墙身剖面详图。

（2）看檐口剖面部分。可以知道该房屋女儿墙、屋顶层及女儿墙泛水的构造。女儿墙的构造尺寸如图3-44所示。屋顶层是钢筋混凝土楼板，下面抹20mm厚混合砂浆两道，上面保温防水（图3-43）、女儿墙泛水采用相应的通用图集。

（3）看窗顶剖面部分。可知窗顶钢筋混凝土过梁的构造情况。图中所示的各层窗顶过梁都是L形的。其中有的过梁就是圈梁，这里不再细读，待读结构图时解决。

（4）看窗台剖面部分。可知窗台是水磨石预制板的。窗台板的构造与安装采用相应的通用图集。从图3-45窗顶和窗台剖面详图中还可了解到窗和窗框都是双层的。

（5）看楼板与墙身连接剖面部分。了解楼层地面的构造、楼板与墙的搁置方向等。如该墙身表示二三层楼地板和屋面板的一端均搭置在Ⓐ轴墙上。用多层构造引出线表示楼层地面是预制钢筋混凝土空心板，上做1：2水泥砂浆面层20mm厚，板下抹混合砂浆20mm厚，再刷石灰水两遍。

（6）看勒脚剖面部分。可知勒脚、散水、防潮层等的做法。该图表明自窗台以下都做成咖啡色水刷石的勒脚，散水坡宽800mm，坡度2%，做法采用通用图集。防潮层标高—0.060m，防水砂浆20mm厚。在该图中还看到一层窗台伸出60mm，砖砌120mm厚。底层地面的做法如图3-42所示。

（7）从图中可看到暖气包窝位于各层窗台下，120mm深。从图中外墙面指引线可知墙面装修的做法。

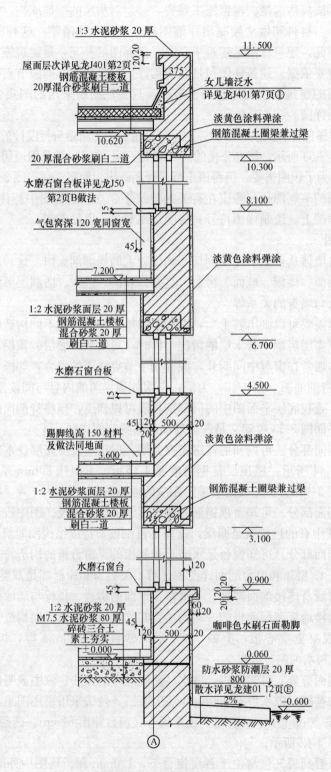

图 3-42 某建筑墙身详图

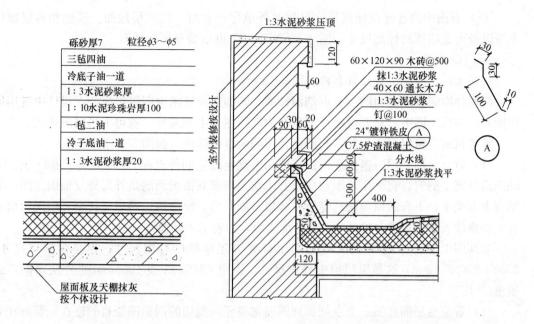

砾砂厚7　　粒径φ3～φ5

三毡四油
冷底子油一道
1：3水泥砂浆厚
1：10水泥珍珠岩厚100
一毡二油
冷子底油一道
1：3水泥砂浆厚20

屋面板及天棚抹灰
按个体设计

室外装修按设计

1：3水泥砂浆压顶

60×120×90 木砖@500
抹1：3水泥砂浆
40×60 通长木方
1：3水泥砂浆
钉@100
24"镀锌铁皮
C7.5炉渣混凝土
分水线
1：3水泥砂浆找平

图 3-43　某建筑卷材防水屋面构造　　　　　图 3-44　某建筑女儿墙泛水构造

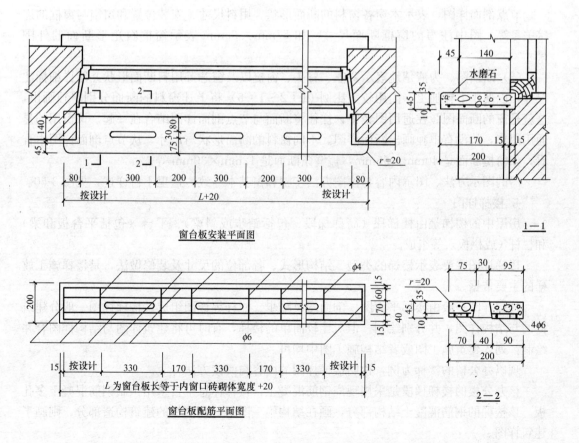

窗台板安装平面图

窗台板配筋平面图

*L*为窗台板长等于内窗口砖砌体宽度 +20

图 3-45　某建筑窗台板详图

（8）看图中的各部位标高尺寸可知室外地坪、室内一二三层地面、顶棚和各层窗口上下以及女儿墙顶的标高尺寸。图 3-46 和图 3-47 也是墙身剖面详图。

3. 门窗详图

一般木门、窗的组成及其名称如图 3-48 所示。

门窗详图通常由立面图、节点剖面详图、断面图及技术说明等组成。在设计中选用通用图时，在施工图中，只要说明详图所在的通用图集中的编号，就可不再另画详图。

某建筑的门窗以 C-1 为例，介绍窗详图的内容和读法，如图 3-49 所示。

（1）看立面图。门、窗的立面图在图示上规定画它的外立面。C-1 是办公楼Ⓐ轴、Ⓓ轴两道外墙上的窗，它采用双框双层里开木窗。该窗立面图画的是外层外立面图。图中表明窗上有亮子，下有四扇窗扇。亮子是死扇不能开启。窗扇两边两扇是死扇，中间两扇画有细的虚线表示向里平开的活扇（若画细实线，即表示外开窗）。

立面图上的尺寸，2360mm 与 2200mm 是外层窗框的外围尺寸，也是窗洞口尺寸；2360＋2×35（mm）这是里层窗框外皮尺寸。图中 2246mm 或 1565mm 是外层窗框口的里皮尺寸。

（2）看节点剖面详图。节点剖面详图通常将竖向剖切的剖面图竖直的连在一起画在立面图的左侧或右侧；横向剖切的剖面图横向连在一起画在立面图的下面，用比立面图大的比例画出，中间用折断线断开，并分别注写详图编号，以便与立面图对照。

节点剖面详图，表示木窗各窗料的断面形状、用料尺寸、安装位置和窗扇与窗框的连接关系等。图中注写的窗框断面尺寸，如 57mm×65mm 表示窗框料矩形断面的外围尺寸。

（3）断面图。为清楚地表示窗框、冒头、窗梃以及窗芯等用料断面形状并能详细标注尺寸，以便于下料加工，需用较大比例（1∶2～1∶5）将上述窗料的断面分别单独画出，这就是窗的断面图。在通用图集中，往往将断面与节点剖面详图结合在一起。该窗用的是通用图集，故没有单独画出断面详图。不同窗料的断面形状与尺寸，从节点剖面详图中查看，如窗梃断面是 40mm×55mm，盖缝条断面是 12mm×30mm 等。

门的图示方法、图示内容与读图方法步骤和窗基本一致，这里不再详述，见图 3-50。

4. 楼梯详图

房屋中的楼梯是由楼梯段（简称梯段、包括踏步或斜梁）、平台（包括平台板和梁）和栏杆（或栏板）等组成。

楼梯详图主要表示楼梯的类型、结构形式、各部位的尺寸及装修做法，是楼梯施工放样的主要依据。

楼梯详图一般由楼梯平面图、剖面图及踏步、栏杆等详图组成。楼梯详图一般分建筑详图与结构详图，并分别绘制。但对比较简单的楼梯，有时可将建筑详图与结构详图合并绘制，列入建筑施工图或者结构施工图中均可。

现以办公楼的楼梯为例，说明楼梯详图的内容与阅读方法：

该办公楼的楼梯梯段是采用现浇钢筋混凝土，楼梯休息平台采用预制钢筋混凝土多孔板。该楼梯的钢筋混凝土结构部分，画在结构施工图中，而楼梯的建筑构造部分，则画了建筑详图。

（1）楼梯平面图。楼梯平面图是用水平剖切面作出的楼梯间水平全剖图。通常底层和

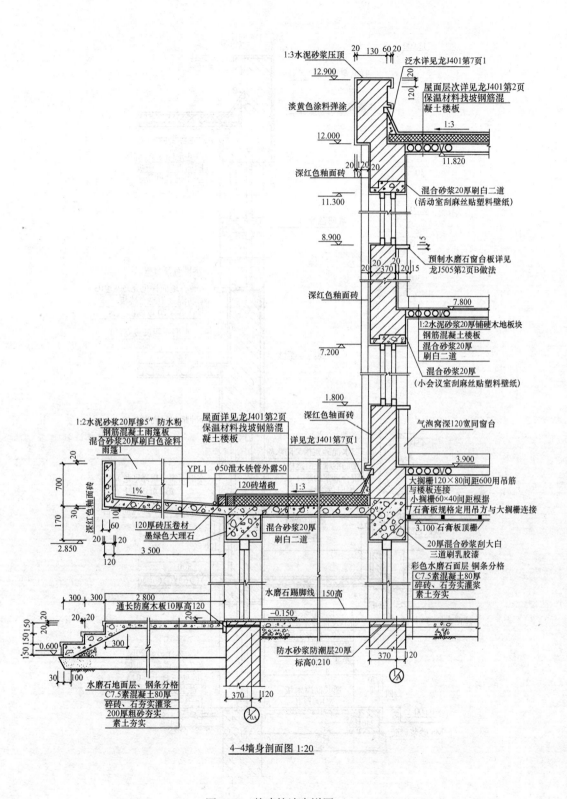

图 3-46　某建筑墙身详图（一）

155

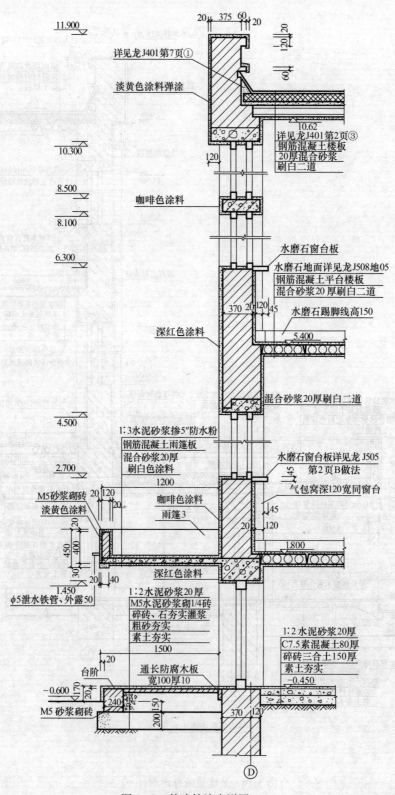

图 3-47 某建筑墙身详图（二）

11.900

详见龙J401第7页①

淡黄色涂料弹涂

20 375 60 20
20 120 60

10.62
详见龙J401第2页③
钢筋混凝土楼板
20厚混合砂浆
刷白二道

10.300

120

8.500

咖啡色涂料

8.100

水磨石窗台板
水磨石地面详见龙J508地05
钢筋混凝土平台楼板
混合砂浆20厚刷白二道

6.300

370 20 120 45

深红色涂料

水磨石踢脚线高150

5.400

混合砂浆20厚刷白二道

4.500

1:3水泥砂浆掺5″防水粉
钢筋混凝土雨篷板
混合砂浆20厚
刷白色涂料
1200

水磨石窗台板详见龙J505
第2页B做法

气包窝深120宽同窗台

2.700

45

M5砂浆砌砖
淡黄色涂料
20 120
20

咖啡色涂料
雨篷3

深红色涂料

20 120

1.800

450 400 20

30

20 40

1.450

φ5泄水铁管、外露50

1:2水泥砂浆20厚
M5水泥砂浆砌1/4砖
碎砖、石夯实灌浆
粗砂夯实
素土夯实
1500

1:2水泥砂浆20厚
C7.5素混凝土80厚
碎砖三合土150厚
素土夯实
-0.450

台阶
20

通长防腐木板
宽100厚10

-0.600
170 20

240 150 200

M5砂浆砌砖

370 120

D

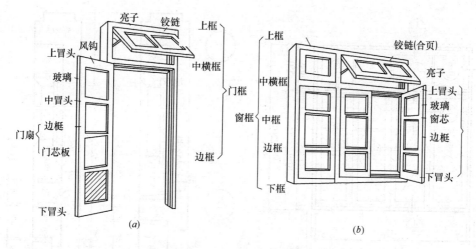

图 3-48 木门窗的组成与名称
(a) 单扇平开木门；(b) 三扇平开木窗

顶层平面图是不可少的。中间层如果楼梯构造都一样，只画一个平面图，并标明"×～×层平面图"或"标准层平面图"即可，否则要分别画出。

　　水平剖切面规定设在上楼的第一梯段（即平台下）剖切。断开线用 45°斜线表示，如图 3-51 所示。照此剖切，所得各层平面图是：底层（一层）平面，上楼梯段断开线一端露出的是该梯段下面小间的投影；二层平面，上楼梯段断开线一端露出的是底层上楼第一梯段连接平台一端的投影。另一侧则是底层到二层第二梯段的完整投影。所示平台是一二层之间的平台；顶层（三层）没有上楼梯段，所以从顶层往下看，是顶层到下一层的两个梯段的完整投影，平台是二三层之间平台的投影。

　　该楼梯位于③、④轴与ⓒ、ⓓ轴内，从图中可见一～二层、二～三层都是两个梯段，每个梯段的标注同是 11×290mm＝3190mm。说明，每个梯段是 12 个踏步，踏面宽290mm，梯段的水平投影长 3190mm。从投影特性可知，12 个踏步，从梯段的起步地面到梯段的顶端地面，其投影只能反映出 11 个踏面宽（即 11×290mm），而踢面积聚成直线 12 条（即踏步的分格线）。由此看出，每层楼都设两个梯段，共 24 个踏步。梯段上的箭头是指示上下楼的。

　　楼梯平面图，对平面尺寸和地面标高作了详细标注，如开间进深尺寸 3600mm 和5100mm，梯段宽 1500mm，梯段水平投影长 3190mm，平台宽 1400mm。标高尺寸，入口地面－0.450m，底层地面＋0.000m，楼面 3.600m，平台 1.800m 等。该平面图还对楼梯剖面图的剖切位置作了标志及编号如图 3-51 所示。

　　(2) 楼梯剖面图　楼梯剖面图同房屋剖面图的形成一样，用一假想的铅垂剖切平面，沿着各层楼梯段、平台及窗（门）洞口的位置剖切，向未被剖切梯段方向所作的正投影图。它能完整地表示出各层梯段、栏杆与地面、平台和楼板等，它们的构造及相互组合关系。

　　6-6 剖面图（图 3-52）是图 3-51 楼梯平面图的剖切图。它从楼梯间的外门经过入室内的三步台阶剖切的，即剖切面将二、四梯段剖切，向一、三梯段作投影。被剖切的二、四梯段和楼板、梁、地面和墙等，都用粗实线表示，一、三梯段是作外形投影，用中实线表示。

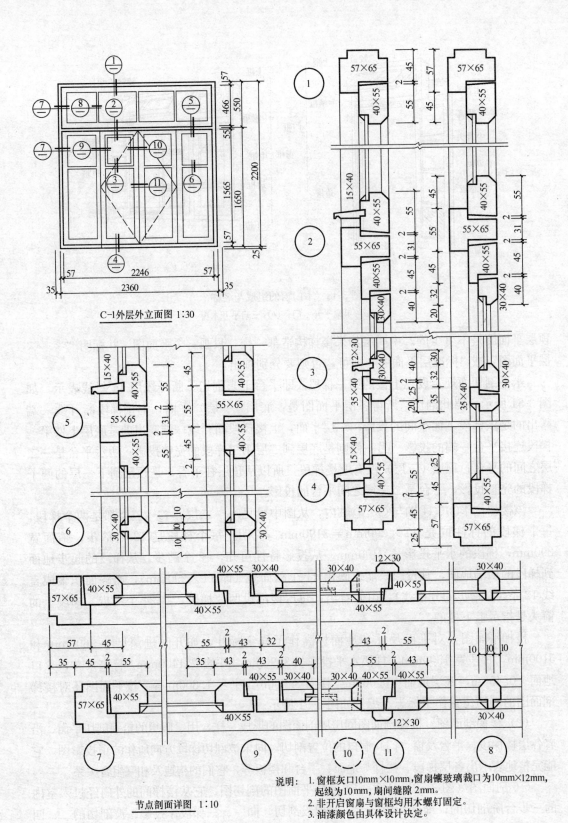

C-1外层外立面图 1:30

节点剖面详图 1:10

说明： 1. 窗框灰口10mm×10mm,窗扇镶玻璃裁口为10mm×12mm,起线为10mm,扇间缝隙2mm。
2. 非开启窗扇与窗框均用木螺钉固定。
3. 油漆颜色由具体设计决定。

图 3-49 木窗详图

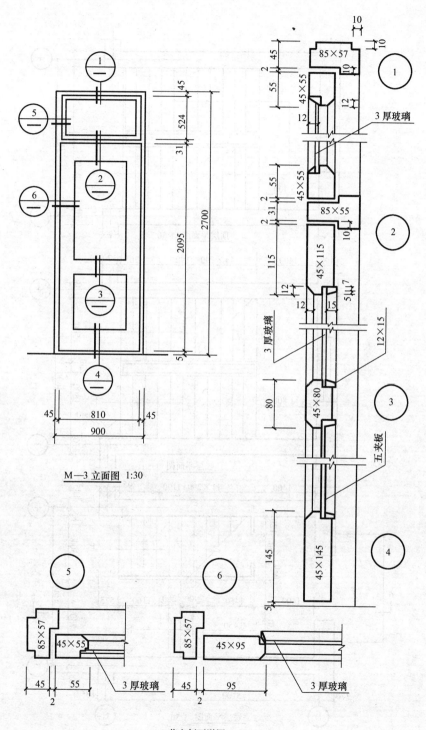

M—3 立面图 1:30

3 厚玻璃

五夹板

节点剖面详图 1:10

图 3-50 木门详图

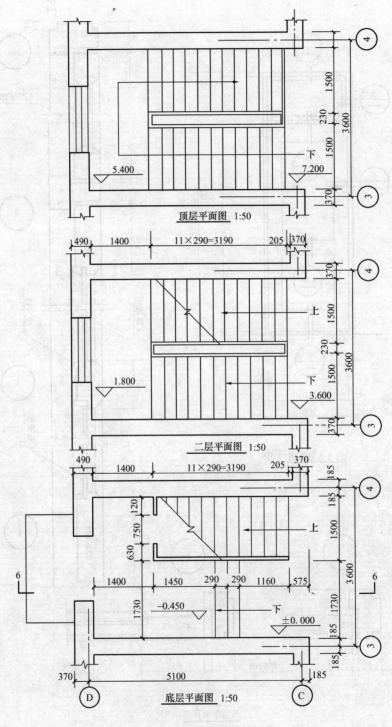

图 3-51 楼梯平面图

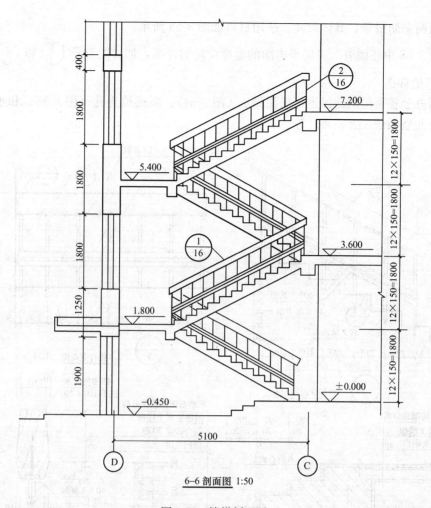

图 3-52　楼梯剖面图

　　从剖面可见，一到二楼、二到三楼都是两跑楼梯，每跑（梯段）都是 $12×150mm=$ $1800mm$，即 12 个踏步，每步高为 150mm，楼地面到平台之距均为 1800mm。所以，标高为一楼地面+0.000m，平台面 1.800m，二楼 3.600m，平台 5.400m 等。楼梯间的门、窗、墙标注了净尺寸，如 1900、1250、1800mm 等。除此，楼梯的细部构造及装修还作了索引号 $\frac{1}{16}$、$\frac{2}{26}$。有关该钢筋混凝土楼梯的结构部分，详见结构图。

　　（3）楼梯栏杆、踏步详图。图 3-53 中的详图符号 $\frac{1}{9}$（9 表示被索引图纸的图纸号是"建施 9"）是楼梯局部立面详图，图中表示栏杆的立柱是用 18mm×18mm 断面的方钢制作，方钢两面贴一50×5 断面扁钢。立柱的下端埋入踏步板内 100mm 深，立柱上端与木制扶手相连。扶手见本图纸内详图符号①，详图①表明扶手是木制枣核状六边形断面，扶手与立柱上的通长扁钢用木螺钉连接，图中各部尺寸及做法如图 3-53 所示。

　　详图符号 $\frac{2}{9}$ 是顶层楼地面上楼梯栏杆的正立面投影图。图中表明立柱、扶手与地面墙体连接的做法。扶手与墙连接如详图②所示。

　　详图符号③是楼梯踏步详图，表示踏步面层装修做法。图中表明踏面是水磨石面层，前沿处做两条防滑条，具体尺寸、所用材料如图 3-53 所示。

在图 3-53 中还画有二三层平面图的走廊台阶的详图，如详图符号 $\frac{1}{4}$ 和 $\frac{2}{5}$ 所示。

5. 其他详图

包括办公楼顶层的通风道出屋面做法（图 3-54）、屋面检查孔（图 3-55）和水斗及水落管出女儿墙做法（图 3-56）等。

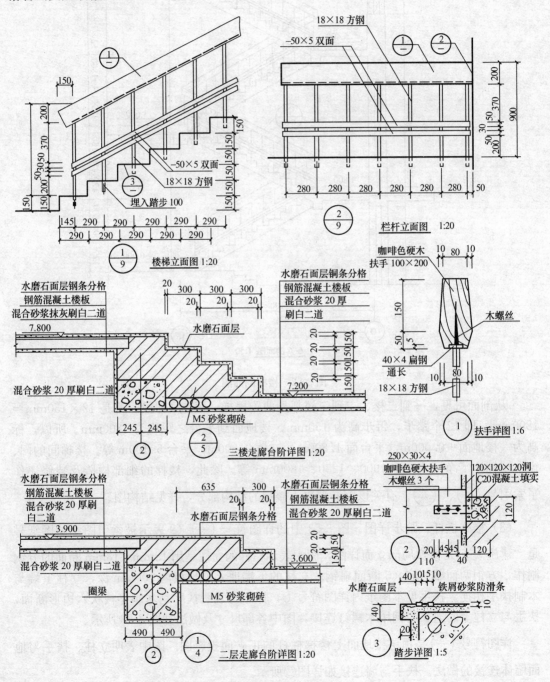

图 3-53　楼梯详图

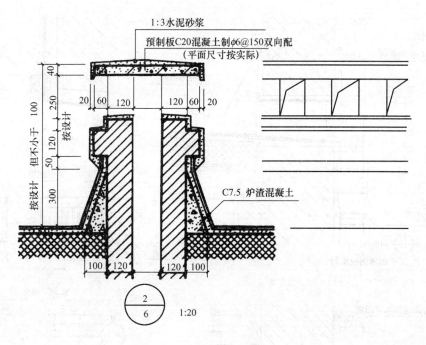

图 3-54　通风道出屋面做法

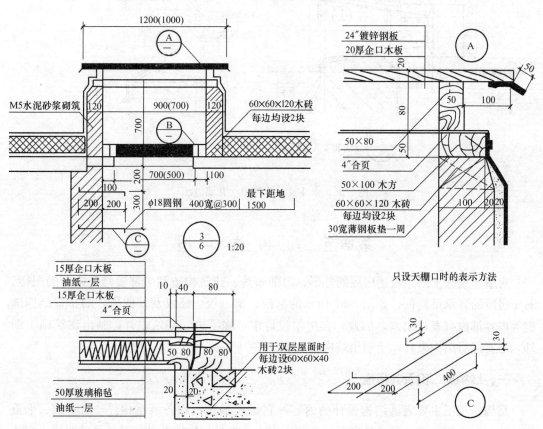

图 3-55　屋面检查孔详图

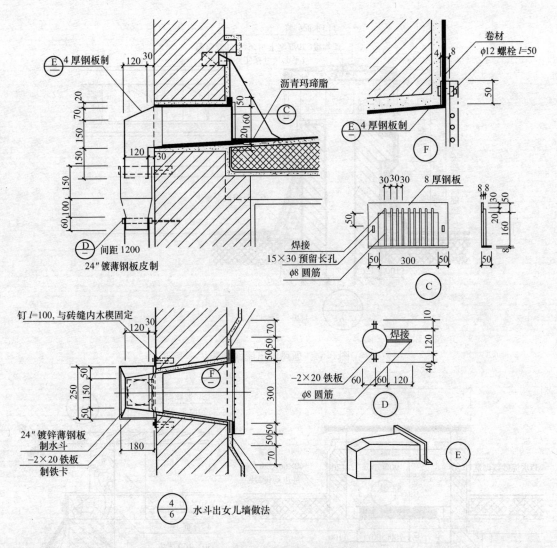

图 3-56　水斗及水落管出女儿墙做法

第四节　结构施工图

　　房屋建筑施工图是表达房屋的外形、内部布置、建筑构造和内部装修等内容的图样。对于房屋的各承重构件，如图 3-57 所示的基础、梁、板、柱以及其他构件的布置结构选型等内容都没有表达出来。因此，在房屋设计中，除了进行建筑设计，画出建筑施工图外，还要进行结构设计，绘制出结构施工图。

一、结构施工图及其用途

　　结构施工图主要表达结构设计的内容，它是表示建筑物各承重构件（如基础、承重墙、柱、梁、板、屋架等）的布置、形状、大小、材料、构造及其相互关系的图样。它还要反映出其他专业（如建筑、给水排水、暖通，电气等）对结构的要求。

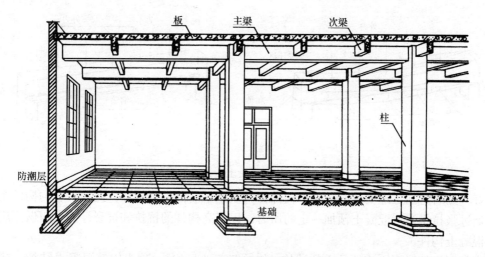

图 3-57 钢筋混凝土结构示意图

结构施工图主要用来作为施工放线、挖基槽、支模板、绑扎钢筋、设置预埋件、浇捣混凝土，安装梁、板、柱等构件，以及编制预算和施工组织计划等的依据。

二、结构施工图的组成

1. 结构设计说明

2. 结构平面图

（1）基础平面图。工业厂房还有设备基础布置图、基础梁平面布置图等。

（2）楼层结构平面布置图。工业厂房有柱网、吊车梁、柱间支撑、连系梁布置图等。

（3）屋面结构平面布置图。包括屋面板、天沟板、屋架、天窗架及支撑系统布置图等。

3. 构件详图

（1）梁、板、柱及基础结构详图。

（2）楼梯结构详图。

（3）屋架结构详图。

（4）其他详图。如支撑详图等。

三、钢筋混凝土结构基本知识和图示方法

1. 钢筋混凝土结构基本知识

混凝土是由水泥、砂子、石子和水按一定的比例配合搅拌而成，把它灌入定形模板，经振捣密实和养护凝固后就形成坚硬如石的混凝土构件。混凝土的抗压强度较高，但抗拉的强度较低，约为抗压强度的 1/9～1/20，容易受拉而断裂，如图 3-58（a）所示。为了解决这个矛盾，提高混凝土构件的抗拉能力，常在混凝土构件的受拉区内配置一定数量的钢筋，使两种材料粘结成一个整体，共同承受外力。这种配有钢筋的混凝土，叫做钢筋混凝土，如图 3-58（b）所示。

用钢筋混凝土捣制成的梁、板、柱、基础等构件，称为钢筋混凝土构件。钢筋混凝土构件在工地现场浇制的，称为现浇钢筋混凝土构件。也有在工厂（或工地）预先把构件

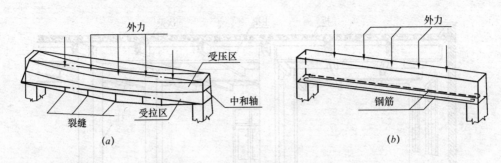

图 3-58　钢筋混凝土受力示意图

制作好，然后运到工地安装的，这种构件称为预制钢筋混凝土构件。此外，有的构件在制作时通过张拉钢筋对混凝土预加一定的压力，以提高构件的抗拉和抗裂性能，叫做预应力钢筋混凝土构件。

全部用钢筋混凝土构件承重的结构（如单跨工业厂房），称为钢筋混凝土结构。建筑物用砖墙承重，屋面、楼面、楼梯用钢筋混凝土板和梁构成，这种结构称为混合结构。

房屋结构的基本构件（如梁、板、柱等）种类繁多，布置复杂，为了图示简明扼要，并把构件区分清楚，便于施工、制表、查阅，规定把各类构件名称用代号表示。常用构件代号"国标"规定见表 3-9。

常 用 构 件 代 号　　　　　　　　　　　表 3-9

序号	名　称	代号	序号	名　称	代号
1	板	B	22	屋架	WJ
2	屋面板	WB	23	托架	TJ
3	空心板	KB	24	天窗架	CJ
4	槽形板	CB	25	框架	KJ
5	折板	ZB	26	钢架	GJ
6	密肋板	MB	27	支架	ZJ
7	楼梯板	TB	28	柱	Z
8	盖板和沟盖板	GB	29	基础	J
9	挡雨板和檐口板	YB	30	设备基础	SJ
10	吊车安全走道板	DB	31	桩	ZH
11	墙板	QB	32	柱间支撑	ZC
12	天沟板	TGB	33	垂直支撑	CC
13	梁	L	34	水平支撑	SC
14	屋面梁	WL	35	梯	T
15	吊车梁	DL	36	雨棚	YP
16	圈梁	QL	37	阳台	YT
17	过梁	GL	38	梁垫	LD
18	连系梁	LL	39	预埋件	M
19	基础梁	JL	40	天窗端壁	TD
20	楼梯梁	TL	41	钢筋网	W
21	檩条	LT	42	钢筋骨架	G

注：预应力钢筋混凝土构件的代号应在上列构件代号前加注"Y-"，例如 Y-KB，表示预应力钢筋混凝土空心板。

（1）混凝土的强度和钢筋等级。混凝土强度等级分为 12 级，即 C7.5、C10、C15、C20、C25、C30、C35、C40、C45、C50、C55、C60。不同工程或用于不同部位的混凝土，对其强度等级的要求不一样，如 C15～C25 用于梁、板、柱、楼梯、屋架等普通钢筋混凝土结构。

在钢筋混凝土结构设计中，用于建筑的国产钢筋按其强度和品种分成不同的等级，并分别用不同的直径符号表示，以便标注与识别，见表 3-10。

钢筋种类及符号   表 3-10

钢筋种类	符号	钢筋种类	符号
Ⅰ级钢筋（即3号光圆钢筋）	ϕ	冷拉Ⅰ级钢筋	ϕ^L
Ⅱ级钢筋（如16锰人字纹钢筋）	Φ	冷拉Ⅱ级钢筋	Φ^L
Ⅲ级钢筋（如25锰硅人字纹钢筋）	Φ	冷拉Ⅲ级钢筋	Φ^L
Ⅳ级钢筋（圆或螺纹钢筋）	Φ	冷拉Ⅳ级钢筋	Φ^L

（2）钢筋的名称和作用。配置在钢筋混凝土结构中的钢筋（图 3-59），按其所起作用的不同，分别称为：

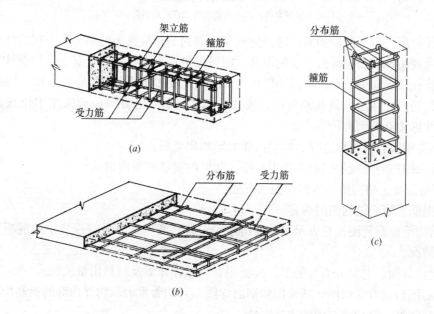

图 3-59　钢筋混凝土梁、板、柱配筋示意图
（a）梁；（b）板；（c）柱

1）受力筋。承受拉、压应力的钢筋。用于梁、板、柱等各种钢筋混凝土构件，承受构件中的拉力叫做受拉筋。在梁、柱构件中有时还要配置承受压力的钢筋，叫做受压筋。

2）箍筋。承受剪力或扭力的钢筋，同时用来固定受力筋的位置，多用于梁和柱内。

3）架立筋。它与梁内的受力筋、箍筋一起构成钢筋的骨架。

4）分布筋。用于屋面板、楼板内，它与板的受力筋垂直布置，并固定受力筋的位置，构成钢筋的骨架，将承受的重量均匀地传给受力筋。

5）构造筋。因构件的构造要求和施工安装需要配置的钢筋，如预埋锚固筋、吊环等。

架立筋和分布筋也属于构造筋。

构件中受力筋用光圆钢筋（Ⅰ级钢筋）时，钢筋的两端要做成弯钩，以加强钢筋混凝土的粘结力，避免钢筋在受拉时滑动；如果是带纹钢筋（Ⅱ级以上钢筋），这种钢筋与混凝土粘结力强，两端不必弯钩。

光圆钢筋端部的弯钩常用三种形式：半圆形弯钩、直角形弯钩、斜弯钩，如图 3-60 所示。

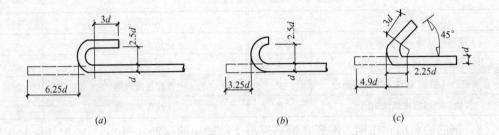

图 3-60　钢筋弯钩示意图
(*a*) 半圆形弯钩；(*b*) 直角形弯钩；(*c*) 斜弯钩

（3）保护层。为了保护钢筋，防蚀防火及加强钢筋与混凝土的粘结力，在构件中的钢筋其外边缘到构件表面应保持一定的厚度，叫做保护层。根据钢筋混凝土结构设计规范规定，受力筋在梁、柱中的保护层最小厚度为 25mm，板和墙的保护层厚度为 10～15mm。

（4）钢筋尺寸注法。钢筋的直径、根数或相邻钢筋中心距，一般采用引出线方式标注，其尺寸标注有下面两种形式：

1）标注钢筋的根数和直径。如梁内受力筋和架立筋。

2）标注钢筋的直径和相邻钢筋中心距。如梁内箍筋和板内钢筋。

2. 钢筋混凝土结构图的内容及图示方法

（1）钢筋混凝土结构图的内容

1）结构平面布置图。它表示了承重构件的布置、类型和数量或现浇钢筋混凝土板的钢筋配置情况。

2）构件详图。它又分为配筋图、模板图、预埋件详图及材料用量表等。

①配筋图包括有立面图、断面图和钢筋详图。它们着重表示构件内部的钢筋配置、形状、数量和规格，是构件详图的主要图样。

②模板图是表示构件外形和预埋件位置的图样，图中标注构件的外形尺寸（也称模板尺寸）和预埋件型号及其定位尺寸，它是制作构件模板和安放预埋件的依据。对于外形比较简单，又无预埋件的构件，因在配筋图中已标注出构件的外形尺寸，就不需要再画出模板图。

（2）钢筋混凝土结构图的图示方法

为了突出表达钢筋在构件内部的配置情况，可假定混凝土为透明体。在构件的立面图和断面图上的轮廓线用中实线画出，图内不画材料图例，钢筋简化为单线，用粗实线表示。断面图中剖到的钢筋圆截面画成黑圆点，其余未剖切到的钢筋仍画成粗实线。并对钢筋的类别、数量、直径、长度及间距等加以标注。钢筋的表示方法见表 3-11。

168

序号	名　称	图　例	说　明
1	钢筋横断面	.	
2	无弯钩的钢筋端部		下图表示长短钢筋投影重叠时可在短钢筋的端部用 45°短画线表示
3	带半圆形弯钩的钢筋端部		
4	带直钩的钢筋端部		
5	带丝扣的钢筋端部		
6	无弯钩的钢筋搭接		
7	带半圆形弯钩的钢筋搭接		
8	带直钩的钢筋搭接		
9	套管接头		

四、基础图

基础是在建筑物地面以下承受房屋全部荷载的构件。基础的形式一般取决于上部承重结构的形式和地基等情况。常用的形式有条形基础和单独基础（图 3-61）。基础底下天然的或经过加固的土壤称为地基。基坑是为基础施工而在地面开挖的土坑。坑底就是基础的底面。埋入地下的墙称为基础墙。基础墙与垫层之间做成阶梯形的砌体，称为大放脚。防潮层是为防止地下水对墙体侵蚀的一层防潮材料。

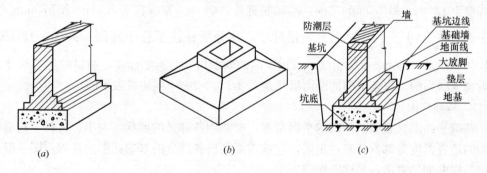

(a)   (b)   (c)

图 3-61　基础的形式

(a) 条形基础；(b) 单独基础；(c) 条形基础大放脚示意

基础图是表示房屋地面以下基础部分的平面布置和详细构造的图样。它是施工时在基地上放灰线、开挖基坑和砌筑基础的依据。基础图通常包括基础平面图和基础详图。

1. 基础平面图

基础平面图是假想用一个水平剖切面沿房屋的地面与基础之间把整幢房屋剖开后，移去地面以上的房屋及基础周围的泥土所作出的基础水平全剖图。

（1）基础平面图的图示特点及尺寸标注

在基础平面图中，只画出基础墙（或柱）及其基础底面的轮廓线，至于基础的细部轮廓线都可省略不画。这些细部的形状，将具体反映在基础详图中。基础墙（或柱）的外形线是剖到的轮廓线，应画成粗实线。由于基础平面图常采用 1∶100 的比例绘制，故材料图例的表示方法与建筑平面图相同，即剖到的基础墙可不画材料图例，钢筋混凝土柱涂成黑色的。条形基础和独立基础的底面外形是可见轮廓线，则画成中实线。

基础平面图中尺寸注法，必须注明基础的定量尺寸和定位尺寸。基础的定量尺寸即基础墙的宽度、柱外形尺寸以及它们的基础底面尺寸。基础的定位尺寸也就是基础墙（或柱）的轴线尺寸，这里的定位轴线及其编号，必须与建筑平面图完全一致。

（2）基础平面图的内容及阅读方法

①看图名。了解是哪个工程的基础，绘图比例是多少。

②看纵横定位轴线编号。可知有多少道基础，基础间的定位轴线尺寸各是多少。与房屋平面图对照是否一致，如有矛盾要立即修改达到统一，才能施工。

③看基础墙、柱以及基础底面的形状、大小尺寸及其与轴线的关系。

④看基础梁的位置和代号。根据代号可以统计梁的种类数量和查看梁的详图。

⑤看基础平面图中剖切线及其编号（或注写的基础代号）。可了解到基础断面图的种类、数量及其分布位置，以便与断面图（即基础详图）对照阅读。

⑥看施工说明。从中了解施工时对基础材料及其强度等的要求。

（3）基础平面图读图举例。

图 3-62 为某建筑基础平面图，从图中可见绘图比例是 1∶100。基础分布在①、②、⑤、⑧轴和 ①/0A ～ⓔ的各道轴线上，为条形基础，基础是用其轴线尺寸定位的。基础墙厚和基础底宽分别标注在平面图上。如 ①/0A 轴，轴线偏中 125mm，基础墙厚为 490mm，轴线位于 120mm 和 370mm 之间，基础底宽是 900mm，轴线位于 325mm 和 575mm 之间。图中表示在 ①/0A 、 ①/A 轴上有 4 根柱子，并分别标注了柱子底面标高为 −1.100m 和 −1.600m。图中多处画有指引线，表示留洞的断面尺寸与洞底标高，洞口的定位尺寸是与附近轴线联系的。每条基础的断面形状是用 1-1、2-2……剖切线表示的。

2. 基础详图

基础平面图只表明了基础的平面布置，而基础各部分的形状、大小、材料、构造以及基础的埋置深度等都没有表达出来，这就需要画出各部分的基础详图。基础详图一般采用基础的横断面来表示，简称断面图。

（1）基础详图的内容及阅读方法

1）看图名、比例。图名常用 1-1、2-2、……断面或用基础代号表示。基础详图比例（比基础平面图比例放大）常用 1∶20 或 1∶40 的比例绘制。读图时先用基础详图的名字（1-1 或 2-2 等）去核基础平面图的位置，了解这是哪一条基础上的断面。

2）看基础断面图中轴线及其编号。如果该基础断面适用于多条基础的断面，则轴线的圆圈内可不予编号。

3）看基础断面各部分详细尺寸和室内外地面、基础底面的标高。如基础墙厚、大放脚的尺寸、基础的底宽尺寸以及它们与轴线的相对位置尺寸。从基础底面标高可了解基础的埋置深度。

4）看基础断面图中基础梁的高、宽尺寸或标高及配筋。

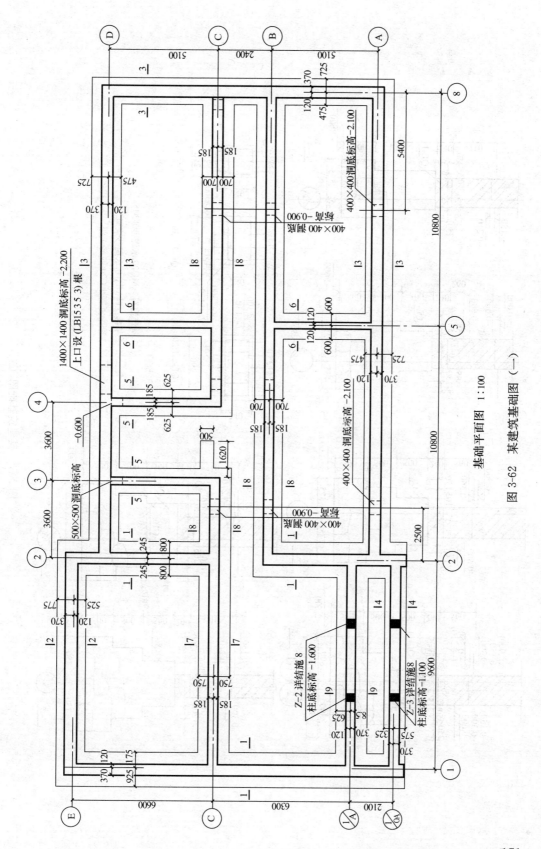

基础平面图 1:100

图 3-62 某建筑基础图（一）

171

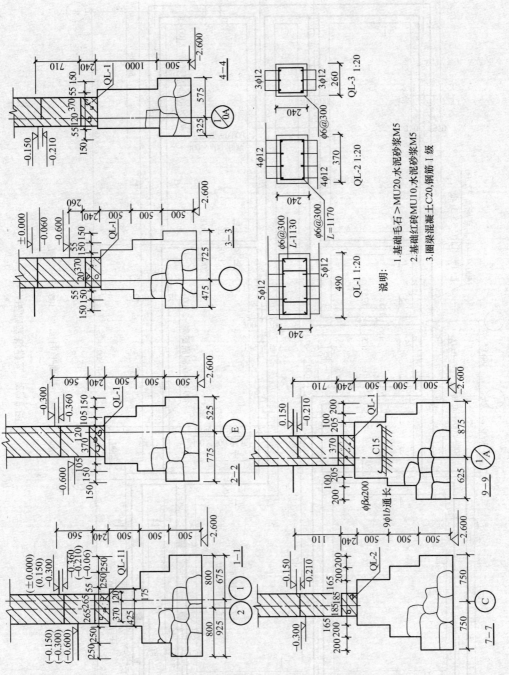

图 3-63　某建筑基础图（二）

说明：
1. 基础毛石＞MU20,水泥砂浆M5
2. 基础红砖MU10,水泥砂浆M5
3. 圈梁混凝土C20,钢筋Ⅰ级

172

5）看防潮层的标高尺寸及做法。了解防潮层距正负零的位置及施工材料。

6）看施工说明等。了解对基础施工的要求。

（2）基础详图读图实例

以图 3-63 所示的基础图为例，该图中有基础断面图和钢筋混凝土圈梁断面图。从图中可见有 1-1、2-2、……9-9 九个断面图。这些断面图都是用垂直于某一基础的剖切面切断基础所画的断面图，比例均为 1：40。如 1-1 断面图是表示①、②轴的基础形状的。由于该断面图适用于两道轴线，所以轴线编号圆圈画了两个，并分别填入 1 和 2。从 1-1 基础断面图可见，①轴线是偏轴线，②轴线居中，具体尺寸如图 3-62 中所示。

从断面图中可见，基础材料是用毛石砌筑，基础墙为红砖，墙与基础之间设有钢筋混凝土梁。基础断面呈现阶梯式的大放脚形状，基础底面标高均为 -2.600m。基础墙厚及大放脚的尺寸见各断面图所示。钢筋混凝土圈梁均设在基础底面以上 1500mm 处。

钢筋混凝土圈梁的代号为 QL，不同断面的圈梁分别编为 QL-1、QL-2、QL-3。图中可见，圈梁的高均为 240mm，宽度根据基础墙厚的不同而变化。1-1 中的 QL-1 宽度为 490mm。圈梁中的钢筋配置随其圈梁断面大小不同也在变化，如 QL-1 中受力筋上下各为 5φ12 等。该房屋除了在墙身详图中已注明了室内外地面标高及防潮层标高与做法外，在此图中又标注了室内外地面与防潮层标高。基础图中的施工说明，对毛石、水泥砂浆、红砖、圈梁用混凝土的强度及钢筋的等级作了说明。

五、结构平面图

结构平面图是表示建筑物各层楼面及屋顶承重构件平面布置的图样。分为楼层结构平面布置图和屋顶结构平面布置图。

1. 楼层结构平面布置图

（1）楼层结构平面布置图的形成与用途

楼层结构平面布置图，是假想沿楼板顶面将房屋水平剖切后所作的楼层的水平投影图。被楼板挡住而看不见的梁、柱、墙面用虚线画出，楼板块用细实线画出。楼层上各种梁、板构件，在图上都用构件代号及其构件的数量、规格加以标记。查看这些构件代号及其数量规格和定位轴线，就可了解各种构件的位置和数量。楼梯间在图上用打了对角交叉线的方格表示，其结构布置另用详图。在结构平面布置图上，构件也可用单线表示。

（2）楼层结构平面布置图的内容及阅读方法

楼层结构平面布置图一般包括结构平面布置图、局部剖面详图、构件统计表和说明四部分。

1）楼层结构平面布置图。主要表示楼层各种构件的平面关系。如轴线间尺寸与构件长宽的关系、墙与构件的关系、构件搭在墙上的长度、各种构件的名称编号、布置及定位尺寸。

2）局部剖面详图。表示梁、板、墙、圈梁之间的连接关系和构造处理。如板搭在墙上或者梁上的长度，施工方法，板缝加筋要求等。

3）构件统计表。列出所有构件序号、构件编号、构造尺寸、数量及所采用通用图集代号等。

4）说明。对施工材料、方法等提出要求。

现以图 3-64 为例来说明楼层结构平面布置图的内容和阅读方法。

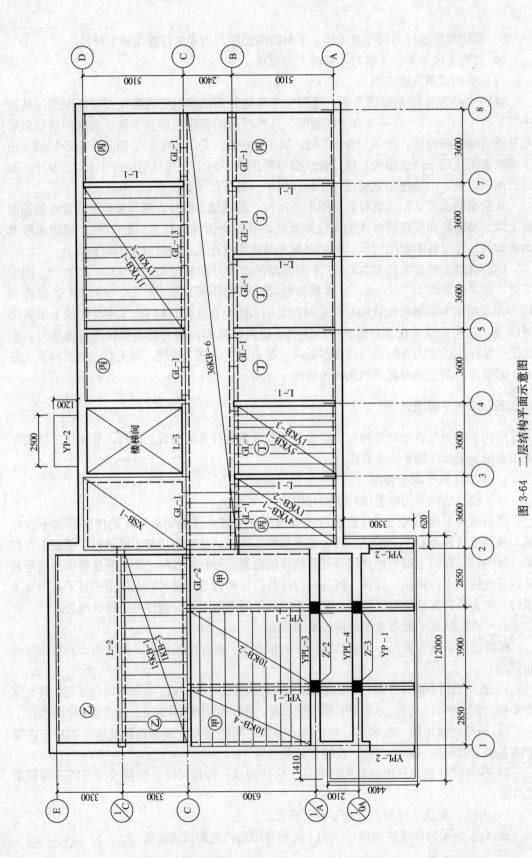

图 3-64 二层结构平面示意图

174

1）看图名、比例。了解这是某研究所办公楼二层结构平面图，比例 1：100。

2）看轴线、预制板的平面布置及其编号。通过图中预制板的投影可知，在②～⑧轴办公室这侧房间的预制板都是垂直Ⓐ轴墙铺设的，预制板的两端搭在纵墙轴Ⓐ、Ⓑ和Ⓒ、Ⓓ上。在①～②轴这侧房间预制板的铺设情况是：Ⓛ/Ⓐ～Ⓒ轴这段房间的预制板是平行Ⓒ轴分段铺设的，即搭在①轴墙和 YPL-1 梁上，搭在两道 YPL-1 梁上等；Ⓓ～Ⓔ轴的预制板是平行①轴分段铺设的。图中画×的平面（即③、④轴与Ⓒ、Ⓓ轴相交处）是楼梯间，不铺预制板。图中标注的 YBL-1、KB-1……等，是本设计图标注构件的一种简写代号。YKB 表示预应力钢筋混凝土空心板，KB 表示钢筋混凝土空心板。由此可见②～⑧轴的房间铺的是预应力钢筋混凝土空心板，其余全是普通钢筋混凝土空心板。构件编号内容如下：

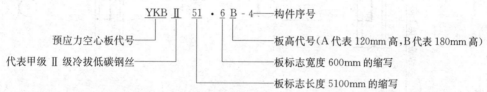

在 YKB 前面的数字是表示空心板的数量（块），如 4YKB 就是 4 块空心板。

又如 KB-1，构件编号中 KB 是空心板代号。在 KB 前的数字表示空心板的块数，如15KB，就是 15 块空心板。

3）看梁的位置及其编号。图中 GL 表示过梁，L 表示梁，YPL 表示雨篷梁，GL-1、GL-2……表示门窗过梁的代号。构件编号内容如下：

图中清楚表示出梁 L-1 在③、④、⑥、⑦等轴上放置；L-2 在Ⓛ/Ⓒ轴上；雨篷梁 YPL-1、YPL-2、YPL-3 等在①～②轴与Ⓛ/ⒶⒶ～Ⓒ轴区间纵横布置。

图 3-65 所示是板搭在梁上、板搭在墙上和板平行内墙或者外墙做法的局部剖面详图。

4）看现浇钢筋混凝土板的位置和代号。图申画▢的平面标注 XSB-1 是厕所间现浇板（详图见图 3-66）。雨篷板 YP-1 和 YPL-2 也是现浇板（详图见图 3-73、图 3-74）。

5）看现浇楼板配筋图。现以 XSB-1 配筋图（图 3-66）为例，识读现浇楼板结构平面图。通过图中标注的轴线与建筑平面图对照，可知该图是厕所间的楼板，图中最外面的实线表示外墙面，最里面的虚线表示屋里的墙面，距里面虚线 120mm 的实线是现浇板的边界线，可知现浇板在四周墙上搭接尺寸均为 120mm。楼板的配筋从图中可看到，在板的下面布置两种钢筋：①Φ 10@250 和②Φ 8@280，这两种钢筋都做成一端弯起，钢筋的直、弯部分尺寸都详细标在钢筋上。布筋时，①Φ 10 钢筋中每 250mm 放一根，一颠一倒布置，弯起端朝上，②Φ 8@280 钢筋，也照此办理，在楼板底面由Φ 10@250 和Φ 8@280 两种钢筋构成方格网片。图中还有两种钢筋③Φ 10@250 和④Φ 8@280 都做成两端直弯钩分别布置在②、③轴和Ⓒ、Ⓓ轴四道墙的内侧，施工时将钢筋的钩朝下，直钢筋部

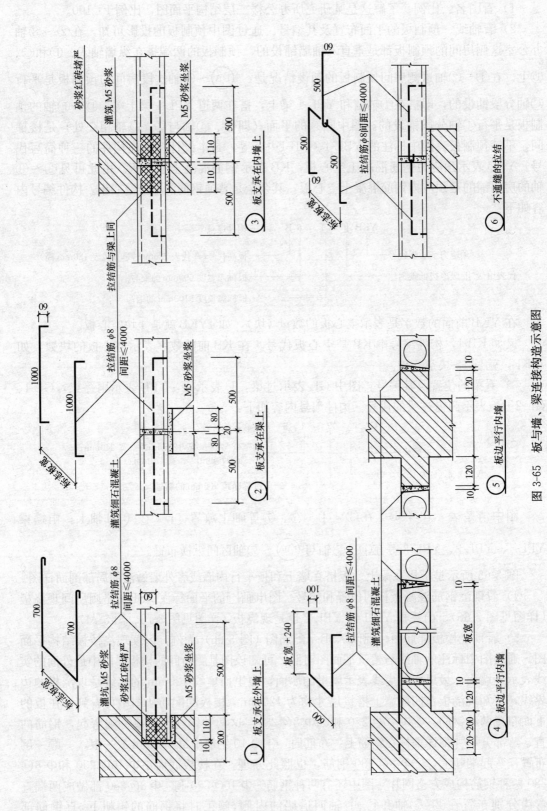

图 3-65　板与墙、梁连接构造示意图

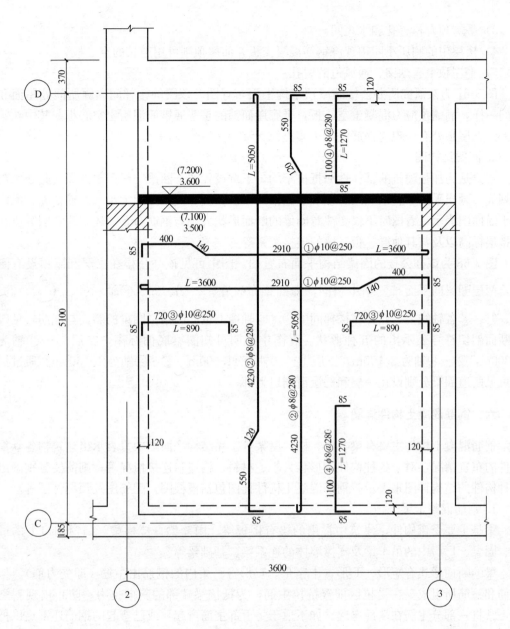

<u>XSB-1配筋图</u> 1:40

注: 板内留洞，看水暖施工图。

图 3-66 现浇楼板配筋示意图

分朝上，布置在板的端头压在墙里，承受板端的拉剪应力。在现浇板的配筋图上，通常是相同的钢筋只画出一根表示，其余省去不画。还有的现浇板，只画受力筋，而分布筋（构造筋）在说明里注释。

2. 屋顶结构平面布置图

平屋顶的结构布置和楼层的结构布置基本相同，其不同之处仅在于：

1）平屋顶的楼梯间，满铺屋面板。

2）带挑檐的平屋顶有檐板。

3）平屋顶有检查孔和水箱间。

4）楼层中的厕所小间用现浇钢筋混凝土板，而屋顶则可用通长的空心板。

5）平屋顶上有烟囱、通风道的留孔。

图 3-67 为某研究所办公楼的屋顶结构平面布置图。该图的楼梯间、厕所间处屋面和房间一样，满铺预应力混凝土空心板，走廊屋面铺的是普通钢筋混凝土空心板。其中在④轴的走廊屋顶处有一现浇钢筋混凝土实心板 XSB-2（见图 3-79）。

3. 圈梁结构图

圈梁是为加强建筑的整体性和抵抗不均匀下沉设置的。圈梁一般用单线条（此处用粗点划线）画出平面布置示意图，以表示圈梁的平面位置、圈梁断面大小和配筋情况，配以若干断面图表示。看图时不仅要注意圈梁的断面形状大小与钢筋布置，还要注意圈梁所在的楼层标高以及与其他梁、板、墙的连接关系等。

图 3-68 为该办公楼的圈梁结构平面布置图。图中可见该办公楼在二层和屋顶设有圈梁，两层圈梁的平面布置基本相同，即圈梁布置在①、②、⑤、⑧轴和Ⓐ、Ⓐ/A、Ⓑ、Ⓒ、Ⓓ、Ⓔ各轴线上，此外在楼梯间的③、④轴墙上也有圈梁。圈梁的断面与配筋，见四个断面剖切符号表示出的五种形状。看图中说明可知圈梁底面标高，二层①～②轴为 3.300m，②～⑧轴为 3.100m，三层①～②轴为 11.300m，②～⑧轴为 10.300m。通过标高可见两道圈梁分别设在一层和三层窗洞口上部。

六、钢筋混凝土构件详图

钢筋混凝土构件主要有梁、板、柱、屋架等。在结构平面图中只表示出建筑物各承重构件的布置情况，对于各种构件的形状大小、材料、构造和连接情况等，则需要分别画出各种构件的结构详图来表示。钢筋混凝土构件详图包括模板图、配筋图及预埋件图等。

1. 钢筋混凝土梁

梁是主要受弯构件，建筑中常用的梁有楼板梁、雨篷梁、楼梯梁、门窗洞口上的过梁、圈梁、厂房中的吊车梁及支撑墙体的连系梁、基础梁等。

梁的断面形式有矩形、T 形、十字形、L 形等。梁内的钢筋由主筋（即受力筋）、架立筋和箍筋所组成。在受拉区配置抗拉主筋，为抵抗梁端部的斜向拉力，防止出现斜裂缝，常将一部分主筋在端部弯起。如不适于将下部主筋弯起，或已弯起的钢筋还不足以抵抗斜向拉力时，可另加弯起筋。在梁的受压区配置较细的架立筋，它起构造作用，有时也让它协助混凝土抗压。箍筋将梁的受力主筋和架立筋连接在一起构成钢筋骨架，同时它也能帮助防止出现斜裂缝。

钢筋混凝土梁构件详图包括钢筋混凝土梁的立面图、断面图和钢筋详图。有时为了标注钢筋直径或统计用料方便，还要画出钢筋表。

钢筋混凝土梁结构详图举例：如图 3-69 所示。

（1）看图名、比例。L-1 配筋图是图 3-64 二层结构平面布置图中的钢筋混凝土梁的代号，这是一个简支梁。绘图比例 1∶30。

（2）看梁的立面图和断面图。立面图表示梁的立面轮廓、长度尺寸以及钢筋在梁内上下、左右的配置。断面图表示梁的断面形状、宽度、高度尺寸和钢筋上下、前后的排列情

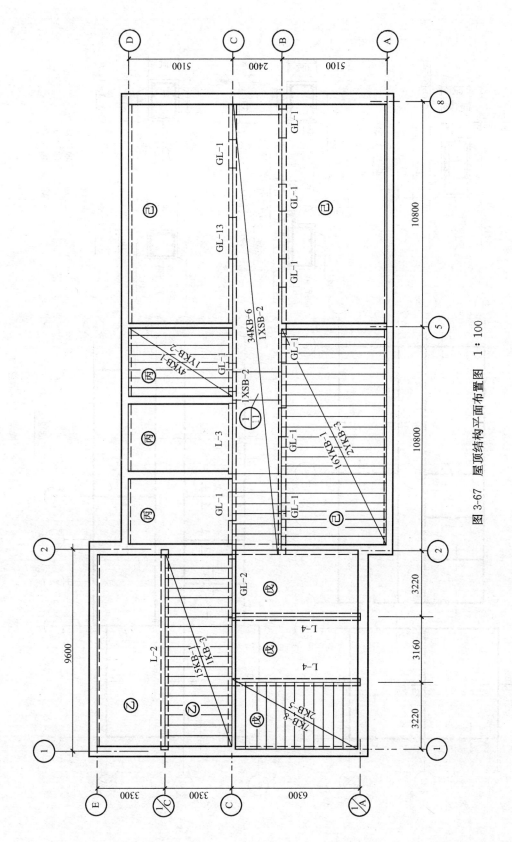

图 3-67　屋顶结构平面布置图　1：100

179

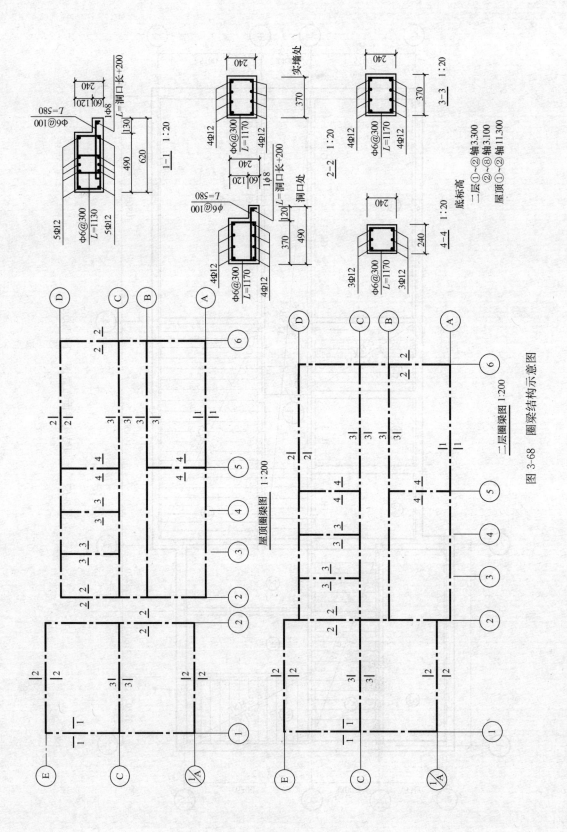

图 3-68　圈梁结构示意图

180

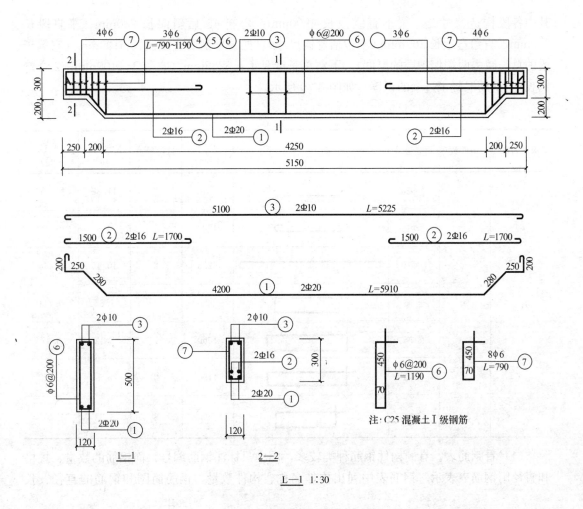

图 3-69　钢筋混凝土梁结构示意图

况。把 L-1 的立面图和断面图 1-1、2-2 对照阅读，就会看到，L-1 梁是上面平齐、两端小
（高为 300mm）、中间向下凸出（高为 500mm）、宽度均为 120mm 的矩形断面梁，梁长
5150mm。通过立面图、断面图和钢筋详图三个图对照可知，钢筋标注①2Φ20 表示受力
筋，编号为①的是两根 Ⅱ 级钢筋，直径 20mm，在梁的下面一前一后放置。距梁端
450mm 处弯起 45°（高 200mm），到梁端向上打直弯钩 200mm。弯起筋的高度是指钢筋外
皮间的尺寸。②号受力筋 2Φ16、长 1500mm（不计弯钩），放在梁的两端（不通长）梁
高的中间。③号钢筋是两根直径 10mm 的架立筋，一前一后的放在梁上面。⑥号筋是钢
箍，在立面图中不需要完全画出。标注Φ6@200，表示是直径 6mm 的 Ⅰ 级钢筋箍，两个
相邻钢箍的中心距为 200mm。⑦号箍筋是梁变断面的小箍筋，一端放 4 根Φ6。④、⑤是
梁端 45°斜面处的箍筋各 1 个。钢箍的高、宽是指钢筋内皮间的尺寸。

（3）看钢筋详图。对于配筋较复杂的钢筋混凝土构件，除画出其立面图和断面图外，
一般还要把每种规格的钢筋抽出另画成钢筋详图，以便钢筋下料加工。如图 3-69 下方所
示，在钢筋详图中应注明每种钢筋的编号、根数、直径、各段长度以及弯起点位置等。如
①号钢筋上面数字 L＝5910mm，是该钢筋的下料长度，即把两端弯钩扳直时的总长度，

其中各段构造尺寸是：梁下直线段长 4200mm；弯起 45° 后斜向长 280mm，平直段长 250mm，直角弯上长 200mm（不包括弯钩尺寸）。如③号钢筋直线段长 5100mm（它等于梁的总长减去两端保护层的厚度），下料总长度是 $L = 5225$mm（它等于 5100mm+2 个弯钩长）。钢筋混凝土过梁的识读，如图 3-70 所示。

钢 筋 表

表 3-12

构件名称	构件数	钢筋编号	简 图	长度(mm)	每件根数	总长(m)	重量累计(kg)
L-1	1	①Φ20		5910	2	11.82	29.195
		②Φ16		1700	4	6.8	10.744
		③Φ10		5225	2	10.45	6.448
		④Φ6		925	2	1.85	0.411
		⑤Φ6		1060	2	2.12	0.47
		⑥Φ6		1190	22	26.18	5.812
		⑦Φ6		790	8	6.32	1.403

　　（4）看钢筋表。有的构件钢筋种类较多，图中只标注钢筋编号，而钢筋的数量、规格和直径用钢筋表表示。钢筋表中列出构件名称、构件数量、钢筋简图和钢筋的直径、长

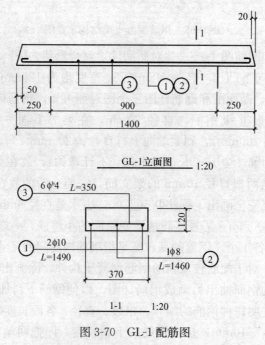

GL-1立面图　　1:20

1-1　　1:20

图 3-70　GL-1 配筋图

度、数量、总数量、总长及重量等，见表3-12。钢筋表还可以作为编制预算、统计用料的依据。

从图3-70中可见GL-1为图3-63二层结构平面布置图中钢筋混凝土过梁配筋图，过梁长1400mm，两端搭在墙上各250mm，梁宽370mm，高120mm。梁中受力筋①号2Φ10、②号1Φ8，分布筋③号6Φ^b4。

钢筋混凝土雨篷梁的识读，如图3-71所示。

YPL-1配筋图是图3-63二层结构平面布置图中雨篷梁，该图由立面图、断面图和钢筋详图所组成。

(1) 看立面图。与图3-63二层结构图对照，可知该梁下面有三个支承点，后端支在ⓒ轴墙上，中间和前端支在大楼入口两道（①/A 轴、①/0A 轴）门旁的柱子上，梁在ⓒ～①/0A 段为连续梁，①/0A 往前伸出为悬臂梁。

(2) 立面图、断面图和钢筋详图三者对照看，可知受力筋在ⓒ～①/0A 轴区间，布置在梁的下面，有①、②、③号筋三种，钢筋均为2Φ25；在①/A～①/0A 区间，受力筋布置在梁的上面，有②、③、⑤、⑥号筋，四种钢筋均为2Φ25。①/0A 以前的悬臂梁受力筋布置在梁上面，有③、⑤号筋。梁的下面自①/0A 以前由①号筋换成⑦号筋2Φ14，布置在梁的下面，承受梁和雨篷板的压力。架立筋在ⓒ轴往前一段是④号筋2Φ16，然后换成⑤号筋2Φ25一直到前端，布置在梁的上面。

该建筑结构中的梁、雨篷板构件详图。如图3-72～图3-75所示。

2. 钢筋混凝土板

建筑中常见的钢筋混凝土板有楼板、屋面板、雨篷板、阳台板、墙板、楼梯踏步板、窗台板等。板多为受弯构件，板的弯曲状况因支承方式不同而变化。一般可分为单向板、双向板、悬臂板和连续板。常见的预制钢筋混凝土单向板是板的两端有支承，在上面荷载作用下，板在支承间只有一个方向向下弯曲。双向板的特点是板近似于方形（长宽比小于2），如果板的四边支承在墙或梁上，在上部荷载作用下，板将在两个方向同时发生弯曲变形。悬臂板是板只有一端被支承，另一端是空悬着的，称为自由端，这种板在上部荷载作用下，其弯曲方向和单向板相反。连续板是几跨相连在一起的板，它的弯曲方向是变化的，在跨中向下弯，在中间支承处是向上弯曲，在边支承处如果有上部的墙压着，该处的板也将向上弯曲。

如图3-76所示，钢筋混凝土板的钢筋配置，就是由板的弯曲变形状况决定的。钢筋应配置在受拉的一面。一般板的受力筋距底面15mm左右，为增加受力筋在混凝土中的锚固，对于光圆钢筋要在端头做成弯钩。钢筋长度根据板长决定，板长去掉钢筋保护层厚度就是钢筋长度。两端保护层一般为10mm。

预应力钢筋混凝土空心板，如图3-77所示。

预应力钢筋混凝土空心板，常见的板长有2400、2700、…、6000mm十多种；板宽做成600、900、1200mm三种，板厚做成120、180mm两种。

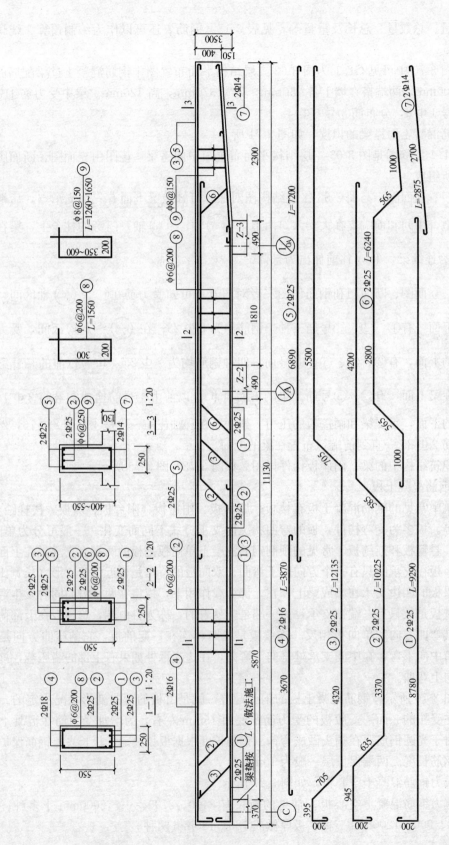

图 3-71 YPL-1 配筋示意图

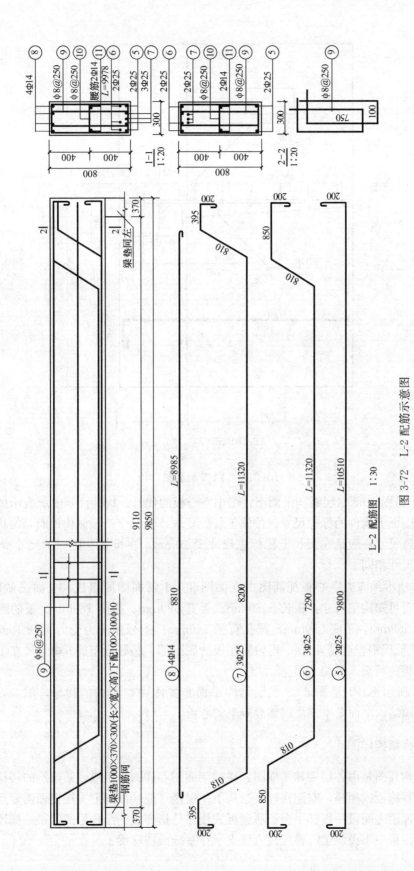

L-2 配筋图 1:30

图 3-72 L-2 配筋示意图

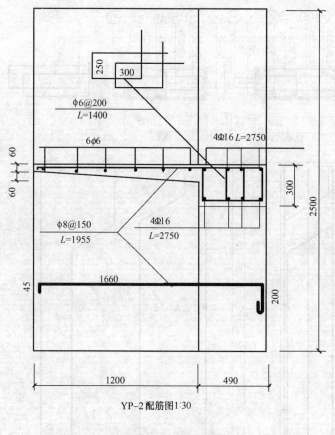

图 3-73 YP-2 配筋图

YKB-1 是图 3-63 二层结构平面布置图中空心板的代号。构件代号中所表示的构件尺寸都是设计图纸上构件的标志尺寸，按施工装配要求，实际生产预制构件时是按构件的构造尺寸，构造尺寸一般是在板长上比标志尺寸少 20mm，在板宽上比标志尺寸少 10mm，板厚和标志尺寸相同。

图 3-77 所示预应力空心板配筋图由立面图和 1-1 断面图所组成，立面图做成半剖。两个图对照看可知构造尺寸：板长 5080mm、板宽 590mm、板高 180mm。板的断面呈梯形。上底宽 560mm，下底 590mm，圆孔直径 140mm。①号预应力受力钢筋 16 $\Phi^b 4$。表示 16 根冷拔低碳钢丝直径 4mm，均匀放在板的底肋部，②号分布筋 6 Φ 4 放在①号的下面，布置在板的两端，每端 3 恨。

图 3-78 所示 KB-1 是图 3-63 二层结构平面布置图中空心板的代号，图 3-79 所示，XSB-2 是屋顶结构平面图中现浇钢筋混凝土实心板。

七、楼梯结构详图

楼梯结构详图是由各层楼梯平面图、楼梯剖面图和详图等组成。某建筑的楼梯是现浇钢筋混凝土双跑板式楼梯，双跑楼梯是指从下一层楼（地）面到上一层楼面需要经过两个梯段，两个梯段之间设一楼梯平台；所谓板式楼梯是指梯段的结构形式，每一梯段是一块梯段板，梯段板中不设斜梁，梯段板直接支承在基础或楼梯梁上。

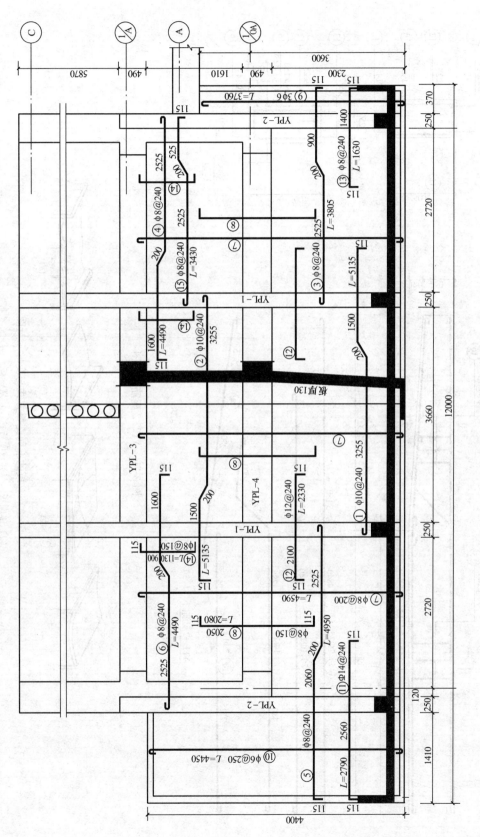

图 3-74 YP-1 配筋示意图

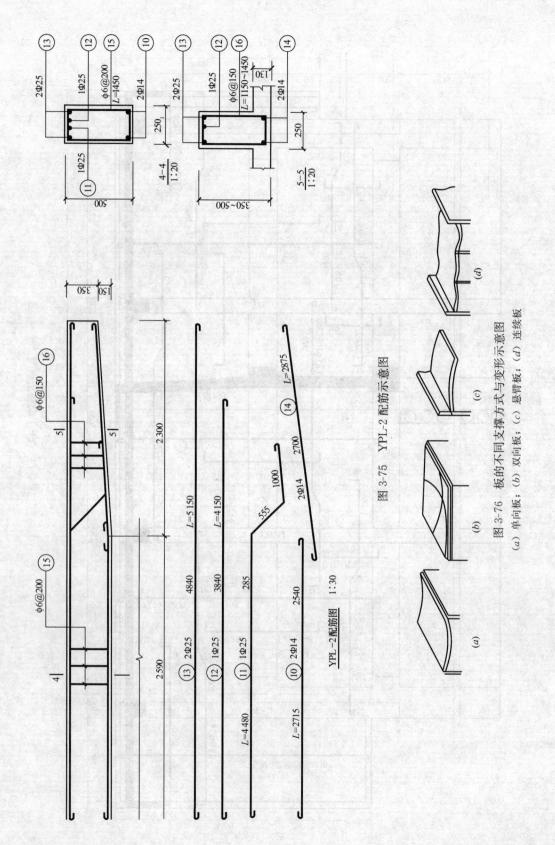

图 3-75　YPL-2 配筋示意图

图 3-76　板的不同支撑方式与变形示意图
(a) 单向板；(b) 双向板；(c) 悬臂板；(d) 连续板

188

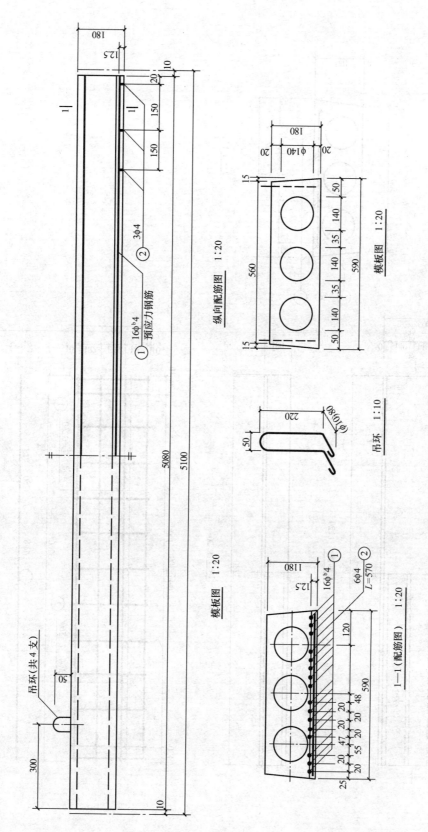

图 3-77 YKB-1 预应力钢筋混凝土空心板

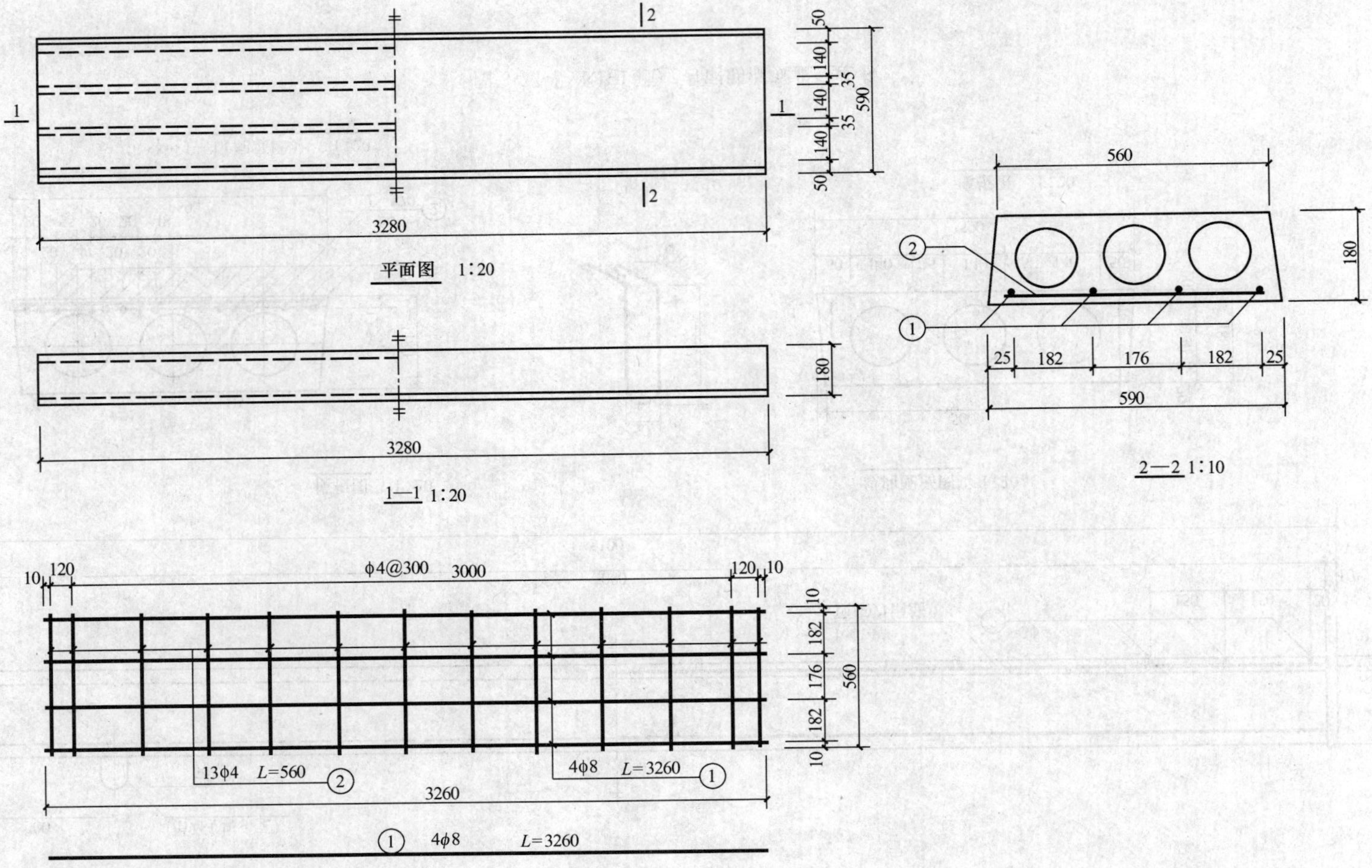

2—2 1:10

平面图 1:20

1—1 1:20

图 3-78 KB-1 钢筋混凝土空心板示意图

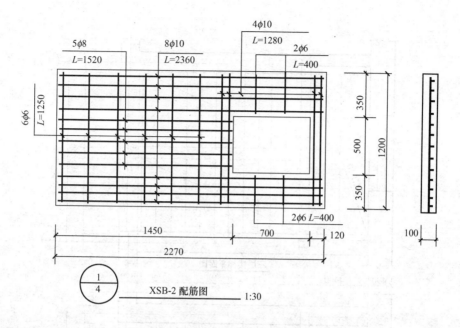

图 3-79　现浇钢筋混凝土实心板示意图

楼梯结构详图的内容及识图方法：

1. 看楼梯结构平面图。

楼梯间的结构平面图通常需要用较大的比例（如 1∶50）单独绘制，如图 3-80 所示。楼梯结构平面图的图示特点与楼层平面图基本相同，它也是用水平剖面图的形式表示的，但水平剖切位置有所不同。为了表示楼梯梁、梯段板和平台板的平面布置，通常把剖切位置放在两相邻楼层间楼梯平台的上方，即剖切楼层间的第二梯段。中间层楼梯的结构布置和构件类型完全相同时，可只用一个标准层楼梯平面图表示。

楼梯结构平面图中各承重构件，如楼梯梁（TL）、楼梯板（TB）、平台板（KB）、窗过梁（GL）等的表达方式和尺寸注法与楼层结构平面图相同。

平面图表明了楼梯间的轴线编号及尺寸，楼梯板的宽度 1500mm，梯段台阶数 11×290mm，说明每个梯段都是 12 步级，踏面宽为 290mm 等。

2. 看楼梯结构剖面图（配筋图）。

楼梯结构剖面图是表示楼梯间的各种构件的竖向布置和构造情况的图样。如图 3-81 所示，它清楚表示出构件的布置和楼梯板的配筋情况。由于该剖面图主要用来作配筋图，所以视为梯段都被剖切面剖到，画出了全部楼梯板的钢筋图。图中表明楼梯板在平台一端与楼梯梁 TL 浇灌在一起，另一端与楼层地面接触和梁 L-5 浇灌在一起。各楼梯板的钢筋配置情况，清楚表示在楼梯板投影轮廓内，同时还将每种钢筋抽出，平行楼梯板画出了钢筋详图，表明其弯折尺寸、直径、分布间距和总长度，如Φ 12@130、$L=3930$mm，Φ 12@130、$L=1230$mm 等。

在图 3-81 中，还看到首层地面、平台面、楼层地面的各标高。楼梯步级的宽（踏面）、高（踢面）尺寸（290mm×150mm），楼梯板的厚度，楼梯板中各种钢筋的直径，弯折尺寸及其分布间距、布置的位置等。图中还将 TL 和 L-5 分别作了索引符号。图中详图符号①和②两个详图，就是索引符号所需要的详图。

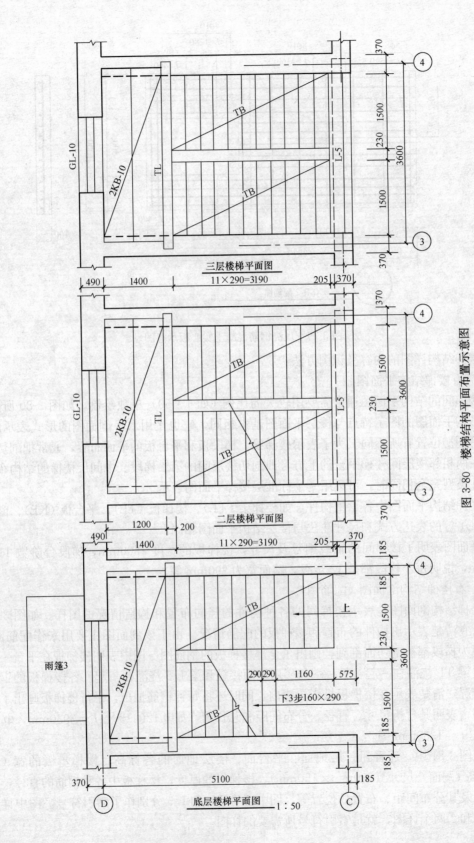

三层楼梯平面图
11×290=3190

二层楼梯平面图
11×290=3190

底层楼梯平面图 1:50

图 3-80　楼梯结构平面布置示意图

192

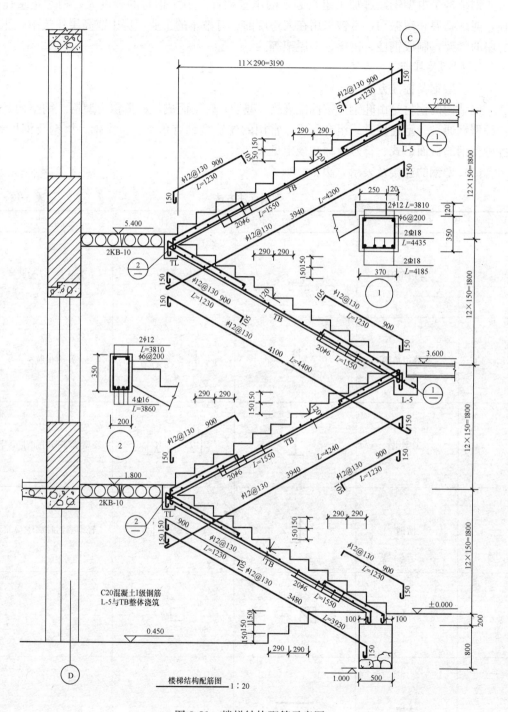

楼梯结构配筋图 1:20

图 3-81 楼梯结构配筋示意图

八、钢结构图

钢结构是由型钢经过加工组装起来的承重构件。由于钢材的强度大，相对重量比较轻，能耐高温和耐振动，常被采用在大跨度的、有吊车的工业厂房中或高层建筑中，作为房屋的骨架，制成钢柱、钢梁、钢屋架等。

1. 型钢及其连接

（1）型钢及标注方法。

钢结构的钢材是由轧钢厂按标准规格（型号）轧制而成，通常称为型钢。钢结构是由各种型钢通过一定连接方式组合而成。常用的建筑型钢有角钢、工字钢、槽钢及钢板等。各种型钢的截面形式、符号及标注规定见表3-13。

（2）型钢的连接及表示方法。

型钢标注方法

表 3-13

序号	名　称	截　面	标　注	说　明
1	等边角钢	∟	∟$h \times d$	b 为肢宽，d 为肢厚
2	不等边角钢	∟（B）	∟$B \times b \times t$	B 为长肢宽
3	工字钢	I	IN　　Q IN	轻型工字钢时加注 Q 字
4	槽钢	[	[N　　Q [N	轻型槽钢时加注 Q 字
5	方钢	□（b）	□b	
6	扁钢	▭（b）	—— $b \times t$	

序号	名 称	截 面	标 注	说 明
7	钢板	▬	$\dfrac{-b\times t}{l}$	
8	圆钢	⌀	ϕd	
9	钢管	○	$DN\times\times$ $d\times t$	
10	薄壁方钢管	□	$B\,\square\,b\times t$	
11	薄壁等肢角钢	⌐	$B\,\llcorner\,b\times t$	
12	薄壁等肢卷边角钢		$B\,b\times a\times t$	
13	薄壁槽钢		$B\,h\times b\times t$	薄壁型钢时加注 B 字
14	薄壁卷边槽钢		$B\,h\times b\times a\times t$	
15	薄壁卷边 Z 型钢		$B\,h\times b\times a\times t$	
16	起重机钢轨		$QU\times\times$	
17	轻轨和钢轨		$\times\times\text{kg/m}$ 钢轨	

型钢的连接焊接中常用的焊缝形式及其表示方法如图 3-82 所示。

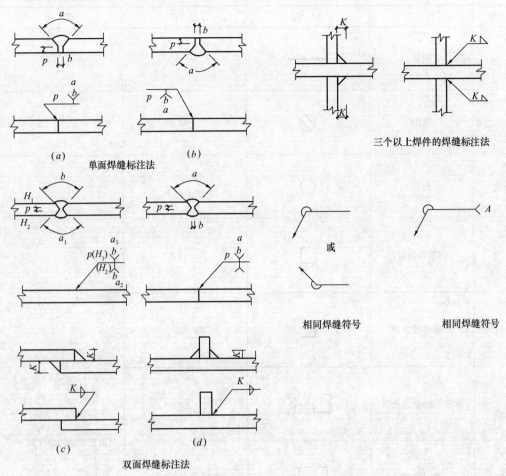

图 3-82　焊缝形式及表示方法示意图

铆接是用铆钉把两块型钢或金属板连接起来，铆接分工厂连接和现场连接两种。铆接所用的铆钉形式有半圆头、单面埋头、双面埋头等。通常多用半圆头铆钉，其画法与标注规定按相关标准规定。螺栓分普通螺和高强度螺栓两种，螺栓连接可作为永久性的连接，也可作为安装构件时临时固定用。

2. 钢屋架结构详图的内容及识图方法

钢屋架是用型钢（主要是用角钢）通过节点板，以焊接或铆接的方法，将各个杆件汇集在一起而制作成的。钢屋架结构详图是表示钢屋架的形式、大小、型钢的规格、杆件的组合和连接情况的图样。其主要内容包括屋架简图、屋架详图（包括节点图）、杆件详图、连接板详图、预埋件详图以及钢材用量表等。现以某厂房钢屋架结构详图为例（图3-83），说明如下。

（1）看屋架简图

屋架简图又称屋架示意图或屋架杆件几何尺寸图，用以表达屋架的结构形式、各杆件的计算长度，作为放样的一种依据。在简图中，屋架各杆件用单线画出，习惯上放在图纸的左上角或右上角。比例常用 1∶100 或 1∶2。图中要标注屋架的跨度、高度以及节点之间杆件的长度尺寸等。

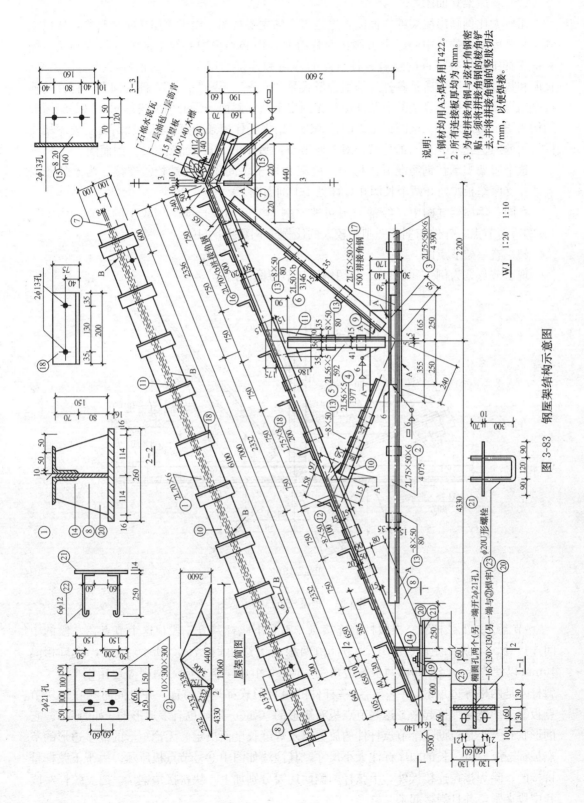

图 3-83 钢屋架结构示意图

说明:
1. 钢材均用A3,焊条用T422。
2. 所有连接板厚均为8mm。
3. 为使拼接角钢与竖杆角钢密贴,须将拼接角钢的接角钢去,并将拼接角钢的竖肢切去17mm,以便焊接。

（2）看屋架立面图

用较大比例画出屋架的立面图，这是屋架的主要视图。由于该屋架完全对称，所以只画出半个屋架，并在中心线上方画出对称符号，但必须把中心线上的节点结构画全。图3-83中详细画出各杆件的组合、各节点的构造和连接情况，以及每根杆件的型钢型号、长度和数量等。图中所示各杆件的组合形式是"⌐ ⌐"或"⌐ ⌐"，即背向背。杆件的连接全用焊接。对构造复杂的上弦杆还补充画出上弦杆斜面实形的辅助投影图，这是钢屋架结构图图示特点之一。该图详细表明檩条⑱（用来托住檩条的短角钢）和两支安装屋架支撑所用的螺栓孔（Φ13）的位置。对支座节点，另作出1-1剖面图和2-2剖面图。

这个屋架支承在钢筋混凝土柱上。屋架和柱子之间用锚固螺栓㉓连接。为了便于安装，在支座垫板⑳处开两个长圆孔，详见1-1剖面图。

在同一钢屋架详图中，经常采用两种比例。屋架轴线长度采用较小的比例（本图用1:20），而节点、杆件和剖面图则用较大的比例（本图用1:10）。

（3）看屋架节点图

现以节点②为例（图3-84），介绍钢屋架节点图的内容。

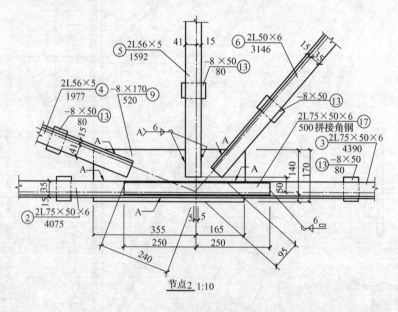

节点2 1:10

图3-84　钢屋架节点②示意图

节点②是下弦杆和三根腹杆的连接点。整个下弦杆共分三段，这个节点在左段的中间连接处，下弦杆左段②和中段③都由两根不等边角钢 L75×50×6 组成，接口相隔10mm以便焊接。竖杆⑤由两根等边角钢 L56×5 组成。斜杆⑥是两根等边角钢 L50×6。斜杆④是两根等边角钢 L56×5。这些杆件的组合形式都是背向背，并且同时夹在一块节点板⑨上，然后焊接起来。这些节点板有矩形的（如⑨号），也有多边形的（如⑩号）。它的形状和大小是根据每个节点杆件的放置以及焊缝长度而决定。无论矩形的或多边形的节点板都按厚、宽、长的顺序标注大小尺寸，其注法如图中⑨号节点板所示。由于下弦杆是拼接的，除焊接在连接板外，下弦杆两侧面还要分别加上一块拼接角钢⑰，把下弦杆左段和中段夹紧，并且焊接起来。

198

由两角钢组成的杆件，每隔一定距离还要夹上一块填板⑬，以保证两角钢连成整体，增加刚性。在同一图样上，可将其中具有共同焊缝形式、剖面尺寸和辅助要求的焊缝分别归类，编为 A、B、C……每类只标注一个焊缝代号，其他相同的焊缝，则只需画出指引线，并注一个 A 字，如 A→。此外，还要详细标注杆件的编号、规格和大小以及节点中心至杆件端面的距离，如图中的 240mm、95mm 和 50mm 等。

第四章 一般土建工程施工图预算的编制

施工图预算即单位工程预算书，是在施工图设计完成后，工程开工前，根据已批准的施工图纸，在施工方案或施工组织设计已确定的前提下，按照国家或省市颁发的现行预算定额、费用标准、材料预算价格等有关规定，进行逐项计算工程量、套用相应定额、进行工料分析、计算直接费，并计取间接费、计划利润、税金等费用，确定单位工程造价的技术经济文件。

建筑安装工程预算包括建筑工程预算和设备及安装工程预算。建筑工程预算又可分为一般土建工程预算、给水排水工程预算、暖通工程预算、电气照明工程预算、构筑物工程预算及工业管道、电力、电信工程预算；设备及安装工程预算又可分为机械设备及安装工程预算和电气设备及安装工程预算。

第一节 施工图预算的编制依据及编制程序

一、施工图预算的编制依据

建筑工程一般都是由土建工程、暖卫工程、电气工程等组成。因此，土建工程、暖卫工程、电气工程预算的编制要根据不同的预算定额及不同的费用定额标准、文件来进行。通常情况下，在进行施工图预算的编制时应掌握、依据下列文件资料：

1. 施工图纸、有关标准图集

施工图预算的工程量计算是依据施工图纸（指经过会审的施工图纸，包括图中所有的文字说明、技术资料等），有关通用图集和标准图集、图纸会审记录等进行的。因而，施工图纸、有关标准图集是编制施工图预算的重要依据。

2. 建筑工程预算定额及有关文件

建筑工程预算定额及有关文件是编制工程预算、计算人工费、材料费、其他直接费及有关费用的基本资料和计取的标准。它包括现行的建筑工程预算定额、间接费及其他费用定额、地区单位估价表、材料预算价格、人工工资标准、施工机械台班定额及有关工程造价管理文件等。

3. 经过批准的施工组织设计或施工方案

施工组织设计或施工方案是确定单位工程进度计划、施工方法或主要技术措施，以及施工现场平面布置等内容的技术文件。它对工程施工方法、材料、构件的加工和堆放地点都有明确规定。这些资料将直接影响工程量的计算和预算单价的套用。

4. 预算工作手册等辅助资料

预算工作手册是将常用的数据、计算公式和有关系数汇编成册，以备查用。它对于提高工作效率，简化计算过程，快速计算工程量起着不容忽视的作用。

5. 招标文件、工程合同或协议

要详细的阅读招标文件，招标文件中提出的要求以及其他材料要求等是编制施工图预算的依据。建设单位与施工单位签订的合同或协议也是建筑工程施工图预算的依据。

6. 最新市场材料价格

最新的市场材料价格是进行价差调整的重要依据。

7. 有关部门批准的拟建工程概算文件

二、施工图预算的编制程序

施工图预算的编制一般应在施工图纸技术交底之后进行，其编制程序如图 4-1 所示。

图 4-1　施工图预算的编制程序

1. 熟悉施工图纸及施工组织设计

在编制施工图预算之前，必须熟悉施工图纸，尽可能详细地掌握施工图纸和有关设计资料，熟悉施工组织设计和现场情况，了解施工方法、工序、操作及施工组织、计划进度。要掌握单位工程各部位建筑概况，诸如层数、层高、室内外标高、墙体、楼板、顶棚材质、地面厚度、墙面装饰等工程的做法，对工程的全貌和设计意图有了全面、详细地了解后，才能正确使用定额，并结合各分部分项工程项目计算相应工程量。

2. 熟悉定额并掌握有关计算规则

建筑工程预算定额有关工程量计算的规则、规定等，是正确使用定额计算定额"三量"的重要依据。因此，在编制施工图预算、计算工程量之前，必须弄清楚定额所列项目包括的内容、使用范围、计量单位及工程量的计算规则等，以便为工程项目的准确列项、计算、套用定额子目做好准备。

3. 列项、计算工程量

施工图预算的工程量，具有特定的含义，不同于施工现场的实物量。工程量往往要综合、包括多种工序的实物量。工程量的计算应以施工图及设计文件为依据，参照预算定额计算工程量的有关规定列项、计算。

工程量是确定工程造价的基础数据，计算要符合有关规定。工程量的计算要认真、仔细，既不重复计算，又不漏项。计算底稿要清楚、整齐，便于复查。

4. 套定额子目，编制工程预算书

将工程量计算底稿中的预算项目、数量填入工程预算表中，套相应定额子目，计算工程直接费，按有关规定计取其他直接费、现场管理费等，汇总求出工程直接费。

直接费汇总后，即可按预算费用程序表及有关费用定额计取企业管理费、利润和税金，将工程直接费（含其他直接费）、企业管理费、利润、税金汇总后，即可求出工程造价。

5. 编制工料分析表

将各项目工料用量求出汇总后，即可求出用工或主要材料用量。

6. 审核、编写说明、签字、装订成册

工程施工预算书计算完毕后，为确保其准确性，应经有关人员审核后，结合工程及编制情况编写说明，填写预算书封面，签字，装订成册。

土建工程预算、暖卫工程预算、电气工程预算分别编制完成后，由施工企业预算合同部门集中汇总送建设单位签字、盖章、审核，然后才能确定其合法性。

第二节　工程量计算的原则、意义、步骤

工程量是指以物理计量单位或自然单位所表示的各个具体工程和结构配件的数量。物理计量单位，一般是指以公制度量表示的长度、面积、体积、重量等。如建筑物的建筑面积、楼面的面积（m^2），墙基础、墙体、混凝土梁、板、柱的体积（m^3），管道、线路的长度（m），钢柱、钢梁、钢屋架的重量（t）等。自然计量单位是指以施工对象本身自然组成情况为计量单位，如台、套、组、个等。

一、正确计算工程量的意义

1. 工程量是编制施工图预算的重要基础数据，同时也是施工图预算中最繁琐、最细致的工作。工程量计算准确与否，将直接影响工程造价的准确性。

2. 工程量是施工企业编制施工作业计划、合理安排施工进度、调配进入施工现场的劳动力、材料、设备等生产要素的重要依据。

3. 工程量是加强成本管理、实行承包核算的重要依据。

二、工程量计算的原则

为了准确地计算工程量，提高施工图预算编制的质量和速度，防止工程量计算中出现错算、漏算和重复计算。工程量计算时，通常要遵循以下原则：

1. 计算口径要一致。计算工程量时，根据施工图列出的分项工程的口径（指分项工程所包括的内容和范围）应与预算定额中相应分项工程的口径相一致。例如，北京市预算定额中人工挖土方分项工程，包括了挖土及打钎、拍底等。因此，在计算工程量列项时，打钎拍底等就不应再列项，否则为重复列项。

2. 工程量计算规则要一致。按施工图纸计算工程量，必须与预算定额工程量的计算规则一致。如砌筑工程，标准砖一砖半的墙体厚度，不管施工图中所标注的尺寸是"360"还是"370"，均应以预算定额计算规则规定的"365"计算。

3. 计量单位要一致。按施工图纸计算工程量时，所列各分项工程的计量单位，必须与定额中相应项目的计量单位一致。例如，砖砌墙体工程量的计量单位是立方米（m^3），而不是以平方米（m^2）计。

4. 计算工程量要遵循一定的顺序进行。计算工程量时，为了快速准确，不重不漏，一般应遵循一定的顺序进行。下面分别介绍土建工程中工程量计算通常采用的几种顺序。

（1）按施工顺序计算

按施工先后顺序依次计算工程量，即按平整场地、挖地槽、基础垫层、砖石基础、回填土、砌墙、门窗、钢筋混凝土楼板安装、屋面防水、外墙抹灰、楼地面、内墙抹灰、粉刷、油漆等分项工程进行计算。

（2）按定额顺序计算

按当地定额中的分部分项编排顺序计算工程量，即从定额的第一分部第一项开始，对照施工图纸，凡遇定额所列项目，在施工图中有的，就按该分部工程量计算规则算出工程量。凡遇定额所列项目，在施工图中没有，就忽略，继续看下一个项目，若遇到有的项目，其计算数据与其他分部的项目数据有关，则先将项目列出，其工程量待有关项目工程量计算完成后，再进行计算。例如，计算墙体砌筑，该项目在定额的第四分部，而墙体砌筑工程量为：（墙身长度×高度－门窗洞口面积）×墙厚－嵌入墙内混凝土及钢筋混凝土构件所占体积＋垛、附墙烟道等体积。这时可先将墙体砌筑项目列出，工程量计算可暂放缓一步，待第五分部混凝土及钢筋混凝土工程及第六分部门窗工程等工程量计算完毕后，再利用该计算数据补算出墙体砌筑工程量。

这种按定额编排计算工程量顺序的方法，对初学者可以有效地防止漏算重算现象。

（3）按图纸拟定一个有规律的顺序依次计算

1）按顺时针方向计算。

从平面图左上角开始，按顺时针方向依次计算。例如外墙计算可从左上角开始，依箭头所指示的次序计算，绕一周后又回到左上角（图4-2）。此方法适用于外墙、外墙基础、外墙挖地槽、楼（地）面、顶棚、室内装饰等工程量的计算。

2）按先横后竖，先上后下，先左后右的顺序计算。

以平面图上的横竖方向分别从左到右或从上到下依次计算，如图4-3所示。此方法适用于内墙、内墙挖地槽、内墙基础和内墙装饰等工程量的计算。

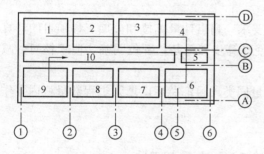

图 4-2　按顺时针方向顺序计算

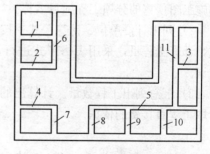

图 4-3　按先横后竖、先上后下、
先左后右的顺序计算

3）按照图纸上的构、配件编号顺序计算。

在图纸上注明记号，按照各类不同的构（配）件，如柱、梁、板等编号，顺序地按柱Z1、Z2、Z3、Z4…；梁L1、L2、L3…，板B1、B2、B3…等构件编号依次计算，如图4-4所示。

4）根据平面图上的定位轴线编号顺序计算。

对于复杂工程，计算墙体、柱子和内外粉刷时，仅按上述顺序计算还可能发生重复或遗漏，这时，可按图纸上的轴线顺序进行计算，并将其部位以轴线号表示出来。如位于Ⓐ

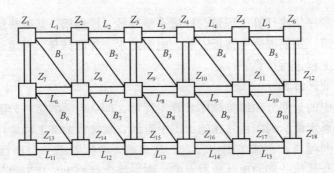

图 4-4　按构（配）件编号顺序计算

轴线上的外墙，轴线长为①～②，可标记为 A：①～②。此方法适用于内外墙挖地槽、内外墙基础、内外墙砌体、内外墙装饰等工程量的计算。

三、工程量计算步骤

工程量计算可先列出分项工程项目名称、计量单位、工程数量、计算式等，如表 4-1 所示。

工程量计算表　　　　　　　　　　　　　　表 4-1

序　号	分项工程名称	单　位	工程数量	计　算　式

1）列出分项工程名称。根据施工图纸及定额规定，按照一定计算顺序，列出单位工程施工图预算的分项工程项目名称。

2）列出计量单位、计算公式。按定额要求，列出计量单位和分项工程项目的计算公式，计算工程量，采用表格形式进行，可使计算步骤清楚，部位明确，便于核对，减少错误。

3）汇总列出工程数量。计算出的工程量同类项目汇总后，填入工程数量栏内，作为计取工程直接费的依据。

第三节　建筑面积计算规则

一、建筑面积的概念及作用

建筑面积又称为建筑展开面积，它是建筑物的水平面积，即外墙以内的面积，其数值是建筑物各层面积的总和。多层建筑物的建筑面积是房屋各层水平面积的总和数，它不但决定于第一层（即底层）建筑面积的大小，而且，还因房屋层数的增多而增大。

建筑面积包括使用面积、辅助面积和结构面积。使用面积是指可直接为生产或生活使用的净面积。辅助面积是指为辅助生产或生活所占净面积的总和。结构面积是指建筑物各层中的墙体、柱等结构在平面布置中所占面积的总和。

在编制建设工程预算时，建筑面积是计取其他直接费（土建工程）等的基数，也是确定工程建设中的重要技术经济指标单方造价（元/m²）的重要指标。即：

$$单方造价（元/m^2）= \frac{工程总价（元）}{建筑面积（m^2）}$$

建筑面积的计算对于评定设计方案的优劣，对于施工企业及建设单位加强科学管理，降低工程造价，提高投资效益等都具有重要的经济意义。建筑面积是进行房地产评估、计算房屋折旧、计算房租等的重要指标。

在编制施工图预算阶段，建筑面积与某些分项工程量的计算有密切关系，如建筑物的场地平整、综合脚手架、楼（地）面、屋面等分项工程量的计算都与建筑面积有关，同时，也是进行设计技术经济分析的重要依据。正确计算房屋的建筑面积，便于计算有关分项工程的工程量，正确编制概（预）算。

二、建筑面积计算规则

1. 计算建筑面积的范围

（1）单层建筑物的建筑面积，应按其外墙勒脚以上结构外围水平面积计算，并应符合下列规定：

1）单层建筑物高度在 2.20m 及以上者应计算全面积；高度不足 2.20m 者应计算1/2面积。

2）利用坡屋顶内空间时，净高超过 2.10m 的部位应计算全面积；净高在 1.20m 至 2.10m 的部位应计算 1/2 面积；净高不足 1.20m 的部位不应计算面积。

（2）单层建筑物内设有局部楼层者，局部楼层的二层及以上楼层，有围护结构的应按其围护结构外围水平面积计算，无围护结构的应按其结构底板水平面积计算。层高在 2.20m 及以上者应计算全面积；层高不足 2.20m 者应计算 1/2 面积。

（3）多层建筑物首层应按其外墙勒脚以上结构外围水平面积计算；二层及以上楼层应按其外墙结构外围水平面积计算。层高在 2.20m 及以上者应计算全面积；层高不足 2.20m 者应计算 1/2 面积。

（4）多层建筑坡屋顶内和场馆看台下，当设计加以利用时净高超过 2.10m 的部位应计算全面积；净高在 1.20m 至 2.10m 的部位应计算 1/2 面积；当设计不利用或室内净高不足 1.20m 时不应计算面积。

（5）地下室、半地下室（车间、商店、车站、车库、仓库等），包括相应的有永久性顶盖的出入口，应按其外墙上口（不包括采光井、外墙防潮层及其保护墙）外边线所围水平面积计算。层高在 2.20m 及以上者应计算全面积，层高不足 2.20m 者应计算 1/2 面积。

（6）坡地的建筑物吊脚架空层、深基础架空层，设计加以利用并有围护结构的，层高在 2.20m 及以上的部位应计算全面积；层高不足 2.20m 的部位应计算 1/2 面积。设计加以利用、无围护结构的建筑吊脚架空层，应按其利用部位水平面积的 1/2 计算；设计不利用的深基础架空层、坡地吊脚架空层、多层建筑坡屋顶内、场馆看台下的空间不应计算面积。

（7）建筑物的门厅、大厅按一层计算建筑面积。门厅、大厅内设有回廊时，应按其结构底板水平面积计算。层高在 2.20m 及以上者应计算全面积；层高不足 2.20m 者应计算

1/2面积。

（8）建筑物间有围护结构的架空走廊，应按其围护结构外围水平面积计算。层高在2.20m及以上者应计算全面积；层高不足2.20m者应计算1/2面积；有永久性顶盖无围护结构的应按其结构底板水平面积的1/2计算。

（9）立体书库、立体仓库、立体车库，无结构层的应按一层计算，有结构层的应按其结构层面积分别计算。层高在2.20m及以上者应计算全面积；层高不足2.20m者应计算1/2面积。

（10）有围护结构的舞台灯光控制室，应按其围护结构外围水平面积计算。层高在2.20m及以上者应计算全面积；层高不足2.20m者应计算1/2面积。

（11）建筑物外有围护结构的落地橱窗、门斗、挑廊、走廊、檐廊，应按其围护结构外围水平面积计算。层高在2.20m及以上者应计算全面积；层高不足2.20m者应计算1/2面积；有永久性顶盖无围护结构的应按其结构底板水平面积的1/2计算。

（12）有永久性顶盖无围护结构的场馆看台应按其顶盖水平投影面积的1/2计算。

（13）建筑物顶部有围护结构的楼梯间、水箱间、电梯机房等，层高在2.20m及以上者应计算全面积；层高不足2.20m者应计算1/2面积。

（14）设有围护结构不垂直于水平面而超出底板外沿的建筑物，应按其底板面的外围水平面积计算。层高在2.20m及以上者应计算全面积；层高不足2.20m者应计算1/2面积。

（15）建筑物内的室内楼梯间、电梯井、观光电梯井、提物井、管道井、通风排气竖井、通风道、附墙烟囱应按建筑物的自然层计算。

（16）雨篷结构的外边线至外墙结构外边线的宽度超过2.10m者，应按雨篷结构板的水平投影面积的1/2计算。

（17）有永久性顶盖的室外楼梯，应按建筑物自然层的水平投影面积的1/2计算。

（18）建筑物的阳台均应按其水平投影面积的1/2计算。

（19）有永久性顶盖无围护结构的车棚、货棚、站台、加油站、收费站等，应按其顶盖水平投影面积的1/2计算。

（20）高低联跨的建筑物，应以高跨结构外边线为界分别计算建筑面积；其高低跨内部连通时，其变形缝应计算在低跨面积内。

（21）以幕墙作为围护结构的建筑物，应按幕墙外边线计算建筑面积。

（22）建筑物外墙外侧有保温隔热层的，应按保温隔热层外边线计算建筑面积。

（23）建筑物内的变形缝，应按其自然层合并在建筑物面积内计算。

2. 不计算建筑面积的范围

（1）建筑物通道（骑楼、过街楼的底层）。

（2）建筑物内的设备管道夹层。

（3）建筑物内分隔的单层房间，舞台及后台悬挂幕布、布景的天桥、挑台等。

（4）屋顶水箱、花架、凉棚、露台、露天游泳池。

（5）建筑物内的操作平台、上料平台、安装箱和罐体的平台。

（6）勒脚、附墙柱、垛、台阶、墙面抹灰、装饰面、镶贴块料面层、装饰性幕墙、空调机外机搁板（箱）、飘窗、构件、配件、宽度在2.10m及以内的雨篷以及与建筑物内不相连通的装饰性阳台、挑廊。

(7) 无永久性顶盖的架空走廊、室外楼梯和用于检修、消防等的室外钢楼梯、爬梯。

(8) 自动扶梯、自动人行道。

(9) 独立烟囱、烟道、地沟、油（水）罐、气柜、水塔、贮油（水）池、贮仓、栈桥、地下人防通道、地铁隧道。

三、建筑面积计算实例

1. 建筑物阳台，不论是凹阳台、挑阳台、封闭阳台、敞开式阳台，均按其水平投影面积的 1/2 计算。阳台是供使用者进行活动和晾晒衣物的建筑空间。

【例 4-1】 如图 4-5 所示，已知 $a=2m$、$b=10m$、$c=2m$、$d=11m$。求该半凸半凹阳台的建筑面积。

解： $S=[(a×b)+(c×d)]÷2=(2×10+2×11)÷2=21(m^2)$。

2. 单层建筑物设有局部楼层者，局部楼层的二层及以上楼层，有围护结构的应按其围护结构外围水平面积计算，无围护结构的应按其结构底板水平面积计算。层高在 2.2m 及以上者应计算全面积；层高不足 2.2m 者应计算 1/2 面积。围护结构是指围合建筑空间四周的墙体、门、窗等。

【例 4-2】 如图 4-6 所示，已知底层建筑面积为 200m²，局部二层建筑的层高为 3m、面积为 20m²。求带有局部楼层的单层建筑物的建筑面积的工程量。

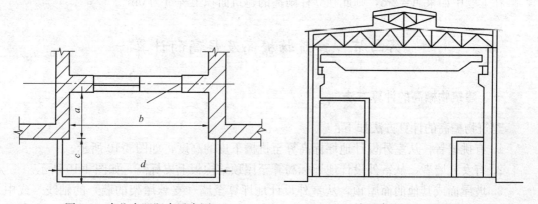

图 4-5 半凸半凹阳台示意图　　　　图 4-6 单层建筑设有部分楼层示意图

解： S=底层建筑面积+局部二层建筑面积=200+20=220 （m²）

在上题中如果局部二层建筑的层高为 2m，则建筑面积变为：

S=底层建筑面积+局部二层建筑面积×1/2=200+20×1/2=210 （m²）。

3. 高低联跨的建筑物应以高跨结构外边线为界分别计算建筑面积；其高低跨内部连通时，其变形缝应计算在低跨部分的面积内。建筑物内的变形缝应按其自然层合并在建筑物面积内计算。

【例 4-3】 如图 4-7 所示，已知中间高跨的建筑面积为 120m²，两侧低跨的建筑面积分别为 40m²。求高低联跨的单层建筑物的建筑面积的工程量。

解： S=高跨建筑面积+低跨建筑面积=120+40+40=200 （m²）。

在此题中变形缝的面积应计算在低跨部分 40m² 内。按 GB/T 50353—2005《建筑工程建筑面积计算规范》，变形缝不分缝宽均应按其自然层合并在建筑物面积内计算。

4. 雨篷，不论是无柱雨篷、有柱雨篷、独立柱雨篷，其结构的外边线至外墙结构外边线的宽度超过 2.1m 者，应按其雨篷结构板的水平投影面积的 1/2 计算。宽度在 2.1m 及以内的不计算面积。雨篷是指设置在建筑物进出口上部的遮雨、遮阳篷。

【例 4-4】 如图 4-8 所示，已知 $A=2600mm$、$B=1600mm$。求独立柱的雨篷建筑面积的工程量。

解：$S=2.6\times1.6\div2=2.08$（m^2）。

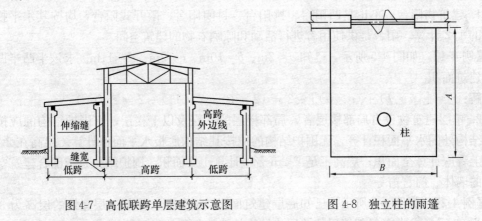

图 4-7 高低联跨单层建筑示意图   图 4-8 独立柱的雨篷

在上题中如果 $A=2m$，则此独立柱雨篷的建筑面积工程量为 $0m^2$。

第四节 建筑物檐高及层高的计算

一、建筑物檐高的计算方法

建筑物檐高的计算方法如下：

1. 有挑檐者，从室外设计地坪标高算至挑檐下皮的高度，如图 4-10 所示。

2. 有女儿墙者，从室外设计地坪标高算至屋顶结构板上皮标高，如图 4-10 所示。

3. 坡屋面或其他曲面屋顶，从室外设计地坪算至墙（支承屋架的墙）的轴线（或中心线）与屋面板交点的高度，如图 4-9 所示。

4. 阶檐式建筑物檐高，按高层的建筑物计算檐高。

5. 凸出屋面的水箱间、电梯间及阁楼等均不计算檐高。

二、建筑物层高的计算

预算定额的层高是计算结构工程、装修工程的主要工程量依据。层高计算方法如下：

1. 建筑物的首层层高，按室内设计地坪标高至首层顶部的结构层（楼板）顶面的高度。

2. 其余各层的层高，均为上下结构层顶面标高之差。

如图 4-11 所示，首层层高或二～四层层高均为 2.9m。

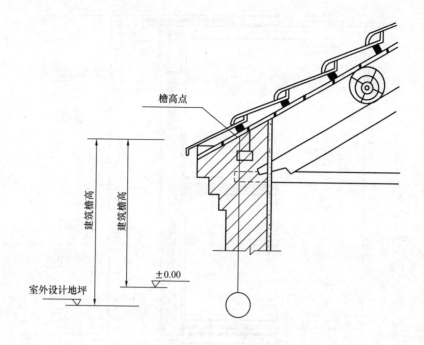

图 4-9　坡屋面高度示意图

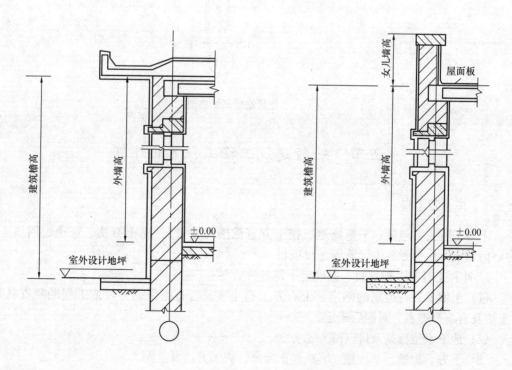

图 4-10　挑檐、女儿墙高度示意图

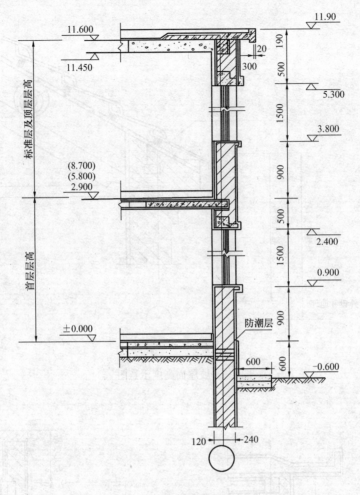

图 4-11 建筑物层高示意图

第五节 一般建筑工程工程量的计算

一、土石方工程

土方工程主要包括：平整场地、挖土方（挖槽及挖坑）、原土夯实、灰土、回填土、房心回填土，余（亏）土运输等工程项目。

1. 计算土石方工程量前，应确定下列各种资料：

（1）土壤及岩石类别的确定：土石方工程土壤及岩石类别划分，依工程勘测资料与《土壤及岩石分类表》对照后确定。

（2）地下水位标高及排（降）水方法。

（3）土方、沟槽、基坑挖（填）起止标高、施工方法及运距。

（4）岩石开凿、爆破方法、石渣清运方法及运距。

（5）其他有关资料。

2. 土石方工程量计算一般规则

（1）土方体积，均以挖掘前的天然密实体积为准计算。如遇有必须以天然密实体积折算时，可按表 4-2 所列数值换算。

（2）挖土一律以设计室外地坪标高为准计算。

土石方体积折算表

表 4-2

虚方体积	天然密实度体积	夯实后体积	松填体积
1.00	0.77	0.67	0.83
1.30	1.00	0.87	1.08
1.50	1.15	1.00	1.25
1.20	0.92	0.80	1.00

3. 平整场地及碾压工程量计算规则

（1）人工平整场地是指建筑场地挖、填土方厚度在＋30cm 以内及找平。挖、填土方厚度超过＋30cm 以外时，按场地土方平衡竖向布置图另行计算。

（2）平整场地工程量按建筑物外墙外边线每边各加 2m，以平方米（m²）计算。

（3）建筑场地原土碾压以平方米计算，填土碾压按图示填土厚度以平方米（m²）计算。

4. 挖掘沟槽、基坑土方工程量计算规则

（1）沟槽、基坑划分：

1）凡图示沟槽底宽在 3m 以内，且沟槽长大于槽宽三倍以上的，为沟槽。

2）凡图示基坑底面积在 20m² 以内的为基坑。

3）凡图示沟槽底宽 3m 以外，坑底面积 20m² 以外，平均场地挖土方厚度在 30cm 以外，均按挖土方计算。

（2）计算挖沟槽、基坑、土方工程量需放坡时，放坡系数按表 4-3 规定计算。

放坡系数表

表 4-3

土壤类别	放坡起点(m)	人工挖土(1：k)	机械挖土(1：k)	
			在坑内作业	在坑上作业
一、二类土	1.20	1：0.5(k=1/2)	1：0.33(k=1/3)	1：0.75(k=3/4)
三类土	1.50	1：0.33(k=1/3)	1：0.25(k=1/4)	1：0.67(k=2/3)
四类土	2.00	1：0.25(k=1/4)	1：0.1(k=1/10)	1：0.33(k=1/3)

注：1. 沟槽、基坑中土壤类别不同时，分别按其放坡起点、放坡系数，依不同土壤厚度加权平均计算。

2. 计算放坡时，在交接处重复工程量不予扣除，原槽、坑做基础垫层时，放坡自垫层上表面开始计算。

3. 表中坡度系数 k＝边坡宽度÷坑(槽)深度。

（3）挖沟槽、基坑需支挡土板时，其宽度按图示沟槽、基坑底宽，单面加 10cm，双面加 20cm 计算。挡土板面积，按槽、坑垂直支撑面积计算，支挡土板后，不得再计算放坡。

（4）基础施工所需工作面，按表 4-4 规定计算。

基础施工所需工作面宽度计算表 表 4-4

基础材料	每边各增加工作面宽度（mm）	基础材料	每边各增加工作面宽度（mm）
砖基础	200	混凝土基础支模板	300
浆砌毛石、条石基础	150	基础垂直面做防水层	800（防水层面）
混凝土基础垫层支模板	300		

（5）挖沟槽长度，外墙按图示中心线长度计算；内墙按图示基础底面之间净长线长度计算；内外凸出部分（垛、附墙烟囱等）体积并入沟槽土方工程量内计算。

（6）人工挖土方深度超过 1.5m 时，按表 4-5 增加工日。

人工挖土方超深增加工日表（单位：100m²） 表 4-5

深 2m 以内	深 4m 以内	深 6m 以内
5.55 工日	17.60 工日	26.16 工日

（7）挖管道沟槽按图示中心线长度计算，沟底宽度，设计有规定的，按设计规定尺寸计算，设计无规定的，可按表 4-6 规定宽度计算。

管道地沟沟底宽度计算表（m） 表 4-6

管径(mm)	铸铁管、钢管、石棉水泥管	混凝土、钢筋混凝土、预应力混凝土管	陶土管
50～70	0.60	0.80	0.70
100～200	0.70	0.90	0.80
250～350	0.80	1.00	0.90
400～450	1.00	1.30	1.10
500～600	1.30	1.50	1.40
700～800	1.60	1.80	
900～1000	1.80	2.00	
1100～1200	2.00	2.30	
1300～1400	2.20	2.60	

注：1. 按表中计算管道沟土方工程量时，各种井类及管道（不含铸铁给排水管）接口等处需加宽增加的土方量不另行计算，底面积大于 20m² 的井类，其增加工程量并入管沟土方内计算。

2. 铺设铸铁给水排水管道时其接口等处土方增加量，可按铸铁给水排水管道地沟土方总量的 2.5% 计算。

（8）沟槽、基坑深度，按图示槽、坑底面至室外地坪深度计算；管道地沟按图示沟底至室外地坪深度计算。

5. 人工挖孔桩土方工程量计算规则

人工挖孔桩土方量按图示桩断面积乘以设计桩孔中心线深度计算。

6. 岩石开凿及爆破工程量计算规则

岩石开凿及爆破工程量，区别石质按下列规定计算：

（1）人工凿岩石，按图示尺寸以立方米计算。

（2）爆破岩石按图示尺寸以立方米计算，其沟槽、基坑深度、宽允许超挖量：

次坚石：200mm。

特坚石：150mm。

超挖部分岩石并入岩石挖方量之内计算。

7. 回填土工程量计算规则

回填土区分夯填、松填按图示回填体积并依下列规定，以立方米（m³）计算：

（1）沟槽、基坑回填土，沟槽、基坑回填体积以挖方体积减去设计室外地坪以下埋设砌筑物（包括基础垫层、基础等）体积计算。

（2）管道沟槽回填，以挖方体积减去管径所占体积计算。管径在 500mm 以下的不扣除管道所占体积；管径超过 500mm 以上时按表 4-7 规定扣除管道所占体积计算。

（3）房心回填土，按主墙之间的面积乘以回填土厚度计算。

（4）余土或取土工程量，可按下列计算：

$$余土外运体积＝挖土总体积－回填土总体积$$

式中，计算结果为正值时为余土外运体积，负值时为取土体积。

管道扣除土方体积表（m³）   表 4-7

管道名称	管道直径(mm)					
	501~600	601~800	801~1000	1001~1200	1201~1400	1401~1600
钢管	0.21	0.44	0.71			
铸铁管	0.24	0.49	0.77			
混凝土管	0.33	0.60	0.92	1.15	1.35	1.55

8. 土方运距计算规则

（1）推土机推土运距：按挖方区重心至回填区重心之间的直线距离计算。

（2）铲运机运土运距：按挖方区重心至卸土区重心加转向距离 45m 计算。

（3）自卸汽车运土运距：按挖方区重心至填土区（或堆放地点）重心的最短距离计算。

9. 地基强夯工程量计算规则

地基强夯按设计图示强夯面积，区分夯击能量，夯击遍数以平方米（m²）计算。

10. 井点降水工程量计算规则

井点降水区别轻型井点、喷射井点、大口径井点、电渗井点、水平井点，按不同井管深度的井管安装、拆除，以根为单位计算，使用按套、天计算。

井点套组成：

轻型井点：50 根为一套。

喷射井点：30 根为一套。

大口径井点：45 根为一套。

电渗井点阳极：30 根为一套。

水平井点：10 根为一套。

井管间距应根据地质条件和施工降水要求，依施工组织设计确定，施工组织设计没有规定时，可按轻型井点管距 0.8~1.6m，喷射井点管距 2~3m 确定。

使用天数应以每昼夜 24h 为一天，使用天数应按施工组织设计规定的使用天数计算。

11. 人工土石方有关需要注意的内容

(1) 土壤分类详见"土壤及岩石分类表"（表4-8）。其中1、2类为定额中一、二类土壤（普通土）；3类为定额中三类土壤（坚土）；4类为定额中四类土壤（砂砾坚土）。人工挖地槽、地坑定额深度最深为6m，超过6m时，可另作补充定额。

(2) 人工土方定额是按干土编制的，如挖湿土时，人工乘以系数1.18。干湿的划分，应根据地质勘测资料以地下常水位为准划分，地下常水位以上为干土，以下为湿土。

(3) 人工挖孔桩定额，适用于在有安全防护措施的条件下施工。

(4) 本定额未包括地下水位以下施工的排水费用，发生时另行计算。挖土方时如有地表水需要排除时，应另行计算。

(5) 支挡土板定额项目分为密撑和疏撑，密撑是指满支挡土板；疏撑是指间隔支挡土板，实际间距不同时，定额不作调整。

(6) 在有挡土板支撑下挖土方时，按实挖体积，人工乘以系数1.43。

(7) 挖桩间土方时，按实挖体积（扣除桩体占用体积），人工乘以系数1.5。

(8) 人工挖孔桩，桩内垂直运输方式按人工考虑。如深度超过12m时，16m以内按12m项目人工用量乘以系数1.3，20m以内乘以系数1.5计算。同一孔内土壤类别不同时，按定额加权计算，如遇有流沙、流泥时，另行处理。

(9) 场地竖向布置挖填土方时，不再计算平整场地的工程量。

(10) 石方爆破定额是按炮眼法松动爆破编制的，不分明炮、闷炮，但闷炮的覆盖材料应另行计算。石方爆破定额是按电雷管导电起爆编制的，如采用火雷管爆破时，雷管应换算，数量不变。扣除定额中的胶质导线，换为导火索，导火索的长度按每个雷管2.12m计算。

12. 机械土石方有关需要注意的内容

(1) 岩石分类，详见"土壤及岩石分类表"（表4-8）。表列Ⅴ类为定额中松石；Ⅵ～Ⅷ类为定额中次坚石；Ⅸ、Ⅹ类为定额中普坚石；Ⅸ～ⅩⅥ类为特坚石。

土壤及岩石（曾氏）分类表　　　　　　　　　　　　　　　表4-8

定额分类	普式分类	土壤及岩石名称	天然湿度下平均容重（kg/m²）	极限压碎强度（kg/cm²）	用钻孔机钻进1m耗时（分）	开挖方法及工具	紧固系数 f
一类土壤	Ⅰ	砂 砂壤 腐殖土 泥炭	1500 1600 1200 600			用尖锹开挖	0.5～0.6
二类土壤	Ⅱ	轻壤土和黄土类土 潮湿而温暖的黄土，软的盐渍土和碱土 平均15mm以内的松散而软的碎石 含有草根的密实腐殖土 含有直径在300mm内根类的泥炭和腐殖土 含有卵石或碎石和石屑的砂和腐殖土 含有卵石或碎石杂质胶结成块的填土 含有卵石或碎石和建筑杂质胶结成块的填土	1600 1600 1700 1400 1100 1650 1750 1900			用尖锹开挖并少量用镐开挖	0.6～0.8

定额分类	普式分类	土壤及岩石名称	天然湿度下平均容重（kg/m²）	极限压碎强度（kg/cm²）	用钻孔机钻进1m耗时（分）	开挖方法及工具	紧固系数 f
三类土壤	Ⅲ	肥黏土，其中包括石炭纪、侏罗纪的黏土和冰黏土	1800			用尖锹并同时用镐开挖（30%）	0.81～1.0
		重壤土、粗砾石，粒径为15～40mm的碎石和卵石	1750				
		干黄土和掺有碎石或卵石的自然含水量黄土	1790				
		含有直径大于300mm根类的泥炭和腐殖土	1400				
		含有卵石或碎石和建筑碎料的土壤	1900				
四类土壤	Ⅳ	土含碎石重黏土，其中包括石炭纪、侏罗纪的硬黏土	1950			用尖锹并同时用镐和撬棍开挖（30%）	1.0～1.5
		含有卵石、碎石、建筑碎料和重达25kg的顽石（总体积10%以内）等杂质的肥黏土和重壤土	1950				
		冰黏土，含有重量在50kg以内的巨砾，其含量为总体积10%以内泥板岩	2000				
			2000				
		不含或含有重量达10kg的顽石	1950				
松石	Ⅴ	含有重量在50kg以内的巨砾（占体积10%以上）的冰渍石	2100	小于200	小于3.5	部分用手凿工具，部分用爆破来开挖	1.5～2.0
		矽藻岩和软白垩岩	1800				
		胶结力弱的砾岩	1900				
		各种不坚实的片岩	2600				
		石膏	2200				
次坚石	Ⅵ	凝灰岩和浮石	1100	200～400	3.5	用风镐和爆破法来开挖	2～4
		松软多孔和裂隙严重的石灰岩和介质石灰岩	1200				
		中等硬变的片岩	2700				
		中等硬变的泥灰岩	2300				

定额分类	普式分类	土壤及岩石名称	天然湿度下平均容量（kg/m³）	极限压碎强度（kg/cm²）	用钻孔机钻进1m耗时（分）	开挖方法及工具	紧固系数（f）
次坚石	Ⅶ	石灰石胶结的带有卵石和沉积岩的砾石 风化的和有大裂缝的黏土质砂岩 坚实的泥板岩 坚实的泥灰岩	2200 2000 2800 2500	400～600	6.0	用爆破方法开挖	4～6
	Ⅷ	砾质花岗岩 泥灰质石灰岩 黏土质砂岩 砂质云母片岩 硬石膏	2300 2300 2200 2300 2900	600～800	8.5	用爆破方法开挖	6～8
普坚石	Ⅸ	严重风化的软弱的花岗岩、片麻岩和正长岩 滑石化的蛇纹岩 致密的石灰岩 含有卵石、沉积岩的渣质胶结的砾岩 砂岩 砂质石灰质片岩 菱镁矿	2500 2400 2500 2500 2500 2500 3000	800～1000	11.5	用爆破方法开挖	8～10
	Ⅹ	白云石 坚固的石灰岩 大理石 石灰质胶结的致密砾石 坚固砂质片岩	2700 2700 2700 2600 2600	1000～1200	15.0	用爆破方法开挖	10～12
特坚石	Ⅺ	粗花岗岩 非常坚硬的白云岩 蛇纹岩 石灰质胶结的含有火成岩之卵石的砾岩 石英胶结的坚固砂岩 粗粒正长岩	2800 2900 2600 2800 2700 2700	1200～1400	18.5	用爆破方法开挖	12～14
	Ⅻ	具有风化痕迹的安山岩和玄武岩 片麻岩 非常坚固的石灰岩 硅质胶结的含有火成岩之卵石的砾岩 粗石岩	2700 2600 2900 2900 2600	1400～1600	22.0	用爆破方法开挖	14～16

定额分类	普式分类	土壤及岩石名称	天然湿度下平均容量（kg/m³）	极限压碎强度（kg/cm²）	用钻孔机钻进1m耗时（分）	开挖方法及工具	紧固系数（f）
特坚石	XIII	中粒花岗岩 坚固的片麻岩 辉绿岩 玢岩 坚固的粗面岩 中粒正长岩	3100 2800 2700 2500 2800 2800	1600～1800	27.5	用爆破方法开挖	16～18
	XIV	非常坚硬的细粒花岗岩 花岗岩、麻岩 闪长岩 高硬度的石灰岩 坚固的玢岩	3300 2900 2900 3100 2700	1800～2000	32.5	用爆破方法开挖	18～20
	XV	安石岩、玄武岩、坚固的角页岩 高硬度的辉绿岩和闪长岩 坚固的辉长岩和石英岩	3100 2900 2800	2000～2500	46	用爆破方法开挖	20～25
	XVI	拉长玄武岩和橄榄玄武岩 特别坚固的辉长辉绿岩、石英岩和玢岩	3300 3000	大于2500	大于60	用爆破方法开挖	大于25

（2）推土机推土、推土渣，铲运机铲运土重车上坡时，如果坡度大于5％时，其运距按坡度区段斜长乘以下列系数计算（见表4-9）。

坡度斜长系数表　　　　　　　　　　　表 4-9

坡度（％）	5～10	15 以内	20 以内	25 以内
系　数	1.75	2.0	2.25	2.5

（3）汽车、人力车，重车上坡降效因素，已综合在相应的运输定额项目中，不再另行计算。

（4）机械挖土方工程量，按机械挖土方90％，人工挖土方10％计算，人工挖土部分按相应定额项目人工乘以系数2。

（5）土壤含水率定额是按天然含水率为准制定。含水率大于25％时，定额人工、机械乘以系数1.15，若含水率大于40％时另行计算。

（6）推土机推土或铲运机铲土土层平均厚度小于300mm时，推土机台班用量乘以系数1.25；铲运机台班用量乘以系数1.17。

（7）挖掘机在垫板上进行作业时，人工、机械乘以系数1.25，定额内不包括垫板铺设所需的工料、机械消耗。

（8）推土机、铲运机，推、铲未经压实的积土时，按定额项目乘以系数0.73。

(9) 机械土方定额是按三类土编制的，如实际土壤类别不同时，台班量乘以下列系数（见表 4-10）。

机械土方土壤系数表　　　　　　　　　　　　表 4-10

项　目	一、二类土壤	四类土壤
推土机推土方	0.84	1.18
铲运机铲运土方	0.84	1.26
自行铲运机铲运土方	0.86	1.09
挖掘机挖土方	0.84	1.14

(10) 定额的爆破材料是按炮孔中无地下渗水、积水编制的，炮孔中若出现地下渗水、积水时，处理渗水或积水发生的费用另行计算。定额内未计爆破时所需覆盖的安全网、草袋、架设安全屏障等设施，发生时另行计算。机械上下行驶坡道土方，合并在土方工程量内计算。汽车运土运输道路是按一、二、三类道路综合确定的，已考虑了运输过程中道路清理的人工，如需要铺筑材料时，另行计算。

13. 土石方工程计算例题

(1) 场地平整工程量计算

建筑物场地平整是指建筑物场地挖、填土方厚度在 ±30cm 以内及找平。则按建筑物外墙边线各加 2m，以平方米计算。

【例 4-5】 如图 4-12 中，已知 $a=120$m、$b=50$m。求平整场地工程量。

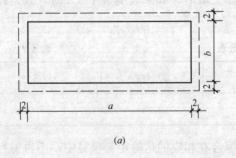

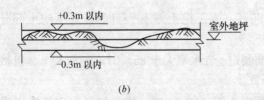

图 4-12　平整场地计算示意图

(a) 平面计算范围；(b) 断面计算范围

解： 人工平整场地工程量为：

$$120\times50+(120+50)\times2\times2+2\times2\times4$$
$$=6696(\text{m}^2)$$

(2) 土方方格网法计算

方格网计算是根据工程地形图（一般用 1：500 的地形图），将欲计算场地分成若干个方格网，应用土方计算公式逐格进行土方计算，最后将所有方格网汇总即得场地总挖、填土方量。本法适用于地形平缓和台阶宽度较大的地段，作为平整场地，精度较高。其计算步骤为：

1) 划分方格网。

方格网通常采用 20m×20m 或 40m×40m，面积大、地形简单、坡度平缓的场地，可用 50m×50m 或 100m×100m。方格网应尽量与测量的纵横坐标网或施工坐标网重合。

2）标注高程。

根据地形图的自然等高线高程，在方格网右下角标上自然地面的标高；根据竖向设计图，在方格网的右上角标上设计地面标高。并将自然地面与设计地面标高的差值，即各角点的施工（挖方或填方）高度，标在方格网的左上角，挖方为（+），填方为（−）。

3）计算零点位置。

在一个方格网中同时存在挖方或填方时，应先算出方格网边的零点位置，并标注于方格网上，零点连接线便是挖方区与填方区的分界线。

零点位置可按下式计算（图 4-13）：

$$x_1 = [h_1/(h_1 + h_2)] \times a$$
$$x_2 = [h_2/(h_1 + h_2)] \times a$$

式中　x_1、x_2——角点至零点的距离（m）；

h_1、h_2——相邻两角点的施工高度（m），均用绝对值；

a——方格网的边长（m）。

4）计算土方工程量。

按方格网底面积图形和表 4-11 所列方格网土方计算公式计算每个方格网内挖方或填方量。

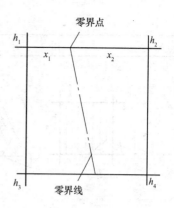
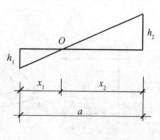

图 4-13　零点位置计算简图

常用方格网计算公式　　　　　　　　　　　表 4-11

图　　式	计 算 公 式
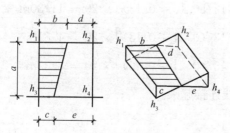	方格网内，一点填方或挖方（三角形） $$V = \frac{1}{2}bc \cdot \frac{h_3}{3} = \frac{bch_3}{6}$$ 当 $b = c = a$ 时，$V = \frac{a^2 h_3}{6}$
	方格网内，二点填方或挖方（梯形） $$V_填 = \frac{b+c}{2} \cdot \frac{a(h_1 + h_3)}{4}$$ $$= \frac{a}{8}(b+c)(h_1 + h_3)$$ $$V_挖 = \frac{d+e}{2} \cdot \frac{a(h_2 + h_4)}{4}$$ $$= \frac{a}{8}(d+e)(h_2 + h_4)$$

图　式	计　算　公　式
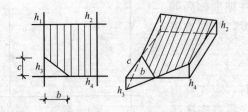	方格网内，三点填方或挖方（五角形） $$V_填 = \frac{bch_3}{6}$$ $$V_挖 = \left(a^2 - \frac{bc}{2}\right)\frac{h_1+h_2+h_4}{5}$$
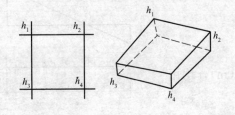	方格网内，四点填方或挖方（正方形） $$V = \frac{a^2}{4}(h_1+h_2+h_3+h_4)$$

注：a—方格网的边长（m）；b、c、d、e—零点到一角的边长（m）；h_1、h_2、h_3、h_4—各角点的施工高程，用绝对值代入；V—挖方或填方的体积（m³）。

5）汇总全部土方工程量。

将挖方区或填方区所有方格计算土方量进行汇总，即得该场地挖方和填方的总土方量。

【例4-6】 某厂房场地部分方格网如图4-14（a）所示，方格边长为20m×20m。试计算挖、填总土方工程量。

解： ①划分方格网、标注高程

根据图4-14（a）方格各点的设计标高和自然地面标高，计算方格各点的施工高度，标注于图4-14（b）中左上角。

②计算零点位置

从图4-14（b）中可看出1-2、2-7、3-8三条方格边两端角的施工高度符号不同，说明此方格边上有零点存在。由公式可得：

1-2线　$x_1 = [h_1/(h_1+h_2)] \times a = [0.13/(0.10+0.13)] \times 20 = 11.30\text{m}$

2-7线　$x_1 = [h_1/(h_1+h_2)] \times a = [0.13/(0.41+0.13)] \times 20 = 4.81\text{m}$

3-8线　$x_1 = [h_1/(h_1+h_2)] \times a = [0.15/(0.21+0.15)] \times 20 = 8.33\text{m}$

将各零点标注于图4-14（b），并将零点线连接起来。

③计算土方工程量

方格Ⅰ　底面为三角形和五边形

三角形200土方量　$V_填 = -(0.13/6) \times 11.30 \times 4.81 = -1.18\text{m}^3$

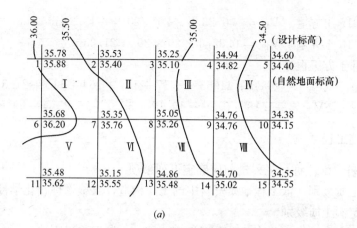

(a)

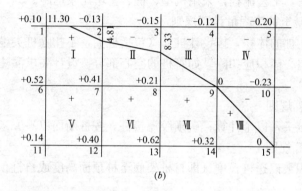

(b)

图 4-14 方格网计算法图例

(a) 为方格角点标高、方格编号、角点编号图；(b) 为零线、角点挖、填高度图

Ⅰ、Ⅱ、Ⅲ……—方格编号；1、2、3……—角点号

五边形 16700 土方量 $V_{挖} = (20^2 - 1/2 \times 11.30 \times 4.81) \times [(0.1 + 0.52 + 0.41)/5]$
$= 76.8 \mathrm{m}^3$

方格Ⅱ 底面为两个梯形

梯形 2300 土方量 $V_{填} = -20/8 \times (4.81 + 8.33)(0.13 + 0.15) = -9.2 \mathrm{m}^3$

梯形 7800 土方量 $V_{挖} = 20/8 \times (15.19 + 11.67) \times (0.41 + 0.21) = 41.63 \mathrm{m}^3$

方格Ⅲ 底面为一个梯形和一个三角形

梯形 3400 土方量 $V_{填} = -20/8 \times (8.33 + 20)(0.15 + 0.12) = 19.12 \mathrm{m}^3$

三角形 800 土方量 $V_{挖} = [(11.67 \times 20)/6] \times 0.21 = 8.17 \mathrm{m}^3$

方格Ⅳ、Ⅴ、Ⅵ、Ⅶ底面均为正方形

正方形 45910 土方量 $V_{填} = -[(20 \times 20)/4] \times (0.12 + 0.20 + 0 + 0.23) = 55.0 \mathrm{m}^3$

正方形 671112 土方量 $V_{挖} = [(20 \times 20)/4] \times (0.52 + 0.41 + 0.14 + 0.40)$
$= 147.0 \mathrm{m}^3$

正方形 781213 土方量 $V_{挖} = [(20 \times 20)/4] \times (0.41 + 0.21 + 0.40 + 0.62)$
$= 164.0 \mathrm{m}^3$

正方形 891314 土方量 $V_{挖} = [(20 \times 20)/4] \times (0.21 + 0 + 0.62 + 0.32) = 1115.0 \mathrm{m}^3$

方格Ⅷ 底面为两个三角形

三角形 91015 土方量　　　$V_填 = -0.23/6 \times 20 \times 20 = -15.33\text{m}^3$

三角形 91415 土方量　　　$V_挖 = 0.32/6 \times 20 \times 20 = 21.33\text{m}^3$

④汇总全部土方工程量

全部挖方量　　$\Sigma V_挖 = 76.80 + 41.63 + 8.17 + 147 + 164 + 115 + 21.33 = 573.93\text{m}^3$

全部填方量　　$\Sigma V_填 = -1.18 - 9.20 - 19.12 - 55.0 - 15.33 = -99.83\text{m}^3$

二、桩基础工程

1. 计算打桩（灌注桩）工程量前应确定下列事项

(1) 确定土质级别：依工程地质资料中的土层构造，土壤物理、化学性质及每米沉桩时间鉴别适用定额土质级别。

(2) 确定施工方法，工艺流程，采用机型、桩、土壤泥浆运距。

2. 打预制钢筋混凝土桩工程量计算规则

打预制钢筋混凝土桩的体积，按设计桩长（包括桩尖，不扣除桩尖虚体积）乘以桩截面面积计算。管桩的空心体积应扣除。如管桩的空心部分按设计要求灌注混凝土或其他填充材料时，应另行计算。

3. 接桩工程量计算规则

电焊接桩按设计接头，以个计算；硫磺胶泥接桩，按桩断面以平方米计算。

4. 送桩工程量计算规则

送桩按桩截面面积乘以送桩长度（即打桩架底至桩顶面高度或自桩顶面至自然地坪面另加 0.5m 计算）。

5. 打拔钢板桩工程量计算规则

打拔钢板桩按钢板桩重量以吨计算。

6. 钻孔灌注桩工程量计算规则

(1) 混凝土桩、砂桩、碎石桩的体积，按设计规定的桩长（包括桩尖，不扣除桩尖虚体积）乘以钢管管箍外径截面面积计算。

(2) 扩大桩的体积按单桩体积乘以次数计算。

(3) 打孔后先埋入预制混凝土桩尖，再灌注混凝土者，桩尖按钢筋混凝土章节规定计算体积，灌注桩按设计长度（自桩尖顶面至桩顶面高度）乘以钢管管箍外径截面面积计算。

7. 钻孔灌注桩工程量计算规则

钻孔灌注桩，按设计桩长（包括桩尖，不扣除桩尖虚体积）增加 0.25m 乘以设计断面面积计算。

8. 灌注混凝土桩的钢筋笼制作工程量计算规则

灌注混凝土桩的钢筋笼制作依设计规定，按钢筋混凝土章节相应项目以吨计算。

9. 泥浆运输工程量计算规则

泥浆运输工程量按钻孔体积以立方米计算。

10. 其他部分工程量计算规则

(1) 安、拆导向夹具，按设计图纸规定的水平延长米计算。

(2) 桩架 90°调面只适用轨道式、走管式、导杆、筒式柴油打桩机，以次计算。

11. 基础定额中有关桩基础工程需要注意的事项

（1）基础定额中土壤级别的划分应根据工程地质资料中的土层构造和土壤物理、力学性能的有关指标，参考纯沉桩时间确定。凡遇有砂夹层者，应首先按砂层情况确定土壤级别。无砂层者，按土壤物理力学性能指标并参考每米平均纯沉桩时间确定。用土壤力学性能指标鉴别土壤级别时，桩长在 12m 以内，相当于桩长的三分之一的土层厚度应达到所规定的指标。12m 以外，按 5m 厚度确定。土质鉴别见表 4-12。

土 质 鉴 别 表 表 4-12

内 容		土 壤 级 别	
		一级土	二级土
砂夹层	砂层连续厚度	＜1m	＞1m
	砂层中卵石含量		＜15％
物理性能	压缩系数	＞0.02	＜0.02
	孔隙比	＞0.7	＜0.7
力学性能	静力触探值	＜50	＞50
	动力触探系数	＜12	＞12
每米纯沉桩时间平均值		＜2min	＞2min
说明		桩经外力作用较易沉入的土，土壤中夹较薄的砂层	桩经外力作用较难沉入的土，土壤中夹有不超过 3m 的连续厚度砂层

（2）基础定额中除静力压桩外，均未包括接桩，如需接桩，除按相应打桩定额项目计算外，按设计要求另计算接桩项目。

（3）单位工程打（灌）桩工程量在表 4-13 规定数量以内时，其人工、机械量按相应定额项目乘以系数 1.25 计算。

（4）焊接桩接头钢材用量，设计与定额用量不同时，可按设计用量换算。

（5）打试验桩按相应定额项目的人工、机械乘以系数 2 计算。

（6）打桩、打孔，桩间净距小于 4 倍桩径（桩边长）的，按相应定额项目中的人工、机械乘以系数 1.13。

（7）定额以打直桩为准，如打斜桩，斜度在 1∶6 以内者，按相应定额项目乘以系数 1.25，如斜度大于 1∶6 者，按相应定额项目人工、机械乘以系数 1.43。

（8）定额以平地（坡度小于 15°）打桩为准，如在堤坡上（坡度大于 15°）打桩时，按相应定额项目人工、机械乘以系数 1.15。如在基坑内（基坑深度大于 1.5m）打桩或在地坪上打坑槽内（坑槽深度大于 1m）桩时，按相应定额项目人工、机械乘以系数 1.11。

（9）定额各种灌注的材料用量中，均已包括表 4-13 规定的充盈系数和材料损耗（见表 4-14）。

（10）在桩间补桩或强夯后的地基打桩时，按相应定额项目人工、机械乘以系数 1.15。

（11）打送桩时可按相应打桩定额项目综合工日及机械台班乘以表 4-15 规定系数计算。

项　目	单位工程的工程量	项　目	单位工程的工程量
钢筋混凝土方桩	150m³	打孔灌注混凝土桩	60m³
钢筋混凝土管桩	50m³	打孔灌注砂、石桩	60m³
钢筋混凝土板桩	50m³	钻孔灌注混凝土桩	100m³
钢板桩	50t	潜水钻孔灌注混凝土桩	100m³

灌注桩充盈系数和材料损耗率表　　　　表 4-14

项目名称	充盈系数	损耗率%
打孔灌注混凝土桩	1.25	1.5
钻孔灌注混凝土桩	1.30	1.5
打孔灌注砂桩	1.30	3
打孔灌注砂石桩	1.30	3

注：其中灌注砂石桩除上述充盈系数和损耗率外，还包括级配密实系数 1.334。

送桩系数表　　　　表 4-15

送桩深度	系　数	送桩深度	系　数
2m 以内	1.25	4m 以上	1.67
4m 以内	1.43		

（12）金属周转材料中包括桩帽、送桩器、桩帽盖、活瓣桩尖、钢管、料斗等属于周转性使用的材料。

12. 桩基础工程计算例题

接桩分为电焊接桩和硫磺胶泥接桩两种方式，电焊接桩按个计算，硫磺胶泥接桩按桩断面面积计算；送桩按桩截面乘以送桩长度（即打桩架底至桩顶面高度或自桩顶面至自然地坪面另加 0.5m）计算。

【例 4-7】　如图 4-15 所示，求接桩、送桩工程量。

解：接桩工程量＝0.4×0.4×2×4＝1.28(m²)；

　　送桩工程量＝0.4×0.4×1.0×4＝0.64(m²)。

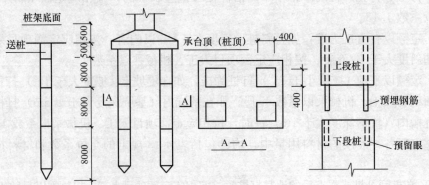

图 4-15　硫磺胶泥接桩示意图

三、脚手架工程

1. 脚手架工程量计算一般规则

（1）建筑物外墙脚手架，凡设计室外地坪至檐口（或女儿墙上表面）的砌筑高度在15m以下的按单排脚手架计算；砌筑高度在15m以上的或砌筑高度虽不足15m，但外墙门窗及装饰面积超过外墙表面积60%以上时，均按双排脚手架计算。

采用竹制脚手架时，按双排计算。

（2）建筑物内墙脚手架，凡设计室内地坪至顶板下表面（或山墙高度的1/2处）的砌筑高度在3.6m以下的，按里脚手架计算；砌筑高度3.6m以上时，按单排脚手架计算。

（3）石砌墙体，凡砌筑高度超过1.0m以上时，按外脚手架计算。

（4）计算内、外墙脚手架时，均不扣除门、窗洞口、空圈洞口等所占的面积。

（5）同一建筑物高度不同时，应按不同高度分别计算。

（6）现浇钢筋混凝土框架柱、梁按双排脚手架计算。

（7）围墙脚手架，凡室外自然地坪至围墙顶面的砌筑高度在3.6m以下的，按里脚手架计算；砌筑高度超过3.6m以上时，按单排脚手架计算。

（8）室内天棚装饰面距设计室内地坪在3.6m以上时，应计算满堂脚手架，计算满堂脚手架后，墙面装饰工程则不再计算脚手架。

（9）滑升模板施工的钢筋混凝土烟囱、筒仓，不另计算脚手架。

（10）砌筑贮仓，按双排外脚手架计算。

（11）贮水（油）池，大型设备基础，凡距地坪高度超过1.2m以上的，均按双排脚手架计算。

（12）整体满堂钢筋混凝土基础，凡其宽度超过3m以上时，按其底板面积计算满堂脚手架。

2. 砌筑脚手架工程量计算

（1）外脚手架按外墙外边线长度乘以外墙砌筑高度以平方米（m²）计算，凸出墙上宽度在24cm以内的墙垛，附墙烟囱等不计算脚手架；宽度超过24cm以外时按图示尺寸展开计算，并入外脚手架工程量之内。

（2）里脚手架按墙面垂直投影面积计算。

（3）独立柱按图示柱结构外围周长另加3.6m，乘以砌筑高度以平方米（m²）计算，套用相应外脚手架定额。

3. 现浇钢筋混凝土框架脚手架工程量计算

（1）现浇钢筋混凝土柱，按柱图示周长尺寸另加3.6m，乘以柱高以平方米（m²）计算，套用相应外脚手架定额。

（2）现浇钢筋混凝土梁、墙，按设计室外地坪或楼板上表面至楼板底之间的高度，乘以梁、墙净长以平方米（m²）计算，套用相应双排外脚手架定额。

4. 装饰工程脚手架工程量计算

（1）满堂脚手架，按室内净面积计算，其高度在3.6～5.2m之间时，计算基本层，超过5.2m时，每增加1.2m按增加一层计算，不足0.6m的不计。计算式表示如下：

$$满堂脚手架增加层＝（室内净高度－5.2m）÷1.2m$$

（2）挑脚手架，按搭设宽度和层数，以延长米计算。

（3）悬空脚手架，按搭设水平投影面积以平方米（m²）计算。

（4）高度超过 3.6m 墙面装饰不能利用原砌筑脚手架时，可以计算装饰脚手架。装饰脚手架按双排脚手架乘以 0.3 计算。

5. 其他脚手架工程量计算

（1）水平防护架，按实际铺板的水平投影面积，以平方米（m²）计算。

（2）垂直防护架，按自然地坪至最上一层横杆之间的搭设高度，乘以实际搭设长度，以平方米（m²）计算。

（3）架空运输脚手架，按搭投宽度以延长米计算。

（4）烟囱、水塔脚手架，区别不同搭设高度，以座计算。

（5）电梯井脚手架，按单孔以座计算。

（6）斜道，区别不同高度以座计算。

（7）砌筑贮仓脚手架，不分单筒或贮仓组均按单筒外边线周长，乘以设计室外地坪至贮仓上口之间高度，以平方米（m²）计算。

（8）贮水（油）池脚手架，按外壁周长乘以室外地坪至池壁顶面之间高度，以平方米（m²）计算。

（9）大型设备基础脚手架，按其外形周长乘地坪至外形顶面边线之间高度，以平方米（m²）计算。

（10）建筑物垂直封闭工程量按封闭面的垂直投影面积计算。

6. 安全网工程量计算

（1）立挂式安全网按架网部分的实挂长度乘以实挂高度计算。

（2）挑出式安全网按挑出的水平投影面积计算。

7. 脚手架工程基础定额说明

（1）定额外脚手架、里脚手架，按搭设材料分为木制、竹制、钢管脚手架；烟囱脚手架和电梯井字脚手架为钢管式脚手架。

（2）外脚手架定额中均综合了上料平台、护卫栏杆等。

（3）斜道是按依附斜道编制的，独立斜道按依附斜道定额项目人工、材料、机械乘以系数 1.80。

（4）水平防护架和垂直防护架指脚手架以外单独搭设的，用于车辆通道、人行通道、临街防护和施工与其他物体隔离等的防护。

（5）烟囱脚手架综合了垂直运输架、斜道、缆风绳、地锚等。

（6）水塔脚手架按相应的烟囱脚手架人工乘以系数 1.11，其他不变。

（7）架空运输道，以架宽 2m 为准，如架宽超过 2m 时，应按相应项目乘以系数 1.2，超过 3m 时按相应项目乘以系数 1.5。

（8）满堂基础套用满堂脚手架基本层定额项目的 50% 计算脚手架。

（9）外架全封闭材料按竹席考虑，如采用竹笆板时，人工乘以系数 1.10；采用编织布时，人工乘以系数 0.80。

（10）高层钢管脚手架是按现行规范为依据计算的，如采用型钢平台加固时，由各地市自行补充。

8. 脚手架工程计算例题

$$满堂脚手架增加层＝(室内净高度－5.2m)÷1.2m。$$

凡设计室外地坪至檐口（或女儿墙上表面）的砌筑高度在 15m 以下的按单排脚手架计算；砌筑高度在 15m 以上或砌筑高度虽不足 15m，但外墙门窗及装饰面积超过外墙表面积 60％以上时，均按双排脚手架计算。

外墙脚手架按外墙外边线长度乘以外墙砌筑高度以平方米（m²）计算，凸出墙外宽度在 24cm 以内的砖垛、附墙烟囱等不计算脚手架；宽度超过 24cm 以外时按图示尺寸展开计算，并入外墙脚手架工程量内。

凡设计室内地坪至屋顶板下表面（或山墙高度的 1/2 处）的砌筑高度在 3.6m 以下的，按里脚手架计算，砌筑高度超过 3.6m 以外时，按单排脚手架计算。里脚手架按墙面垂直投影面积计算。

【例 4-8】 如图 4-16 所示某建筑的示意图，求外墙脚手架工程量（施工中一般使用钢管脚手架）及内墙脚手架工程量。

解： 外墙脚手架工程量＝$[(13.2＋10.2)×2＋0.24×4]×(4.8＋0.4)＋(7.2×3＋$
$\qquad 0.24)×1.2＋[(6＋10.2)×2＋0.24×4]×4$
$\qquad ＝248.35＋26.21＋133.44$
$\qquad ＝408(m²)$

内墙脚手架工程量：单排脚手架工程量＝$[(6－0.24)＋(3.6×2－0.24)×2＋(4.2－$
$\qquad 0.24)]×4.8$
$\qquad ＝(5.76＋13.92＋3.96)×4.8$
$\qquad ＝113.47(m²)$

$\qquad$ 里脚手架工程量＝$5.76×3.6＝20.74(m²)$

四、砌筑工程量

1. 砌筑工程量一般规则

（1）计算墙体时，应扣除门窗洞口、过人洞、空圈、嵌入墙身的钢筋混凝土柱、梁（包括过梁、圈梁、挑梁）、平砌砖过梁和暖气包、壁龛及内墙板头的体积，不扣除梁头、外墙板头、檩木、垫木、木楞头、檐椽木、木砖、门窗走头、砖墙内的加固钢筋、木筋、铁件、钢管及每个面积在 0.3m² 以下的孔洞等所占的体积，凸出墙面的窗台虎头砖、压顶线、山墙泛水、烟囱根、门窗套及三皮砖以内的腰线和挑槽等体积也不增加。

（2）砖垛、三皮砖以上的腰线和挑檐等体积，并入相应墙身体积内计算。

（3）附墙烟囱（包括附墙通风道、垃圾道）按其外形体积计算，并入所依附的墙体体积内，不扣除每一个孔洞横截面在 0.1m² 以下的体积，但孔洞内的抹灰工程量也不增加。

（4）女儿墙高度，自外墙顶面至图示女儿墙顶面高度，分别按不同墙厚并入外墙计算。

（5）砖平碹、平砌砖过梁按图示尺寸以立方米计算。如设计无规定时，砖平碹按门窗洞口宽度两端共加 100mm，乘以高度（门窗洞口宽小于 1500mm 时，高度为 240mm，大于 1500mmn 时，高度为 365mm）计算；平砌砖过梁按门窗洞口宽度两端共加 500mm，高度按 440mm 计算。

2. 砌体厚度一般规则

（1）标准砖以 240mm×115mm×53mm 为准，其砌体计算厚度，按下表 4-16 计算。

标准砖砌体计算厚度表 表 4-16

砖数 （厚度）	1/4	1/2	3/4	1	1.5	2	2.5	3
计算厚度 （mm）	53	115	180	240	365	490	615	740

（2）使用非标准砖时，其砌体厚度应按砖实际规格和设计厚度计算。

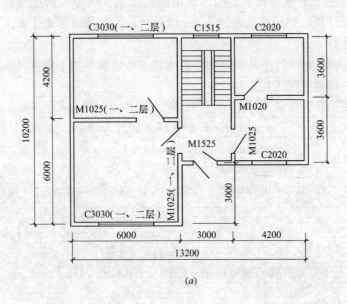

(a)

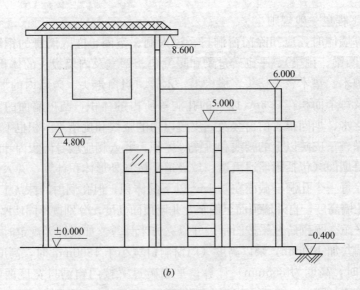

(b)

图 4-16　某建筑示意图

(a) 某建筑平面图；(b) 某建筑示意图

228

3. 基础与墙身（柱身）的划分

（1）基础与墙（柱）身使用同一种材料时，以设计室内地面为界（有地下室者，以地下室内设计地面为界），以下为基础，以上为墙（柱）身。

（2）基础与墙身使用不同材料时，位于设计室内地面±300mm 以内时，以不同材料为分界线，超过±300mm 时，以设计室内地面为分界线。

（3）砖、石围墙，以设计室外地坪为界线，以下为基础，以上为墙身。

4. 基础长度规定

外墙基按外墙中心线长度计算；内墙墙基按内墙基净长计算。基础大放脚 T 形接头处的重叠部分以及嵌入基础的钢筋、铁件、管道、基础防潮层及单个面积在 0.3m² 以内洞所占体积不予扣除，但靠墙暖气沟的挑檐亦不增加。附墙垛基础宽出部分体积应并入基础工程量内。

砖砌挖孔桩护壁工程量按实砌体积计算。

5. 墙的长度规定

外墙长度按外墙中心线长度计算，内墙长度按内墙净长线计算。

6. 墙身高度计算规则

（1）外墙墙身高度

斜（坡）屋面无檐口顶棚者算至屋面板底；有屋架，且室内外均有顶棚者，算至屋架下弦底面另加 200mm；无顶棚者算至屋架下弦底加 300mm，出檐宽度超过 600mm 时，应按实砌高度计算；平屋面算至钢筋混凝土板底。

（2）内墙墙身高度

位于屋架下弦者，其高度算至屋架底；无屋架者算至顶棚底另加 100mm；有钢筋混凝土楼板隔层者算至板底；有框架梁时算至梁底面。

（3）内、外山墙，墙身高度按平均高度计算。

7. 框架间砌体计算规则

区分内外墙以框架间的净空面积乘以墙厚计算，框架外表镶贴砖部分也并入框架间砌体工程量内计算。

8. 空花墙计算规则

按空花部分外形体积以立方米（m³）计算，空花部分不予扣除，其中实体以立方米（m³）另行计算。

9. 斗墙计算规则

按外形尺寸以立方米（m³）计算，墙角、内外墙交接处、门窗洞口立边、窗台砖及屋檐处的实砌部分已包括在定额内，不另行计算，但窗间墙、窗台下、楼板下、梁头下等实砌部分，应另行计算，套零星砌体定额项目。

10. 多孔砖、空心砖计算规则

按图示厚度以立方米（m³）计算，不扣除其孔、空心部分体积。

11. 填充墙计算规则

按外形尺寸以立方米（m³）计算，其中实砌部分已包括在定额内，不另计算。

12. 加气混凝土墙、硅酸盐砌块墙、小型空心砌块墙计算规则

按图示尺寸以立方米（m³）计算，按设计规定需要镶嵌砖砌体部分已包括在定额内，

不另计算。

13. 其他砖砌体计算规则

(1) 砖砌锅台、炉灶,不分大小,均按图示外形尺寸以立方米 (m³) 计算,不扣除各种孔洞的体积。

(2) 砖砌台阶(不包括梯带)按水平投影面积以平方米 (m²) 计算。

(3) 厕所蹲台、水槽腿、灯箱、垃圾箱、台阶挡墙或梯带、花台、花池、地垄墙及支撑地楞的砖墩,房上烟囱、屋面架空隔热层砖墩及毛石墙的门窗立边、窗台虎头砖等实砌体积,以立方米 (m³) 计算,套用零星砌体定额项目。

(4) 检查井及化粪池不分壁厚均以立方米 (m³) 计算,洞口上的砖平拱等并入砌体体积内计算。

(5) 砖砌地沟不分墙基、墙身合并以立方米 (m³) 计算。石砌地沟按其中心线长度以延长米计。

14. 砖烟囱计算规则

(1) 筒身

圆形、方形均按图示筒壁平均中心线周长乘以厚度并扣除筒身各种孔洞、钢筋混凝土圈梁等体积以立方米 (m³) 计算。其筒壁周长不同时可按下式分段计算。

$$V = \Sigma HCD$$

式中　V——筒身体积;

　H——每段筒身垂直高度;

　C——每段筒壁厚度;

　D——每段筒壁中心线的平均直径。

(2) 烟道、烟囱内衬按不同内衬材料并扣除孔洞后,以图示实体积计算。

(3) 烟囱内壁表面隔热层,按筒身内壁并扣除各种孔洞后的面积以平方米 (m²) 计算;填料按烟囱内衬与筒身之间的中心线平均周长乘以图示宽度和筒高,并扣除各种孔洞所占体积(但不扣除连接横砖及防沉带的体积)后以立方米 (m³) 计算。

(4) 烟道砌砖。烟道与炉体的划分以第一道闸门为界,炉体内的烟道部分列入炉体工程量计算。

15. 砖砌水塔计算规则

(1) 水塔基础与塔身划分。以砖砌体的扩大部分顶面为界,以上为塔身,以下为基础,分别套相应基础砌体定额。

(2) 塔身以图示实砌体积计算,并扣除门窗洞口和混凝土构件所占的体积,砖平拱及砖出檐等并入塔身体积内计算,套水塔砌筑定额。

(3) 砖水箱内外壁,不分壁厚,均以图示实砌体积计算,套相应的内外砖墙定额。

16. 砌体内的钢筋加固计算规则

应根据设计规定,以吨计算,套钢筋混凝土章节相应项目。

17. 砌筑工程基础定额说明

(1) 砌砖、砌块

1) 定额中砖的规格,是按标准砖编制的;砌块、多孔砖规格是按常用规格编制的。规格不同时,可以换算。

2）砖墙定额中已包括先立门窗框的调直用工以及腰线、窗台线、挑槽等一般出线用工。

3）砖砌体均包括了原浆勾缝用工，加浆勾缝时，另按相应定额计算。

4）填充墙以填炉渣及其混凝土为准，如实际使用材料与定额不同允许换算，其他不变。

5）墙体必须放置的拉结钢筋，应按钢筋混凝土章节另行计算。

6）硅酸盐砌块、加气混凝土砌块墙，是按水泥混合砂浆编制的，如设计使用水玻璃矿渣等粘结剂为胶合料时，应按设计要求另行换算。

7）圆形烟囱基础按砖基础定额执行，人工乘以系数 1.2。

8）砖砌挡土墙，两砖以上执行砖基础定额，两砖以内执行砖墙定额。

9）零星项目系指砖砌小便池槽、明沟、暗沟、隔热板带、砖墩、地板土墩等。

10）项目中砂浆系按常用规格、强度等级列出，如与设计不同时，可以换算。

（2）砌石

1）定额中粗、细料石（砌体）墙按 400mm×220mm×200mm，柱按 450mm×220mm×200mm，踏步石按 400mm×200mm×100mm 规格编制的。

2）毛石墙镶砖墙身按内背镶 1/2 砖编制的，墙体厚度为 600mm。

3）毛石护坡高度超过 4m 时，定额人工乘以系数 1.15。

4）砌筑圆弧形石砌体基础、墙（含砖石混合砌体）按定额项目人工乘以系数 1.1。

18. 砌筑工程计算例题

（1）基础长度：外墙基础按外墙中心线计算，内墙墙基按内墙净长度计算。基础大放脚、T 形接头处的重叠部分、嵌入基础的钢筋、铁件、管道、基础防潮层、0.3m² 以内孔洞所占体积不予扣除，但靠墙暖气沟挑檐也不增加，附墙垛基础宽出体积并入基础工程量中。

【例 4-9】 如图 4-17、图 4-18 所示。求砖基础工程量。

解：V＝砖基础断面面积×（外墙中心线长度＋内墙净长度）

＝（0.7×0.4＋0.5×0.4＋0.24×0.4）×[（15＋6）×2＋5.76×2]

＝30.83（m³）

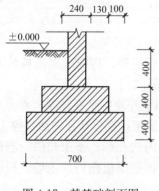

图 4-17 某基础剖面图

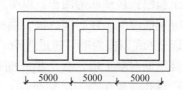

图 4-18 某基础平面示意图

【例 4-10】 如图 4-18、图 4-19 所示。求毛石基础工程量。

解： $V = $ 毛石基础断面面积$\times$（外墙中心线长度＋内墙净长度）

$\quad = (0.7\times0.4+0.5\times0.4)\times53.52 = 25.69(m^3)$

【例 4-11】 如图 4-18、图 4-20 所示。求毛面、砖基础工程量。

解： $V_{石} = $ 毛面基础断面面积$\times$（外墙中心线长度＋内墙净长度）

$\quad = (0.7\times0.4+0.5\times0.4)\times53.52 = 25.69(m^3)$；

$\quad V_{砖} = $ 砖基础断面面积$\times$（外墙中心线长度＋内墙净长度）

$\quad = 0.24\times0.6\times53.52 = 7.71(m^3)。$

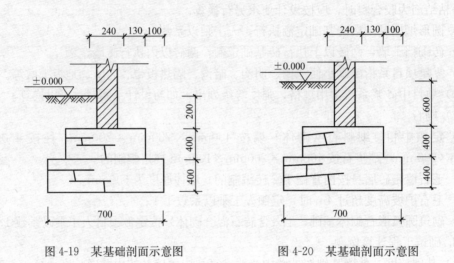

图 4-19　某基础剖面示意图　　　　　图 4-20　某基础剖面示意图

（2）墙体工程量：

【例 4-12】 如图 4-21、图 4-22 所示。求砖墙体工程量。

解： 外墙中心线长度：$L_{外} = (3.6\times3+5.8)\times2 = 33.2(m)$

外墙面积：$S_{外墙} = 33.2\times(3.3+3\times2+0.9) - $ 门窗面积 $= 284.1(m^2)$

内墙净长度：$L_{内} = 5.56\times2 = 11.2(m)$

内墙面积：$S_{内墙} = 11.2\times(9.3-0.13\times2) - (M-2) = 90.45(m^2)$

墙体体积：$V = (284.1+90.45)\times0.24 - $ 圈梁体积 $= 88.46(m^3)$

五、混凝土及钢筋混凝土工程

1. 现浇混凝土及钢筋混凝土模板工程量计算规则

（1）现浇混凝土及钢筋混凝土模板工程量，除另有规定外，均应区别模板的不同材质，按混凝土与模板接触面的面积，以平方米（m²）计算。

（2）现浇钢筋混凝土柱、梁、板、墙的支模高度（即室外地坪至板底或板面至板底之间的高度）以 3.6m 以内为准，超过 3.6m 以上部分，另按超过部分计算增加支撑工程量。

（3）现浇钢筋混凝土墙、板上单孔面积在 0.3m² 以内的孔洞，不予扣除，洞侧壁模板也不增加；单孔面积在 0.3m² 以外时，应予扣除，洞侧壁模板面积并入墙、板模板工程量之内计算。

（4）现浇钢筋混凝土框架分别按梁、板、柱、墙有关规定计算，附墙柱并入墙内工程量计算。

（5）杯形基础杯口高度大于杯口大边长度的，套高杯基础定额项目。

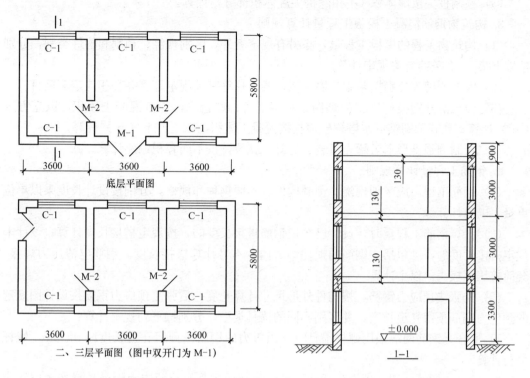

图 4-21　某建筑平面示意图

图 4-22　墙体计算简图

图注：1. 砖墙厚 240mm。

2. 圈梁用 C20 混凝土，I 级钢筋，沿外墙附设断面为 240mm×180mm。

3. M-1，2400mm×1200mm；M-2，2000mm×900mm；C-1，1500mm×1800mm。

（6）柱与梁、柱与墙、梁与梁等连接的重叠部分以及伸入墙内的梁头、板头部分，均不计算模板面积。

（7）构造柱外露面均应按图示外露部分计算模板面积。构造柱与墙接触面不计算模板面积。

（8）现浇钢筋混凝土悬挑板（雨篷、阳台）按图示外挑部分尺寸的水平投影面积计算。挑出墙外的牛腿梁及板边模板不另计算。

（9）现浇钢筋混凝土楼梯，以图示露明面尺寸的水平投影面积计算，不扣除小于 500mm 楼梯井所占面积。楼梯的踏步、踏步板平台梁等侧面模板，不另行计算。

（10）台阶不包括梯带，按图示台阶尺寸的水平面积计算，台阶端头两侧不另计算模板面积。

（11）现浇混凝土小型池槽按构件外围体积计算，池槽内、外侧及底部的模板不另行计算。

2. 预制钢筋混凝土构件模板工程量计算规则

（1）预制钢筋混凝土模板工程量，除另有规定者外均按混凝土实体体积以立方米（m³）计算。

（2）小型池槽按外形体积以米（m）计算。

（3）预制桩尖按虚体积（不扣除桩尖虚体积部分）计算。

3. 构筑物钢筋混凝土模板工程量计算规则

（1）构筑物工程的模板工程量，除另有规定者外，区别现浇、预制和构件类别，分别按以上第 1、2 条的有关规定计算。

（2）大型池槽等分别按基础、墙、板、梁、柱等有关规定计算并套相应定额项目。

（3）液压滑升钢模板施工的烟囱、水塔塔身、贮仓等，均按混凝土体积，以立方米（m³）计算。预制倒圆锥形水塔罐壳模板按混凝土体积，以立方米（m³）计算。

（4）预制倒圆锥形水塔罐壳组装、提升、就位，按不同容积以座计算。

4. 钢筋工程量计算规则

（1）钢筋工程，应区别现浇、预制构件、不同钢种和规格，分别按设计长度乘以单位重量，以吨计算。

（2）计算钢筋工程量时，设计已规定钢筋搭接长度的，按规定搭接长度计算；设计未规定搭接长度的，已包括在钢筋的损耗率之内，不另计算搭接长度。钢筋电渣压力焊接、套筒挤压等接头，以个计算。

（3）先张法预应力钢筋，按构件外形尺寸计算长度，后张法预应力钢筋按设计图规定的预应力钢筋预留孔道长度，并区别不同的锚具类型，分别按下列规定计算：

1）低合金钢筋两端采用螺杆锚具时，预应力的钢筋按预留孔道长度减 0.35m，螺杆另行计算。

2）低合金钢筋一端采用镦头插片，另一端螺杆锚具时，预应力钢筋长度按预留孔道长度计算，螺杆另行计算。

3）低合金钢筋一端采用镦头插片，另一端采用帮条锚具时，预应力钢筋增加 0.15m，两端采用帮条锚具时预应力钢筋共增加 0.3m 计算。

4）低合金钢筋采用后张混凝土自锚时，预应力钢筋长度增加 0.35m 计算。

5）低合金钢筋或钢绞线采用 JM、XM、QM 型锚具孔道长度在 20m 以内时，预应力钢筋长度增加 1m；孔道长度 20m 以上时预应力钢筋长度增加 1.8m 计算。

6）碳素钢丝采用锥形锚具，孔道长在 20m 以内时，预应力钢筋长度增加 1m；孔道长在 20m 以上时，预应力钢筋长度增加 1.8m。

7）碳素钢丝两端采用镦粗头时，预应力钢丝长度增加 0.35m 计算。

5. 钢筋混凝土构件预埋铁件工程量计算规则

钢筋混凝土构件预埋铁件工程量，按设计图示尺寸，以吨计算。

6. 现浇混凝土工程量计算规则

（1）混凝土工程量除另有规定者外，均按图示尺寸实体体积以立方米（m³）计算。不扣除构件内钢筋、预埋铁件及墙、板中 0.3m² 内的孔洞所占体积。

（2）基础

1）有肋带形混凝土基础，其肋高与肋宽之比在 4:1 以内的按有肋带形基础计算。超过 4:1 时，其基础底按板式基础计算，以上部分按墙计算。

2）箱式满堂基础应分别按无梁式满堂基础、柱、墙、梁、板有关规定计算，套相应定额项目。

3）设备基础除块体以外，其他类型设备基础分别按基础、梁、柱、板、墙等有关规定计算，套相应的定额项目计算。

（3）柱

按图示断面尺寸乘以柱高以立方米（m³）计算。柱高按下列规定确定：

1）有梁板的柱高，应自柱基上表面（或楼板上表面）至上一层楼板上表面之间的高度计算。

2）无梁板的柱高，应自柱基上表面（或楼板上表面）至柱帽下表面之间的高度计算。

3）框架柱的柱高应自柱基上表面至柱顶高度计算。

4）构造柱按全高计算，与砖墙嵌接部分的体积并入柱身体积内计算。

5）依附柱上的牛腿，并入柱身体积内计算。

（4）梁

按图示断面尺寸乘以梁长以立方米（m³）计算，梁长按下列规定确定：

1）梁与柱连接时，梁长算至柱侧面。

2）主梁与次梁连接时，次梁长算至主梁侧面。

3）伸入墙内梁头，梁垫体积并入梁体积内计算。

（5）板

按图示面积乘以板厚以立方米（m³）计算，其中：

1）有梁板包括主、次梁与板，按梁、板体积之和计算。

2）无梁板按板和柱帽体积之和计算。

3）平板按板实体体积计算。

4）现浇挑檐天沟与板（包括屋面板、楼板）连接时，以外墙为分界线，与圈梁（包括其他梁）连接时，以梁外边线为分界线。外墙边线以外或梁外边线以外为挑槽天沟。

5）各类板伸入墙内的板头并入板体积内计算。

（6）墙

按图示中心线长度乘以墙高及厚度以立方米（m³）计算，应扣除门窗洞口及 0.3m² 以外孔洞的体积，墙垛及突出部分并入墙体积内计算。

（7）整体楼梯包括休息平台、平台梁、斜梁及楼梯的连接梁，按水平投影面积计算，不扣除宽度小于 500mm 的楼梯井，伸入墙内部分不另增加。

（8）阳台、雨篷（悬挑板），按伸出外墙的水平投影面积计算，伸出外墙的牛腿不另计算。带反挑檐的雨篷按展开面积并入雨篷内计算。

（9）栏杆按净长度以延长米计算。伸入墙内的长度已综合在定额内。栏板以立方米（m³）计算，伸入墙内的栏板，合并计算。

（10）预制板补现浇板缝时，按平板计算。

（11）预制钢筋混凝土框架柱现浇接头（包括梁接头）按设计规定断面和长度以立方米（m³）计算。

7. 预制混凝土工程量计算规则

（1）混凝土工程量均按图示尺寸实体体积以立方米（m³）计算，不扣除构件内钢筋、铁件及小于 300mm×300mm 以内孔洞面积。

（2）预制桩按桩全长（包括桩尖）乘以桩断面（空心桩应扣除孔洞体积）以立方米

（m^3）计算。

（3）混凝土与钢杆件组合的构件，混凝土部分按构件实体积以立方米（m^3）计算，钢构件部分按吨（t）计算，分别套相应的定额项目。

8. 固定预埋螺栓、铁件的支架，固定双层钢筋的铁马凳、垫铁件工程量计算规则

固定预埋螺栓、铁件的支架，固定双层钢筋的铁马凳、垫铁件，按审定的施工组织设计规定计算，套相应定额项目。

9. 构筑物钢筋混凝土工程量计算规则

（1）构筑物混凝土除另规定者外，均按图示尺寸扣除门窗洞口及 $0.3m^2$ 以外孔洞所占体积以实体体积计算。

（2）水塔

1）筒身与槽底以槽底连接的圈梁底为界，以上为槽底，以下为筒身。

2）筒式塔身及依附于筒身的过梁、雨篷、挑檐等并入筒身体积内计算；柱式塔身、柱、梁合并计算。

3）塔顶及槽底，塔顶包括顶板和圈梁，槽底包括底板挑出的斜壁板和圈梁等合并计算。

（3）贮水池

不分平底、锥底、坡底，均按池底计算；壁基梁、池壁不分圆形壁和矩形壁，均按池壁计算；其他项目均按现浇混凝土部分相应项目计算。

10. 钢筋混凝土构件接头灌缝工程量计算规则

（1）钢筋混凝土构件接头灌缝，包括构件坐浆、灌缝、堵板孔、塞板（梁）缝等，均按预制钢筋混凝土构件实体积以立方米（m^3）计算。

（2）柱与柱基的灌缝，按首层柱体积计算；首层以上柱灌缝按各层柱体积计算。

（3）空心板堵孔的人工材料，已包括在定额内。如不堵孔时每 $10m^3$ 空心板体积应扣除 $0.23m^3$ 预制混凝土块和 2.2 工日。

11. 混凝土及钢筋混凝土工程基础定额说明

（1）模板

1）现浇混凝土模板按不同构件，分别以组合钢模板、钢支撑、木支撑，复合木模板、钢支撑、木支撑，木模板、木支撑配制，模板不同时，可以编制补充定额。

2）预制钢筋混凝土模板，按不同构件分别以组合钢模板、复合木模板、木模板、定型钢模、长线台钢拉模，并配制相应的砖地模、砖胎模、长线台混凝土地模编制的，使用其他模板时，可以换算。

3）本定额中框架轻板项目，只适用于全装配式定型框架轻板住宅工程。

4）模板工作内容包括：清理、场内运输、安装、刷隔离剂、浇灌混凝土时模板维护、拆模、集中堆放、场外运输。木模板包括制作（预制包括刨光，现浇不刨光），组合钢模板、复合木模板包括装箱。

5）现浇混凝土梁、板、柱、墙是按支模高度（地面至板底）3.6m 编制的，超过 3.6m 时按超过部分工程量另按超高的项目计算。

6）用钢滑升模板施工的烟囱、水塔及贮仓是按无井架施工计算的，并综合了操作平台。不再计算脚手架及竖井架。

7）用钢滑升模板施工的烟囱、水塔、提升模板使用的钢爬杆用量是按 100％ 摊销计算的，贮仓是按 50％ 摊销计算的，设计要求不同时，另行换算。

8）倒锥壳水塔塔身钢滑升模板项目，也适用于一般水塔塔身滑升模板工程。

9）烟囱钢滑升模板项目均已包括烟囱筒身、牛腿、烟道口，水塔钢滑升模板均已包括直筒、门窗洞口等模板用量。

10）组合钢模板、复合木模板项目，未包括回库维修费用。应按定额项目中所列摊销量的模板、零星夹具材料价格的 8％ 计入模板预算价格之内。回库维修费用的内容包括模板的运输费、维修的人工、机械、材料费用等。

（2）钢筋

1）钢筋工程量按钢筋的不同品种、不同规格，按现浇构件钢筋、预制构件钢筋、预应力钢筋及箍筋分别列项。

2）预应力构件中的非预应力钢筋按预制钢筋相应项目计算。

3）设计图纸未注明的钢筋接头和施工损耗的，已综合在定额项目内。

4）绑扎钢丝、成型点焊和接头焊接用的电焊条已综合在定额项目内。

5）钢筋工程内容包括制作、绑扎、安装以及浇灌混凝土的维护钢筋用工。

6）现浇构件钢筋以手工绑扎，预制构件钢筋以手工绑扎、点焊分别列项，实际施工与定额不同时，不再换算。

7）非预应力钢筋不包括冷加工，如设计要求冷加工时，另行计算。

8）预应力钢筋如设计要求人工时效处理时，应另行计算。

9）预制构件钢筋，如用不同直径钢筋点焊在一起时，按直径最小的定额项目计算，如粗细筋直径比在两倍以上时，其人工乘以系数 1.25。

10）后张法钢筋的锚固是按钢筋帮条焊、U 形插垫编制的，如采用其他方法锚固时，应另行计算。

11）表 4-17 所列的构件，其钢筋可按表列系数调整人工、机械用量。

允许调整钢筋人工、机械构件表及调整系数表 　　　　　　表 4-17

项　目	预 制 钢 筋		现 浇 钢 筋		构　筑　物			
系数范围	拱梯形屋架	托架梁	小型构件	小型池槽	烟　囱	水　塔	贮　仓	
							矩　形	圆　形
人工、机械调整系数	1.16	1.05	2	2.52	1.7	1.7	1.25	1.50

（3）混凝土

1）混凝土的工作内容包括：筛砂子、筛选石子、后台运输、搅拌、前台运输、清理、润湿模板、浇灌、捣固、养护。

2）毛石混凝土，系按毛石占混凝土体积 20％ 计算的。如设计要求不同时，可以换算。

3）小型混凝土构件，系指每件体积在 0.05m³ 以内的未列入定额项目的构件。

4）预制构件厂生产的构件，在混凝土定额项目中考虑了预制厂内构件运输、堆放、码垛、装车运出等的工作内容。

5）构筑物混凝土按构件选用相应的定额项目。

6）轻板框架的混凝土梅花柱按预制异型柱；叠合梁按预制异形梁；楼梯段和整间大楼板按相应预制构件定额项目计算。

7）现浇钢筋混凝土柱、墙定额项目，均按规范规定综合了底部灌注1∶2水泥砂浆。

8）混凝土已按常用列出强度等级，如与设计要求不同时，可以换算。

12. 混凝土及钢筋混凝土工程计算例题

（1）混凝土条形基础工程量计算

【例 4-13】 如图 4-23 所示。求条形基础工程量。

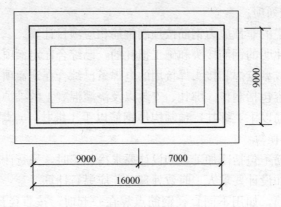

基础平面图

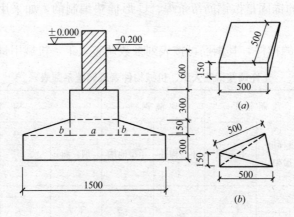

图 4-23　某工程基础示意图

解：混凝土条形基础工程量=[0.5×3×0.3+(1.5+0.5)×0.15÷2+0.5×0.3]×
　　　　　　 [16×2+9×2+(9-1.5)]
　　　　　　=0.75×57.5
　　　　　　=43.125(m³)

丁字角计算：

a：0.5×0.5×0.15÷2=0.019(m³)

b：$0.15 \times 0.5 \div 2 \times 0.5 \div 3 = 0.0063(\text{m}^3)$

$V_{总} = 43.125 + 0.019 \times 2 + 0.0063 \times 2 \times 2 = 43.1882(\text{m}^3)$

(2)现浇混凝土井格基础工程量计算

【例4-14】 如图4-24所示。求基础工程量。

解：混凝土独立基础 $= [1.2 \times 1.2 \times 0.4 + (1.2 \times 1.2 + 0.6 \times 0.6 + 1.2 \times 0.6) \times 0.35 \div 3] \times 6$

$= 5.22(\text{m}^3)$

混凝土条形基础 $= [1 \times 0.4 + (1 + 0.4) \times 0.2 \div 2] \times [(15 - 1.2) \times 3 + (15 + 10 - 1.2 \times 2) \times 2]$

$= 46.76(\text{m}^3)$

丁字角计算：

a：$0.171 \times 0.4 \times 0.2 \div 2 = 0.0068(\text{m}^3)$

b：$0.2 \times 0.3 \div 2 \times 0.171 \div 3 = 0.0017(\text{m}^3)$

$V_{总} = 46.76 + 0.068 \times 14 + 0.0017 \times 14 \times 2 = 46.9(\text{m}^3)$

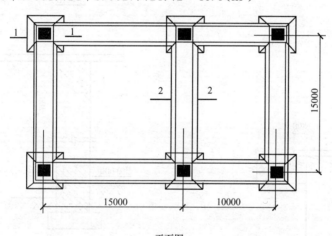

平面图

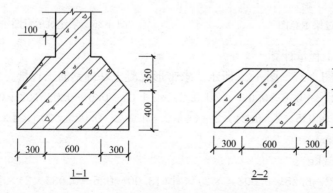

图4-24 井格基础示意图

(3)圈梁兼过梁工程量计算

【例4-15】 如图4-25、图4-26所示。求圈梁兼过梁时的工程量。

解：过梁工程量＝[(3.3＋0.8×2)＋(2＋1.6)×3＋(1.5＋1.6)＋(0.9＋0.8×2)×3＋

$\qquad$ (1.5＋1.6)]×0.24×0.24＝1.69(m³)

$\qquad$ 圈梁工程量＝[(11.4＋6.12)×2＋6.6＋3.6＋2.5－3.3－2×3－1.5－1.5－

$\qquad$ 0.9×3]×0.24×0.24＝1.886(m³)

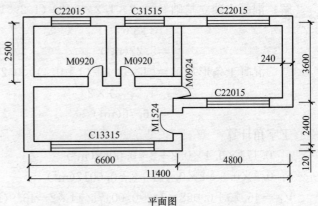

平面图

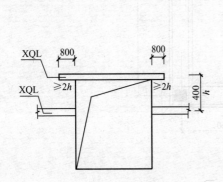

图 4-25　圈梁兼过梁示意图

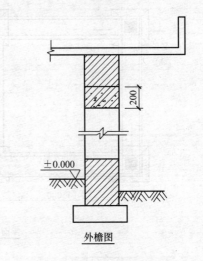

外檐图

图 4-26　某建筑示意图

(4) 带形基础工程量计算

【例 4-16】　如图 4-27、图 4-28 所示。求带形混凝土基础钢筋工程量。

解：1)ϕ16＝[(13＋0.6－0.035×2＋0.2)×2＋(5＋0.6－0.035×2＋0.2)＋(7＋0.6

$\qquad$ －0.035×2＋0.2)×2＋(4＋0.6＋0.2－0.035×2)]×4×1.58＝337.36

$\qquad$ (kg)

2)ϕ16＝337.36(kg)

3)ϕ8＝(2.1×2＋6.25×0.008××2)×{[(13.00－0.6－0.035×2)×2＋(5.00－0.6

$\qquad$ －0.035×2)＋(7.0－0.6－0.035×2)×2＋(4.0－0.6－0.035×2)]÷0.20＋

$\qquad$ 6}×0.395

$\qquad$ ＝4.3×[(24.66＋4.33＋6.33×2＋3.33)÷0.216]×0.395

$\qquad$ ＝4.3×231×0.395＝392.35(kg)

240

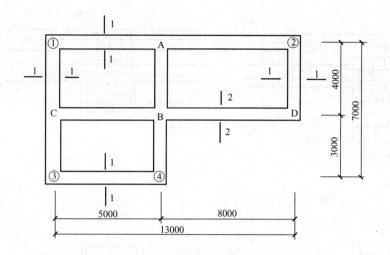

某基础平面示意图

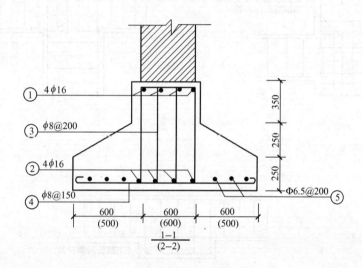

图 4-27　某建筑示意图

角①、②、③、④、D 处角筋：

$\phi 8 = (0.6 \times 3 - 0.035 + 6.25 \times 0.008 \times 2 + 0.3) \times [(0.6 \times 3 - 0.035 \times 2) \div 0.15 + 1] \times$

　　0.395×2（双向）$\times 4.5$（角）

　　$= 92.36$（kg）

4）1-1 剖面其他处主筋：

$\phi 8 = (0.6 \times 3 - 0.035 \times 2 + 6.25 \times 0.008 \times 2 + 0.3) \times \{[(13.00 - 0.9 \times 2) + (5.00 -$

　　$1.8) + 1] \times 0.395$

　　$= 1.83 \times 186 \times 0.395 = 134.45$（kg）

A 处丁字口加密主筋：

　　　$\phi 8 = 1.83 \times (0.9 \div 0.075 + 1) \div 0.395 = 1.83 \times 13 \times 0.395 = 9.39$（kg）

5）H 剖面 B 处加密筋：

　　　$\phi 8 = 1.83 \times (1.6 \div 0.15 + 1) \times 0.395 = 1.83 \times 12 \times 0.395 = 8.67$（kg）

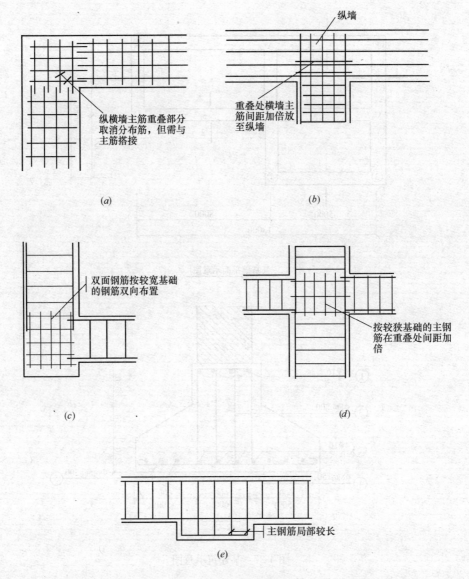

图 4-28 配筋形式示意图

(a) L形交接处; (b) T形交接处; (c) 马头墙处; (d) 十字交接处; (e) 砖墩处

2-2 剖面其他处主筋：

$\phi 8 = 10.5 \times 2 + 0.6 - 0.035 \times 2 + 6.25 \times 0.008 \times 2 \times [(13.00 - 1.8) \div 0.15 + 1]$
$\times 0.395$

$= 1.63 \times 76 \times 0.395 = 48.93 (\text{kg})$

C、B 处 2-2 剖面主筋加密：

$\phi 8 = 1.63 \times (1.8 \div 0.15 + 1 + 0.9 \div 0.075 + 1) \times 0.395 = 16.74 (\text{kg})$

D 处 2-2 角主筋：

$\phi 8 = (1.6 - 0.035 + 6.25 \times 0.008 \times 2 + 0.3) \times (1.8 \div 0.15 + 1) \times 0.395 = 10.09 (\text{kg})$

H 剖面分布筋：

$\phi6.5=[(13.00-1.8+6.25\times0.0065\times2)+(5.0-1.8+6.25\times0.0065\times2)$

$+(7.0-1.8+0.0813)+(7.0-1.8+0.0813\times2+0.3)$

$+(4.0-1.7+0.0813)]\times8\times0.26$

$=(11.28+3.28+5.285.66+2.38)\times8\times0.26=57.99(kg)$

2-2 剖面分布筋：

$\phi6.5=(13.00-1.8+0.0813\times2+0.3\times4)\times6\times0.26=12.56\times6+0.26=19.59(kg)$

六、构件运输及安装工程

1. 预制混凝土构件运输及安装均按构件图示尺寸，以实体积计算；钢构件按构件设计图示尺寸以吨（t）计算，所需螺栓、电焊条等重量不另行计算。木门窗以外框面积以平方米（m²）计算。

2. 预制混凝土构件运输及安装工程量计算规则

预制混凝土构件运输及安装损耗率，按表4-18规定计算后并入构件工程量内。其中预制混凝土屋架、托架及长度在9m以上的梁、板、柱不计算损耗率。

预制钢筋混凝土构件制作、运输、安装损耗率　　　　　表4-18

名　称	制作废品率	运输堆放损耗	安装（打桩）损耗
各类预制构件	0.2%	0.8%	0.5%
预制钢筋混凝土桩	0.1%	0.4%	1.5%

3. 预制混凝土构件运输的最大运输距离取50km以内；钢构件在20km以内；超过时另行补充。加气混凝土板（块）、硅酸盐块运输每立方米折合钢筋混凝土构件体积0.4m³按一类构件运输计算。

4. 焊接形成的预制钢筋混凝土框架结构，其柱安装按框架柱计算，梁安装按框架梁计算；节点浇筑成形的框架，按连体框架梁、柱计算。

5. 预制钢筋混凝土工字形柱、矩形柱、空腹柱、双肢柱、空心柱，按柱安装计算。

6. 组合屋架安装，以混凝土部分实体体积计算，钢杆件部分不另计算。

7. 预制钢筋混凝土多层柱安装，首层柱按柱安装计算，二层及二层以上按柱接柱计算。

8. 钢构件安装按图示构件钢材重量以吨（t）计算。依附于钢柱上的牛腿及悬臂梁等，并入柱身主材重量计算。金属结构中所用钢板，设计为多边形者，按矩形计算，矩形的边长以设计尺寸中互相垂直的最大尺寸为准。

9. 混凝土构件分六类；金属结构构件分为三类，见表4-19、表4-20。

预制混凝土构件分类　　　　　表4-19

类别	项　目
1	4m以内空心板、实心板
2	6m以内的桩、屋面板、工业楼板、进深梁、基础梁、吊车梁、楼梯休息板、楼梯段、阳台板
3	6m以上至14m梁、板、柱、桩，各类屋架、桁架、托架（14m以上另行处理）
4	天窗架、挡风架、侧板、端壁板、大窗上下档、门框及单体体积在0.1m³以内小构件
5	装配式内、外墙板、大楼板、厕所板
6	隔墙板（高层板）

类 别	项 目
1	钢杆、屋架、托架梁、防风椅架
2	吊车梁、制动梁、型钢檩条、钢支撑、上下档、钢拉杆栏杆、盖板、垃圾出灰门、倒灰门、箅子、爬梯、零星构件平台、操作台、走道休息台、扶梯、钢吊车梯台、烟囱紧固箍
3	墙架、挡风架、天窗架、组合檩条、轻型屋架、滚动支架、悬挂支架、管道支架

10. 构件运输过程中，如遇路桥限载（限高），而发生的加固、拓宽等费用及有电车线路和公安交通管理部门的保安护送费用，应另行处理。

11. 机械吊装是按机械起吊点中心回转半径 15m 以内的距离计算的。如超出 15m 时，应另按构件 1km 运输定额项目执行。每一工作循环中，均包括机械的必要位移。柱接柱定额未包括钢筋焊接。

12. 小型构件安装系指单体小于 0.1m³ 的构件安装。升板预制柱加固系指预制柱安装后，至楼板提升完成期间所需的加固搭设费。不包括金属构件拼接和安装所需的连接螺栓。

13. 钢屋架单件重量在 1t 以下者，按轻钢屋架定额计算。钢柱、钢屋架加天窗架安装定额中，不包括拼装工序，如需拼装时，按拼装定额项目计算。凡单位一栏注有"%"者，均指该项费用占本项定额总价的百分数。

14. 预制混凝土构件若采用砖模制作时，其安装定额中的人工、机械乘以系数 1.1。预制混凝土构件和金属构件安装定额均不包括为安装工程所搭设的临时性脚手架，若发生应另按有关规定计算。定额中的塔式起重机台班均已包括在垂直运输机械费定额中。

钢构件的安装螺栓均为普通螺栓，若使用其他螺栓时，应按有关规定进行调整。

15. 构件运输及安装工程计算例题

【例 4-17】 如已知空心板 100 块，每块 0.33m³，运距 50km。求构件运输工程量并套定额。

解：空心板运输工程量＝图示工程量×1.013

空心板运输工程量＝0.33×1.013×100＝33.43（m³）

【例 4-18】 某工业厂房柱间钢支撑每一副制作工程量为 90.60kg，共 80 副，运距 10km，求运输及安装工程量。

解：钢支撑属Ⅱ类运输构件。

按定额规定：该钢支撑运输及安装工程量，系焊接结构，应按制作工程量另加 1.5% 的焊条重量计算。

则，钢支撑运输工程量＝90.60×80×（1＋1.5%）＝7356.72（kg）＝7.36（t）

七、门窗及木结构工程

1. 各类门、窗制作、安装工程量均按门、窗洞口面积计算。门、窗盖口条、贴脸、披水条，按图示尺寸以延长米计算，执行木装修项目。普通窗上部带有半圆窗的工程量应分别按半圆窗和普通窗计算。其分界线以普通窗和半圆窗之间的横框上裁口线为分界线。门窗扇包镀锌薄钢板，按门、窗洞口面积以平方米（m²）计算；门窗框包镀锌薄钢板，钉橡皮条、钉毛毡按图示门窗洞口尺寸以延长米计算。

2. 铝合金门窗制作、安装，铝合金、不锈钢门窗、彩板组角钢门窗、塑料门窗、钢门窗安装，均按设计门窗洞口面积计算。

3. 卷闸门安装按洞口高度增加600mm乘以门实际宽度以平方米（m²）计算。电动装置安装以套计算，小门安装以个计算。

4. 不锈钢片包门框按框外表面面积以平方米（m²）计算；彩板组角钢门窗附框安装按延长米计算。

5. 木屋架制作安装均按设计断面竣工木料以立方米（m³）计算，其后备长度及配制损耗均不另外计算。方木屋架一面刨光时增加3mm，两面刨光时增加5mm，圆木屋架按屋架刨光时木材体积每立方米增加0.05m³计算。附属于屋架的夹板、垫木等已并入相应的屋架制作项目中，不另计算。与屋架连接的挑檐木、支撑等，其工程量并入屋架竣工木料体积内计算。屋架的制作安装应区别不同跨度，其跨度应以屋架上下弦杆的中心线交点之间的长度为准。带气楼的屋架并入所依附屋架的体积内计算。屋架的马尾、折角和正交部分半屋架，应并入相连接屋架的体积内计算。钢木屋架区分圆木、方木，按竣工木料以立方米（m³）计算。

6. 圆木屋架连接的挑檐木、支撑等如为方木时，其方木部分应乘以系数1.7折合成圆木并入屋架竣工木料内，单独的方木挑檐，按矩形檩木计算。

7. 檩木按竣工木料以立方米（m³）计算。简支檩长度按设计规定计算，如设计无规定者，按屋架或山墙中距增加200mm计算，如两端出山，檩条长度算至博风板。连续檩条的长度按设计长度计算，其接头长度按全部连续檩木总体积的5%计算。檩条托木已计入相应的檩木制作安装项目中，不另计算。

8. 屋面木基层，按屋面斜面积计算。天窗挑檐重叠部分按设计规定计算，屋面烟囱及斜沟部分所占面积不扣除。封檐板按图示檐口外围长度计算，博风板按斜长度计算，每个大刀头增加长度500mm。木楼梯按水平投影面积计算，不扣除宽度小于300mm楼梯井，其踢脚板、平台和伸入墙内部分，不另计算。

9. 木材木种分类如下：

一类：红松、水桐木、樟子松。

二类：白松（方杉、冷杉）、杉木、杨木、柳木、椴木。

三类：青松、黄花松、秋子木、马尾松、东北榆木、柏木、苦楝木、梓木、黄菠萝、椿木、柚木、楠木、樟木。

四类：栎木（即柞木）、檀木、色木、槐木、荔木、麻栗木（麻栎、青刚）、桦木、荷木、水曲柳、华北榆木。

本章木材木种均以一、二类木种为准，如采用三、四类木种时，分别乘以下列系数：木门窗制作，按相应项目人工和机械乘以系数1.3；木门窗安装，按相应项目的人工和机械乘以系数1.16；其他项目按相应项目人工和机械乘以系数1.35。

10. 板、方材规格分类如下，见表4-21。

板、方材规格分类表 　　　　　　　　　　　　　　　　　　表 4-21

项目	按宽度尺寸比例分类	按板材厚度、方材宽、厚乘积			
板材	宽≥3×厚	名称	薄板	中板	厚板	特厚板
		厚度(mm)	<18	19~35	36~65	≥66
方材	宽<3×厚	名称	小方	中方	大方	特大方
		宽×厚 cm²	<54	55~100	101~225	≥225

11. 木材断面或厚度均以毛料为准。如设计图纸注明的断面或厚度为净料时，应增加刨光损耗：板材、方材一面刨光增加 3mm；两面刨光增加 5mm；圆木每立方米材积增加 0.05m²。

12. 框、扇断面取定如下：无纱镶板门框 60mm×10mm；有纱镶板门框 60mm×120mm；无纱窗框 60mm×90mm；有纱窗框 60mm×110mm；纱镶板门扇 45mm×100mm；有纱镶板门扇 45mm×10mm+35mm×100mm；无纱窗扇 45mm×60mm；有纱窗扇 45mm×60mm+35mm×60mm，胶合板门扇 38mm×60mm。

取定的断面与设计规定不同时，应按比例换算。框断面以边框断面为准（框裁口如为钉条者加贴条的断面），扇料以主挺断面为准。换算公式为：设计断面（加抛光损耗）定额材积/定额断面。

13. 木结构工程计算例题

【例 4-19】 如图 4-29 所示。求单扇无纱带亮镶板门、双扇无纱无亮镶板门的工程量。

解： 单扇无纱带亮镶板门工程量=2.5×0.9=2.25（m²）

　　　　双扇无纱无亮镶板门工程量=2.4×1.5=3.6（m²）

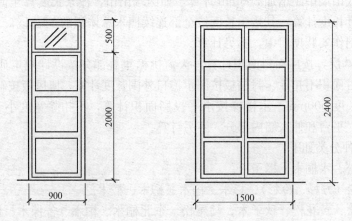

图 4-29　镶板门示意图

【例 4-20】 卷闸门安装按洞口高度增加 600mm 乘以门实际宽度，以平方米计算。电动装置安装以套计算，小门安装以个计算。例如，根据图 4-30 所示，根据已知尺寸，计算卷闸门工程量。

解： $S=3.2×(3.6+0.6)=13.44（m²）$

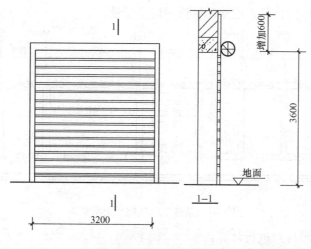

图 4-30　卷闸门示意图

八、楼地面工程

1. 地面垫层按室内主墙间净空面积乘以设计厚度以立方米（m³）计算。应扣除凸出地面的构筑物、设备基础、室内管道、地沟等所占体积，不扣除柱、垛、间壁墙、附墙烟囱及面积在 0.3m² 内孔洞所占体积。

2. 整体面层、找平层均按主墙间净空面积以平方米（m²）计算。应扣除凸出地面构筑物、设备基础、室内铁道、地沟等所占面积，不扣除柱、垛、间壁墙、附墙烟囱及面积在 0.3m² 以内的孔洞所占面积，但门洞、空圈、暖气包槽、壁龛的开口部分也不增加。

3. 块料面层，按图示尺寸实铺面积以平方米（m²）计算，门洞、空圈、暖气包槽和壁龛的开口部分的工程量并入相应的面层内计算。

4. 楼梯面层（包括踏步、平台以及小 500mm 宽的楼梯井）按水平投影面积计算。

5. 各台阶面层（包括踏步及最上一层踏步沿 300mm 按水平投影面积计算）。踢脚板按延长米计算，洞口、空圈长度不予扣除，洞口、空圈、垛、附墙烟囱等侧壁长度亦不增加。散水、防滑坡道按图示尺寸以平方米（m²）计算。栏杆、扶手包括弯头长度按延长米计算。防滑条按楼梯踏步两端距离减 300mm 以延长米计算。明沟按图示尺寸以延长米计算。

6. 水泥砂浆、水泥石子浆、混凝土等的配合比，如设计规定与定额不同时，可以换算。整体面层、块料面层中的楼地面工程项目，均不包括踢脚板工料；不包括踢脚板、侧面及板底抹灰，另按相应定额项目计算。踢脚板高度是按 150mm 编制的，超过时材料用量可以调整，人工、机械用量不变。菱苦土地面、现浇水磨石定额项目已包括酸洗打蜡工料，其余项目均不包括酸洗打蜡。

7. 扶手、栏杆、栏板适用于楼梯、走廊、回廊及其他装饰性栏杆、栏板。扶手不包括弯头制安，另按弯头单项定额计算。台阶不包括牵边、侧面装饰。

8. 楼地面工程计算例题

【例 4-21】　如图 4-31 所示，已知具体做法为：1∶2.5 水泥砂浆面层厚 25mm，素水泥浆一道，C20 细石混凝土找平层厚 40mm，水泥砂浆踢脚线高为 150mm。求某建筑标准层房间（不包括卫生间）及走廊地面整体面层工程量。

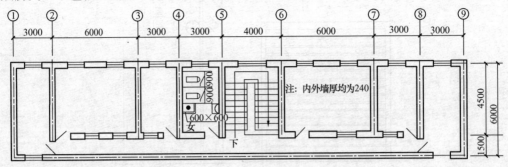

图 4-31　某建筑标准层平面示意图

解：按轴线序号排列进行计算：

工程量 $= (3-0.12\times2)\times(6-0.12\times2)+(6-0.12\times2)\times(4.5-0.12\times2)+(3-0.12\times2)\times(4.5-0.12\times2)+(6-0.12\times2)\times(4.5-0.12\times2)+(3-0.12\times2)\times(4.5-0.12\times2)+(3-0.12\times2)\times(6-0.12\times2)+(6+3+3+4+6+3-0.12\times2)\times(1.5-0.12\times2)$

$\qquad = 135.58(\mathrm{m}^2)$

【例 4-22】　如图 4-32 所示，计算一层水泥豆石浆楼梯面层工程量。

解：水泥豆石浆楼梯面层 $= (1.25\times2+0.2-0.24)\times(5-0.12)$

$\qquad\qquad = 23.81(\mathrm{m}^2)$

【例 4-23】　如图 4-33 所示，某螺旋楼梯 $r=0.6\mathrm{m}$，$R=1.6\mathrm{m}$，$B=0.9\mathrm{m}$，$h=2.5\mathrm{m}$，$H=10\mathrm{m}$。求楼梯水平投影面积，斜面面积、内边栏杆长、外边栏杆长。

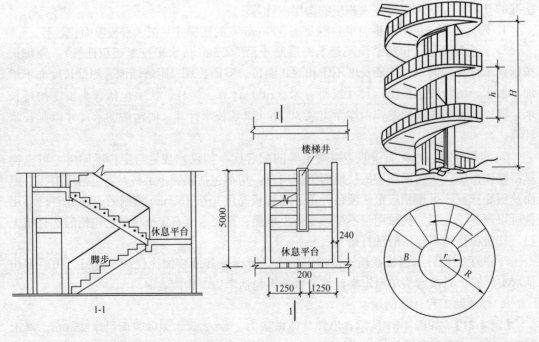

图 4-32　某楼梯示意图　　　　　　图 4-33　某螺旋楼梯示意图

解：1) 水平投影面积

$S_{水平}=3.1416 \times (1.6+0.6) \times 0.9 \times (10/2.5)=24.88(\text{m}^2)$

2) 斜面面积：

$S_{斜面}=0.9 \times 10 \times \sqrt{1+[(1.6+0.6) \times 3.1416 \div 2.5]^2}=26.46(\text{m}^2)$

3) 内边栏杆长

$$L_{内螺}=10 \times \sqrt{1+(2 \times 3.1416 \times 0.6 \div 2.5)^2}=18.09(\text{m})$$

4) 外边栏杆长

$$L_{外螺}=10 \times \sqrt{1+(2 \times 3.1416 \times 1.6 \div 2.5)^2}=41.44(\text{m})$$

【例 4-24】 如图 4-34 所示，已知图示尺寸。求台阶、散水、明沟、坡道的工程量。

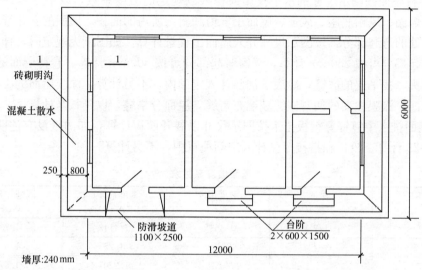

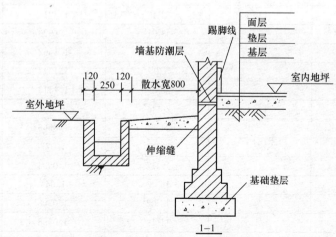

图 4-34 散水、明沟、坡道、台阶示意图

解：1) $S_{台阶}=$台阶水平投影面积$=0.6 \times 1.5=0.9(\text{m}^2)$；

2) $S_{散水}=$（外墙外边周长$+4 \times$散水宽）$\times$散水宽$-$坡道、台阶所占面积

$=[(12+0.24+6+0.24) \times 2+0.8 \times 4] \times 0.8-2.5 \times 0.8-0.6 \times 1.5 \times 2$

$=28.68(\text{m}^2)$

3) $S_{坡道} = 1.1 \times 2.5 = 2.75(\text{m}^2)$

4) $S_{明沟} = $ 外墙外边周长＋散水宽×8＋明沟宽×4－台阶、坡道长

$= (12.24 + 6.24) \times 2 + 0.8 \times 8 + 0.24 \times 4 - 2.5$

$= 41$

九、屋面及防水工程

1. 瓦屋面、金属压型板（包括挑檐部分）均按表 4-22 中尺寸的水平投影面积乘以屋面坡度系数（见表 4-22），以平方米计算。不扣除房上烟囱、风帽底座、风道、屋面小气窗、斜沟等所占面积，屋面小气窗的出檐部分亦不增加。

2. 卷材屋面按图示尺寸的水平投影面积乘以规定的坡度系数，以平方米计算。但不扣除房上烟囱、风帽底座、风道、屋面小气窗和斜沟所占的面积。屋面的女儿墙、伸缩缝和天窗等处的弯起部分，按图示尺寸并入屋面工程量计算。如图纸无规定时，伸缩缝、女儿墙的弯起部分可按 250mm 计算，天窗弯起部分可按 500mm 计算。卷材层面的附加层、接缝、收头、找平层的嵌缝，冷底子油已计入定额内，不另计算。涂膜屋面的工程量计算同卷材屋面。涂膜屋面的油膏嵌缝玻璃布盖缝，屋面分格缝，以延长米计算。

3. 屋面排水中镀锌薄钢板排水按图示尺寸以展开面积计算，如图纸没有注明尺寸时，可按表 4-23 计算。咬口和搭接等已计入定额项目中，不另计算。

屋面坡度系数表 表 4-22

坡度 B/A	坡度 $B/2A$	坡度角度 a	延尺系数 C ($A=1$)	隅延尺系数 D ($A=1$)
1	1/2	45°	1.4142	1.7321
0.75		36°52′	1.25	1.6008
0.7		35°	1.2207	1.5779
0.666	1/3	33°40′	1.2015	1.562
0.65		33°01′	1.1926	1.5564
0.6		30°58′	1.1662	1.5362
0.577		30°	1.1547	1.527
0.55		28°49′	1.1413	1.517
0.5	1/4	26°34′	1.118	1.5
0.45		24°14′	1.0966	1.4839
0.4	1/5	21°48′	1.077	1.4697
0.35		19°17′	1.0594	1.4569
0.3		16°42′	1.044	1.4457
0.25		14°02′	1.0308	1.4362
0.2	1/10	11°19′	1.0198	1.4283
0.15		8°32′	1.0112	1.4221
0.125		7°8′	1.0078	1.4191
0.1	1/20	5°42′	1.005	1.4177
0.083		4°45′	1.0035	1.4166
0.066	1/30	3°49′	1.0022	1.4157

名　　　称		单位	水落管 (m)	檐沟 (m)	水斗 (个)	漏斗 (个)	下水口 (个)		
铁皮排水	水落管、檐沟、水斗、漏斗、下水	m^2	0.32	0.3	0.4	0.16	0.45		
	天沟、斜沟、天窗、窗台泛水、天窗侧面泛水、烟囱泛水、通气管泛水、滴水檐头泛水、滴水	m^2	天沟 (m)	斜沟天窗窗台泛水 (m)	天窗侧面泛水 (m)	烟囱泛水 (m)	通气管泛水 (m)	滴水檐头泛水 (m)	滴水 (m)
			1.3	0.5	0.7	0.8	0.22	0.24	0.11

铸铁、玻璃钢水落管区别不同直径按图示尺寸以延长米计算，雨水口、水斗、弯头、短管以个计算。

4. 建筑物地面防水、防潮层，按主墙间净空面积计算，扣除凸出地面的构筑物、设备基础等所占的面积，不扣除柱、垛、间壁墙、烟囱及 $0.3m^2$ 以内孔洞所占面积。与墙面连接处高度在 500mm 以内者按展开面积计算，并入平面工程量内，超过 500mm 时，按立面防水层计算。

5. 建筑物墙基防水、防潮层、外墙长度按中心线，内墙按净长乘以宽度以平方米计算。构筑物及建筑物地下室防水层，按实铺面积计算，但不扣除 $0.3m^2$ 以内的孔洞面积。平面与立面交换处的防水层，其上卷高度超过 500mm 时，按立面防水层计算。防水卷材的附加层、接缝、收头、冷底子油等人工材料均已计入定额内，不另计算。变形缝按延长米计算。氯丁冷胶"二布三涂"项目，其"三涂"是指涂料构成防水层数并非指涂刷遍数；每一层"涂层"刷二遍至数遍不等。变形缝填缝：建筑油膏聚氯乙烯胶泥断面取定 $3cm \times 2cm$；油浸木丝板取定为 $2.5cm \times 15cm$；紫铜板止水带系 2mm 厚，展开宽 45cm；氯丁橡胶宽 30cm，涂刷式氯丁胶贴玻璃止水片宽 35cm，其余均为 $15cm \times 3cm$。如设计断面不同时，用料可以换算，人工不变。木板盖缝断面为 $20cm \times 2.5cm$，如设计断面不同时，用料可以换算，人工不变。屋面砂浆找平层，面层按楼地面相应定额项目计算。

6. 屋面找坡一般采用轻质混凝土和保温隔热材料。找平层的平均厚度需根据图示尺寸计算加权平均厚度，乘以屋面找坡面积以立方米计算。屋面找坡平均厚度计算公式：

$$找坡平均厚度 = 坡度(b) \times 坡度系数(i) \times 1/2 + 最薄处厚度。$$

7. 计算例题

【例 4-25】　如根据图 4-35 所示尺寸，计算六坡水（正六边形）屋面的斜面面积工程量。

解：S＝水平面积×延尺系数 c

　　　$=3/2 \times \sqrt{3} \times 2^2 \times 1.118$（查表 4-22）$=11.62(m^2)$

【例 4-26】　如图 4-36 所示尺寸和条件。计算屋面找坡工程量。

解：1) 计算加权平均厚度

A 区：面积 $15 \times 4 = 60m^2$

　　　平均厚度 $4 \times 2\% \times 1/2 + 0.03 = 0.07m$

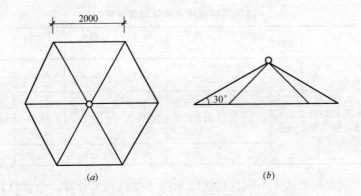

图 4-35 六坡水屋面示意图

(a) 平面；(b) 立面

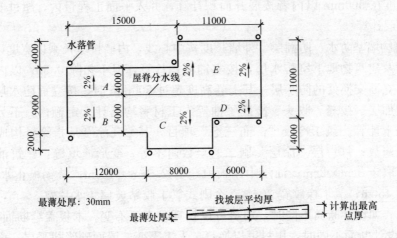

图 4-36 平屋面找坡示意图

B区：面积 $12 \times 5 = 60m^2$

平均厚度 $5 \times 2\% \times 1/2 + 0.03 = 0.08m$

C区：面积 $8 \times (5+2) = 56m^2$

平均厚度 $7 \times 2\% \times 1/2 + 0.03 = 0.1m$

D区：面积 $6 \times (5+2-4) = 18m^2$

平均厚度 $3 \times 2\% \times 1/2 + 0.03 = 0.06m$

E区：面积 $11 \times (4+4) = 88m^2$

平均厚度 $8 \times 2\% \times 1/2 + 0.03 = 0.11m$

加权平均厚度 $= (60 \times 0.07 + 60 \times 0.08 + 56 \times 0.1 + 18 \times 0.06 + 88 \times 0.11) \div$

$(60 + 60 + 56 + 18 + 88)$

$= 0.09m$

2）屋面找坡工程量

$V = 屋面面积 \times 加权平均厚度 = 282 \times 0.09 = 25.36m^3$

【例 4-27】 如图 4-37 所示。求镀锌薄钢板落水管、下水口、水斗工程量。

解：落水管工程量＝(0.1×3.14)×(10.2+0.3-0.25)＝3.3(m²)

下水口工程量＝0.45(m²)（见表 4-23）

水斗工程量＝0.4(m²)

工程总量＝3.3+0.45+0.4＝4.15(m²)

【例 4-28】 如图 4-38 所示。求地下室防水工程量。

解：底面防水＝8×4＝32(m²)

立面防水＝(8+4)×2×1.2+(8-0.12+4-
0.12)×2×0.12+(8-0.24+4-
0.24)×2×1.65
＝69.64(m²)

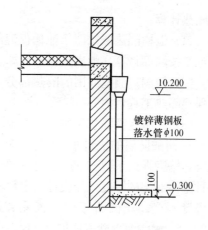

图 4-37 落水管示意图

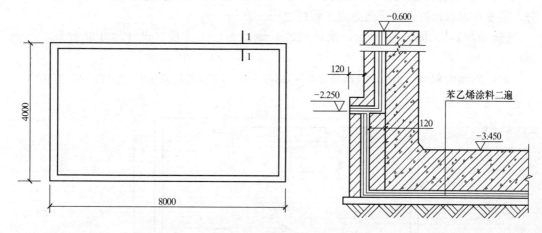

图 4-38 地下室防水示意图

十、防腐、保温、隔热工程

1. 防腐工程项目应区分不同防腐材料种类及其厚度，按设计实铺面积以平方米（m²）计算。应扣除凸出地面的构筑物、设备基础等所占的面积，砖垛等凸出墙面部分按展开面积计算并入墙面防腐工程量之内。踢脚板按实铺长度乘以高度以平方米（m²）计算，应扣除门洞所占面积并相应增加侧壁展开面积。平面砌筑双层耐酸块料时，按单层面积乘以系数 2 计算。防腐卷材接缝，附加层，收头等人工材料，已计入定额中，不再另行计算。

2. 保温隔热层应区别不同保温隔热材料，除另有规定者外，均按设计实铺厚度以立方米（m³）计算。保温隔热层的厚度按隔热材料（不包括胶结材料）净厚度计算。地面隔热层按围护结构墙体面积间净面积乘以设计厚度以立方米（m³）计算，不扣除柱、垛所占的体积。墙体隔热层，外墙按隔热层中心线、内墙按隔热层净长乘以图示尺寸的高度及厚度以立方米（m³）计算，应扣除冷藏门洞口和管道穿墙洞口所占的体积。柱包隔热层，按图示柱的隔热层中心线的展开长度乘以图示尺寸高度及厚度以立方米计算。其他保温隔热计算：

（1）池槽隔热层按图示池槽保温隔热层的长、宽及其厚度以立方米（m³）计算。其中池壁按墙面计算，池底按地面计算。

（2）门洞口侧壁周围的隔热部分，按图示隔热层尺寸以立方米（m³）计算并入墙面的保温隔热工程量内。

（3）柱帽保温隔热层按图示保温隔热层体积并入天棚保温隔热层工程量内。

3. 耐酸防腐的块料面层以平面砌为准，砌立面者按平面砌相应项目，人工乘以系数1.38，踢脚乘以系数1.56，其他不变。各种砂浆、胶泥、混凝土材料的种类、配合比及各种整体面层的厚度，如设计与定额不同时可以换算，但各种块料面层的结合层砂浆或胶泥厚度不变。花岗石板以六面剁斧的板材为准。如底面为毛面者，水玻璃砂浆增加0.38m³，耐酸沥青砂浆增加0.44m³。

4. 计算例题

（1）防腐工程项目应区分不同防腐材料种类及其厚度，按设计实铺面积以平方米（m²）计算。应扣除凸出地面内的构筑物、设备基础等所占的面积，砖垛等凸出墙面部分，按展开面积计算并入墙面防腐工程量之内。

【例4-29】 如图4-39所示，求环氧砂浆地面面层工程量（设计为环氧砂浆，8mm厚）。

解：地面面积=(10-0.24)×(4.6-0.24)-0.24×0.49×4+1×0.12=43.2(m²)

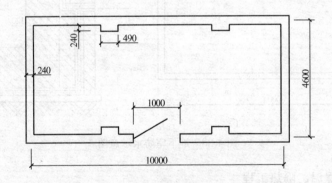

图4-39 某工程平面示意图

（2）保温隔热层应区别不同保温材料，除另有规定者外，均按设计实铺厚度以立方米（m³）计算，保温隔热层的厚度按隔热材料（不包括胶结材料）净厚计算。地面隔热层按围护结构墙体净面积乘以设计厚度以立方米（m³）计算，不扣除柱、垛所占体积。墙体隔热层，外墙按隔热层中心线、内墙按隔热层净长乘以图示尺寸的高度及厚度以立方米（m³）计算，应扣除冷藏门洞口和管道穿墙洞口所占的体积。

【例4-30】 如图4-40所示，求冷库室内软木保温层工程量。

解：地面隔热层=(5+4-0.24×2)×(4-0.24)×0.1+0.8×0.24×0.1
　　　　　　=3.222(m³)

天棚隔热=(5+4-0.24×2)×(4-0.24)×0.1=3.2(m³)

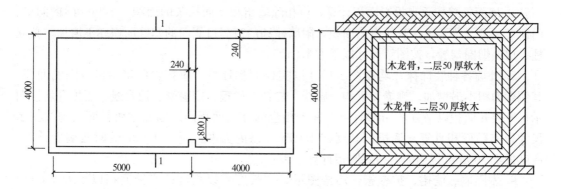

图 4-40　某小型冷库保温隔热示意图

墙体隔热=[(9−0.48−0.1×2)×2+(4−0.24−0.1)×4−0.8×2×3]×0.1
　　　　=2.65(m³)

门侧=[2×0.34×2+0.8×0.34+2×2×0.22+0.8×0.22]×0.34×0.1
　　=0.27(m³)

墙体合计=2.65+0.27=2.92(m³)

十一、装饰工程

1. 内墙抹灰面积,应扣除门窗洞口和空圈所占的面积,不扣除踢脚板、挂镜线、0.3m² 以内的孔洞和墙与构件交接处的面积,洞口侧壁和顶面也不增加。墙垛和附墙烟囱侧壁面积与内墙抹灰工程量合并计算。内墙面抹灰的长度,以主墙间的图示净长尺寸计算。其高度确定如下:

(1)无墙裙的,其高度按室内地面或楼面至天棚底面之间距离计算。

(2)有墙裙的,其高度按墙裙顶至天棚底面之间距离计算。

(3)钉板条天棚的内墙面抹灰,其高度按室内地面或楼面至天棚底面另加 100mm 计算。

内墙裙抹灰面积按内墙净长乘以高度计算。应扣除门窗洞口和空圈所占的面积,门窗洞口和空圈的侧壁面积不另增加,墙垛、附墙烟囱侧壁面积并入墙裙抹灰面积内计算。

2. 外墙抹灰面积,按外墙面的垂直投影面积以平方米计算。应扣除门窗洞口,外墙裙和大于 0.3m² 孔洞所占面积,洞口侧壁面积不另增加。附墙垛、梁、柱侧面抹灰面积并入外墙面抹灰工程量内计算。栏板、栏杆、窗台线、门窗套、扶手、压顶、挑檐、遮阳板、凸出墙外的腰线等,另按相应规定计算。外墙裙抹灰面积按其长度乘高度计算,扣除门窗洞口和大于 0.3m² 孔洞所占的面积,门窗洞口及孔洞的侧壁不增加。窗台线、门窗套、挑檐、腰线、遮阳板等展开宽度在 300mm 以内者,按装饰线以延长米计算。如展开宽度超过 300mm 以上时,按图示尺寸以展开面积计算,套零星抹灰定额项目。

3. 栏板、栏杆(包括立杆、扶手或压顶等)抹灰按立面垂直投影面积乘以系数 2.2 以平方米(m²)计算。阳台底面抹灰按水平投影面积以平方米(m²)计算,并入相应天棚抹灰面积内。阳台如带悬梁者,其工程量乘系数 1.30。雨篷底面或顶面抹灰分别按水平投影面积以平方米(m²)计算,并入相应天棚抹灰面积内。雨篷顶面带反檐或反梁者,其工程量乘系数 1.20,底面带悬臂梁者,其工程量乘以系数 1.20。雨篷外边线按相应装饰或零星项目执行。

4. 墙面勾缝按垂直投影面积计算，应扣除墙裙和墙面抹灰的面积，不扣除门窗洞口、门窗套、腰线等零星抹灰所占的面积，附墙柱和门窗洞口侧面的勾缝面积亦不增加。独立柱、房上烟囱勾缝，按图示尺寸以平方米(m²)计算。

5. 外墙各种装饰抹灰均按图示尺寸以实抹面积计算，应扣除门窗洞口空圈的面积，其侧壁面积不另增加。挑檐、天沟、腰线、栏杆、栏板、门窗套、窗台线、压顶等均按图示尺寸展开面积以平方米(m²)计算，并入相应的外墙面积内。墙面贴块料面层均按图示尺寸以实贴面积计算。墙裙以高度在 1500mm 以内为准，超过 1500mm 时按墙面计算，高度低于 300mm 以内时，按踢脚板计算。

6. 木隔墙、墙裙、护壁板，均按图示尺寸长度乘以高度按实铺面积以平方米(m²)计算。

7. 玻璃隔墙按上横档顶面至下横档底面间高度乘宽度(两边立挺外边线间)以平方米(m²)计算。

8. 浴厕木隔断，按下横档底面至上横挡面顶面高度乘以图示长度以平方米(m²)计算，门扇面积并入隔断面积内计算。铝合金、轻钢隔墙、幕墙，按四周框外围面积计算。

9. 独立柱一般抹灰、装饰抹灰、镶贴块料按结构断面周长乘以柱的高度以平方米(m²)计算。柱面装饰按柱外围饰面尺寸乘以柱的高度以平方米(m²)计算。

10. 各种"零星项目"均按图示尺寸以展开面积计算。

11. 天棚抹灰面积，按主墙间的净面积计算，不扣除间壁墙、垛、柱、附墙烟囱、检查口和管道所占的面积。带梁天棚、梁两侧抹灰面积，并入天棚抹灰工程量内计算。密肋梁和井字梁天棚抹灰面积，按展开面积计算。天棚抹灰如带有装饰线时，区别按三道线以内或五道线以内按延长米计算，线角的道数以一个凸出的棱角为一道线。槽口天棚的抹灰面积，并入相同的天棚抹灰工程量内计算。天棚中的折线、灯槽线、圆弧形线、拱形线等艺术形式的抹灰，按展开面积计算。

12. 各种吊顶天棚龙骨按主墙间净空面积计算，不扣除间壁墙、检查口、附墙烟囱、垛、柱和管道所占面积，应扣除独立柱及与天棚相连的窗帘盒所占的面积。但天棚中的折线、迭落等圆弧形、高低吊灯槽等面积也不展开计算。

13. 天棚装饰面积，按主墙间实铺面积以平方米(m²)计算，不扣除间壁墙、检查口、附墙烟囱、附墙垛和管道所占面积，应扣除独立柱及与天棚相连的窗帘盒所占的面积。天棚中的折线、迭落等圆弧形、拱形、高低灯槽及其他艺术形式天棚面层均按展开面积计算。

14. 木材面、金属面油漆的工程量系数分别按表 4-24～表 4-32 的规定计算，并乘以表列系数以平方米(m²)计算。

单层木门工程量系数表   表 4-24

项目名称	系　数	工程量计算方法
单层木门	1	
双层(一板一纱)木门	1.36	
双层(单裁口)木门	2	
单层全玻门	0.83	按单面洞口面积
木百叶门	1.25	
厂库大门	1.1	

单层木窗工程量系数表

表 4-25

项目名称	系　数	工程量计算方法
单层玻璃窗	1	
双层（一板一纱）窗	1.36	
双层（单裁口）窗	2	
三层（一玻一纱）窗	2.6	按单面洞口面积
单层组合窗	0.83	
双层组合窗	1.13	
木百叶窗	1.5	

木扶手（不带托板）工程量系数表

表 4-26

项目名称	系　数	工程量计算方法
木扶手（不带托板）	1	
木扶手（带托板）	2.6	
窗帘盒	2.04	
封檐板、顺水板	1.74	按延长米
挂衣板、黑板框	0.52	
生活园地框、抹镜线、窗帘棍	0.35	

其他木材面工程量系数表

表 4-27

项目名称	系　数	工程量计算方法
大板、纤维板、胶合板	1	
顶棚、檐口	1.07	
清水板条顶棚、檐口	1.07	
木方格吊顶顶棚	1.2	
吸声板、墙面、顶棚面	0.87	长×宽
鱼鳞板墙	2.48	
木护墙、墙裙	0.91	
窗台板、筒子板、盖板	0.82	
暖气罩	1.28	
屋面板（带檩条）	1.11	斜长×宽
木间壁、木隔断	1.9	
玻璃间壁露明墙筋	1.65	单面外围面积
木栅栏、木栏杆（带扶手）	1.82	
木屋架	1.79	跨度（长）×中高×1/2
衣柜、壁柜	0.91	投影面积（不展开）
零星木装	0.87	展开面积

木地板工程量系数表 表 4-28

项目名称	系 数	工程量计算方法
木地板、木踢脚线	1	长×宽
木楼梯（不包括底面）	2.3	水平投影面积

单层钢门窗工程量系数表 表 4-29

项目名称	系 数	工程量计算方法
单层钢门窗	1	洞口面积
双层（一玻一纱）钢门窗	1.48	
钢百叶钢门	2.74	
半截钢百叶钢门	2.22	
满钢门或包铁皮门	1.63	
钢折叠门	2.3	
射线防护门	2.96	
厂库房平开、推拉门	1.7	框（扇）外围面积
钢丝网大门	0.81	
间壁	1.85	长×宽
平板屋面	0.74	斜长×宽
瓦垄板屋面	0.89	
排水、伸缩缝盖板	0.78	展开面积
吸气罩	1.63	水平投影面积

平板屋面涂刷磷化、锌磺底漆工程量系数表 表 4-30

项目名称	系 数	工程量计算方法
平板屋面	1	斜长×宽
瓦垄板屋面	1.2	
排水、伸缩缝盖板	1.05	展开面积
吸气罩	2.2	水平投影面积
包镀锌钢板门	2.2	洞口面积

抹灰面工程量系数表 表 4-31

项目名称	系 数	工程量计算方法
槽形底板、混凝土折板	1.3	长×宽
有梁板底	1.1	
密肋、井字梁底板	1.5	
混凝土平板式楼梯底	1.3	水平投影面积

项 目 名 称	系 数	工程量计算方法
钢屋架、天窗架、挡风架、屋架梁、支撑、檩条	1	
墙架（空腹式）	0.5	
墙架（格板式）	0.82	
钢柱、吊车梁、花式梁柱、空花构件	0.63	
操作台、走台、制动梁、钢梁车挡	0.71	重量（t）
钢栅栏门、栏杆、窗栅	1.71	
钢爬梯	1.18	
轻型屋架	1.42	
踏步式钢扶梯	1.05	
零星铁件	1.32	

15. 计算例题

(1) 内墙抹灰面积应扣除门窗洞口和空圈所占面积，不扣除踢脚板、挂镜板、$0.3m^2$ 以内的孔洞和墙与构件交接处的面积，洞口侧壁和顶面亦不增加。墙垛和附墙烟囱侧壁面积与内墙抹灰工程量合并计算。无墙裙的内墙高度按室内地面或楼面至顶棚底面之间距离计算；有墙裙的内墙高度按墙裙顶至顶棚底面之间距离计算；钉板条顶棚的内墙面抹灰，高度按室内楼地面至顶棚底面另加 100mm 计算。

【例 4-31】 如图 4-41、图 4-42 所示，已知做法：内墙 1：1：6 混合砂浆抹灰厚 15mm，1：1：4 混合砂浆抹灰厚 5mm。求内墙抹混合砂浆的工程量。

解： 内墙抹混合砂浆工程量计算如下：

工程量 $=(6-0.12×2+0.25×2+4-0.12×2)×2×(3+0.1)-1.5×1.8×3-1×2-$
$0.9×2+(3-0.12×2+4-0.12×2)×2×3.6-1.5×1.8×2-0.9×2×1$
$=89.97(m^2)$

(2) 外墙裙抹水泥砂浆工程量计算

外墙抹灰面积，按外墙面的垂直投影面积以平方米（m^2）计算。应扣除门洞窗口、外墙裙和大于 $0.3m^2$ 孔洞所占面积，洞口侧壁面积不另增加。附墙垛、梁、柱侧面抹灰面积并入外墙面抹灰工程量内计算。栏板、栏杆、窗台线、门窗套、扶手、压顶、挑檐、遮阳板、凸出墙外的腰线等，另按相应规定计算。一般抹灰的"零星项目"适用于各种壁柜、碗柜、过人洞、暖气壁龛、池槽、花台以及 $1m^2$ 以内抹灰。

【例 4-32】 如图 4-41、图 4-43 所示，已知做法：

外墙裙做 1：3 水泥砂浆 $\delta=14$，做 1：2.5 水泥砂浆抹面 $\delta=6$。

求外墙群抹水泥砂浆工程量。

解： 工程量计算如下

外墙外边线长 $=(9+0.24+4+0.24)×2$
$=26.96(m)$

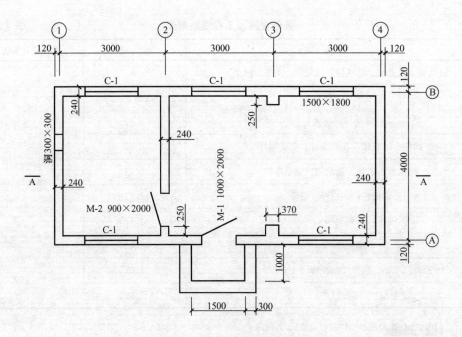

图 4-41 某建筑平面示意图

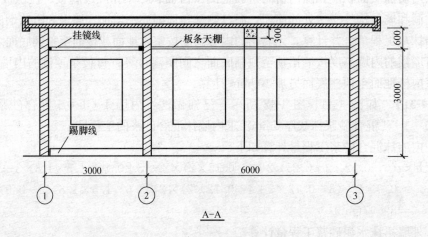

A—A

图 4-42 某建筑剖面示意

工程量＝26.96×1.2－1×(1.2－0.15×2)－(1＋0.25×2)×0.15－(1＋0.25×2＋
0.3×2)×0.15[台阶]

＝30.91(m²)

(3) 挑檐、雨篷、腰线抹水泥砂浆工程量计算

窗台线、门窗套、挑檐、腰线、遮阳板等展开宽度在 300mm 以内者,按装饰线条以延长米计算,如展开宽度超过 300mm 以上时,按图示尺寸以展开面积计算,套零星抹灰工程项目。雨篷底面或顶面抹灰分别按水平投影面积以平方米(m²)计算,并入相应顶棚抹灰面积内。雨篷顶面带反沿或反梁者,其工程量乘以系数 1.20;底面带悬梁者,其工程量乘以系数 1.20。雨篷外边线按相应装饰或零星项目执行。

【例 4-33】 如图 4-41、图 4-43、图 4-44 所示,已知做法:挑檐外侧抹 1：2.5 水泥砂

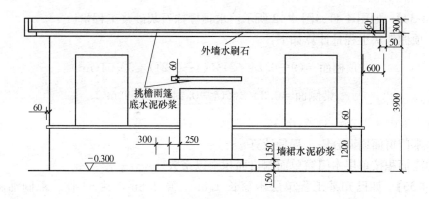

图 4-43　某建筑立面示意图

浆厚＝20mm；雨篷顶面做 1∶2.5 水泥砂浆，底面抹石灰砂浆；腰线做水泥砂浆抹灰。求挑檐、雨篷、腰线抹水泥砂浆工程量。

解：1）挑檐工程量计算

外檐长＝(9＋0.24＋0.6×2＋4＋0.24＋0.6×2)×2＝31.76(m)

工程量＝31.76×0.35＝11.12(m²)

2）雨篷工程量计算

顶面＝2×0.8×1.2[系数]＝1.92(m²)

底面＝2×0.8＝1.6(m²)

3）腰线工程量计算

工程量＝(9＋0.24＋0.06×2＋4＋0.24＋0.06×2)×2＝27.44(m)

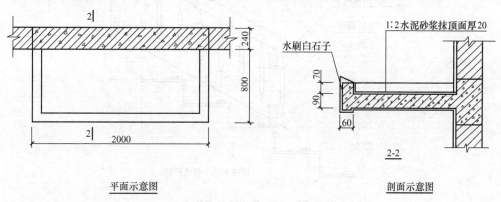

图 4-44　某建筑雨篷示意图

（4）顶棚抹灰工程量计算

抹灰面积，按主墙间的净面积计算，不扣除间壁墙、垛、柱、附墙烟囱、检查口和管道所占的面积。带梁顶棚，梁两侧抹灰面积并入顶棚抹灰工程量计算。井字梁顶棚抹灰面积，按展开面积计算。抹灰如带有装饰线时，区别按三道线以内或五道线以内按延长米计算，线角的道数以一个凸出的棱角为一道线。檐口的抹灰面积，并入相同的顶棚抹灰工程量内计算。顶棚中的折线、灯槽线、圆弧形线、拱形线等艺术形式的抹灰，按展开面积计算。

【例 4-34】 如图 4-41、图 4-42 所示。求顶棚抹石灰砂浆工程量。

解： 顶棚抹灰工程量计算如下：

$$顶棚面=(9-0.24\times2)\times(4-0.24)=32.04(m^2)$$

$$梁侧面=0.3\times2\times(4-0.24)=2.26(m^2)$$

合计：$3.04+2.26=34.3(m^2)$

（5）木门窗面刷调合漆工程量计算

刷油漆面积按单层木门窗单面洞口面积乘以系数。

【例 4-35】 如已知某工程单层木窗长 1.8m，宽 1.8m，共 64 樘。求刷油漆二遍工程量。

解： 工程量计算：

$$工程量=1.8\times1.8\times64\times1(系数)=207.36(m^2)$$

（6）楼梯铁栏杆刷防锈漆、调和漆工程量计算

楼梯铁栏杆刷防锈漆、调和漆工程量按其构件的重量计算，以吨（t）为单位。

【例 4-36】 如图 4-45、图 4-46 所示。求楼梯栏杆，刷防锈漆一遍，刷调合漆二遍的工程量。

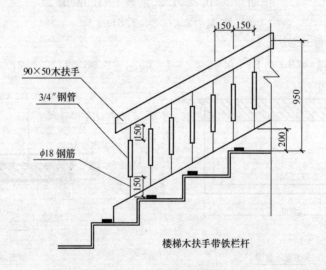

楼梯木扶手带铁栏杆

图 4-45　某楼梯示意图

解： 工程量计算

$$圆钢(\phi18)=(0.95-0.09\times0.5-0.2)\times(13+14\times5+11)\times2\times2$$
$$=265.1(kg)$$

$$钢管=(0.705-0.15\times2)\times188 根\times1.63$$
$$=124.1(kg)$$

合计：$265.1+124.1=389.20(kg)$
$$=0.3892(t)$$

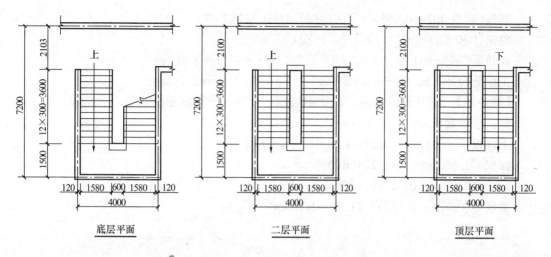

底层平面　　　　　　二层平面　　　　　　顶层平面

图 4-46　某工程栏杆示意图

十二、金属结构制作工程

1. 金属结构制作按图示尺寸以吨计算，不扣除孔眼、切边的重量。焊条、铆钉、螺栓等重量已包括在定额内不另计算。在计算不规则或多边形钢板重量时均以其最大对角线乘最大宽度的矩形面积计算。

腹板、吊车梁、H 型钢按图示尺寸计算，其中腹板及翼板宽度按每边增加 25mm 计算。制动梁的制作工程量包括制动梁、制动椅架、制动板重量。

墙架的制作工程量包括墙架柱、墙架梁及连接柱杆重量。钢柱制作工程量包括依附于柱上的牛腿及悬臂梁重量。

轨道制作工程量，只计算轨道本身重量，不包括轨道垫板、压板、斜垫、夹板及连接角钢等重量。

栏杆制作工程量计算规则，仅适用于工业厂房中平台、操作台的钢栏杆。

漏斗制作工程量，矩形按图示分片，圆形按图示展开尺寸，并依钢板宽度分段计算，每段均以其上口长度（圆形以分段展开上口长度，与钢板宽度，按矩形计算，依附漏斗的型钢并入漏斗重量内）计算。

2. 除注明者外，均包括现场内（工厂内）的材料运输、备料、加工、组装及成品堆放、装车出厂等全部工序。未包括加工点至安装点的构件运输，应另按构件运输定额相应项目计算。构件制作项目中，均已包括刷一遍防锈漆工料。

3. 计算例题

【例 4-37】　如图 4-47 所示，求钢屋架制作工程量。

解：工程量计算

上弦杆(ϕ60×2.5 钢管)=(0.088+0.7×3+0.1)×2×3.54=16.2(kg)

下弦杆(ϕ50×2.5 钢管)=(0.1+0.94+0.71)×2×2.93=10.3(kg)

斜杆(ϕ38×2 钢管)=$\sqrt{0.6^2+0.71^2}+\sqrt{0.2^2+0.3^2}$×2×1.78=5(kg)

连接板(厚 8mm)=(0.1×0.3×2+0.15×0.2)×62.8=5.7(kg)

盲板(厚 6mm)=$0.06^2 \times \pi/4 \times 2 \times 47.1 = 0.3$(kg)

角钢(L50×5)=$0.1 \times 8 \times 3.7 = 3$(kg)

加劲板(厚 6mm)=$0.03 \times 0.05 \times 1/2 \times 2 \times 8 \times 47.1 = 0.6$(kg)

工程量合计=$16.2 + 10.3 + 5 + 5.7 + 0.3 + 3 + 0.6 = 41.1$(kg)

【例 4-38】 如图 4-48 所示,已知钢板厚=1.5mm。求制作钢制漏斗工程量。

解:工程量计算

上口板=$0.6 \times \pi = 1.885$(m)

面积=$1.885 \times 0.4 = 0.754$(m^2)

$0.2 \times \pi \times 0.12 = 0.075$(m^2)

重量=$(0.754 + 0.075) \times 11.78 = 9.8$(kg)

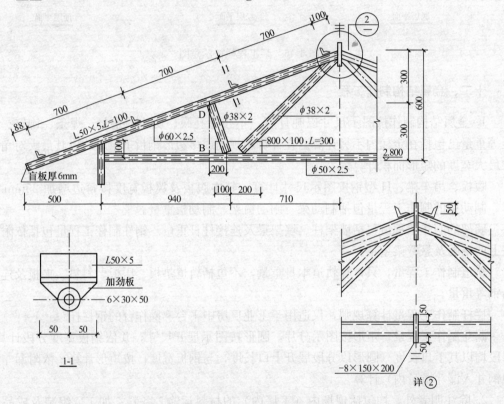

图 4-47 某屋架示意图

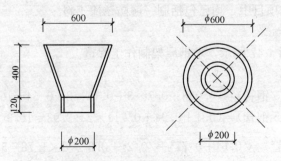

图 4-48 钢制漏斗示意图

第六节　工程量计算实例

一、图纸说明

某工程图如图 4-49～图 4-60 所示。

1. 图示尺寸以毫米计，标高以米计。

2. 建筑面积 768.22m²。

3. 墙身：砖墙部分采用 MU7.5 砖，M5 水泥石灰砂浆砌筑，墙厚除注明外均为 240mm 墙。墙中心线与定位轴线重合。

4. 外墙粉刷面层见立面图。

5. 内墙粉刷面层：卫生间、淋浴及污水间为瓷砖贴面，其余房间抹混合砂浆，刮钢化涂料三道。

6. 木门油漆：清油打底，外刷白色调和漆两道。

7. 楼地面：面层做法见外檐图，卫生间地面为防滑地面砖（规格 100mm×100mm）。

8. 楼梯设墙裙，墙裙高 1200mm，贴 5mm 厚釉面砖。

9. 北立面外墙窗设窗台板，窗下设暖气壁龛，壁龛长同窗宽，深 120mm。

10. 散水宽 1000mm，做法：150mm 厚 3∶7 灰土，40mm 厚 1∶2∶3 细石混凝土随打随抹赶光。

11. 抗震设防震度为 7 度。

12. 楼梯板说明：楼梯板 TB1、TB2 及雨篷均采用 C20 混凝土，混凝土保护层为 15mm 厚。支座除上部钢筋锚固长度应满足 35d（d 为钢筋直径）。

13. 楼屋盖布置图中板跨度大于 4.2m 时，板边均需连接。板缝均匀布置。

14. 圈梁沿砖墙均设。

15. LL-1、2，LC60-40、LC84-40 及圈梁均采用 C20 混凝土Ⅲ级钢筋现浇，混凝土保护层厚梁 25mm、板 15mm。

16. 基础说明：基础材料，毛石部分采用 MU20 毛石，M5 水泥石灰砂浆砌筑，钢筋混凝土部分采用Ⅰ级钢筋 C20 混凝土浇筑，钢筋保护层厚 35mm，垫层为 C15 混凝土，浇筑厚 100mm。

17. Z-1 柱采用 C20 混凝土Ⅲ级钢筋现浇，混凝土保护层厚 25mm。

18. 壁柱处毛石相应放阶，基础应落在老土上，如遇不良地质情况应由设计人员现场处理。

二、编制说明

1. 本预算编制根据施工图：某建筑部分施工图。

2. 工程概况：本工程为二层砖混结构，建筑面积为 768.22m²。

3. 执行定额：执行《全国统一建筑工程基础定额》。

4. 有关事宜：

（1）模板、钢筋用量参照基础定额中模板一次用量表和每 10m³ 钢筋混凝土钢筋含量参考计算。

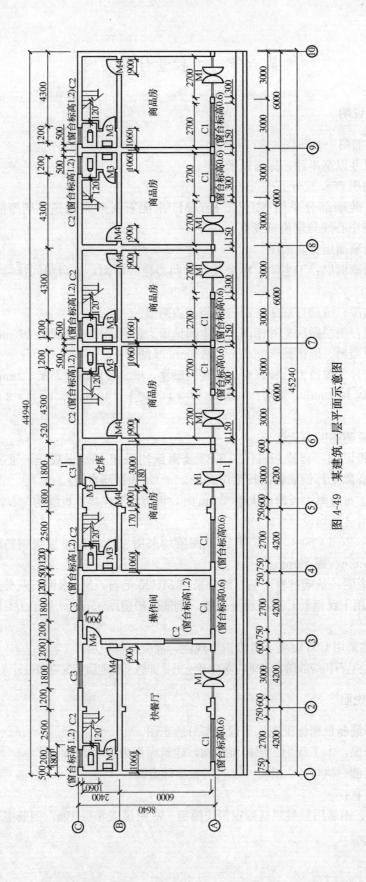

图 4-49 某建筑一层平面示意图

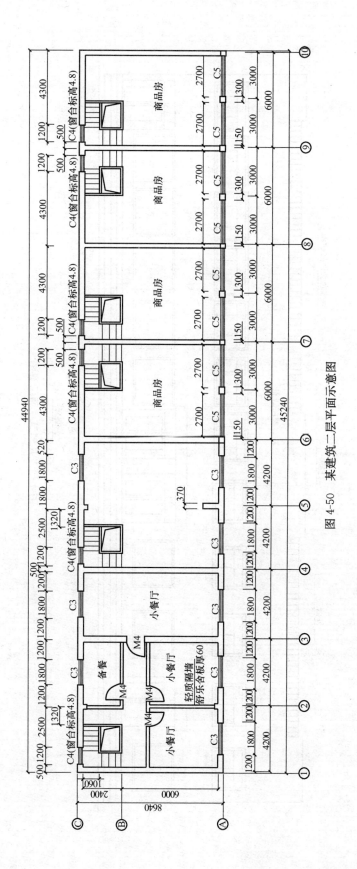

图 4-50 某建筑二层平面示意图

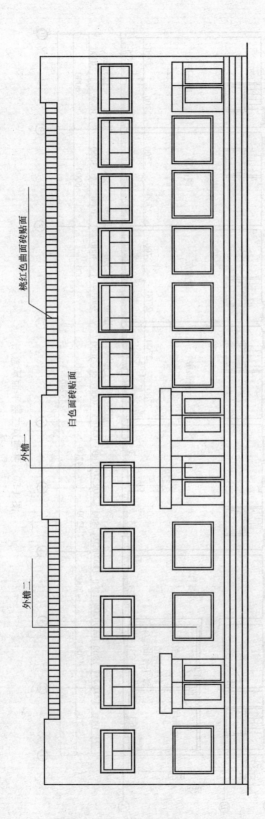

桃红色曲面面砖贴面

白色面砖贴面

外檐一

外檐二

立面图

图 4-51 某建筑立面示意图

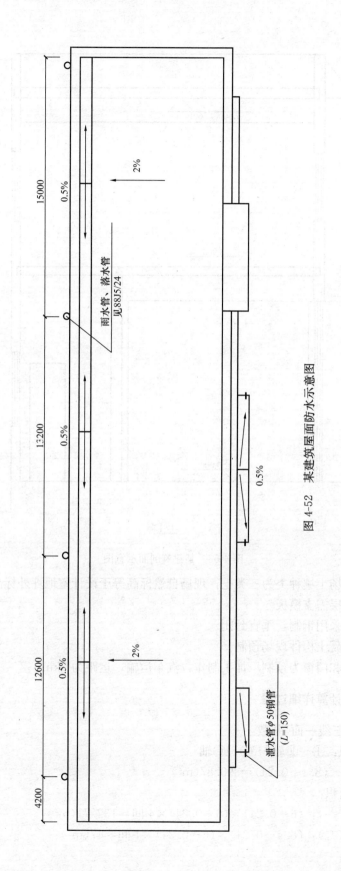

图 4-52　某建筑屋面防水示意图

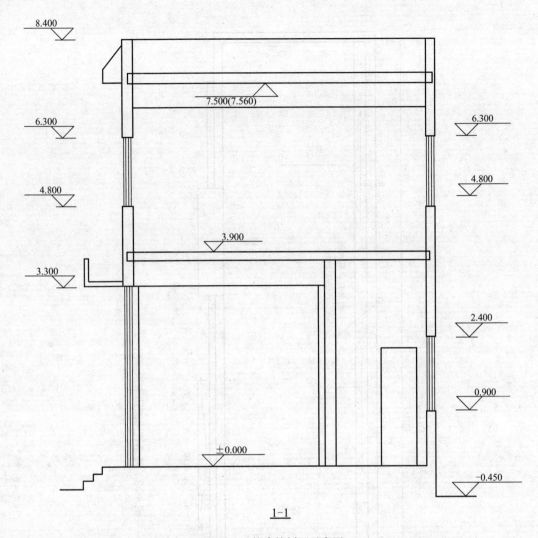

8.400

7.500(7.560)

6.300

6.300

4.800

4.800

3.900

3.300

2.400

0.900

±0.000

−0.450

1-1

图 4-53　某建筑剖面示意图

（2）施工现场土壤种类为三类土，现场自然标高等于设计室地坪外标高。

（3）基础垫层需支模板。

（4）脚手架采用钢制，垂直封闭。

（5）小型混凝土构件现场预制。

（6）空心板和门窗为预制厂加工制作，汽车运输，运距为 5km。

三、工程量计算详细过程

（一）一层"三线一面"基数

1. 建筑面积：①～⑩轴与 Ⓐ～Ⓒ轴

$(45+0.24)\times(8.4+0.24)=390.87(m^2)$

2. 房间净面积：

（1）商品房（一）：$(6-0.24)\times(6-0.24)\times4$ 间 $=132.71(m^2)$

（2）商品房（二）：$(8.4-0.24)\times(6-0.24)\times1$ 间 $=47(m^2)$

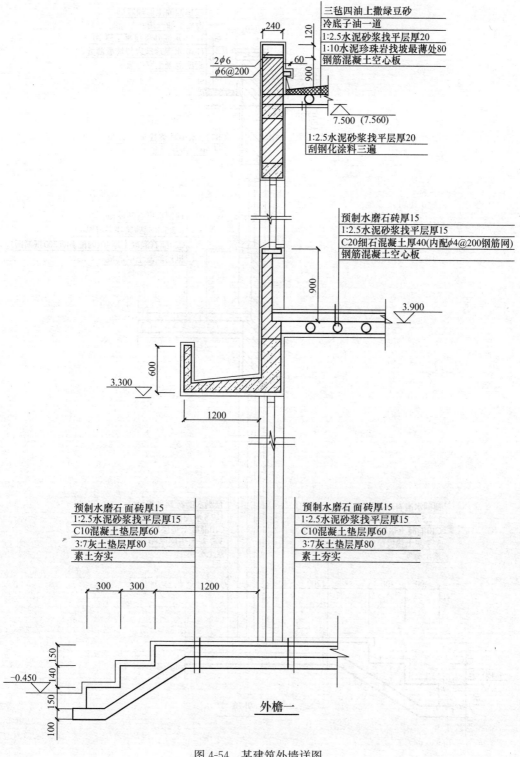

图 4-54 某建筑外墙详图

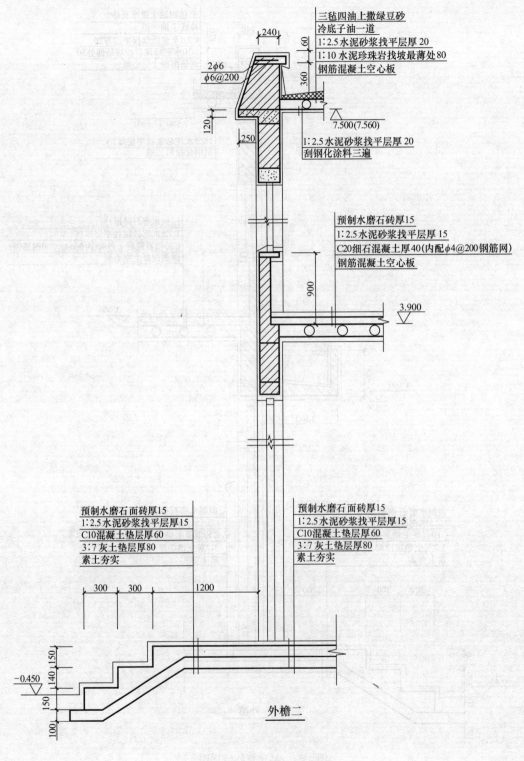

三毡四油上撒绿豆砂
冷底子油一道
1：2.5水泥砂浆找平层厚20
1：10水泥珍珠岩找坡最薄处80
钢筋混凝土空心板

7.500(7.560)

1：2.5水泥砂浆找平层厚20
刮钢化涂料三遍

预制水磨石砖厚15
1：2.5水泥砂浆找平层厚15
C20细石混凝土厚40(内配φ4@200钢筋网)
钢筋混凝土空心板

3.900

240
60
360
120
250
2φ6
φ6@200
900

预制水磨石面砖厚15
1：2.5水泥砂浆找平层厚15
C10混凝土垫层厚60
3：7灰土垫层厚80
素土夯实

预制水磨石面砖厚15
1：2.5水泥砂浆找平层厚15
C10混凝土垫层厚60
3：7灰土垫层厚80
素土夯实

300 300   1200

150
150
140
150
100
-0.450

外檐二

图 4-55　某建筑外墙详图

272

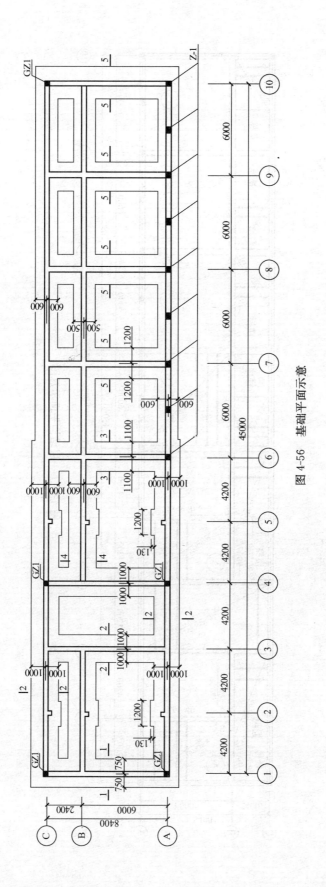

图 4-56 基础平面示意

273

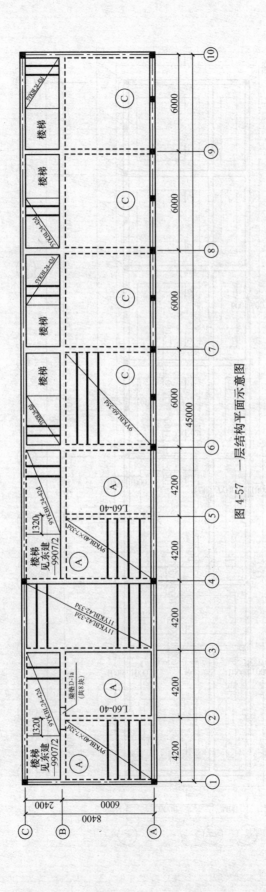

图 4-57 一层结构平面示意图

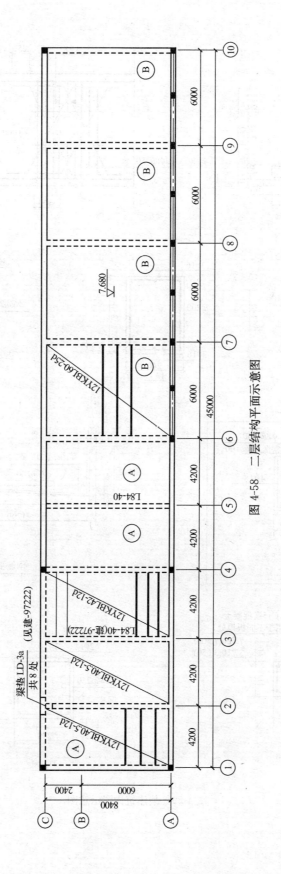

图 4-58 二层结构平面示意图

275

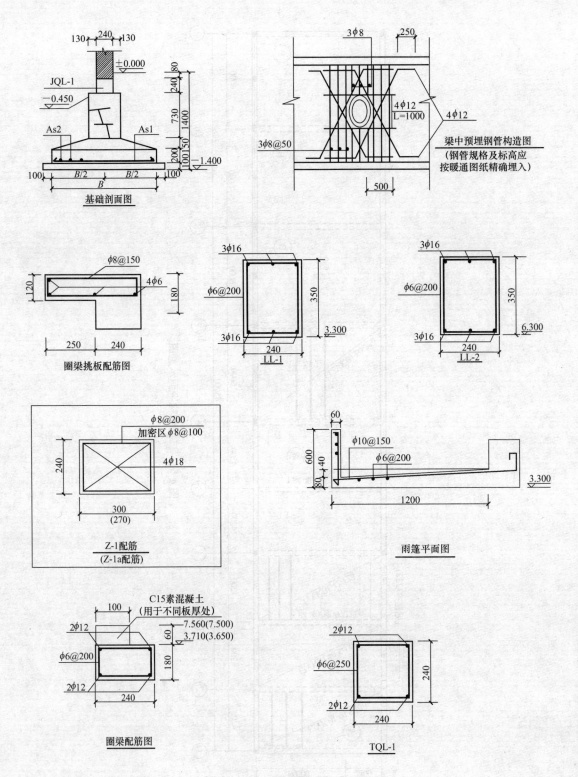

图 4-59 某建筑详图示意图

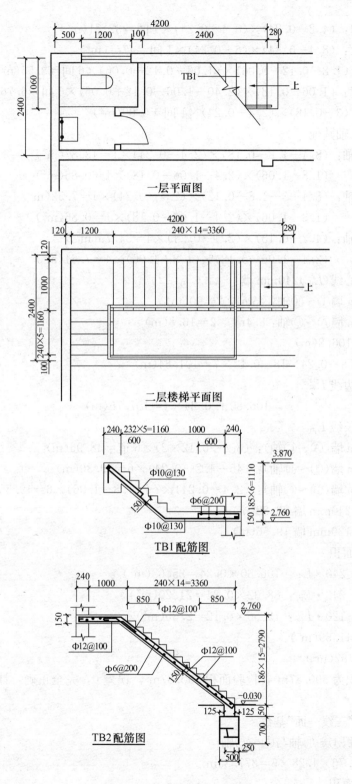

图 4-60 某建筑楼梯示意图

（3）操作间：$(4.2-0.24) \times (8.4-0.24) \times 1$ 间 $=32.31 (m^2)$

（4）快餐厅：$(8.4-0.24) \times (6-0.24) \times 1$ 间 $=47 (m^2)$

（5）厕所：$(1.8-0.12-0.06) \times (1.06-0.12-0.06) \times 6$ 间 $=8.55 (m^2)$

（6）卫生间：$(1.06-0.18) \times (2.40-1.06-0.12+0.06) \times 6$ 间 $=6.76 (m^2)$

（7）仓库：$(3-0.18) \times (2.4-0.24) \times 1$ 间 $=6.09 (m^2)$

（8）Ⓑ～Ⓒ轴其他

1) ①～③轴：$(8.4-1.8-0.18) \times (2.4-0.24) \times 1=13.87 (m^2)$

$(1.8-1.06) \times (2.4-1.06-0.18) \times 1=0.86 (m^2)$

2) ④～⑥轴：$(8.4-3-1.8-0.12) \times (2.4-0.24) \times 1=7.52 (m^2)$

$(1.8-1.06) \times (2.4-1.06-0.18) \times 1=0.86 (m^2)$

3) ⑥～⑩轴：$(4.2-0.18) \times (2.4-0.24) \times 4=34.73 (m^2)$

$(2.4-1.06-0.18) \times (1.8-1.06) \times 4=7.61 (m^2)$

3. 外墙中心线（$L_{中}$）240mm 墙：

（1）240mm 墙①～⑩轴：$45m \times 2=90 (m)$

（2）240mm 墙Ⓐ～Ⓒ轴：$8.4m \times 2=16.8 (m)$

$L_{中}$ 合计 $=106.8 (m)$

$L_{外内}$：$106.8-0.24 \times 18-0.12 \times 7=101.64 (m)$

4. 外墙外边线 $L_{外}$

$$106.80+0.24 \times 4=107.76 (m)$$

5. 内墙净长线 $L_{内}$

（1）240mm 墙（Ⓐ～Ⓒ轴）：$(8.4-0.12 \times 2) \times 6$ 道 $=48.96 (m)$

（2）240mm 墙（①～⑩轴）：$(45-4.2-0.24) \times 6=39.36 (m)$

（3）120mm 墙（Ⓑ～Ⓒ轴）：$(2.4-0.24) \times 7+(1.8-1.06) \times 6=19.56 (m)$

$L_{内}$ 合计：240mm 墙 88.32(m)

120mm 墙 19.56(m)

6. 检验一面积

结构面积：$240 \cdot L_{中}$：$106.80 \times 0.24=25.63 (m^2)$

$240 \cdot L_{内}$：$88.32 \times 0.24=21.20 (m^2)$

$120 \cdot L_{内}$：$19.56 \times 0.12=2.35 (m^2)$

净面积：$341.69 (m^2)$

合计：$390.87 (m^2)$

因建筑面积为 $390.87m^2$，检验面积 $390.87m^2$，误差 0，完全正确，计算有关数据可用。

（二）二层"三线一面"基数

1. 建筑面积①～⑩轴与Ⓐ～Ⓒ轴

$390.87-1.76 \times 1.28 \times 6=377.35m^2$。

2. 房间净面积

（1）楼梯：$2.76 \times 2.28 \times 6=4.04 \times 6=37.67 (m^2)$

注：空洞每个面积：$1.76 \times 1.28=2.253 (m^2)$

(2) 商品房(一)：[(6−0.24)×(8.4−0.24)−4.04−2.253]×4 间＝162.83(m²)

(3) 商品房(二)：(8.4−0.24)×(8.4−0.24)−4.04−2.253×11 间＝60.29(m²)

(4) 小餐厅(一)：同一层操作间 32.31(m²)

(5) 小餐厅(二)：(4.2−0.12)×(4.8−0.12)＝19.09(m²)

(6) 小餐厅(三)：同小餐厅(二)19.09(m²)

(7) 备餐：(4.2−0.12)×(2.4−0.12)＝9.30(m²)

(8) 走廊：(8.4−0.24)×1.2×(2.4−0.12)×1.32＝12.80(m²)

净面积合计：353.47(m²)

3. 外墙中心线 $L_中$

240mm 墙：同一层 106.8(m)

$L_{中、外}$：106.8−0.24×16＝102.96(m)

外墙外边线：107.76(m)

4. 外墙外边线：107.76(m)

5. 内墙净长线：

240mm 墙：(8.4−0.24)×6＝48.96(m)

轻质墙：8.4−0.24+4.11+4.65+2.25＝19.17(m)

6. 检验一面积

建筑面积＝净面积＋结构面积

结构面积：240 · $L_中$：106.8×0.24＝25.63(m²)

204 · $L_内$：48.96×0.24＝11.75(m²)

净面积：353.47(m²)

合计：390.85(m²)

因建筑面积 390.87m²，检验面积 390.85m²，误差 0.02m²，基本正确，数据可用。

四、基础工程量计算(＋0.00 以下部分)

外墙基础用中心线计算：

1. 外墙基础 1—1

外墙基础 1—1：$L_中$＝8.4m，垫层支模板(以下相同)

(1) 挖地槽三类土(下同)：8.4×(1.7+0.6)×1.05＝20.286(m³)

(2) 混凝土垫层 C10(下同)：8.4×1.7×0.1＝1.428(m³)

(3) 混凝土无量带基 C20(下同)：8.4×0.45＝3.78(m³)

注：带基断面：1.5×0.2+0.5×0.15+0.5×0.15＝0.45(m³)

(4) 毛石带基 M5 混浆(下同)：8.4×0.5×0.6＝2.52(m³)(回填土扣)

8.4×0.5×0.13＝0.546(m³)

(5) 基础圈梁 C20(下同)：8.4×0.24×0.24＝0.484(m³)

(6) 槽侧回填土：20.286−1.428−3.78−2.52＝12.558(m³)

(7) 余土：20.286−12.558＝7.728(m³)

注：1) 模板、钢筋利用定额参考用量。

2) 计算完室内回填后，再计余土外运。

3）工程量计算时均保留三位小数，汇总时保留两位。

2. 外墙基础2—2

外墙基础2—2：$L_\text{中}=42(m)$

（1）挖地槽：$42\times(2.2+0.6)\times1.05=123.48(m^3)$

（2）混凝土垫层：$42\times2.2\times0.1=9.24(m^3)$

（3）混凝土无梁带基：$42\times0.5875=24.675(m^3)$

注：带基断面：$2\times0.2+0.5\times0.15+0.75\times0.15=0.5875(m^2)$

（4）毛石带基：$42\times0.5\times0.6=12.6(m^3)$

$42\times0.5\times0.13=2.73(m^3)$

（5）基础圈梁：$42\times0.24\times0.24=2.419(m^3)$

（6）槽侧回填：$123.48-9.24-24.675-12.6=76.965(m^3)$

（7）余土：$123.48-76.965=46.515(m^3)$

3. 外墙基础4—4

$$L_\text{中}=48(m)$$

（1）挖地槽：$48\times(1.40+0.60)\times1.05=100.8(m^3)$

（2）混凝土垫层：$48\times1.40\times0.10=6.72(m^3)$

（3）混凝土带基：$48\times0.3675=17.64(m^3)$

注：带基断面：$1.2\times0.20+0.5\times0.15+0.35\times0.15=0.3675(m^2)$

（4）毛石带基：$48\times0.50\times0.60=14.4(m^3)$

$48\times0.50\times0.13=3.120(m^3)$

（5）基础圈梁：$48\times0.24\times0.24=2.765(m^3)$

（6）槽侧回填：$100.8-6.72-17.64-14.4=62.04(m^3)$

（7）余土：$100.8-62.04=38.76(m^3)$

4. 外墙基础5—5

$$L_\text{中}=8.4(m)$$

（1）挖地槽：$8.4\times(2.6+0.6)\times1.05=28.224(m^3)$

（2）混凝土垫层：$8.4\times2.6\times0.1=2.184(m^3)$

（3）混凝土无梁带基：$8.4\times0.6975=5.859(m^3)$

注：带基断面：$2.4\times0.20+0.5\times0.15+0.95\times0.15=0.6975(m^2)$

（4）毛石带基：$8.4\times0.5\times0.6=2.52(m^3)$

$8.4\times0.5\times0.13=0.546(m^3)$

（5）基础圈梁：$8.4\times0.24\times0.24=0.484(m^3)$

（6）槽侧填土：$28.224-2.184-5.859-2.520=17.661(m^3)$

（7）余土：$28.224-17.661=10.563(m^3)$

5. 内墙基础2—2

内墙按内墙基净长计算，这样内墙就会出现多个长度。

内墙基础2—2：$L_\text{内轴}=8.40m$（2道，两端J_2+J_2）。

（1）挖地槽：$(8.4-2.8)\times2.8\times1.05\times2=32.93(m^3)$

（2）混凝土垫层：$(8.4-2.2)\times2.2\times0.1\times2=2.728(m^3)$

(3) 混凝土带基：$(8.4-2)\times0.5875\times2=6.28(m^3)$

混凝土带基增爬肩：$0.15\times0.5\div2\times0.75+0.15\times0.75\div2\times0.75\times2\div3=0.225(m^3)$

(4) 毛石带基：$(8.4-0.5)\times0.5\times0.60\times2=4.74(m^3)$

$\qquad(8.4-0.5)\times0.5\times0.13\times2=1.027(m^3)$

(5) 基础圈梁：$(8.4-0.24)\times0.24\times0.24\times2=0.94(m^3)$

(6) 槽侧填土：$32.73-2.73-6.28-4.74=19.18(m^3)$

(7) 余土：$32.93-19.18=13.75(m^3)$

6. 内墙基础 3—3

$$L_{内轴}=8.40m（1道，两端 J_2+J_2）。$$

(1) 挖地槽：$(8.4-2.8+2)\times3.00\times1.05=18.90(m^3)$

(2) 混凝土垫层：$(8.4-2.2+1.4)\times2.40\times0.1=1.584(m^3)$

(3) 混凝土带基：$8.4-2+1.22)\times0.6425=4.459(m^3)$

混凝土带基增爬肩 $0.09(m^3)$

注：带基断面：$2.2\times0.2+0.5\times0.15+0.85\times0.15=0.645(m^3)$

(4) 毛石带基：$(8.4-0.5)\times0.5\times0.6=2.370(m^3)$

$\qquad(8.4-0.5)\times0.50\times0.13=0.514(m^3)$

(5) 基础圈梁：$8.16\times0.24\times0.24=0.470(m^3)$

(6) 槽侧填土：$18.9-1.584-4.46-2.37=10.45(m^3)$

(7) 余土：$18.9-10.45=8.45(m^3)$

7. 内墙基础 4—4

$$L_{内轴}=8.40m（1道，两端 J_1+J_2）。$$

(1) 挖地槽：$[8.4-(2.3+2.8)/2]\times2\times1.05=12.285(m^3)$

(2) 混凝土垫层：$[8.4-(1.7+2.2)/2]\times1.4\times0.1=0.903(m^3)$

(3) 混凝土带基：$(8.4-1.75)\times0.3675-2.524(m^3)$

混凝土带基增爬肩 $0.08(m^3)$

注：带基断面：$1.2\times0.20+0.5\times0.15+0.35\times0.15=0.3675(m^3)$

(4) 毛石带基：$(8.4-0.5)\times0.5\times0.6=2.370(m^3)$

$\qquad(8.4-0.5)\times0.5\times0.13=0.514(m^3)$

(5) 基础圈梁：$8.16\times0.24\times0.24=0.470(m^3)$

(6) 槽侧填土：$12.285-0.903-2.54-2.37=6.758(m^3)$

(7) 余土：$12.285-6.758=5.527(m^3)$

8. 内墙基础 4—4

$L_{内轴}=8.40m（1道，两端 J_2+J_3）$

(1) 挖地槽：$[8.4-(3+2.8)/2]\times2\times1.05=11.55(m^3)$

(2) 混凝土垫层：$[8.4-(2.2+2.4)/2]\times1.4\times0.1=0.854(m^3)$

(3) 混凝土带基：$2.903+0.102=2.417(m)$

混凝土带基增爬肩 $0.102(m^3)$

(4) 毛石带基：$2.37(m^3)$

$\qquad(8.4-0.5)\times0.5\times0.13=0.514(m^3)$

(5) 基础圈梁：0.47(m³)

(6) 槽侧填土：11.55−0.854−2.903−2.417−2.37=5.909(m³)

(7) 余土：11.55−5.91=5.64(m³)

9. 内墙基础 5—5

$L_{内轴}$=8.40m(3 道，两端 J_4+J_4)

(1) 挖地槽：(8.4−2)×3.2×1.05×3=64.512(m³)

(2) 混凝土垫层：(8.4−1.4)×2.60×0.1×3=5.46(m³)

(3) 混凝土带基：(8.4−1.2)×3×0.6975=15.245(m³)

混凝土带基增爬肩 0.179(m³)

注：带基断面：2.4×0.2+0.5×0.15+0.95×0.15=0.6975(m³)

(4) 毛石带基：(8.4−0.5)×0.5×0.6×3=7.11(m³)

(8.40−0.50)×0.50×0.13×3=1.541(m³)

(5) 基础圈梁：8.16×0.24×0.24×3=1.41(m³)

(6) 槽侧填土：64.512−5.46−15.245−7.11=36.7(m³)

(7) 余土：64.512−36.70=27.81(m³)

10. 墙内基础 6—6

$L_{内轴}$=6m(1 道，两端 J_3+J_5)

(1) 挖地槽：[6−(3+3.2)/2]×1.8×1.05=5.481(m³)

(2) 混凝土垫层：[6−(2.4+2.6)/2]×1.2×0.1=0.42(m³)

(3) 混凝土带基：(6−2.3)×0.3125=1.246(m³)

混凝土带基增爬肩 0.09(m³)

注：混凝土带基断面：1×0.2+0.5×0.15+0.5×0.15=0.350(m³)

(4) 毛石带基：(6−0.5)×0.5×0.6=1.65(m³)

(6−0.5)×0.5×0.13=0.358(m³)

(5) 基础圈梁：5.76×0.24×0.24=0.332(m³)

(6) 砖基：5.76×0.24×0.08=0.111(m³)

(7) 槽侧填土：5.481−0.42−1.246−1.650=2.165(m³)

(8) 余土：5.481−2.165=3.316(m³)

11. 内墙基础 6—6

$L_{内轴}$=6m(3 道，两端 J_5+J_5)

(1) 挖地槽：(6−3.2)×1.8×1.05×3=15.876(m³)

(2) 混凝土垫层：(6−2.6)×1.2×0.1×3=1.224(m³)

(3) 混凝土带基：(6−2.4)×0.3125×3−3.375+0.285=3.66(m³)

混凝土带基增爬肩 0.285(m³)

(4) 毛石带基：(6−0.5)×0.5×0.60×3=4.95(m³)

(6−0.5)×0.5×0.13×3=1.073(m³)

(5) 基础圈梁：5.76×0.24×0.24×3=0.995(m³)

(6) 槽侧回填：15.876−1.224−3.66−4.95=6.04(m³)

(7) 余土：15.876−6.04=9.836(m³)

12. 附墙垛

(1) 挖土：$(1.2+0.8) \times 0.13 \times 1.05 \times 6 = 1.638 (m^3)$

(2) 混凝土垫层：$(1.2+0.2) \times 0.2 \times 0.13 \times 6 = 0.109 (m^3)$

(3) 钢筋混凝土基：$[1.2 \times 0.2 + (0.5+0.7 \div 2) \times 0.15] \times 0.13 \times 6 = 0.287 (m^3)$

(4) 混凝土基：$0.5 \times 0.13 \times 0.6 \times 6 = 0.234 (m^3)$

$\qquad 0.5 \times 0.13 \times 0.13 \times 6 = 0.051 (m^3)$

(5) 圈梁：$0.24 \times 0.13 \times 0.24 \times 6 = 0.045 (m^3)$

(6) 槽侧填土：$1.638 - 0.109 - 0.287 - 0.324 = 0.918 (m^3)$

(7) 余土：$1.638 - 0.918 = 0.72 (m^3)$

五、基础部分工程量汇总

1. 挖地槽、三类土：

$= 20.286 + 123.480 + 100.800 + 28.224 + 32.93 + 18.90 + 12.285 + 11.550 + 64.512 + 5.481 + 15.876 + 1.638 = 435.97 (m^3)$

2. 混凝土垫层 C10：

$= 1.428 + 9.24 + 6.72 + 2.184 + 2.728 + 1.488 + 0.903 + 0.854 + 5.46 + 0.42 + 1.224 + 0.109$

$= 32.755 (m^3)$

3. 混凝土无梁带基：

$= 3.78 + 24.675 + 17.64 + 5.859 + 6.28 + 4.459 + 2.524 + 2.417 + 15.245 + 1.246 + 3.66 + 0.287$

$= 88.072 (m^3)$

4. 毛石带基 M5：

$= 2.52 + 0.546 + 12.6 + 2.73 + 14.4 + 3.12 + 2.52 + 0.546 + 4.74 + 1.027 + 2.37 + 0.514 + 37 + 514 + 2.37 + 0.514 + 2.37 + 0.514 + 7.11 + 1.65 + 0.358 + 4.9501.073 + 0.234$

$= 72.97 (m^3)$

5. 基础圈梁 C20：

$= 0.484 + 2.419 + 2.765 + 0.484 + 0.94 + 0.47 + 0.47 + 0.47 + 1.41 + 0.332 + 0.995 + 0.045$

$= 11.285 (m^3)$

6. 槽侧回填：

$= 12.558 + 76.965 + 62.04 + 17.66 + 19.18 + 10.45 + 6.76 + 5.91 + 36.7 + 2.17 + 6.04 + 0.92$

$= 257.36 (m^3)$

7. 余土：

$= 7.73 + 46.52 + 38.76 + 10.56 + 13.75 + 8.45 + 5.53 + 5.64 + 27.81 + 3.32 + 9.84 + 0.72$

$= 178.63 (m^3)$

8. 垫层模板：

$=13.83 \times 3.28 = 45.36$(m²)

9. 带基模板：

$=5.94 \times 8.81 = 52.33$(m²)

10. 圈梁模板：

$=65.79 \times 1.13 = 74.34$(m²)

11. 带基钢筋：

$\phi 10$ 内：$0.09 \times 8.81 = 0.793$(t)

$\phi 10$ 外：$0.623 \times 8.81 = 5.498$(t)

12. 圈梁钢筋：

$\phi 10$ 内：$0.263 \times 1.13 = 0.297$(t)

$\phi 10$ 外：$0.99 \times 1.13 = 1.119$(t)

六、门窗、洞口、过梁统计表(表4-33)

L95G404 引用表   表 4-33

构件编号	一层	二层	合计	混凝土	钢筋
YKBL24-42	5		5	0.105/0.525	
YKBL24-42d	33		33	0.105/3.465	
YKBL40.5-12d		48	48	0.178/8.544	
YKBL40.7-32d	36		36	0.178/6.408	
YKBL42-12d		12	12	0.185/2.220	
YKBL42-32d	11		11	0.185/2.035	
YKBL42-33d	1		1	0.272/0.272	
YKBL60-25d		48	48	0.341/16.368	
YKBL60-35d	36		36	0.341/12.276	
				单块 0.20 内；23.20m³ 单块 0.30 内；28.92m³	板厚 120；23.48m³ 板厚 180；28.64m³

七、柱、梁、板等工程量计算

1. 现浇混凝土柱(Z1 共 8 处)

$0.3 \times 0.24 \times 8.55 \times 8 = 4.925$(m³)

增：与内墙连接 4 根：$0.03 \times 0.24 \times 8.55 \times 4 = 0.246$(m³)

(1) 模板：$105.26 \times 0.517 = 54.42$(m²)

(2) 钢筋：

$\phi 10$ 内：$0.187 \times 0.517 = 0.097$(t)

$\phi 10$ 外：$0.53 \times 0.517 = 0.274$(t)

Ⅱ级 Φ10 外：$0.503\times0.517=0.26$（t）

2. 构造柱（GZ1）

（1）直角处（4 根）：$(0.24+0.03\times2)\times0.24\times7.56\times4=2.18$　外 240 扣

（2）丁角处（2 根）：$(0.24+0.03\times3)\times0.24\times7.56\times2=1.2$　外 240 扣

（3）女儿墙构造柱（共 20 根）：$(0.54\times3+1.08\times17)\times0.24\times0.3=1.439$（m³）

（4）女儿墙压顶：$(106.8-30.9+0.48)\times0.24\times0.12=2.20$（m³）

　　　　　　$(30.9-0.48)\times0.3\times0.06=0.548$（m³）

3. 现浇梁

（1）模板：$96.06+1.04=99.90$（m²）

（2）钢筋 Φ10 外 $0.244\times1.04=0.254$（t）

（3）LL1：$(45-0.3\times10)\times0.24\times0.53=5.324$　　　外 240 扣

（4）LL2：$(24-0.3\times8)\times0.24\times0.35=1.814$　　外 240 扣

1）LC60—40，2 根，0.939m³

2）LC84—40，2 根，2.299m³

3）LD—3a，8 块。

4. 梁侧抹灰（按图集计算）：LC60—40：10.37m²

　　　　　　　　　　　　LC84—40：21.87m²

八、现浇雨篷（C20）工程量计算

1. ①～③轴 M1 处：$(3+0.6)\times1.2=4.32$（m²）

　　　　　　　$(3.6+1.14\times2)\times0.52=3.06$（m²）

2. ⑥轴 M1、M2 处：$(6.45+0.6)\times1.20=8.40$（m²）

　　　　　　　　$(7.05+1.14\times2)\times0.52=4.85$（m²）

3. ⑧轴 M2、M2 处：$(5.7+0.6)\times1.2=7.92$（m²）

　　　　　　　　$(6.3+1.14\times2)\times0.52=4.46$（m²）

4. ⑨～⑩轴、M2 处：$(2.7+0.6)\times1.2=3.96$（m²）

　　　　　　　　$(3.3+1.14\times2)\times0.52=2.9$（m²）

小计：39.87（m²）。其中平面：24.60（m²）；立面：15.27（m²）。

九、雨篷抹灰工程量计算

$24.60\times2+15.27=64.47$（m²）并入顶棚

15.27m² 贴瓷砖。

十、现浇圈梁（C20）工程量计算

1. 标高 3.710m

（1）$L_{中}\times$断面

$(106.8-45-0.24-3\times0.3)\times0.24\times0.18=2.62$（m³）　外 240 扣

$(4.2+1.32-0.121)\times2+(6-2.76-0.24)\times4\times5.76=28.56\times0.1\times0.06=0.17$

（m³）

（2）$L_内 \times$ 断面

$88.32 \times 0.24 \times 0.18 = 3.82 (m^3)$

$28.56 \times 0.06 + 8.16 \times 0.24 \times 0.06 \times 2 = 0.41 (m^3)$

2. 标高 7.56m

（1）$L_中 \times$ 断面

$(106.8 - 0.3 \times 14) \times 0.24 \times 0.18 = 4.43 (m^3)$　外 240 扣

$30.42 \times 0.25 \times 0.12 = 0.91 (m^3)$

注：外檐＝长度：$12.6 + 18.3 - 0.12 \times 4 = 30.42m$

（2）L 内 $\times$ 断面

$48.96 \times 0.24 \times 0.18 = 2.12 (m^3)$　内 240 扣

$8.16 \times 0.1 \times 0.06 \times 2 + 8.16 \times 0.24 \times 0.06 \times 2 = 0.33 (m^3)$

混凝土小计：$4.47 + 0.62 + 3.83 + 4.47 + 0.93 + 2.12 = 16.44 (m^3)$

模板：$65.79 \times 1.644 = 108.16 (m^2)$

钢筋：$\phi 10$ 内：$0.263 \times 1.644 = 0.423 (t)$

　　　　$\phi 10$ 外：$0.99 \times 1.644 = 1.628 (t)$

十一、预应力空心板

长线台钢拉模：

1. 厚 120mm 内：$351.42 \times 2.348 = 825.13 (m^2)$

2. 厚 180mm 内：$311.45 \times 2.864 = 1891.99 (m^2)$

3. 冷拉钢丝：$0.083 \times 2.348 = 0.195 (t)$

　　　　　　$0.06 \times 2.864 = 0.172 (t)$

4. $\phi 10$ 内钢筋：$0.367 \times 2.348 = 0.862 (t)$

　　　　　　　$0.320 \times 2.864 = 0.917 (t)$

5. $\phi 10$ 外钢筋：$0.01 \times 2.348 = 0.024 (t)$

　　　　　　　$0.134 \times 2.864 = 0.384 (t)$

十二、其他

1. 场地平整：$390.87 + 16.00 + 107.76 \times 2 = 622.39 (m^2)$

2. 台阶

（1）台阶面层（预制磨石板厚 15mm）：$45.24 \times 0.90 = 40.72 (m^2)$

（2）台阶找平层（1：2.5 水泥找平层厚 15mm）：$40.72 (m^2)$

（3）台阶垫层

1）C10 混凝土垫层厚 60mm：$40.72 (m^3)$

2）3：7 灰土垫层厚 80mm：$40.72 \times 0.08 = 3.26 (m^3)$

（4）台阶处地面：$45.24 \times (1.2 - 0.3) = 40.72 (m^2)$

3. 混凝土护坡：$(107.76 - 45.24 + 1 \times 4) \times 1 = 66.52 (m^2)$

4. 底层部分工程量计算：

（1）底层卫生间防滑地面砖：$8.55 + 6.76 = 15.31 (m^2)$

（2）底层磨石板面层厚 15mm：341.69－15.31＋40.72＝367.10(m²)

（3）底层 1：2.5 水泥找平厚 15mm：15.31＋367.1＝382.41(m²)

（4）底层 C10 混凝土垫层厚 60mm：382.41×0.06＝22.94(m³)

（5）底层 3：7 灰土垫层厚 80mm：382.41×0.08＝30.59(m³)

（6）底层室内填土：382.41×(0.45－0.17)＝107.07(m³)

（7）余土外运：178.63－107.32＝71.56(m³)

（8）底层顶棚抹灰：341.69－2.76×2.28×6＝303.93(m²)

（9）钢化涂料：303.93(m²)

5. 现浇混凝土楼梯部分工程量计算

（1）现浇混凝土楼梯 C20：(3.36＋2.16)×1×6＝33.12(m²)

（2）楼梯面层、磨石板厚 15mm：33.12(m²)

（3）楼梯木扶手（钢栏杆）：

1）$\sqrt{3.36×3.36＋2.79×2.79}×6＝26.2$(m)

2）$\sqrt{1.16×1.16＋1.11×1.11}×6＝9.64$(m)

3）(2.4－0.12)×6＝13.68(m)

4）(4.2－1.32－1－0.12)×6＝10.56(m)

小计：(1)＋(2)＋(3)＋(4)＝60.08(m)

（4）楼梯处釉面砖墙裙高 1200mm：(26.2＋13.68＋12)×1.20＝62.26(m²)（内抹灰减）

6. 二层部分工程量计算

（1）二层磨石板面层厚 15mm：339.95－24.24＝315.71(m²)

（2）二层 1：2.5 水泥找平厚 15mm：315.71(m²)

（3）二层 C20 细石混凝土厚 40mm：315.71(m²)

（4）二层天棚抹灰：315.71＋24.24＋2.25×6＝353.45(m²)

（5）二层天棚钢化涂料：353.45(m²)

7. 外墙砌体（MU7.54 砖 M5 混）

（1）一层 240mm 墙：(106.8×3.90＋0.08－121.05)×0.24＝72.96(m³)

（2）二层 240mm 墙：[106.8×(7.5－3.9)－64.8]×0.24＝76.72(m³)

注：墙体内应扣体积汇总时计算，下同。

8. 内墙砌体（MU7.5 砖 M5 混）

（1）一层 240mm 墙：[88.32×(3.9＋0.08－0.25)－14.311]×0.24＝75.63(m³)

（2）一层 120mm 墙：[19.56×(3.9－0.19＋0.08)－11.76]×0.115＝7.17(m³)

（3）二层 240mm 墙：[48.96×(7.5－3.9)－1.891]×0.24＝41.85(m³)

9. 二层轻质隔墙、舒乐舍板厚 60mm：19.17×(7.5－3.9)－5.67＝63.34(m²)

10. 女儿墙

（1）外檐二处女儿墙：30.42×(0.24＋0.49)/2×0.54＝5.996(m³)

（2）外檐一处女儿墙：76.38×1.08×0.24＝19.798(m³)

11. 内墙粉刷

(1) 瓷砖贴面：$(7.56×3.71-1.08-1.68)×6=151.73(m^2)$

注：$L=(2.4-0.24+1.8-0.12-0.06)×2=7.56(m)$

(2) 抹混合砂浆：$101.64×3.65-121.05=249.94(m^2)$

$102.96×3.6-64.8=305.86(m^2)$

$[(88.32+19.56)×3.78-14.31-11.76]×2=763.43(m^2)$

$[(48.86+19.17)×3.6-1.89-5.67]×=475.42(m^2)$

$(1.08+1.68)×6=16.56(m^2)$

(3) 减卫生间瓷砖：$151.73(m^2)$

(4) 减楼梯处瓷砖：$62.26(m^2)$

抹灰小计：$1601.82(m^2)$

12. 内墙脚手架：$(88.32+19.56)×3.71+(48.96+19.17)×3.60=645.50(m^2)$

13. 外墙粉刷

(1) 红色曲面砖贴面：$30.42×(+0.12)=21.54(m^2)$

(2) 白色面砖贴面：$77.34×(8.7-7.5)=92.81(m^2)$

$107.76×(7.5-0.32)-121.05-64.8=656.83(m^2)$

减石阶处：$45.24×0.34=-14.48(m^2)$

(3) M1：$2×(3+3.3+3.3)×0.12=2.3(m^2)$

(4) M2：$4×(2.7+3.3+3.3)×0.12=4.46(m^2)$

(5) C1：$7×(2.7+2.7)×2×0.12=9.07(m^2)$

(6) C2：$6×(1.2+0.9)×2×0.12=3.02(m^2)$

(7) C3：$11×(1.8+1.5)×2×0.12=8.71(m^2)$

(8) C4：$6×(1.2+1.5)×2×0.12=3.89(m^2)$

(9) C5：$8×(2.7+1.5)×2×0.12=8.06(m^2)$

(10) 白色面砖贴面小计：$765.84(m^2)$

14. 外墙脚手架：$107.76×(8.7+0.45)=986(m^2)$

15. 屋面

(1) 1：2.5 水泥厚 20mm：$390.87-106.8×0.24=365.24(m^2)$

(2) 1：10 水泥珍珠岩：$365.24×0.1616=59.02(m^3)$

注：均厚：$(8.4-0.24)×0.02÷2+0.08=0.1616(m)$

(3) 三毡四油一砂防水：$(106.80-0.24×4)×0.25+365.24=391.7(m^2)$

(4) 雨水口：4 个

(5) 雨水斗：4 个

(6) 玻璃钢落水管：$4×7.5=30(m)$

16. 楼梯处石基：$0.5×0.7×1×6=2.1$

17. 踢脚线：$101.64+(88.32+19.56)×2=317.4(m)$

减卫生间瓷砖：$-19.56(m)$

$102.96+(48.96+19.17)×2=239.22(m)$

合计：$537.06(m)$

18. 勒角抹灰：$(107.76-45.24)×0.26=16.26(m^2)$

十三、工程量汇总表（表 4-34）

工 程 量 汇 总 表　　　　　表 4-34

序 号	定额编号	项 目 名 称	单 位	数 量
第一章：土石方工程				
1	1-8	挖沟槽三类土	100m³	4.36
2	1-46	回填土	100m³	3.62
3	1-48	场地平整	100m³	6.22
4	1-53	单轮车运土方 50m	100m³	0.74
5	1-54	运土方 500m 每增 50m	100m³	6.66
第三章：脚手架工程				
6	3-6	外脚手架：钢、双	100m³	9.86
7	3-15	里脚手架：钢	100m³	6.46
8	3-45	垂直封闭	100m³	9.86
第四章：砌筑工程				
9	4-8	1/2 砖混水墙	10m³	0.72
10	4-10	1 砖混水墙	10m³	27.00
11	4-66	毛式基础	10m³	7.51
第五章：混凝土及混凝土工程				
12	5-14	带基木模板	100m²	0.52
13	5-33	垫层木模板	100m²	0.45
14	5-58	构造柱钢模板	100m²	0.52
15	5-76	现浇梁木模板	100m²	0.99
16	5-83	圈梁木模板	100m²	1.83
17	5-119	楼梯木模板（投影）	10m²	3.30
18	5-121	雨篷木模板（投影）	10m²	2.46
19	5-123	台阶木模板（投影）	10m²	4.10
20	5-150	过梁木模板（混凝土体积）	10m³	0.22
21	5-169	预应力空心板模板厚 120mm	10m³	2.32
22	5-170	预应力空心板模板厚 180mm	10m³	2.89
23	5-294	现浇构件圆钢 ϕ6	t	0.943
24	5-295	现浇构件圆钢 ϕ8	t	1.826
25	5-296	现浇构件圆钢 ϕ10	t	0.917
26	5-297	现浇构件圆钢 ϕ12	t	10.354
27	5-311	现浇构件螺纹钢 ϕ18	t	0.202
28	5-320	预制构件圆钢冷拔 ϕ	t	0.413
29	5-322	预制构件圆钢冷拔 ϕ6	t	0.079
30	5-328	预制构件圆钢冷拔 ϕ12	t	0.024

序 号	定额编号	项 目 名 称	单 位	数 量
31	5-394	带基混凝土	10m³	8.81
32	5-403	构造柱混凝土	10m³	0.99
33	5-406	单梁混凝土	10m³	1.04
34	5-408	圈梁混凝土	10m³	2.77
35	5-421	楼梯混凝土	10m²	3.30
36	5-423	悬挑板	10m²	0.40
37	5-453	空心板混凝土	10m³	5.21
38	5-529	空心板接头灌缝	10m³	5.21
39	5-532	过梁接头灌缝	10m³	0.22
		第六章：构件运输及安装工程		
40	6-3	空心板运输 5km	10m³	5.21
41	6-93	门窗运输 5km	100m²	2.19
42	6-222	过梁安装	10m³	0.22
43	6-332	空心板安装 0.2 内	10m³	2.32
44	6-333	空心板安装 0.3 内	10m³	2.89
		第七章：门窗及木结构工程		
45	7-65	门框制作	100m²	0.33
46	7-66	门框安装	100m²	0.33
47	7-67	门扇制作	100m²	0.33
48	7-68	门框安装	100m²	0.33
49	7-264	铝合金门制作安装	100m²	0.55
50	7-277	铝合金窗制作安装	100m²	1.31
51	7-325	门锁安装	10 把	2.4
52	7-360	暖气罩制安	10m³	3.89
		第八章：楼地面工程		
53	8-1	灰土垫层	10m³	3.39
54	8-16	混凝土垫层	10m³	5.57
55	8-18	找平层厚 20mm	100m³	7.39
56	8-19	找平层(填充料土)	100m³	3.65
57	8-21	细石混凝土厚 30mm	100m³	
58	8-22	每增减 5mm	100m²	
59	8-43	混凝土散水	100m²	
60	8-67	磨石板楼梯	100m²	
61	8-68	磨石板台阶	100m²	
62	8-69	磨石板踢脚	100m²	
63	8-71	磨石板楼地面	100m²	

序　号	定额编号	项 目 名 称	单　位	数　量
64	8-72	彩釉砖地面	100m²	
65	8-155	铁栏杆木扶手	10m	
		第九章：屋面及防水工程		
66	9-68	玻璃钢排水管	10m	
67	9-70	玻璃钢排水斗	10个	
68	9-74	二毡三油防水	100m²	
69	9-76	增一毡一油	100m²	
		第十章：保温隔热工程		
70	10-201	现浇水泥珍珠岩	10m³	
		第十一章：装饰工程		
71	11-27	勒角抹灰	100m²	
72	11-36	内墙抹灰	100m²	
73	11-175	墙面、墙裙面砖	100m²	
74	11-290	天棚抹灰	100m²	
75	11-409	木门油漆	100m²	
76	11-411	木扶手油漆	100m	
77	11-627	仿瓷涂料	100m²	
		第十二章：金属结构		
78	12-42	钢栏杆	t	

第五章　工程量清单的编制与投标报价

第一节　我国实行工程量清单计价规范的背景及概述

一、国外及我国工程造价管理的发展历史

1. 我国工程造价管理的发展历史

改革开放以前，我国工程造价管理模式一直沿用着前苏联模式—基本建设概（预）算制度。改革开放后，工程造价管理历经了计划经济时期的概（预）算管理、工程定额管理的"量价统一"、工程造价管理的"量价分离"，目前逐步过渡到以市场机制为主导、由政府职能部门实行协调监督、与国际惯例全面接轨的新管理模式。为适应 20 世纪 50 年代初期大规模的基础建设而建立工程造价体制，并经过长期的工程实践，形成了具有计划经济特色的工程造价管理体制并且日臻完善，对合理确定和有效控制造价起到了积极的作用。

新中国成立以来，我国的工程造价管理经历了以下几个阶段：

第一阶段，从新中国成立初期到 20 世纪 50 年代中期，是无统一预算定额与单价情况下的工程造价计价模式。这一时期主要是通过设计图计算出的工程量来确定工程造价。当时计算工程量没有统一的规则，只是由估价员根据企业的累积资料和本人的工作经验，结合市场行情进行工程报价，经过和业主洽商，达成最终工程造价。

第二阶段，从 20 世纪 50 年代到 90 年代初期，是有政府统一预算定额与单价情况下的工程造价计价模式，基本属于政府决定造价。这一阶段延续的时间最长，并且影响最为深远。当时的工程计价基本上是在统一预算定额与单价情况下进行的，因此工程造价的确定主要是按设计图及统一的工程量计算规则计算工程量，并套用统一的预算定额与单价，计算出工程直接费，再按规定计算间接费及有关费用，最终确定工程的概算造价或预算造价，并在竣工后编制决算，经审核后的决算即为工程的最终造价。

第三阶段，从 20 世纪 90 年代至 21 世纪初（2003 年），这段时间造价管理沿袭了以前的造价管理方法，同时随着我国社会主义市场经济的发展，国家建设部对传统的预算定额计价模式提出了"控制量，放开价，引入竞争"的基本改革思路。各地在编制新预算定额的基础上，明确规定预算定额单价中的材料、人工、机械价格作为编制期的基期价，并定期发布当月市场价格信息进行动态指导，在规定的幅度内予以调整，同时在引入竞争机制方面做了新的尝试。

第四阶段，2003 年 3 月，有关部门颁布《建设工程工程量清单计价规范》（GB 50500—2003），2003 年 7 月 1 日起在全国实施，工程量清单计价是在建设施工招标投标时，招标人依据工程施工图纸、招标文件要求，以统一的工程量计算规则和统一的施工项目划分规定，为投标人提供实物工程量项目和技术性措施项目的数量清单；投标人在国家定额指导下、在企业内部定额的要求下，结合工程情况、市场竞争情况和本企业实力，并

充分考虑各种风险因素，自主填报清单开列项目中包括的工程直接成本、间接成本、利润和税金在内的综合单价与合计汇总价，并以所报综合单价作为竣工结算调整价的一种计价模式。

第五阶段，2003 版《建设工程工程量清单计价规范》是我国工程造价改革的里程碑，开创了工程造价管理工作的新格局。但随着工程造价行业的发展，使用中又出现了新的情况、新问题，主要表现在规范规定过于笼统、门类不全、操作性不强等，已经阻碍了工程量清单计价模式的推行。为此，住房和城乡建设部新修订颁布了《建设工程工程量清单计价规范》（GB 50500—2008），并于 2008 年 12 月 1 日起实施。

2. 国外工程造价管理发展历史

国际上，工程项目的造价通常是建立在对项目结构分解和工程项目进度计划的分析上。通过项目结构分解对工程项目进行全面的、详细的描述，结合这些活动的进度安排确定各项活动所需的资源（人工、各种材料、生产或功能设施、施工设备），将其最低级别项目单元的估算成本通过汇总来确定工程项目的总造价。在建设工程造价管理领域主要有三种模式：以英国和中国香港为代表的工料测量体系、以美国为代表的造价工程管理体系及以日本为代表的工程积算制度。

（1）英国的工程造价管理

英国是开展工程造价管理历史较长，体系较完整的一个国家。由政府颁布统一的工程量规则，并定期公布各种价格指数，工程造价是依据这些规则计算工程量，价格则采用咨询公司提供的信息价和市场价进行计价，没有统一的定额标准可套用。工程价格是通过自由报价和竞争最后形成的。英国工程计价的一个重要特点就是工料测量师的使用，无论是政府工程还是私人工程，无论是采用传统的管理模式还是非传统的模式都有工料测量师参与。

（2）美国的工程造价管理

美国在工程估价体系中，有一套前后连贯统一的工程成本编码，即将一般工程按其工艺特点分为若干分部分项工程，并给每个分部分项工程编个专用的号码，作为该分部分项工程的代码，以便在工程管理和成本核算中，区分建筑工程的各个分部分项工程。

（3）日本的工程造价管理

日本的工程积算是一套独特的量价分离的计价模式，其量和价是分开的。量是公开的，价是保密的。日本的工程量计算类似我国的定额取费方式，建设省制定一整套工程计价标准，即"建筑工程积算基准"。其内容包括"建筑积算要领"（预算的原则规定）和"建筑工事标准步挂"（人工、材料消耗定额），其中"建筑工事标准步挂"的主要内容包括分部分项工程的工、料消耗定额。"建筑数量积算基准解说"则明确了承发包工程计算工程量时需共同遵循的统一性规定。

（4）法国的工程造价管理

1）工程单价的确定：施工单位在确定投标单价时，基本上都要对每一工程项目做好市场调查。

2）各阶段工程造价的确定与控制：科学估算工程造价是法国工程管理的显著特点。他们在工程造价估算方面有一套建立在对现有工程资料分析基础上的科学方法。

3）政府投资项目的造价控制：法国是市场经济发达的国家，生产企业在高度自由的竞争环境中发展和生存，政府为整个社会经济的正常运转创造必要的条件，同时对国有企业进行宏观指导和必要的控制。

二、工程量清单及计价的定义及现实意义

工程量清单于 19 世纪 30 年代产生，西方国家把计算工程量、提供工程量清单专业化为业主估价师的职责，所有的投标都要以为业主提供的工程量清单为基础，从而使得最后的投标结果具有可比性。工程量清单是表现拟建工程的分部分项工程项目、措施项目、其他项目、规费项目和税金项目的名称和相应数量的明细清单，包括分部分项工程量清单、措施项目清单、其他项目清单、规费项目清单、税金项目清单。工程量清单是工程量清单计价的基础，应作为编制招标控制价、投标报价、计算工程量、支付工程款、调整合同价款、办理竣工结算以及工程索赔等的依据之一。

工程量清单计价是指投标人完成由招标人提供的工程量清单所需的全部费用，包括分部分项工程费、措施项目费、其他项目费和规费、税金。工程量清单计价方法，是在建设工程招投标中，招标人或委托具有资质的中介机构按国家统一的工程量计算规则编制反映工程实体消耗和措施性消耗的工程量清单，并作为招标文件的一部分提供给投标人，由投标人依据工程量清单自主报价，并按照经评审低价中标的工程造价计价模式。在工程招标投标中采用工程量清单计价是国际上较为通行的做法。

工程量清单计价办法的主旨就是在全国范围内，统一项目编码、统一项目名称、统一计量单位、统一工程量计算规则。在这些统一的前提下，由国家主管职能部门统一编制《建设工程工程量清单计价规范》，作为强制性标准，在全国统一实施。

实行工程量清单计价法是深化工程造价管理改革的重要举措，是推进建设工程市场化的重要途径，也是规范建设市场秩序的措施之一。《建设工程工程量清单计价规范》颁布以后，各部门在建设工程施工招标投标过程中，都应执行计价规范的工程量清单编制和计价方法。在招标时，工程量清单是招标文件中的一项主要内容。由业主或业主委托有资质的咨询单位，根据拟建工程实际情况及其执行的施工验收规范标准，依据计价规范的规定编制工程量清单。各投标单位根据自己的实力，按照竞争策略的需要自主报价，业主根据合理低价的原则定标。在其他条件相同的前提下，主要看报价。合理低价是在所有的投标人中报价最低，这是最理想的报价。

清单计价法的意义之一是有利于降低工程造价，合理节约投资。这主要是指国有投资和国有控股的投资项目，在充分竞争的基础上确定的工程造价，本身就带有合理性，可防止国有资产流失，使投资效益得到最大的发挥。同时，它增加了招标、投标透明度，更能进一步体现招标投标过程中公平、公正、公开的三公原则，防止暗箱操作，有利于遏制腐败现象的产生。另外，因为招标的原则是合理低价中标，因此施工企业在投标报价时就要掌握一个合理的临界点，那就是既要报价最低，又要有一定的利润空间。这就促使施工企业采取一切手段提高自身竞争能力，如在施工中采用新技术、新工艺、新材料，努力降低成本、增加利润，以便在同行业中永远保持领先地位。

国家制定《建设工程工程量清单计价规范》不仅是适应市场定价机制、深化工程造价管理改革的重要措施，同时也是规范建设市场秩序的治本措施之一。过去，由于工程预算定额及相应的管理体系在工程发展承包计价中调整发、承包方利益和反映市场实际价格、需求，特别是在建立公平、公开、公正竞争机制方面还有许多不相适应的地方，如建设单

位在招标中盲目压级压价、施工企业在投标报价中高估冒算，从而造成了合同执行中产生的大量工程造价纠纷和争议。为了逐步规范这种不合理或不正当的计价行为，除了法律、法规、行政监管以外，发挥市场规律中"竞争"和"价格"的作用是治本之策。实行工程量清单计价，将工程量清单作为招标文件和合同文件的重要组成部分，对于规范招标人的计价行为，从技术上避免在招标中弄虚作假和暗箱操作，以及保证工程款的支付和结算都起到重要作用。

三、工程量清单计价的性质特点

实行工程量清单计价，工程量清单造价文件必须包括五个要件：项目编码、项目名称、项目特征、计量单位和工程量。工程量清单计价是指投标人完成由招标人提供的工程量清单所需的全部费用，包括分部分项工程费、措施项目费、其他项目费和规费、税金。

《建设工程工程量清单计价规范》中工程量清单综合单价是指完成一个规定计量单位的分部分项清单项目或措施清单项目所需的人工费、材料费、施工机械使用费、企业管理费与利润，以及一定范围内的风险费用。

工程量清单计价的特点具体体现在以下几个方面：

1. 统一计价规则

通过制定统一的建设工程量清单计价办法、统一的工程量计量规则、统一的工程量清单项目设置规则，达到规范计价行为的目的。这些规则和办法是强制性的，建设各方都应该遵守。

实行工程量清单计价，工程量清单造价文件必须做到工程量清单的项目划分、项目特征、计量规则、计量单位以及清单项目编码的统一，达到清单项目工程量计量统一的目的。

2. 有效控制消耗量

通过由政府发布统一的社会平均消耗量指导标准，为企业提供一个社会平均尺度，避免企业盲目或随意大幅度减少或扩大消耗量，从而起到保证工程质量的目的。

3. 彻底放开价格

将工程消耗量定额中的工、料、机价格和利润、管理费全面放开，由企业根据市场的供求关系自行确定价格。

4. 企业自主报价

投标企业根据自身的技术专长、材料采购渠道和管理水平等，制定企业定额，自主报价。企业尚无报价定额的，可参考使用造价管理部门发布的《建设工程消耗量定额》。

5. 市场有序竞争形成价格

通过建立与国际惯例接轨的工程量清单计价模式，引入充分竞争形成价格的机制，制定衡量投标报价合理性的基础标准，在投标过程中，有效引入竞争机制，淡化标底的作用，在保证质量、工期的前提下，按国家《招标投标法》及有关条款规定，最终以不低于成本的合理低价者中标。

四、工程量清单计价与传统定额计价相比所具有的优势

通过工程量清单计价以上特点可以看出，工程量清单计价与传统的定额计价相比具有与生俱来的优点：

（1）有利于业主在公平竞争状态下获得较低的工程造价，所有投标人均在统一量的基础上结合企业实力考虑风险竞争价格，使工程造价趋于合理。

（2）有利于类似工程项目投资分析，由于按照"五统一"原则进行清单编制，随着清单计价方式的深入实施，业主及施工单位、招标代理机构不断积累经验，清单项目单价能够得到更好地利用，也更趋于公平、透明、合理。

（3）有利于实现风险的合理分担，工程量误差的风险由发包方承担，工程报价的风险由投标方承担。

（4）有利于节省时间，减少不必要的重复劳动，提高效率。在招标时各投标单位不必花费大量时间去计算工程量，节省了大量人力、财力，同时缩短时间，提高了功效，特别是社会功效。

（5）有利于造价的管理与控制，施工过程中发生的工程量的变化能够轻松地换算为增加或减少的造价，使得造价管理更为直观，有利于增强投资管理意识。

五、工程量清单计价的影响因素

以工程量清单中标的工程，其施工过程与传统的投标形式工程的施工过程没有很大区别。但对工程成本要素的确认同以往传统投标工程却大相径庭。工程量清单报价中标的工程，在正常情况下，工程造价已基本确定，只是当出现设计变更或工程量变动时，通过签证再结算调整另行计算。工程清单工程成本要素的管理重点，是在既定收入的前提下，如何控制成本支出。现就工程量清单中标的工程成本要素影响要素分析如下。

1. 对用工量的有效管理

人工费支出约占建筑产品成本的 $15\%\sim20\%$，且随市场价格波动而不断变化。对人工单价在整个施工期间作出切合实际的预测，是控制人工费用支出的前提条件。

（1）根据施工进度，月初依据工序合理作出用工数量。结合市场人工单价计算出本月控制指标。

（2）在施工过程中，依据工程分部分项，对每天用工数量连续记录，在完成一个分项后，就同工程量清单报价中的用工数量对比。进行横评找出存在问题、办理相应手续以便对控制指标加以修正。每月完成几个工程分项后各自同工程量清单报价中的用工数量对比，考核控制指标完成情况。通过这种控制节约用工数量，就意味着降低人工费支出，即增加了相应的效益。这种对用工数量控制的方法，最大优势在于不受任何工程结构形式的影响，分阶段加以控制，有很强的实用性。如果包清工的工程，结算用工数量一定在控制指标以内考虑。确实超过控制指标分项工日数时，应及时找出问题的工程部位，及时同业主办理有关手续。人工费用控制指标，主要是从量上加以控制。重点通过对在建工程过程控制，积累各类结构形式下实际用工数量的原始资料，以便形成企业定额体系。

2. 材料费用的管理

材料费用开支约占建筑产品成本的 $60\%\sim70\%$，是成本要素控制的重点。材料费用因工程量清单报价形式不同，材料供应方式不同而有所不同。如业主限价的材料价格，如何管理？其主要问题可从施工企业采购过程降低材料单价来把握。

（1）首先，对本月施工分项所需材料用量下发采购部门，在保证材料质量前提下货比三家。采购过程以工程量清单报价中材料价格为控制指标，确保采购过程产生收益。

（2）对业主供材供料，确保足斤足两，严把验收入库环节。

（3）在施工过程中，严格执行质量方面的程序文件，做到材料堆放合理布局，减少二次搬运。具体操作依据工程进度实行限额领料，完成一个分项后，考核控制效果。

（4）杜绝没有收入的支出，把返工损失降到最低限度。月末应把控制用量和价格同实际数量横向对比，考核实际效果，对超用材料数量落实清楚，是在哪个工程子项造成的，原因是什么，是否存在同业主计取材料差价的问题等。

3. 机械费用的管理

机械费的开支约占建筑产品成本的10%，其控制指标主要是根据工程量清单计算出使用的机械控制台班数。在施工过程中，每天做好详细台班记录，是否存在维修、待班的台班。如存在现场停电超过合同规定时间，应在当天同业主做好待班现场签证记录，期末将实际使用台班同控制台班的绝对数进行对比，分析量差发生的原因。对机械费价格一般采取租赁协议，合同一般在结算期内不变动，所以控制实际用量是关键。依据现场情况做到设备合理布局，充分利用，特别是要合理安排大型设备进出场时间，以降低费用。

4. 水电费用的管理

水电费的管理，在以往工程施工中一直被忽视。水作为人类赖以生存的宝贵资源，越来越短缺，正在给人类敲响警钟。这对加强施工过程中水电费管理的重要性不言而喻。为便于施工过程支出的控制管理，应把控制用量计算到施工子项，以便于水电费用控制。月末依据完成子项所需水电用量同实际用量对比，找出差距的出处，以便制定改正措施。总之，施工过程中对水电用量控制不仅仅是一个经济效益的问题，更重要的是一个合理利用宝贵资源的问题。

5. 对设计变更和工程签证的管理

在施工过程中，时常会遇到一些原设计未预料的实际情况或业主单位提出要求改变某些施工做法、材料代用等，引发设计变更；同样对施工图以外的内容及停水、停电，或因材料供应不及时造成停工、窝工等都需要办理工程签证。

（1）由负责现场施工的技术人员做好工程量的确认，如存在工程量清单不包括的施工内容，应及时通知技术人员，将需要办理工程签证的内容落实清楚。

（2）工程造价人员审核变更或签证签字内容是否清楚完整、手续是否齐全。如手续不齐全，应在当天督促施工人员补办手续，变更或签证的资料应连续编号。

（3）工程造价人员应特别注意在施工方案中涉及的工程造价问题。在投标时工程量清单是依据以往的经验计价，建立在既定的施工方案基础上的。施工方案的改变便是对工程量清单造价的修正。变更或签证是工程量清单工程造价中所不包括的内容，但在施工过程中费用已经发生，工程造价人员应及时地编制变更及签证后的变动价值。加强设计变更和工程签证工作是施工企业经济活动中的一个重要组成部分，它可防止应得效益的流失，反映工程真实造价构成，对施工企业各级管理者来说更显得尤其重要。

6. 对其他成本要素的管理

成本要素除工料单价法包含的以外，还有管理费用、利润等。这部分收入已分散在工程量清单的子项之中，中标后已成既定的数，因而，在施工过程中应注意以下几点：

（1）节约管理费用是重点，制定切实的预算指标，对每笔开支严格依据预算执行审批手续；提高管理人员的综合素质做到高效精干，提倡一专多能。对办公费用的管理，从节约一张纸、减少每次通话时间等方面着手，精打细算，控制费用支出。

（2）利润作为工程量清单子项收入的一部分，在成本不亏损的情况下，就是企业既定利润。

以上六个方面是施工企业的成本要素，针对工程量清单形式带来的风险性，施工企业要从加强过程控制的管理入手，才能将风险降到最低点。积累各种结构形式下成本要素的资料，逐步形成科学、合理的，具有代表人力、财力、技术力量的企业定额体系。通过企业定额，使报价不再盲目，避免了一味过低或过高报价所形成的亏损、废标，以应付复杂激烈的市场竞争。

在工程量清单计价中，在项目实施过程中，发生的机械成本都是一次性投入到单位产品中，其费用应直接计入分部分项工程综合单价。而且施工机械的选择与施工方案息息相关，它和非实体工程部分的造价一样具有竞争性质。因此按工程量清单报价时，机械费用应结合企业自身的技术装备水平和施工方案来制定，以反映出施工机械投入量，最大限度地体现企业自身的竞争能力。

单价中，有些费用对投标企业而言是不可控的，比如材料费用，按照我国工程造价改革精神，材料价格将逐渐脱离定额价，实行市场价。在项目实施过程中材料不是全部投入到项目中，而有一定的损耗。这些损耗是不可避免的，而且损耗量的大小取决于管理水平和施工工艺等。虽然投标人不会承担这部分损耗，但是作为管理水平的体现，它具有竞争性质，应单独反映在报价中。对于实体工程部分，可在各清单项目下直接反映。

劳动力市场价格对投标企业而言是不可控的，但是投标企业可以通过现场的有效管理、改进工艺流程等措施来降低单位工程量的人工投入，从而降低人工费用；而且人工费用与机械化水平有关。事实证明，各投标企业的现场技术力量、管理水平和机械化程度存在差异。单位工程量的人工费用都不相同。这些都表明人工费用具有竞争性质，但是这种竞争的目的不是为了降低工人收入，而是在维护工人现有权益基础上，促使投标企业通过合理的组织与管理、改进工艺等措施来提高生产效率，因此人工费用也应该在报价中单独反映出来。

第二节　工程量清单下价格的构成情况

一、清单下价格的构成框架

工程量清单是由业主或受其委托具有工程造价咨询资质的中介机构，按照工程量清单计价规范和招标文件的有关规定，根据施工设计图纸及施工现场实际情况，将拟建招标工程全部项目和内容按工程部位性质等列在清单上作为招标文件的组成部分，供投标单位逐项填价的文件，是投标单位投标报价的依据。

工程量清单计价模式的费用构成包括分部分项工程费、措施项目费、其他项目费、规费和税金。

（1）分部分项工程费。

分部分项工程费是指完成工程量清单列出的各分部分项清单工程量所需的费用。包括：直接工程费、企业管理费、利润，以及一定范围内的风险费。

（2）措施项目费。

措施项目清单应根据拟建工程的实际情况列项。通用措施项目可按下表选择列项，专业工程的措施项目可按附录中规定的项目选择列项。若出现本规范未列的项目，可根据工程实际情况补充。通用措施项目见表 5-1。

通用措施项目一览表

表 5-1

序　　号	项　目　名　称
1	安全文明施工（含环境保护、文明施工、安全施工、临时设施）
2	夜间施工
3	二次搬运
4	冬雨期施工
5	大型机械设备进出场及安拆
6	施工排水
7	施工降水
8	地上、地下设施，建筑物的临时保护设施
9	已完工程及设备保护

措施项目中可以计算工程量的项目清单宜采用分部分项工程量清单的方式编制，列出项目编码、项目名称、项目特征、计量单位和工程量计算规则；不能计算工程量的项目清单，以"项"为计量单位。

（3）其他项目费。

其他项目费是指暂列金额；暂估价包括材料暂估单价、专业工程暂估价；计日工；总承包服务费等的总和。其他比如索赔、现场签证等费用可以根据工程实际情况在竣工结算中列入其他项目费用中。

（4）规费。

规费是指政府和有关权力部门规定必须交纳的费用的合计。包括：工程排污费；工程定额测定费；社会保障费包括：养老保险费、失业保险费、医疗保险费；住房公积金；危险作业意外伤害保险。

规费作为政府和有关权力部门规定必须缴纳的费用，政府和有关权力部门可根据形势发展的需要，对规费项目进行调整。因此，对《建筑安装工程费用项目组成》未包括的规费项目，在计算规费时应根据省级政府和省级有关权力部门的规定进行补充。

（5）税金。

税金是指国家税法规定的应计入建筑安装工程造价内的营业税、城市维护建设税及教育费附加费用等的总和。

二、直接工程费的构成及计算

建筑安装工程直接工程费是指在工程施工过程中直接耗费的构成工程实体和有助于工程实体形成的各项费用。它包括人工费、材料费和施工机械使用费。

直接工程费是构成工程量清单"分部分项工程费"及措施项目中可计算工程量费用中的主体费用，本节将重点介绍比较常用的两种直接工程费计算模式：利用现行的概、预算定额计价模式，动态的计价模式的计价方法及在投标报价中的应用。

1. 人工费的计算

人工费是指直接从事于建筑安装工程施工的生产工人开支的各项费用。内容包括：

（1）生产工人的基本工资。

（2）工资性补贴。

（3）生产工人的辅助工资。

（4）职工福利。

（5）生产工人劳动保护费。

人工费中不包括管理人员（包括项目经理、施工队长、工程师、技术员、财会人员、预算人员、机械师等）、辅助服务人员（包括生活管理员、炊事员、医务员、翻译员、小车司机和勤杂人员等）、现场保安等的开支费用。

在承包工程中，不论承包合同的类型如何，人工费的高低几乎在所有承包商的激烈竞争中，都是一个至关重要的竞争手段；业主考察承包商的水平，也首先考察人工费的高低。

根据工程量清单"彻底放开价格"和"企业自主报价"的特点，结合当前我国建筑市场的状况，以及现今各投标企业的投标策略，人工费的计算方法主要有以下两种模式。

（1）利用现行的概、预算定额计价模式

利用现行的概、预算定额计算人工费的方法是：根据工程量清单提供的清单工程量，利用现行的概、预算定额，计算出完成各个分部分项工程量清单的人工费，然后根据本企业的实力及投标策略，对各个分部分项工程量清单的人工费进行调整，然后汇总计算出整个投标工程的人工费。其计算公式为：

人工费＝Σ［概（预）算定额中人工工日消耗量×相应等级的日工资综合单价］

这种方法是当前我国大多数投标企业所采用的人工费计算方法，具有简单、易操作、速度快，并有配套软件支持的特点。其缺点是竞争力弱，不能充分发挥企业的特长。

（2）动态的计价模式

这种计价模式适用于实力雄厚、竞争力强的企业，也是国际上比较流行的一种报价模式。

动态的人工计价模式费的计算方法是：首先根据工程量清单提供的清单工程量，结合本企业的人工效率和企业定额，计算出投标工程消耗的工日数；其次根据现阶段企业的经济、人力、资源状况和工程所在地的实际生活水平，以及工程的特点，计算工日单价；然后根据劳动力来源及人员比例，计算综合工日单价；最后计算人工费。其计算公式为：

人工费＝Σ（人工工日消耗量×综合工日单价）

1）人工工日消耗量的计算方法

工程用工量（人工工日消耗量）的计算，应根据招标阶段和招标方式来确定。就当前我国建筑市场而言，有的在初步设计阶段进行招标，有的在施工图阶段进行招标。由于招标阶段不同，工程用工工日数的计算方法也不同。目前国际承包工程项目计算用工的方法基本有两种：一是分析法；二是指标法。现结合我国当前建设工程工程量清单招投标工作的特点，对这两种方法进行简单的阐述。

①分析法计算用工工日数

这种方法多数用于施工图阶段，以及扩大的初步设计阶段的招标。招标人在此阶段招标时，在招标文件中提出施工图（或初步设计图纸）和工程量清单，作为投标人计算投标报价的依据。

分析法计算工程用工量，最准确的计算是依据投标人自己施工工人的实际操作水平，加上对人工工效的分析来确定，俗称企业定额。但是，由于我国大多数施工企业没有自己的"企业定额"，其计价行为是以现行的建设部或各行业颁布的概、预算定额为计价依据，所以在利用分析法计算工程用工量时，应根据下列公式计算：

$$DC = R \times K$$

式中　DC——人工工日数；

R——用国内现行的概、预算定额计算出的人工工日数；

K——人工工日折算系数。

人工工日折算系数是通过对本企业施工工人的实际操作水平、技术装备、管理水平等因素进行综合评定计算出的生产工人劳动生产率与概、预算定额水平的比率来确定，计算公式如下：

$$K = V_q / V_0$$

式中　K——人工工日折算系数；

V_q——完成某项工程本企业应消耗的工日数；

V_0——完成同项工程概、预算定额消耗的工日数。

一般来讲，有实力参与建设工程投标竞争的企业，其劳动生产率水平要比社会平均劳动生产率高，亦即 K 的数值一般 <1。所以，K 又称为"人工工日折减系数"。

在投标报价时，人工工日折减系数可以分土木建筑工程和安装工程来分别确定两个不同的"K 值"；也可以对安装工程按不同的专业，分别计算多个"K 值"。投标人应根据自己企业的特点和招标书的具体要求灵活掌握。

②指标法计算用工工日数

指标法计算用工工日数，是当工程招标处于可行性研究阶段时，采用的一种用工量的计算法。这种方法是利用工业与民用建设工程用工指标计算用工量。工业与民用建设工程用工指标是该企业根据历年来承包完成的工程项目，按照工程性质、工程规模、建筑结构形式，以及其他经济技术参数等控制因素，运用科学的统计分析方法分析出的用工指标。这种方法不适用于我国目前实施的工程量清单投标报价，在这里不再进行叙述了。

2）综合工日单价的计算

①综合工日单价的构成

综合工日单价可以理解为从事建设工程施工生产的工人日工资水平。从企业支付的角度看，一个从事建设工程施工的本企业生产工人的工资，其构成应包括以下几部分：

a. 本企业待业工人最低生活保障工资。这部分工资是企业中从事施工生产和不从事施工生产（企业内待业或失业）的每个职工都必须具备的；其标准不低于国家关于失业职工最低生活保障金的发放标准。

b. 由国家法律规定的、强制实施的各种工资性费用支出项目，包括：职工福利费、生产工人劳动保护费等。

c. 投标单位驻地至工程所在地生产工人的往返差旅费。包括短、长途公共汽车费、火车费、旅馆费、路途及住宿补助费、市内交通及补助费。此项费用可根据投标人所在地至建设工程所在地的距离和路线调查确定。

d. 外埠施工补助费：由企业支付给外埠施工生产工人的施工补助费。

e. 夜餐补助费：是指推行三班作业时，由企业支付给夜间施工生产工人的夜间餐饮补助费。

f. 法定节假日工资：法定节假日休息（如"五一"、"十一"）支付的工资。

g. 法定休假日工资：法定休假日休息支付的工资。

h. 病假或轻伤不能工作时间的工资。

i. 因气候影响的停工工资。

j. 效益工资（奖金）：工人奖金原则应在超额完成任务的前提下发放，费用可在超额结余的资金款项中支付，鉴于当前我国发放奖金的具体状况，奖金费用应归入人工费。

k. 应包括在工资中未明确的其他项目。

其中：

第 a、b 项是由国家法律强制规定实施的，综合工日单价中必须包含此项，且不得低于国家规定标准。

第 c 项费用可以按管理费处理，不计入人工费中。

其余各项由投标人自主决定选用的标准。

②综合工日单价的计算

综合工日单价的计算过程可分为下列几个步骤：

a. 根据总施工工日数（即人工工日数）及工期（日）计算总施工人数。

工日数、工期（日）和施工人数存在着下列关系：

总工日数＝工程实际施工工期（日）×平均总施工人数

因此，当招标文件中已经确定了施工工期时：

平均总施工人数＝总工日数÷工程实际施工工期（日）

当招标文件中未确定施工工期，而由投标人自主确定工期时：

最优化的施工人数或工期（日）＝$\sqrt{总工日数}$

b. 确定各专业施工人员的数量及比重

其计算方法与以上 a 相同，即：

某专业平均施工人数＝某专业消耗的工日数÷工程实际施工工期（日）

总工日和各专业消耗的工日数是通过"企业定额"或公式 $DC=R×K$ 计算出来的。总施工人数和各专业施工人数计算出来后，其比重也可计算出。

c. 确定各专业劳动力资源的来源及构成比例

劳动力资源的来源一般有下列途径：

来源于本企业：这一部分劳动力是施工现场劳动力资源的骨干。投标人在投标报价时，要根据本企业现有可供调配使用生产工人数量、技术水平、技术等级及拟承建工程的特点，确定各专业应派遣的工人人数和工种比例。如：电气专业，需电工 30 人，焊工 4 人，起重工 2 人，共计 36 人，技术等级综合取定为电工四级。

外聘技工：这部分人员主要是解决本企业短缺的具有特殊技术职能和能满足特殊要求的技术工人。由于这部分人的工资水平比较高，所以人数不宜多。

当地劳务市场招聘的力工：由于当地劳务市场的力工工资水平较低，所以在满足工程施工要求的前提下，提倡尽可能多地使用这部分劳动力。

上述三种劳动力资源的构成比例的确定，应根据本企业现状、工程特点及对生产工人的要求和当地劳务市场的劳动力资源的充足程度、技能水平及工资水平综合评价后，进行合理确定。

　　d. 综合工日单价的确定

　　这是一个比较复杂的过程，现用实例进行说明，见表 5-2。

某工程专业施工人工单价计算表（工期 24 个月）　　　　表 5-2

费用名称	计算依据	计算	折合工期月金额（元）	综合单价
一、工人费用				
1. 最低生活保障工资	按规定金额计算	每月 685 元	685	
2. 法定补助费	按公式计算	每月 350 元	350	
3. 外埠施工补助	按规定计取	每人每月 300 元	300	
4. 职工福利费	按规定计取	每人每月 20 元	20	
5. 法定节假日工资	按企业平均日工资标准 26 元	21.67 元	21.67	
6. 探亲工资及差旅费	包括路程共计 21 天	69.5 元	69.5	
7. 因气候影响的停工工资	每人每年按 10 天考虑综合取定每人每年 50 元	21.67 元	21.67	
8. 奖金	每人每月 700 元	700 元	700	
小计 工日单价	按每月 22.5 个工作日计算	2167.84 ÷ 22.5 = 96.35 元	2167.84 96.35	
二、外聘技工费用 外聘技工月费用总额	包括标准工资、节假日休假日工资、夜间冬雨期施工工资、福利费、人身保险费、交通费	按每人每月 3000 元	3000	
小计 工日单价	按每月 22.5 个工作日计算	3000÷22.5＝133.33	3000 133.33	
三、力工劳务费 劳务费用总额	按劳务市场价格计算	每人每天 35 元		
工日单价	按每月 22.5 个工作日计算		35	
四、专业综合人工单价	根据专业劳动力来源及其构成比例计算	设共需 80 人，其中本企业 36 名，外聘 2 名，劳动力市场 42 名，其构成比重为：本企业：36÷80＝45％；外聘技工：2÷80＝2.5％；劳动力市场：42÷80＝52.5％ 综合单价：96.35×45％＋133.33×2.5％＋35×52.5％＝65.07 元	65.07	

一个建设项目施工，一般可分为土建、结构、设备、管道、电气、仪表、通风空调、给水排水、采暖，以及防腐绝热等专业。各专业综合工日单价的计算可按下列公式计算：

某专业综合工日单价＝Σ（本专业某种来源的人力资源人工单价×构成比重）

综合工日单价的计算就是将各专业综合工日单价按加权平均的方法计算出一个加权平均数作为综合工日单价。其计算公式如下：

综合工日单价＝Σ（某专业综合工日单价×权数）

其中权数的取定，是根据各专业工日消耗量占总工日数的比重取定的。例如：土建专业工日消耗量占总工日数的比重是 20％，则其权数即为 20％；又如，电气专业工日消耗量占总工日数的比重是 8％，则其权数即为 8％。

如果投标单位使用各专业综合工日单价法投标，则不需计算综合工日单价。

通过上述一系列的计算，可以初步得出综合工日单价的水平，但是得出的单价是否有竞争力，以此报价是否能够中标，必须进行一系列的分析评估。

首先，对本企业以往投标的同类或类似工程的标书，按中标与未中标进行分类分析：其一，分析人工单价的计算方法和价格水平；其二，分析中标与未中标的原因，从中找出某些规律。

其次，进行市场调查，摸清现阶段建筑安装施工企业的人均工资水平和劳务市场劳动力价格。尤其是工程所在地的企业工资水平和劳动力价格。其后进一步对其价格水平，以及工程施工期内的变动趋势及变动幅度进行分析预测。

再次，对潜在的竞争对手进行分析预测，分析其可能采取的价格水平，以及其造成的影响（包括对其自身和其他投标单位及其招标人的影响）。

最后，确定调整。通过上述分析，如果认为自己计算的价格过高，没有竞争力，可以对价格进行调整。

在调整价格时要注意，外聘技工和市场劳务工的工资水平是通过市场调查取得的，这两部分价格不能调整，只能对来源于本企业工人的价格进行调整。如表 5-2 中，可对外埠施工补助费和奖金两项调整，降低其标准。调整后的价格作为投标报价价格。此外，还应对报价中所使用的各种基础数据和计算资料进行整理存档，以备以后投标使用。

动态的计价模式人工费的另一种计算方法是：用国家工资标准即概、预算人工单价的调整额，作为计价的人工工日单价，乘以依据"企业定额"计算出的工日消耗量计算人工费。其计算公式为：

人工费＝Σ［概（预）算定额人工工日单价×人工工日消耗量］

动态的计价模式能准确地计算出本企业承揽拟建工程所需发生的人工费，对企业增强竞争力，提高企业管理水平及增收创利具有十分重要的意义。这种报价模式与利用概、预算定额报价相比，缺点是工作量相对较大、程序复杂，且企业应拥有自己的企业定额及各类信息数据库。

2. 材料费的计算

建筑安装工程直接费中的材料费是指施工过程中耗用的构成工程实体的各类原材料、零配件、成品及半成品等主要材料的费用，以及工程中耗费的虽不构成工程实体，但有利于工程实体形成的各类消耗性材料费用的总和。

主要材料一般有：钢材、管材、线材、阀门、管件、电缆电线、油漆、螺栓、水泥、砂石等，其费用约占材料费的 85%～95%。

消耗材料一般有：砂纸、纱布、锯条、砂轮片、氧气、乙炔气、水、电等，费用一般占到材料费的 5%～15%。

以往人们一般习惯把概、预算定额中的"辅材费"称为消耗材料，而把单独计价的"主材"称为主要材料，这种说法是十分不准确、不科学的。因为"辅材费"中的许多材料（如钢材、管材、垫铁、螺栓、管件、油漆、焊条等）都是构成工程实体的材料，所以这些材料都是主要材料。因此"辅材费"的准确称谓应当是"定额计价材料费"。

现今的建筑市场中，许多外商投资的国内建设招标工程以及国际招标工程，要求投标人要把主要材料和消耗材料分别计价，有的还要求列出工程消耗的主要材料和消耗材料明细表。因此，搞清主要材料和消耗材料划分的界限，对工程投标具有十分重要的意义。

在投标报价的过程中，材料费的计算是一个至关重要的问题。因为，对于建筑安装工程来说，材料费占整个建筑安装工程费用的 60%～70%。处理好材料费用，对一个投标人在投标过程中能否取得主动，以至最终能否一举中标都至关重要。

要做好材料费的计算，首先要了解材料费的计算方法。比较常用的材料费计算也有三种模式：利用现行的概、预算定额计价模式，全动态的计价模式，半动态的计价模式。

为了在投标中取得优势地位，计算材料费时应把握以下几点：

（1）合理确定材料的消耗量

1）主要材料消耗量

根据《全国统一工程量清单计价规范》的规定，招标人要在招标书中提供供投标人投标报价用的"工程量清单"。在工程量清单中，已经提供了一部分主要材料的名称、规格、型号、材质和数量，这部分材料应按使用量和消耗量之和进行计价。

对于工程量清单中没有提供的主要材料，投标人应根据工程的需要（包括工程特点和工程量大小），以及以往承担工程的经验自主进行确定，包括材料的名称、规格、型号、材质和数量等，材料的数量应是使用量和消耗量之和。

2）消耗材料消耗量

消耗材料的确定方法与主要材料消耗量的确定方法基本相同，投标人要根据需要，自主确定消耗材料的名称、规格、型号、材质和数量。

3）部分周转性材料摊销量

在工程施工过程中，有部分材料作为手段措施没有构成工程实体，其实物形态也没有改变，但其价值却被分批逐步地消耗掉，这部分材料称为周转性材料。周转性材料被消耗掉的价值，应当摊销在相应清单项目的材料费中（计入措施费的周转性材料除外）。摊销的比例应根据材料价值、磨损的程度、可被利用的次数以及投标策略等诸因素进行确定。

4）低值易耗品

在施工过程中，一些使用年限在规定时间以下，单位价值在规定金额以内的工、器具，称为低值易耗品。这部分物品的计价办法是：概、预算定额中将其费用摊销在具体的定额子目当中；在工程量清单"动态计价模式"中，可以按概、预算定额的模式处理，也可以把它放在其他费用中处理，原则是费用不能重复计算，并能增强企业投标的竞争力。

（2）材料单价的确定

建筑安装工程材料价格是指材料运抵现场材料仓库或堆放点后的出库价格。

材料价格涉及的因素很多，主要有以下几个方面：

1）材料原价，即市场采购价格。材料市场价格的取得一般有两种途径：一是市场调查（询价）；二是通过查询市场材料价格信息指导中取得。对于大批量或高价格的材料一般采用市场调查的方法取得价格；而小量的、低价值的材料，以及消耗性材料等，一般可采用工程当地的市场价格信息指导中的价格。

市场调查应根据投标人所需材料的品种、规格、数量，以及质量要求，了解市场材料对工程材料满足的程度。

2）材料的供货方式和供货渠道包括业主供货和承包商供货两种方式。对于业主供货的材料，招标书中列有业主供货材料单价表，投标人在利用招标人提供的材料价格报价时，应考虑现场交货的材料运费，还应考虑材料的保管费。承包商供货材料的渠道一般有当地供货、指定厂家供货、异地供货和国外供货等。不同的供货方式和供货渠道对材料价格的影响是不同的，主要反映在采购保管费、运输费、其他费用，以及风险等方面。

3）包装费。材料的包装费包括出厂时的一次包装和运输过程中的二次包装费用，应根据材料采用的包装方式计价。

4）采购保管费用。是指为组织采购、供应和保管材料过程中所需要的各项费用。采购的方式、批次、数量，以及材料保管的方式及天数不同，其费用也不相同，采购保管费包括：采购费、仓储费、工地保管费、仓储损耗。

5）运输费用。材料的运输费包括材料自采购地至施工现场全过程、全路途发生的装卸、运输费用的总和。运输费用中包括材料在运输装卸过程中不可避免的运输损耗费。

6）材料的检验试验费用。是指对建筑材料、构件和建筑安装物进行一般鉴定、检查所发生的费用，包括自设实验室进行试验所耗用的材料和化学药品等费用。不包括新结构、新材料的试验费和建设单位对具有出厂合格证明的材料进行的检验和对构件做破坏性试验及其他特殊要求检验试验的费用。

7）其他费用。主要是指国外采购材料时发生的保险费、关税、港口费、港口手续费、财务费用等。

8）风险，主要是指材料价格浮动。由于工程所用材料不可能在工程开工初期一次全部采购完毕，所以，随着时间的推移，市场的变化造成材料价格的变动给承包商造成材料费风险。

根据影响材料价格的因素。可以得到材料单价的计算公式为：

$$材料单价 = 材料原价 + 包装费 + 采购保管费用 + 运输费用$$
$$+ 材料的检验试验费用 + 其他费用 + 风险$$

材料的消耗量和材料单价确定后，材料费用便可以根据下列公式计算：

$$材料费 = \Sigma [材料消耗量 \times 材料单价]$$

3. 施工机械使用费的计算

施工机械使用费是指使用施工机械作业所发生的机械使用费以及机械安、拆和进出场费。施工机械不包括为管理人员配置的小车以及用于通勤任务的车辆等不参与施工生产的机械设备的台班费。

施工机械使用费的计算公式是：

施工机械使用费＝Σ（工程施工中消耗的施工机械台班量×机械台班综合单价）

＋施工机械进出场费及安拆费（不包括大型机械）

机械台班单价由以下七项费用组成：

（1）折旧费：指施工机械在规定的使用年限内，陆续收回其原值及购置资金的时间价值。

（2）大修理费：指施工机械按规定的大修理间隔台班进行必要的大修理，以恢复其正常功能所需的费用。

（3）经常修理费：指施工机械除大修理以外的各级保养和临时故障排除所需的费用。包括为故障机械正常运转所需替换设备与随机配备工具附具的摊销和维护费用。机械运转及日常保养所需润滑与擦拭的材料费用，机械停止期间的维护和保养费用等。

（4）安拆费及场外运输费：安拆费是指施工机械在现场进行安装与拆卸所需的人工、材料、机械和试运转费以及机械辅助设施的折旧、搭设、拆除等费用；场外运输费是指施工机械整体或分体自停放地点运至施工现场或由一施工地点运至另一施工地点的运输、装卸、辅助材料及架线等费用。

（5）机上人工费：是指机上司机（司炉）和其他操作人员的工作日人工费及上述人员在施工机械规定的年工作台班以外的人工费。

（6）燃料动力费：是指施工机械在运转作业中所消耗的固体燃料（煤、木炭）、液体燃料（汽油、柴油）及水、电等的费用。

（7）其他费用：是指施工机械按照国家规定和有关部门规定应缴纳的养路费、车船使用税、保险费及年检费等。

施工机械使用费的高低及其合理性，不仅影响到建筑安装工程造价，而且能从侧面反映出企业劳动生产率水平的高低，其对投标单位竞争力的影响是不可忽视的。因此，在计算施工机械使用费时，一定要把握以下几点：

（1）合理确定施工机械的种类和消耗量

根据承包工程的地理位置、自然气候条件的具体情况以及工程量、工期等因素编制施工组织设计和施工方案，然后根据施工组织设计和施工方案、机械利用率、概（预）算定额或企业定额及相关文件等，确定施工机械的种类、型号、规格和消耗量。

（2）确定施工机械台班综合单价

1）确定施工机械台班单价

在施工机械台班单价费用组成中：

①养路费、车船使用税、保险费及年检费是按国家或有关部门规定缴纳的，这部分费用是个定值。

②燃料动力费是机械台班动力消耗与动力单价的乘积，也是个定值。

③机上人工费的处理方法有两种：第一种方法是将机上人工费计入工程直接人工费中；

第二种方法是计入相应施工机械的机械台班综合单价中。机上人工费台班单价可参照"人工工日单价"的计算方法确定。

④安拆费及场外运输费的计算。施工机械的安装、拆除及场外运输可编制专门的方案。根据方案计算费用，并以此进一步地优化方案，优化后的方案也可作为施工方案的组

成部分。

⑤折旧费和维修费的计算。折旧费和维修费（维修费包括大修理费和经常修理费）是两项随时间变化而变化的费用。一台施工机械如果折旧年限短，则折旧费用高，维修费用低；如果折旧年限长，折旧费用低，维修费用高。

所以，选择施工机械最经济使用年限作为折旧年限，是降低机械台班单价，提高机械使用效率最有效、最直接的方法。

确定了折旧年限后，确定折旧方法，最后计算台班折旧额和台班维修费。

组成施工机械台班单价的各项费用额确定以后，机械台班单价也就确定了。

还有一种机械台班单价的确定方法是根据国家及有关部门颁布的机械台班定额进行调整求得。

2）确定租赁机械台班费

租赁机械台班费是指根据施工需要向其他企业或租赁公司租用施工机械所发生的台班租赁费。

在投标工作的前期，应进行市场调查，调查的内容包括：租赁市场可供选择的施工机械种类、规格、型号、完好性、数量、价格水平，以及租赁单位信誉度等，并通过比较选择拟租赁的施工机械的种类、规格、数量及单位，并以施工机械台班租赁价格作为机械台班单价。一般除必须租赁的施工机械外，其他租赁机械的台班租赁费应低于本企业的机械台班单价。

3）优化平衡、确定机械台班综合单价

通过综合分析确定各类施工机械的来源及比例，计算机械台班综合单价。其计算公式为：

机械台班综合单价＝Σ（不同来源的同类机械台班单价×权数）

其中权数，是根据各不同来源渠道的机械占同类施工机械总量的比重取定的。

（3）大型机械设备使用费、进出场费及安拆费

在传统的概、预算定额中，施工机械使用费不包括大型机械设备使用费、进出场费及安拆费，其费用一般作为措施费用单独计算。

在工程量清单计价模式下，此项费用的处理方式与概、预算定额的处理方式不同。大型机械设备的使用费作为机械台班使用费，按相应分项工程项目分摊计入直接工程费的施工机械使用费中，大型机械设备进出场费及安拆费作为措施费用计入措施费用项目中。

三、企业管理费的组成及计算

1. 企业管理费的组成

管理费是指组织施工生产和经营管理所需的费用。内容包括：

（1）管理人员工资：是指管理人员的基本工资、工资性补贴、职工福利费、劳动保护费等。

（2）办公费：是指企业管理办公用的文具、纸张、账表、印刷、邮电、书报、会议、水电、烧水和集体取暖（包括现场临时宿舍取暖）用煤等费用。

（3）差旅交通费：是指职工因公出差、调动工作的差旅费、住勤补助费、市内交通费和误餐补助费，职工探亲路费，劳动力招募费，职工离退休、退职一次性路费，工伤人员

就医路费，工地转移费以及管理部门使用的交通工具的油料、燃料、养路费及牌照费。

（4）固定资产使用费：是指管理和试验部门及附属生产单位使用的属于固定资产的房屋、设备仪器等的折旧、大修、维修或租赁费。

（5）工具用具使用费：是指管理使用的不属于固定资产的生产工具、器具、家具、交通工具和检验、试验、测绘、消防用具等的购置、维修和摊销费。

（6）劳动保险费：是指由企业支付离退休职工的异地安家补助费、职工退职金、六个月以上的病假人员工资、职工死亡丧葬补助费、抚恤费、按规定支付给离休干部的各项经费。

（7）工会经费：是指企业按职工工资总额计提的工会经费。

（8）职工教育经费：是指企业为职工学习先进技术和提高文化水平，按职工工资总额计提的费用。

（9）财产保险费：是指施工管理用财产、车辆保险。

（10）财务费：是指企业为筹集资金而发生的各种费用。

（11）税金：是指企业按规定缴纳的房产税、车船使用税、土地使用税、印花税等。

（12）其他：包括技术转让费、技术开发费、业务招待费、绿化费、广告费、公证费、法律顾问费、审计费、咨询费等。

现场管理费的高低在很大程度上取决于管理人员的多少。管理人员的多少，反映了管理水平的高低，影响到管理费。为了有效地控制管理费开支，降低管理费标准，增强企业的竞争力，在投标初期就应严格控制管理人员的数量，同时合理确定其他管理费开支项目的水平。

2. 企业管理费的计算

管理费的计算主要有两种方法：

（1）公式计算法

利用公式计算管理费的方法比较简单，也是投标人经常采用的一种计算方法。其计算公式为：

$$企业管理费＝计算基数×企业管理费费率（\%）$$

其中企业管理费费率的计算公式：

①以直接费为计算基础

$$企业管理费费率（\%）＝\frac{生产工人年平均管理费}{年有效施工天数×人工单价}×人工费占直接费比例（\%）$$

②以人工费和机械费合计为计算基础

$$企业管理费费率（\%）＝\frac{生产工人年平均管理费}{年有效施工天数×（人工单价＋每一工日机械使用费）}×100\%$$

③以人工费为计算基础

$$企业管理费费率（\%）＝\frac{生产工人年平均管理费}{年有效施工天数×人工单价}×100\%$$

以上测定公式中的基本数据应通过以下途径来合理取定：

a. 分子与分母的计算口径应一致，即：分子的生产工人年平均管理费是指每一个建安生产工人年平均管理费，分母中的有效工作天数和建安生产工人年均直接费也是指每一个建安生产工人的有效工作天数和每一个建安生产工人年均直接费。

b. 生产工人年平均管理费的确定，应按照工程管理费的划分，依据企业近年有代表性的工程会计报表中的管理费的实际支出，剔除其不合理开支，分别进行综合平均核定全员年均管理费开支额，然后分别除以生产工人占职工平均人数的百分比，即得每一生产工人年均管理费开支额。

c. 生产工人占职工平均人数的百分比的确定，按照计算基础、项目特征，充分考虑改进企业经营管理，减少非生产人员的措施进行确定。

d. 有效施工天数的确定，必要时可按不同工程、不同地区适当区别对待。在理论上，有效施工天数等于工期。

e. 人工单价，是指生产工人的综合工日单价。

f. 人工费占直接工程费的百分比，应按专业划分，不同建筑安装工程人工费的比重不同，按加权平均计算核定。

另外，利用公式计算管理费时，管理费率可以按照国家或有关部门以及工程所在地政府规定的相应管理费率进行调整确定。

(2) 费用分析法

用费用分析法计算管理费，就是根据管理费的构成，结合具体的工程项目，确定各项费用的发生额。计算公式：

企业管理费＝管理人员的工资＋办公费＋差旅交通费＋固定资产使用费＋工具用具使用费＋劳动保险费＋工会经费＋职工教育经费＋财产保险费＋财务费＋税金＋其他费用

在计算企业管理费之前，应确定以下基础数据，这些数据是通过计算直接工程费和编制施工组织设计和施工方案取得的，这些数据包括：

生产工人的平均人数；

施工高峰期生产工人人数；

管理人员总数；

施工现场平均职工人数；

施工高峰期施工现场职工人数；

施工工期。

其中：管理人员总数的确定，应根据工程规模、工程特点、生产工人人数、施工机具的配置和数量，以及企业的管理水平进行确定。

四、利润的组成及计算

利润是指施工企业完成所承包工程应收回的酬金。从理论上讲，企业全部劳动成员的劳动，除掉因支付劳动力按劳动力价格所得的报酬以外，还创造了一部分新增的价值，这部分价值凝固在工程产品之中。这部分价值的价格形态就是企业的利润。

在工程量清单计价模式下，利润不单独体现，而是被分别计入分部分项工程费、措施项目费和其他项目费当中。具体计算方法可以以"人工费"或"人工费加机械费"或"直接费"为基础乘以利润率。利润的计算公式为：

$$利润＝计算基础×利润率（％）$$

利润是企业最终的追求目标，企业的一切生产经营活动都是围绕着创造利润进行的。利润是企业扩大再生产、增添机械设备的基础，也是企业实行经济核算，使企业成为独立经营、自负盈亏的市场竞争主体的前提和保证。

因此，合理地确定利润水平（利润率），对企业的生存和发展是至关重要的。在投标报价时，要根据企业的实力、投标策略，以发展的眼光来确定各种费用水平，包括利润水平，使本企业的投标报价既具有竞争力，又能保证其他各方面的利益的实现。

五、分部分项工程量清单综合单价的计算

分部分项工程量清单综合单价由上述五部分费用组成，其项目内容包括清单项目主项以及主项所综合的工程内容。按上述五项费用分别对项目内容计价，合计后形成分部分项工程量清单综合单价。

如下表 5-3 是招标人提供的工程量清单，投标人根据表 5-4 对五项费用进行计价，最后将计算出的价格填入后形成综合单价填入后形成表 5-5。

分部分项工程量清单与计价表　　　　　　　　　　　　表 5-3

工程名称：

序号	清单编号	项目名称	项目特征描述	计量单位	工程数量	金额（元）		
						综合单价	合价	其中：暂估价
1	010101002001	挖土方	三类土，挖土深度 2m；弃土运距 5km	m³	100			

工程量清单综合单价分析表　　　　　　　　　　　　表 5-4

工程名称：　　　　　　　　　　　　　　　　　标段：

项目编码	010101002001		项目名称		挖土方		计量单位	m³

清单综合单价组成明细

定额编号	定额名称	定额单位	数量	单价（元）				合价（元）			
				人工费	材料费	机械费	管理费和利润	人工费	材料费	机械费	管理费和利润
	人工挖土	m³	1	7.3			6.41	7.3			6.41
	汽车运土	m³	1	4.49		22.68	3.94	4.49		22.68	3.94
人工单价			小　计					11.79		22.68	10.35
41.8元/工日			未计价材料费								
	清单项目综合单价							44.82			
材料费明细	主要材料名称、规格、型号				单位	数量	单价（元）	合价（元）	暂估单价（元）	暂估合价（元）	
	其 他 材 料 费										
	材 料 费 小 计										

分部分项工程量清单与计价表　　　　　　　　　　　　表 5-5

工程名称：　　　　　　　　　　　　　　　　　　　　　　　第　页　共　页

序号	清单编号	项目名称	项目特征描述	计量单位	工程数量	金额（元）		其中：暂估价
						综合单价	合价	
1	010101002001	挖土方	三类土，挖土深度2m；弃土运距5km	m³	100	44.82	4482	

六、措施费的构成及计算

措施费用是指工程量清单中，除工程量清单项目费用外，为保证工程顺利进行，按照国家现行有关建设工程施工及验收规范、规程要求，必须配套完成的措施项目内容所需要的费用。措施项目是相对于工程实体的分部分项工程项目而言，对实际施工中为完成实体工程项目所必须发生的施工准备和施工过程中技术、生活、安全、环境保护等方面的非工程实体项目的总称。

措施项目清单应根据拟建工程的实际情况列项。通用措施项目（各专业工程的"措施项目清单"中均可列的措施项目）可按规范中表选择列项，专业工程的措施项目可按附录中规定的项目选择列项。若出现本规范未列的项目，可根据工程实际情况补充。

1. 实体措施费的计算

实体措施费是指工程量清单中，为保证某类工程实体项目顺利进行，按照国家现行有关建设工程施工及验收规范、规程要求，必须配套完成的工程内容所需的费用。比如非实体性项目中的混凝土浇筑模板工程，与完成的工程实体具有直接关系，并且是可以精确计量的项目，宜采用分部分项工程量清单的方式编制，列出项目编码、项目名称、项目特征、计量单位和工程量计算规则。

实体措施费计算方法有两种：

（1）系数计算法

系数计算法是用于措施项目有直接关系的工程项目直接工程费（或人工费或人工费与机械费之和）合计作为计算基数，乘以实体措施费用系数。

实体措施费用系数是根据以往有代表性工程的资料，通过分析计算取得的。

（2）方案分析法

方案分析法是通过编制具体的措施实施方案，对方案所涉及的各种经济技术参数进行计算后，确定实体措施费用。

2. 配套措施费的计算

配套措施费不是为某类实体项目，而是为保证整个工程项目顺利进行，按照国家现行有关建设工程施工及验收规范、规程要求，必须配套完成的工程内容所需的费用。一般来说，其费用的发生和金额的大小与使用时间、施工方法或者两个以上工序相关，与实际完成的实体工程量的多少关系不大，典型的是大中型施工机械进、出场及安、拆费，文明施工和安全防护、临时设施等。属于不能计算工程量的项目清单，以"项"为计量单位。

配套措施费计算方法也包括系数计算法和方案分析法两种：

（1）系数计算法

系数计算法是用整体工程项目直接工程费（或人工费，或人工费与机械费之和）合计作为计算基数，乘以配套措施费用系数。

配套措施费用系数是根据以往有代表性工程的资料，通过分析计算取得的。

（2）方案分析法

方案分析法是通过编制具体的措施实施方案。对方案所涉及的各种经济技术参数进行计算后，确定配套措施费用。

具体计算过程参见"实体措施费"（见《措施费用一览表》中加"＊"的项目）。

七、其他项目费的构成与计算

其他项目费是指暂列金额；暂估价包括材料暂估单价、专业工程暂估价；计日工；总承包服务费的总和。工程建设标准的高低、工程的复杂程度、工程的工期长短、工程的组成内容、发包人对工程管理要求等都直接影响其他项目清单的具体内容，出现以上四部分内容以外未列的项目，编制人可以根据工程实际情况进行补充。

1. 暂列金额

暂列金额是指招标人在工程量清单中暂定并包括在合同价款中的一笔款项。用于施工合同签订时尚未确定或者不可预见的所需材料、设备、服务的采购，施工中可能发生的工程变更、合同约定调整因素出现时的工程价款调整以及发生的索赔、现场签证确认等的费用。

不管采用何种合同形式，其理想的标准是，一份建设工程施工合同的价格就是其最终的竣工结算价格，或者至少两者应尽可能接近，按有关部门的规定，经项目审批部门批复的设计概算是工程投资控制的刚性指标，即使是商业性开发项目也有成本的预先控制问题，否则，无法相对准确预测投资的收益和科学合理地进行投资控制。而工程建设自身的规律决定，设计需要根据工程进展不断地进行优化和调整，发包人的需求可能会随工程建设进展出现变化，工程建设过程还存在其他诸多不确定性因素。消化这些因素必然会影响合同价格的调整，暂列金额正是应这类不可避免的价格调整而设立，以便合理确定工程造价的控制目标。

有一种错误的观念认为，暂列金额列入合同价格就属于承包人（中标人）所有了。事实上，即便是总价包干合同，也不是列入合同价格的任何金额都属于中标人的，是否属于中标人应得金额取决于具体的合同约定，暂列金额的定义是非常明确的，只有按照合同约定程序实际发生后，才能成为中标人的应得金额，纳入合同结算价款中。扣除实际发生金额（工程价款调整与索赔、现场签证金额等）后的暂列金额余额仍属于招标人所有。设立暂列金额并不能保证合同结算价格就不会再出现超过合同价格的情况，是否超出合同价格完全取决于工程量清单编制人对暂列金额预测的准确性，以及工程建设过程是否出现了其他事先未预测到的事件。

在工程施工过程中引起工程量变化和费用增加的原因很多，一般主要有以下几方面：

1）清单编制人员在统计工程量及变更工程量清单时发生的漏算、错算等引起的工程量增加。

2）设计深度不够、设计质量低造成的设计变更引起的工程量增加。

3）在现场施工过程中，应业主要求，并由设计或监理工程师出具的工程变更增加的工程量。

4）其他原因引起的，且应由业主承担的费用增加，如风险费用及索赔费用。

2. 暂估价

暂估价是指招标人在工程量清单中提供的用于支付必然发生但暂时不能确定价格的材料的单价以及专业工程的金额。其类似于 FIDIC 合同条款中的 Prime Cost Items，在招标阶段预见肯定要发生，只是因为标准不明确或者需要由专业承包人完成，暂时无法确定其价格或金额。

一般而言，为方便合同管理和计价，需要纳入分部分项工程量清单项目综合单价中的暂估价最好只是材料费，以方便投标人组价。以"项"为计量单位给出的专业工程暂估价一般应是综合暂估价，应当包括除规费、税金以外的管理费、利润等。本规范正是按照这一思路设置条文的。

3. 计日工

计日工是指在施工过程中，完成发包人提出的施工图纸以外的零星项目或工作，按合同中约定的计日工综合单价计价。

计日工是为了解决现场发生的零星工作的计价而设立的。国际上常见的标准合同条款中，大多数都设立了计日工（Daywork）计价机制。计日工以完成零星工作所消耗的人工工时、材料数量、机械台班进行计量，并按照计日工表中填报的适用项目的单价进行计价支付。计日工适用的所谓零星工作一般是指合同约定之外的或者因变更而产生的、工程量清单中没有相应项目的额外工作，尤其是那些时间不允许事先商定价格的额外工作。计日工为额外工作和变更的计价提供了一个方便快捷的途径。但是，在以往的实践中，计日工经常被忽略。其中一个主要原因是因为计日工项目的单价水平一般要高于工程量清单项目单价的水平。理论上讲，合理的计日工单价水平一定是高于工程量清单的价格水平，其原因在于计日工往往是用于一些突发性的额外工作，缺少计划性，承包人在调动施工生产资源方面难免不影响已经计划好的工作，生产资源的使用效率也有一定的降低，客观上造成超出常规的额外投入。另一方面，计日工清单往往忽略给出一个暂定的工程量，无法纳入有效的竞争，也是造成计日工单价水平偏高的原因之一。因此，为了获得合理的计日工单价，计日工表中一定要给出暂定数量，并且需要根据经验尽可能估算一个比较贴近实际的数量。当然，尽可能把项目列全，防患于未然，也是值得充分重视的工作。

4. 总承包服务费

总承包服务费是指总承包人为配合协调发包人进行的工程分包自行采购的设备、材料等进行管理、服务以及施工现场管理、竣工资料汇总整理等服务所需的费用。

是为了解决招标人在法律、法规允许的条件下进行专业工程发包以及自行采购供应材料、设备时，要求总承包人对发包的专业工程提供协调和配合服务（如分包人使用总包人的脚手架、水电接剥等）；对供应的材料、设备提供收、发和保管服务以及对施工现场进行统一管理；对竣工资料进行统一汇总整理等发生并向总承包人支付的费用。招标人应当预计该项费用并按投标人的投标报价向投标人支付该项费用。

八、规费的组成及计算

1. 规费：

规费是指根据省级政府或省级有关权力部门规定必须缴纳的，应计入建筑安装工程造价的费用。

规费包括：

（1）工程排污费：是指施工现场按规定缴纳的排污费用。

（2）工程定额测定费：是指按规定支付工程造价（定额）管理部门的定额测定费。

（3）社会保障费：

1）养老保险统筹基金：是指企业按规定向社会保障主管部门缴纳的职工基本养老保险。

2）失业保险费：是指企业按照国家规定标准为职工缴纳的失业保险费。

3）医疗保险费：是指企业按照规定标准为职工缴纳的基本医疗保险费。

（4）住房公积金：是指企业按规定标准为职工缴纳的住房公积金。

（5）危险作业意外伤害保险：是指按照建筑法规定，企业为从事危险作业的建筑安装施工人员支付的意外伤害保险费。

2. 计算规费费率

（1）根据本地区典型工程发、承包价的分析资料综合取定规费计算中所需数据。

1）每万元发、承包价中人工费含量和机械费含量；

2）人工费占直接工程费的比例；

3）每万元发、承包价中所含规费缴纳标准的各项基数。

（2）规费费率的计算公式

1）以直接工程费为计算基础：

$$规费费率（\%）=［（\Sigma 规费缴纳标准 \times 每万元发承包价计算基数）$$
$$\div 每万元承发包价中的人工费含量］\times 人工费占直接工程费比例（\%）$$

2）以人工费为计算基础：

$$规费费率（\%）=［（\Sigma 规费缴纳标准 \times 每万元发承包价计算基数）$$
$$\div 每万元承发包价中的人工费含量］\times 100\%$$

3）以人工费和机械费合计为计算基础：

$$规费费率（\%）=［（\Sigma 规费缴纳标准 \times 每万元发承包价计算基数）$$
$$\div 每万元承发包价中的人工费和机械费含量］\times 100\%$$

规费费率一般以当地政府或有关部门制定的费率标准执行。

3. 规费计算

规费计算按下列公式执行：

$$规费 = 计算基数 \times 规费费率（\%）$$

投标人在投标报价时，规费的计算，一般按国家及有关部门规定的计算公式及费率标准计算。

九、税金的组成及计算

税金是指国家税法规定的应计入建筑安装工程造价内的营业税、城市维护建设税及教育费附加。

税金计算公式为：

$$税金 = （税前造价 + 利润）\times 税率（\%）$$

税率，按现行税法规定：

（1）纳税地点在市区的企业：

$$税率（\%）=[1÷（1-3\%-3\%\times7\%-3\%\times3\%）]-1$$

（2）纳税地点在县城、镇的企业：

$$税率（\%）=[1÷（1-3\%-3\%\times5\%-3\%\times3\%）]-1$$

（3）纳税地点不在市区、县城、镇的企业：

$$税率（\%）=[1÷（1-3\%-3\%\times1\%-3\%\times3\%）]-1$$

投标人在投标报价时，税金的计算，一般按国家及有关部门规定的计算公式及税率标准计算。

十、国外工程价格的构成

随着我国加入 WTO 和全球经济一体化的发展，了解国外工程的价格构成及计价模式，对我国工程造价体制的改革，以及企业应对世界经济的挑战，参与国际市场的竞争具有深远的意义。

国外工程是指在本国领土以外的其他国发生的建设工程项目。我国要进入他国建筑市场，参与国际竞争，必须懂得国际通用的工程建设程序，了解国际建设工程承包应遵循的法则，以及国外工程价格的构成。

建设项目，从计划建设到建成投产，一般要经过项目确定、设计、施工、试车和竣工验收交付使用等阶段，各国在程序划分上可能存在某些差距，但基本程序是相同的，归纳起来可分为：项目投资前期阶段、项目实施阶段和生产阶段。

项目投资前期阶段一般包括：投资机会选择；项目建议书；可行性研究；项目的评估。

项目实施阶段一般包括：建设地点的勘察选择；项目设计；建设准备；项目年度计划；施工安装；生产准备；竣工验收、交付使用。

下面重点介绍一下国外建设工程项目的价格构成。

1. 国际工程承包的含义及内容

国际工程承包的含义是：在国际建筑市场上，我国的承包商对他国业主作出承诺，负责按对方的要求完成某一工程的全部或其中一部分工作，并按商定的价格取得相应的报酬。在交易过程中，承、发包双方之间存在着经济上、法律上的权利、义务与责任等各项关系，依法通过合同予以明确。双方都必须认真按合同规定办事。

国际工程项目承包的内容：一个工程项目建设被接受后，它的整个建设过程包括投资机会选择、可行性研究、项目设计、施工安装、竣工验收交付使用等全过程的工作。工程承包的内容，就其总体来说，就是建设过程各个阶段的全部工作。对于一个单位来说，一项承包活动可以是建设过程的全部工作，也可以是建设过程中某阶段的全部或部分工作。由于承包企业的规模、性质不同，具体承包内容也不同，下面通过承包方式对工程承包内容进行详细介绍。

工程承包方式是指工程承发包双方之间经济关系的形式。受承包内容和具体环境的影响，承包方式多种多样。一般工程承包方式的划分标准有以下几种：按承包范围划分、按承包者所处地位划分、按获得承包任务的途径划分和按合同类型及计价方法划分。

工程承包内容的确定，按承包范围划分有以下四种：

（1）建设全过程承包

建设全过程承包也叫做"统包"，或"一揽子承包"。采用这种承包方式，业主一般只要提出使用要求和竣工期限，承包单位即可对投资机会研究、项目建议书、可行性研究、勘察设计、设备询价与选购、材料订货、工程施工、生产工人培训以及竣工验收交付使用，实施全过程的承包，并负责对各项分包任务进行综合管理和监督。建设全过程承包的承包商一般为某些大承包商和勘察设计单位组成一体化的承包公司，或者更进一步扩大到若干专业承包商的器材生产供应商形成的横向经济联合体。

（2）阶段承包

阶段承包是承包建设过程中某一阶段或某些阶段的工作。例如，投资前期承（发）包，内容包括投资机会研究、制定项目建议书、可行性研究、项目评估和投资决策（评估报告）；投资时期承（发）包，内容包括勘察设计、设备与货物采购、工程施工，即从勘察设计开始，一直到工程建成试车投产或交付使用的全过程，我国称为总承包。在施工阶段，还可依承包内容的不同，细分为三种方式：包工包料、包工部分包料、包工不包料。

（3）专业承包

专业承包的内容是某一建设阶段的某一专业项目，由于专业性较强，多由有关专业承包单位承包。例如设计阶段的工程地质勘察、防火灾系统设计，施工阶段的电梯安装、DCS调试等。

（4）建筑—经营—转让承包

建筑—经营—转让承包，国际上通称为BOT方式，这是20世纪80年代中后期新兴的一种带资承包方式。其程序是由某一个或几个大承包商或开发商牵头，联合金融界组成财团，就某一工程项目向政府提出建议和申请，取得建设经营许可。这些项目一般都是大型公共工程和基础设施，如隧道、港口、高速公路、电厂等。政府若同意建议和申请，则将建设和经营该项目的特许权授予该财团。财团即负责资金筹集、工程设计和施工的全部工作；工程竣工后，财团在特许期内经营该项目，通过向用户收取费用，收回投资，偿还贷款并获取利润。特许期满，将该项目无偿地移交给政府经营管理。

这种方式可以解决工程所在国政府建设资金短缺、缺乏经营管理能力的困难，而且不承担建设、经营中的风险，这在许多发展中国家受到欢迎和推广。对承包商来说，扩大了其承包经营及获利的范围，但其风险较大。

2. 国外建设工程项目的价格构成

国外建设工程项目的价格构成，是指某承包商在国外承包工程建设时，为完成工程建设，以及与工程建设相关的工作所支付的一切费用的总和。

前面我们了解了国际工程承包的含义及内容，知道一个建设项目由于其承包方式的不同，其承包工程的工作内容也不同。而承包工程的工作内容，决定着承包工程的价格构成。

国际工程的投标报价与国内工程相比，不仅组成项目多，而且各个承包商的分类和计算方法也不尽相同。在投标报价时，应把握住一条重要的原则：不要漏项，也不要重复计算。国际工程投标报价费用的基本组成见图5-1。

（1）直接费

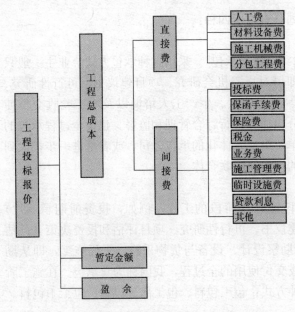

图 5-1 国际工程投标报价费用的基本组成

工程直接费一般由人工费、材料设备费、施工机械费、分包费等组成。

1）人工费

人工费单价需根据工人来源情况确定。我国到国外承包工程，劳动力来源主要有两方面：其一是国内派遣；其二是雇佣当地劳动力（包括第三国的工人）。

人工单价的计算是指国内派出工人和当地雇用工人平均工资单价的计算。在分别计算出这两类工人的工资单价后，再考虑工效和其他一些有关因素，就可以原则上确定用工量中这两类工人完成工日所占的比重，进而加权计算出平均工资单价。

①国内派出工人工资单价

国内派出工人工资单价，可按下列公式计算：

国内派出工人工资单价＝一个工人出国期间的全部费用÷（一个工人参与国外工程施工年限×年工作日）

出国期间的全部费用包括工人出国准备到回国修整结束后的全部费用，由国内费用国外费用两部分组成，其费用组成如图 5-2 所示。

工人施工年限，是指工人参加该工程的平均年限。可按投标时所编制的施工定，一般工人施工平均年限约为专业施工工期的三分之二至四分之三算。

年工作日，工人的年工作日是指一个工人在一年内纯工作天数。一般情况下可按年日历天数扣除非工作天数计算，即扣除星期天、法定节假日、病伤假日和气候影响可能停工的天数计算。

在实际报价中，应根据当地实际情况确定，一般情况下，每年工作日不少于 300 天，以利于降低人工费单价，提高投标竞争力。

②当地雇用工人工资单价

当地工人包括工程所在国具有该国国籍的工人和在当地的外籍工人。当地雇佣工人工资单价主要包括下列内容：

a. 日标准工资（国外一般以小时为单位）；

b. 带薪法定假日、带薪休假日工资；

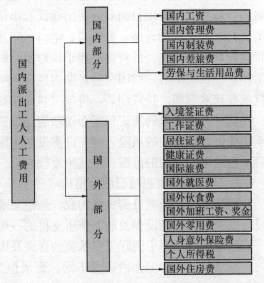

图 5-2 国内派出工人人工费组成

c. 夜间、冬雨期施工或加班应加的工资；

d. 按规定应由承包商支付的所得税、福利费用和保险费用；

e. 工人的招募和解雇费用；

f. 工人必要的交通费用；

g. 按有关规定应缴付的各种津贴和补贴等，如高空或地下作业津贴，上下班时间补贴。

具体计算，将因承包工程所在国家和地区不同、标书中业主要求不同而有所区别。在投标报价时，一般直接按工程所在地各类工人的日工资标准的平均值计算。

③平衡调整

若计算出的国内派出工人工资单价和当地雇用工人工资单价相差甚远，还应进行综合考虑和调整。当国内派出工人工资单价低于当地雇用工人工资单价时，固然是竞争有利的因素，但若采用较低的工资单价，就会减少收益，从长远考虑更不利，因此应向上调整。当国内派出工人工资单价高当地雇用工人工资单价时，如果在考虑了当地工人的工资、技术水平后，派出工人工资单价仍有竞争力，就不需调整；反之，应向下调整。

④综合工日单价

综合工日单价是将国内派出工人工资单价和当地雇用工人工资单价进行加权平均计算出来的，考虑到当地雇用工人的工效可能较低，而当地政府又规定承包商必须雇用部分当地工人。则计算工资单价时还应把工效考虑在内，根据已掌握的当地雇用工人的工效和国内派出工人的工效，确定一个大致的工效比（通常为<1的数字），按下列公式计算：

综合工日单价＝（国内派出工人工资单价×国内派出工人工日占总工日的比重
　　　　　　　＋当地雇用工人工资单价×当地雇用工人工日占总工日的比重）÷
　　　　　　　工效比

2）材料设备费

材料和设备费在直接费中所占的比例很大，准确计算材料、设备价格是计算投标报价的重要环节。根据材料、设备来源的不同，一般可分为三种情况。

①国内采购

国内采购是指从承包商所在国国内采购的材料、设备，其单价计算主要包括以下内容：

a. 原价或采购价，包括材料、设备出厂价、包装费（6%～7%）、公司管理费（7%），以及满足承包工程对材料、设备质量及运输包装的特殊要求而增加的费用。

b. 全程运杂费，即由材料、设备厂家到工地现场存储处所需的运输费和杂费。全程运杂费一般由下列费用组成：

国内段运杂费是指由厂家到出口港装船的一切费用：

国内段运杂费＝国内运输装卸费＋港口仓储装船费

国内段运杂费：设备一般为5%～8%；

材料一般为10%～12%。

海洋段运保费，是指材料、设备由出口港到卸货港之间的海运费和保险费。具体计算应包括基本运价、附加费和保险费。其中：

基本运价是按有关海运公司规定的不同货物品种、等级、航线的运费基价；

附加费是指燃油附加、超重附加、直航附加等费用；

保险费则按有关保险费率计取。

c. 当地运杂费，是指材料、设备由卸货现场到工地现场存储地所需的一切费用。

$$当地运杂费＝上岸费＋运距×运价＋装卸费$$

上岸费包括把材料、设备卸船到码头仓库，并计入关税、保管费、手续费等。

②当地采购材料、设备

一般按当地材料、设备供应商报价，由供应商运到工地。也可以根据下式计算：

$$材料、设备单价＝批发价＋当地运杂费$$

③第三国采购的材料、设备

可按到岸价（C. I. F）加至现场的运杂费计算。

3）施工机械费

施工机械除了承包商自行购买外，还可以租赁使用。对于租赁机械的台班单价，可以根据事先调查的市场租赁价格来确定。

自购施工机械的台班费单价由以下费用组成。

①基本折旧费：

$$新设备基本折旧费＝（机械总值－余值）×折旧率$$

$$国内运去的机械折旧费＝［（国内原价＋国内外运杂费＋国际运保费）$$

$$÷经济寿命期限］×实际使用期限$$

$$机械总值＝国内原价＋国内外运杂费＋国际保运费$$

余值一般占设备价格的5%，在缺乏资料时，可以忽略不计。

国外机械的经济寿命期限一般为5年（60个月）。

国际运保费计算，可按下列公式计算：

采用FOB价：海运保险费＝货价×1.0635×2.924%。

采用C&F价：海运保险费＝货价×1.0035×2.924%。

其中：1.0635、1.0035为运杂费系数。

一般中小型机具或价值较低而又易损的设备、二手设备，以及在工程施工中使用台班较多的机具或车辆等，可以一次性折旧，即按运抵工地的基价的100%摊入。

②安装拆除费，对于需要安装拆卸的机械设备，可根据施工方案按可能发生的费用计算。至于设备在本工程完工后所拆卸运至其他工地所需的拆卸和运输费，既可计入下一个工程的机具设备费中，也可列入本次工程中，应视具体情况确定。

③修理维护费，包括修理费、替换设备及工具附件费、润滑剂擦拭材料以及辅助设施等项内容，这些费用因机械的使用条件的不同而有很大差别。当基本折旧费按5年考虑时，可以不计修理费，经常维护费虽有发生，但价值较小可以忽略不计。

④动力燃料费，按当地的燃料和动力基价和消耗定额的乘积计算。

⑤机械保险费，指施工机械设备的保险费。

⑥操作人工费，按人工基价与操作人员数的乘积计算。可以计入机械费中，也可以计入人工费中。

4）分项工程直接费

有了人工、材料、设备和机械台班的基本单价后，根据施工技术方案，人工、施工机械工效水平和材料消耗水平来确定单位分项工程中工、料、机的消耗定额，即可算出分项工程的直接费。

根据业主划定的分项工程中的工作内容，结合施工规划中选用的施工方法、施工方案、施工机具加以考虑，以国内类似的分项工程消耗定额作为基础，再依实际情况加以修正，即可确定单位分项工程中工、料、机的消耗定额。

5) 分包工程费

分包工程费对业主是不需单列的，但对承包商来说，在投标报价时，有的直接将分包商的报价列入直接费中，也就是说考虑间接费时包含对分包商的管理费。另一种即将分包费和直接费、间接费平行，单列一项，这样，承包商估算的直接费和间接费就仅是自己施工部分的工程总成本，在估算分包费时适当加入对分包商的管理费即可。

（2）间接费

国际承包工程中的间接费用名目繁多，费率变化较大，分类方法也没有统一标准。这类费用，除投标文件允许名列的少量项目（如临时设施）外，其他各项费用一般称为待摊费，应包括在折算单价内，不单独列项，这是国际习惯做法。所以计算报价时，应根据实际可能发生的费用项目计算。这里仅介绍一些常用性项目。

1) 投标费

①招标文件购置费，招标文件包括招标文件正、副本及其附件是有价供应的，而且定价不一，编制标价时已发生，可据实计算。

②投标期间差旅费，包括到工程所在地进行现场勘查、调查，在国内对有关材料、设备供应部门、厂家的调研，以及参加投标、开标的差旅费。

③编制投标文件费，包括收到招标文件后，组织设计、施工、预算、翻译等人员的人工费和办公费，以及电报电话、资料购置、咨询、出版等费用。

④礼品费，其费用可按实际发生计入，一般控制在工程费的1%左右。

2) 保函手续费

包括投标保函、履约保函、预付款保函和维修保函等。银行在出具保函时均要按保函金额的一定比例收取手续费。

①投标保函，指随投标书出具的投标保函。银行担保承包商不撤标，并在中标后按标书规定签订合同。保证金一般为投标总价的0.1%，并加上实耗的邮电费。如有需咨询证明者，银行再收100元，期限随工程规模和业主的要求不同，一般为3~6个月。

②履约保函，指中标签订承包合同后，随合同出具的履约保函（出具履约保函后，投标保函即撤销）。履约保证金为保函金额的0.5%~1.5%，一般为0.8%（保函金额可按合同总价的80%计算）。

履约保函一般定期调整，调整期为一年一次，下一年的保函金额可扣除已完工程的费用，随工程变化而变化。

③预付款保函，指签订合同并出具履约保函后，根据表述的条款，业主可付合同总价10%~15%左右的外币和当地货币作为预付款，但承包商必须出具保函，业主才能予以支付。

3) 保险费

承包工程中的保险项目一般包括工程保险、工程和设备缺陷索赔保险、第三者责任险、人身意外保险、材料设备运输保险、施工机械保险等。其中后三项已计入人、材、机单价，不要重复计算。

①工程保险。招标文件一般均要求承包商进行工程保险投保，以保证工程建设和保修期间，因自然灾害和意外事故对工程造成的损失能得到补偿。中国人民保险公司将工程保险分为建筑工程保险和安装工程保险，投标者可根据工程实际情况投保其中的一项。投保额度可按总标价计：

$$工程保险费＝总标价×保险费率×加成系数$$

加成系数一般为 1.1～1.2。

②工程和设备缺陷索赔保险。工程移交给业主后，业主为防止工程和设备因质量发生事故造成损失，一般在标书中就规定了明确的期限和金额，要求承包商进行保险，以保护其利益。

③第三者责任险。在工程建设和执行合同过程中所造成的第三者的财产损失和人身意外伤害事故，为免除赔偿责任而投保第三者责任险。一般的招标文件对第三者责任险的投保额度都有所规定：

$$保险费＝投保额度×保险费率$$

4）税金

各国的税法和税收政策不同，对外国承包企业税收的项目和税率也不相同，常见的税金项目有：合同税、利润所得税、营业税、产业税、社会福利税、社会安全税、养路及车辆牌照税、地方政府开征的特种税等。

上述税种中，以利润所得税和营业税的税率较高，有的国家分别高达 30％和 10％以上。

还有些税种，如关税、转口税等，以直接列入相关的材料、设备和施工机械价格为宜。

5）业务费

业务费包括监理工程师费、代理人佣金、法律顾问费。

①监理工程师费，是指承包商为监理工程师创造现场办公、生活条件而开支的费用，主要包括办公、居住用房及其室内全部设施和用具，交通车辆等的费用。

②代理人佣金，是指承包商通过当地代理人办理各项承包手续；协助搜集资料、通报消息、甚至摸清业主及其他承包商的标底，疏通环节等，在工程中标后应支付的代理人佣金。代理人佣金一般是工程中标后，按工程造价的 1‰～3‰提取，金额多少与其所起的作用成正比，与工程造价大小成反比，也有由承包者与代理人协商一笔整数包干，如没有中标，承包者可不支付。

③法律顾问费，法律顾问聘金的标准，一般为固定月金，但遇有重大纠纷或复杂争议发生时，还必须再增加酬金。

④国外人员培训费，即承包者接受国外派来人员的实习费，其费用内容和费用标准可按合同规定计算。

6）施工管理费

施工管理费是指除直接用于工程项目施工所需的人工、材料和机械使用等开支以外，但又是为了实施工程所需要的各项开支项目。一般包括工作人员工资及各种补贴、办公费、差旅交通费与当地调遣费、医疗费、文体宣传费、业务经营费、劳动保护费、国外生活用品购置费、固定资产使用费、工具用具使用费、检验试验费等。

施工管理费是一项数额较大的开支项目，一般占总造价的 10% 以上，在报价时，应根据工程的规模、类型，以及实际所需费用逐项计算确定，以算出较为准确的数值。

7）临时设施费

临时设施包括全部生产、生活和办公所需的临时设施，施工区内的道路、围墙及水、电、通信设施等。具体项目和数量应在作施工规划时提出。对较大的或特殊的工程，临时设施费约占工程直接费的 2%～8%，最好按施工规划的具体要求——列项计算。

8）贷款利息

承包商支付贷款利息有两种情况。一是承包商本身资金不足，要用银行贷款组织施工，这些贷款利息应计入成本；另一种情况是业主在招标文件中提出由承包商先行垫付部分或全部工程款项，在工程完工后，业主逐步偿还，并付给承包商一定的利息。但其所付利息往往低于银行贷款利息，因此在投标报价时，成本项目中应列入这一利息差。

9）试运转费

试运转费是工程施工结束后，在组织竣工验收前，承包商对所建项目进行投料试车所发生的原料、燃料、油料、动力消耗的费用，以及低值易耗品、其他物品的开支。其费用一般为工程费的 0.4%～0.8%。

（3）暂定金额

这是业主在招标书中明确规定了数额的一笔金额，是对于在招标时尚未定量或详细规定的工程或开支而提供的一种业主的备用金额。暂定金额可以用于工程施工，提供物料、设备、技术服务，分包项目以及其他意外开支，但均须按照工程师的指令。只有工程师才有权决定暂定金额的部分或全部动用，也可以完全不用。承包商无权作主使用此金额。

（4）盈余

盈余一般包括上级企业管理费、利润和风险费。

1）上级企业管理费，是指上级管理公司对所属现场施工企业收取的费用，它不包括工地现场的管理费，其费用额约为工程总成本的 3%～5%。

2）利润，国际工程承包市场的利润随市场需求变化很大，当前国际市场的利润水平一般按 5%～8% 考虑。

3）风险费，风险费对承包商来说是一项很难准确判断的费用，在施工时，如果投标预计的风险没有全部发生，则预计的风险费可能有剩余，则部分剩余将作为盈余的一部分。如风险费估计不足，则只有由计划利润来补贴，盈余减少以致成为负值。如亏损严重不但不可能向上级交管理费。甚至要由上级帮助承担亏损。

第三节　工程量清单的计价依据及应用

一、工程量计算规则

1. 制定统一工程量计算规则的意义和作用

为了将设计人员在图纸上的要求，转化为应做的工程或工作，需要有一个能被同行业所公认的计算方法，就是工程量计算规则。

我国颁布的第一部工程量计算规则，是 1957 年由原国家建委在颁发全国统一建筑工程预算定额的同时，制定的全国统一的《建筑工程预算工程量计算规则》。之后，国家计委于 1988 年以单行本出版了《统一安装工程工程量计算规则》与《全国统一安装工程预算定额》配套使用。此后，各部门、各行业相继颁发了与其系统内定额配套使用的工程量计算规则。由于预算工程量计算规则是依据定额编制并配套使用，而定额又出现多元化的趋势，所以，预算工程量计算规则出现"似统未统"的局面。

随着我国市场经济的不断发展，根据国家经济发展的指导方针，建设部颁布并实施了《建设工程工程量清单计价规范》，制定了统一的清单工程量计算规则。各地区、各部门在编制自己的工程量清单计价办法和工程量计算规则时，都不能背离《建设工程工程量清单计价规范》和统一的清单工程量计算规则的精神。从而将工程量计算规则切实提到了统一的高度。

制定统一的工程量计算规则具有十分重要的意义和作用。

(1) 工程量计算规则为建筑安装行业，包括设计单位、建设单位、施工单位和金融单位，提供了工程量上的共同语言。

工程量计算规则是建筑安装行业不同主体单位在计算工程量时都必须遵循的规则，这样设计单位、建设单位、施工单位和金融单位，尽管企业的性质不同，承担工作的内容不同，但就其对工程量的计算上，其方法是一致的。

(2) 规范建筑安装市场的计价行为。

建筑安装工程费用构成的多样性以及计价的多次性，造成建筑安装市场的计价行为的复杂性和多变性。因此，要求市场主体和有关部门在计价的过程中必须按照工程量计算规则要求，统一计算口径、统一计量单位、统一计算方法进行计量计价。这是由市场的特性决定的。

(3) 规范建筑安装市场的竞争秩序。

建筑市场是一个开放的市场，市场中存在着各种竞争。有序的、合理的竞争可以推动企业和市场的共同发展；而无序的、恶性的竞争则会阻碍企业和市场的发展，侵害经营者和消费者的利益。统一的工程量计算规则与各种法律的协调运用，可以较好地规范市场的竞争行为，使市场在良性的环境下运行。

(4) 是国民经济统计的前提保证。

建筑业作为国民经济的支柱产业之一，建筑业产品价值是国民收入的重要组成部分。在国民经济统计和分析时，要求统计资料必须准确，在计算口径上必须一致。所以，作为统计资料的提供者，必须按照同一个标准计算建筑产品价值，以保证统计资料的质量，这个标准就是统一的工程量计算规则。

(5) 与国际接轨、参与国际竞争打下基础。

十几年来，以欧美为代表的发达国家，大多采用工程量清单报价模式，该模式的基础是：工程量计算规则统一化、工程量计算方法标准化、工程造价的确定市场化。实践证明，这是一种行之有效的计价模式。我国的建筑企业要参与国际市场竞争，必须打破旧的体制或模式，走一条与世界经济接轨的新路。因此，我国必须根据本国国情，形成一种具有本国特色的统一的工程量计算规则和工程计价办法。

2. 全国统一清单工程量计算规则与基础定额的计算规则的区别与联系

清单工程量计算规则是对清单项目主项工程的计量设置的规则，而不对主项工程以外的其他工程的计量进行叙述。

全国统一清单工程量计算规则与基础定额的工程量计算规则的联系主要表现在：清单工程量计算规则是在定额工程量计算规则的基础上发展起来的，它大部分保留了定额工程量计算规则的内容和特点，是基础定额工程量计算规则的继承和发展。

两种计算规则的区别是：对定额工程量计算规则中不适用于清单工程量计算，以及不能满足工程量清单项目设置要求的部分进行了修改和调整。主要表现在三个方面：计量单位的变动、计算口径及综合内容的变动和计算方法的改变。

（1）计量单位的变动

工程量清单项目的计量单位一般采用基本计量单位，如 m、kg、t 等。基础定额中的计量单位则有时出现不规范的复合单位，如 $1000m^3$、$100m^2$、$10m$、$100kg$ 等。但是大部分计量单位与相应定额子项的计量单位相一致。现选取部分项目，进行对比说明，见表5-6。

建筑工程计量单位变动举例说明　　　　　　　　　　表 5-6

序号	项目编码	清单项目名称	计量单位	定额对应项名称	计量单位
一、土（石）方工程					
1	010101002	挖土方	m^3	人工挖土方	$100m^3$
2	010102002	石方开挖	m^3	人工造岩石	$100m^3$
二、桩基础工程					
1	010202003	旋喷桩	m	高压旋喷桩	10m
2	010203001	地下连续墙	m^3	地下连续墙	$10m^3$
三、砌筑工程					
1	010302001	实心砖墙	m^3	混水砖内外墙	$100m^3$
……	……	……	……	……	……

（2）计算口径及综合内容的变动

全国统一清单工程量计算规则与定额工程量计算规则的区别，主要反映在计算口径及综合内容的变动上。工程量清单对分部分项工程是按工程净量计量，定额分部分项工程则是按实际发生量计量。工程量清单的工程内容是参考规则项目，按实际完成完整实体项目所需工程内容列项。并以主体工程的名称作为工程量清单项目的名称。定额工程量计算规则未对工程内容进行组合，仅是单一的工程内容，其组合的是单一工程内容的各个工序。

工程量清单的清单工程量计算规则是根据清单的特点，针对主体工程项目设置的。但其计算口径涵盖了主体工程项目及主体工程项目以外的其他工程项目的全部工程内容。现就建筑工程工程量清单项目及计算规则，选其有代表性的一些项目进行说明。

1）土方工程：挖基础土方

按计价规范规定，清单计量是按图示尺寸数量计算的净量计量（不包括放坡及工作面等的开挖量）。

定额计量则是按实际开挖量计量（包括放坡及工作面等的开挖量）。

清单计价规范给出的工程内容综合了排地表水、土方开挖、挡土板支拆、截桩头、基底钎探、运输等内容。

定额计量则将上述的工程内容都作为单独的定额子目处理。

2）混凝土及钢筋混凝土工程：带形基础梁

计价规范规定，现浇混凝土基础工程量计量，按设计图示尺寸以体积计算，不扣除构件内钢筋、预埋铁件所占体积。

此项定额计量也是按上述规则计量，没有区别。

清单计价规范给出的工程内容综合了混凝土制作、运输、浇筑、振捣、养护，地脚螺栓和二次灌浆等三项内容。

定额子目表现的则是其中的第一项内容（混凝土制作、运输、浇筑、振捣、养护）；第二项内容（地脚螺栓二次灌浆），作为单独的定额子目处理。

对于工程量清单工程量计算规则和定额工程量计算规则来讲，从形式上看相同，但有本质上的不同。

通过上述的对比分析可以了解到：无论工程量计算规则是如何表述的，在利用工程量计算规则计算工程量时，计算规则表现的是与主体项目之间的关系。对于清单工程量计算规则来讲，必须把计算规则和清单项目组合的工程内容联系起来，才能达到准确工程量计量的目的。

清单工程量计算规则要求：业主在设置清单时，要根据设计资料、工程特点、自然环境、材料设备采购渠道以及到货状态，设置清单项目的工程内容。工程内容一旦确定，投标人可以在法律、规范及招标文件确定的范围内对清单消耗量（清单消耗量是指清单项目组合的工程内容）自主计算。

（3）计算方法的改变

计算方法的改变是指对工程实体项目工程量的计算方法和有关规定的改变。计算方法的改变主要表现在清单项目工程量均以工程实体的净值为准，这不同于以往定额工程量计算规则要求对工程量按净值加规定预留量来计量。

建筑工程的土石方工程在提取工程量时，是按净量提取的，不包括放坡及操作面的工程量。而定额计量的处理方法则是根据不同的土质和开挖深度按定额计量规定的放坡系数计算实际开挖工程量。

清单工程量计算规则是基础定额计算规则的发展，是对基础定额计算规则的扬弃。它以遵循市场规律，注重科学技术的全新面貌出现，区别于基础定额计算规则单一僵化的模式，赋予了清单报价强大的生命力，是建筑市场发展的必然。

3. 清单工程量计算规则的举例详解

清单工程量计算规则是招标人设置工程量清单时计算工程量的依据，也是投标人投标报价时复核工程量并进行计价的依据，所以对清单工程量计算规则要准确把握。现利用具体事例，通过工程量清单设置过程和计价过程的具体实例，对清单工程量计算规则的应用进行说明。

例如：某多层砖混住宅土方工程。土壤类别为三类土，基础为砖大放脚带形基础，垫层宽度为 920mm，挖土深度为 1.8m，弃土运距 4km。

（1）经业主根据基础施工图，按清单工程量计算规则，以基础垫层底面积乘以挖土深度计算工程量，计算过程如下：

基础挖土截面积为：$S=0.92m×1.8m=1.656m^2$；

基础总长度根据施工图计算为：$L=1590.6m$；

土方挖方总量为：$V=S×L=1.656×1590.6=2634$（m^3）；

业主设置工程量清单格式如表 5-7 所示。

分部分项工程量清单与计价表　　　　　　　　　　表 5-7

工程名称：某多层砖混住宅工程

序　号	项目编号	项目名称	项目特征描述	计量单位	工程数量
			A.1 土（石）方工程		
1	010101003001	挖基础土方	土壤类别：三类土 基础类型：砖大放脚带形基础 垫层宽度：920mm 挖土深度：1.8m 弃土运距：4km	m^3	2634

（2）经投标人根据分部分项工程量清单与计价表及地质资料、施工方案（工作面宽度两边各 0.25m、放坡系数为 0.2）计算：

1）基础挖土截面计算：$S=（a+2C+KH）×H=（0.92+0.25×2+0.2×1.8）×1.8=3.204$（$m^2$）；

基础总长度为：1590.6m；

土方挖方总量为：$V=S×L=3.204m^2×1590.6m=5096.3m^3$。

2）采用人工挖土方量为 $5096.3m^3$，根据施工方案除沟边堆土外，现场堆土 $2170.5m^3$、运距 60m，采用人工运输。装载机装自卸汽车运距 4km、土方量 $1925.8m^3$。

业主提供的《分部分项工程量清单与计价表》中的工程量数量，是根据工程量清单计价规则按工程净量设置。但是不能直接按净量计算施工费，净量不是完整的施工作业量。只能在考虑各种影响因素的基础上，重新计算施工作业量，以施工作业量为基数完成计价。

施工作业量因为施工方案的不同，计算方法与计算结果各不相同。如同上例，按施工方案要求在净量的基础上，增加了工作面与放坡的作业量，计算结果作业工程量是 $5096.3m^3$。另一施工方案考虑到土质松散，采用挡土板支护开挖，工作面 0.3m，计算施工作业量

$$V=S×L=（0.92+0.3×2）×1.8×1590.6=4351.9（m^3）$$

同一工程，由于施工方案的不同，工程造价各异。投标单位可根据工程条件选择能发挥自身技术优势的施工方案，力求降低工程造价，确立在招标投标中的竞争优势。

需要说明的另一问题是，工程量清单计算规则是针对工程量清单项目的主项的计算方法及计量单位进行确定，对主项以外的所综合的工程内容的计算方法及计量单位不作确定，而由投标人根据施工图及投标人的经验自行确定。最后综合处理形成分部分项工程量清单综合单价。

二、工程量清单计价下定额的应用

1. 定额概念

在社会生产中，为了生产某一合格产品或完成某一工作成果，都要消耗一定数量的人力、物力和财力。从个别的生产工作过程来考察，这种消耗数量，受各种生产工作条件的影响是各自不相同的。从总体的生产工作过程来考察，规定出社会平均必需的消耗数量标准，这种标准就称为定额。

不同的产品或工作成果有不同的质量要求，没有质量的规定也就没有数量的规定，因此不能把定额看成是单纯的数量表现，而应看成是质和量的统一体。

在建筑安装工程施工生产过程中，为完成某项工程或某项结构构件，都必须消耗一定数量的劳动力、材料和机具。在社会平均生产条件下，用科学的方法和实践经验相结合，制定为生产质量合格的单位工程产品所必需的人工、材料、机械数量标准，就称为建筑安装工程定额，或简称为工程定额。

工程定额除了规定有数量标准外，也要规定出它的工作内容、质量标准、生产方法、安全要求和适用的范围等。

2. 定额的地位和作用

定额是社会经济发展到一定历史阶段的产物，是为一定阶段的政治服务的。1957年由原国家建委颁发了第一部建筑安装工程定额《全国统一建筑工程预算定额》。我国的建筑安装工程定额是社会主义计划经济下的产物，长期以来，在我国计划经济体制中发挥了重要作用。

（1）建筑安装工程定额是完成规定计量单位分项工程计价所需的人工、材料、施工机械台班的消耗量标准。

由于经济实体受各自的生产条件，包括企业的工人素质、技术装备、管理水平、经济实力的影响，其完成某项特定工程所消耗的人力、物力和财力资源存在着差别。企业技术装备低、工人素质弱、管理水平差的企业，在特定工程上消耗的活劳动（人力）和物化劳动（物力和财力）就高，凝结在工程中的个别价值就高；反之，企业技术装备好、工人素质高、管理水平高的企业，在特定工程上消耗的活劳动和物化劳动就少，凝结在工程中的个别价值就低。综上所述，个别劳动之间存在着差异，所以有必要制定一个一般消耗量的标准，这就是定额。定额中人工、材料、施工机械台班的消耗量是在正常施工状态下的社会平均消耗量标准。这个标准有利于鞭策落后，鼓励先进，对社会经济发展具有推动作用。

（2）是编制工程量计算规则、项目划分、计量单位的依据。

定额制定出以后，它的使用必须遵循一定的规则，在众多规则中，工程量计算规则是一项很重要的规则。而工程量计算规则的编制，必须依据定额进行。工程量计算规则的确定、项目划分、计量单位，以及计算方法都必须依据定额。

（3）是编制建安工程地区单位估价表的依据。

单位估价表是根据定额编制的建安工程费用计价的依据。建安工程地区单位估价表的编制过程就是根据定额规定消耗的各类资源（人、材、机）的消耗量乘以该地区基期资源价格，然后分类汇总的过程。人们在习惯上往往将"地区单位估价表"称为"地区定额"。

（4）是编制施工图预算、招标工程标底，以及确定工程造价的依据。

定额的制定，其主要目的就是为了计价。在我国处于计划经济时代，施工图预算、招标投标标底及投标报价书的编制，以及工程造价的确定，主要是依据工程所在地的单位估价表（定额的另一种形式）和行业定额来制定。

我国现阶段还处于市场经济的初期阶段，市场经济还不发达，许多有利于市场竞争的计价规则还有待于制定、完善和推广。因此，我国现阶段以及以后较长阶段内还将把定额计价作为主要计价模式之一。

（5）是编制投资估算指标的基础。

为一个拟建工程项目进行可行性研究的经济评价工作，其基础是该项工程的建设总投资和产品的工厂成本。因此，正确地估算总投资是一个重要的关键。建设项目投资估算的一种重要的方法是利用估算指标编制建设项目投资额。

估算指标是一种比概算指标更为扩大的单位工程指标或单项工程指标。编制方法是采用有代表性的单位或单项工程的实际资料，采用现行的概、预算定额编制概、预算，或收集相关工程的施工图预算或结算资料，经过修正、调整，反复综合平衡，以单项工程（装置、车间，或工段）区域、单位工程，为扩大单位，以"量"和"价"相结合的形式，用货币来反映活劳动和物化劳动。

（6）是企业进行投标报价和进行成本核算的基础。

投标报价的过程是一个计价、分析、平衡的过程；成本核算是一个计价、对比、分析、查找原因、制定措施实施的过程。投标报价和进行成本核算的一项重要工作就是"计价"，而计价的重要依据之一就是"定额"，所以定额是企业进行投标报价和进行成本核算的基础。

3. 建设工程定额体系及分类

自新中国成立以来，建筑安装行业发展很快，在经营生产管理中，各类标准工程定额是核算工程成本，确定工程造价的基本依据。这些工程定额经过多次修订，已经形成一个由全国统一定额、地方估价表、行业定额、企业定额等组成的较完整的定额体系，属于工程经济标准化范畴。

建筑安装工程定额的种类很多，但不论何种定额，其包含的生产要素是共同的，即：人工、材料和机械三要素。

建筑安装工程定额可按不同的标准进行划分。

（1）按生产要素分为三类

1）劳动定额，也称工时定额或人工定额，是指在合理的劳动组织条件下，工人以社会平均熟练程度和劳动强度在单位时间内生产合格产品的数量。

建筑安装工程劳动定额是反映建筑产品生产中活劳动消耗量的标准数量，是指在正常的生产（施工）组织和生产（施工）技术条件下，为完成单位合格产品或完成一定量的工作所预先规定的必要劳动消耗量的标准数额。

劳动定额是建筑安装工程定额的主要组成部分，反映建筑安装工人劳动生产率的社会平均先进水平。

劳动定额有两种基本表示形式。

①时间定额：是指在一定的生产技术和生产组织条件下，某工种、某种技术等级的工

人小组或个人，完成单位合格产品所必须消耗的工作时间。定额工作时间包括工人的有效工作时间（准备与结束时间、基本工作时间、辅助工作时间）、必要的休息与生理需要时间和不可避免的中断时间。定额工作时间以工日为单位。其计算公式如下：

$$单位产品时间定额＝1÷每工产量$$

②产量定额：是指在一定的生产技术和生产组织条件下，某工种、某种技术等级的工人小组或个人，在单位时间内（工日）应完成合格产品的数量。其计算公式如下：

$$每工产量＝1÷单位产品时间定额（工日）$$

现行统一使用的劳动定额中，有下列三种表示：

①单式表示法。仅列出时间定额，不列每工产量。在耗工量大，计算单位为台、件、座、套，不能再做量上分割的项目，以及一部分按工种分列的项目中，都采用单式表示法。

②复式表示法。同时表示出时间定额和产量定额，以分子表示时间定额，分母表示产量定额。

③综合表示法。就是为完成同一产品各单项（工序）定额的综合。定额表内以"综合"或"合计"来表示。

2）材料消耗定额，是指在生产（施工）组织和生产（施工）技术条件正常，材料供应符合技术要求，合理使用材料的条件下，完成单位合格产品，所需一定品种规格的建筑或构、配件消耗量的标准数量。包括净用在产品中的数量和在施工过程中发生的自然和工艺性质的损耗量。

3）机械使用台班定额，是指施工机械在正常的生产（施工）和合理的人机组合条件下，由熟悉机械性能、有熟练技术的工人或工人小组操纵机械时，该机械在单位时间内的生产效率或产品数量。也可以表述为该机械完成单位合格产品或某项工作所必需的工作时间。

机械台班定额有两种表现形式：

①机械台班产量定额，是指在合理的劳动组织和一定的技术条件下，工人操作机械在一个工作台班内应完成合格产品的标准数量。

②机械时间定额，是指在合理的劳动组织和一定的技术条件下，生产某一单位合格产品所必需消耗的机械台班数量。

劳动定额、材料消耗定额、机械使用台班定额反映了社会平均必需消耗的水平，它是制定各种实用性定额的基础，因此也称为基础定额。

（2）按照定额的测定对象和用途分为四类

1）工序定额，以个别工序为测定对象，它是组成一切工程定额的基本元素，在施工中除了为计算个别工序的用工量外很少采用，但却是劳动定额成形的基础。

2）施工定额，以同一性质的施工过程为测定对象，表示某一施工过程中的人工、主要材料和机械消耗量。它以工序定额为基础综合而成，在施工企业中，用来编制班组作业计划，签发工程任务单，限额领料卡以及结算计件工资或超额奖励、材料节约奖等。施工定额是企业内部经济核算的依据，也是编制预算定额的基础。

施工定额中，只有劳动定额部分比较完整。目前还没用一套全国统一的包括人工、材料、机械的完整的施工定额。材料消耗定额和机械使用定额都是直接在预算定额中开始表现完整。

3）预算定额，是以工程中的分项工程，即在施工图纸上和工程实体上都可以区分开的产品为测定对象，其内容包括人工、材料和机械台班使用量三个部分。经过计价后，可编制单位估价表。它是编制施工图预算（设计预算）的依据，也是编制概算定额、概算指标的基础。预算定额在施工企业被广泛用于编制施工准备计划，编制工程材料预算，确定工程造价，考核企业内部各类经济指标等。因此，预算定额是用途最广泛的一种定额。

4）概算定额，是预算定额的合并与归纳，用于在初步设计深度条件下，编制设计概算，控制设计项目总造价，评定投资效果和优化设计方案。

上述两种分类方法，详见图 5-3。

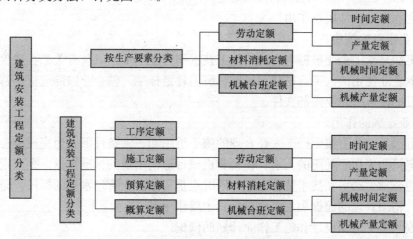

图 5-3　建筑安装工程定额分类

（3）按制定单位和执行范围分为五类

1）全国统一定额。由国务院有关部门制定和颁发的定额。它不分地区，全国适用。

2）地方估价表。是由各省、自治区、直辖市在国家统一指导下，结合本地区特点编制的定额，只在本地区范围内执行。

3）行业定额。各行业结合本行业特点，在国家统一指导下编制的具有较强行业或专业特点的定额，一般只在本行业内部使用。

4）企业定额。是由企业自行编制，只限于本企业内部使用的定额，如施工企业及附属的加工厂、车间编制的用于企业内部管理、成本核算、投标报价的定额，以及对外实行独立经济核算的单位（如预制混凝土和金属结构厂、大型机械化施工公司、机械租赁站等）编制的不纳入建筑安装工程定额系列之内的定额标准、出厂价格、机械台班租赁价格等。

5）临时定额，也称一次性定额。它是因上述定额中缺项而又实际发生的新项目编制的。一般由施工企业提出测定资料，与建设单位或设计单位协商议定，只作为一次使用，并同时报主管部门备查。以后陆续遇到此类项目时，经过总结和分析，往往成为补充或修订正式统一定额的基本资料。

4. 适应企业投标的企业定额编制

工程量清单是一种与市场经济相适应的，由承包单位自主报价，通过市场调节确定价格，与国际惯例接轨的计价模式。工程量清单计价要求，投资方业主根据设计要求，按统一编码、统一名称、统一计量单位、统一工程量计算规则，在招标文件中明确需要施工的建设项目分部分项工程的数量；参加投标的承包商根据招标文件的要求、施工项目的工程数量，按照本企业的施工水平、技术及机械装备力量、管理水平、设备材料的进货渠道与所掌握的价格情况及对利润追求的程度计算出总造价，对招标文件中的工程量清单进行报价，同一个建设项目，同样的工程数量，各投标单位以各企业内部定额为基础所报的价格不同，这反映了企业之间个别成本的差异，也是企业之间整体竞争实力的体现。为了适应工程量清单报价法的需要，各建筑施工企业内部定额的建立已势在必行。

企业定额，是由企业自行编制，只限于本企业内部使用的定额，包括企业及附属的加工厂、车间编制的定额，以及具有经营性质的定额标准、出厂价格、机械台班租赁价格等。

（1）企业定额的性质及作用

1）企业定额的性质。

企业定额是施工企业根据本企业的施工技术和管理水平，以及有关工程造价资料制定的，并供本企业使用的人工、材料和机械台班消耗量标准，供企业内部进行经营管理、成本核算和投标报价的企业内部文件。

2）企业定额的作用。

企业定额是企业直接生产工人在合理的施工组织和正常条件下，为完成单位合格产品或完成一定量的工作所耗用的人工、材料和机械台班使用量的标准数量。企业定额不仅能反映企业的劳动生产率和技术装备水平，同时也是衡量企业管理水平的标尺，是企业加强集约经营、精细管理的前提和主要手段，其主要作用有：

①是编制施工组织设计和施工作业计划的依据。

②是企业内部编制施工预算的统一标准，也是加强项目管理的基础。

③是施工队和施工班组下达施工任务书和限额领料、计算施工工时和工人劳动报酬的依据。

④是企业走向市场参与竞争，加强工程成本管理，进行投标报价的主要依据。

（2）企业定额的构成及表现形式

企业定额的编制应根据自身的特点，遵循简单、准确、适用的原则。企业定额的构成及表现形式因企业的性质不同、取得资料的详细程度不同、编制的目的不同、编制的方法不同而不同。其构成及表现形式主要有以下几种：

1）企业劳动定额。

2）企业材料消耗定额。

3）企业机械台班使用定额。

4）企业施工定额。

5）企业定额估价表。

6）企业定额标准。

7）企业产品出厂价格。

8）企业机械台班租赁价格。

（3）企业定额的确定

企业定额的确定实际就是企业定额的编制过程，它是一个系统而又复杂的过程，一般包括以下步骤：

1) 制定《企业定额编制计划书》

《企业定额编制计划书》一般包括以下内容：

①企业定额编制的目的。

企业定额编制的目的一定要明确，因为编制目的决定了企业定额的适用性，同时也决定了企业定额的表现形式，例如，企业定额的编制目的如果是为了控制工耗和计算工人劳动报酬，应采取劳动定额的形式；如果是为了企业进行工程成本核算，以及为企业走向市场参与投标报价提供依据，则应采用施工定额或定额估价表的形式。

②定额水平的确定原则。

企业定额水平的确定，是企业定额能否实现编制目的的关键。定额水平过高，背离企业现有水平，使定额在实施过程中，企业内多数施工队、班组、工人通过努力仍然达不到定额水平，不仅不利于定额在本企业内推行，还会挫伤管理者和劳动者双方的积极性；定额水平过低，起不到鼓励先进和督促落后的作用，而且对项目成本核算和企业参与市场竞争不利。因此，在编制计划书中，必须对定额水平进行确定。

③确定编制方法和定额形式。

定额的编制方法很多，不同形式的定额其编制方法也不相同。例如，劳动定额的编制方法有技术测定法、统计分析法、类比推算法、经验估算法等；材料消耗定额的编制方法有观察法、试验法、统计法等。因此，定额编制究竟采取哪种方法应根据具体情况而定。企业定额编制通常采用方法一般有两种：定额测算法和方案测算法。

④拟成立企业定额编制机构，提交需参编人员名单。

企业定额的编制工作是一个系统性的工程，它需要一批高素质的专业人才，在一个高效率的组织机构统一指挥下协调工作，因此，在定额编制工作开始时，必须设置一个专门的机构，配置一批专业人员。

⑤明确应收集的数据和资料。

定额在编制时要搜集大量的基础数据和各种法律、法规、标准、规程、规范文件、规定等，这些资料都是定额编制的依据。所以，在编制计划书中，要制定一份按门类划分的资料明细表。在明细表中，除一些必须采用的法律、法规、标准、规程、规范资料外，应根据企业自身的特点，选择一些能够取得适合本企业使用的基础性数据资料。

⑥确定工期和编制进度。

定额的编制是为了使用，具有时效性，所以，应确定一个合理的工期和进度计划表，这样，既有利于编制工作的开展，又能保证编制工作的效率和效益。

2) 搜集资料、调查、分析、测算和研究

搜集的资料包括：

①现行定额，包括基础定额和预算定额及工程量计算规则。

②国家现行的法律、法规、经济政策和劳动制度等与工程建设有关的各种文件。

③有关建筑安装工程的设计规范、施工及验收规范、工程质量检验评定标准和安全操作规程。

④现行的全国通用建筑标准设计图集、安装工程标准安装图集、定型设计图纸、具有代表性的设计图纸、地方建筑配件通用图集和地方结构构件通用图集，并根据上述资料计算工程量，作为编制定额的依据。

⑤ 有关建筑安装工程的科学实验、技术测定和经济分析数据。

⑥ 高新技术、新型结构、新研制的建筑材料和新的施工方法等。

⑦ 现行人工工资标准和地方材料预算价格。

⑧ 现行机械效率、寿命周朝和价格，机械台班租赁价格行情。

⑨ 本企业近几年各工程项目的财务报表、公司财务总报表，以及历年收集的各类经济数据。

⑩ 本企业近几年各工程项目的施工组织设计、施工方案，以及工程结算资料。

⑪ 本企业近几年所采用的主要施工方法。

⑫ 本企业近几年发布的合理化建议和技术成果。

⑬ 本企业目前拥有的机械设备状况和材料库存状况。

⑭ 本企业目前工人技术素质、构成比例、家庭状况和收入水平。

资料收集后，要对上述资料进行分类整理、分析、对比、研究和综合测算，提取可供使用的各种技术数据。内容包括：企业整体水平与定额水平的差异；现行法律、法规，以及规程规范对定额的影响；新材料、新技术对定额水平的影响等。

3）拟定编制企业定额的工作方案与计划。

编制企业定额的工作方案与计划包括以下内容：

① 根据编制目的，确定企业定额的内容及专业划分。

② 确定企业定额的册、章、节的划分和内容的框架。

③ 确定企业定额的结构形式及步距划分原则。

④ 具体参编人员的工作内容、职责、要求。

4）企业定额初稿的编制。

① 确定企业定额的定额项目及其内容。

企业定额项目及其内容的编制，就是根据定额的编制目的及企业自身的特点，本着内容简明适用、形式结构合理、步距划分合理的原则，将一个单位工程，按工程性质划分为若干个分部工程，如土建专业的土石方工程、桩基础工程等。然后将分部工程划分为若干个分项工程，如土石方工程分为人工挖土方、淤泥、流沙，人工挖沟槽、基坑，人工挖桩孔等分项工程。最后，确定分项工程的步距，并根据步距对分项工程进一步地详细划分为具体项目。步距参数的设定一定要合理，既不应过粗，也不宜过细。如可根据土质和挖掘深度作为步距参数，对人工挖土方进行划分。同时应对分项工程的工作内容做简明扼要的说明。

② 确定定额的计量单位。

分项工程计量单位的确定一定要合理，设置时应根据分项工程的特点，本着准确、贴切、方便计量的原则设置。定额的计量单位包括自然计量单位，如台、套、个、件、组等，国际标准计量单位，如 m、km、m^2、m^3、kg、t 等。一般说，当实物体的三个度量都会发生变化时，采用立方米为计量单位，如土方、混凝土、保温等；如果实物体的三个度量中有两个度量不固定，采用平方米为计量单位，如地面、抹灰、油漆等；如果实物体截面积形状大小固定，则采用延长米为计量单位，如管道、电缆、电线等；不规则形状的，难以度量的则采用自然单位或重量单位为计量单位。

③ 确定企业定额指标。

确定企业定额指标是企业定额编制的重点和难点，企业定额指标的编制，应根据企业采用的施工方法、新材料的替代以及机械装备的装配和管理模式，结合搜集整理的各类基础资料进行确定。确定企业定额指标包括确定人工消耗指标、确定材料消耗指标、确定机械台班消耗指标等。

④ 编制企业定额项目表。

分项工程的人工、材料和机械台班的消耗量确定以后，接下来就可以编制企业定额项目表了。具体地说，就是编制企业定额表中的各项内容。

企业定额项目表是企业定额的主体部分，它由表头栏和人工栏、材料栏、机械栏组成。表头部分具以表述各分项工程的结构形式、材料做法和规格档次等；人工栏是以工种表示的消耗的工日数及合计；材料栏是按消耗的主要材料和消耗性材料依主次顺序分列出的消耗量；机械栏是按机械种类和规格型号分列出的机械台班使用量。

⑤ 企业定额的项目编排。

定额项目表，是按分部工程归类，按分项工程子目编排的一些项目表格。也就是说，按施工的程序，遵循章、节、项目和子目等顺序编排。

定额项目表中，大部分是以分部工程为章，把单位工程中性质相近，且材料大致相同的施工对象编排在一起。每章（分部工程）中，按工程内容、施工方法和使用的材料类别的不同，分成若干个节（分项工程）。在每节（分项工程）中，可以分成若干项目，在项目下边，还可以根据施工要求、材料类别和机械设备型号的不同，细分成不同子目。

⑥ 企业定额相关项目说明的编制。

企业定额相关项目的说明，包括前言、总说明、目录、分部（或分章）说明、建筑面积计算规则、工程量计算规则、分项工程工作内容等。

⑦ 企业定额估价表的编制。

企业根据投标报价工作的需要，可以编制企业定额估价表。企业定额估价表是在人工、材料、机械台班三项消耗量的企业定额的基础上，用货币形式表达每个分项工程及其子目的定额单位估价计算表格。

5）评审及修改。

评审及修改主要是通过对比分析、专家论证等方法，对定额的水平、使用范围、结构及内容的合理性，以及存在的缺陷进行综合评估，并根据评审结果对定额进行修正。最后，定稿、刊发及组织实施。

下面着重介绍企业定额指标的确定方法：

① 人工消耗指标的确定。

企业定额人工消耗指标的确定，实际就是企业劳动定额的编制过程。企业劳动定额在企业定额中占有特殊重要的地位，它是指本企业生产工人在一定的生产技术和生产组织条件下，为完成一定合格产品或一定量工作所耗用的人工数量标准。企业劳动定额一般以时间定额为表现形式。

企业定额的人工消耗指标的确定一般是通过定额测算法确定的。定额测算法就是通过对本企业今年（一般为三年）的各种基础资料包括财务、预（结）算、供应、技术等部门的资料进行科学的分析归纳，测算出企业现有的消耗水平，然后将企业消耗水平与国家统一（或行业）定额水平进行对比，计算出水平差异率。最后，以国家统一定额为基础按差异率进行调整，用调整后的资料来编制企业定额。

用定额测算法编制企业定额应分专业进行。下面就以预算定额为基础定额对企业定额人工消耗指标的确定的过程进行描述。

a. 搜集资料，整理分析，计算预算定额人工消耗水平和企业实际人工消耗水平。

选择近三年本公司承建的已竣工结算完的有代表性的工程项目，计算预算人工工日消耗量，计算方法是用工程结算书中的人工费除以人工费单价。计算公式为

$$预算人工工日消耗量＝预算人工费÷预算人工费单价$$

然后，根据考勤表和施工记录等资料，计算实际工作工日消耗量。

工人的劳动时间是由不同时间构成的。它的构成反映劳动时间的结构，是研究劳动时间利用情况的基础。劳动时间构成情况见表 5-8。

劳动时间构成表　　　　　　　　　　　　　　　　　　表 5-8

日历工日（工期）							
制度公休工日		制度工日					
时间公休工日	工休加班工日	出勤工日					全日缺勤工日
		制度内实际工作工日		全日非生产工日（公假工日）	全日停工工日		
		实际工作工日					
工休加班时间	制度内实际工作工时	非全日停工工资	非全日缺勤工时	非全日非生产工时	非全日公假工时		
	实际工作工时						
加点工时							

根据劳动时间构成表，可以计算出实际工作工日数和实际工作工时数。

实际工作工日数＝制度内实际工作工日数＋工休加班工日数＋

（加点工时÷制度规定每日工作小时数）

其中：加点工时如果数量不大，可以忽略不计。

制度内实际工作工日数＝出勤工日数－（全日停工工日数＋全日公假工日数）

出勤工日数＝每个制度工作日生产工人出勤人数之和

＝制度工日数－缺勤工日数

实际工作工时数＝制度内实际工作工时数＋加班加点工时数

＝期内每日生产工人实际工作小时数之和

其中：

制度内实际工作工时数＝（制度内实际工作工日数×制度规定每日工作小时数）

－（非全日缺勤工时数＋非全日停工工时数

＋非全日公假工时数）

在企业定额编制工作中，一般以工日为计量单位，即计算实际工作工日消耗量。

b. 用预算定额人工消耗量与企业实际人工消耗量对比，计算工效增长率。

首先，计算预算定额完成率，预算定额完成率的计算公式为

预算定额完成率＝预算人工工日消耗量÷实际工作工日消耗量×100％

当预算定额完成率＞1时，说明企业劳动率水平比社会平均劳动率水平高，反之则低。

然后，计算工效增长率，其计算公式为：

工效增长率＝预算定额完成率－1

c. 计算施工方法对人工消耗的影响。

不同的施工方法，将产生不同的劳动生产率水平。科学合理地选择施工方法，直接影响人工、材料和机械台班的使用数量，这一点，在编制定额时必须予以重视。

例如：塔类设备吊装工程，施工方法有抱杆吊装法和起重设备吊装法两种；电缆敷设工程，敷设方法有人工敷设和机械敷设两种施工方法。在编制企业定额时，选用哪种施工方法，其施工方法与预算定额取定的施工方法是否一致，不同施工方法对人、材、机消耗量影响的差异是多少，应通过对比计算，确定施工方法对人工消耗的影响水平，并作为编制企业定额的依据。

一般地，编制企业定额所选用的施工方法应是企业近年在施工中经常采用的并在以后较长期限内继续使用的施工方法。两种施工方法对资源消耗量影响的差异可按下列公式计算：

$$\text{施工方法对分项工程工日消耗影响的指标} = \frac{\Sigma \text{两种施工方法对工日消耗影响的差异额}}{\Sigma \text{受影响的分项工程工日消耗}} \times 100\%$$

$$\text{施工方法对整体工程工日消耗影响的指标} = \frac{\Sigma \text{两种施工方法对工日消耗影响的差异额}}{\Sigma \text{受影响的分项工程工日消耗}}$$

$$\times \text{受影响项目人工费合计占工程总人工费的比重}$$

d. 计算施工技术规范及施工验收标准对人工消耗的影响。

定额是有时间效应的，不论何种定额，都只能在一定的时间段内使用。影响定额的时间效应的因素很多，包括施工方法的改进与淘汰、社会平均劳动生产率水平的提高，新材料取代旧材料，以及市场规则的变化等，当然也包括施工技术规范及施工验收标准的变化。

施工技术规范及施工验收标准的变化对人工消耗的影响，主要通过施工工序的变化和施工程序的变化来体现，这种变化对人工消耗的影响一般要通过现场调研取得。

比较简单的方法是走访现场有经验的工人，了解施工技术规范及施工验收标准变化后，现场的施工发生了哪些变化，变化量是多少。然后，根据调查记录，选择有代表性的工程，进行实地观察核实。最后对取得的资料分析对比，确定施工技术规范及施工验收标准的变化对企业劳动生产率水平影响的趋势和幅度。

e. 计算新材料、新工艺对人工消耗的影响。

新材料、新工艺对人工消耗的影响，也是通过现场走访和实地观察来确定其对企业劳动生产率水平影响的趋势和幅度。

f. 计算企业技术装备程度对人工消耗的影响。

企业的技术装备程度表明生产施工过程中的机械化和自动化水平，它不但能大大降低生产施工工人的劳动强度，而且是决定劳动生产率水平高低的一个重要因素。分析机械装

备程度对劳动生产率的影响，对企业定额的编制具有十分重要的意义。

劳动的技术装备程度，通常以平均每一劳动者装备的生产性固定资产或动力、能力的数量来表示。其计算公式是

$$劳动的技术装备程度指标 = \frac{生产性固定资产（或动力、能力）平均数}{平均生产工人人数}$$

还应看到，不仅劳动的技术装备程度对劳动生产率有影响，而且固定资产或动力、能力的利用指标的高低，对劳动生产率也有影响。

固定资产或动力、能力的利用指标，也称为设备能力利用指标的计算公式为

$$设备能力利用指标（\%） = \frac{设备实际生产能力}{设备可能生产能力} \times 100\%$$

根据劳动的技术装备程度指标和设备能力利用指标可以计算出劳动生产率。

$$劳动生产率 = 劳动的技术装备程度指标 \times 设备能力利用指标$$

最后，用社会平均劳动生产率与用技术装备程度计算出的企业劳动生产率对比，计算劳动生产率指数。

$$劳动生产率水平 = \frac{q_0}{q_1} = \frac{企业劳动生产率}{社会平均劳动生产率} \times 100\%$$

g. 其他影响因素的计算。

对企业人工消耗水平即劳动生产率的影响因素是很复杂的、多方面的，前面只是就影响劳动生产率的几类基本因素作了概括性说明，在实际的企业定额编制工作中，还要根据具体的目的和特性，从不同的角度对其进行具体的分析。

h. 关键项目和关键工序的调研。

在编制企业定额时，对工程中经常发生的、资源消耗（人工工日消耗、材料消耗、机械台班使用消耗）量大的项目（分部分项工程）及工序，要进行重点调查，选择一些有代表性的施工项目，进行现场访谈和实地观测，收集现场第一手资料，然后通过对比分析，剔除其中不合理和偶然因素的影响，确定各类资源的实际耗用量，作为编制企业定额的依据。

i. 确定企业定额项目水平，编制人工消耗指标。

通过上述一系列的工作，取得编制企业定额所需的各类数据，然后根据上述数据，考虑企业还可挖掘的潜力，确定企业定额人工消耗的总体水平，最后以差别水平的方式，将影响定额人工消耗水平的各种因素落实到具体的定额项目中，编制企业定额人工消耗指标。

② 材料消耗指标的确定。

材料消耗指标的确定过程与人工消耗指标的确定过程基本相同，在编制企业定额时，确定企业定额材料的消耗水平，主要把握以下几点：

a. 计算企业施工过程中材料消耗水平与定额水平。

以预算定额为基础，预算定额的各类材料消耗量，可以通过对工程结算资料分析取得。施工过程中，实际发生的与定额材料相对应的材料消耗量可以根据供应的出、入库台账、班组材料台账以及班组施工日志等资料，通过下列公式计算：

$$材料实际消耗量 = 期初班组库存材料量 + 报告期领料量 - 退库量$$

　　　　　　　　　　　　　　　　－期末班组库存量－返工工程及浪费损失量－挪用材料量

　　b. 替代材料的计算。

　　替代材料是指企业在施工生产过程中，采用新型材料代替过去施工采用（预算定额综合）的旧材料，以及由于施工方法的改变，用一部分材料代替另外一部分材料，替代材料的计算是指针对发生替代材料的具体施工工序或分项工程，计算其采用的替代材料的数量，以及被替代材料的数量，以备编制具体的企业定额子目时进行调整。

　　c. 对重点项目（分项工程）和工序消耗的材料进行计算和调研。

　　材料消耗量是影响定额水平的一个重要指标，准确把握定额计价材料消耗的水平，对企业定额的编制具有重要意义。在编制企业定额时，对那些虽然是企业成本开支项目，但其费用不作为工程造价组成的材料耗用，如工程外耗费的材料消耗、返工工程发生的材料消耗，以及超标准使用浪费的材料消耗，不能作为定额计价材料耗用指标的组成部分。

　　对于一些工程上经常发生的、材料消耗量大的或材料消耗量虽不大，但材料单位价值高的项目（分部分项工程及工序），要根据设计图中标明的材料及构造，结合理论公式和施工规范、验收标准计算消耗量，并通过现场调研进行验证。

　　d. 周转性材料的计算。

　　工程消耗的材料一部分是构成工程实体的材料，还有一部分材料，虽不构成工程实体，但却有利于工程实体的形成。在这部分材料中，有一部分是施工作业用料，因此也称为施工手段用料；又因为这部分材料在每次的施工中，只受到一些损耗，经过修理可供下次施工继续使用，如土建工程中的模板、挡土板、脚手架，安装工程中的胎具、组装平台、工（卡）具，试压用的阀门、盲板等，所以又称为周转性材料。

　　周转性材料的消耗量有一部分被综合在具体的定额子目中，有一部分作为措施项目费用的组成部分单独计取。

　　周转性材料的消耗按照周转使用，分次摊销的方法进行计算。周转性材料使用一次，分摊到工程产品上的消耗量称为摊销量。周转性材料的摊销量与周转次数有直接关系。一般地讲，通用程度强的周转次数多些，通用程度弱的周转次数少些，还有少数材料是一次摊销，具体处理方法应根据企业特点和采用的措施来计算。

　　摊销量可根据下列公式计算：

$$摊销量＝周转使用量－回收量×回收系数$$

$$周转使用量＝\frac{一次使用量＋一次使用量（周转次数－1）×损耗率}{周耗次数}$$

$$＝一次使用量×\frac{1＋（周转次数－1）×损耗率}{周转次数}$$

　　e. 计算企业施工过程中材料消耗水平与定额水平的差异。

　　通过上述的一系列工作，对实际材料消耗量进行调整，计算材料消耗差异率。

　　材料消耗差异率的计算应按每种材料分别进行。

$$材料消耗差异率＝\frac{预算材料消耗量}{调后实际材料消耗量}×100\%－1$$

　　f. 调整预算定额材料种类和消耗量，编制施工材料消耗量指标。

　　③ 施工机械台班消耗指标的确定。

　　施工机械台班消耗指标的确定，一般应按下列步骤进行：

a. 计算预算定额机械台班消耗量水平和企业实际机械台班消耗水平。

预算定额机械台班消耗量水平的计算，可以通过对工程结算资料进行人、材、机分析，取得定额消耗的各类机械台班数量。对于企业实际机械台班消耗水平的计算则比较复杂，一般分以下几步进行：

a) 统计对比工程实际调配的各类机械的台数和天数。

b) 根据机械运转记录，确定机械设备实际运转的台班数。

c) 对机械设备的使用性质进行分析，分清哪些机械设备是生产性机械，哪些是非生产性机械；对于生产型机械，分清哪些使用台班是为生产服务的，哪些不是为生产服务的。

d) 对生产型的机械使用台班，根据机械种类、规格型号，进行分类统计汇总。

b. 对本企业采用的新型施工机械进行统计分析。

对新型施工机械的分析，主要有两点：

a) 由于施工方法的改变，用机械施工代替人力施工而增加的机械。对于这一点，应研究其施工方法是临时的还是企业一贯采用的；由临时的施工方法引起的机械台班消耗，在编制企业定额时不予考虑，而企业一贯采用的施工方法引起的机械台班消耗，在编制企业定额时应予考虑。

b) 由新型施工机械代替旧种类、旧型号的施工机械。对于这一点，应研究其替代行为是临时的，还是企业一贯采用的。由临时的替代行为引起的机械台班消耗，在编制企业定额时应按企业水平对机械种类和消耗量进行还原，而企业一贯采用的替代行为引起的机械台班消耗，在编制企业定额时应对实际发生的机械种类和消耗量进行加工处理，替代原定额相应项目。

c. 计算设备综合利用指标，分析影响企业机械设备利用率的各种原因。

设备综合利用指标的计算公式为

$$设备综合利用指标(\%) = \frac{设备实际产量}{设备可能产量} \times 100\%$$

$$= \frac{设备实际能力 \times 设备实际开动时间}{设备理论能力 \times 设备可能开动时间} \times 100\%$$

$$= 设备能力利用指标 \times 设备时间利用指标$$

通过上式可以看出，企业机械设备综合利用指标的高低，决定于设备能力和时间两个方面的利用情况。从机械本身的原因看，设备的完好率以及设备事故频率是影响机械台班利用率最直接的因素。企业可以通过更换新设备、加速机械折旧速度淘汰旧设备，以及对部分机械设备进行大修理等途径，提高设备完好率、降低事故频率，达到提高设备利用率的目的。因此，在编制企业定额，确定机械使用台班消耗指标时，应考虑近期企业施工机械更新换代及大修理提高的机械利用率的因素。

d. 计算机械台班消耗的实际水平与预算定额水平的差异。

机械台班消耗的实际水平与预算定额水平的差异的计算，应区分机械设备类别，按下式计算：

$$机械使用台班消耗差异率 = \frac{预算机械台班消耗量}{调后实际机械台班消耗量} \times 100\% - 1$$

调后实际机械台班消耗量是考虑了企业采用的新型施工机械，以及企业对旧施工机械的更换和挖潜改造影响因素后，计算出的台班消耗量。

e. 调整预算定额机械台班使用的种类和消耗量，编制施工机械台班消耗量指标。

其过程是依据上述计算的各种数据，按编制企业定额的工作方案，以及确定的企业定额的项目及其内容调整预算定额的机械台班使用的种类和消耗量，编制企业定额项目表。

④ 措施费用指标的编制

措施费用指标的编制，是通过对本企业在某类（以工程特性、规模、地域、自然环境等特征划分的工程类别）工程中所采用的措施项目及其实施效果进行对比分析，选择技术可行、经济效益好的措施方案，进行经济技术分析，确定其各类资源消耗量，作为本企业内部推广使用的措施费用指标。

措施费用指标的编制方法一般采用方案测算法，即根据具体的施工方案，进行技术经济分析，将方案分解，对其每一步的施工过程所消耗的人、材、机等资源进行定性和定量分析，最后整理汇总编制指标。

下面以案例的形式，就"安全生产"措施费用指标对具体编制过程进行说明。

案例：某工程，建安产值约 10000 万元人民币，工期 1 年。承包单位根据业主提供的资料，编制施工方案，其中涉及"安全生产"部分的内容有以下部分：

第一，本工程工期一年，实际施工天数为 320 天。

第二，本工程投入生产工人 1200 名，各类管理人员（包括辅助服务人员）80 名，在生产工人当中抽出 12 名专职安全员，负责整个现场的施工安全。

第三，进入现场的人员一律穿安全鞋、戴安全帽，高空作业人员一律佩系安全带。

第四，为安全起见，施工现场脚手架均须安装防护网。

第五，每天早晨施工以前，进行 10 分钟的安全教育，每星期一召开半小时的安全例会。

第六，班组的安全记录要按日填写完整。

根据施工方案对安全生产的要求，投标人编制安全措施费用如下：

a. 专职安全员的人工工资及奖金补助等费用

支出＝工期×人数×工日单价＝365 天×12 人×50 元/（人·天）＝219000（元）

b. 安全鞋、安全帽费用

安全鞋按每个职工一年 2 双，安全帽每个职工一人一顶计算。

费用＝30 元/双×2 双/人×（1200＋80）人＋15 元/顶×1 顶/人×（1200＋80）人

＝76800＋19200＝96300（元）

c. 高峰期高空作业人员按生产工人的 30% 计算

安全带费用＝120 元/条×1200×30%人＝43200（元）

d. 安全教育与安全例会降效费

安全教育费用＝[52×0.5/8＋（320－52）×（10/60/8）]×50×（1200－12）

＝524502（元）

e. 安全防护网措施费，根据计算，防护网搭设面积为 14080m²，需购买安全网 3000m²，安全网每平方米 8 元，每平方米搭拆费用为 2.5 元，工程结束后，安全网折旧完毕。

安全防护网措施费＝3000×8＋14080×2.5＝59200（元）

f. 安全生产费用合计＝219000＋96300＋43200＋524502＋59200＝942202（元）

g. 工程实际消耗工日数为：320×（1200－12）＝380160（工日）

h. "安全生产"措施费用指标＝942202 元÷380160 工日＝2.48（元/工日）

注意：每个工程都有自己的特点，发生的措施项目及其额度都不相同，所以，在计算措施费用时，应根据工程特点具体进行，企业制定的措施费用指标仅供参考。

⑤ 其他费用指标的编制

其他费用指标主要包括管理费用指标和利润指标。

管理费指标的编制方法一般采用方案测算法，其编制过程是选择有代表性的工程，将工程中实际发生的各项管理费用支出金额进行核定，剔除其中不合理的开支项目后汇总，然后与工程生产工人实际消耗的工日数进行对比，计算每个工日应支付的管理费用。

以上述工程为例：工程建安产值约 10000 万元人民币，工期 1 年，实际施工天数为 320 天，投入生产工人 1200 名，各类管理人员（包括辅助服务人员）80 名。管理费根据下式计算：

$$施工管理费＝管理人员及辅助服务人员的工资＋办公费＋差旅交通费$$
$$＋固定资产使用费＋工具用具使用费＋保险费＋其他费用$$

a. 管理人员及辅助服务人员的工资，管理人员平均工资水平为 1200 元/（人·月）。

$$工资总额＝1200 元/（人·月）×80 人×12 月＝1152000（元）$$

b. 办公费项目有三大类

a）文具、纸张、印刷、账册、报表等。

b）邮电费，包括：电传、电话、电报、信件。

c）微机及水电、开水费、空调采暖费等。

工程结束后统计，其合理费用开支金额为 358000 元。

c. 差旅交通费

因公出差，工期内共发生 20 人次，累计费用 61500 元。

交通工具使用费，包括燃油费、汽车租赁及修理费，共计 270000 元。

其他费用共计 25000 元。

d. 固定资产使用费累计金额 75000 元。

e. 工具用具使用费累计金额 21000 元。

f. 保险费累计发生额 350000 元。

g. 其他费用 200000 元。

h. 管理费用

合计＝1152000＋358000＋61500＋270000＋25000＋75000＋21000＋350000＋200000＝2512500（元）。

i. 工程实际消耗工日数为：320×（1200－12）＝380160（工日）。

j. 管理费用指标＝2512500 元÷380160 工日＝6.61（元/工日）。

利润指标的编制是根据某些有代表性工程的利润水平，通过分析对比，结合建筑市场同类企业的利润水平，进行综合取定的，此处不再赘述。

⑥ 企业定额的使用方法

企业定额的种类很多，表现形式多种多样，其在企业中所起的作用不同，使用方法也不同。企业定额在企业投标报价过程中的应用，要把握以下几点：

a. 最适用于投标报价的企业定额模式是企业定额估价表。但是作为定额，都是在一定的条件下编制的，都具有普遍性和综合性，定额反映的水平是一种平均水平，企业定额也不例外，只不过企业定额的普遍性和综合性只反映在本企业之内，企业定额水平是企业内部的一种平均先进水平。所以，利用企业定额投标报价时，必须充分认识这一点，具体问题具体分析，个别工程个别对待。

b. 利用企业定额进行工程量清单报价时，应对定额包括的工作内容与工程量清单所综合的工程内容进行比较，口径一致时方可套用，否则，应对定额进行调整。

c. 定额是一个时期的产物，定额代表的劳动生产率水平和各种价格水平均具有时效性，所以，对不再具有时效的定额不能直接使用。

d. 应对定额使用的范围进行确定，不能超出其使用范围使用定额。

第四节　工程量清单的编制与计价

一、工程量清单的编制

《建设工程工程量清单计价规范》（GB 50500—2008）（以下简称"08"）规定，由分部分项工程量清单、措施项目清单、其他项目清单、规费项目清单、税金项目清单组成，这五种清单的性质各有不同，分别介绍。

分部分项工程量清单为不可调整的闭口清单，投标人对招标文件提供的分部分项工程量清单必须逐一计价，对清单所列内容不允许作任何更改变动。投标人如果认为清单内容有不妥或遗漏，只能通过质疑的方式由清单编制人作统一的修改更正，并将修正后的工程量清单发往所有投标人。"08"工程量清单计价规范中明确规定：招标人对编制的工程量清单的准确性（数量）和完整性（不缺项、漏项）负责，如委托工程造价咨询人编制，其责任仍由招标人承担；投标人依据工程量清单进行投标报价，对工程量清单不负有核实义务，更不具有修改和调整的权利。

措施项目清单为可调整清单，投标人对招标文件中所列项目，可根据企业自身特点作适当的变更增减。执行"03"清单计价规范时，投标人要对拟建工程可能发生的措施项目和措施费用作通盘考虑，只要招标人提供了相关的齐全的资料并要求投标人勘察现场，投标人的清单计价一经报出，被认为是包括了所有应该发生的措施项目的全部费用，如果报出的清单中没有列项，且施工中又必须发生的项目，业主有权认为，其已经综合在分部分项工程量清单的综合单价中，将来措施项目发生时投标人不得以任何借口提出索赔与调整。但是在"08"清单计价规范中明确了投标人对招标人所列的措施项目清单可以进行增补（没说可以减少），但对于增补的措施项目应该在投标人的施工组织设计或施工方案中明确，在评标时要经过评标委员会的评审。由此，投标人在施工组织设计中提及的措施，如果在报价中未另列措施项目清单，则招标人可以认定投标人的报价包含了该措施；但投标人的施工组织设计中未提及的措施，且招标人所列的措施清单中未列，投标人投标时也未增补，但施工中确实用了增加的措施费用，应由招标人（发包人）承担。

其他项目清单应包含以下四部分：暂列金额，暂估价，计日工，总承包服务费。

规费项目清单应包含以下内容：工程排污费；工程定额测定费；社会保障费（包括养老保险费、失业保险费、医疗保险费）；住房公积金；危险作业意外伤害保险。规费作为政府和有关权力部门规定必须缴纳的费用，政府和有关权力部门可根据形势发展的需要，对规费项目进行调整。因此，投标人对以上内容里未包括的规费项目，在计算规费时应根据省级政府和省级有关权力部门的规定进行补充。

税金项目清单应包括下列内容：营业税；城市维护建设税；教育费附加。

1. 分部分项工程量清单的编制

（1）分部分项工程工程量清单编制规则

《建设工程工程量清单计价规范》（GB 50500—2008）有以下强制性规定：

1）规范 3.1.2 条规定：采用工程量清单方式招标，工程量清单必须作为招标文件的组成部分，其准确性和完整性由招标人负责。

由此条可知，采用工程量清单方式招标发包，工程量清单必须作为招标文件的组成部分，招标人应将工程量清单连同招标文件的其他内容一并发（或发售）给投标人。招标人对编制的工程量清单的准确性和完整性负责。投标人依据工程量清单进行投标报价，对工程量清单不负有核实的义务，更不具有修改和调整的权力。工程量清单作为投标人报价的共同平台，其准确性（数量）及完整性（不缺项漏项），均应由招标人负责，如招标人委托工程造价咨询人编制，责任仍应由招标人承担。

2）规范 3.2.1 条规定：分部分项工程量清单应包括项目编码、项目名称、项目特征、计量单位和工程量。

由此条可知，规定了构成一个分部分项工程量清单的五个要件：项目编码、项目名称、项目特征、计量单位和工程量，这五个要件在分部分项工程量清单的组成中缺一不可。由"03"清单规范中的"四统一"升级为"五统一"

3）规范 3.2.2 条规定：分部分项工程量清单应根据附录规定的项目编码、项目名称、项目特征、计量单位和工程量计算规则进行编制。

4）规范 3.2.3 条规定：分部分项工程量清单的项目编码，应采用十二位阿拉伯数字表示。一至九位应按附录的规定设置，十至十二位应根据拟建工程的工程量清单项目名称设置，同一招标工程的项目编码不得有重码。

由此条可知，当同一标段（或同一合同段）的一份工程量清单中含有多个单项或单位工程且工程量清单是以单位工程为编制对象时，在编制工程量清单时应特别注意对项目编码十至十二位的设置不得有重码的规定。例如，一个标段（或一个合同段）的工程量清单中含有三个单位工程，每一单位工程中都有项目特征相同的实心砖墙砌体，在工程量清单中又需反映三个不同单位工程的实心砖墙砌体工程量时，此时工程量清单应以单位工程为编制对象，则第一个单位工程的实心砖墙的项目编码应为 010302001001，第二个单位工程的实心砖墙的项目编码应为 010302001002，第三个单位工程的实心砖墙的项目编码应为 010302001003，并分别列出各单位工程实心砖墙的工程量。

5）规范 3.2.4 条规定：分部分项工程量清单的项目名称应按附录的项目名称结合拟建工程的实际确定。

6）规范 3.2.5 条规定：分部分项工程量清单中所列工程量应按附录中规定的工程量计算规则计算确定。

7）规范 3.2.6 条规定：分部分项工程量清单的计量单位应按附录中规定的计量单位确定。

由此条可知，当计量单位有两个或两个以上时，应根据所编工程量清单项目的特征要求，选择最适宜表现该项目特征并方便计量的单位。例如，门窗工程的计量单位为"樘"和"m²"两个计量单位，实际工作中，就应选择最适宜，最方便计量的单位来表示。

8）规范 3.2.7 条规定：分部分项工程量清单项目特征应按附录中规定的项目特征，结合拟建工程项目的实际予以描述。

此条中的项目特征是"08"规范中新增加的要件，是确定一个清单项目综合单价的重要依据，在编制的工程量清单中必须对其项目特征进行准确和全面的描述。清单中项目特征的描述应根据计价规范附录中有关项目特征的要求，结合技术规范、标准图集、施工图纸，按照工程结构、使用材质及规格或安装位置等，予以详细而准确的表述和说明。可以说离开了清单项目特征的准确描述，清单项目就将没有生命力。

（2）分部分项工程量清单编制依据

1）《建设工程工程量清单计价规范》（GB 50500—2008）。

2）国家或省级、行业建设主管部门颁发的计价依据和办法。

3）建设工程设计文件。

4）与建设工程项目有关的标准、规范、技术资料。

5）招标文件及其补充通知、答疑纪要。

6）施工现场情况、工程特点及常规施工方案。

7）其他相关资料。

以上的依据是与建设部 107 号令《建筑工程施工发包与承包计价管理办法》中相关规定保持一致的。

（3）分部分项工程量清单编制程序

清单项目的设置与工程量计算，首先要参阅设计文件，读取项目内容，对照计价规范项目名称，以及用于描述项目名称的项目特征，确定具体的分部分项工程名称。然后设置项目编码，项目编码前九位取自于项目名称相对应的计价规范，后三位按计价规范，统一规范项目名称下不同的分部分项工程由投标人进行设置。再按计价规范中的计量单位确定分部分项工程的计量单位。然后结合工程项目的实际情况按附录中规定对项目特征进行描述。继而按计价规范规定的工程量计算规则，读取设计文件数据，计算工程数量。

工程范围、工作责任的划分一般是通过招标文件来规定。例如，塔器设备安装，塔器设备的到货状态，是分片、分段，还是整体到货等可在招标文件中获取。

施工组织设计和施工技术方案可提供分部分项工程的施工方法，清楚分部分项工程概貌。例如，塔器设备安装，通过施工方案可得知塔器是整体吊装，还是在基础上分片、分段组装。整体吊装时是用吊耳吊装还是捆绑吊装。施工组织设计及施工技术方案是分部分项工程内容综合不可缺少的参考资料。

工程施工规范及竣工验收规范，可提供生产工艺对分部分项工程的品质要求，可为分部分项工程综合工程内容列项，以及综合工程内容的工程量计算提供数据和参考，因而决定了分部分项工程实施过程中必须要进行的工作。例如，在塔器设备焊接过程中，是否要做焊缝热处理、压力试验的等级要求等。

（4）分部分项工程量清单设置

1）建筑工程。

附录A是建筑工程工程量清单项目及计算规则，包括：①实体项目：土石方工程；桩与地基基础工程；砌筑工程；混凝土及钢筋混凝土工程；厂库房大门、特种门、木结构工程；金属结构工程；屋面及防水工程；防腐、隔热、保温工程；共八章，46节，178个项目。②措施项目：混凝土、钢筋混凝土模板及支架；脚手架；垂直运输机械；共3项。

分部分项工程量清单设置举例：

A.1.1　土方工程（图5-4）

从设计文件和招标文件可以得知与分部分项工程相对应的计价规范条目，按照对应条目中开列的项目特征，查阅地质资料、招标文件、设计文件，可对项目进行详细的描述。如土壤类别、运土距离、开挖深度等。

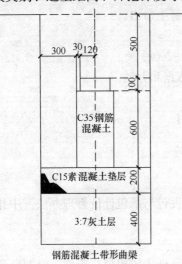

钢筋混凝土带形曲梁

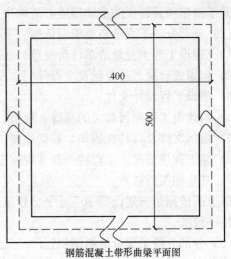

钢筋混凝土带形曲梁平面图

图5-4　土方工程

本土方工程为挖基础土方：

垫层宽度 300×2+400=1000（mm）

挖土深度 500+100+600+200+400=1800（mm）

地梁基础总长度 51×2+39×2=180（m）

查阅施工组织设计弃土距离4km

查阅地质资料土壤类别为三类土

分部分项工程量清单设置：

项目名称：挖基础土方

项目编码：010101003001

项目特征描述：三类土、带形基础、垫层宽度1m、挖土深度1.8m、弃土距离4km

计量单位：m³

工程数量计量：1×1.8×180=324（m³）

填制表格（表5-9）：

序号	项目编码	项目名称	项目特征	计量单位	工程数量
1	010101003001	挖基础土方	1. 三类土 2. 带形基础 3. 垫层宽 1m 4. 挖土深度 1.8m 5. 弃土距离 4km	m³	324

A.4.1　现浇混凝土基础

阅图：本钢筋混凝土工程为 C35 钢筋混凝土带形基础梁

垫层：3∶7 灰土厚 400mm

垫层：C15 素混凝土厚 200mm

分部分项工程量设置：

项目名称：带形基础

项目编码：010401001001

计量单位：m³

工程数量：$(0.4 \times 0.6 + 0.24 + 0.1) \times 180 = 47.52$（m³）

项目名称：3∶7 灰土垫层

项目编码：010401006001

计量单位：m³

工程数量：$1 \times 0.4 \times 180 = 72$（m³）

项目名称：C15 素混凝土垫层

项目编码：010401006002

计量单位：m³

工程数量：$1 \times 0.2 \times 180 = 36$（m³）

填制表格（表 5-10）：

分部分项工程量清单与计价表　　　　　　　　　　　　　　　表 5-10

序号	项目编码	项目名称	项目特征	计量单位	工程数量
1	010401001001	带形基础	C35 钢筋混凝土带形基础梁	m³	47.52
2	010401006001	垫层	3∶7 灰土	m³	72
3	010401006002	垫层	C15 素混凝土	m³	36

2）附录 B 是装饰装修工程工程量清单项目及计算规则，适用于工业与民用建筑物和构筑物的装饰装修工程。

3）附录 C 是安装工程工程量清单项目及计算规则，适用于工业与民用安装工程。

4）附录 D 是市政工程工程量清单项目及计算规则，适用于城市市政建设工程。

5）附录 E 是园林绿化工程工程量清单项目及计算规则，适用于园林绿化工程。

6）附录 F 是矿山工程工程量清单项目及计算规则，适用于矿山工程。

2. 措施项目清单的编制

（1）措施项目清单的编制规则

《建设工程工程量清单计价规范》（GB 50500—2008）有以下规定：

1）规范 3.3.1 条规定：措施项目清单应根据拟建工程的实际情况列项。通用措施项目可按表 3.3.1 选择列项，专业工程的措施项目可按附录中规定的项目选择列项。若出现本规范未列的项目，可根据工程实际情况补充。

2）规范 3.3.2 条规定：措施项目中可以计算工程量的项目清单宜采用分部分项工程量清单的方式编制，列出项目编码、项目名称、项目特征、计量单位和工程量计算规则；不能计算工程量的项目清单，以"项"为计量单位。

由此条可知，本规范将工程实体项目划分为分部分项工程量清单项目，非实体项目划分为措施项目。所谓非实体性项目，一般来说，其费用的发生和金额的大小与使用时间、施工方法或者两个以上工序相关，与实际完成的实体工程量的多少关系不大，典型的是大中型施工机械进、出场及安、拆费，文明施工和安全防护、临时设施等。但有的非实体性项目，典型的是混凝土浇筑的模板工程，与完成的工程实体具有直接关系，并且是可以精确计量的项目，用分部分项工程量清单的方式，采用综合单价更有利于合同管理。本条规定了凡能计算出工程量的措施项目宜采用分部分项工程量清单的方式进行编制，并要求应列出项目编码、项目名称、项目特征、计量单位和工程量计算规则。对不能计算出工程量的措施项目，则采用以"项"为计量单位进行编制。

（2）措施项目清单的编制依据

1）拟建工程的施工组织设计。

2）拟建工程的施工技术方案。

3）与拟建工程相关的工程施工规范与工程验收规范。

4）招标文件。

5）设计文件。

（3）措施项目清单的设置

措施项目清单的设置，首先要参考拟建工程的施工组织设计，以确定文明安全施工、材料的二次搬运等项目。其次参阅施工技术方案，以确定夜间施工、大型机具进出场及安拆、混凝土模板与支架、脚手架、施工排水、施工降水、垂直运输机械、组装平台、大型机具使用等项目。参阅相关的施工规范与工程验收规范，可以确定施工技术方案没有表述的，但是为了实现施工规范与工程验收规范要求而必须发生的技术措施；招标文件中提出的某些必须通过一定的技术措施才能实现的要求；设计文件中一些不足以写进技术方案的但是要通过一定的技术措施才能实现的内容（表 5-11）。

措施清单项目及其列项条件　　　　　　　　　　　　　　表 5-11

序号	措施项目名称	措施项目发生的条件
1	安全文明施工	
2	二次搬运	
3	冬雨期施工	
4	地上、地下设施，建筑物的临时保护设施	正常情况下都要发生
5	已完工程及设备保护	
6	脚手架	

序号	措施项目名称	措施项目发生的条件
7	夜间施工	拟建工程有必须连续施工的要求，或工期紧张有夜间施工的倾向
8	混凝土、钢筋混凝土模板及支架	拟建工程中有混凝土及钢筋混凝土工程
9	施工排水	依据水文地质资料，拟建工程的地下施工深度低于地下水位
10	施工降水	
11	大型机械设备进出场及安拆	施工方案中有大型机具的使用方案，拟建工程必须使用大型机具
12	垂直运输机械	施工方案中有垂直运输机械的内容、施工高度超过 5 米的工程
13	室内空气污染测试	使用挥发性有害物资的材料
14	组装平台	拟建工程中有钢结构、非标设备制作安装、工艺管道预制安装
15	设备、管道施工安全防冻	设备、管道冬期施工，易燃易爆、有毒有害环境施工，对焊接质量要求较高的工程
16	压力容器和高压管道的检验	工程中有三类压力容器制作安装，有超过 10MPa 的高压管道的敷设
17	焦炉施工大棚	焦炉施工方案要求
18	焦炉烘炉、热态工程	
19	管道安装充气保护	设计及施工规范要求、洁净度要求较高的管线
20	隧道内施工的通风、供水、供气、供电、照明及通讯	隧道施工方案要求
21	现场施工围栏	招标文件及施工组织设计要求，拟建工程有需要隔离施工的内容
22	长输管线临时水工保护设施	长输管线涉水敷设
23	长输管线施工便道	一般长输管道工程均需要
24	长输管线穿跨越施工措施	长输管道穿跨越铁路、公路、河流
25	长输管线穿越地上建筑物的保护措施	长输管道穿越有地上建筑物的地段
26	长输管线施工队伍调遣	长输管道工程均需要
27	格架式抱杆（大型吊装机具）	施工方案要求，>40t 设备的安装
28	市政工程（略）	参阅市政工程施工方案

3. 其他项目清单的编制

（1）其他项目清单的编制规则

1）规范 3.4.1 条规定：其他项目清单宜按照下列内容列项：暂列金额；暂估价（包括材料暂估单价、专业工程暂估价）；计日工；总承包服务费。

2）规范 3.4.2 条规定：出现本规范第 3.4.1 条未列的项目，可根据工程实际情况补充。

由此条可知，对其他项目清单可进行补充，如在竣工结算中会将索赔、现场签证列入其他项目中。

（2）其他项目清单的编制，见表 5-12～表 5-17：

其他项目清单与计价汇总表　　　　　　　　　表 5-12

序　号	项目名称	计量单位	金额（元）	备　注
1	暂列金额	项	500000	明细详见表 5-13
2	暂估价		100000	
2.1	材料暂估价			明细详见表 5-14
2.2	专业工程暂估价	项	100000	明细详见表 5-15
3	计日工			明细详见表 5-16
4	总承包服务费			明细详见表 5-17
5				
合　计				

对于材料暂估单价进入清单项目综合单价，在此表中不进行汇总。

暂列金额明细表　　　　　　　　　表 5-13

序号	项目名　称	计量单位	暂定金额（元）	备　注
1	工程量清单中工程量偏差和设计变更	项	300000	
2	政策性调整和材料价格风险	项	100000	
3	其他	项	100000	
4				
5				
6				
7				
8				
合　计			500000	

本表由招标人填写，如不能详列，也可只列暂定金额总额，投标人应将上述暂列金额计入投标总价中。

材料暂估单价表　　　　　　　　　表 5-14

序号	材料名称、规格、型号	计量单位	单价（元）	备　注
1	钢筋（规格、型号综合）	t	5000	用在所有现浇混凝土钢筋清单项目

在本表中，是由招标人填写，并在备注栏说明暂估价的材料拟用在哪些清单项目上，投标人应将材料暂估单价计入工程量清单综合单价报价中。材料包括原材料、燃料、构配件以及按规定应计入建筑安装工程造价的设备。

专业工程暂估价表 表 5-15

序号	工程名称	工程内容	金额（元）	备　注
1	入户防盗门	安装	100000	
合　计			100000	—

在本表中，是由招标人填写，投标人应将上述专业工程暂估价计入投标总价中。

计 日 工 表 表 5-16

编号	项目名称	单位	暂定数量	综合单价	合价
一	人　工				
1	普工	工日	200		
2	技工（综合）	工日	50		
3					
人 工 小 计					
二	材料				
1	钢筋（规格、型号综合）	t	1		
2	水泥 42.5 级	t	2		
3	中砂	m³	10		
4	砾石（5mm～40mm）	m³	5		
5	页岩砖（240mm×115mm×53mm）	千块	1		
6					
材 料 小 计					
三	施工机械				
1	自升式塔式起重机（起重力矩 1250kN·m）	台班	5		
2	灰浆搅拌机（400L）	台班	2		
3					
施工机械小计					
总　计					

在本表中项目名称、数量由招标人填写，投标时，单价由投标人自主报价，计入投标总价中。

总承包服务费计价表 表 5-17

序号	项目名称	项目价值（元）	服务内容	费率（%）	金额（元）
1	发包人发包专业工程	100000	1. 按专业工程承包人的要求提供施工工作面并对施工现场进行统一管理，对竣工资料进行统一整理汇总； 2. 为专业工程承包人提供垂直运输机械和焊接电源接入点，并承担垂直运输费和电费； 3. 为防盗门安装后进行补缝和找平并承担相应费用		
2	发包人供应材料	1000000	对发包人供应的材料进行验收及保管和使用发放		
合　计					

二、工程量清单计价

1. 一般规定

《建设工程工程量清单计价规范》（GB 50500—2008）有以下规定。

（1）规范 4.1.1 条规定：采用工程量清单计价，建设工程造价由分部分项工程费、措施项目费、其他项目费、规费和税金组成。

（2）规范 4.1.2 条规定：分部分项工程量清单应采用综合单价计价。

（3）规范 4.1.3 条规定：招标文件中的工程量清单标明的工程量是投标人投标报价的共同基础，竣工结算的工程量按发、承包双方在合同中约定应予计量且实际完成的工程量确定。

由此条可知，招标文件中的工程量清单标明的工程量是招标人根据拟建工程设计文件预计的工程量，不能作为承包人在履行合同义务中应予完成的实际和准确的工程量，这一点是毫无疑义的。招标文件中工程量清单所列的工程量，一方面是各投标人进行投标报价的共同基础，另一方面也是对各投标人的投标报价进行评审的共同平台，是招投标活动应当遵循公开、公平、公正和诚实、信用原则的具体体现。发、承包双方进行工程竣工结算的工程量应按照经发、承包双方认可的实际完成工程量确定，而非招标文件中工程量清单所列的工程量。

（4）规范 4.1.4 条规定：措施项目清单计价应根据拟建工程的施工组织设计，可以计算工程量的措施项目，应按分部分项工程量清单的方式采用综合单价计价；其余的措施项目可以"项"为单位的方式计价，应包括除规费、税金外的全部费用。

（5）规范 4.1.5 条规定：措施项目清单中的安全文明施工费应按照国家或省级、行业建设主管部门的规定计价，不得作为竞争性费用。

本条中的安全文明施工费包括：文明施工费、环境保护费、临时设施费、安全施工费。建设部建办〔2005〕89 号"关于印发《建筑工程安全防护、文明施工措施费及使用管理规定》的通知"中将安全文明施工费纳入国家强制性管理范围，规定"投标方安全防护、文明施工措施的报价，不得低于依据工程所在地工程造价管理机构测定费率计算所需费用总额的 90%"。因此，本规范规定措施项目清单中的安全文明施工费应按国家或省级建设行政主管部门或行业建设主管部门的规定费用标准计价，招标人不得要求投标人对该项费用进行优惠，投标人也不得将该项费用参与市场竞争。

（6）规范 4.1.7 条规定：招标人在工程量清单中提供了暂估价的材料和专业工程属于依法必须招标的，由承包人和招标人共同通过招标确定材料单价与专业工程分包价。若材料不属于依法必须招标的，经发、承包双方协商确认单价后计价。若专业工程不属于依法必须招标的，由发包人、总承包人与分包人按有关计价依据进行计价。

由本条可知，根据《工程建设项目货物招标投标办法》（国家发改委、建设部等七部委 27 号令）第五条规定："以暂估价形式包括在总承包范围内的货物达到国家规定规模标准的，应当由总承包中标人和工程建设项目招标人共同依法组织招标。"实践中，如何进行共同招标，一直缺少统一的认识。共同招标很容易被理解为双方共同作为招标人，最后共同与投标人签订合同。尽管这种做法很受一些工程建设项目招标人的欢迎，且也不是完全没有可操作性，但是，却与现行法规所提倡的责任主体一元化的施工总承包理念不相吻合，合同关系的线条也不清晰，不便于合同履行。恰当的做法应当是仍由总承包中标人作为招标人。首先，采购合同应当由总承包人签订。其原因：一是属于总承包范围内的材料设备，采购主体是总承包人；二是总承包范围内的工程的质量、安全和工期的责任主体是一元化的，均归于总承包人；三是根据合同法规定的要约承诺机理，如果招标人作为招标主体一方发出要约邀请，势必要作为合同的主体与中标人签约。因此，为了避免出现两方作为共同招标人、一方作为合同主体的法律难题，招标主体仍应是施工总承包人，建设项目招标人参与的所谓共同招标可以通过恰当的途径体现建设项目招标人对这类招标组织的参与、决策和控制，实践中能够约束总承包人的最佳途径就是通过合同约定相关的程序。具体约定应体现下列原则：一是由总承包人作为招标项目的招标人；二是建设项目招标人的参与主要体现在对相关项目招标文件、评标标准和方法等能够体现招标目的和招标要求的文件进行审批，未经审批不得发出招标文件，甚至可以在招标文件中明确约定，相关招标项目的招标文件只有经过建设项目招标人审批并加盖其法人印章后才能生效；三是评标时建设项目招标人可以依照国家发改委、建设部等七部委 27 号令规定，作为共同的招标组织者，可以派代表进入评标委员会参与评标，否则，中标结果对建设项目招标人没有约束力，并且，建设项目招标人有权拒绝对相应项目拨付工程款，对相关工程拒绝验收。需要指出的是，达到现行法规规定的规模标准的重要材料设备，应当依法共同招标，其范围还包括延续到专业分包合同中的重要材料设备。上述共同招标的操作原则同样适用于以暂估价形式出现的专业分包工程。

总承包招标时，专业工程设计深度往往是不够的，一般需要交由专业设计人设计，国际上，出于提高可建造性考虑，一般由专业承包人负责设计，以纳入其专业技能和专业施工经验。这类专业工程交由专业分包人完成是国际工程的良好实践，目前在我国工程建设领域也已经比较普遍。公开透明地合理确定这类暂估价的实际开支金额的最佳途径就是通过建设项目招标人与施工总承包人共同组织的招标。

（7）规范 4.1.8 条规定：规费和税金应按国家或省级、行业建设主管部门的规定计算，不得作为竞争性费用。

由此条可知，本条规定了在工程造价计价时，规费和税金应按国家或省级、行业建设行政主管部门的有关规定计算，并不得作为竞争性费用。

（8）规范4.1.9条规定：采用工程量清单计价的工程，应在招标文件或合同中明确风险内容及其范围（幅度），不得采用无限风险、所有风险或类似语句规定风险内容及其范围（幅度）。

此条中所指的风险是工程建设施工阶段发、承包双方在招标投标活动和合同履约及施工中所面临涉及工程计价方面的风险。在工程施工阶段，发、承包双方都面临许多风险，但不是所有的风险以及无限度的风险都应由承包人承担，而是应按风险共担的原则，对风险进行合理分摊。其具体体现则是应在招标文件或合同中对发、承包双方各自应承担的风险内容及其风险范围或幅度进行界定和明确，而不能要求承包人承担所有风险或无限度风险。

根据国际惯例并结合我国社会主义市场经济条件下工程建设的特点，发、承包双方对工程施工阶段的风险宜采用如下分摊原则：

① 对于主要由市场价格波动导致的价格风险，如工程造价中的建筑材料、燃料等价格风险，发、承包双方应当在招标文件中或在合同中对此类风险的范围和幅度予以明确约定，进行合理分摊。

根据工程特点和工期要求，规范在本条的条文说明提出承包人可承担5%以内的材料价格风险，10%的施工机械使用费的风险。

② 对于法律、法规、规章或有关政策出台导致工程税金、规费、人工发生变化，并由省级、行业建设行政主管部门或其授权的工程造价管理机构根据上述变化发布的政策性调整，承包人不应承担此类风险，应按照有关调整规定执行。

③ 对于承包人根据自身技术水平、管理、经营状况能够自主控制的风险，如承包人的管理费、利润的风险，承包人应结合市场情况，根据企业自身实际合理确定、自主报价，该部分风险由承包人全部承担。

2. 招标控制价

《建设工程工程量清单计价规范》有以下规定：

（1）规范4.2.1条规定：国有资金投资的工程建设项目应实行工程量清单招标，并应编制招标控制价。招标控制价超过批准的概算时，招标人应将其报原概算审批部门审核。投标人的投标报价高于招标控制价的，其投标应予以拒绝。

由此条可知，对于国有资金投资的工程建设项目编制和使用招标控制价的原则。

① "国有资金投资的工程建设项目应实行工程量清单招标，并应编制招标控制价"。国有资金投资的工程在进行招标时，根据《中华人民共和国招标投标法》第二十二条第二款的规定，"招标人设有标底的，标底必须保密"。但由于实行工程量清单招标后，由于招标方式的改变，标底保密这一法律规定已不能起到有效遏止哄抬标价的作用，我国有的地区和部门已经发生了在招标项目上所有投标人的报价均高于标底的现象，致使中标人的中标价高于招标人的预算，对招标工程的项目业主带来了困扰。因此，为有利于客观、合理的评审投标报价和避免哄抬标价，造成国有资产流失，招标人应编制招标控制价，作为招标人能够接受的最高交易价格。

② "招标控制价超过批准的概算时，招标人应将其报原概算审批部门审核"。因为我国对国有资金投资项目的投资控制实行的是投资概算控制制度，项目投资原则上不能超过批准的投资概算。因此，在工程招标发包时，当编制的招标控制价超过批准的概算，招标

人应当将其报原概算审批部门重新审核。

③ "投标人的投标报价高于招标控制价的，其投标应予以拒绝。"根据《中华人民共和国政府采购法》第二条和第四条的规定，财政性资金投资的工程属政府采购范围，政府采购工程进行招标投标的，适用招标投标法。《中华人民共和国政府采购法》第三十六条规定："在招标采购中，出现下列情形之一的，应予废标⋯⋯（三）投标人的报价均超过了采购预算，采购人不能支付的。"国有资金投资的工程，其招标控制价相当于政府采购中的采购预算。因此本条根据政府采购法第三十六条的精神，规定在国有资金投资工程的招投标活动中，投标人的投标报价不能超过招标控制价，否则，其投标将被拒绝。

（2）规范 4.2.2 条规定：招标控制价应由具有编制能力的招标人，或受其委托具有相应资质的工程造价咨询人编制。

此条中的工程造价咨询人指的是依法取得工程造价咨询企业资质，并在其资质许可的范围内接受招标人的委托，编制招标控制价的工程造价咨询企业，而并非指个人。取得甲级工程造价咨询资质的咨询人可承担各类建设项目的招标控制价编制，取得乙级（包括乙级暂定）工程造价咨询资质的咨询人，则只能承担 5000 万元以下的招标控制价的编制。

同时需要注意的是，工程造价咨询人不得同时接受招标人和投标人对同一工程的招标控制价和投标报价的编制。

（3）规范 4.2.3 条规定：招标控制价应根据下列依据编制：本规范；国家或省级、行业建设主管部门颁发的计价定额和计价办法；建设工程设计文件及相关资料；招标文件中的工程量清单及有关要求；与建设项目相关的标准、规范、技术资料；工程造价管理机构发布的工程造价信息；工程造价信息没有发布的参照市场价；其他的相关资料。

（4）规范 4.2.4 条规定：分部分项工程费应根据招标文件中的分部分项工程量清单项目的特征描述及有关要求，按规范第 4.2.3 条的规定确定综合单价计算，综合单价中应包括招标文件中要求投标人承担的风险费用。招标文件提供了暂估单价的材料，按暂估的单价计入综合单价。

由此条可知编制招标控制价时分部分项工程费的计价原则。

① 采用的分部分项工程量应是招标文件中工程量清单提供的工程量。

② 综合单价应按规范第 4.2.3 条规定的依据确定。

③ 招标文件提供了暂估单价的材料，应按招标文件确定的暂估单价计入综合单价。

④ 综合单价应当包括招标文件中招标人要求投标人所承担的风险内容及其范围（幅度）产生的风险费用。

（5）规范 4.2.6 条规定：其他项目费应按下列规定计价：①暂列金额应根据工程特点，按有关计价规定估算；②暂估价中的材料单价应根据工程造价信息或参照市场价格估算；暂估价中的专业工程金额应分不同专业，按有关计价规定估算；③计日工应根据工程特点和有关计价依据计算；④总承包服务费应根据招标文件列出的内容和要求估算。

由此条可知编制招标控制价时其他项目费的计价原则。

1）暂列金额。为保证工程施工建设的顺利实施，应对施工过程中可能出现的各种不确定因素对工程造价的影响，在招标控制价中需估算一笔暂列金额。暂列金额可根据工程的复杂程度、设计深度、工程环境条件（包括地质、水文、气候条件等）进行估算，一般可按分部分项工程费的 10%～15% 作为参考。

2）暂估价。暂估价包括材料暂估价和专业工程暂估价。编制招标控制价时：

材料暂估单价应按工程造价管理机构发布的工程造价信息中的材料单价计算，工程造价信息未发布的材料单价，其单价参考市场价格估算。

专业工程暂估价应分不同的专业，按有关计价规定进行估算。

3）计日工。计日工包括计日工人工、材料和施工机械。在编制招标控制价时，对计日工中的人工单价和施工机械台班单价应按省级、行业建设主管部门或其授权的工程造价管理机构公布的单价计算；材料应按工程造价管理机构发布的工程造价信息中的材料单价计算，工程造价信息未发布材料单价的材料，其价格应按市场调查确定的单价计算。

4）总承包服务费。编制招标控制价时，总承包服务费应按照省级或行业建设主管部门的规定计算，本规范在条文说明中列出的标准仅供参考：

① 招标人仅要求对分包的专业工程进行总承包管理和协调时，按分包的专业工程估算造价的1.5%计算。

② 招标人要求对分包的专业工程进行总承包管理和协调，并同时要求提供配合服务时，根据招标文件列出的配合服务内容和提出的要求，按分包的专业工程估算造价的3%～5%计算。

③ 招标人自行供应材料的，按招标人供应材料价值的1%计算。

（6）规范4.2.8条规定：招标控制价应在招标时公布，不应上调或下浮，招标人应将招标控制价及有关资料报送工程所在地工程造价管理机构备查。

由此条可知，招标控制价的编制特点和作用决定了招标控制价不同于标底，无需保密。为体现招标的公开、公平、公正性，防止招标人有意抬高或压低工程造价，给投标人以错误信息，因此规定招标人应在招标文件中如实公布招标控制价，不得对所编制的招标控制价进行上浮或下调。招标人在招标文件中公布招标控制价时，应公布招标控制价各组成部分的详细内容，不得只公布招标控制价总价，并应将招标控制价报工程所在地工程造价管理机构备查。

3. 投标价

《建设工程工程量清单计价规范》（GB 50500—2008）有以下规定：

（1）规范4.3.1条规定：除本规范强制性规定外，投标价由投标人自主确定，但不得低于成本。投标价应由投标人或受其委托具有相应资质的工程造价咨询人编制。

由此条可知投标报价的确定原则。

投标报价编制和确定的最基本特征是投标人自主报价，它是市场竞争形成价格的体现。但投标人自主决定投标报价不能违背以下原则。

1）必须执行本规范的强制性条文。《中华人民共和国标准化法》第十四条规定："强制性标准，必须执行。"《实施工程建设强制性标准监督规定》（建设部令第81号）第三条规定："工程项目强制性标准是指直接涉及工程质量、安全、卫生及环境保护等方面的工程建设强制性条文。"因此，本规范所讲的强制性标准与强制性条文同义。

2）投标报价不得低于成本。《中华人民共和国招标投标法》第三十三条规定："投标人不得以低于成本的报价竞标。"

（2）规范4.3.2条规定：投标人应按招标人提供的工程量清单填报价格。填写的项目编码、项目名称、项目特征、计量单位、工程量必须与招标人提供的一致。

由此条可知，实行工程量清单招标，招标人在招标文件中提供工程量清单，其目的是使各投标人在投标报价中具有共同的竞争平台。因此，要求投标人在投标报价中填写的工程量清单的项目编码、项目名称、项目特征、计量单位、工程数量必须与招标人招标文件中提供的一致。为避免出现差错，投标人最好按招标人提供的分部分项工程量清单与计价表直接填写价格。

（3）规范4.3.3条规定：投标报价应根据下列依据编制：①本规范；②国家或省级、行业建设主管部门颁发的计价办法；③企业定额，国家或省级、行业建设主管部门颁发的计价定额；④招标文件、工程量清单及其补充通知、答疑纪要；⑤建设工程设计文件及相关资料；⑥施工现场情况、工程特点及拟定的投标施工组织设计或施工方案；⑦与建设项目相关的标准、规范等技术资料；⑧市场价格信息或工程造价管理机构发布的工程造价信息；⑨其他的相关资料。

（4）规范4.3.4条规定：分部分项工程费应依据规范第2.0.4条综合单价的组成内容，按招标文件中分部分项工程量清单项目的特征描述确定综合单价计算。综合单价中应考虑招标文件中要求投标人承担的风险费用。招标文件中提供了暂估单价的材料，按暂估的单价计入综合单价。

由此条可知，编制投标报价时分部分项工程项目综合单价的确定原则。分部分项工程费最主要的是确定综合单价，包括：

1）确定分部分项工程量清单项目综合单价的最重要依据之一是该清单项目的特征描述，投标人投标报价时应依据招标文件中分部分项工程量清单项目的特征描述确定清单项目的综合单价。在招标投标过程中，当出现招标文件中分部分项工程量清单特征描述与设计图纸不符时，投标人应以分部分项工程量清单的项目特征描述为准，确定投标报价的综合单价。当施工中施工图纸或设计变更与工程量清单项目特征描述不一致时，发、承包双方应按实际施工的项目特征，依据合同约定重新确定综合单价。

2）招标文件中提供了暂估单价的材料，按暂估的单价进入综合单价。

3）招标文件中要求投标人承担的风险费用，投标人应考虑进入综合单价。在施工过程中，当出现的风险内容及其范围（幅度）在招标文件规定的范围（幅度）内时，综合单价不得变动，工程价款不作调整。

（5）规范4.3.5条规定：投标人可根据工程实际情况结合施工组织设计，对招标人所列的措施项目进行增补。措施项目费应根据招标文件中的措施项目清单及投标时拟定的施工组织设计或施工方案按规范第4.1.4条的规定自主确定。其中安全文明施工费应按照规范第4.1.5条的规定确定。

由此条可知，投标人对措施项目费投标报价的原则。由于各投标人拥有的施工装备、技术水平和采用的施工方法有所差异，招标人提出的措施项目清单是根据一般情况确定的，没有考虑不同投标人的"个性"，投标人投标时应根据自身编制的投标施工组织设计（或施工方案）确定措施项目，并对招标人提供的措施项目进行调整。投标人根据投标施工组织设计（或施工方案）调整和确定的措施项目应通过评标委员会的评审。措施项目费的计算包括：

1）措施项目的内容应依据招标人提供的措施项目清单和投标人投标时拟定的施工组织设计或施工方案。

2）措施项目费的计价方式应根据招标文件的规定，可以计算工程量的措施清单项目采用综合单价方式报价，其余的措施清单项目采用以"项"为计量单位的方式报价。

3）措施项目费由投标人自主确定，但其中安全文明施工费应按国家或省级、行业建设主管部门的规定确定。

（6）规范4.3.6条规定：其他项目费应按下列规定报价：①暂列金额应按招标人在其他项目清单中列出的金额填写；②材料暂估价应按招标人在其他项目清单中列出的单价计入综合单价；专业工程暂估价应按招标人在其他项目清单中列出的金额填写；③计日工按招标人在其他项目清单中列出的项目和数量，自主确定综合单价并计算计日工费用；④总承包服务费根据招标文件中列出的内容和提出的要求自主确定。

由此条可知投标人对其他项目费投标报价的依据及原则。

（7）规范4.3.8条规定：投标总价应当与分部分项工程费、措施项目费、其他项目费和规费、税金的合计金额一致。

由此条可知投标人投标总价的计算原则。实行工程量清单招标，投标人的投标总价应当与组成工程量清单的分部分项工程费、措施项目费、其他项目费和规费、税金的合计金额相一致，即投标人在进行工程量清单招标的投标报价时，不能进行投标总价优惠（或降价、让利），投标人对投标报价的任何优惠（或降价、让利）均应反映在相应清单项目的综合单价中。

4. 工程合同价款的约定

《建设工程工程量清单计价规范》（GB 50500—2008）有以下规定：

（1）规范4.4.1条规定：实行招标的工程合同价款应在中标通知书发出之日起30天内，由发、承包双方依据招标文件和中标人的投标文件在书面合同中约定。不实行招标的工程合同价款，在发、承包双方认可的工程价款基础上，由发、承包双方在合同中约定。

由此条可知工程合同中约定工程价款的原则。《中华人民共和国合同法》第二百七十条规定："建设工程合同应采用书面形式。"《中华人民共和国招标投标法》第四十六条规定："招标人和中标人应当自中标通知书发出之日起30天内，按照招标文件和中标人的投标文件订立书面合同。招标人和中标人不得再行订立背离合同实质性内容的其他协议。"何谓合同实质性内容，按照《中华人民共和国合同法》第三十条规定："有关合同标的、数量、质量、价款或者报酬、履行期限、履行地点和方式、违约责任和解决争议方法等的变更，是对要约内容的实质性变更。"工程合同价款的约定是建设工程合同的主要内容，根据上述有关法律条款的规定，招标工程合同价款的约定应满足以下几方面的要求。

1）约定的依据要求：招标人向中标的投标人发出的中标通知书。

2）约定的时限要求：自招标人发出中标通知书之日起30天内。

3）约定的内容要求：招标文件和中标人的投标文件。

4）合同的形式要求：书面合同。

根据《建筑工程施工发包与承包计价管理办法》（建设部令第107号）第十一条第二款"不实行招标投标的工程，在承包方编制的施工图预算的基础上，由发承包双方协商订立合同"的规定，本条第二款规定依法不实行招标的工程合同价款，在发、承包双方认可的工程价款基础上，由发、承包双方在合同中约定。鉴于在实际工作中，施工图预算有时也由设计人编制，因此，规范将其修改为"在发、承包双方认可的工程价款基础上……"，不在于施工图预算由谁编制，当然，发、承包双方认可的形式可以通过施工图预算。

（2）规范4.4.2条规定：实行招标的工程，合同约定不得违背招标投标文件中关于工期、造价、质量等方面的实质性内容。招标文件与中标人投标文件不一致的地方，以投标文件为准。

由此条可知实行招标的工程合同约定的原则。实行招标的工程，合同约定不得违背招投标文件中关于工期、造价、质量等方面的实质性内容。但有的时候，招标文件与中标人的投标文件会不一致，因此，本条规定了招标文件与中标人的投标文件不一致的地方，以投标文件为准。因为，在工程招标投标过程中，招标文件应视为要约邀请，投标文件为要约，中标通知书为承诺。因此，在签订建设工程合同时，当招标文件与中标人的投标文件有不一致的地方，应以投标文件为准。

需要特别指出的是，招标人如与投标人签订不符合法律规定的合同，还将面临以下法律后果：

1）《中华人民共和国招标投标法》第五十九条规定，"招标人与中标人不按照招标文件和中标人的投标文件订立合同的，或者招标人、中标人订立背离合同实质性内容的协议的，责令改正；可以处中标项目金额千分之五以上千分之十以下的罚款"。

2）最高人民法院《关于审理建设工程施工合同纠纷案件适用法律问题的解释》（法释〔2004〕14号）第二十一条规定，"当事人就同一建设工程另行订立的建设工程施工合同与经过备案的中标合同实质性内容不一致的，应当以备案的中标合同作为结算工程价款的根据"。

（3）规范4.4.3条规定：实行工程量清单计价的工程，宜采用单价合同。

由此条可知实行工程量清单计价的工程宜采用的合同形式，根据工程量清单计价的特点，宜采用单价合同方式。即合同约定的工程价款中所包含的工程量清单项目综合单价在约定条件内是固定的，不予调整，工程量允许调整。工程量清单项目综合单价在约定的条件外，允许调整。但调整方式、方法应在合同中约定。

一般认为，工程量清单计价是以工程量清单作为投标人投标报价和合同协议书签订时合同价格的唯一载体，在合同协议书签订时，经标价的工程量清单的全部或者绝大部分内容被赋予合同约束力。

工程量清单计价的适用性不受合同形式的影响。实践中常见的单价合同和总价合同两种主要合同形式，均可以采用工程量清单计价，区别仅在于工程量清单中所填写的工程量的合同约束力。采用单价合同形式时，工程量清单是合同文件必不可少的组成内容，其中的工程量一般具备合同约束力（量可调），工程款结算时按照合同中约定应予计量并按实际完成的工程量计算进行调整，由招标人提供统一的工程量清单则彰显了工程量清单计价的主要优点。而对总价合同形式，工程量清单中的工程量不具备合同约束力（量不可调），工程量以合同图纸的标示内容为准，工程量以外的其他内容一般均赋予合同约束力，以方便合同变更的计量和计价。

因此规范仅规定"实行工程量清单计价的工程，宜采用单价合同"，并不排斥总价合同。所谓总价合同是指总价包干或总价不变合同，适用于规模不大、工序相对成熟、工期较短、施工图纸完备的工程施工项目。按照财政部、建设部印发的《建设工程价款结算暂行办法》（财建〔2004〕369号）第八条的规定，"合同工期较短且工程合同总价较低的工程，可以采用固定总价合同方式"。实践中，对此如何具体界定还需作出规定，如有的省就规定工期半年以内，工程施工合同总价 200 万元以内，施工图纸已经审查完备的工程施工发、承包可以采用总价合同。

(4) 规范 4.4.4 条规定：发、承包双方应在合同条款中对下列事项进行约定；合同中没有约定或约定不明的，由双方协商确定；协商不能达成一致的，按本规范执行。①预付工程款的数额、支付时间及抵扣方式；②工程计量与支付工程进度款的方式、数额及时间；③工程价款的调整因素、方法、程序、支付及时间；④索赔与现场签证的程序、金额确认与支付时间；⑤发生工程价款争议的解决方法及时间；⑥承担风险的内容、范围以及超出约定内容、范围的调整办法；⑦工程竣工价款结算编制与核对、支付及时间；⑧工程质量保证（保修）金的数额、预扣方式及时间；⑨与履行合同、支付价款有关的其他事项等。

由此条可知合同价款的约定事项，以及合同约定不明的处理方式。《中华人民共和国建筑法》第十八条规定，"建筑工程造价应当按照国家有关规定，由发包单位与承包单位在合同中约定。公开招标发包的，其造价的约定，须遵守招标投标法律的规定"。依据财政部、建设部印发的《建设工程价款结算暂行办法》（财建〔2004〕369 号）第七条的规定，本条规定了发、承包双方应在合同中对工程价款进行约定的基本事项。针对当前工程合同中对有关工程价款的事项约定不清楚、约定不明确，甚至没有约定，造成合同纠纷的实际，本条特别规定了"合同中没有约定或约定不明的，由双方协商确定；协商不能达成一致的，按本规范执行"。

1）预付工程款。是发包人为解决承包人在施工准备阶段资金周转问题提供的协助。如使用的水泥、钢材等大宗材料，可根据工程具体情况设置工程材料预付款。应在合同中约定：①预付款数额：可以是绝对数，如 100 万、300 万元，也可以是额度，如合同金额的 10%、15% 等；②约定支付时间：如合同签订后一个月支付、开工日前 7 天支付等；③约定抵扣方式：如在工程进度款中按比例抵扣；④约定违约责任：如不按合同约定支付预付款的利息计算，违约责任等。

2）工程计量与进度款支付。应在合同中约定：①计量时间和方式，可按月计量，如每月 28 日，可按工程形象部位（目标）划分分段计量，如 ±0.00m 以下基础及地下室、主体结构 1～3 层、4～6 层等。进度款支付周期与计量周期保持一致；②约定支付时间，如计量后 7 天以内、10 天以内支付；③约定支付数额，如已完工作量的 70%、80% 等；④约定违约责任，如不按合同约定支付进度款的利率、违约责任等。

3）工程价款的调整。①约定调整因素，如工程变更后综合单价调整，钢材价格上涨超过投标报价时的 3%，工程造价管理机构发布的人工费调整等；②约定调整方法，如结算时一次调整，材料采购时报发包人调整等；③约定调整程序，承包人提交调整报告交发包人，由发包人现场代表审核签字等；④约定支付时间：如与工程进度款支付同时进行等。

4）索赔与现场签证。①约定索赔与现场签证的程序，如由承包人提出、发包人现场代表或授权的监理工程师核对等；②约定索赔提出时间，如知道索赔事件发生后的 28 天内等；③约定核对时间，收到索赔报告后 7 天以内、10 天以内等；④约定支付时间，原则上与工程进度款同期支付等。

5）工程价款争议。约定解决价款争议的办法，是协商、还是调解，如调解由哪个机构调解；如在合同中约定仲裁，应标明具体的仲裁机关名称，以免仲裁条款无效，约定诉讼等。

6）承担风险。①约定风险的内容范围，如全部材料、主要材料等；②约定物价变化调整幅度：如钢材、水泥价格涨幅超过投标报价的3％，其他材料超过投标报价的5％等。

7）工程竣工结算。约定承包人在什么时间提交竣工结算书，发包人或其委托的工程造价咨询企业在什么时间内核对完毕，核对完毕后，什么时间内支付结算价款等。

8）工程质量保修金。①在合同中约定数额，如合同价款的3％等；②约定支付方式，竣工结算一次扣清等；③约定归还时间，如保修期满1年退还等。

9）其他事项。需要说明的是，合同中涉及工程价款的事项较多，能够详细约定的事项应尽可能具体的约定，约定的用词应尽可能唯一，如有几种解释，最好对用词进行定义，尽量避免因理解上的歧义造成合同纠纷。

5. 工程计量与价款支付

《建设工程工程量清单计价规范》（GB 50500—2008）有以下规定：

（1）规范4.5.1条规定：发包人应按照合同约定支付工程预付款。支付的工程预付款，按照合同约定在工程进度款中抵扣。

由此条可知预付款的支付和抵扣原则，发包人应按合同约定的时间和比例（或金额）向承包人支付工程预付款。当合同对工程预付款的支付没有约定时，按照财政部、建设部印发的《建设工程价款结算暂行办法》（财建〔2004〕369号）的规定办理：

1）工程预付款的额度：包工包料的工程原则上预付比例不低于合同金额（扣除暂列金额）的10％，不高于合同金额（扣除暂列金额）的30％；对重大工程项目，按年度工程计划逐年预付。实行工程量清单计价的工程，实体性消耗和非实体性消耗部分应在合同中分别约定预付款比例（或金额）。

2）工程预付款的支付时间：在具备施工条件的前提下，发包人应在双方签订合同后的一个月内或约定的开工日期前的7天内预付工程款。

若发包人未按合同约定预付工程款，承包人应在预付时间到期后10天内向发包人发出要求预付的通知，发包人收到通知后仍不按要求预付，承包人可在发出通知14天后停止施工，发包人应从约定应付之日起按同期银行贷款利率计算向承包人支付应付预付款的利息，并承担违约责任。

3）凡是没有签订合同或不具备施工条件的工程，发包人不得预付工程款，不得以预付款为名转移资金。

（2）规范4.5.2条规定：发包人支付工程进度款，应按照合同约定计量和支付，支付周期同计量周期。

由此条可知工程计量和进度款支付方式。工程量的正确计量是发包人向承包人支付工程进度款的前提和依据。计量和付款周期可采用分段或按月结算的方式。按照财政部、建设部印发的《建设工程价款结算暂行办法》（财建〔2004〕369号）的规定：

1）按月结算与支付。即实行按月支付进度款，竣工后结算的办法。合同工期在两个年度以上的工程，在年终进行工程盘点，办理年度结算。

2）分段结算与支付。即当年开工、当年不能竣工的工程按照工程形象进度，划分不同阶段，支付工程进度款。当采用分段结算方式时，应在合同中约定具体的工程分段划分，付款周期应与计量周期一致。

（3）规范4.5.3条规定：工程计量时，若发现工程量清单中出现漏项、工程量计算偏差，以及工程变更引起工程量的增减，应按承包人在履行合同义务过程中实际完成的工程量计算。

（4）规范4.5.4条规定：承包人应按照合同约定，向发包人递交已完工程量报告。发包人应在接到报告后按合同约定进行核对。

由此条可知承包人与发包人进行工程计量的要求。当发、承包双方在合同中未对工程量的计量时间、程序、方法和要求作约定时，按以下规定办理：

1）承包人应在每个月末或合同约定的工程段完成后向发包人递交上月或上一工程段已完工程量报告。

2）发包人应在接到报告后7天内按施工图纸（含设计变更）核对已完工程量，并应在计量前24小时通知承包人。承包人应提供条件并按时参加核对。

3）计量结果：

① 如发、承包双方均同意计量结果，则双方应签字确认；

② 如承包人收到通知后不参加计量核对，则由发包人核实的计量应认为是对工程量的正确计量；

③ 如发包人未在规定的核对时间内进行计量核对，承包人提交的工程计量视为发包人已经认可；

④ 如发包人未在规定的核对时间内通知承包人，致使承包人未能参加计量核对的，则由发包人所作的计量核实结果无效；

⑤ 对于承包人超出施工图纸范围或因承包人原因造成返工的工程量，发包人不予计量；

⑥ 如承包人不同意发包人核实的计量结果，承包人应在收到上述结果后7天内向发包人提出，申明承包人认为不正确的详细情况。发包人收到后，应在两天内重新核对有关工程量的计量，或予以确认，或将其修改。

发、承包双方认可的核对后的计量结果，应作为支付工程进度款的依据。

（5）规范4.5.5条规定：承包人应在每个付款周期末，向发包人递交进度款支付申请，并附相应的证明文件。除合同另有约定外，进度款支付申请应包括下列内容：①本周期已完成工程的价款；②累计已完成的工程价款；③累计已支付的工程价款；④本周期已完成计日工金额；⑤应增加和扣减的变更金额；⑥应增加和扣减的索赔金额；⑦应抵扣的工程预付款；⑧应扣减的质量保证金；⑨根据合同应增加和扣减的其他金额；⑩本付款周期实际应支付的工程价款。

由此条可知规定了承包人递交进度款支付申请的原则。承包人应在每个付款周期末（月末或合同约定的工程段完成后），向发包人递交进度款支付申请，申请中应附但不限于本规范要求的支持性证明文件。

（6）规范4.5.6条规定：发包人在收到承包人递交的工程进度款支付申请及相应的证明文件后，发包人应在合同约定时间内核对和支付工程进度款。发包人应扣回的工程预付款，与工程进度款同期结算抵扣。

由此条可知发包人支付工程进度款的原则。发包人应按合同约定的时间核对承包人的支付申请，并应按合同约定的时间和比例向承包人支付工程进度款。当发、承包双方在合同中未对工程进度款支付申请的核对时间以及工程进度款支付时间、支付比例作约定时，根据财政部、建设部印发的《建设工程价款结算暂行办法》（财建［2004］369号）第十三条规定办理：

1）发包人应在收到承包人的工程进度款支付申请后14天内核对完毕。否则，从第15天起承包人递交的工程进度款支付申请视为被批准；

2）发包人应在批准工程进度款支付申请的14天内，向承包人按不低于计量工程价款的60%，不高于计量工程价款的90%向承包人支付工程进度款；

3）发包人在支付工程进度款时，应按合同约定的时间、比例（或金额）扣回工程预付款。

（7）规范4.5.7条规定：发包人未在合同约定时间内支付工程进度款，承包人应及时向发包人发出要求付款的通知，发包人收到承包人通知后仍不按要求付款，可与承包人协商签订延期付款协议，经承包人同意后延期支付。协议应明确延期支付的时间和从付款申请生效后按同期银行贷款利率计算应付款的利息。

由此条可知当发包人未按合同约定支付工程进度款时，发、承包双方进行协商处理的原则。

（8）规范4.5.8条规定：发包人不按合同约定支付工程进度款，双方又未达成延期付款协议，导致施工无法进行时，承包人可停止施工，由发包人承担违约责任。

由此条可知发包人不按合同约定支付工程进度款的责任。财政部、建设部印发的《建设工程价款结算暂行办法》（财建［2004］369号）第十三条规定，当发包人不按合同约定支付工程进度款，且与承包人又不能达成延期付款协议，导致施工无法进行时，承包人的权利和发包人应承担的责任即承包人可停止施工，由发包人承担违约责任。

6. 索赔与现场签证

《建设工程工程量清单计价规范》（GB 50500—2008）有以下规定：

（1）规范4.6.1条规定：合同一方向另一方提出索赔时，应有正当的索赔理由和有效证据，并应符合合同的相关约定。

由此条可知索赔的条件。建设工程施工中的索赔是发、承包双方行使正当权利的行为，承包人可向发包人索赔，发包人也可向承包人索赔。本条规定了索赔的三要素：一是正当的索赔理由；二是有效的索赔证据；三是在合同约定的时间内提出。

任何索赔事件的确立，其前提条件是必须有正当的索赔理由。对正当索赔理由的说明必须具有证据，因为进行索赔主要是靠证据说话。没有证据或证据不足，索赔是难以成功的。这正如本规范中所规定的，当合同一方向另一方提出索赔时，要有正当的索赔理由，且有索赔事件发生时的有效证据，并应在本合同约定的时限内提出。

1）对索赔证据的要求：

① 真实性。索赔证据必须是在实施合同过程中确定存在和发生的，必须完全反映实际情况，能经得住推敲。

② 全面性。所提供的证据应能说明事件的全过程。索赔报告中涉及的索赔理由、事件过程、影响、索赔数额等都应有相应证据，不能零乱和支离破碎。

③ 关联性。索赔的证据应当能够互相说明，相互具有关联性，不能互相矛盾。

④ 及时性。索赔证据的取得及提出应当及时，符合合同约定。

⑤ 具有法律证明效力。一般要求证据必须是书面文件，有关记录、协议、纪要必须是双方签署的；工程中重大事件、特殊情况的记录、统计必须由合同约定的发包人现场代表或监理工程师签证认可。

2) 索赔证据的种类：

① 招标文件、工程合同、发包人认可的施工组织设计、工程图纸、技术规范等。

② 工程各项有关的设计交底记录、变更图纸、变更施工指令等。

③ 工程各项经发包人或合同中约定的发包人现场代表或监理工程师签认的签证。

④ 工程各项往来信件、指令、信函、通知、答复等。

⑤ 工程各项会议纪要。

⑥ 施工计划及现场实施情况记录。

⑦ 施工日报及工长工作日志、备忘录。

⑧ 工程送电、送水、道路开通、封闭的日期及数量记录。

⑨ 工程停电、停水和干扰事件影响的日期及恢复施工的日期记录。

⑩ 工程预付款、进度款拨付的数额及日期记录。

⑪ 工程图纸、图纸变更、交底记录的送达份数及日期记录。

⑫ 工程有关施工部位的照片及录像等。

⑬ 工程现场气候记录，如有关天气的温度、风力、雨雪等。

⑭ 工程验收报告及各项技术鉴定报告等。

⑮ 工程材料采购、订货、运输、进场、验收、使用等方面的凭据。

⑯ 国家和省级或行业建设主管部门有关影响工程造价、工期的文件、规定等。

（2）规范 4.6.2 条规定：若承包人认为非承包人原因发生的事件造成了承包人的经济损失，承包人应在确认该事件发生后，按合同约定向发包人发出索赔通知。发包人在收到最终索赔报告后并在合同约定时间内，未向承包人作出答复，视为该项索赔已经认可。

由此条可知承包人向发包人的索赔应在索赔事件发生后，持证明索赔事件发生的有效证据和依据正当的索赔理由，按合同约定的时间向发包人递交索赔通知。发包人应按合同约定的时间对承包人提出的索赔进行答复和确认。当发、承包双方在合同中对此通知未作具体约定时，按以下规定办理：

1) 承包人应在确认引起索赔的事件发生后 28 天内向发包人发出索赔通知，否则，承包人无权获得追加付款，竣工时间不得延长。

2) 承包人应在现场或发包人认可的其他地点，保持证明索赔可能需要的记录。发包人收到承包人的索赔通知后，未承认发包人责任前，可检查记录保持情况，并可指示承包人保持进一步的同期记录。

3) 在承包人确认引起索赔的事件后 42 天内，承包人应向发包人递交一份详细的索赔报告，包括索赔的依据、要求追加付款的全部资料。如果引起索赔的事件具有连续影响，承包人应按月递交进一步的中间索赔报告，说明累计索赔的金额。承包人应在索赔事件产生的影响结束后 28 天内，递交一份最终索赔报告。

4) 发包人在收到索赔报告后 28 天内，应作出回应，表示批准或不批准并附具体意见。还可以要求承包人提供进一步的资料，但仍要在上述期限内对索赔作出回应。

5）发包人在收到最终索赔报告后的 28 天内，未向承包人作出答复，视为该项索赔报告已经认可。

此条实质上规定的是单项索赔，单项索赔就是采取一事一索赔的方式，即在每一件索赔事项发生后，递交索赔通知书，编报索赔报告书，要求单项解决支付，不与其他的索赔事项混在一起。单项索赔是施工索赔通常采用的方式。它避免了多项索赔的相互影响制约，所以解决起来比较容易。有时，由于施工过程中受到非常严重的干扰，以致承包人的全部施工活动与原来的计划大不相同，原合同规定的工作与变更后的工作相互混淆，承包人无法为索赔保持准确而详细的成本记录资料，无法分辨哪些费用是原定的，哪些费用是新增的，在这种条件下，无法采用单项索赔的方式。而只能采用综合索赔。综合索赔又称总索赔，俗称一揽子索赔。即对整个工程（或某项工程）中所发生的数起索赔事项，综合在一起进行索赔。采取这种方式进行索赔，是在特定的情况下被迫采用的一种索赔方法。采取综合索赔时，承包人必须提出以下证明：①承包商的投标报价是合理的；②实际发生的总成本是合理的；③承包商对成本增加没有任何责任；④不可能采用其他方法准确地计算出实际发生的损失数额。虽然如此，承包人应该注意，尽量避免采取综合索赔的方式，因为它涉及的争论因素太多，一般很难成功。

（3）规范 4.6.3 条规定：承包人索赔按下列程序处理：①承包人在合同约定的时间内向发包人递交费用索赔意向通知书；②发包人指定专人收集与索赔有关的资料；③承包人在合同约定的时间内向发包人递交费用索赔申请表；④发包人指定的专人初步审查费用索赔申请表，符合本规范第 4.6.1 条规定的条件时予以受理；⑤发包人指定的专人进行费用索赔核对，经造价工程师复核索赔金额后，与承包人协商确定并由发包人批准；⑥发包人指定的专人应在合同约定的时间内签署费用索赔审批表，或发出要求承包人提交有关索赔的进一步详细资料的通知，待收到承包人提交的详细资料后，按本条第④、⑤款的程序进行。

（4）规范 4.6.4 条规定：若承包人的费用索赔与工程延期索赔要求相关联时，发包人在作出费用索赔的批准决定时，应结合工程延期的批准，综合作出费用索赔和工程延期的决定。

由此条可知索赔事件发生后，在造成费用损失时，往往会造成工期的变动。当索赔事件造成的费用损失与工期相关联时，承包人应在根据发生的索赔事件向发包人提出费用索赔要求的同时，提出工期延长的要求。发包人在批准承包人的索赔报告时，应将索赔事件造成的费用损失和工期延长联系起来，综合作出批准费用索赔和工期延长的决定。

（5）规范 4.6.5 条规定：若发包人认为由于承包人的原因造成额外损失，发包人应在确认引起索赔的事件后，按合同约定向承包人发出索赔通知。承包人在收到发包人索赔通知后并在合同约定时间内，未向发包人作出答复，视为该项索赔已经认可。

由此条可知发包人向承包人提出索赔的时间、程序和要求。规定了发包人与承包人平等的索赔权利与相同的索赔程序。当合同中对此未作具体约定时，按以下规定办理：

1）发包人应在确认引起索赔的事件发生后 28 天内向承包人发出索赔通知，否则，承包人免除该索赔的全部责任。

2）承包人在收到发包人索赔报告后的 28 天内，应作出回应，表示同意或不同意并附具体意见，如在收到索赔报告后的 28 天内，未向发包人作出答复，视为该项索赔报告已经认可。

（6）规范 4.6.6 条规定：承包人应发包人要求完成合同以外的零星工作或非承包人责任事件发生时，承包人应按合同约定及时向发包人提出现场签证。

由此条可知，承包人应发包人要求完成合同以外的零星工作，应进行现场签证。当合同对此未作具体约定时，按照财政部、建设部印发的《建设工程价款结算暂行办法》（财建〔2004〕369 号）的规定，承包人应在接受发包人要求的 7 天内向发包人提出签证，发包人签证后施工。若没有相应的计日工单价，签证中还应包括用工数量和单价、机械台班数量和单价、使用材料品种及数量和单价等。若发包人未签证同意，承包人施工后发生争议的，责任由承包人自负。发包人应在收到承包人的签证报告 48 小时内给予确认或提出修改意见，否则，视为该签证报告已经认可。

（7）规范 4.6.7 条规定：发、承包双方确认的索赔与现场签证费用与工程进度款同期支付。

由此条可知，发、承包双方确认的索赔与现场签证费用应与工程进度款同期支付。在以往的工程建设中，发、承包双方有时对索赔或签证费用支付时间另行约定，致使索赔与签证费用等到竣工结算办理后才能得到支付，造成如下后果：一是变相拖延工程款支付；二是在办理竣工结算时，有的发包人常以现场代表变更，而不承认某些索赔或签证费用。本条按照财政部、建设部印发的《建设工程价款结算暂行办法》（财建〔2004〕369 号）第十五条的规定，"发包人和承包人要加强施工现场的造价控制，及时对工程合同外的事项如实记录并履行书面手续。凡由发、承包双方授权的现场代表签字的现场签证以及发、承包双方协商确定的索赔等费用，应在工程竣工结算中如实办理，不得因发、承包双方现场代表的中途变更改变其有效性"，并明确规定与工程进度款同期支付。

7. 工程价款调整

《建设工程工程量清单计价规范》（GB 50500—2008）有以下规定：

（1）规范 4.7.1 条规定：招标工程以投标截止日前 28 天，非招标工程以合同签订前 28 天为基准日，其后国家的法律、法规、规章和政策发生变化影响工程造价的，应按省级或行业建设主管部门或其授权的工程造价管理机构发布的规定调整合同价款。

由此条可知法律、法规、规章和政策发生变化时，合同价款的调整原则。工程建设过程中，发、承包双方都是国家法律、法规、规章及政策的执行者。因此，在发、承包双方履行合同的过程中，当国家的法律、法规、规章及政策发生变化，国家或省级、行业建设主管部门或其授权的工程造价管理机构据此发布的工程造价调整文件，工程价款应当进行调整。

需要说明的是，此条规定与有的合同范本仅规定法律、法规变化相比，增加了规章和政策这一词汇，这是与我国的国情相联系的。因为按照规定，国务院或国家发改委、财政部，省级人民政府或省级财政、物价主管部门在授权范围内，通常以政策文件的方式制定或调整行政事业性收费项目或费率，这些行政事业性收费进入工程造价，当然也应该对合同价款进行调整。

（2）规范 4.7.2 条规定：若施工中出现施工图纸（含设计变更）与工程量清单项目特征描述不符的，发、承包双方应按新的项目特征，确定相应工程量清单项目的综合单价。

（3）规范 4.7.3 条规定：因分部分项工程量清单漏项或非承包人原因的工程变更，造成增加新的工程量清单项目，其对应的综合单价按下列方法确定：①合同中已有适用的综合单价，按合同中已有的综合单价确定；②合同中有类似的综合单价，参照类似的综合单价确定；③合同中没有适用或类似的综合单价，由承包人提出综合单价，经发包人确认后执行。

由此条可知新的工程量清单项目综合单价的确定方法。按照财政部、建设部印发的《建设工程价款结算暂行办法》（财建［2004］369 号）第十条的相关规定，分部分项工程量清单的漏项或非承包人原因引起的工程变更，造成增加新的工程量清单项目时，新增项目综合单价的确定原则。这一原则是以已标价工程量清单为依据的。

1）直接采用适用的项目单价的前提是其采用的材料、施工工艺和方法相同，也不因此增加关键线路上工程的施工时间。

2）采用类似的项目单价的前提是其采用的材料、施工工艺和方法基本相似，不增加关键线路上工程的施工时间，可仅就其变更后的差异部分，参考类似的项目单价由发、承包双方协商新的项目单价。

3）无法找到适用和类似的项目单价时，应采用招标投标时的基础资料，按成本加利润的原则，由发、承包双方协商新的综合单价。

（4）规范 4.7.4 条规定：因分部分项工程量清单漏项或非承包人原因的工程变更，引起措施项目发生变化，造成施工组织设计或施工方案变更，原措施费中已有的措施项目，按原措施费的组价方法调整；原措施费中没有的措施项目，由承包人根据措施项目变更情况，提出适当的措施费变更，经发包人确认后调整。

（5）规范 4.7.5 条规定：因非承包人原因引起的工程量增减，该项工程量变化在合同约定幅度以内的，应执行原有的综合单价；该项工程量变化在合同约定幅度以外的，其综合单价及措施项目费应予以调整。

由此条可知因非承包人原因引起的工程量增减，综合单价的调整原则。在合同履行过程中，因非承包人原因引起的工程量增减与招标文件中提供的工程量可能有偏差，该偏差对工程量清单项目的综合单价将产生影响，是否调整综合单价以及如何调整应在合同中约定。若合同未作约定，本条条文说明指出，按以下原则办理：

1）当工程量清单项目工程量的变化幅度在 10% 以内时，其综合单价不作调整，执行原有综合单价。

2）当工程量清单项目工程量的变化幅度在 10% 以外，且其影响分部分项工程费超过 0.1% 时，其综合单价以及对应的措施费（如有）均应作调整。调整的方法是由承包人对增加的工程量或减少后剩余的工程量提出新的综合单价和措施项目费，经发包人确认后调整。

（6）规范 4.7.6 条规定：若施工期内市场价格波动超出一定幅度时，应按合同约定调整工程价款；合同没有约定或约定不明确的，应按省级或行业建设主管部门或其授权的工程造价管理机构的规定调整。

由此条可知，市场价格发生变化超过一定幅度时，工程价款应按合同约定调整。如合同没有约定或约定不明确的，应按省级或行业建设主管部门或其授权的工程造价管理机构的规定调整。按照国家发改委、财政部、建设部等九部委第 56 号令发布的标准施工招标文件中的通用合同条款，对物价波动引起的价格调整规定了以下两种方式：

1）采用价格指数调整价格差额：

① 价格调整公式。因人工、材料和设备等价格波动影响合同价格时，根据投标函附录中的价格指数和权重表约定的数据，按以下公式计算差额并调整合同价格：

$$\Delta P = P_0 \left[A + \left(B_1 \times \frac{F_{t1}}{F_{01}} + B_2 \times \frac{F_{t2}}{F_{02}} + B_3 \times \frac{F_{t3}}{F_{03}} + \cdots + B_n \times \frac{F_{tn}}{F_{0n}} \right) - 1 \right]$$

式中　　　　　　　　ΔP——需调整的价格差额；

P_0——约定的付款证书中承包人应得到的已完成工程量的金额。此项金额应不包括价格调整、不计质量保证金的扣留和支付、预付款的支付和扣回。约定的变更及其他金额已按现行价格计价的，也不计在内；

A——定值权重（即不调部分的权重）；

$B_1；B_2；B_3\cdots\cdots B_n$——各可调因子的变值权重（即可调部分的权重），为各可调因子在投标函投标总报价中所占的比例；

$F_{t1}；F_{t2}；F_{t3}\cdots\cdots F_{tn}$——各可调因子的现行价格指数，指约定的付款证书相关周期最后一天的前 42 天的各可调因子的价格指数；

$F_{01}；F_{02}；F_{03}\cdots\cdots F_{0n}$——各可调因子的基本价格指数，指基准日期的各可调因子的价格指数。

以上价格调整公式中的各可调因子、定值和变值权重，以及基本价格指数及其来源在投标函附录价格指数和权重表中约定。价格指数应首先采用有关部门提供的价格指数，缺乏上述价格指数时，可采用有关部门提供的价格代替。

② 暂时确定调整差额。在计算调整差额时得不到现行价格指数的，可暂用上一次价格指数计算，并在以后的付款中再按实际价格指数进行调整。

③ 权重的调整。约定的变更导致原定合同中的权重不合理时，由监理人与承包人和发包人协商后进行调整。

④ 承包人工期延误后的价格调整。由于承包人原因未在约定的工期内竣工的，则对原约定竣工日期后继续施工的工程，在使用第①条的价格调整公式时，应采用原约定竣工日期与实际竣工日期的两个价格指数中较低的一个作为现行价格指数。

2）采用造价信息调整价格差额。施工期内，因人工、材料、设备和机械台班价格波动影响合同价格时，人工、机械使用费按照国家或省、自治区、直辖市建设行政管理部门、行业建设管理部门或其授权的工程造价管理机构发布的人工成本信息、机械台班单价或机械使用费系数进行调整；需要进行价格调整的材料，其单价和采购数应由监理人复核，监理人确认需调整的材料单价及数量，作为调整工程合同价格差额的依据。

此条的条文说明实质上与第2）种"采用造价信息调整价格差额"的规定一致。即：

① 人工单价发生变化时，发、承包双方应按省级或行业建设主管部门或其授权的工程造价管理机构发布的人工成本文件调整工程价款。

② 材料价格变化超过省级或行业建设主管部门或其授权的工程造价管理机构规定的幅度时应当调整，承包人应在采购材料前将采购数量和新的材料单价报发包人核对，确认用于本合同工程时，发包人应确认采购材料的数量和单价。发包人在收到承包人报送的确

认资料后 3 个工作日不予答复的视为已经认可，作为调整工程价款的依据。如果承包人未报经发包人核对即自行采购材料，再报发包人确认调整工程价款的，如发包人不同意，则不作调整。

③ 施工机械台班单价或施工机械使用费发生变化超过省级或行业建设主管部门或其授权的工程造价管理机构规定的范围时，按其规定进行调整。

上述物价波动引起的价格调整中的第 1) 种方法适用于使用的材料品种较少，但每种材料使用量较大的土木工程，如公路、水坝等工程。第 2) 种方法适用于使用的材料品种较多，相对而言，每种材料使用量较小的房屋建筑与装饰工程。

(7) 规范 4.7.7 条规定：因不可抗力事件导致的费用，发、承包双方应按以下原则分别承担并调整工程价款。①工程本身的损害、因工程损害导致第三方人员伤亡和财产损失以及运至施工场地用于施工的材料和待安装的设备的损害，由发包人承担；②发包人、承包人人员伤亡由其所在单位负责，并承担相应费用；③承包人的施工机械设备损坏及停工损失，由承包人承担；④停工期间，承包人应发包人要求留在施工场地的必要的管理人员及保卫人员的费用，由发包人承担；⑤工程所需清理、修复费用，由发包人承担。

(8) 规范 4.7.8 条规定：工程价款调整报告应由受益方在合同约定时间内向合同的另一方提出，经对方确认后调整合同价款。受益方未在合同约定时间内提出工程价款调整报告的，视为不涉及合同价款的调整。收到工程价款调整报告的一方应在合同约定时间内确认或提出协商意见，否则，视为工程价款调整报告已经确认。

由此条可知工程价款调整的程序。

工程价款调整因素确定后，发、承包双方应按合同约定的时间和程序提出并确认调整的工程价款。当合同未作约定或本规范的有关条款未作规定时，本条的条文说明指出，按下列规定办理：

1) 调整因素确定后 14 天内，由受益方向对方递交调整工程价款报告。受益方在 14 天内未递交调整工程价款报告的，视为不调整工程价款。

2) 收到调整工程价款报告的一方应在收到之日起 14 天内予以确认或提出协商意见，如在 14 天内未作确认也未提出协商意见时，视为调整工程价款报告已被确认。

(9) 规范 4.7.9 条规定：经发、承包双方确定调整的工程价款，作为追加（减）合同价款与工程进度款同期支付。

8. 竣工结算

《建设工程工程量清单计价规范》（GB 50500—2008）有以下规定：

(1) 规范 4.8.1 条规定：工程完工后，发、承包双方应在合同约定时间内办理工程竣工结算。

(2) 规范 4.8.2 条规定：工程竣工结算由承包人或受其委托具有相应资质的工程造价咨询人编制，由发包人或受其委托具有相应资质的工程造价咨询人核对。

由此条可知竣工结算由承包人编制，发包人核对。实行总承包的工程，由总承包人对竣工结算的编制负总责。根据《工程造价咨询企业管理办法》（建设部令第 149 号）的规定，承、发包人均可委托具有工程造价咨询资质的工程造价咨询企业编制或核对竣工结算。

(3) 规范 4.8.3 条规定：工程竣工结算应依据：①本规范；②施工合同；③工程竣工

图纸及资料；④双方确认的工程量；⑤双方确认追加（减）的工程价款；⑥双方确认的索赔、现场签证事项及价款；⑦投标文件；⑧招标文件；⑨其他依据。

（4）规范4.8.4条规定：分部分项工程费应依据双方确认的工程量、合同约定的综合单价计算；如发生调整的，以发、承包双方确认调整的综合单价计算。

（5）规范4.8.5条规定：措施项目费应依据合同约定的项目和金额计算；如发生调整的，以发、承包双方确认调整的金额计算，其中安全文明施工费应按本规范第4.1.5条的规定计算。

由此条可知办理竣工结算时，措施项目费的计价原则。

1）明确采用综合单价计价的措施项目，应依据发、承包双方确认的工程量和综合单价计算。

2）明确采用"项"计价的措施项目，应依据合同约定的措施项目和金额或发、承包双方确认调整后的措施项目费金额计算。

3）措施项目费中的安全文明施工费应按照国家或省级、行业建设主管部门的规定计算。施工过程中，国家或省级、行业建设主管部门对安全文明施工费进行了调整的，措施项目费中的安全文明施工费应作相应调整。

（6）规范4.8.6条规定：其他项目费用应按下列规定计算：①计日工应按发包人实际签证确认的事项计算；②暂估价中的材料单价应按发、承包双方最终确认价在综合单价中调整；专业工程暂估价应按中标价或发包人、承包人与分包人最终确认价计算；③总承包服务费应依据合同约定金额计算，如发生调整的，以发、承包双方确认调整的金额计算；④索赔费用应依据发、承包双方确认的索赔事项和金额计算；⑤现场签证费用应依据发、承包双方签证资料确认的金额计算；⑥暂列金额应减去工程价款调整与索赔、现场签证金额计算，如有余额归发包人。

由此条可知其他项目费在办理竣工结算时的要求。

1）计日工的费用应按发包人实际签证确认的数量和合同约定的相应项目综合单价计算。

2）若暂估价中的材料是招标采购的，其材料单价按中标价在综合单价中调整。若暂估价中的材料为非招标采购的，其单价按发、承包双方最终确认的材料单价在综合单价中调整。

若暂估价中的专业工程是招标分包的，其专业工程分包费按中标价计算。若暂估价中的专业工程为非招标分包的，其专业工程分包费按发、承包双方与分包人最终结算确认的金额计算。

3）总承包服务费应依据合同约定的金额计算，发、承包双方依据合同约定对总承包服务费进行了调整，应按调整后的金额计算。

4）索赔事件产生的费用在办理竣工结算时应在其他项目费中反映。索赔费用的金额应依据发、承包双方确认的索赔事项和金额计算。

5）现场签证发生的费用在办理竣工结算时应在其他项目费中反映。现场签证费用金额依据发、承包双方签证确认的金额计算。

6）合同价款中的暂列金额在用于各项价款调整、索赔与现场签证后，若有余额，则余额归发包人，若出现差额，则由发包人补足并反映在相应项目的工程价款中。

（7）规范 4.8.8 条规定：承包人应在合同约定时间内编制完成竣工结算书，并在提交竣工验收报告的同时递交给发包人。承包人未在合同约定时间内递交竣工结算书，经发包人催促后仍未提供或没有明确答复的，发包人可以根据已有资料办理结算。

由此条可知承包人编制、递交竣工结算书的原则。根据《中华人民共和国建筑法》第六十一条"交付竣工验收的建筑工程，必须符合规定的建筑工程质量标准，有完整的工程技术经济资料和经签署的工程保修书，并具备国家规定的其他竣工条件"的规定，本条规定了承包人应在合同约定的时间内完成竣工结算编制工作。承包人向发包人提交竣工验收报告时，应一并递交竣工结算书。承包人无正当理由在约定时间内未递交竣工结算书，造成工程结算价款延期支付的，责任由承包人承担。

（8）规范 4.8.9 条规定：发包人在收到承包人递交的竣工结算书后，应按合同约定时间核对。同一工程竣工结算核对完成，发、承包双方签字确认后，禁止发包人又要求承包人与另一个或多个工程造价咨询人重复核对竣工结算。

由此条可知竣工结算的核对是工程造价计价中发、承包双方应共同完成的重要工作。按照交易的一般原则，任何交易结束，都应做到钱、货两清，工程建设也不例外。工程施工的发、承包活动作为期货交易行为，当工程竣工验收合格后，承包人将工程移交给发包人时，发、承包双方应将工程价款结算清楚，即竣工结算办理完毕。本条按照交易结束时钱、货两清的原则，规定了发、承包双方在竣工结算核对过程中的权、责。主要体现在以下方面：

1）竣工结算的核对时间：按发、承包双方合同约定的时间完成。

最高人民法院《关于审理建设工程施工合同纠纷案件适用法律问题的解释》（法释〔2004〕14 号）第二十条规定："当事人约定，发包人收到竣工结算文件后，在约定期限内不予答复，视为认可竣工结算文件的，按照约定处理。承包人请求按照竣工结算文件结算工程价款的，应予支持"。根据这一规定，要求发、承包双方不仅应在合同中约定竣工结算的核对时间，并应约定发包人在约定时间内对竣工结算不予答复，视为认可承包人递交的竣工结算的条款。合同中对核对竣工结算时间没有约定或约定不明的，根据财政部、建设部印发的《建设工程价款结算暂行办法》（财建〔2004〕369 号）第十四条（三）项规定，按表 5-18 规定时间进行核对并提出核对意见。

工程竣工结算核对时间　　　　　　　　　　　　　　　表 5-18

	工程竣工结算书金额	核 对 时 间
1	500 万元以下	从接到竣工结算书之日起 20 天
2	500 万～2000 万元	从接到竣工结算书之日起 30 天
3	2000 万～5000 万元	从接到竣工结算书之日起 45 天
4	5000 万元以上	从接到竣工结算书之日起 60 天

建设项目竣工总结算在最后一个单项工程竣工结算核对确认后 15 天内汇总，送发包人后 30 天内核对完成。合同约定或本规范规定的结算核对时间含发包人委托工程造价咨询人核对的时间。

2）发、承包双方签字确认后，表示工程竣工结算完成，禁止发包人又要求承包人与另一或多个工程造价咨询人重复核对竣工结算。此条有针对性地对当前实际存在的竣工结算一审再审、以审代拖、久审不结的现象作了禁止性规定。

（9）规范 4.8.10 条规定：发包人或受其委托的工程造价咨询人收到承包人递交的竣工结算书后，在合同约定时间内，不核对竣工结算或未提出核对意见的，视为承包人递交的竣工结算书已经认可，发包人应向承包人支付工程结算价款。承包人在接到发包人提出的核对意见后，在合同约定时间内，不确认也未提出异议的，视为发包人提出的核对意见已经认可，竣工结算办理完毕。

由此条可知发、承包双方在办理竣工结算中的责任。发包人或受其委托的工程造价咨询人收到承包人递交的竣工结算书后，在合同约定时间内，不核对竣工结算或未提出核对意见的，视为承包人递交的竣工结算书已经认可，发包人应按承包人递交的竣工结算金额向承包人支付工程结算价款。承包人在接到发包人提出的核对意见后，在合同约定时间内，不确认也未提出异议的，视为发包人提出的核对意见已经认可，竣工结算手续办理完毕；发包人按核对意见中的竣工结算金额向承包人支付结算价款。

在工程建设的施工阶段，工程竣工验收合格后，发、承包人就应当办清竣工结算，结算时，先由承包人提交竣工结算书，由发包人核对，而有的发包人收到竣工结算书后迟迟不予答复或根本不予答复，以达到拖欠或者不支付工程价款的目的。这种行为不仅严重侵害了承包人的合法权益，又造成了拖欠农民工工资的现象，造成严重的社会问题。为此，《建筑工程施工发包与承包计价管理办法》（建设部令第 107 号）第十六条第（二）项规定，"发包方应当在收到竣工结算文件后的约定期限予以答复。逾期未答复的，竣工结算文件视为已被认可"；第（五）项二款规定，"发承包双方在合同中对上述事项的期限没有明确约定的，可认为其约定期限均为 28 日"。最高人民法院《关于审理建设工程施工合同纠纷案件适用法律问题的解释》（法释［2004］14 号）第 20 条就根据建设部令的这一规定制定，使之更具有可操作性。

财政部、建设部印发的《建设工程价款结算暂行办法》（财建［2004］369 号）规定，"发包人收到竣工结算报告及完整的结算资料后，在本办法规定或合同约定期限内，对结算报告及资料没有提出意见，则视同认可。

承包人如未在规定时间内提供完整的工程竣工结算资料，经发包人催促后 14 天内仍未提供或没有明确答复，发包人有权根据已有资料进行审查，责任由承包人自负"。

（10）规范 4.8.11 条规定：发包人应对承包人递交的竣工结算书签收，拒不签收的，承包人可以不交付竣工工程。承包人未在合同约定时间内递交竣工结算书的，发包人要求交付竣工工程，承包人应当交付。

（11）规范 4.8.12 条规定：竣工结算办理完毕，发包人应将竣工结算书报送工程所在地工程造价管理机构备案。竣工结算书作为工程竣工验收备案、交付使用的必备文件。

由此条可知，竣工结算书是反映工程造价计价规定执行情况的最终文件。根据《中华人民共和国建筑法》第六十一条："交付竣工验收的建筑工程，必须符合规定的建筑工程质量标准，有完整的工程技术经济资料和经签署的工程保修书，并具备国家规定的其他竣工条件"的规定，将工程竣工结算书作为工程竣工验收备案、交付使用的必备条件。同时要求发、承包双方竣工结算办理完毕后，应由发包人向工程造价管理机构备案，以便工程造价管理机构对本规范的执行情况进行监督和检查。

（12）规范 4.8.13 条规定：竣工结算办理完毕，发包人应根据确认的竣工结算书在合同约定时间内向承包人支付工程竣工结算价款。

由此条可知，竣工结算办理完毕，发包人应在合同约定时间内向承包人支付工程结算价款，若合同中没有约定或约定不明的，根据财政部、建设部印发的《建设工程价款结算暂行办法》（财建〔2004〕369号）第十六条的规定，发包人应在竣工结算书确认后15天内向承包人支付工程结算价款。

（13）规范4.8.14条规定：发包人未在合同约定时间内向承包人支付工程结算价款的，承包人可催告发包人支付结算价款。如达成延期支付协议的，发包人应按同期银行同类贷款利率支付拖欠工程价款的利息。如未达成延期支付协议，承包人可以与发包人协商将该工程折价，或申请人民法院将该工程依法拍卖，承包人就该工程折价或者拍卖的价款优先受偿。

由此条可知，承包人未按合同约定得到工程结算价款时应采取的措施。竣工结算办理完毕后，发包人应按合同约定向承包人支付工程价款。发包人按合同约定应向承包人支付而未支付的工程款视为拖欠工程款。根据《最高人民法院关于审理建设工程施工合同纠纷案件适用法律问题的解释》（法释〔2004〕14号）第十七条规定："当事人对欠付工程价款利息计付标准有约定的，按照约定处理；没有约定的，按照中国人民银行发布的同期同类贷款利率计息。发包人应向承包人支付拖欠工程款的利息，并承担违约责任。"

根据《中华人民共和国合同法》第二百八十六条规定："发包人未按照合同约定支付价款的，承包人可以催告发包人在合理期限内支付价款。发包人逾期不支付的，除按照建设工程的性质不宜折价、拍卖的以外，承包人可以与发包人协议将该工程折价，也可以申请人民法院将该工程依法拍卖。建设工程的价款就该工程折价或者拍卖的价款优先受偿。"

按照最高人民法院《关于建设工程价款优先受偿权的批复》（法释〔2002〕16号）的规定：

1）人民法院在审理房地产纠纷案件和办理执行案件中，应当依照《中华人民共和国合同法》第二百八十六条的规定，认定建筑工程的承包人的优先受偿权优于抵押权和其他债权。

2）消费者交付购买商品房的全部或者大部分款项后，承包人就该商品房享有的工程价款优先受偿权不得对抗买受人。

3）建筑工程价款包括承包人为建设工程应当支付的工作人员报酬、材料款等实际支出的费用，不包括承包人因发包人违约所造成的损失。

4）建设工程承包人行使优先权的期限为六个月，自建设工程竣工之日或者建设工程合同约定的竣工之日起计算。

9. 工程计价争议处理

《建设工程工程量清单计价规范》（GB 50500—2008）有以下规定：

（1）规范4.9.1条规定：在工程计价中，对工程造价计价依据、办法以及相关政策规定发生争议事项的，由工程造价管理机构负责解释。

（2）规范4.9.2条规定：发包人以对工程质量有异议，拒绝办理工程竣工结算的，已竣工验收或已竣工未验收但实际投入使用的工程，其质量争议按该工程保修合同执行，竣工结算按合同约定办理；已竣工未验收且未实际投入使用的工程以及停工、停建工程的质量争议，双方应就有争议的部分委托有资质的检测鉴定机构进行检测，根据检测结果确定解决方案，或按工程质量监督机构的处理决定执行后办理竣工结算，无争议部分的竣工结算按合同约定办理。

由此条可知在发包人对工程质量有异议的情况下，工程竣工结算的办理原则。

按照财政部、建设部印发的《建设工程价款结算暂行办法》（财建 [2004] 369 号）第十九条的规定：

1）已竣工验收或已竣工未验收但实际投入使用的工程，其质量争议按该工程保修合同执行，竣工结算按合同约定办理；

2）已竣工未验收且未实际投入使用的工程以及停工、停建工程的质量争议，应当就有争议部分竣工结算暂缓办理，并就有争议的工程部分委托有资质的检测鉴定机构进行检测，根据检测结果确定解决方案，或按工程质量监督机构的处理决定执行后办理竣工结算。此处有两层含义，一是经检测质量合格，竣工结算继续办理；二是经检测质量确有问题，应经修复处理，质量验收合格后，竣工结算继续办理。无争议部分的竣工结算按合同约定办理。

（3）规范 4.9.3 条规定：发、承包双方发生工程造价合同纠纷时，应通过下列办法解决：①双方协商；②提请调解，工程造价管理机构负责调解工程造价问题；③按合同约定向仲裁机构申请仲裁或向人民法院起诉。

在此条中需要注意的是，协议仲裁时，应遵守《中华人民共和国仲裁法》第四条规定，"当事人采用仲裁方式解决纠纷，应当双方自愿，达成仲裁协议。没有仲裁协议，一方申请仲裁的，仲裁委员会不予受理"。第五条"当事人达成仲裁协议，一方向人民法院起诉的，人民法院不予受理，但仲裁协议无效的除外"。第六条"仲裁委员会应当由当事人协议选定。仲裁不实行级别管辖和地域管辖"的规定。

（4）规范 4.9.4 条规定：在合同纠纷案件处理中，需作工程造价鉴定的，应委托具有相应资质的工程造价咨询人进行。

三、实行工程量清单下的投标报价

1. 工程施工投标报价的程序

建筑工程投标的程序是：取得招标信息-准备资料报名参加-提交资格预审资料-通过预审得到招标文件-研究招标文件-准备与投标有关的所有资料-实地考察工程场地，并对招标人进行考查-确定投标策略-核算工程量清单-编制施工组织设计及施工方案-计算施工方案工程量-采用多种方法进行询价-计算工程综合单价-确定工程成本价-报价分析决策确定最终的报价-编制投标文件-投送投标文件-参加开标会议。

2. 在清单下投标报价的前期工作

投标报价的前期工作主要是指确定投标报价的准备期，主要包括：取得招标信息、提交资格预审资料、研究招标文件、准备投标资料、确定投标策略等。这一时期是为后面准确报价的必要工作阶段，往往有好多投标人对前期工作不重视，得到招标文件就开始编制投标文件，在编制过程中会出现缺这缺那，这不明白那不清楚，造成无法挽回的损失。

（1）得到招标信息并参加资格审查。

招标信息的主要来源是招标投标交易中心。交易中心会定期、不定期地发布工程招标信息，但是，如果投标人仅仅依靠从交易中心获取工程招标信息，就会在竞争中处于劣势。因为我国招标投标法规定了两种招标方式，公开招标和邀请招标，交易中心发布的主要是公开招标的信息，邀请招标的信息在发布时，招标人常常已经完成了考察及选择招标邀请对象的工作，投标人此时才去报名参加，已经错过了被邀请的机会。所以，投标人日常建立广泛的信息网络是非常关键的。有时投标人从工程立项甚至从项目可行性研究阶段就开始跟踪，并根据自身的技术优势和施工经验为招标人提供合理化建议，获得招标人的信任。投标人取得招标信息的主要途径有：

1）通过招标广告或公告来发现投标目标，这是获得公开招标信息的方式。

2）搞好公共关系，经常派业务人员深入各个单位和部门，广泛联系，收集信息。

3）通过政府有关部门，如计委、建委、行业协会等单位获得信息。

4）通过咨询公司、监理公司、科研设计单位等代理机构获得信息。

5）取得老客户的信任，从而承接后续工程或接受邀请而获得信息。

6）与总承包商建立广泛的联系。

7）利用有形的建筑交易市场及各种报刊、网站的信息。

8）通过社会知名人士的介绍得到信息。

投标人得到信息后，应及时表明自己的意愿，报名参加，并向招标人提交资格审查资料。

投标人资料主要包括：营业执照、资质证书、企业简历、技术力量、主要机械设备、近三年内的主要施工工程情况及与投标同类工程的施工情况、在建工程项目及财务状况等。

对资格审查的重要性投标人必须重视，它是为招标人认识本企业的第一印象。经常有一些缺乏经验的投标人，尽管实力雄厚，但在投标资格审查时，由于对投标资格审查资料的不重视而在投标资格审查阶段就被淘汰。

（2）投标中收集的有关信息分析。

投标是投标人在建筑市场中的交易行为，具有较大的冒险性。据了解，国内一流的投标人中标概率也只是 10%～20%，而且中标后要想实现利润也面临着种种风险因素。这就要求投标人必须获得尽量多的招标信息，并尽量详细地掌握与项目实施有关的信息。随着市场竞争的日益激烈，如何对取得的信息进行分析，关系到投标人的生存和发展，信息竞争将成为投标人竞争的焦点。因此投标人对信息分析应从以下几方面进行：

1）招标人投资的可靠性，工程投资资金是否已到位，必要时应取得对发包人资金可靠性的调查。建设项目是否已经批准。

2）招标人是否有与工程规模相适应的经济技术管理人员，有无工程管理的能力、合同管理经验和履约的状况如何；委托的监理是否符合资质等级要求，以及监理的经验、能力和信誉。

3）招标人或委托的监理是否有明显的授标倾向。

4）投标项目的技术特点：

① 工程规模、类型是否适合投标人。

② 气候条件、水文地质和自然资源等是否为投标人技术专长的项目。

③ 是否存在明显的技术难度。

④ 工期是否过于紧迫。

⑤ 预计应采取何种重大技术措施。

⑥ 其他技术特长。

5）投标项目的经济特点：

① 工程款支付方式，外资工程外汇比例。

② 预付款的比例。

③ 允许调价的因素、规费及税金信息。

④ 金融和保险的有关情况。

6）投标竞争形势分析：

① 根据投标项目的性质，预测投标竞争形势。

② 预计参与投标的竞争对手的优势分析和其投标的动向。

③ 竞争对手的投标积极性。

7）投标条件及迫切性：

① 可利用的资源和其他有利条件。

② 投标人当前的经营状况、财务状况和投标的积极性。

8）本企业对投标项目的优势分析：

① 是否需要较少的开办费用。

② 是否具有技术专长及价格优势。

③ 类似工程承包经验及信誉。

④ 资金、劳务、物资供应、管理等方面的优势。

⑤ 项目的社会效益。

⑥ 与招标人的关系是否良好。

⑦ 投标资源是否充足。

⑧ 有无理想的合作伙伴联合投标，有无良好的分包人。

9）投标项目风险分析：

① 民情风俗、社会秩序、地方法规、政治局势。

② 社会经济发展形势及稳定性、物价趋势。

③ 与工程实施有关的自然风险。

④ 招标人的履约风险。

⑤ 延误工期罚款的额度大小。

⑥ 投标项目本身可能造成的风险。

根据上述各项目信息的分析结果，作出包括经济效益预测在内的可行性研究报告，供投标决策者据以进行科学、合理的投标决策。

（3）认真研究招标文件。

1）研究招标文件条款。

为了在投标竞争中获胜，投标人应设立专门的投标机构，设置专业人员掌握市场行情及招标信息，时常积累有关资料，维护企业定额及人工、材料、机械价格系统。一旦通过了资格审查，取得招标文件后，则立刻可以研究招标文件、决定投标策略、确定定额含量及人工、材料、机械价格，编制施工组织设计及施工方案，计算报价，采用投标报价策略及分析决策报价，采用不平衡报价及报价技巧防范风险，最后形成投标文件。

在研究招标文件时，必须对招标文件的每句话，每个字都认认真真地研究，投标时要对招标文件的全部内容响应，如误解招标文件的内容，会造成不必要的损失。必须掌握招标范围，经常会出现图纸、技术规范和工程量清单三者之间的范围、做法和数量之间互相矛盾的现象。招标人提供的工程量清单中的工程量是工程净量，不包括任何损耗及施工方案及施工工艺造成的工程增量，所以要认真研究工程量清单包括的工程内容及采取的施工方案，有时清单项目的工程内容是明确的，有时并不那么明确，要结合施工图纸、施工规范及施工方案才能确定。除此之外，对招标文件规定的工期、投标书的格式、签署方式、密封方法，投标的截止日期要熟悉，并形成备忘录，避免由于失误而造成不必要的损失。

2）研究评标办法

评标办法是招标文件的组成部分，投标人中标与否是按评标办法的要求进行评定的。我国一般采用两种评标办法：综合评议法和最低报价法。综合评议法又有定性综合评议法和定量综合评议法两种，最低报价法就是合理低价中标。

定量综合评议法采用综合评分的方法选择中标人，是根据投标报价、主要材料、工期、质量、施工方案、信誉、荣誉、已完或在建工程项目的质量、项目经理的素质等因素综合评议投标人，选择综合评分最高的投标人中标。定性综合评议法是在无法把报价、工期、质量等级诸多因素定量化打分的情况下，评标人根据经验判断各投标方案的优劣。采用综合评议法时，投标人的投标策略就是如何做到报价最高，综合评分最高，这就得在提高报价的同时，必须提高工程质量，要有先进科学的施工方案、施工工艺水平作保证，以缩短工期为代价。但是这种办法对投标人来说，必须要有丰富的投标经验，并能对全局很好地分析才能做到综合评分最高。如果一味地追求报价，而使综合得分降低就失去了意义，是不可取的。

最低报价法也叫做合理低价中标法，是根据最低价格选择中标人，是在保证质量、工期的前提下，以最合理低价中标。这里主要是指"合理"低价，是指投标人报价不能低于自身的个别成本。对于投标人就要做到如何报价最低，利润相对最高，不注意这一点，有可能会造成中标工程越多亏损越多的现象。

3）研究合同条款

合同的主要条款是招标文件的组成部分，双方的最终法律制约作用就在合同上，履约价格的体现方式和结算的依据主要是依靠合同。因此投标人要对合同特别重视。合同主要分通用条款和专用条款。要研究合同首先得知道合同的构成及主要条款，主要从以下几方面进行分析：

① 价格，这是投标人成败的关键，主要看清单综合单价的调整，能不能调，如何调。根据工期和工程的实际预测价格风险。

② 分析工期及违约责任，根据编制的施工方案或施工组织设计分析能不能按期完工，如未完成会有什么违约责任，工程有没有可能会发生变更，如对地质资料的充分了解等。

③ 分析付款方式，这是投标人能不能保质保量按期完工的条件，有好多工程由于招标人不按期付款而造成了停工的现象，给双方造成了损失。

因此，投标人要对各个因素进行综合分析，并根据权利义务进行对比分析，只有这样才能很好地预测风险，并采取相应的对策。

4）研究工程量清单

工程量清单是招标文件的重要组成部分，是招标人提供的投标人用以报价的工程量，也是最终结算及支付的依据。所以必须对工程量清单中的工程量在施工过程及最终结算时是否会变更等情况进行分析，并分析工程量清单包括的具体内容。只有这样，投标人才能准确把握每一清单项的内容范围，并做出正确的报价。不然会造成分析不到位，由于误解或错解而造成报价不全导致损失。尤其是采用合理低价中标的招标形式时，报价显得更加重要。

（4）准备投标资料及确定投标策略

投标报价之前，必须准备与报价有关的所有资料，这些资料的质量高低直接影响到投标报价成败。投标前需要准备的资料主要有：招标文件；设计文件；施工规范；有关的法律、法规；企业内部定额及有参考价值的政府消耗量定额；企业人工、材料、机械价格系统资料；可以询价的网站及其他信息来源；与报价有关的财务报表及企业积累的数据资源；拟建工程所在地的地质资料及周围的环境情况；投标对手的情况及对手常用的投标策略；招标人的情况及资金情况等。所有这些都是确定投标策略的依据，只有全面地掌握第一手资料，才能快速准确地确定投标策略。

投标人在报价之前需要准备的资料可分为两类：一类是公用的，任何工程都必须用的，投标人可以在平时日常积累，如规范、法律、法规、企业内部定额及价格系统等；另一类是特有资料，只能针对投标工程，这些必需的资料是在得到招标文件后才能收集整理，如设计文件、地质、环境、竞争对手的资料等。确定投标策略的资料主要是特有资料，因此投标人对这部分资料要格外重视。投标人要在投标时显示出核心竞争力就必须有一定的策略，有不同于别的投标竞争对手的优势。主要从以下几方面考虑：

1）掌握全面的设计文件

招标人提供给投标人的工程量清单是按设计图纸及规范规则进行编制的，可能未进行图纸会审，在施工过程中不免会出现这样那样的问题，这就是我们所说的设计变更，所以投标人在投标之前就要对施工图纸结合工程实际进行分析，了解清单项目在施工过程中发生变化的可能性，对于不变的报价要适中，对于有可能增加工程量的报价要偏高，有可能降低工程量的报价要偏低等，只有这样才能降低风险，获得最大的利润。

2）实地勘察施工现场

投标人应该在编制施工方案之前对施工现场进行勘察，对现场和周围环境，及与此工程有关的可用资料进行了解和考查。实地勘察施工现场主要从以下几方面进行：现场的形状和性质，其中包括地表以下的条件；水文和气候条件；为工程施工和竣工，以及修补其任何缺陷所需的工作和材料的范围和性质；进入现场的手段，以及投标人需要的住宿条件等。

3）调查与拟建工程有关的环境

投标人不仅要勘察施工现场，在报价前还要详尽了解项目所在地的环境，包括政治形势、经济形势、法律法规和风俗习惯、自然条件、生产和生活条件等。对政治形势的调查，应着重工程所在地和投资方所在地的政治稳定性；对经济形势的调查，应着重了解工程所在地和投资方所在地的经济发展情况，工程所在地金融方面的换汇限制、官方和市场汇率、主要银行及其存款和信贷利率、管理制度等；对自然条件的调查，应着重工程所在地的水文地质情况、交通运输条件、是否多发自然灾害、气候状况如何等；对法律法规和风俗习惯的调查，应着重工程所在地政府对施工的安全、环保、时间限制等各项管理规定，宗教信仰和节假日等；对生产和生活条件的调查，应着重施工现场周围情况，如道路、供电、给水排水、通信是否便利，工程所在地的劳务和材料资源是否丰富，生活物资的供应是否充足等。

4）调查招标人与竞争对手

对招标人的调查应着重以下几个方面：

① 资金来源是否可靠，避免承担过多的资金风险；

② 项目开工手续是否齐全，提防有些发包人以招标为名，让投标人免费为其估价；

③ 是否有明显的授标倾向，招标是否仅仅是出于政府的压力而不得不采取的形式。

对竞争对手的调查应着重从以下几方面进行：①了解参加投标的竞争对手有几个，其中有威胁性的都是哪些，特别是工程所在地的承包人，可能会有评标优惠；②根据上述分析，筛选出主要竞争对手，分析其以往同类工程投标方法，惯用的投标策略，开标会上提出的问题等。投标人必须知己知彼才能制定切实可行的投标策略，提高中标的可能性。

3. 清单下投标报价的编制工作

1）审核工程量清单并计算施工工程量

一般情况，投标人必须按招标人提供的工程量清单进行组价，并按综合单价的形式进行报价。但投标人在按招标人提供的工程量清单组价时，必须把施工方案及施工工艺造成的工程增量以价格的形式包括在综合单价内。有经验的投标人在计算施工工程量时就对工程量清单工程量进行审核，这样可以知道招标人提供的工程量的准确度，为投标人不平衡报价及结算索赔做好伏笔。

在实行工程量清单模式计价后，建设工程项目分为三部分进行计价：分部分项工程项目计价、措施项目计价及其他项目计价。招标人提供的工程量清单是分部分项工程项目清单中的工程量，但措施项目中的工程量及施工方案工程量招标人不提供，必须由投标人在投标时按设计文件及施工组织设计、施工方案进行二次计算。因此这部分用价格的形式分摊到报价内的量必须要认真计算，要全面考虑。由于清单下报价最低是占优，投标人由于没有考虑全面造成低价中标亏损，招标人会不予承担。

例如，某多层砖混住宅条基土方工程，土壤类别为：三类土，基础为砖大放脚带形基础，垫层为三七灰土，宽度为810mm，厚度为500mm，挖土深度为3m，弃土运距4km，总长度为100m。经业主根据基础施工图，按清单工程量计算规则，计算出的工程量清单见表5-19。

分部分项工程量清单 表5-19

工程名称：某多层砖混住宅工程

序号	项目编码	项目名称	计量单位	工程数量
1	010101003001	挖基础土方 土壤类别：三类土 基础类型：砖大放脚带形基础 垫层宽度：810mm 挖土深度：3m 弃土运距：4km	m³	250

序号	项目编码	项目名称	计量单位	工程数量
2	010301001001	砖基础 砖类型：MU10 机制红砖 砂浆类型：50 号水泥砂浆 基础类型深度为 2.5 的条形基础 垫层类型：3∶7 灰土 垫层厚度：500mm，40m³	m³	90
……	……	……	……	……

投标人根据分部分项工程量清单、施工图纸、地质资料及施工方案计算工程量如下：

采用人工挖土施工方案，土方工程量在清单的基础上增量为 323m³，根据施工方案除沟边堆土外，现场堆土 443m³、运距 60m、采用人工运输。装载机装自卸汽车运距 4km、土方量 130m³。砖基础为 90m³，3∶7 灰土垫层为 40m³。

2）编制施工组织设计及施工方案

施工组织设计及施工方案是招标人评标时考虑的主要因素之一，也是投标人为确定施工工程量的主要依据。它的科学性与合理性直接影响到报价及评标，是投标过程一项主要的工作，是技术性比较强、专业要求比较高的工作。主要包括：项目概况、项目组织机构、项目保证措施、前期准备方案、施工现场平面布置、总进度计划和分部分项工程进度计划、分部分项的施工工艺及施工技术组织措施、主要施工机械配置、劳动力配置、主要材料保证措施、施工质量保证措施、安全文明措施、保证工期措施等。

施工组织设计主要应考虑施工方法、施工机械设备及劳动力的配置、施工进度、质量保证措施、安全文明措施及工期保证措施等，因此施工组织设计不仅关系到工期，而且对工程成本和报价也有密切关系。好的施工组织设计，应能紧紧抓住工程特点，采用先进科学性的施工方法降低成本。既要采用先进的施工方法，安排合理的工期，又要充分有效地利用机械设备和劳动力，尽可能减少临时设施和资金的占用。如果同时能向招标人提出合理化建议，在不影响使用功能的前提下为招标人节约工程造价，那么会大大提高投标人的低价的合理性，增加中标的可能性。还要在施工组织设计中进行风险管理规划，以防范风险。

3）建立完善的询价系统

实行工程量清单计价模式后，投标人自由组价，所有与价格有关的全部放开，政府不再进行任何干预。用什么方式询价，具体询什么价，这是投标人面临的新形势下的新问题。投标人在日常的工作中必须建立价格体系，积累一部分人工、材料、机械台班的价格。除此之外，在编制投标报价时应进行多方询价。询价的内容主要包括：材料市场价、人工当地的行情价、机械设备的租赁价、分部分项工程的分包价等。

材料市场价：材料和设备在工程造价中常常占总造价的 60％左右，对报价影响很大，因而在报价阶段对材料和设备市场价的了解要十分认真。对于一项建筑工程，材料品种规格有上百种甚至上千种，要对每一种材料在有限的投标时间内都进行询价有点不现实，必须对材料进行分类，分为主要材料和次要材料，主要材料是指对工程造价影响比较大的，必须进行多方询价并进行对比分析，选择合理的价格。询价方式有：到厂家或供应商上门询问、已施工工程材料的购买价、厂家或供应商的挂牌价、政府定期或不定期发布的信息价、各种信息网站上发布的信息价等。在清单模式下计价，由于材料价格随着时间的推移变化特别大，不能只看当时的建筑材料价。必须做到对不同渠道询到的价格进行有机的综合，并能分析今后材料价格的变化趋势，用综合方法预测价格变化，把风险变为具体数值加到价格上。可以说投标报价引起的损失有一大部分就是预测风险失误造成的。对于次要材料，投标人应建立材料价格储存库，按库内的材料价格分析市场行情及对未来进行预测，用系数的形式进行整体调整，不需临时询价。

人工综合单价：人工是建筑行业唯一能创造利润，反映企业管理水平的指标。人工综合单价的高低，直接影响到投标人个别成本的真实性和竞争性。人工应是企业内部人员水平及工资标准的综合。从表面上没有必要询价，但必须用社会的平均水平和当地的人工工资标准，来判断企业内部管理水平，并确定一个适中的价格，既要保证风险最低，又要具有一定的竞争力。

机械设备的租赁价：机械设备是以折旧摊销的方式进入报价的，进入报价的多少主要体现在机械设备的利用率及机械设备的完好率上。机械设备除与工程数量有关外，还与施工工期及施工方案有关。进行机械设备租赁价的询价分析，可以判定是购买机械还是租赁机械，确保投标人资金的利用率最高。

分包询价：总承包的投标人一般都得用自身的管理优势总包大中型工程，包括此工程的设计、施工及试车等。投标人自己组织结构工程的设计及施工，把专业性强的分部分项工程（如钢结构的制作安装、玻璃幕墙的制作和安装、电梯的安装、特殊装饰等）分包给专业分包人去完成。不仅分包价款的高低会影响投标人的报价，而且与投标人的施工方案及技术措施有直接关系。因此必须在投标报价前对施工方案及施工工艺进行分析，确定分包范围，确定分包价。有些投标人为了能够准确确定分包价，采用先分包，后报价的策略。不然会造成报高了无法中标，报低了，按中标价又分包不出去的现象。

4）投标报价的计算

① 工程量清单下投标报价计价特点。

报价是投标的核心。它不仅是能否中标的关键，而且对中标后能否盈利，盈利多少也是主要的决定因素之一。我国为了推动工程造价管理体制改革，与国际惯例接轨，由定额模式计价向清单模式计价过渡，用规范的形式规范了清单计价的强制性、实用性、竞争性和通用性。工程量清单下投标报价的计价特点主要表现在以下几个方面：

a. 量价分离，自主计价。招标人提供清单工程量，投标人除要审核清单工程量外还要计算施工工程量，并要按每一个工程量清单自主计价，计价依据由定额模式的固定化变为多样化。定额由政府法定性变为企业自主维护管理的企业定额及有参考价值的政府消耗量定额；价格由政府指导预算基价及调价系数变为企业自主确定的价格体系，除对外能多方询价外，还要在内建立一整套价格维护系统。

b. 价格来源是多样的，政府不再作任何参与，由企业自主确定。国家采用的是"全部放开、自由询价、预测风险、宏观管理"。"全部放开"就是凡与计价有关的价格全部放开，政府不进行任何限制。"自由询价"是指企业在计价过程中采用什么方式得到的价格都有效，价格来源的途径不作任何限制。"预测风险"是指企业确定的价格必须是完成该清单项的完全价格，由于社会、环境、内部、外部原因造成的风险必须在投标前就预测到，包括在报价内，由于预测不准而造成的风险损失由投标人承担。"宏观管理"是因为建筑业在国民经济中占的比例特别大，国家从总体上还得宏观调控，政府造价管理部门定期或不定期发布价格信息，还得编制反映社会平均水平的消耗量定额，用于指导企业快速计价，并作为确定企业自身的技术水平的依据。

c. 提高企业竞争力，增强风险意识。清单模式下的招标投标特点，就是综合评价最优，保证质量、工期的前提下，合理低价中标。最低价中标，体现的是个别成本，企业必须通过合理的市场竞争，提升施工工艺水平，把利润逐步提高。企业不同于其他竞争对手的核心优势除企业本身的因素外，报价是主要的竞争优势。企业要体现自己的竞争优势就得有灵活全面的信息、强大的成本管理能力、先进的施工工艺水平、高效率的软件工具。除此之外，企业需要有反映自己施工工艺水平的企业定额作为计价依据，有自己的材料价格系统、施工方案和数据积累体系，并且这些优势都要体现到投标报价中。

实行工程量清单就是风险共担，工程量清单计价无论对招标人还是投标人在工程量变更时都必须承担一定风险，有些风险不是承包人本身造成的，就得由招标人承担。因此，在"计价规范"中规定了工程量的风险由招标人承担，综合单价的风险由投标人承担。投标报价有风险，但是不应怕风险，而是要采取措施降低风险，避免风险，转移风险。投标人必须采用多种方式规避风险，不平衡报价是最基本的方式，如在保证总价不变的情况下，资金回收早的单价偏高，回收迟的单价偏低。估计此项设计需要变更的，工程量增加的单价偏高，工程量减少的单价偏低等。在清单模式下索赔已是结算中必不可少的，也是大家会经常提到并要应用自如的工具。

国家推行工程量清单计价后，要求企业必须适应工程量清单模式的计价。对每个工程项目在计价之前都不能临时寻找投标资料，而需要企业应拥有企业定额（或确定适合企业的现行消耗量定额）、价格库、价格来源系统、历史数据的积累、快速计价及费用分摊的投标软件，只有这样才能体现投标人在清单计价模式下的核心竞争力。

②《建设工程工程量清单计价规范》对投标报价的具体规定。

《建设工程工程量清单计价规范》中"工程量清单计价"部分共72条，规定了工程量清单计价从招标控制价的编制、投标报价、合同价款约定、工程计量与价款支付、索赔与现场签证、工程价款调整到工程竣工结算办理及工程造价计价争议处理等的全部内容。

我国近些年的招标投标计价活动中，压级压价，合同价款签订不规范，工程结算久拖不结等现象也比较严重，有损于招标投标活动中的公开、公平、公正和诚实信用的原则。招标投标实行工程量清单计价，是一种新的计价模式，为了合理确定工程造价，本规范从工程量清单的编制、计价至工程量调整等各个主要环节都作了较详细规定，招标投标双方都应严格遵守。为了避免或减少经济纠纷，合理确定工程造价，本规范规定工程量清单计价价款，应包括完成招标文件规定的工程量清单项目所需的全部费用。其内涵：

a. 包括分部分项工程费、措施项目费、其他项目费、规费和税金。

b. 包括完成每分项工程所含全部工程内容的费用。

c. 包括完成每项工程内容所需的全部费用（规费、税金除外）。

d. 工程量清单项目中没有体现的，施工中又必须发生的工程内容所需的费用。

e. 考虑风险因素而增加的费用。

为了简化计价程序，实现与国际接轨，工程量清单计价采用综合单价计价。综合单价计价是有别于现行定额工料单价计价的另一种单价计价方式，它应包括完成规定计量单位、合格产品所需的全部费用，考虑我国的现实情况，综合单价包括除规费、税金以外的全部费用。综合单价不但适用于分部分项工程量清单，也适用于措施项目清单、其他项目清单等。各省、直辖市、自治区工程造价管理机构，应制定具体办法，统一综合单价的计算和编制。同一个分项工程，由于受各种因素的影响可能设计不同，因此所含工程内容也有差异。附录中"工程内容"栏所列的工程内容，没有区别不同设计逐一列出，就某一个具体工程项目而言，确定综合单价时，附录中的工程内容仅供参考。

措施项目清单中所列的措施项目计价时，首先应详细分析其所含工程内容，然后确定其综合单价。措施项目不同，其综合单价组成内容可能有差异，因此本规范强调，在确定措施项目综合单价时，综合单价组成仅供参考。招标人提出的措施项目清单是根据一般情况确定的，没有考虑不同投标人的"个性"，因此投标人在报价时，可以根据本企业的实际情况，增加措施项目内容，并报价。

其他项目清单中的暂列金额、暂估价和计日工，均为估算、预测数量，虽在投标时计入投标人的报价中，不应视为投标人所有。竣工结算时，应按承包人实际完成的工作内容经发、承包双方确认后调整金额，如有余额仍归发包人所有。

工程造价应在政府宏观调控下，由市场竞争形成。在这一原则指导下，投标人的报价应在满足招标文件要求的前提下实行人工、材料、机械消耗量自定，价格及费用自定，全面竞争，自主报价。为了合理减少工程投标人的风险，并遵照谁引起的风险谁承担责任的原则，本规范对工程量的变更及其综合单价的确定作了规定。

③ 计算投标报价。

根据工程量计价规范的要求，实行工程量清单计价必须采用综合单价法计价，并对综合单价包括的范围进行了明确规定。因此造价人员在计价时必须按工程量清单计价规范进行计价。工程计价的方法很多，对于实行工程量清单投标模式的工程计价，较多采用综合单价法计价。

所谓"综合单价法"，是指完成一个规定计量单位的分部分项工程量清单项目或措施清单项目所需的人工费、材料费、机械使用费、企业管理费和利润，以及一定范围内的风险费用；而将规费、税金等费用作为投标总价的一部分，单列在规费清单税金清单中的一种计价方法。

投标报价，按照企业定额或政府消耗量定额标准及预算价格确定人工费、材料费、机械费，以此为基础确定管理费、利润，并由此计算出分部分项的综合单价。根据现场因素及工程量清单规定措施项目费以实物量或以分部分项工程费为基数按费率的方法确定。其他项目费按工程量清单规定的人工、材料、机械台班的预算价为依据确定。规费按政府的有关规定执行。税金按税法的规定执行。分部分项工程费、措施项目费、其他项目费、规费、税金等合计汇总得到初步的投标报价。根据分析、判断、调整得到投标报价。

5）投标报价的分析与决策

投标决策是投标人经营决策的组成部分，指导投标全过程。影响投标决策的因素十分复杂，加之投标决策与投标人的经济效益紧密相关，所以必须做到及时、迅速、果断。投标决策主要从投标的全过程分为项目分析决策、投标报价策略及投标报价分析决策。

① 项目分析决策。

投标人要决定是否参加某项目工程的投标，首先要考虑当前经营状况和长远经营目标，其次要明确参加投标的目的，然后分析中标可能性的影响因素。

建筑市场是买方市场，投标报价的竞争异常激烈，投标人选择投标与否的余地非常小，都或多或少地存在着经营状况不饱满的情况。一般情况下，只要接到招标人的投标邀请，承包人都积极响应参加投标。这主要是基于以下考虑：首先，参加投标项目多，中标机会也多；其次，经常参加投标，在公众面前出现的机会也多，能起到广告宣传的作用；第三，通过参加投标，可积累经验，掌握市场行情，收集信息，了解竞争对手的惯用策略；第四，投标人拒绝招标人的投标邀请，可能会破坏自身的信誉，从而失去以后收到投标邀请的机会。

当然，也有一种理论认为有实力的投标人应该从投标邀请中，选择那些中标概率高、风险小的项目投标，即争取"投一个、中一个、顺利履约一个"。这是一种比较理想的投标策略，在激烈的市场竞争中很难实现。

投标人在收到招标人的投标邀请后，一般不采取拒绝投标的态度。但有时投标人同时收到多个投标邀请，而投标报价资源有限，若不分轻重缓急地把投标资源平均分布，则每一个项目中标的概率都很低。这时承包人应针对各个项目的特点进行分析，合理分配投标资源，投标资源一般可以理解为投标编制人员和计算机等工具，以及其他资源。不同的项目需要的资源投入量不同；同样的资源在不同的时期不同的项目中价值也不同，例如，同一个投标人在民用建筑工程的投标中标价值较高，但在工业建筑的投标中标价值就较低，这是由投标人的施工能力及造价人员的业务专长和投标经验等因素所决定。投标人必须积累大量的经验资料，通过归纳总结和动态分析，才能判断不同工程的最小最优投标资源投入量。通过最小最优投标资源投入量的分析，可以取舍投标项目，对于投入大量的资源，中标概率仍极低的项目，应果断地放弃，以免投标资源的浪费。

② 投标报价策略。

投标时，根据投标人的经营状况和经营目标，既要考虑自身的优势和劣势，也要考虑竞争的激烈程度，还要分析投标项目的整体特点，按照工程的类别、施工条件等确定报价策略。

a. 生存型报价策略。如投标报价以克服生存危机为目标而争取中标时，可以不考虑其他因素。由于社会、政治、经济环境的变化和投标人自身经营管理不善，都可能造成投标人的生存危机。这种危机首先表现在由于经济原因，投标项目减少；其次，是政府调整基建投资方向，使某些投标人擅长的工程项目减少，这种危机常常是危害到营业范围单一的专业工程投标人；第三，如果投标人经营管理不善，会存在投标邀请越来越少的危机，这时投标人应以生存为重，采取不盈利甚至赔本也要夺标的态度，只要能暂时维持生存渡过难关，就会有东山再起的希望。

b. 竞争型报价策略。投标报价以竞争为手段，以开拓市场，低盈利为目标，在精确计算成本的基础上，充分估计各竞争对手的报价目标，用有竞争力的报价达到中标的目的。投标人处在以下几种情况下，应采取竞争型报价策略：经营状况不景气，近期接受到的投标邀请较少；竞争对手有威胁性；试图打入新的地区；开拓新的工程施工类型；投标项目风险小，施工工艺简单、工程量大、社会效益好的项目；附近有本企业正在施工的其他项目。

c. 盈利型报价策略。这种策略是投标报价充分发挥自身优势，以实现最佳盈利为目标，对效益较小的项目热情不高，对盈利大的项目充满自信。下面几种情况可以采用盈利型报价策略，如投标人在该地区已经打开局面、施工能力饱和、信誉度高、竞争对手少、具有技术优势并对招标人有较强的名牌效应、投标人目标主要是扩大影响，或者施工条件差、难度高、资金支付条件不好、工期质量等要求苛刻，为联合伙伴陪标的项目等。

③ 投标报价分析决策。

初步报价提出后，应当对这个报价进行多方面分析。分析的目的是探讨这个报价的合理性、竞争性、盈利及风险，从而作出最终报价的决策。分析的方法可以从静态分析和动态分析两方面进行。

④ 投标技巧。

投标技巧是指在投标报价中采用的投标手段让招标人可以接受，中标后能获得更多的利润。投标人在工程投标时，主要应该在先进合理的技术方案和较低的投标价格上下工夫，以争取中标，但是还有其他一些手段对中标有辅助性的作用，主要表现在以下几个方面：

a. 不平衡报价法。不平衡报价法是指一个工程项目的投标报价在总价基本确定后，如何调整内部各个项目的报价，以期既不提高总价，不影响中标，又能在结算时得到更理想的经济效益。常见的不平衡报价法见表 5-20。

常见的不平衡报价法　　　　　　　　　表 5-20

序　号	信息类型	变动趋势	不平衡结果
1	资金收入的时间	早	单价高
		晚	单价低
2	清单工程量不准确	增加	单价高
		减少	单价低
3	报价图纸不明确	增加工程量	单价高
		减少工程量	单价低
4	暂定工程	自己承包的可能性高	单价高
		自己承包的可能性低	单价低
5	单价和包干混合制项目	固定包干价格项目	价格高
		单价项目	单价低
6	单价组成分析表	人工费和机械费	单价高
		材料费	单价低
7	认标时招标人要求压低单价	工程量大的项目	单价小幅度降低
		工程量小的项目	单价较大幅度降低
8	工程量不明确报单价的项目	没有工程量	单价高
		有假定的工程量	单价适中

第一，能够早日结算的项目，如前期措施费、基础工程、土石方工程等可以报得较高，以利资金周转。后期工程项目如设备安装、装饰工程等的报价可适当降低。

第二，经过工程量核算，预计今后工程量会增加的项目，单价适当提高，这样在最终结算时可多赚钱，而将来工程量有可能减少的项目单价降低，工程结算时损失不大。

但是，上述两种情况要统筹考虑，即对于清单工程量有错误的早期工程，如果工程量不可能完成而有可能降低的项目，则不能盲目抬高单价，要具体分析后再定。

第三，设计图纸不明确，估计修改后工程量要增加的，可以提高单价，而工程内容说不清楚的，则可以降低一些单价。

第四，暂定项目又叫做任意项目或选择项目，对这类项目要作具体分析。因这一类项目要开工后由发包人研究决定是否实施，由哪一家投标人实施。如果工程不分包，只由一家投标人施工，则其中肯定要施工的单价可高些，不一定要施工的则应该低些。如果工程分包，该暂定项目也可能由其他投标人施工时，则不宜报高价，以免抬高总报价。

第五，单价包干的合同中，招标人要求有些项目采用包干报价时，宜报高价。一则这类项目多半有风险，二则这类项目在完成后可全部按报价结算，即可以全部结算回来。其余单价项目则可适当降低。

第六，有时招标文件要求投标人对工程量大的项目报"清单项目报价分析表"，投标时可将单价分析表中的人工费及机械设备费报得较高，而材料费报得较低。这主要是为了在今后补充项目报价时，可以参考选用"清单项目报价分析表"中较高的人工费和机械费，而材料则往往采用市场价，因而可获得较高的收益。

第七，在议标时，投标人一般都要压低标价。这时应该首先压低那些工程量少的单价，这样即使压低了很多单价，总的标价也不会降低很多，而给发包人的感觉却是工程量清单上的单价大幅度下降，投标人很有让利的诚意。

第八，在其他项目费中要报工日单价和机械台班单价，可以高些，以便在日后招标人用工或使用机械时可多盈利。对于其他项目中的工程量要具体分析，是否报高价，高多少有一个限度，不然会抬高总报价。

虽然不平衡报价对投标人可以降低一定的风险，但报价必须要建立在对工程量清单表中的工程量风险仔细核对的基础上，特别是对于降低单价的项目，如工程量一旦增多，将造成投标人的重大损失，同时一定要控制在合理幅度内，一般控制在10％以内，以免引起招标人反对，甚至导致个别清单项目报价不合理而废标。如果不注意这一点，有时招标人会挑选出报价过高的项目，要求投标人进行单价分析，而围绕单价分析中过高的内容压价，以致投标人得不偿失。

b. 多方案报价法。有时招标文件中规定，可以提一个建议方案。如果发现有些招标文件工程范围不很明确，条款不清楚或很不公正，技术规范要求过于苛刻时，则要在充分估计风险的基础上，按多方案报价法处理。即按原招标文件报一个价，然后再提出如果某条款作某些变动，报价可降低的额度。这样可以降低总造价，吸引招标人。

投标人这时应组织一批有经验的设计和施工工程师，对原招标文件的设计方案仔细研究，提出更合理的方案以吸引招标人，促成自己的方案中标。这种新的建议可以降低总造价或提前竣工。但要注意的是对原招标方案一定也要报价，以供招标人比较。

增加建议方案时，不要将方案写得太具体，保留方案的技术关键，防止招标人将此方案交给其他投标人，同时要强调的是，建议方案一定要比较成熟，或过去有这方面的实践经验。因为投标时间往往较短，如果仅为中标而匆忙提出一些没有把握的建议方案，可能引起很多不良后果。

c. 突然降价法。报价是一件保密的工作，但是对手往往会通过各种渠道、手段来刺探情报，因之用此法可以在报价时迷惑竞争对手。即先按一般情况报价或表现出自己对该工程兴趣不大，到快要投标截止时，才突然降价。采用这种方法时，一定要在准备投标报价的过程中考虑好降价的幅度，在临近投标截止日期前，根据情况信息与分析判断，再作出最后决策。采用突然降价法往往降低的是总价，而要把降低的部分分摊到各清单项内，可采用不平衡报价进行，以期取得更高的效益。

d. 先亏后盈法。对于大型分期建设的工程，在第一期工程投标时，可以将部分间接费分摊到第二期工程中去，并减少利润以争取中标。这样在第二期工程投标时，凭借第一期工程的经验，临时设施以及创立的信誉，比较容易拿到第二期工程。如第二期工程遥遥无期时，则不可以这样考虑。

e. 开标升级法。在投标报价时把工程中某些造价高的特殊工作内容从报价中减掉，使报价成为竞争对手无法相比的低价。利用这种"低价"来吸引招标人，从而取得与招标人进一步商谈的机会，在商谈过程中逐步提高价格。当招标人明白过来当初的"低价"实际上是个钓饵时，往往已经在时间上招标人处于谈判弱势，丧失了与其他投标人谈判的机会。利用这种方法时，要特别注意在最初的报价中说明某项工作的缺项，否则可能会弄巧成拙，真的"低价"中标。

f. 许诺优惠条件。投标报价附带优惠条件是行之有效的一种手段。招标人评标时，除了主要考虑报价和技术方案外，还要分析别的条件，如工期、支付条件等。所以在投标时主动提出提前竣工、低息贷款、赠给施工设备、免费转让新技术或某种技术专利、免费技术协作、代为培训人员等，均是吸引招标人、利于中标的辅助手段。

g. 争取评标奖励。有时招标文件规定，对某些技术指标的评标，若投标人提供的指标优于规定指标值时，给予适当的评标奖励。因此，投标人应该使招标人比较注重的指标适当地优于规定标准，可以获得适当的评标奖励，有利于在竞争中取胜。但要注意技术性能优于招标规定，将导致报价相应上涨，如果投标报价过高，即使获得评标奖励，也难以与报价上涨的部分相抵，这样评标奖励也就失去了意义。

四、工程量清单计价实例

例如，某多层砖混住宅条基土方工程，如图 5-5 所示，土壤类别为：三类土，基础为砖大放脚带形基础，垫层为三七灰土，宽度为 810mm，厚度为 500mm，挖土深度为 3m，弃土运距 4km，总长度为 100m。

招标人根据基础施工图，按清单工程量计算规则，计算出的工程量清单见表 5-21～表 5-24。

措施项目清单与计价表   表 5-21

工程名称：某多层砖混住宅工程基础工程

编　号	项　目　名　称	计算基础	费率（%）	金额（元）
1	安全文明施工费			
1.1	环境保护费			
1.2	文明施工费			
1.3	安全施工费			

编　号	项　目　名　称	计算基础	费率（%）	金额（元）
1.4	临时设施费			
6	施工排水			
7	施工降水			
	合计			

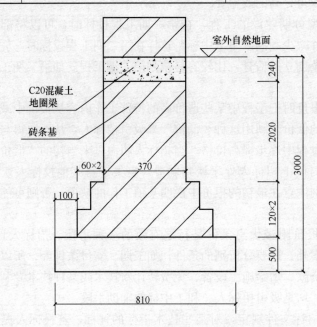

说明:
1. 此条基总长度为100m，图上标注尺寸为mm。
2. 土质为三类土，原土回填夯实，自然地坪与室外地坪为同一标高。余土外运4km。
3. 地圈梁为钢筋混凝土，粒径40mm卵石，中砂，条基为M5水泥砂浆砌筑。

图 5-5　某多层砖混住宅基础图

其他项目清单与计价汇总表　　　　　　　　　　　　　　表 5-22

工程名称：某多层砖混住宅工程基础工程

序号	项目名称	计量单位	金额（元）	备注
1	暂列金额	项		
2	暂估价			
2.1	材料暂估价			
2.2	专业工程暂估价			
3	计日工			
4	总承包服务费			
	合计			

计　日　工　表　　　　　　　　　　　　　　表 5-23

工程名称：某多层砖混住宅工程基础工程

序号	项目名称	单位	暂定数量	综合单价	合　价
1	人工 1. 普工	工日	20		
	人工小计				

序号	项目名称	单位	暂定数量	综合单价	合　价
2	材料 水泥 42.5 级	t	1		
	材料小计				
3	施工机械 载重汽车 4 t	台班	10		
	施工机械小计				
	总计				

主要材料价格表　　　　　　　　　　　　　　表 5-24

工程名称：某多层砖混住宅工程基础工程

序号	材料编码	材料名称	规格型号等特殊要求	单位	单价（元）
1	C04	红机砖	240mm×115mm×52mm	千块	580
2	C05	水泥	32.5 级	t	345

1. 确定施工方案，计算施工工程量

投标人根据分部分项工程量清单及地质资料、施工方案计算工程量如下：

（1）基础挖土截面计算如下

$$S = (a + 2c + KH)H = (0.81 + 0.25 \times 2 + 0.2 \times 3) \times 3 = 5.73 \text{（m}^2\text{）}$$

（工作面宽度各边为 0.25m、放坡系数为 0.2）

基础总长度为 100m

土方挖方总量为

$$V = S \times L = 5.73\text{m}^2 \times 100\text{m} = 573\text{m}^3$$

（2）采用人工挖土方总量为 573m³，根据施工方案除现场堆土 443m³ 用于回填外，装载机装自卸汽车运距 4km、运输土方量为 130m³。

（3）在计算综合单价时，应按施工方案的总工程量进行计算，按招标人提供的工程量清单折算综合单价。

（4）通过对工程量清单的审核，清单工程量按计算规则计算无误。

2. 认真阅读和分析填表须知及总说明

填表须知主要是明确了工程量清单的填报格式的统一及规范，明确了签字盖章的重要性及工程量清单的支付条件及货币的币种。

总说明的内容主要由以下部分组成。

（1）工程概况：建设规模、工程特征、计划工期、施工现场实际情况、交通运输情况、自然地理条件、环境保护要求等。

（2）工程招标和分包范围：工程招标文件主要包括招标书、投标须知、合同条款及合同格式、工程技术要求及工程规范、投标文件格式、工程量清单、施工图纸、评标定标办法等。如有分包的要说明分包的范围及具体内容。

（3）工程量清单编制依据：主要是指编制工程量清单的依据，为投标人审核工程量清单及工程结算的依据，主要有建设工程工程量清单计价规范、设计图纸、答疑纪要等。

（4）工程质量、材料、施工等的特殊要求。合同条款是招标文件的一部分，这项主要是指合同条款外的特殊要求部分。主要是因为投标人的投标报价是招标文件所确定的招标范围内的全部工作内容的价格体现，报价中应包括人工、材料、机械、管理费、利润、规费、税金及风险的所有费用，有必要把影响投标报价的所有特殊要求给予陈述。

（5）招标人自行采购材料的名称、规格型号、数量等：这部分是招标人需在结算时扣除的费用，投标人在报价时必须把它们包括在投标报价中，但投标人不能对此部分进行变更。

招标人会提出其他工程项目清单内的内容，如预留金等。

投标人必须按招标文件要求填报格式填写。不然招标人会认为投标人没有响应招标文件，作废标处理。对招标人提供的总说明进行很好的分析、研究，如对招标文件误解造成损失，全部由投标人承担。

3. 分部分项工程综合单价计算

（1）充分了解招标文件，明确报价范围

投标报价应采用综合单价形式，是指招标文件所确定的招标范围内的除规费、税金以外全部工作内容，包括人工、材料、设备、施工机械、管理费、利润及一定的风险费用。在投标组价时依据招标人提供的招标文件、施工图纸、补充答疑纪要、工程技术规范、质量标准、工期要求、承包范围、工程量清单、工器具及设备清单等，按企业定额或参照省市有关消耗量定额、价格指数确定综合单价。对于投标报价中数字保留小数点的位数依据招标文件要求，招标文件没有规定应按常规执行。一般除合价及总价有可能取整外，其他保留两位，小数点后第三位四舍五入。

（2）计算前的数据准备

工程量清单由招标人提供后，还得计算方案工程量，并校核工程量清单中的工程量。这些工作在接到招标文件后，在投标的前期准备阶段完成，到分部分项工程综合单价计算时进行整理，归类、汇总。

（3）测算工程所需人工工日、材料及机械台班的数量。规范规定企业可以按反映企业水平的企业定额或参照政府消耗量定额确定人工、材料、机械台班的耗用量。为了能够反映企业的个别成本，企业得有自己的企业定额。按清单项内的工程内容对应企业定额项目划分确定定额子目，再对应清单项进行分析、汇总。表 5-25 为某企业对应此基础工程子目的企业定额。

某施工企业内部企业定额 表 5-25

定额编号	项目名称	单位	数量
010101003-1-5	人工挖沟深 4m 以内三类土地槽	m³	1
R01	综合工日	工日	0.296
010103001-1-2	基础土方运输，运输距离 5km 以内	m³	1
R01	综合工日	工日	0.065
J01	机动翻斗车	台班	0.161
010103002-1-3	基础回填机械夯实	m³	1
R01	综合工日	工日	0.169

定额编号	项目名称	单位	数量
J02	蛙式打夯机	台班	0.029
010301001-1-6	三七灰土垫层，厚度 50cm 以内	m³	1
R01	综合工日	工日	0.89
C01	白灰	t	0.164
C02	黏土	m³	1.323
C03	水	m³	0.202
J02	蛙式打夯机	台班	0.11
010301001-1-3	M5 水泥砂浆砌砖基础	m³	1
R01	综合工日	工日	1.218
C04	红砖	千块	0.512
C03	水	m³	0.161
C05	水泥 42.5 级	t	0.054
C06	中砂	m³	0.263
J03	灰浆搅拌机	台班	0.032
010403004-1-2	现浇 C20 地圈梁混凝土	m³	1
R01	综合工日	工日	2.133
C05	水泥 42.5 级	t	0.342
C06	中砂	m³	0.396
C03	水	m³	1.787
C07	卵石 4cm	m³	0.842
C08	草袋	m²	1.283
J04	混凝土搅拌机	台班	0.063
J05	插入式振动器	台班	0.125

（4）市场调查和询价

此工程为条形基础，不要求特殊工种的人员上岗，市场劳务来源比较充沛，且价格平稳，采用市场劳务价作为参考，按前三个月投标人使用人员的平均工资标准确定。

因工程所在地为大城市，工程所用材料供应充足，价格平稳，考虑到工期又较短，一般材料都可在当地采购，因此以工程所在地建材市场前三个月的平均价格水平为依据，不考虑涨价系数。

此工程使用的施工机械为常用机械，投标人都可自行配备，机械台班按全系统机械台班定额计算出台班单价，不再额外考虑调整施工机械费。

经上述市场调查和询价得到对应此工程的综合工日单价、材料单价及机械台班单价，见表 5-26。

部分综合人、材、机预算价格

表 5-26

编 号	名 称	单 位	价格（元）
	人工		
R01	综合工日	工日	80
R02	普工	工日	78
R03	瓦工	工日	85
	材料		
C01	白灰	t	230
C02	黏土	m³	15
C03	水	m³	0.5
C04	红砖	千块	580
C05	水泥 42.5 级	t	345
C06	中砂	m³	67
C07	卵石	m³	63
C08	草袋	m²	2
	机械		
J01	机动翻斗车	台班	200
	蛙式打夯机	台班	100
	灰浆搅拌机	台班	100
	混凝土搅拌机	台班	600
	插入式振动器	台班	60
	载重汽车 4t	台班	500

（5）计算清单项内的定额基价

按确定的定额含量及询到的人工、材料、机械台班的单价，对应计算出定额子目单位数量的人工费、材料费和机械费。计算公式：

人工费＝$\sum$（人工工日数×对应人工单价）；

材料费＝$\sum$（材料定额含量×对应材料综合材料预算单价）；

机械费＝$\sum$（机械台班定额含量×对应机械的台班单价）；

计算结果见表 5-27。

某企业内部定额基价计算表

表 5-27

定额编号	项目名称	单位	数量	单价（元）	合价（元）	基价（元）
010101003-1-5	人工挖沟深 4m 以内三类土地槽	m³	1			23.68
人工费	综合工日	工日	0.296	80	23.68	23.68
010103001-1-2	基础土方运输，运输距离 5km，以内	m³	1			37.4
人工费	综合工日	工日	0.065	80	5.2	5.2

定额编号	项目名称	单位	数量	单价（元）	合价（元）	基价（元）
机械费	机动翻斗车	台班	0.161	200	32.2	32.2
010103002-1-3	基础回填机械夯实	m³	1			16.42
人工费	综合工日	工日	0.169	80	13.52	13.52
机械费	蛙式打夯机	台班	0.029	100	2.9	2.9
010301001-1-6	三七灰土垫层，厚度50cm以内	m³	1			139.87
人工费	综合工日	工日	0.89	80	71.2	71.2
材料费	白灰	t	0.164	230	37.72	57.67
	黏土	m³	1.323	15	19.85	
	水	m³	0.202	0.5	0.101	
机械费	蛙式打夯机	台	0.11	100	11	11
010301001-1-3	M5水泥砂浆砌砖基	m³	1			433.93
人工费	综合工日	工日	1.218	80	97.44	97.44
材料费	红砖	千块	0.512	580	296.96	333.29
	水	m³	0.161	0.5	0.08	
	水泥42.5级	t	0.054	345	18.63	
	中砂	m³	0.263	67	17.62	
机械费	灰浆搅拌机	台	0.032	100	3.2	3.2

（6）计算综合单价

计价规范规定综合单价必须包括清单项目内的全部费用，但招标人提供的工程量是不能变动的。施工方案、施工技术的增量全部包含在报价内。对应于清单工程特征内的工程内容费用也要包括在报价内，这就存在一个分摊的问题，就是把完成此清单项全部内容的价格计算出来后折算到招标人提供工程量的综合单价中。管理费包括现场管理费及企业管理费，按人工费、材料费、机械费的合计数的10%计取，利润按人工费、材料费、机械费的合计数的5%计取，不考虑风险。具体计算见表5-28。

分部分项工程量清单综合单价计价表　　　　　表5-28

	清单项目序号	1	2	3
1	清单项目编码	010101003001	010301001001	010301006001
2	清单项目名称	挖基础土方 土壤类别：三类土 基础类型：砖大放脚带形基础 垫层宽度：920mm 挖土深度：1.8m 弃土运距：4km	砖基础 砖类型：MU10机制红砖 砂浆类型：M5水泥砂浆砌 础类型：深度为2.5m的条形基础 垫层厚度：500mm，40m³	基础垫层 垫层类型： 3：7灰土
3	计量单位	m³	m³	m³

	清单项目序号	1			2	3
4	工程量清单	250			90	40
5	定额编号	010101003-1-5	010103001-1-2	010103002-1-3	010301001-1-3	010301001-1-6
6	定额子目名称	人工挖沟深4m以内三类土地槽	基础土方运输，距离5km以内	基础回填机械夯实	M5 水泥砂浆砌砖基础	三七灰土垫层。厚度50cm以内
7	定额计量单位	m^3	m^3	m^3	m^3	m^3
8	计价工程量	573	130	443	90	40
9	定额基价	23.68	37.4	16.42	433.93	139.87
10	合价（元）	13568.64	4862	7274.06	39053.7	5594.8
11	人材机合计（元）	25704.7			39053.7	5594.8
12	管理费（元）	2570.05			3905.37	559.48
13	利润（元）	1285.24			1952.69	279.74
14	成本价（元）	29559.99			44911.76	6434.02
15	综合单价（元/m^2）	118.24			499.02	160.85

计价规范规定工程量清单计价表必须按规定的格式填写，计算完成后，按规范要求的格式填报《分部分项工程量清单计价表》、《分部分项工程量清单综合单价分析表》、《主要材料价格表》，在这三个表内工程量清单的名称、单位、数量及主要材料规格、数量必须按工程量清单填写，不能做任何变动。分部分项工程量清单综合单价分析表，就是把如何按定额组价的每一个定额子目折算成每个工程量清单的总合单价的汇总表（表5-29）。

分部分项工程量清单与计价表   表5-29

工程名称：

序号	项目编码	项目名称	项目特征	计量单位	工程数量	金额（元）	
						综合单价	合 价
1	010101003001	挖基础土方	土壤类别：三类土 基础类型：砖大放脚带形基础 垫层宽度：920mm 挖土深度：1.8m 弃土运距：4km	m^3	250	118.24	29560

序号	项目编码	项目名称	项目特征	计量单位	工程数量	金额（元）	
						综合单价	合　价
2	010301001001	砖基础	砖类型：MU10 机制红砖 砂浆类型：M5 水泥砂浆 基础类型：深度为2.5m 的条形基础	m³	90	499.02	44911.8
3	010401006001	基础垫层	垫层类型：3∶7 灰土 垫层厚度：500mm，40m³	m	40	160.85	6434
			本页小计（元）				80905.8
			合　计（元）				80905.8

　　主要材料的格式按规范的要求执行，只对招标人工程量清单内要求的材料价格进行填报。但所填报的价格必须与分部分项组价时的材料预算价相一致。

　　分部分项工程量清单综合单价分析表，不是投标人的必报表格，是按招标文件的要求进行报价的，分析多少清单项目也要按招标人在工程量清单中的具体要求执行。必须注意以下几点：

　　1）格式必须按规范中规定的格式填写。

　　2）清单的具体项目按工程量清单的要求执行。

　　3）工程内容为组价时按规范要求的内容对应定额的子目名称。

　　综合单价组成栏内的数值一律为单价。所有单价的计算公式如下：人工费、材料费、机械费的单价等于对应定额基价中人工费、材料费、机械费乘以计算工程量后，除以清单项目工程量。管理费及利润按规定的系数进行计算（表 5-30），管理费按人、材、机单价合计数乘以 10% 计算，利润按人、材、机单价合计数乘以 5% 计算。

综合单价组成表　　　　　　　　　　　　　　　表 5-30

序号	项目编码	项目名称	项目特征	工程内容	综合单价组成						综合单价
					人工费	材料费	机械费	管理费	利润	小计	
1	010101003001	挖基础土方	土壤类别：三类土 基础类型：砖大放脚带形基础 垫层宽度：920mm 挖土深度：1.8m 弃土运距：4km	人工挖沟深4m 内三类土地槽	54.27			5.43	2.72	62.42	118.24
				基础土方运输，距离5km以内	2.71		16.74	1.95	0.96	22.36	
				基础回填机械夯实	23.96		5.14	2.91	1.45	33.46	

序号	项目编码	项目名称	项目特征	工程内容	综合单价组成						综合单价
					人工费	材料费	机械费	管理费	利润	小计	
2	010301001001	砖基础	类型：MU10 机制红砖 砂浆类型：M5 基础类型深度为 2.5m 的条形基础	M5 水泥砂浆砌砖基础	97.44	333.29	3.2	43.39	21.7	499.02	499.02
3	010401006001	基础垫层	垫层类型：3：7 灰土 厚度：500mm，40m³	三七灰土垫层，厚度 50cm 以内	71.2	57.67	11	13.99	6.99	160.85	160.85

4. 措施项目费计算

措施项目在计价时，首先应详细分析其所包含的全部工程内容，然后确定其综合单价。措施项目不同，其综合单价组成内容可能有差异，综合单价的组成包括完成该措施项目的人工费、材料费、机械费、管理费、利润及一定的风险。计算综合单价的方法有以下几种：

（1）定额法计价：这种方法与分部分项综合单价的计算方法一样，主要是指一些与实体有紧密联系的项目，如模板、脚手架、垂直运输等。

（2）实物量法计价：这种方法是最基本，也是最能反映投标人个别成本的计价方法，是按投标人现在的水平，预测将要发生的每一项费用的合计数，并考虑一定的涨幅因素及其他社会环境影响因素，如安全、文明措施费等。

（3）公式参数法计价：定额模式下几乎所有的措施费用都采用这种办法，有些地区以费用定额的形式体现，就是按一定的基数乘系数的方法或自定义公式进行计算。这种方法简单、明了，但最大的难点是公式的科学性、准确性难以把握，尤其是系数的测算是一个长期、规范的问题。系数的高低直接反映投标人的施工水平。这种方法主要适用于施工过程中必须发生，但在投标时很难具体分项预测，又无法单独列出项目内容的措施项目，如夜间施工、二次搬运费等，按此办法计价。

（4）分包法计价：在分包价格的基础上增加投标人的管理费及风险进行计价的方法，这种方法适合可以分包的独立项目。如大型机械设备进出场及安拆、室内空气污染测试等。

措施项目计价方法的多样化正体现了工程量清单计价投标人自由组价的特点，其实上面提到的这些方法对分部分项工程、其他项目的组价都是有用的。在用上述办法组价时要注意：

1）工程量清单计价规范规定，在确定措施项目综合单价时，规范规定的综合单价组成仅供参考，也就是措施项目内的人工费、材料费、机械费、管理费、利润等不一定全部发生，不要求每个措施项目内人工费、材料费、机械费、管理费、利润都必须有。

2）在报价时，有时措施项目招标人要求分析明细，这时用公式参数法组价、分包法组价都是先知道总数，这就靠人为用系数或比例的办法分摊人工费、材料费、机械费、管理费及利润。

3）招标人提出的措施项目清单是根据一般情况确定的，没有考虑不同投标人的"个性"，因此投标人在报价时，可以根据本企业的实际情况，增加措施项目内容，并报价。如下例，用实物量计价法计算某住宅工程基础分部项目的安全施工措施费。

① 对安全施工措施项目基础数据的收集

a. 本工程工期为一个月，实际施工天数为 30 天。

b. 本工程投入生产工人 120 名，各类管理人员（包括辅助服务人员）8 名，在生产工人当中抽出 1 名专职安全员，负责整个现场的施工安全。

c. 进入现场的人员一律穿安全鞋、戴安全帽，高空作业人员一律佩系安全带。

d. 为安全起见，施工现场脚手架均须安装防护网。

e. 每天早晨施工以前，进行 10 分钟的安全教育，每个星期一半小时的安全例会。

f. 班组的安全记录要按日填写完整。

② 根据施工方案对安全生产的要求，投标人编制安全措施费用如下：

a. 专职安全员的人工工资及奖金、补助等费用支出为 1500 元。

b. 安全鞋、安全帽费用，安全鞋按每个职工每人 1 双，每双 20 元，安全帽每个职工每人 1 顶，每顶为 8 元，按 50％ 回收。其费用为：（120＋8）×（20＋8）×50％＝1792(元)。

c. 安全教育与安全例会费为 1800 （元）。

d. 安全防护网措施费，根据计算，防护网搭设面积为 400m²，安全网每平方米 8 元，每平方米搭拆费用为 2.5 元，工程结束后，安全网一次性摊销完，安全防护网措施费＝100×（8＋2.5）＝1050 （元）。

e. 安全生产费用合计＝1500＋1792＋1800＋1050＝6142 （元）。

其他措施项可以按公式参数法进行计算，如临时设施费按分部分项工程费用的 3％、环境保护按分部分项工程费用的 1％、文明施工按分部分项工程费用的 5％ 计取，因此，

临时设施措施费为 22695.50×3％＝680 （元）。

环境保护措施费为 22695.50×1％＝227 （元）。

文明施工措施费为 22695.50×5％＝1135 （元）。

施工排水、施工降水可以按现场平面布置图，参照定额组价进行。计算结果为5000 元。

根据招标文件要求及规范要求的格式，措施项目清单见表 5-31。

措施项目清单与计价表   表 5-31

工程名称：某多层砖混住宅工程基础工程

编　号	项　目　名　称	计算基础	费率（％）	金额（元）
1.	安全文明施工费			8184
1.1	环境保护费			227
1.2	文明施工费			1135

编　号	项　目　名　称	计 算 基 础	费率（%）	金额（元）
1.3	安全施工费			6142
1.4	临时设施费			680
6	施工排水			5000
7	施工降水			5000
	合　计			18184

5. 其他项目费计算

由于工程建设标准有高有低、复杂程度有难有易、工期有长有短、工程的组成内容有繁有简，工程投资有百千万元至上亿元，正由于工程的这种复杂性，在施工之前很难预料在施工过程中会发生什么变更。所以招标人按估算的方式将这部分费用以其他项目费的形式列出，由投标人按规定组价，包括在总报价内。前面分部分项工程综合单价、措施项目费都是投标人自由组价，可其他项目费不一定是投标人自由组价，原因是本规范提供了两部分四项作为列项的其他项目费，包括招标人部分和投标人部分。招标人部分是非竞争性项目，就是要求投标人按招标人提供的数量及金额进入报价，不允许投标人对价格进行调整。对于投标人部分是竞争性费用，名称、数量由招标人提供，价格由投标人自由确定。规范中提到的四种其他项目费：预留金、材料购置费、总承包服务费和零星工作项目费。对于招标人来说只是参考，可以补充，但对于投标人是不能补充的。必须按招标人提供的工程量清单执行。但在执行过程中应注意以下几点：

（1）其他项目清单中的预留金、材料购置费和零星工作项目费，均为估算、预测数量，虽在投标时计入投标人的报价中，不应视为投标人所有。竣工结算时，应按投标人实际完成的工作内容结算，剩余部分仍归招标人所有。

（2）预留金主要考虑可能发生的工程量变更而预留的金额，此处提出的工程量变更主要指工程量清单漏项、有误引起工程量的增加和施工中的设计变更引起标准提高而造成的工程量的增加等。

（3）总承包服务费包括配合协调招标人工程分包和材料采购所需的费用，此处提出的工程分包是指国家允许分包的工程。但不包括投标人自行分包的费用，投标人由于分包而发生的管理费，应包括在相应清单项目的报价内。

（4）为了准确计价，招标人用零星工作项目表的形式详细列出人工、材料、机械名称和相应数量。投标人在此表内组价，此表为零星工作项目费的附表，不是独立的项目费用表。

（5）其他项目费及零星工程项目费的报表格式必须按工程量清单及规格要求格式执行。如某多层砖混住宅楼工程的其他项目费如表 5-32 所示。预留金为投标人非竞争性费用，一般在工程量清单的总说明中有明确说明，按规定的费用计取。零星工作项目费按零星工作项目表的计算结果计取，见表 5-33。

其他项目清单与计价汇总表

表 5-32

工程名称：某多层砖混住宅工程基础工程

序号	项目名称	计量单位	金额（元）	备　注
1	暂列金额	项	—	

序号	项目名称	计量单位	金额（元）	备 注
2	暂估价		—	
2.1	材料暂估价		—	
2.2	专业工程暂估价	项	—	
3	计日工		7945	详见表 5-33
4	总承包服务费		—	
	合计		7945	

计 日 工 表　　　　　　　　　　　　表 5-33

工程名称：某多层砖混住宅工程基础工程

序 号	项目名称	单位	暂定数量	综合单价	合价
1	人工 普工	工日	20	80	1600
	人工小计				1600
2	材料 水泥 42.5 级	t	1	345	345
	材料小计				345
3	施工机械 载重汽车 4t	台班	10	600	6000
	施工机械小计				6000
	总计				7945

6. 规费的计算

规费是指政府和有关部门规定必须缴纳的费用，包括工程排污费、工程定额测定费、社会保障费、住房公积金及危险作业意外伤害保险等。规费的计算比较简单，在投标报价时，规费的计算一般按国家及有关部门规定的计算公式及费率标准计算。

7. 税金的计算

建筑安装工程税金由营业税、城市维护建设税及教育费附加构成，是国家税法规定的应计入工程造价内的税金，是"转嫁税"。与分部分项工程费、措施项目费及其他项目费不同，税金具有法定性和强制性，工程造价包括按税法规定计算的税金，并由工程承包人按规定及时足额交纳给工程所在地的税务部门。

（1）营业税的税额为营业额的 3%，其中营业额是指从事建筑、安装、修缮、装饰及其他工程作业收取的全部收入，包括工程所用材料、物资价值，当安装的设备的价值纳入发包价格时，也包括安装设备的价款，工程总承包人将工程分包或者转包给他人的，以工程的全部承包额减去付给分包人或者转包人的价款后的余额为营业额，但仍以总承包人为代扣缴义务人。营业税的计税公式为：

计税价格＝[工程成本×(1＋成本利润率)]÷(1－营业税税率)

（2）城市维护建设税额。工程所在地为市区的，按营业税的 7% 征收；工程所在地为县镇的，按营业税的 5% 征收；所在地在农村的，按营业税的 1% 征收。城乡维护建设税的计税公式为：

$$应纳税额＝应税营业税额×适用税率(7\%或5\%或1\%)$$

（3）教育费附加税额为营业税的3%。其计税公式为：

$$应纳税额＝应税营业税额×3\%$$

为了计算上的方便，可将营业税、城市维护建设税、教育费附加通过简化计算合并在一起，以工程成本加成本利润率为基数计算税金。在建筑业计算价款时，在未计税金之前是不知道总价款的，可税金又是按总价款为基数乘适用税率，这就存在一个含税计税的问题。因此必须推导出一个税前价款计税的公式，也就是以工程总价款扣除应交税金额的价款为基数×税率＝工程总价款×适用税率。税率的计算公式如下：

$$税率＝\{1÷[1－营业税适用税率×(1+城市维护建设税适用税率$$
$$+教育费附加适用税率)]－1\}×100\%$$

如果工程所在地在市区的，则

$$税率(\%)＝\left[\frac{1}{1-3\%-(3\%×7\%)-(3\%×3\%)}-1\right]×100\%=3.41\%$$

工程所在地在县城镇的，则

$$税率(\%)＝\left[\frac{1}{1-3\%-(3\%×5\%)-(3\%×3\%)}-1\right]×100\%=3.35\%$$

工程所在地不在市区、县城、镇的，则

$$税率(\%)＝\left[\frac{1}{1-3\%-(3\%×1\%)-(3\%×3\%)}-1\right]×100\%=3.22\%$$

按上面的举例，规费的费率为5%，此工程在城市，税率为3.41%。工程的规费、税金计算见表5-34。

规费、税金项目清单与计价表　　　　　　表5-34

序号	项目名称	计算基础	费率（%）	金额（元）
1	规费	分部分项费＋措施项目费＋其他项目费	5	5351.74
2	税金	分部分项费＋措施项目费＋其他项目费＋规费	3.41	3832.38
3	合计			9184.12

8. 工程总造价计算

取费计算完后，可以按规范要求的格式填报"单位工程投标报价汇总表"，见表5-35。对于"投标总价"、"工程项目投标报价汇总表"、"单项工程投标报价汇总表"按规范要求的格式进行填报表5-35～表5-38。

单位工程投标报价汇总表　　　　　　表5-35

工程名称：某多层砖混住宅基础工程

序　号	汇总内容	金额（元）	其中：暂估价（元）
1	分部分项工程清单计价合计	80905.8	
2	措施项目清单计价合计	18184	
3	其他项目清单计价合计	7945	

序号	汇总内容	金额（元）	其中：暂估价（元）
4	规费	5351.74	
5	税金	3832.38	
	合计＝1＋2＋3＋4＋5	116218.91	

单项工程招标控制价汇总表　　　　　　　　　　表 5-36

工程名称：某多层砖混住宅基础工程

序号	单项工程名称	金额（元）	其　中		
			暂估价 （元）	安全文明施工费 （元）	规费 （元）
1	某多层砖混住宅基础工程	116218.91		8184	5351.74
	合计	116218.91		8184	5351.74

工程项目投标报价汇总表　　　　　　　　　　表 5-37

工程名称：某多层砖混住宅基础工程

序号	单项工程名称	金额（元）	其　中		
			暂估价 （元）	安全文明施工费 （元）	规费 （元）
1	某多层砖混住宅基础工程	116218.91		8184	5351.74
	合计	116218.91		8184	5351.74

投 标 总 价　　　　　　　　　　表 5-38

招　　标　　人：××××

工　程　名　称：某多层砖混住宅基础工程

投　标　总　价(小写)：116218.91元

　　　　(大写)：壹拾壹万陆仟贰佰壹拾捌元玖角壹分

　　　　　　　　××××公司

投　　标　　人：　　　　单位公章
　　　　　　　　　　　（单位盖章）

法 定 代 表 人　　　　　××××公司

或 其 授 权 人：　　　　法定代表人
　　　　　　　　　　　（签字或盖章）

　　　　　　　　　×××签字

　　　　　　　　盖造价工程师

编　　制　　人：　　　　或造价员章
　　　　　　　　　（造价人员签字盖专用章）

编　制　时　间：××××年×月×日

第六章　建设工程招标投标与合同管理

第一节　建设工程招标投标

一、建设工程招标投标的概念

招标投标是商品经济中的一种竞争方式，通常适用于大宗交易。它的特点是由唯一的买主（或卖主）设定标的，招请若干个卖主（或买主）通过秘密报价进行竞争，从中选择优胜者与之达成交易协议，随后按协议实现标的。

建设项目招标投标是国际上广泛采用的业主择优选择工程承包商的主要交易方式。招标的目的是为计划兴建的工程项目选择适当的承包商，将全部工程或其中某一部分工作委托这个（些）承包商负责完成。承包商则通过投标竞争，决定自己的生产任务和销售对象，也就是使产品得到社会的承认，从而完成生产计划并实现盈利计划。为此，承包商必须具备一定的条件，才有可能在投标竞争中获胜，为业主所选中。这些条件主要是一定的技术、经济实力和管理经验，是能胜任承包的任务、效率高、价格合理以及信誉良好。

建设工程项目的招标是指招标人在工程项目发包之前制定招标文件，公开招引或邀请招引投标人，投标人根据招标文件的规定和要求编写投标文件，在指定的时间里递交投标书并当场开标，然后进行评标，择优选定并最终确定中标人的一种市场经济活动。

建设工程项目的投标是指具有合法资格和能力的投标人根据招标文件的规定和要求在指定期限内填写标书，提出报价（商务标）、施工组织设计（技术标）等组成的投标文件送达招标人或招标代理人等候开标、评审，决定是否中标的一种市场经济活动。

建设项目招标投标制是在市场经济条件下产生的，因而必然受竞争机制、供求机制、价格机制的制约。招标投标意在鼓励竞争，防止垄断。

二、建设工程招标

1. 建设工程招标的范围

《招标投标法》规定，在中华人民共和国境内，下列工程建设项目包括项目的勘察、设计、施工、监理以及工程建设有关的重要设备、材料等的采购，必须进行招标：

（1）大型基础设施、公用事业等社会公共利益、公共安全的项目。

（2）全部或者部分使用国家资金投资或者国家融资的项目。

（3）使用国际组织或者外国政府贷款、援助资金的项目。

建设项目的勘察、设计，采用特定专利或者专有技术的，或者其建筑艺术造型有特殊要求的，经项目主管部门批准，可以不进行招标。

任何单位和个人不得将依法必须进行招标的项目化整为零或者以其他任何方式规避招标。

根据我国的实际情况，允许各地区自行确定本地区招标的具体范围和规模标准，但不得缩小国家发展计划委员会所确定的必须招标的范围。

2. 可以不进行招标的项目

(1) 涉及国家安全、国家秘密、抢险救灾或者属于利用扶贫资金实行以工代赈、需要使用农民工等特殊情况，不适宜进行招标的项目，按照国家有关规定可以不进行招标。

(2) 建设工程项目的勘察设计，采用特定专利或者专有技术的，或者建筑艺术造型有特殊要求的，经项目主管部门批准，可以不进行招标。

(3) 房屋建筑和市政基础设施工程有下列情形之一的，经县级以上地方人民政府建设行政主管部门批准，可以不进行施工招标：

1) 停建或者缓建后恢复建设的单位工程，且承包人未发生变更的。

2) 施工企业自建自用的工程，且该施工企业资质等级符合工程要求的。

3) 在建工程追加的附属小型工程或者主体加层工程，且承包人未发生变更的。

4) 法律、法规及规章规定的其他情形。

3. 建设工程招标的分类

建设工程招标内容如图 6-1 所示。

(1) 建设项目总承包招标

建设项目总承包招标又叫做建设项目全过程招标，在国外称之为"交钥匙工程"招标。它是指从项目建议书开始，包括可行性研究报告、勘察设计、设备材料

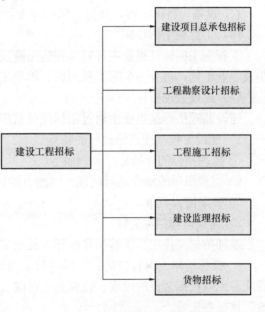

图 6-1　建设工程招标内容

询价与采购、工程施工、生产准备、投料试车，直至竣工投产、交付使用过程实行招标。总承包商根据业主所提出的建设项目要求，对项目建议书、可行性研究、勘察设计、设备询价选购、材料订货、工程施工、职工培训、试生产、竣工投产等实行全面报价投标。

(2) 工程勘察设计招标

工程勘察设计招标是指业主就拟建工程的勘察和设计任务以法定方式吸引勘察单位或设计单位参加竞争，经业主审查获得投标资格的勘察、设计单位，按照招标文件的要求，在规定时间内向招标单位填报投标书，业主从中择优确定承包商完成工程勘察或设计任务。

1) 建设工程勘察、设计招标投标的特点

① 设计招标实质上主要是设计方案竞选。

② 设计招标的招标文件、投标书编制要求、开标形式、评标原则与其他招标不同。

③ 勘察工作可以单独发包，但与设计一起发包较为有利

2) 勘察、设计的招标文件

勘察招标文件应当介绍拟建工程项目的特点、技术要求和投标人应当遵守的投标规定。设计招标文件的主要内容包括：

① 一般内容。投标须知、合同条件、现场考察与标前会议的时间、地点等。

② 设计依据文件和设计依据资料。设计依据文件是指设计任务书及其他有关的经主管部门批复的文件或者其复制件，以及提供设计所需资料的内容、方式和时间。

③ 项目说明书。工作内容，设计范围、深度和进度要求，建设周期，投资限额等。

④ 设计要求文件。又称设计大纲，是设计招标文件最重要的组成部分，内容包括：

Ⅰ. 设计文件编制依据。

Ⅱ. 规划要求、技术经济指标要求和平面布局要求。

Ⅲ. 结构形式和结构设计方面的要求。

Ⅳ. 设备、特殊工程、环保、消防等方面的要求。

（3）工程施工招投标

工程施工招标是指业主针对工程施工阶段的内容进行的招标，根据工程施工范围的大小及专业不同，可分为全部工程招标、单项工程招标和专业工程招标等。

（4）建设监理招标

建设监理招标是指业主通过招标选择监理承包商的行为。

1）建设工程监理招标投标的特点

① 监理招标的标的是"监理服务"。

② 监理招标的宗旨是对监理人的能力的选择。

③ 鼓励能力竞争。

2）建设监理招标文件

监理招标文件应当能够指导投标人提出实施监理工作的方案建议。主要内容有：

① 投标须知。内容包括：工程项目综合说明、监理范围和业务、投标文件的编制及提交、无效投标文件的规定、投标起止时间、开标的时间和地点、招投标文件的澄清和修改、评标办法等。

② 合同条件。招标人向投标人提出的为取得中标必须满足的（甚至是苛刻的）条件。投标人应认真分析其中可能存在的风险，防范意外的损失。

③ 业主提供的现场办公条件。包括交通、通信、住宿、办公用房等方面的办公条件。

④ 对监理人的要求。包括对监理人员、检测手段、解决工程技术难点等方面的要求。

⑤ 其他事项。

（5）货物招标

货物招标是指与工程建设项目有关的重要设备、材料的招标，是业主针对设备、材料供应及设备安装调试等工作进行的招标。

1）物资采购招标投标的特点

① 大宗材料或定型批量生产的中小型设备采购招标投标的特点。

Ⅰ. 标的物的规格、性能、主要技术参数等都是通用指标，应采用国家标准。

Ⅱ. 评标的重点应当是各投标人的商业信誉、报价、交货期等条件。

② 非批量生产的大型设备和特殊用途的大型非标准部件采购招标投标的特点。

这类物资没有国家标准，招标择优的对象应当是能够最大限度地满足招标文件规定的各项综合评价标准的投标人。评标的内容主要有：

Ⅰ．标的物的规格、性能、主要技术参数等质量指标。

Ⅱ．投标人的商业信誉、报价、交货期等商务条件。

Ⅲ．投标人的制造能力、安装、调试、保修、操作培训等技术条件。

③ 贯彻最合理采购价格原则。

Ⅰ．材料采购招标。在标价评审时，综合考虑材料价格和运杂费两个因素。

Ⅱ．设备采购招标。设备采购的最合理采购价格原则是指按寿命周期费用最低原则采购物资，在标价评审中要全面考虑下列价格的构成因素：物资的单价和合价；采购物资的运杂费；寿命期内需要投入的运营费用。

④ 工程建设物资采购分段招标的相关因素。

Ⅰ．建设进度与供货时间的合理衔接。

Ⅱ．鼓励有实力的供货厂商参与竞争。

Ⅲ．建设物资的市场行情。

Ⅳ．建设资金计划。

2）设备采购招标的资格预审

① 合同主体资格审查。

② 履行合同的资格和能力的审查：

Ⅰ．必须具备国家核定的生产或供应招标采购设备的法定条件。证明文件有：设备生产许可证、设备经销许可证或制造厂商的代理授权文件、产品鉴定书等。

Ⅱ．具有与招标标的物及其数量相适应的生产能力，设计、制造和质量控制的能力。

Ⅲ．业绩良好。

4．施工招标应具备的条件

（1）招标人已经依法成立。

（2）初步设计及概算应当履行审批手续的，已经批准。

（3）招标范围、招标方式和招标组织形式等应当履行核准手续的，已经核准。

（4）工程资金或者资金来源已经落实。

（5）有满足施工招标需要经审查通过的设计图纸及其他有关技术资料。

（6）法律、法规及规章规定的其他条件。

5．招标方式

建设工程的招标方式分为公开招标和邀请招标两种。依法可以不进行施工招标的建设项目，经过批准后可以不通过招标的方式直接将建设项目授予选定承包商。

（1）公开招标

公开招标，是指业主以招标公告的方式邀请不特定的法人或其他组织投标。

依法应当公开招标的建设项目，必须进行公开招标。公开招标的招标公告，应当在国家指定的报刊和信息网络上发布。

（2）邀请招标

邀请招标，是指业主以投标邀请书的方式邀请特定的法人或者其他组织投标。

依法可以采用邀请招标的建设项目，必须经过批准后方可进行邀请招标。业主应当向三家以上具备承担施工招标项目的能力、资信良好的特定的法人或其他组织发出投标邀请书。

6. 招标工作的组织方式

招标工作的组织方式有两种。一种是业主自行组织，另一种是招标代理机构组织。业主具有编制招标文件和组织评标能力的，可以自行办理招标事宜。不具备的，应当委托招标代理机构办理招标事宜。

从事工程建设项目招标代理业务的招标代理机构，其资格由国务院或者省、自治区、直辖市人民政府的建设行政主管部门认定。

招标代理机构与行政机关和其他国家机关不得存在隶属关系或者其他利益关系。

7. 招标文件的组成与内容

建设工程招标文件，既是承包商编制投标文件的依据，也是与将来中标的承包商签订工程承包合同的基础，招标文件中提出的各项要求，对整个招标工作乃至承、发包双方都有约束力。建设工程招标投标根据标的不同分为许多不同阶段，每个阶段招标文件编制内容及要求不尽相同。

（1）建设工程施工招标文件的组成与内容

1）投标须知

主要包括的内容有：前附表；总则；工程概况；招标范围及基本要求情况；招标文件的解释、修改、答疑等有关内容；对投标文件的组成、投标报价、递交、修改、撤回等有关内容的要求；标底的编制方法和要求；评标机构的组成和要求；开标的程序、有效性界定及其他有关要求；评标、定标的有关要求和方法；授予合同的有关程序和要求；其他需要说明的有关内容。对于资格后审的招标项目，还要对资格审查所需提交的资料提出具体的要求。

2）合同主要条款

主要包括的内容有：所采用的合同文本；质量要求；工期的确定及顺延要求；安全要求；合同价款与支付办法；材料设备的采购与供应；工程变更的价款确定方法和有关要求；竣工验收与结算的有关要求；违约、索赔、争议的有关处理办法；其他需要说明的有关条款。

3）投标文件格式

对投标文件的有关内容的格式作出具体规定。

4）工程量清单

采用工程量清单招标的，应当提供详细的工程量清单。《建设工程工程量清单计价规范》规定：工程量清单由分部分项工程量清单、措施项目清单、其他项目清单组成。

5）技术条款

主要说明建设项目执行的质量验收规范、技术标准、技术要求等有关内容。

6）设计图纸

招标项目的全部有关设计图纸。

7）评标标准和方法

评标标准和方法中，应该明确规定所有的评标因素，以及如何将这些因素量化或者据以进行评估。在评标过程中，不得改变这个评标标准、方法和中标条件。

8）投标辅助材料

其他招标文件要求提交的辅助材料。

（2）工程建设项目货物招标文件的组成与内容

1）招标文件的组成：

① 投标须知；

② 投标文件格式；

③ 技术规格、参数及其他要求；

④ 评标标准和方法；

⑤ 合同主要条款。

2）招标文件编写应遵循的主要规定

招标文件组成中的各主要内容，不再一一叙述，大部分与建设项目工程施工招标文件的要求相同。但在招标文件编写时，还应该注意以下规定：

① 应当在招标文件中规定实质性要求和条件，说明不满足其中任何一项实质性要求和条件的投标将被拒绝，并用醒目的方式标明；没有标明的要求和条件，在评标时不得作为实质性要求和条件。对于非实质性要求和条件，应该规定允许偏差的最大范围、最高项数，以及对这些偏差进行调整的方法。

② 允许中标人对非主体设备、材料进行分包的，应当在招标文件中载明。主要设备或供货合同的主要部分不得要求或者允许分包。除招标文件要求不得改变标准设备、材料的供应商外，中标人经招标人同意改变标准设备、材料的供应商的，不应视为转包和违法分包。

③ 招标文件规定的各项技术规格应当符合国家技术法规的规定。不得含有倾向或者排斥潜在投标人的其他内容。

8. 建设工程招标投标程序

（1）建设工程施工招标投标程序

建设工程施工公开招标程序，如图 6-2 所示。

1）建设工程项目报建。

各类房屋建设（包括新建、改建、扩建、翻建、大修等）、土木工程（包括道路、桥梁、房屋基础打桩）、设备安装、管道线路敷设、装饰装修等建设工程在项目的立项批准文件或年度投资计划下达后，按照《工程建设项目报建管理办法》规定具备条件的，须向建设行政主管部门报建备案。

2）提出招标申请，自行招标或委托招标报主管部门备案。

3）资格预审文件、招标文件的编制备案。

招标单位进行资格预审（如果有）相关文件、招标文件的编制报行政主管部门备案。

4）刊登招标公告或发出投标邀请书。

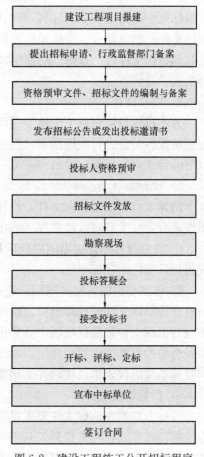

图 6-2 建设工程施工公开招标程序

招标人采用公开招标方式的，应当发布招标公告。依法必须进行招标的项目的招标公告，应当在国家指定的报刊和信息网络上发布。

采用邀请招标方式的，招标人应当向三家以上具备承担施工招标项目的能力、资信良好的特定的法人或其他组织发出投标邀请书。

5）资格审查。

资格审查分为资格预审和资格后审。资格预审，是指在投标前对潜在投标人进行的资格审查。

资格后审，是指在开标后对投标人进行的资格审查。进行资格预审的，一般不再进行资格后审，但招标文件另有规定的除外。

采取资格预审的，招标人可以发出资格预审公告。经预审合格后，招标人应当向资格审查合格的潜在投标人发出资格预审合格通知书，告知获取招标文件的时间、地点和方法，并同时向资格预审不合格的潜在投标人告知资格预审结果。资格预审不合格的潜在投标人不得参加投标。

经资格后审不合格的投标人的投标应作废标处理。

6）招标文件发放。

招标文件发放给通过资格预审获得投标资格或被邀请的投标单位。投标单位收到招标文件、图纸和有关资料后，应认真核对。招标单位对招标文件所做的任何修改或补充，须在投标截止时间至少 15 日前，发给所有获得招标文件的投标单位，修改或补充内容作为招标文件的组成部分。投标单位收到招标文件后，若有疑问或不清的问题需澄清解释，应在收到招标文件后 7 日内以书面形式向招标单位提出，招标单位应以书面形式或投标预备会形式予以解答。

7）勘察现场。

为使投标单位获取关于施工现场的必要信息，在投标预备会的前 1~2 天，招标单位应组织投标单位进行现场勘察，投标单位在勘察现场中如有疑问问题，应在投标预备会前以书面形式向招标单位提出。

8）投标答疑会。

招标单位在发出招标文件、投标单位勘察现场之后，根据投标单位在领取招标文件、图纸和有关技术资料及勘察现场提出的疑问问题，招标单位可通过以下方式进行解答：

① 收到投标单位提出的疑问问题后，以书面形式进行解答，并将解答同时送达所有获得招标文件的投标单位。

② 收到提出的疑问问题后，通过投标答疑会进行解答，并以会议纪要形式同时送达所有获得招标文件的投标单位。投标答疑会的目的在于澄清招标文件中的疑问，解答投标单位对招标文件和勘察现场中所提出的疑问问题及对图纸进行交底和解释。所有参加投标答疑会的投标单位应签到登记，以证明出席投标答疑会。在开标之前，招标单位不得与任何投标单位的代表单独接触并个别解答任何问题。

9）投标答疑会。

投标人应当在招标文件要求提交投标文件的截止时间前，将投标文件密封送达投标地点。招标人收到投标文件后，应当签收保存，在开标前任何单位和个人不得开启投标文件。投标人少于 3 个的，招标人应当依法重新招标。在招标文件要求提交投标文件的截止时间后送达的投标文件，招标人应当拒收。投标人在招标文件要求提交投标文件的截止时间前，可以补充、修改或者撤回已提交的投标文件，并书面通知招标人。补充、修改的内容为投标文件的组成部分。

10）开标、评标、定标。

11）宣布中标单位。

12）签订合同。

（2）建设工程货物招标投标程序

建设工程货物招标程序，如图 6-3 所示。

三、建设工程投标

1. 投标文件内容

投标人应当按照招标文件的要求编制投标文件。投标文件应当对招标文件提出的实质性要求和条件作出响应。

（1）建设工程施工投标文件内容

1）投标函；

2）投标书附录；

3）投标保证金；

4）法定代表人资格证明书；

5）授权委托书；

6）具有标价的工程量清单与报价表；

7）辅助资料表；

8）资格审查表（资格预审的不采用）；

9）对招标文件中的合同协议条款内容的确认和响应；

10）招标文件规定提交的其他资料。

（2）建设工程设备、材料采购投标文件的编制

1）投标书；

2）投标设备数量及价目表；

3）偏差说明书，即对招标文件某些要求有不同意见的说明；

4）证明投标单位资格的有关文件；

5）投标企业法人代表授权书；

6）投标保证金；

7）招标文件要求的其他需要说明的事项。

参加投标的单位应购买招标文件，承认并履行招标文件中的各项规定和要求。投标单位向招标单位提供的投标文件应分为正本、副本，评标时以正本为准。在投标截止之前，招标方允许对已提交的投标文件进行补充或修改，但须由投标方授权代表签字后方为有效。在投标截止后，投标文件不得修改。另外，凡与招标规定不符、内容不全或以电信形式授权的投标文件，视为无效。

图 6-3　建设工程货物招标程序

（流程图内容：办理招标委托手续 → 招标单位编制招标文件 → 刊登招标公告或发出邀请投标书 → 资格预审 → 招标文件发放 → 疑问解答 → 接受投标 → 开标、评标、定标 → 签订供货合同）

2. 建设工程施工投标的程序

建设工程施工投标的一般程序，如图 6-4 所示。

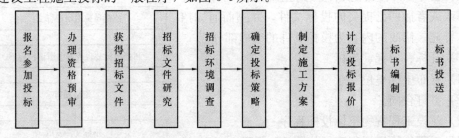

图 6-4　建设工程施工投标程序

3. 工程建设项目施工投标的准备工作

（1）研究招标文件

取得招标文件以后，首要的工作是仔细认真地研究招标文件，充分了解其内容和要求，以便安排投标工作的部署，并发现应提请招标单位予以澄清的疑点。研究招标文件的着重点，通常放在以下几方面：

1）研究工程综合说明，借以获得对工程全貌的轮廓性了解。

2）熟悉并详细研究设计图纸和技术说明书，目的在于弄清工程的技术细节和具体要求，使制定施工方案和报价有确切的依据。为此，要详细了解设计规定的各部位做法和对材料品种规格的要求；各种图纸之间的关系等，发现不清楚或互相矛盾之处，要提请招标单位解释或订正。

3）研究合同主要条款，明确中标后应承担的义务、责任及应享受的权利，重点是承包方式，开竣工时间及工期奖罚，材料供应及价款结算办法，预付款的支付和工程款结算办法，工程变更及停工、窝工损失处理办法等。因为这些因素或者关系到施工方案的安排，或者关系到资金的周转，最终都会反映在标价上，所以都须认真研究，以利于减少风险。

4）熟悉投标单位须知，明确了解在投标过程中，投标单位应在什么时间做什么事和不允许做什么事，目的在于提高效率，避免造成废标，徒劳无功。

全面研究了招标文件，对工程本身和招标单位的要求有了基本的了解之后，投标单位就可以制订自己的投标工作计划，以争取中标为目标，有秩序地开展工作。

（2）调查投标环境

投标环境就是投标工程的自然、经济和社会条件，这是工程施工的制约因素，必然影响工程成本，是投标报价时必须考虑的，所以要在报价前尽可能了解清楚。

1）施工现场条件，可通过踏勘现场和研究招标单位提供的地基勘探报告资料来了解。主要有：场地的地理位置，地上、地下有无障碍物，地基土质及其承载力，进出场通道，给水排水、供电和通信设施，材料堆放场地的最大容量，是否需要二次搬运，临时设施场地等。

2）自然条件，主要是影响施工的风、雨、气温等因素。如风、雨期的起止期，常年最高、最低和平均气温以及地震烈度等。

3）建材供应条件，包括砂石等地方材料的采购和运输，钢材、水泥、木材等材料的供应来源和价格，当地供应构配件的能力和价格，租赁建筑机械的可能性和价格等。

4) 专业分包的能力和分包条件。

5) 生活必需品的供应情况。

（3）确定投标策略

建筑企业参加投标竞争，目的在于得到对自己最有利的施工合同，从而获得尽可能多的盈利。为此，必须研究投标策略，以指导其投标全过程的活动。

（4）制定施工方案

施工方案是投标报价的一个前提条件，也是招标单位评标要考虑的重要因素之一。施工方案主要应考虑施工方法、主要机械设备、施工进度、现场工人数目的平衡以及安全措施等，要求在技术和工期两方面对招标单位有吸引力，同时又有助于降低施工成本。由于投标的时间要求往往相当紧迫，所以施工方案不可能也无必要编得很详细，只要抓住要点，扼要地说明就行了。

4. 工程建设项目施工投标报价的编制

此部分参考本书"第五章第四节工程量清单的编制与计价"中相关的内容。

四、开标、评标与定标

开标和评标是决定中标人的关键环节，不同的评标方法最终推荐（确定）的中标候选人（中标人）可能截然不同。

1. 开标

开标就是招标人依据招标文件规定的时间和地点，开启投标人提交的投标文件，公开宣布其主要内容。

开标应当在招标文件确定的提交投标文件截止时间的同一时间公开进行；开标地点应当为招标文件中确定的地点。开标由招标人（或其委托的代理机构）主持，邀请所有投标人参加。开标时，由投标人或者推选的代表检查投标文件的密封情况，也可以由招标人委托的公证机构检查并公证；经确认无误后，由工作人员当众拆封，宣读投标人名称、投标价格和投标文件的其他主要内容。招标人在招标文件要求提交投标文件的截止时间前收到的所有投标文件，开标时都应当当众予以拆封、宣读。唱标应按送达投标文件时间先后的逆顺序进行，唱标内容应做好记录，并请投标人法定代表人或授权代理人签字确认；招标人应对开标过程进行记录，以存档备查。

在开标时，投标文件有下列情形之一的，招标人不予受理：

（1）逾期送达的或未送达指定地点的。

（2）未按招标文件的要求密封的。

投标文件有下列情形之一的，由评标委员会初审后按废标处理：

（1）无单位盖章并无法定代表人或法定代表人授权的代理人签字或盖章的。

（2）未按规定的格式填写，内容不全或关键字迹模糊、无法辨认的。

（3）投标人递交两份或多份内容不同的投标文件，或在一份投标文件中对同一招标项目报有两个或多个报价，且未声明哪一个有效。按招标文件规定提交备选投标方案的除外。

（4）投标人名称或组织结构与资格预审时不一致的。

（5）未按招标文件的要求提交投标保证金的。

（6）联合体投标未附联合体各方共同投标协议的。

2. 评标委员会

评标由招标人依法组建的评标委员会负责。依法必须进行招标的项目，其评标委员会由招标人的代表和有关技术、经济等方面的专家组成，成员人数为五人以上单数，其中技术、经济等方面的专家不得少于成员总数的三分之二。

评标专家应符合下列条件：

（1）从事相关领域工作满八年，并具有高级职称或者同等专业水平。

（2）熟悉有关招标投标的法律法规，并具有与招标项目相关的实践经验。

（3）能够认真、公正、诚实、廉洁地履行职责。

评标委员会的专家成员应当从省级以上人民政府有关部门提供的专家名册或者招标代理机构的专家库内的相关专家名单中确定。一般项目，可以采取随机抽取的方式；技术特别复杂、专业性要求特别高或者国家有特殊要求的招标项目，采取随机抽取方式确定的专家难以胜任的，可以由招标人直接确定。

评标委员会成员的名单在中标结果确定前应当保密。

有下列情形之一的，应当主动提出回避，不得担任评标委员会成员：

（1）投标人或者投标人主要负责人的近亲属。

（2）项目主管部门或者行政监督部门的人员。

（3）与投标人有经济利益关系，可能影响对投标公正评审的。

（4）曾因在招标、评标以及其他与招标投标有关活动从事违法行为而受过行政处罚或刑事处罚的。

3. 评标

（1）评标原则

《中华人民共和国招标投标法》第 38、39、40、42、44 条规定：

1）招标人应当采取必要的措施，保证评标在严格保密的情况下进行。任何单位和个人不得非法干预、影响评标的过程和结果。

2）评标委员会可以要求投标人对投标文件中含义不明确的内容作必要的澄清或者说明，但是澄清或者说明不得超出投标文件的范围或者改变投标文件的实质性内容。

3）评标委员会应当按照招标文件确定的评标标准和方法，对投标文件进行评审和比较；设有标底的，在评标时作为参考，标底应当保密。评标委员会完成评标后，应当向招标人提出书面评标报告，并推荐合格的中标候选人。招标人根据评标委员会提出的书面评标报告和推荐的中标候选人确定中标人。招标人也可以授权评标委员会直接确定中标人。

4）评标委员会经过评审，认为所有投标都不符合招标文件要求的，可以否决所有投标。

5）评标委员会成员应当客观、公正地履行职责，遵守职业道德，对所提出的评审意见承担个人责任。评标委员会成员不得私下接触投标人，不得收受投标人的财物或者其他好处。评标委员会成员和参与评标的有关工作人员不得透露对投标文件的评审和比较、中标候选人的推荐情况以及与评标有关的其他情况。

6）评标委员会应当根据招标文件规定的评标标准和方法，对投标文件进行系统的评审和比较。招标文件中没有规定的标准和方法不得作为评标的依据。

（2）评标程序及主要内容

1）评标准备

在评标开始前，评标委员会成员应当认真研究招标文件，了解熟悉以下内容：

①招标的目的；

②招标项目的范围和性质；

③招标文件中规定的主要技术要求、标准和商务条款；

④招标文件规定的评标标准、评标方法和在评标过程中考虑的相关因素。

2）初步评审

评审委员会可以书面方式要求投标人对投标文件中含义不明确、对同类问题表述不一致或者有明显文字和计算错误的内容作必要的澄清、说明或者补正。澄清、说明或者补正应以书面方式进行，并不得超出投标文件的范围或者改变投标文件的实质性内容。在评标过程中，评标委员会发现投标人的报价明显低于其他投标报价或者在设有标底时明显低于标底，使得其投标报价可能低于其个别成本的，应当要求该投标人作出书面说明并提供相关证明材料。

投标人资格条件不符合国家有关规定和招标文件要求的，或者拒不按照要求对投标文件进行澄清、说明或者补正的，评标委员会可以否决其投标。

有下列情形之一的，按废标处理：

① 在评标过程中，评标委员会发现投标人以他人的名义投标、串通投标、以行贿手段谋取中标或者以其他弄虚作假方式投标的。

② 投标人不能合理说明或者不能提供相关证明材料，由评标委员会认定投标人低于成本报价竞标的。

③ 有重大偏差，未能在实质上响应招标文件的。

下列情况属于重大偏差。招标文件对重大偏差另有规定的，从其规定。

① 没有按照招标文件要求提供投标担保或者所提供的投标担保有瑕疵。

② 投标文件没有投标人授权代表签字和加盖公章。

③ 投标文件载明的招标项目完成期限超过招标文件规定的期限。

④ 明显不符合技术规格、技术标准的要求。

⑤ 投标文件载明的货物包装方式、检验标准和方法等不符合招标文件的要求。

⑥ 投标文件附有招标人不能接受的条件。

⑦ 不符合招标文件中规定的其他实质性要求。

根据上述的规定否决不合格投标或者界定为废标后，因有效投标不足三个使得投标明显缺乏竞争的，评标委员会可以否决全部投标。投标人少于三个或者所有投标被否决的，招标人应当依法重新招标。

3）详细评审

经初步评审合格的投标文件，评标委员会应当根据招标文件确定的评标标准和方法，对其技术部分和商务部分作进一步评审、比较。评标方法包括经评审的最低投标价法、综合评估法或者法律、行政法规允许的其他评标方法。

评标和定标应当在投标有效期结束日 30 个工作日前完成。不能在投标有效期结束日

30个工作日前完成评标和定标的，招标人应当通知所有投标人延长投标有效期。拒绝延长投标有效期的投标人有权收回投标保证金。同意延长投标有效期的投标人应当相应延长其投标担保的有效期，但不得修改投标文件的实质性内容。因延长投标有效期造成投标人损失的，招标人应当给予补偿，但因不可抗力需延长投标有效期的除外。

①经评审的最低投标价法。经评审的最低投标价法，一般适用于具有通用技术、性能标准或者招标人对其技术、性能没有特殊要求的招标项目。能够满足招标文件的实质性要求，并且经评审的最低投标价的投标，应当推荐为中标候选人。但投标价格低于其企业成本的除外。

根据经评审的最低投标价法完成详细评审后，评标委员会应当拟定一份"标价比较表"，连同书面评标报告提交招标人。"标价比较表"应当载明投标人的投标报价、对商务标偏差的价格调整和说明，以及经评审的最终投标价。

②综合评估法。不宜采用经评审的最低投标价法的招标项目，一般应当采取综合评估法进行评审。最大限度地满足招标文件中规定的各项综合评价标准的投标，应当推荐为中标候选人。

根据综合评估法完成评标后，评标委员会应当拟定一份"综合评估比较表"，连同书面评标报告提交招标人。"综合评估比较表"应当载明投标人投标报价、所作的任何修正、对商务标偏差的调整、对技术标偏差的调整、对各评审因素的评估以及对每一投标的最终评审结果。

4. 评标报告与定标

评标委员会完成评标后，应当向招标人提出书面评标报告，并抄送有关行政监督部门。评标报告中推荐的中标候选人应当限定在1～3人，并标明排列顺序。

评标报告应当如实记载以下内容：

（1）基本情况和数据表；

（2）评标委员会成员名单；

（3）开标记录；

（4）符合要求的投标一览表；

（5）废标情况说明；

（6）评标标准、评标方法或者评标因素一览表；

（7）经评审的价格或者评分比较一览表；

（8）经评审的投标人排序；

（9）推荐的中标候选人名单与签订合同前要处理的事宜；

（10）澄清、说明、补正事项纪要。

在确定中标人之前，招标人不得与投标人就投标价格、投标方案等实质性内容进行谈判。

使用国有资金投资或者国家融资的项目，招标人应当确定排名第一的中标候选人为中标人。排名第一的中标候选人放弃中标、因不可抗力提出不能履行合同，或者招标文件规定应当提交履约保证金而在规定的期限内未能提交的，招标人可以确定排名第二的中标候选人为中标人。排名第二的中标候选人因同样原因不能签订合同的，招标人可以确定排名第三的中标候选人为中标人。

评标报告由评标委员会全体成员签字。对评标结论持有异议的评标委员会成员可以书面方式阐述其不同意见和理由。评标委员会成员拒绝在评标报告上签字且不陈述其不同意见和理由的，视为同意评标结论。评标委员会应当对此作出书面说明并记录在案。

中标人确定后，招标人应当向中标人发出中标通知书，同时通知未中标人，并与中标人在中标通知书发出 30 个工作日之内按照招标文件和中标人的投标文件签订合同。中标通知书对招标人和中标人具有法律约束力。中标通知书发出后，招标人改变中标结果或者中标人放弃中标的，应当承担法律责任。

招标人应当与中标人按照招标文件和中标人的投标文件订立书面合同。招标人与中标人不得再行订立背离合同实质性内容的其他协议。招标文件要求中标人提交履约保证金的，中标人应当提交。

招标人与中标人签订合同后 5 个工作日内，应当向中标人和未中标的投标人退还投标保证金。

依法必须进行招标的项目，招标人应当自确定中标人之日起十五日内，向有关行政监督部门提交招标投标情况的书面报告。

中标人应当按照合同约定履行义务，完成中标项目。中标人不得向他人转让中标项目，也不得将中标项目肢解后分别向他人转让。

中标人按照合同约定或者经招标人同意，可以将中标项目的部分非主体、非关键性工作分包给他人完成。接受分包的人应当具备相应的资格条件，并不得再次分包。

中标人应当就分包项目向招标人负责，接受分包的人就分包项目承担连带责任。

第二节　建设工程合同管理

一、合同概述

1.《中华人民共和国合同法》与合同的概念

(1)《中华人民共和国合同法》的概念

我国《宪法》规定，"国家实行社会主义市场经济"。制定统一的《中华人民共和国合同法》（以下简称《合同法》），是我国社会主义法制建设的一件大事。《合同法》是规范我国社会主义市场交易的基本法律，是民商法的重要组成部分。《合同法》中第一条明确规定了制定此法的目的："为了保护合同当事人的合法权益，为了维护社会主义经济持续发展，促进社会主义现代化建设，制定本法。"

(2) 合同的概念

合同又称为"契约"。《合同法》第二条明确规定：合同是平等主体的自然人、法人、其他组织设立、变更、终止民事权利义务关系的协议。

民法中的合同有广义和狭义之分。广义的合同是指两个以上（含两个）的民事主体之间设立、变更、终止民事权利义务关系的协议；狭义的合同是指债权合同，即两个以上的民事主体之间设立、变更、终止债权债务关系的协议。广义的合同中除了民法中的债权合同之外，还包括物权合同、身份合同，以及行政法中的行政合同和劳动法中的劳动合同等。《合同法》中所指的合同是指狭义上的合同。《合同法》第二条第二款中还明确规定：

婚姻、收养、监护等有关身份关系的合同，适用其他法律的规定。

总之，合同是指具有平等民事主体资格的当事人，为了达到一定的目的，经过自愿、平等、协商一致而设立、变更、终止民事权利义务关系而达成的协议。在我国发展社会主义市场经济过程中，合同法制化是在以社会主义公有制经济为主体，多种经济成分并存的基础上，为发展和保护社会主义市场经济服务的法律工具。它调整合同当事人之间的法律关系，保护各自合法权益，维护社会主义市场经济秩序，保障国民经济和社会发展计划执行，推动社会现代化建设事业的顺利进行。

（3）合同的法律特征

1）合同本质上是双方一致的意思表示。有三层含义：

①互相独立的当事人进行交换；

②这种交换是建立在平等、自愿协商的基础上；

③合同是作为协商的结果，反映了当事人共同的真实意志。

这些特征使合同关系区别于基于命令与服从的行政关系，也是评判合同效力的基本依据。

2）合同以设立、变更、终止民事权利义务关系为目的。

当事人订立合同都有一定的目的和宗旨，这就是说，订立合同都要发生、变更、终止民事权利义务关系。无论当事人订立合同旨在达到何种目的，只要当事人达成的协议依法成立并生效，就会对当事人产生法律约束力，当事人也必须依照法律规定享有权利和履行义务。

3）合同双方当事人地位平等。

合同当事人，无论是自然人与法人之间、法人与其他组织之间、自然人与其他组织之间，虽然他们的性质不同，经济实力可能存在差异，但只要他们彼此以合同当事人的身份加入到合同法律关系中去，那么他们之间就处于平等互利的法律地位，任何一方当事人都不能享有任何形式的特权，或以大压小，或以小骗大等。

4）有效合同受法律保障，具有强制执行力。

合同区别于一般的约定、约会，在于合同是一种法律行为，能产生相应的法律效果，表现为国家赋予合同强制执行力，权利必须保障，义务必须履行，当事人权利义务对等。一方当事人不履行义务时，国家依法保障受害方的利益，依其要求追究违约方的法律责任。

2. 合同的形式和内容

（1）合同的形式

合同的形式，是指当事人双方对合同的内容、条款经过协商，作出共同的意思表示的具体方式。

《合同法》第十条明确规定：当事人订立合同，有书面形式，口头形式和其他形式。法律，行政法规规定采用书面形式的，应该采用书面形式。当事人约定采用书面形式的，应当采用书面形式。

合同立法的主要宗旨就是保护交易的安全、有序和便捷，在社会活动中，采用书面合同形式更具有安全性，发生纠纷时，签有书面合同的可以此为凭。但订立书面合同时，要按特定的程序，草拟文书和合同条文，认真审查，经签字盖章后，方可具有法律效力。相对而言，在当今市场经济活动中，采用书面形式有时会丧失商机。在司法实践中，依据有关规定，对未采用书面形式订立的合同，当事人在履行过程中发生争议时，可能会认定为无效合同。

《合同法》明确规定：法律，行政法规或当事人规定采用书面形式的，当事人未采用书面形式，但一方已经履行主要义务，对方接受时，该合同成立。

《合同法》明确规定：书面形式是指合同书、信件和数据电文（包括电报、电传、传真、电子数据交换和电子邮件）等可以有形地表现所记载内容的形式。

合同书是指记载合同内容的文书，合同书有标准合同书与非标准合同书之分。标准合同书指合同条款由当事人一方预先拟订，对方只能表示全部同意或者不同意的合同书；非标准合同指合同条款完全由当事人双方协商一致签订的合同书。

信件是指当事人就要约与承诺所作的意思表示的普通文字信函。信件的内容一般记载于书面纸张上，因而与通过电脑及其网络手段而产生的信件不同，后者被称为电子邮件。

数据电文是指与现代通信技术相联系，包括电报、电传、传真、电子数据交换和电子邮件等。电子数据交换是一种由电子计算机及其通信网络处理业务文件的技术，作为一种新的电子化贸易工具，又称为电子合同。

（2）合同的内容

合同的内容是指合同当事人约定的合同条款。当事人订立合同，其目的就是要设立、变更或者终止权利义务关系，必然涉及彼此的具体的权利和义务，因此，当事人只有对合同内容具体条款协商一致，合同方可成立。

《合同法》明确规定，合同的内容由当事人约定，一般包括以下条款：

①当事人的名称或姓名和住所；

②标的；

③数量；

④质量；

⑤价款或者报酬；

⑥履行的期限、地点和方式；

⑦违约责任；

⑧解决争议的方法。

当事人可以参照各类合同的示范文本订立合同。

关于合同一般条款解释如下：

1）当事人的名称或姓名和住所

当事人的名称或姓名是指法人和其他组织的名称或自然人的姓名，住所是指他们的主要办事机构所在地。

2）标的

标的是指合同当事人双方权利和义务共同指向的事物，即合同法律关系的客体。标的可以是货物、劳务、工程项目或者货币等。依据合同种类的不同，合同的标的也各有不同。比如：买卖合同的标的是货物；建筑工程合同的标的是工程建设项目；货物运输合同的标的是运输劳务；借款合同的标的是货币；委托合同的标的是委托人委托受托人处理的委托事务等。

标的是合同的核心，它是合同当事人权利和义务的焦点。尽管当事人双方签订合同的主观感意向各有不同，但是必须集中在一个标的上。因此当事人双方签订合同时，首先要明确合同的标的。没有标的或者标的不明确，必然会导致合同无法履行，甚至产生纠纷。

3）数量

数量是计算标的的尺度。它把标的定量化，以便确立合同当事人之间的权利和义务的量化指标，从而计算价款或报酬。国家颁布了在我国统一实行法定计量单位的命令，根据命令的规定，签订合同时，必须使用国家法定计量单位，做到计量标准化、规范化。如果计量单位不统一，一方面会降低工作效率，另一方面也会因发生误解而引起纠纷。

4）质量

质量是标的物内在特殊物质属性和一定的社会属性，是标的物性质差异的具体特征。它是标的物价值和使用价值的集中表现，并决定着标的物的经济效益和社会效益，还直接关系到生产安全和人身健康等。因此，当事人签订合同时，必须对标的物的质量作出明确的规定。标的物的质量，有国家标准的按国家标准签订；没有国家标准但有行业标准的按行业标准签订，或者有地方标准的按地方标准签订；如果标的物是没有上述标准的新产品时，可按企业新产品鉴定的标准（如产品说明书、合格证载明的），写明相应的质量标准。国家鼓励企业采用国际质量标准。

5）价款或者报酬

价款通常是指当事人一方为取得对方出让的标的物，而支付给对方一定数额的货币；报酬通常是指当事人一方为对方提供劳务、服务等，从而向对方收取一定数额的货币报酬。在建立社会主义市场经济过程中，当事人签订合同时，应接受有关部门的监督，不得违反有关规定，扰乱社会经济秩序。

6）履行期限、地点和方式

① 履行期限。是指当事人交付标的和支付价款或报酬的日期，也就是依据合同的约定，权利人要求义务人履行义务的请求权发生的时间。合同履行期限是一项重要条款，当事人必须写明具体的履行起止日期，避免因履行期限不明确而产生纠纷。倘若合同当事人在合同中没有约定履行期限，只能按照有关规定处理。

② 履行地点。是指当事人交付标的和支付价款或报酬的地点。它包括标的交付、提取地点；服务、劳务或工程项目建设的地点；价款或报酬结算的地点等。合同履行地也是一项重要条款，它不仅关系到当事人实现权利和承担义务的发生地，还关系到人民法院受理合同纠纷案件的管辖地问题。因此，合同当事人双方签订合同时，必须将履行地点写明，并且要写得具体、准确，以免发生差错而引起纠纷。

③ 履行方式。是指合同当事人双方约定以哪种方式转移标的物和结算价款，履行方式应视所签订的合同的类别而定。例如，买卖货物、提供服务、完成工作合同，其履行方式均有所不同。此外，在某些合同中还应当写明包装、结算等方式，以便合同的完善履行。

7）违约责任

违约责任是指合同当事人约定一方或双方不履行或不完全履行合同义务时，必须承担的法律责任。违约责任包括支付违约金、偿付赔偿金以及发生意外事故的处理等其他责任。法律有规定责任范围的按规定处理；法律没有规定责任范围的，由合同当事人双方协商议定办理。违约责任条款是一项非常重要又往往被人们忽视的条款，它对合同当事人正常履行合同具有法律保障作用，是一项制裁性条款，因而对当事人履行合同具有约束力。当事人签订合同时必须写明违约责任，否则主管机关不予登记、公证机构不予公证。

8）解决争议的方法

解决争议的方法是指合同当事人选择解决合同纠纷的方式、地点等。根据我国法律的有关规定，当事人解决合同争议时，实行"或仲裁或审制"，即当事人可以在和合同中约定选择仲裁机构或人民法院解决争议，当事人可以就仲裁机构或审判机关的管辖进行议定选择。当事人如果在合同中既没有约定仲裁条款，事后又没有达成新的仲裁协议，那么当事人只能通过诉讼的途径解决合同纠纷。但是如果一旦选定仲裁，仲裁实行的是一裁终局制度。所谓一裁终局制度是指当事人之间的纠纷，一经仲裁审理和裁决即告终结，该裁决具有终局的法律效力。裁决作出后，当事人就同一纠纷再申请仲裁或者向人民法院起诉的，仲裁委员会或者人民法院不予受理。如果当事人一方不履行裁决的，另一方当事人可以依照《民事诉讼法》的有关规定向人民法院申请执行。

3. 合同示范文本与格式条款合同

（1）合同示范文本

《合同法》明确规定当事人可以参照各类合同的示范文本订立合同。合同示范文本是指由一定机关事先拟定的对当事人订立相关合同起示范作用的合同文本。此类合同文本中的合同条款有些内容是拟定好的，有些内容是没有拟定而需要当事人双方协商一致填写的。合同的示范文本只对当事人订立合同时起参考作用，因此，合同示范文本与格式条款合同不同。

（2）格式条款合同

格式条款合同是指合同当事人一方（例如，某些垄断性企业）为了重复使用而事先拟定出一定格式的文本。文本中的合同条款在未与另一方协商一致的前提下已经确定且不可更改。《合同法》为了维护公平原则，确保格式条款合同文本中相对人的合法权益，对格式条款合同作了专门的限制性规定。

1）采用格式条款订立合同的，提供格式条款的一方应当遵循公平原则，确定当事人之间的权利和义务，并采取合理的方式提请对方注意免除或者限制其责任的条款，应按照对方的要求，对该条款予以说明。

2）格式条款合同中具有《合同法》第五十二条和第五十三条规定情形的，或者提供格式条款合同一方免除其责任、加重对方责任、排除对方主要权利的，该条款无效。

3）对格式条款的理解发生争议的，应当按照通常理解予以解释。对格式条款有两种以上解释的，应当作出不利于提供格式条款合同一方的解释。格式条款和非格式条款不一致的，应当采用非格式条款。

二、建设工程涉及的主要合同关系及类型

工程建设是一个极为复杂的社会生产过程，它分别经历可行性研究、勘察设计、工程施工和运行等阶段；有建筑、土建、水电、机械设备、通信等专业设计和施工活动；需要各种材料、设备、资金和劳动力的供应。由于现代社会化大生产和专业化分工，许多单位会参与到工程建设之中，一个稍大一点的工程项目其参加单位就有十几个、几十个，甚至成百上千个，它们之间形成各式各样的经济关系。而各类合同则是维系这些参与单位之间关系的纽带，所以就有各式各样的合同，形成一个复杂的合同体系。在建设工程项目合同体系中，业主和承包商是两个最主要的节点。

1. 业主的主要合同关系

业主作为工程的所有者，它可能是政府、企业、其他投资者，或几个企业的组合（合资或联营），或政府与企业的组合（例如合资项目，BOT 项目）。

业主根据对工程的需求，确定工程项目的总目标。工程总目标是通过许多工程活动的实施实现的，如工程的勘察、设计、各专业工程施工、设备和材料供应、咨询（可行性研究、技术咨询、招标工作）与项目管理等工作。业主通过签订合同将建设工程项目寿命期内有关活动委托给相应的专业承包单位或专业机构，以实施项目，实现项目的总目标。按照不同的项目实施策略，业主签订的合同种类和形式是丰富多彩的，签订合同的数量变化也很大。

（1）工程承包合同

工程承包合同是任何一个建设工程项目所必需的合同。业主采用的承发包模式不同，决定了不同类别的工程承包合同。业主通常签订的工程承包合同主要有：

1）"设计—采购—施工"总承包合同（EPC 承包合同）。是指业主将建设工程项目的设计、设备与材料采购、施工任务全部发包给一个承包商。业主仅面对一个工程承包商。

2）工程施工合同。是指业主将建设工程项目的施工任务发包给一家或者多家承包商。根据其所包括的工作范围不同，工程施工合同又可分为：

① 施工总承包合同。是指业主将建设工程项目的施工任务全部发包给一家承包商，包括土建工程施工和机电设备安装等。

② 单位工程施工承包合同。业主可以将专业性很强的单位工程（如土木工程施工、电气与机械工程施工等）分别委托给不同的承包商。这些承包商之间为平行关系。

③ 特殊专业工程施工合同，例如管道工程、土方工程、桩基础工程等的施工合同。

（2）工程勘察合同

工程勘察合同是指业主与工程勘察单位签订的合同。

（3）工程设计合同

工程设计合同是指业主与工程设计单位签订的合同。

（4）供应合同

对由业主负责提供的材料和设备，它必须与有关的材料和设备供应单位签订供应（采购）合同。在一个工程中，业主可能签订许多供应合同，也可以把材料供应委托给工程承包商，把整个设备供应委托给一个成套设备供应企业。

（5）项目管理合同

在现代工程中，项目管理的模式是丰富多彩的。如业主自己管理，或聘请工程师管理，或业主代表与工程师共同管理，或采用 CM 模式。项目管理合同的工作范围可能有：可行性研究、设计监理、招标代理、造价咨询和施工监理等某一项或几项，或全部工作，即由一个项目管理公司负责整个项目管理工作。

（6）借贷合同

借贷合同是指业主为了筹集项目建设资金的不足部分，以及为了解决工程前期资金的紧张与金融机构签订的合同。

（7）其他合同

如业主与保险公司签订的工程保险合同、土地使用权出让和转让合同以及房屋预售、销售和租赁合同等。

2. 承包商的主要合同关系

承包商是工程承包合同的执行者，完成承包合同所确定的工程范围的设计、施工、竣工和保修任务，为完成这些工程提供劳动力、施工设备、材料和管理人员。任何承包商都不可能，也不必具备承包合同范围内所有专业工程的施工能力、材料和设备的生产和供应能力，它同样必须将许多专业工程或工作委托出去。所以承包商常常又有自己复杂的合同关系。

（1）工程分包合同

工程分包合同是指承包商为将工程承包合同中某些专业工程施工交由另一承包商（分包商）完成而与其签订的合同。承包商在承包合同下可能订立许多工程分包合同，分包商仅对承包商负责，与业主没有合同关系。承包商向业主担负全部工程责任，负责工程的管理和所属各分包商工作之间的协调，以及各分包商之间合同责任界面的划分，同时承担协调失误造成损失的责任。

（2）采购合同

承包商为获得工程所必需的设备、材料，需要与设备、材料供应商签订采购合同。

（3）运输合同

运输合同是指承包商为解决所采购设备、材料的运输问题而与运输单位签订的合同。

（4）加工合同

承包商将建筑构配件、特殊构件的加工任务委托给加工单位时，需要与其签订加工合同。

（5）租赁合同

在建筑工程中承包商需要许多施工设备、运输设备、周转材料。当有些设备、周转材料在现场使用率较低，或承包商不具备自己购置设备的资金实力时，可以采用租赁方式，与租赁单位签订租赁合同。

（6）劳务分包合同

劳务分包合同是指承包商与劳务供应商签订的合同。

（7）保险合同

承包商按照法律法规及工程承包合同要求进行投保时，需要与工程保险公司签订保险合同。

在主合同范围内承包商签订的这些合同被称为分合同。它们都与工程承包合同相关，都是为了完成承包合同责任而签订的。

3. 其他情况

在实际工程中还可能有如下情况：

① 设计单位、各供应单位也可能存在各种形式的分包。

② 如果承包商承担工程（或部分工程）的设计（如"设计—采购—施工"总承包），则它有时也必须委托设计单位，签订设计合同。

③ 如果工程付款条件苛刻，要求承包商带资承包，它也必须借款，与金融单位订立借（贷）款合同。

④ 在许多大工程中，尤其是业主要求总承包的工程中，承包商经常是几个企业的联营体，即联营承包。若干家承包商（最常见的是设备供应商、土建承包商、安装承包商、勘察设计单位）之间订立联营承包合同，联合投标，共同承接工程。联营承包已成为许多承包商经营战略之一，国内外工程中很常见。

⑤ 在一些大工程中，工程分包商也需要材料和设备的供应，也可能租赁设备，委托加工，需要材料和设备的运输，需要劳务。所以它又有自己复杂的合同关系。

4. 建设工程合同类型

根据我国《合同法》，建设工程合同是指承包人进行工程建设，发包人支付价款的合同。建设工程合同包括工程勘察、设计、施工合同。

发包人可以与总承包人订立建设工程合同，也可以分别与勘察人、设计人、施工人订立勘察、设计、施工承包合同。发包人不得将应当由一个承包人完成的建设工程肢解成若干部分发包给几个承包人。

总承包人或者勘察、设计、施工承包人经发包人同意，可以将自己承包的部分工作交由第三人完成。第三人就其完成的工作成果与总承包人或者勘察、设计、施工承包人向发包人承担连带责任。承包人不得将其承包的全部建设工程转包给第三人，或者将其承包的全部建设工程肢解以后以分包的名义分别转包给第三人。

(1) 建设工程勘察、设计合同

1) 工程勘察、设计合同的内容。

包括提交有关基础资料和文件（包括概预算）的期限、质量要求、费用以及其他协作条件等条款。

2) 发包人的责任。

因发包人变更计划，提供的资料不准确，或者未按照期限提供必需的勘察、设计工作条件而造成勘察、设计的返工、停工或者修改设计，发包人应当按照勘察人、设计人实际消耗的工作量增付费用。

3) 勘察、设计人的责任。

勘察、设计的质量不符合要求或者未按照期限提交勘察、设计文件拖延工期，造成发包人损失的，勘察人、设计人应当继续完善勘察、设计，减收或者免收勘察、设计费并赔偿损失。

(2) 建设工程施工合同

1) 工程施工合同的内容。

包括工程范围、建设工期、中间交工工程的开工和竣工时间、工程质量、工程造价、技术资料交付时间、材料和设备供应责任、拨款和结算、竣工验收、质量保修范围和质量保证期、双方相互协作等条款。

2) 发包人的权利和义务

① 发包人在不妨碍承包人正常作业的情况下，可以随时对作业进度、质量进行检查。

② 因施工人的原因致使建设工程质量不符合约定的，发包人有权要求施工人在合理期限内无偿修理或者返工、改建。经过修理或者返工、改建后，造成逾期交付的，施工人

应当承担违约责任。

③ 因发包人的原因致使工程中途停建、缓建的，发包人应当采取措施弥补或者减少损失，赔偿承包人因此造成的停工、窝工、倒运、机械设备调迁、材料和构件积压等损失和实际费用。

④ 建设工程竣工后，发包人应当根据施工图纸及说明书、国家颁发的施工验收规范和质量检验标准及时进行验收。验收合格的，发包人应当按照约定支付价款，并接收该建设工程。建设工程竣工经验收合格后，方可交付使用；未经验收或者验收不合格的，不得交付使用。

3）承包人的权利和义务

① 隐蔽工程在隐蔽以前，承包人应当通知发包人检查。发包人没有及时检查的，承包人可以顺延工程日期，并有权要求赔偿停工、窝工等损失。

② 因承包人的原因致使建设工程在合理使用期限内造成人身和财产损害的，承包人应当承担损害赔偿责任。

③ 发包人未按照约定的时间和要求提供原材料、设备、场地、资金、技术资料的，承包人可以顺延工程日期，并有权要求赔偿停工、窝工等损失。

④ 发包人未按照约定支付价款的，承包人可以催告发包人在合理期限内支付价款。发包人逾期不支付的，除按照建设工程的性质不宜折价、拍卖的以外，承包人可以与发包人协议将该工程折价，也可以申请人民法院将该工程依法拍卖。建设工程的价款就该工程折价或者拍卖的价款优先受偿。

（3）建设工程造价咨询合同

为了加强建设工程造价咨询市场管理，规范市场行为，建设部和国家工商行政管理总局联合颁布了《建设工程造价咨询合同（示范文本）》，该示范文本由《建设工程造价咨询合同》、《建设工程造价咨询合同标准条件》和《建设工程造价咨询合同专用条件》三部分组成。

1）概念及组成

《建设工程造价咨询合同》是一个标准化的合同文件，委托人与工程造价咨询单位就《建设工程造价咨询合同专用条件》中的各条款经过协商达成一致后，只需填写该文件中委托造价咨询的工程项目名称、服务类别、执行造价咨询业务的起止时间等空白栏目，并经合同当事人双方签字盖章后，造价咨询合同即产生法律效力。

《建设工程造价咨询合同》中明确规定，下列文件均为建设工程造价咨询合同的组成部分：

① 建设工程造价咨询合同标准条件。

② 建设工程造价咨询合同专用条件。

③ 建设工程造价咨询合同执行中共同签署的补充与修正文件。

2）建设工程造价咨询合同标准条件

合同标准条件作为通用性范本，适用于各类建设工程项目造价咨询委托。合同标准条件明确规定了造价咨询合同正常履行过程中委托人和咨询人的义务、权利和责任，合同履行过程中规范化的管理程序，以及合同争议的解决方式等。合同标准条件应全文引用，不得删改。

合同标准条件分为 11 小节，共 32 条。内容包括：词语定义、实用语言和法律、法规；咨询人的义务；委托人的义务；咨询人的权利；委托人的权利；咨询人的责任；委托人的责任；合同生效、变更与终止；咨询业务的报酬；其他；争议的解决等。

①词语定义、实用语言和法律、法规

第一条　下列名词和用语，除上下文另有规定外具有如下含义。

Ⅰ．"委托人"，是指委托建设工程造价咨询业务和聘用工程造价咨询单位的一方，以及其合法继承人。

Ⅱ．"咨询人"，是指承担建设工程造价咨询业务和工程造价咨询责任的一方，以及其合法继承人。

Ⅲ．"第三人"，是指除委托人、咨询人以外与本咨询业务有关的当事人。

Ⅳ．"日"，是指任何一天零时至第二天零时的时间段。

第二条　建设工程造价咨询合同适用的是中国的法律、法规，以及专用条件中议定的部门规章、工程造价有关计价办法和规定或项目所在地的地方法规、地方规章。

第三条　建设工程造价咨询合同的书写、解释和说明，以汉语为主导语言。当不同语言文本发生不同解释时，以汉语合同文本为准。

②咨询人的义务、权利和责任

a.咨询人的义务：

第四条　向委托人提供与工程造价咨询业务有关的资料，包括工程造价咨询的资质证书及承担本合同业务的专业人员名单、咨询工作计划等，并按合同专用条件中约定的范围实施咨询业务。

第五条　咨询人在履行本合同期间，向委托人提供的服务包括正常服务、附加服务和额外服务。

Ⅰ．"正常服务"是指双方在专用条件中约定的工程造价咨询工作；

Ⅱ．"附加服务"是指在"正常服务"以外，经双方书面协议确定的附加服务；

Ⅲ．"额外服务"是指不属于"正常服务"和"附加服务"，但根据合同标准条件第十三条、第二十条和二十二条的规定，咨询人应增加的额外工作量。

第六条　在履行合同期间或合同规定期限内，不得泄露与本合同规定业务活动有关的保密资料。

b.咨询人的权利：

第十一条　委托人在委托的建设工程造价咨询业务范围内，授予咨询人以下权利：

Ⅰ．咨询人在咨询过程中，如委托人提供的资料不明确时可向委托人提出书面报告。

Ⅱ．咨询人在咨询过程中，有权对第三人提出与本咨询业务有关的问题进行核对或查问。

Ⅲ．咨询人在咨询过程中，有到工程现场勘察的权利。

c.咨询人的责任：

第十三条　咨询人的责任期即建设工程造价咨询合同有效期。如因非咨询人的责任造成进度的推迟或延误而超过约定的日期，双方应进一步约定相应延长合同有效期。

第十四条　咨询人责任期内，应当履行建设工程造价咨询合同中约定的义务，因咨询人的单方过失造成的经济损失，应当向委托人进行赔偿。累计赔偿总额不应超过建设工程造价咨询酬金总额（除去税金）。

第十五条　咨询人对委托人或第三人所提出的问题不能及时核对或答复，导致合同不能全部或部分履行，咨询人应承担责任。

第十六条　咨询人向委托人提出赔偿要求不能成立时，则应补偿由于该赔偿或其他要求所导致委托人的各种费用的支出。

③ 委托人的义务、权利和责任

a. 委托人的义务：

第七条　委托人应负责与本建设工程造价咨询业务有关的第三人的协调，为咨询人工作提供外部条件。

第八条　委托人应当在约定的时间内，免费向咨询人提供与本项目咨询业务有关的资料。

第九条　委托人应当在约定的时间内就咨询人书面提交并要求作出答复的事宜提出书面答复。咨询人要求第三人提供有关资料时，委托人应负责转达及资料转送。

第十条　委托人应当授权胜任本咨询业务的代表，负责与咨询人联系。

b. 委托人的权利：

第十二条　委托人有下列权利：

Ⅰ. 委托人有权向咨询人询问工作进展情况及相关的内容。

Ⅱ. 委托人有权阐述对具体问题的意见和建议。

Ⅲ. 当委托人认定咨询专业人员不按咨询合同履行其职责，或与第三人串通给委托人造成经济损失的，委托人有权要求更换咨询专业人员，直至终止合同并要求咨询人承担相应的赔偿责任。

c. 委托人的责任：

第十七条　委托人应当履行建设工程造价咨询合同约定的义务，如有违反则应当承担违约责任，赔偿给咨询人造成的损失。

第十八条　委托人如果向咨询人提出赔偿或其他要求不能成立时，则应补偿由于该赔偿或其他要求所导致咨询人的各种费用的支出。

④ 合同生效、变更与终止

第十九条　本合同自双方签字盖章之日起生效。

第二十条　由于委托人或第三人的原因使咨询人工作受到阻碍或延误以致增加了工作量或持续时间，则咨询人应当将此情况与可能产生的影响及时书面通知委托人。由此增加的工作量视为额外服务，完成建设工程造价咨询工作的时间应当相应延长，并得到额外的酬金。

第二十一条　当事人一方要求变更或解除合同时，则应当在 14 日前通知对方；因变更或解除合同使一方遭受损失的，应由责任方负责赔偿。

第二十二条　咨询人由于非自身原因暂停或终止执行建设工程造价咨询业务，由此而增加的恢复执行建设工程造价咨询业务的工作，应视为额外服务，有权得到额外的时间和酬金。

第二十三条　变更或解除合同的通知或协议应当采取书面形式，新的协议未达成之前，原合同仍然有效。

⑤ 咨询业务的酬金

第二十四条 正常的建设工程造价咨询业务，附加工作和额外工作的酬金，按照建设工程造价咨询合同专用条件约定的方法计取，并按约定的时间和数额支付。

第二十五条 如果委托人在规定的支付期限内未支付建设工程造价咨询酬金，自规定支付之日起，应当向咨询人补偿应支付的酬金利息。利息额按规定支付期限最后一日银行活期贷款乘以拖欠酬金时间计算。

第二十六条 如果委托人对咨询人提交的支付通知书中酬金或部分酬金项目提出异议，应当在收到支付通知书两日内向咨询人发出异议的通知，但委托人不得拖延其无异议酬金项目的支付。

第二十七条 支付建设工程造价咨询酬金所采取的货币币种、汇率由合同专用条件约定。

⑥ 其他

第二十八条 因建设工程造价咨询业务的需要，咨询人在合同约定外的外出考察，经委托人同意，其所需费用由委托人负责。

第二十九条 咨询人如需外聘专家协助，在委托的建设工程造价咨询业务范围内其费用由咨询人承担；在委托的建设工程造价咨询业务范围以外经委托人认可其费用由委托人承担。

第三十条 未经对方的书面同意，各方均不得转让合同约定的权利和义务。

第三十一条 除委托人书面同意外，咨询人及咨询专业人员不应接受建设工程造价咨询合同约定以外的与工程造价咨询项目有关的任何报酬。

咨询人不得参与可能与合同规定的与委托人利益相冲突的任何活动。

⑦ 合同争议的解决

第三十二条 因违约或终止合同而引起的损失和损害的赔偿，委托人与咨询人之间应当协商解决；如未能达成一致，可提交有关主管部门调解；协商或调解不成的，根据双方约定提交仲裁，或向人民法院提起诉讼。

3）建设工程造价咨询合同专用条件

合同专用条件是根据建设工程项目特点和条件，由委托人和咨询人协商一致后进行填写。双方如果认为需要，还可在其中增加约定的补充条款和修正条款。

① 明确需要在专用条件中予以具体规定的内容

在合同标准条件中指明的、需要合同当事人双方在合同专用条件中予以具体规定的内容，应在协商一致后予以明确。如合同标准条件第 4 条规定，咨询人应向委托人提供与工程造价咨询业务有关的资料，包括工程造价咨询的资质证书及承担本合同业务的专业人员名单、咨询工作计划等，并按合同专用条件中约定的范围实施咨询业务。在合同专用条件中就必须写明委托人所委托的咨询业务范围。建设工程造价咨询业务主要包括：

Ⅰ. 建设项目可行性研究投资估算的编制、审核及项目经济评价。

Ⅱ. 建设工程概算、预算、结算、竣工结（决）算的编制、审核。

Ⅲ. 建设工程招标标底、投标报价的编制、审核。

Ⅳ. 工程洽商、变更及合同争议的鉴定与索赔。

Ⅴ. 编制工程造价计价依据及对工程造价进行监控和提供有关工程造价信息资料等。

又如，合同标准条件第 24 条规定：委托人同意按以下的计算方法、支付时间与金额，支付咨询人的正常服务酬金；委托人同意按以下计算方法、支付时间与金额，支付附加服务酬金；委托人同意按以下计算方法、支付时间与金额，支付额外服务酬金。则在合同专用条件中就必须具体写明咨询业务的报酬支付时间和数额。在一般情况下签订合同时预付 30% 的造价咨询报酬，当工作量完成 70% 时，支付 70% 的咨询报酬，剩余部分待咨询结果定案时一次付清。

② 修正合同标准条件中条款的具体规定

如合同标准条件第 26 条规定：如果委托人对咨询人提交的支付通知中酬金或部分酬金项目提出异议，应当在收到支付通知书两日内向咨询人发出异议的通知，但委托人不得拖延其无异议酬金项目的支付。若委托人认为限定在两日内既要审核通知书，又必须找出其中不合理之处而发出通知时间太短的话，双方可在签订合同前通过协商达成一致后，将此时限适当延长并写入合同专用条件中，修正标准条件的相关规定。

③ 增加约定的补充条款

就具体委托的建设工程造价咨询业务而言，当事人双方可就合同标准条件中没有涉及的内容达成一致意见后，写入合同专用条件中，作为合同的一项约定内容。

合同标准条件与合同专用条件起着互为补充说明的作用，专用条件汇总的条款序号应与被补充、修正或说明的标准条件中的条款序号一致，即两部分内容中相同序号的条款共同组成一个内容完备、说明某一问题的条款。若标准条件内的条款已是一个完备的条款时，专用条款内可不再列此序号。合同专用条件中的条款只是按序号大小排列。

三、建设工程施工合同管理

1. 施工合同的类型及其选择

(1) 建设工程施工合同的类型

按计价方式不同，建设工程合同可以划分为总价合同、单价合同和成本加酬金合同三大类。工程勘察、设计合同一般为总价合同；工程施工合同则根据招标准备情况和建设工程项目的特点不同，可选用其中的任何一种。以下仅以工程施工承包为例，说明总价合同、单价合同和成本加酬金合同的特点。

1) 总价合同

所谓总价合同，是指根据合同规定的工程施工内容和有关条件，业主应付给承包商的款额是一个规定的金额，即明确的总价。总价合同也称作总价包干合同，即根据施工招标时的要求和条件，当施工内容和有关条件不发生变化时，业主付给承包商的价款总额就不发生变化。

总价合同又分为固定总价合同和可调总价合同。

① 固定总价合同。承包商按投标时业主接受的合同价格一笔包死。在合同履行过程中，如果业主没有要求变更原定的承包内容，承包商在完成承包任务后，不论其实际成本如何，均应按合同价获得工程款的支付。

固定总价合同的价格计算是以图纸及规定、规范为基础，工程任务和内容明确，业主的要求和条件清楚，合同总价一次包死，固定不变，即不再因为环境的变化和工程量的增减而变化。在这类合同中，承包商承担了全部的工作量和价格的风险。因此，承包商在报价时应对一切费用的价格变动因素以及不可预见因素都做充分的估计，并将其包含在合同价格之中。

在国际上，这种合同被广泛接受和采用，因为有比较成熟的法规和先例的经验；对业主而言，在合同签订时就可以基本确定项目的总投资额，对投资控制有利；在双方都无法预测的风险条件下和可能有工程变更的情况下，承包商承担了较大的风险，业主的风险较小。但是，工程变更和不可预见的困难也常常引起合同双方的纠纷或者诉讼，最终导致其他费用的增加。

当然，在固定总价合同中还可以约定，在发生重大工程变更、累计工程变更超过一定幅度或者其他特殊条件下可以对合同价格进行调整。因此，需要定义重大工程变更的含义、累计工程变更的幅度以及什么样的特殊条件才能调整合同价格，以及如何调整合同价格等。

采用固定总价合同，双方结算比较简单，但是由于承包商承担了较大的风险，因此报价中不可避免地要增加一笔较高的不可预见风险费。承包商的风险主要有两个方面：一是价格风险，二是工作量风险。价格风险有报价计算错误、漏报项目、物价和人工费上涨等；工作量风险有工程量计算错误、工程范围不确定、工程变更或者由于设计深度不够所造成的误差等。

采用固定总价合同时，承包商要考虑承担合同履行过程中的主要风险，因此，投标报价较高。固定总价合同的适用条件一般为：

Ⅰ.工程招标时的设计深度已达到施工图设计的深度，合同履行过程中不会出现较大的设计变更，以及承包商依据的报价工程量与实际完成的工程量不会有较大差异；

Ⅱ.工程规模较小，技术不太复杂的中小型工程或承包工作内容较为简单的工程部位。这样，可以使承包商在报价时能够合理地预见到实施过程中可能遇到的各种风险；

Ⅲ.工程合同期较短（一般为一年之内），双方可以不必考虑市场价格浮动可能对承包价格的影响。

② 可调总价合同。这类合同与固定总价合同基本相同，但合同期较长（一年以上），只是在固定总价合同的基础上，增加合同履行过程中因市场价格浮动对承包价格调整的条款。由于合同期较长，承包商不可能在投标报价时合理地预见一年后市场价格的浮动影响，因此，应在合同内明确约定合同价款的调整原则、方法和依据。常用的调价方法有：文件证明法、票据价格调整法和公式调价法。

可调总价合同，合同价格是以图纸及规定、规范为基础，按照时价进行计算，得到包括全部工程任务和内容的暂定合同价格。它是一种相对固定的价格，在合同执行过程中，由于通货膨胀等原因而使所使用的工、料成本增加时，可以按照合同约定对合同总价进行相应的调整。当然，一般由于设计变更、工程量变化和其他工程条件变化所引起的费用变化也可以进行调整。因此，通货膨胀等不可预见因素的风险由业主承担，对承包商而言，其风险相对较小，但对业主而言，不利于其进行投资控制，突破投资的风险就增大了。

根据《建设工程施工合同（示范文本）》，合同双方可约定，在以下条件下可对合同价款进行调整：

Ⅰ.法律、行政法规和国家有关政策变化影响合同价款。

Ⅱ.工程造价管理部门公布的价格调整。

Ⅲ. 一周内非承包人原因停水、停电、停气造成的停工累计超过 8 小时。

Ⅳ. 双方约定的其他因素。

在工程施工承包招标时，施工期限一年左右的项目一般实行固定总价合同，通常不考虑价格调整问题，以签订合同时的单价和总价为准，物价上涨的风险全部由承包商承担。但是对建设周期一年半以上的工程项目，则应考虑下列因素引起的价格变化问题：

Ⅰ. 劳务工资以及材料费用的上涨。

Ⅱ. 其他影响工程造价的因素，如运输费、燃料费、电力等价格的变化。

Ⅲ. 外汇汇率的不稳定。

Ⅳ. 国家或者省、市立法的改变引起的工程费用的上涨。

由上述可知，采用总价合同时，对承、发包工程的内容及其各种条件都应基本清楚、明确，否则，承、发包双方都有蒙受损失的风险。因此，一般是在施工图设计完成，施工任务和范围比较明确，业主的目标、要求和条件都清楚的情况下才采用总价合同。对业主来说，由于设计花费时间长，因而开工时间较晚，开工后的变更容易带来索赔，而且在设计过程中也难以吸收承包商的建议。

总价合同的特点：

Ⅰ. 发包单位可以在报价竞争状态下确定项目的总造价，可以较早确定或者预测工程成本。

Ⅱ. 业主的风险较小，承包人将承担较多的风险。

Ⅲ. 评标时易于迅速确定最低报价的投标人。

Ⅳ. 在施工进度上能极大地调动承包人的积极性。

Ⅴ. 发包单位能更容易、更有把握地对项目进行控制。

Ⅵ. 必须完整而明确地规定承包人的工作。

Ⅶ. 必须将设计和施工方面的变化控制在最小限度内。

总价合同和单价合同有时在形式上很相似，例如，在有的总价合同的招标文件中也有工程量表，也要求承包商提出各分项工程的报价，与单价合同在形式上很相似，但两者在性质上是完全不同的。总价合同是总价优先，承包商报总价，双方商讨并确定合同总价，最终也按总价结算。

2）单价合同

当施工发包的工程内容和工程量一时尚不能十分明确、具体地予以规定时，则可以采用单价合同形式，即根据计划工程内容和估算工程量，在合同中明确每项工程内容的单位价格（如每米、每平方米或者每立方米的价格），实际支付时则根据每一个子项的实际完成工程量乘以该子项的合同单价计算该项工作的应付工程款。承包商所填报的单价应为计及各种摊销费用后的综合单价，而非直接费单价。

单价合同的特点是单价优先，例如 FIDIC 土木工程施工合同中，业主给出的工程量清单表中的数字是参考数字，而实际工程款则按实际完成的工程量和合同中确定的单价计算。虽然在投标报价、评标以及签订合同中，人们常常注重总价格，但在工程款结算中单价优先，对于投标书中明显的数字计算错误，业主有权力先作修改再评标，当总价和单价的计算结果不一致时，以单价为准调整。

由于单价合同允许随工程量变化而调整工程总价，业主和承包商都不存在工程量方面的风险，因此对合同双方都比较公平。另外，在招标前，发包单位无需对工程范围作出完整的、详尽的规定，从而可以缩短招标准备时间，投标人也只需对所列工程内容报出自己的单价，从而缩短投标时间。

采用单价合同对业主的不足之处是，业主需要安排专门力量来核实已经完成的工程量，需要在施工过程中花费不少精力，协调工作量大。另外，用于计算应付工程款的实际工程量可能超过预测的工程量，即实际投资容易超过计划投资，对投资控制不利。

单价合同又分为固定单价合同和变动单价合同。

固定单价合同条件下，无论发生哪些影响价格的因素都不对单价进行调整，因而对承包商而言就存在一定的风险。当采用变动单价合同时，合同双方可以约定一个估计的工程量，当实际工程量发生较大变化时可以对单价进行调整，同时还应该约定如何对单价进行调整；当然也可以约定，当通货膨胀达到一定水平或者国家政策发生变化时，可以对哪些工程内容的单价进行调整以及如何调整等。因此，承包商的风险就相对较小。

在工程实践中，采用单价合同有时也会根据估算的工程量计算一个初步的合同总价，作为投标报价和签订合同之用。但是，当上述初步的合同总价与各项单价乘以实际完成的工程量之和发生矛盾时，则肯定以后者为准，即单价优先。实际工程款支付也将以实际完成工程量乘以合同单价进行计算。

单价合同大多用于工期长、技术复杂、实施过程中发生各种不可预见因素较多的大型土建工程，以及业主为了缩短工程建设周期，初步设计完成后就进行施工招标的工程。单价合同的工程量清单内所开列的工程量为估计工程量，而非准确工程量。

单价合同较为合理地分担了合同履行过程中的风险。因为承包商据以报价的清单工程量为初步设计估算的工程量，如果实际完成工程量与估计工程量有较大差异时，采用单价合同可以避免业主过大的额外支出或承包商的亏损。此外，承包商在投标阶段不可能合理准确预见的风险可不必计入合同价内，有利于业主取得较为合理的报价。单价合同按照合同工期的长短，也可以分为固定单价合同和可调价单价合同两类，调价方法与总价合同的调价方法相同。

3）成本加酬金合同

成本加酬金合同也称为成本补偿合同，这是与固定总价合同正好相反的合同，工程施工的最终合同价格将按照工程的实际成本再加上一定的酬金进行计算。在合同签订时，工程实际成本往往不能确定，只能确定酬金的取值比例或者计算原则。

采用这种合同，承包商不承担任何价格变化或工程量变化的风险，这些风险主要由业主承担，对业主的投资控制很不利。而承包商则往往缺乏控制成本的积极性，常常不仅不愿意控制成本，甚至还会期望提高成本以提高自己的经济效益，因此这种合同容易被那些不道德或不称职的承包商滥用，从而损害工程的整体效益。所以，应该尽量避免采用这种合同。

成本加酬金合同是将工程项目的实际造价划分为直接成本费和承包商完成工作后应得酬金两部分。工程实施过程中发生的直接成本费由业主实报实销，另按合同约定的方式付给承包商相应报酬。

成本加酬金合同大多适用于边设计、边施工的紧急工程或灾后修复工程。由于在签订合同时，业主还不可能为承包商提供用于准确报价的详细资料，因此，在合同中只能商定酬金的计算方法。在成本加酬金合同中，业主需承担工程项目实际发生的一切费用，因而也就承担了工程项目的全部风险。而承包商由于无风险，其报酬往往也较低。

对业主而言，这种合同形式有一定优点，如：

Ⅰ. 可以通过分段施工缩短工期，而不必等待所有施工图完成才开始招标和施工。

Ⅱ. 可以减少承包商的对立情绪，承包商对工程变更和不可预见条件的反应会比较积极和快捷。

Ⅲ. 可以利用承包商的施工技术专家，帮助改进或弥补设计中的不足。

Ⅳ. 业主可以根据自身力量和需要，较深入地介入和控制工程施工和管理。

Ⅴ. 也可以通过确定最大保证价格，约束工程成本不超过某一限值，从而转移一部分风险。

对承包商来说，这种合同比固定总价的风险低，利润比较有保证，因而比较有积极性。其缺点是合同的不确定性，由于设计未完成，无法准确确定合同的工程内容、工程量以及合同的终止时间，有时难以对工程计划进行合理安排。

按照酬金的计算方式不同，成本加酬金合同的形式有：成本加固定酬金合同、成本加固定百分比酬金合同、成本加浮动酬金合同和目标成本加奖罚合同等。

Ⅰ. 成本加固定酬金合同。

根据双方讨论同意的工程规模、估计工期、技术要求、工作性质及复杂性、所涉及的风险等来考虑确定一笔固定数目的报酬金额作为管理费及利润，对人工、材料、机械台班等直接成本则实报实销。如果设计变更或增加新项目，当直接费超过原估算成本的一定比例时，固定的报酬也要增加。在工程总成本一开始估计不准，可能变化不大的情况下，可采用此合同形式，有时可分几个阶段谈判付给固定报酬。这种方式虽然不能鼓励承包商降低成本，但为了尽快得到酬金，承包商会尽力缩短工期。有时也可在固定费用之外根据工程质量、工期和节约成本等因素，给承包商另加奖金，以鼓励承包商积极工作。

Ⅱ. 成本加固定百分比酬金合同。

工程成本中直接费加一定比例的报酬费，报酬部分的比例在签订合同时由双方确定。这种方式的报酬费用总额随成本加大而增加，不利于缩短工期和降低成本。一般在工程初期很难描述工作范围和性质，或工期紧迫，无法按常规编制招标文件招标时采用。

Ⅲ. 成本加浮动酬金合同。

奖金是根据报价书中的成本估算指标制定的，在合同中对这个估算指标规定一个底点和顶点，分别为工程成本估算的 $60\% \sim 75\%$ 和 $110\% \sim 135\%$。承包商在估算指标的顶点以下完成工程则可得到奖金，超过顶点则要对超出部分支付罚款。如果成本在底点之下，则可加大酬金值或酬金百分比。采用这种方式通常规定，当实际成本超过顶点对承包商罚款时，最大罚款限额不超过原先商定的最高酬金值。

在招标时，当图纸、规范等准备不充分，不能据以确定合同价格，而仅能制定一个估算指标时可采用这种形式。

Ⅳ. 目标成本加奖罚合同。

在工程成本总价合同基础上加固定酬金费用的方式，即当设计深度达到可以报总价的深度，投标人报一个工程成本总价（目标成本）和一个固定的酬金（包括各项管理费、风险费和利润）。如果实际成本超过合同中规定的目标成本，由承包商承担所有的额外费用，若实施过程中节约了成本，节约的部分归业主，或者由业主与承包商分享，在合同中要确定节约分成比例。在非代理型（风险型）CM 模式的合同中就采用这种方式。

当实行施工总承包管理模式或 CM 模式时，业主与施工总承包管理单位或 CM 单位的合同一般采用成本加酬金合同。在国际上，许多项目管理合同、咨询服务合同等也多采用成本加酬金合同方式。在施工承包合同中采用成本加酬金计价方式时，业主与承包商应该注意以下问题。

Ⅰ. 必须有一个明确的如何向承包商支付酬金的条款，包括支付时间和金额百分比。如果发生变更和其他变化，酬金支付如何调整。

Ⅱ. 应该列出工程费用清单，要规定一套详细的工程现场有关的数据记录、信息存储甚至记账的格式和方法，以便对工地实际发生的人工、机械和材料消耗等数据认真而及时地记录。应该保留有关工程实际成本的发票或付款的账单、表明款额已经支付的记录或证明等，以便业主进行审核和结算。

在传统承包模式下，不同计价方式的合同比较见表 6-1。

合同类型比较表　　　　　　　　　表 6-1

合同类型	总价合同	单价合同	成本加酬金合同			
			百分比酬金	固定酬金	浮动酬金	目标成本加奖罚
应用范围	广泛	广泛	有局限性			酌情
业主方造价控制	易	较易	最难	难	不易	有可能
承包商风险	风险大	风险小	基本无风险		风险不大	有风险

（2）建设工程施工合同类型的选择

建设工程施工合同的形式繁多、特点各异，业主应综合考虑以下因素选择不同计价模式的合同：

1）工程项目的复杂程度

规模大且技术复杂的工程项目，承包风险较大，各项费用不易准确估算，因而不宜采用固定总价合同。最好是有把握的部分采用总价合同，估算不准的部分采用单价合同或成本加酬金合同。有时，在同一工程项目中采用不同的合同形式，是业主和承包商合理分担施工风险因素的有效办法。

2）工程项目的设计深度

施工招标时所依据的工程项目设计深度，经常是选择合同类型的重要因素。招标图纸和工程量清单的详细程度能否使投标人进行合理报价，取决于已完成的设计深度。表 6-2 中列出了不同设计阶段与合同类型的选择关系。

合同类型选择参考表　　　　　　　　　表 6-2

合同类型	设计阶段	设计主要内容	设计应满足的条件
总价合同	施工图设计	1. 详细的设备清单 2. 详细的材料清单 3. 施工详图 4. 施工图预算 5. 施工组织设计	1. 设备、材料的安排 2. 非标准设备的制造 3. 施工图预算的编制 4. 施工组织设计的编制 5. 其他施工要求

合同类型	设计阶段	设计主要内容	设计应满足的条件
单价合同	技术设计	1. 较详细的设备清单 2. 较详细的材料清单 3. 工程必需的设计内容 4. 修正概算	1. 设计方案中重大技术问题的要求 2. 有关试验方面确定的要求 3. 有关设备制造方面的要求
成本加酬金合同 或单价合同	初步设计	1. 总概算 2. 设计依据、指导思想 3. 建设规模 4. 主要设备选型和配置 5. 主要材料需要量 6. 主要建筑物、构筑物的型式和估计工程量 7. 公用辅助设施 8. 主要技术经济指标	1. 主要材料、设备订购 2. 项目总造价控制 3. 技术设计的编制 4. 施工组织设计的编制

3）工程施工技术的先进程度

如果工程施工中有较大部分采用新技术和新工艺，当业主和承包商在这方面过去都没有经验，且在国家颁布的标准、规范、定额中又没有可作为依据的标准时，为了避免投标人盲目地提高承包价款，或由于对施工难度估计不足而导致承包亏损，不宜采用固定价合同，而应选用成本加酬金合同。

4）工程施工工期的紧迫程度

有些紧急工程（如灾后恢复工程等）要求尽快开工且工期较紧时，可能仅有实施方案，还没有施工图纸，因此，承包商不可能报出合理的价格，宜采用成本加酬金合同。

对于一个建设工程项目而言，究竟采用何种合同形式不是固定不变的。即使在同一个工程项目中，各个不同的工程部分或不同阶段，也可以采用不同类型的合同。在划分标段、进行合同策划时，应根据实际情况，综合考虑各种因素后再作出决策。

2. 施工合同谈判、签订与审查

（1）合同谈判

1）谈判的概念

谈判是工程施工合同签订双方对是否签订合同以及合同具体内容达成一致的协商过程。通过谈判，能够充分了解对方及项目的情况，为高层决策提供信息和依据。

2）谈判的准备工作

谈判活动的成功与否，通常取决于谈判准备工作的充分程度和在谈判过程中策略和技巧的运用。

① 收集资料。

合同谈判必须有理有据，因此谈判前必须收集整理各种基础资料和背景材料。包括对方的资信状况、履约能力、发展阶段、已有成绩等，包括项目的由来、项目的资金、土地获得情况、项目目前进展情况等，以及在前期接触过程中已经达成的意向书、会议纪要、备忘录等。并将资料分成三类：一是准备原招标文件中的合同条件、技术规范及投标文件、中标函等文件，以及向对方提出的建议等资料；二是准备好谈判时对方可能索取的资料以及在充分估计对方可能提出各种问题基础上准备好适当的资料论据，以便对这些问题作出恰如其分的回答；三是准备好能够证明自己能力和资信程度等资料，使对方能够确信自己具备履约能力。

② 具体分析。

在获得上述基础资料及背景材料后，必须对这些资料进行详细分析。谈判的重要准备工作就是对己方和对方进行充分分析。包括：

a. 对己方的分析。

签订工程合同之前，必须对自己的情况进行详细分析，首先要确定施工合同的标的物，即拟建工程项目。发包人必须运用科学研究的成果，对拟建项目的投资进行综合分析、论证和决策。对发包人来说，应按照可行性研究的有关规定，作定性和定量的分析研究、工程水文地质勘察、地形测量以及项目的经济、社会、环境效益的测算比较，在此基础上论证项目在技术上、经济上的可行性，经过方案比较，推荐最佳方案。依据获得批准的项目建议书和可行性研究报告，编制项目设计任务书并选择建设地点。建设项目的设计任务书和选点报告批准后，发包人就可以进行招标或委托取得工程设计资格证书的设计单位进行设计。随后发包人需要进行一系列建设准备工作，包括技术准备、征地拆迁、现场的"三通一平"等。一旦建设项目得以确认，有关项目的技术资料和文件已经具备，建设单位便可以进入工程招标投标程序，和众多的工程承包单位接触，此时便进入建设工程合同签订前的实质性准备阶段。发包人还应该实地考察承包人以前完成的同类工程的质量和工期，注意考察承包人在被考察工程中的主体地位，是总包人还是分包人。不能仅仅通过观察下结论，最佳方案是亲自到过去与承包人合作的建设单位进行了解。完成上述工作后，发包人有了非常直接感性的认识，才能更好地结合承包人递交的投标文件，作出正确的选择。在实际情况里，发包人往往单纯考虑承包人的报价，而忽略了全面考查承包人的资质和能力，最终会导致合同无法顺利履行，造成发包人的损害。由此可知，全面考查是发包人最重要的准备工作。

对承包人而言，在接到中标函后，应当详细分析项目的合法性与有效性，项目的自然条件和施工条件，己方在承包该项目有哪些优势，存在哪些不足，以确立己方在谈判中的地位。同时，必须熟悉合同审查表中的内容。以确立己方的谈判原则和立场。首先要做一系列的调查研究工作：工程建设项目是否确实由发包人立项，项目规模如何，是否适合自身资质条件，发包人的资金实力如何等。这些可以通过有关文件来了解：发包人的法人营业执照、项目可行性研究报告、立项批复、建设用地规划许可证等。承包人为了承接工程，往往主动提出某些让利的优惠条件，但是在项目是否真实、发包人主体是否合法、建设资金是否落实等原则性问题上不能让步，否者即使中标承揽了项目，一旦发生问题，合同的合法性、有效性无法得到保障，受损害最大的往往是承包人。

b. 对对方的分析

对对方的基本情况的分析主要从以下几方面入手：

对方是否为合法主体，资信情况如何。这是首先必须要确定的问题。如果承包人越级承包，或者承包人履约能力极差，就可能会造成工程质量低劣，工期严重延误，从而导致合同根本无法顺利进行，给发包人带来巨大损害。相反，如果工程项目本身因为缺少政府批文而不合法，发包主体不合法，或者发包人的资信状况不良，也会给承包人带来巨大损失。因此在谈判前必须确认对方是履约能力强、资信情况好的合法主体，否则，就要慎重考虑是否和对方签订合同。

谈判对手的真实意图。只有在充分了解对手的谈判诚意和谈判动机后，并对此做好充分的思想准备，才能在谈判中始终掌握主动权。

对方谈判人员的基本情况。包括：对方谈判人员的组成，谈判人员的身份、年龄、健康状况、性格、资历、专业水平、谈判风格等，以便己方有针对性地安排谈判人员并做好思想上和技术上的准备，并注意与对方建立良好的关系，发展谈判双方的友谊，争取在到达谈判桌以前就有亲切感和信任感，为谈判创造良好的氛围。同时，还要了解对方是否熟悉己方；另外，必须了解对方各谈判人员对谈判所持的态度、意见，从而尽量分析并确定谈判的关键问题和关键人物的意见和倾向。

在实践中，对于承包人而言，一要注意审查发包人是否为工程项目的合法主体。发包人作为合格的施工承、发包合同的一方，对拟建项目的地块应持有立项批文、建设用地规划许可证、建设用地批准书、建设工程规划许可证、施工许可证等证件。二要注意调查发包人的资信情况，是否具备足够的履约能力。如果发包人在开工伊始就发生资金紧张问题，就很难保证今后项目的正常进行，有可能出现建筑市场上屡见不鲜的拖欠工程款和垫资施工现象。

而对于发包人来说，则需要注意承包人是否有承包该项目的相应资质。对于无资质证书承揽工程或者越级承揽工程或者以欺骗手段获取资质证书或允许其他单位或个人利用本企业资质证书、营业执照的，该施工企业须承担法律责任，对于将工程发包给不具有相应资质的施工企业的，《建筑法》规定了发包人应承担的法律责任。

c. 对谈判目标进行可行性分析

分析工作中还包括分析自身设置的谈判目标是否正确合理、是否切合实际、是否能为对方接受，以及对方设置的谈判目标是否合理。如果自身设置的谈判目标有疏漏或错误，或盲目接受对方的不合理谈判目标，同样会造成项目实施过程中的无穷后患。在实际操作中，由于建筑市场目前是发包人市场，投标人中标心切，故往往接受发包人极为不合理的要求，比如说垫资、压缩工期等，造成在今后发生资金回收、进度款确认、工期索赔等方面的困难。

d. 对双方地位进行分析

对在此项目上与对方相比己方所处的地位的分析是非常必要的。这一地位包括整体的与局部的优劣势。如果己方在整体上存在优势，而在局部存在劣势，则可以通过以后的谈判等弥补局部的劣势。但是如果己方在整体上存在劣势，则除非有契机能转化情势，否则就不宜耗时耗资去进行无利的谈判。

③拟定谈判方案

在上述对己方与对方的分析完毕的基础上，可总结出该项目的操作风险、双方共同的利益、双方的利益冲突，以及双方在哪些问题上已经取得一致，哪些问题还存在着分歧甚至原则性的分歧等，从而拟定谈判的初步方案，决定谈判的重点，在运用谈判策略和技巧的基础上，获得谈判的胜利。

3）谈判的策略和技巧

谈判是通过不断的会晤确定各方权利、义务的过程，它直接关系到谈判桌上各方最终利益的得失。因此，谈判绝不是一项简单的机械性工作，而是集合了策略与技巧的艺术。常见的谈判策略和技巧有：

① 掌握谈判议程，合理分配各议题的时间

工程建设这样的大型谈判一定会涉及诸多需要讨论的事项，而各谈判事项的重要性并不相同，谈判各方对同一事项的关注程度也并不相同。成功的谈判者善于掌握谈判的进程，在充满合作气氛的阶段，展开自己所关注的议题的商讨，从而抓住时机，达成有利于己方的协议。而在气氛紧张时，则引导谈判进入双方具有共识的议题，一方面缓和气氛，另一方面缩小双方差距，推进谈判进程。同时，谈判者应懂得合理分配谈判时间。对于各议题的商讨时间应得当，不要过多拘泥于细节性问题。这样可以缩短谈判时间，降低交易成本。

② 高起点战略

谈判的过程是各方妥协的过程，通过谈判，各方都或多或少会放弃部分利益以求得项目的进展。而有经验的谈判者在谈判之初会有意识向对方提出苛求的谈判条件，这样对方会过高估计本方的谈判底线，从而在谈判中更多作出让步。

③ 注意谈判氛围

谈判各方往往存在利益冲突，要兵不血刃即获得谈判成功是不现实的。但是有经验的谈判者会在各方分歧严重、谈判气氛激烈的时候采取润滑措施，舒缓压力。在我国最常见的方式是饭桌式谈判，通过餐宴，联络双方的感情，拉近双方的心理距离，进而在和谐的氛围中重新回到议题。

④ 拖延和体会

当谈判遇到障碍，陷入僵局的时候，拖延和体会可以使明智的谈判方有时间冷静思考，在客观分析形势后提出替代性方案。在一段时间的冷处理后，各方都可以进一步考虑整个项目的意义，进而弥合分歧，将谈判从低谷引向高潮。

⑤ 避实就虚

这是自古以来孙子兵法中已经提出的策略。谈判各方都有自己的优势和弱点。谈判者应在充分分析形势的情况下，作出正确判断，利用对方的弱点，猛烈攻击，迫其就范，作出妥协。而对于己方的弱点，则要尽量注意回避。

⑥ 分配谈判角色

任何一方的谈判团都有众多人士组成，谈判中应利用各人不同的性格特征各自扮演不同的角色。有的唱红脸，积极进攻；有的唱白脸，和颜悦色。这样软硬兼施可以事半功倍。

⑦ 充分利用专家的作用

现代科技发展迅速，个人不可能成为各方面的专家。而工程项目谈判又涉及广泛的学科领域。充分发挥各领域专家的作用，既可以在专业问题上获得技术支持，又可以利用专家的权威性给对方以心理压力。

在限定的谈判空间和时限中，合理有效地利用以上各谈判策略和技巧，将有助于获得谈判的优势。

（2）合同签订

工程合同的签订是指发包人和承包人之间为了建立承、发包合同关系，通过对工程合同具体内容进行协商而形成合意的过程。

1）订立合同的基本原则及具体要求

① 平等、自愿原则。

《合同法》第3条规定："合同当事人的法律地位平等，一方不得将自己的意志强加给另一方。"所谓平等是指当事人之间在合同的订立、履行和承担违约责任等方面都处于平等的法律地位，彼此的权利、义务对等。合同的当事人，无论是法人和其他组织之间，还是法人、其他组织和自然人之间，虽然它们的体制、财力、经济效益、隶属关系各异，但是只要它们以合同主体的身份参加到合同法律关系中，那么它们之间就处于平等的法律地位，法律予以平等的保护。订立工程合同必须体现发包人和承包人在法律地位上完全平等。

《合同法》第4条规定，"当事人依法享有订立合同的权利，任何单位和个人不得干预"。所谓自愿原则，是指是否订立合同、与谁订立合同、订立合同的内容以及变更不变更合同，都要由当事人依法自愿决定。订立工程合同必须遵守自愿原则。在实践中，有些地方行政管理部门（如消防、环保、供气等部门）通常要求发包方、总包方接受并与其指定的专业承包商签订专业工程分包合同。发包人、总包人如果不同意，上述部门在工程竣工验收时就会百般刁难、故意找麻烦、拖延验收或通过。此行为严重违背了在订立合同时当事人之间应当遵守的自愿原则。

② 公平原则。

《合同法》第5条规定："当事人应当遵守公平原则确定各方的权利和义务。"所谓公平原则是指当事人在设立权利、义务、承担民事责任方面，要公平、公允、合情合理。贯彻该原则最基本的要求即是发包人与承包人的合同权利、义务、承担责任要对等而不能显失公平。在实践中，发包人常常利用自身在建筑市场的优势地位，要求工程质量达到优良标准，但又不愿优质优价；要求承包人大幅度缩短工期，但又不愿意支付赶工措施费。竣工日期提前，发包人不支付奖励或奖励很低，竣工日期延迟，发包人却要承包人承担逾期竣工一倍甚至几倍于奖金的违约金。上述情况也违背了订立工程合同时承发包双方应遵循的公平原则。

③ 诚实信用原则。

《合同法》第6条规定："当事人行使权利、履行义务应当遵循诚实信用原则。"诚实信用原则主要是指当事人在订立、履行合同的全过程中，应当抱着真诚的善意，互相协作，密切配合，言行一致，表里如一，说到做到，正确、适当地行使合同规定的权利，全面履行合同规定的义务，不弄虚作假、尔虞我诈，不做损害对方和国家、集体、第三人以及社会公共利益的事情。在工程合同的订立过程中，常常会出现这样的情况，经过招标投标过程，发包人确定了中标人，却不愿与中标人订立合同，而另行与其他承包人订立合同。发包人此行为严重违背了诚实信用原则，按《合同法》规定应承担缔约过失责任。

④ 合法原则。

《合同法》第7条规定："当事人订立、履行合同，应当遵守法律、法规……"所谓合法原则，主要是指在合同法律关系中，合同主体、合同的订立形式、订立合同的程序、合同的内容、履行合同的方式、对变更或者解除合同权利的行使等都必须符合我国的法律、行政法规。在实践中，有些工程合同常常因为违反法律、行政法规的强制性规定而无效或部分无效，如：没有从事建筑经营活动资格而订立的合同；超越资质等级订立的合同；未取得《建筑工程规划许可证》或者违反《建筑工程规划许可证》的规定进行建设，严重影响城市规划的合同；未取得《建筑用地规划许可证》而签订的合同；未依法取得土地使用权而签订的合同；必须招标投标的项目，未办理招标投标手续而签订的合同；根据无效中标结果所订立的合同；非法转包合同；不符合分包条件而分包的合同；违法带资、垫资施工的合同等。

2）订立合同的形式和程序

① 合同订立的形式。

《合同法》第10条规定："当事人订合同，有书面形式、口头形式和其他形式。法律、行政法规规定采用书面形式的，应当采用书面形式。当事人约定采用书面形式的，应当采用书面形式。"书面形式是指合同书、信件和数据电文（包括电报、电传、传真、电子数据交换和电子邮件）等可以有形地表现所载内容的形式。

工程合同由于涉及面广、内容复杂、建设周期长、标的金额大。《合同法》第270条规定："工程施工合同应当采用书面形式。"

② 订立合同的程序。

《合同法》第13条规定："当事人订立合同，采取要约、承诺方式。"

a. 要约。

要约是希望和他人订立合同的意思表示，该意思表示应当符合以下规定：内容具体、确定；表明经受要约人承诺，要约人即受该意思表示约束。

要约邀请不同于要约，要约邀请是希望他人向自己发出要约的意思表示。寄送的价目表、拍卖公告、招标公告、招股说明书、商业广告等为要约邀请。但是商业广告的内容符合要约规定的，视为要约。

要约可以撤回或撤销。撤回要约的通知应当在要约到达受要约人之前或者与要约同时到达受要约人。撤销要约的通知应当在受要约人发出承诺通知之前到达受要约人。但是有以下情形之一的，要约不得撤销：要约人确定了承诺期限或者以其他形式明示要约不可撤销；受要约人有理由认为要约是不可撤销的，并已经为履行合同做了准备工作。

有以下情形之一的，要约失效：拒绝要约的通知到达要约人；要约人依法撤销要约；承诺期限届满，受要约人未作出承诺；受要约人对要约的内容作出实质性变更。

b. 承诺。

承诺是受要约人同意要约的意思表示。承诺应当具备的条件：承诺必须由受要约人或其代理人作出；承诺的内容与要约的内容应当一致；承诺要在要约的有效期内作出；承诺要送达要约人。

承诺可以撤回但是不能撤销。承诺通知到达受要约人时生效。不需要通知的，根据交易习惯或者要约的要求作出承诺的行为时生效。承诺生效时，合同成立。

根据《招标投标法》对招标、投标的规定，招标、投标、中标实质上是要约、承诺的一种具体方式。招标人通过媒体发布招标公告，或向符合条件的投标人发出招标文件，为要约邀请；投标人根据招标文件内容在约定的期限内向招标人提交投标文件为要约；招标人通过评标确定中标人，发出中标通知书为承诺；招标人和中标人按照中标通知书、招标文件和中标人的投标文件等订立书面合同时，合同成立并生效。

③ 工程合同的文件组成及主要条款

A. 工程合同文件的组成及解释顺序

不需要通过招标投标方式订立的工程合同，合同文件常常就是一份合同或协议书，最多在正式的合同或协议书后附上一些附件，并说明附件与合同或协议书具有同等的效力。

通过招标投标方式订立的工程合同，因经过招标、投标、开标、评标、中标等一系列过程，合同文件不单单是一份协议书，而通常由以下文件组成：

A）本合同协议书；

B）中标通知书；

C）投标书及其附件；

D）本合同专用条款；

E）本合同通用条款；

F）标准、规范及有关技术文件；

G）图纸；

H）工程量清单；

I）工程报价书或预算书。

当上述文件前后矛盾或表达不一致时，以在前的文件为准。

B. 合同的主要条款

《合同法》第12条规定：合同的内容由当事人约定，一般包括以下条款：当事人的名称或姓名和住所，标的，数量，质量，价款或者报酬；履行期限、地点和方式；违约责任；解决争议的方法。

工程施工合同应当具备的主要合同条款如下：

A）承包范围。

建筑安装工程通常分为基础工程（含桩基础工程）、土建工程、安装工程、装饰工程，合同应明确哪些内容属于承包人的承包范围，哪些内容由发包人另行发包。

B）工期。

承发包双方在确定工期的时候，应当以国家工期定额为基础，根据承发包双方的具体情况，结合工程的具体特点，确定合理的工期；工期是指自开工日期至竣工日期的期限，双方应对开工日期及竣工日期进行精确的定义，否则，工程实施过程中容易引起纠纷。

C）中间交工工程的开工和竣工时间。

确定中间交工工程的工期，需要与工程合同确定的总工期相一致。

D）工程质量等级。

工程质量等级标准分为不合格、合格、优良。不合格的工程不得交付使用。承发包双方可以约定工程质量等级达到优良或者更高标准，但是，应根据优质优价原则确定合同价款。

E）合同价款。

合同价款又叫做工程造价，通常使用国家或者地方定额的方法进行计算确定。随着市场经济的发展，工程量清单使用的普及，承发包双方可以协商自主定价，而无需执行国家、地方定额。鼓励推行企业内部定额库。

F）施工图纸的交付时间。

施工图纸的交付时间必须满足工程施工的进度要求。为了确保工程质量，严禁随意性的边设计、边施工、边修改的"三边"工程。

G）材料和设备供应责任。

承发包双方需要明确约定哪些材料和设备是由发包人提供的，以及在材料和设备供应方面双方各自的义务和责任。

H）付款和结算。

发包人一般应在工程开工前，支付一定比例的工程备料款（或称预付款），工程开工后按照工程形象进度按月或按季度支付工程款，工程竣工后应及时进行结算，扣除质量保修金后按照合同约定的期限支付尚未支付的剩余工程款。

I）竣工验收。

竣工验收是工程合同的重要条款之一。实践中常常出现发包人为了达到拖欠工程款的目的，迟迟不组织验收或者验而不收，因此承包人在拟定合同条款时应设法预防以上情况的发生，争取主动。

J）质量保修范围和期限。

对建设工程的质量保修范围和保修期限，应当符合《建设工程质量管理条例》的规定。

K）其他条款。

工程合同还包括隐蔽工程验收、安全施工、工程变更、工程分包、合同解除、违约责任、争议解决办法等条款，双方均需在订立合同时明确约定相关条款。

（3）合同审查与分析

1）合同效力的审查与分析

合同效力是指合同依法成立所具有的约束力。《合同法》第八条规定："依法成立的合同，对当事人具有法律约束力。当事人应当按照约定履行自己的义务，不得擅自变更或解除合同。依法成立的合同，受法律保护。"第四十四条规定："依法成立的合同，自成立时生效。法律、行政法规规定应当办理批准、登记等手续生效的，依照其规定。"有效的工程施工合同，有利于建设工程规范、顺利地进行。我国《民法通则》第58条和《合同法》第52条已对无效合同的认定作了规定，主要为：

① 一方以欺诈、胁迫的手段订立合同。

② 恶意串通，损害国家、集体或者第三人利益。

③ 以合法形式掩盖非法目的。

④ 损害社会公共利益。

⑤ 违反法律、行政法规的强制性规定。

⑥ 无行为能力人订立的合同或者限制民事行为能力人依法不能独立订立而独立订立的合同。

⑦ 合同违反国家指令性计划的。

对工程施工合同效力的审查，基本从合同主体、客体、内容三方面加以考察。结合实践情况，现今在工程建设市场上有以下合同无效的情况：

① 没有经营资格而订立的合同。

工程施工合同的签订双方是否有专门从事建筑业务的资格，是合同有效、无效的重要条件之一。

例如，作为发包人的房地产开发企业应有相应的开发资格。《中华人民共和国城市房地产管理法》第二十九条规定："房地产开发企业是以营利为目的，从事房地产开发和经营的企业，设立房地产开发企业，应当具备下列条件：有自己的名称和组织机构；有固定的经营场所；有符合国务院规定的注册资本；有足够的专业技术人员；法律、行政法规规定的其他条件。设立房地产开发企业，应当向工商行政管理部门申请设立登记。工商行政管理部门对符合本法规定条件的，应当予以登记，发给营业执照；对不符合本法规定条件的，不予登记。设立有限责任公司、股份有限公司，从事房地产开发经营的，还应当执行公司法的有关规定。房地产开发企业在领取营业执照后的一个月内，应当到登记机关所在地的县级以上地方人民政府规定的部门备案。"可见房地产开发企业是专门从事房地产开发和经营的企业，如无此经营范围而从事房地产开发并签订工程施工合同的，该合同无效。

同样，作为承包人的勘察、设计、施工单位均应有其经营资格。《建筑法》第十二条规定："从事建筑活动的建筑施工企业、勘察单位、设计单位和工程监理单位，应当具备下列条件：有符合国家规定的注册资本；有与其从事的建筑活动相适应的具有法定执业资格的专业技术人员；有从事相关建筑活动所应有的技术装备；法律、行政法规规定的其他条件。"所以发包人在制作了一系列招标文件并发出招标通知后，就面临选择确定承包人的问题。发包人不但要通过承包人提交的投标文件来了解承包人的意愿，还应该特别注意承包人的主体资格和资质条件，这是承包人是否可以参加招投标的前提条件，更是工程施工合同有效的必要条件，这项工作可以通过审查承包人法人营业执照来解决。

② 缺少相应资质而签订的合同。

建设工程是"百年大计"的不动产产品，而不是一般的产品，因此工程施工合同的主体除了具备可以支配的财产、规定的经营场所和组织机构外，还必须具备与建设工程项目相适应的资质条件，而且也只能在资质证书核定的范围内承接相应的建设工程任务，不得擅自越级或超越规定的范围。

《建筑法》第十三条规定："从事建筑活动的建筑施工企业、勘察单位、设计单位和工程监理单位，按照其拥有的注册资本、专业技术人员、技术装备和已完成的建筑工程业绩等资质条件，划分为不同的资质等级，经资质审查合格，取得相应等级的资质证书后，方可在其资质等级许可的范围内从事建筑活动。"国务院于 2000 年 1 月 30 日发布的《建设工程质量管理条例》第 18 条规定："从事建设工程勘察、设计的单位应当依法取得相应的等级的资质证书，并在其资质等级许可的范围内承揽工程。禁止勘察、设计单位超越其资质等级许可范围或者以其他勘察、设计单位的名义承揽工程。禁止勘察、设计单位允许其他单位或者个人以本单位的名义承揽工程。"第 25 条规定："施工单位应当依法取得相应等级的资质证书，并在其资质等级许可的范围内承揽工程。禁止施工单位超越本单位资质等级许可的业务范围或者以其他施工单位的名义承揽工程。禁止施工单位允许其他单位或者个人以本单位名义承揽工程。施工单位不得转包或者违法分包工程。"第 34 条规定："工程监理单位应当依法取得相应等级的资质证书，并在其资质等级许可的范围内承担工程监理业务。禁止工程监理单位超越本单位资质等级许可的范围或者以其他工程监理单位的名义承担工程监理业务，禁止工程监理单位允许其他单位或者个人以本单位的名义承担工程监理业务。工程监理单位不得转让工程监理业务。"可见，我国法律、行政法规对建筑活动中的承包人必须具备相应资质作了严格的规定，违反此规定签订的合同必然是无效的。

③ 违反法定程序而订立的合同。

如前所述，订立合同由要约与承诺两个阶段构成。在工程施工合同尤其是总承包合同和施工总承包合同的订立中，通常通过招标投标的程序，招标为要约邀请，投标为要约，中标通知书的发出意味着承诺。对通过这一程序缔结的合同，我国2000年1月1日起生效的《招标投标法》有着严格的规定。

首先《招标投标法》对必须进行招投标的项目作了规定，其第三条规定："在中华人民共和国境内进行下列工程建设项目包括项目的勘察、设计、施工、监理以及与工程建设有关的重要设备、材料等的采购，必须进行招标：大型基础设施、公用事业等关系社会公共利益、公众安全的项目；全部或者部分使用国有资金投资或者国家融资的项目；使用国际组织或者外国政府贷款、援助资金的项目。前款所列项目的具体范围和规模标准，由国务院发展计划部门会同国务院有关部门制订，报国务院批准。法律或者国务院对必须进行招标的其他项目的范围有规定的，依照其规定。"第四条规定："任何单位和个人不得将依法必须进行招标的项目化整为零或者以其他任何方式规避招标。"

其次，招投标遵循公平、公正的原则，违反这一原则，也可能导致合同无效。违反这一原则的行为主要有：招标代理机构违法泄露应当保密的与招标投标活动有关的情况和资料；招标代理机构与招标人、投标人串通损害国家利益、社会公共利益或者他人合法权益的；依法必须进行招标的项目的招标人向他人透露已经获取招标文件的潜在的投标人的名称、数量或者可能影响公平竞争的有关招标投标的其他情况的；依法必须进行招标的项目的招标人泄露标底的；依法必须进行招标的项目，招标人违法与投标人就投标价格、投标方案等实质性内容进行谈判的。上述行为均直接导致中标无效，进而构成合同无效。此种情况下，应当依照《招标投标法》规定的中标条件从其余投标人中重新确定中标人或者重新进行招标。

④ 违反关于分包和转包的规定所签订的合同。

我国《建筑法》允许建设工程总承包单位将承包工程中的部分发包给具有相应资质条件的分包单位，但是，除总承包合同中约定的分包外，其他分包必须经建设单位认可。而且属于施工总承包的，建筑工程主体结构的施工必须由总承包单位自行完成。也就是说，未经建设单位认可的分包和施工总承包单位将工程主体结构分包出去所订立的分包合同，都是无效的。此外，将建设工程分包给不具备相应资质条件的单位或分包后将工程再分包的，均是法律禁止的。

《建筑法》及其他法律、法规对转包行为均作了严格禁止。转包，包括承包单位将其承包的全部建筑工程转包、承包单位将其承包的全部建筑工程肢解后以分包的名义分别转包给他人。属于转包性质的合同，也因其违法而无效。

⑤ 其他违反法律和行政法规所订立的合同。

如合同内容违反法律和行政法规，也可能导致整个合同的无效或合同的部分无效。例如，发包人指定承包单位购入的用于工程的建筑材料、构配件，或者指定生产厂、供应商等，此类条款均为无效。又如，发包人与承包人约定的承包人带资垫资的条款，因违反我国《商业银行法》关于企业间借贷应通过银行的规定，亦无效。合同中某一条款的无效，并不必然影响整个合同的有效性。

除了上述的几种合同无效的情况，在实践中，构成合同无效的情况众多，需要有一定法律知识方能判别。所以建议承发包双方将合同审查落实到合同管理机构和专门人员，每一项目的合同文本均须经过经办人员、部门负责人、法律顾问、总经理几道审查，批注具体意见，必要时还应听取财务人员的意见，以期尽量完善合同，确保在谈判时确定己方利益能够得到最大保护。

2）合同内容的审查与分析

合同条款的内容直接关系到合同双方的权利、义务，在工程施工合同签订之前，应当严格审查各项合同内容，其中尤应注意如下内容。

① 确定合理的工期。

对发包人来讲工期过短，则不利于工程质量以及施工过程中建筑半成品的养护；工期过长，则不利于发包人及时收回投资。对承包人而言，应当合理计算自己能否在发包人要求的工期内完成承包任务，否则应当按照合同约定承担逾期竣工的违约责任。作者承办过的某些案例中，承包人并未注意相关约定而贸然起诉，向发包人追索拖欠的工程款，但发包人却利用承包人逾期竣工提出反诉。有时合同中约定的逾期竣工的违约金数目之巨大，使其索赔甚至超过了本诉中请求的工程款的数目。

② 明确双方代表的权限。

合同中通常会明确甲方代表和乙方代表的姓名和职称，但对其作为代表的权限则规定不明。由于代表的行为即代表了发包人和承包人的行为，故有必要对其权力范围以及权利限制作一定约定。例如约定：确认工程量增加、设计变更等事项只需代表签字即发生法律效力，作为双方在施工合同过程中达成的对原合同的补充或修改；而确认工期是否可以顺延则应由甲方代表签字并加盖甲方公章方可生效，此时即对甲方代表的权利作了限制，乙方须明了关于工期顺延问题不仅需要甲方代表的签字，而且需要甲方的公章方可为甲方所认可。

③ 明确工程造价或工程造价的计算方法。

工程造价条款是工程施工合同的必备和关键条款，但通常会发生约定不明或设而不定的情况，往往为日后争议与纠纷的发生埋下隐患。而处理这类纠纷，法院或仲裁机构一般委托有权审价单位鉴定造价，势必使当事人陷入旷日持久的诉累，更何况经审价得出的造价也会因缺少有效计算的依据而缺乏准确性，对维护当事人的合法权益极为不利。

工程造价如何在订立合同时就能明确确定，值得认真研究，尤其是对于"三边"工程。作者提出的决策是设定分阶段决算程序，强化过程控制。具体而言，就是在设定承发包合同时增加工程造价过程控制的内容，按工程形象进度分阶段进行预、决算并确定相应的操作程序，使承、发包合同签约时不确定的工程造价，在合同履行过程中按约定的程序得到确定，从而避免可能出现的造价纠纷。

设定造价过程控制程序需要增加相应的条款，其主要内容为下述一系列的特别约定：

a. 约定发包人按工程形象进度分段提供施工图的期限和发包人组织分段图纸会审的期限。

b. 约定承包人得到分段施工图后提供相应工程预算以及发包人批复同意分段预算的期限。经发包人认可的分段预算是该段工程备料款和进度款的付款依据。

c. 约定承包人按经发包人认可的分段施工图组织设计和分段进度计划组织基础、结构、装修阶段施工。合同规定的分阶段进度计划具有决定合同是否继续履行的直接约束力。

d. 约定承包人完成分阶段工程并经质量检查符合合同约定条件向发包人递交该形象进度阶段的工程决算的期限，以及发包人审核的期限。

e. 约定发包人支付承包人各分阶段预算工程款的比例，以及备料款、进度、工作量增减值和设计变更签证、新型特殊材料差价的分阶段结算方法。

f. 约定全部工程竣工通过验收后承包人递交工程最终决算造价的期限，以及发包人审核是否同意及提出异议的期限和方法。双方约定经发包人提出异议，承包人作出修改、调整后双方能协商一致的，即为工程最终造价。

g. 约定承发包双方对结算工程最终造价有异议时的委托审价机构审价以及该机构审价对双方均具有约束力，双方均承认该机构审定的即为工程最终造价。

h. 约定双方自行审核确定的或由约定审价机构审定的最终造价的支付以及工程保修金的处理方法。

i. 约定结算工程最终造价期间与工程交付使用的相互关系及处理方法，实际交付使用和实际结算完毕之间的期限是否计取利息以及计取的方法。

④ 明确材料和设备的供应。

由于材料、设备的采购和供应引发的纠纷非常多，故必须在合同中明确约定相关条款，包括发包人或承包人所供应或采购的材料、设备的名称、型号、规格、数量、单价、质量要求、运送到达工地的时间、验收标准、运输费用的承担、保管责任、违约责任等。

⑤ 明确工程竣工交付使用。

应当明确约定工程竣工交付的标准。如发包人需要提前竣工，而承包人表示同意的，则应约定由发包人另行支付赶工费用或奖励。因为赶工意味着承包人将投入更多的人力、物力、财力，劳动强度增大，损耗亦增加。

⑥ 明确最低保修年限和合理使用寿命的质量保证。

《建筑法》第六十条、第六十二条以列举的方式列明了建筑工程保修的必要内容，指出了设定保修期限的原则，同时又提出了最低保修期限的概念："建筑物在合理使用寿命内，必须确保地基基础工程和主体结构的质量。建筑工程竣工时，屋顶、墙面不得留有渗漏、开裂等质量缺陷；对已发现的质量缺陷，建筑施工企业应当修复。建筑工程实行质量保修制度。建筑工程的保修范围应当包括地基基础工程、主体结构工程、屋面防水工程和其他土建工程，以及电气管线、上下水管线的安装工程，供热、供冷系统工程等项目；保修的期限应当按照保证建筑物合理寿命年限内正常使用，维护使用者合法权益的原则确定。具体的保修范围和最低保修期限由国务院规定。"《建筑工程质量管理条款》第四十条明确规定："在正常使用条件下，建设工程最低保修期限为：基础设施工程、房屋建筑的地基基础工程和主体结构工程，为设计文件规定的该工程合理使用年限；屋面防水工程、有防水要求的卫生间、房间和外墙面的防渗漏，为 5 年；供热与供冷系统，为 2 个采暖期、供冷期；电气管道、给水排水管道、设备安装和装修工程，为 2 年。其他项目的保修期限由发包方与承包方约定。建设工程的保修期，自竣工验收合格之日起计算。"该工程保修制度的核心和根本出发点是突出强调维护建筑物使用者的合法权益。

根据上述规定，承发包双方应在招标投标时不仅要据此确定上述已列举项目的保修年限，并保证这些项目的保修年限等于或超过上述最低保修年限，而且要对其他保修项目加以列举并确定保修年限。承发包双方在工程竣工验收之前，应参照建设工程施工合同示范文本另行签订具体的保修合同。保修合同应包括如下条款：建设工程的名称和所在地；建设工程竣工和交付时间；分部分项保修工程的验收；保修范围和保修期；保修程序；保修金的设定、使用、结算及返还；双方的权利、义务；保修责任的担保；是否对保修责任购买建设工程质量责任保险或保证保险；违约责任；双方约定的其他事项。

⑦ 明确违约责任。

违约责任条款的订立目的在于促使合同双方严格履行合同义务，防止违约行为的发生。发包人拖欠工程款、承包人不能保证施工质量或不按期竣工，均会给对方以及第三人带来不可估量的损失。审查违约责任条款时：

a. 对双方的违约责任的约定是否全面。在工程施工合同中，双方的义务繁多，有的合同仅对主要的违约责任作了违约责任的约定，而忽视了违反其他非主要义务所应承担的违约责任。但实际上违反这些义务极有可能影响到整个合同的履行。

b. 对违约责任的约定不应笼统化，而应区分情况作出相应约定。有的合同不论违约的具体情况，统而笼之地约定一笔违约金，这无法与因违约造成的损失额相匹配，从而会导致违约金过高或过低的情形，是不妥当的。应当针对不同的情形作出不同的约定，例如质量不符合合同的约定标准应当承担的责任、因工程返修造成工期延长的责任、逾期支付工程款所应承担的责任等，衡量标准均不同。

除对合同每项条款均应仔细审查外，签约主体也是应当注意的问题。合同尾部加盖与合同双方文字名称相一致的公章，并由法定代表人或授权代表人签名或盖章，授权代表的授权委托书应作为合同附件。

3. 工程施工合同范本

（1）建设工程施工合同文件的组成

建设部和国家工商行政管理局 1999 年 12 月印发的《建设工程施工合同（示范文本）》（GF—1999—0201，以下简称《合同示范文本》），是各类公用建筑、民用住宅、工业厂房、交通设施及线路工程施工和设备安装的合同范本。由《协议书》、《通用条款》、《专用条款》三部分组成，并附有三个附件。

1）协议书

合同协议书是建设工程施工合同的总纲性法律文件，经过双方当事人签字盖章后合同即成立。标准化的协议书文字量不大，需要结合承包工程特点填写。主要内容包括：工程概况、工程承包范围、合同工期、质量标准、合同价款、合同生效时间，以及对双方当事人均有约束力的合同文件组成。

建设工程施工合同文件包括：①施工合同协议书；②中标通知书；③投标书及其附件；④施工合同专用条款；⑤施工合同通用条款；⑥标准、规范及有关技术文件；⑦图纸；⑧工程量清单；⑨工程报价单或预算书。

在合同履行过程中，双方有关工程的洽商、变更等书面协议或文件也构成对双方有约束力的合同文件，将其视为协议书的组成部分。

2）通用条款

通用条款是在全面总结国内工程实施中的成功经验和失败教训的基础上，参考 FIDIC 编写的《土木工程施工合同条件》相关内容的规定，编制规范的发包人和承包人双方权利义务的标准化合同条款。通用条款的内容包括：词语定义及合同文件；双方一般权利和义务；施工组织设计和工期；质量与检验；安全施工；合同价款与支付；材料设备供应；工程变更；竣工验收与结算；违约、索赔和争议；其他。

需要注意的是，《建设工程价款结算暂行办法》（财建〔2004〕369 号）第二十八条规定，凡《合同示范文本》内容与本"价款结算办法"不一致之处，以本"价款结算办法"为准。

3）专用条款

考虑到具体实施的建设工程的内容各不相同，工期、造价也随之变动，承包人、发包人各自的能力、施工现场和外部环境条件也各异，通用条款不能完全适用于各个具体工程。为反映发包工程的具体特点和要求，配以专用条款对通用条款进行必要的修改或补充，使通用条款和专用条款成为当事人双方统一意愿的体现。专用条款只为合同当事人提供合同内容的编制指南，具体内容需要当事人根据发包工程的实际情况进行细化。

4）附件

《合同示范文本》为使用者提供了"承包方承揽工程项目一览表"、"发包方供应材料设备一览表"和"房屋建筑工程质量保修书"三个标准化表格形式的附件，如果所发包的工程项目为包工包料承包，则可以不使用"发包方供应材料设备一览表"。

（2）建设工程施工合同中有关造价的条款

1）合同价款及调整

①合同价款。合同价款是按有关规定和协议条款约定的各种取费标准计算、用以支付承包人按照合同要求完成工程内容时的价款。招标工程的合同价款由发包人、承包人依据中标通知书中的中标价格在协议书内约定。非招标工程的合同价款由发包人、承包人依据工程预算书在协议书内约定。合同价款在协议书内约定后，任何一方不得擅自改变。

②合同的计价方式。通用条款中规定了三种可选择的计价方式：固定价格合同、可调价格合同和成本加酬金合同，发包人、承包人可在专用条款内约定采用其中的一种。

a. 固定价格合同。是指在约定的风险范围内价款不再调整的合同。双方需在专用条款内约定合同价款包含的风险范围、风险费用的计算方法以及承包风险范围以外的合同价款调整方法。

b. 可调价格合同。通常用于工期较长的工程。其计价方式与固定价格合同的计价方式基本相同，只是需要增加可调价的条款，双方在专用条款内约定合同价款调整方法。

c. 成本加酬金合同。合同价款包括成本和酬金两部分，双方在专用条款内约定成本构成和酬金的计算方法。

③合同价款的调整因素。在可调价格合同中，合同价款的调整因素包括：

a. 法律、行政法规和国家有关政策变化影响合同价款。

b. 工程造价管理部门公布的价格调整。

c. 一周内非承包人原因停水、停电、停气造成停工累计超过 8 小时。

d. 双方约定的其他因素。

④合同价款的调整。合同双方应根据合同通用条款及价款结算办法的有关规定，进

行合同价款的调整。

2）工程预付款

工程预付款是发包人为了帮助承包人解决工程施工前期资金紧张的困难而提前给付的一笔款项。工程是否实行预付款，取决于工程性质、承包工程量的大小以及发包人在招标文件中的规定。

工程实行预付款的，合同双方应根据合同通用条款及价款结算办法的有关规定，在合同专用条款中约定并履行。

3）工程量的确认

对承包人已完成工程量的核实确认，是发包人支付工程款的前提。通用条款规定，承包人应按专用条款约定的时间，向工程师提交已完工程量的报告。工程师应按照价款结算办法中的有关规定，对已完工程量进行核实。

4）工程款（进度款）支付

发包人应按照价款结算办法的有关规定支付工程款（进度款）。

5）竣工结算

竣工结算报告的递交时限及审查时限，合同专用条款中有约定的从其约定，无约定的按价款结算办法的有关规定执行。

6）质量保修金

承包人应在工程竣工验收之前，与发包人签订质量保修书，作为施工合同的附件。质量保修书的内容包括：质量保修项目内容及范围、质量保修期、质量保修责任、质量保修金的支付方法。

4. 工程施工合同的履约管理

（1）合同履约管理的概念以及原则

1）合同履约概念

合同履约是指工程建设项目的发包方和承包方根据合同规定的时间、地点、方式、内容及标准等要求，各自完成合同义务的行为。

2）建设工程施工合同履行原则

① 实际履行原则。

任何一方违约时，不能以支付违约金或赔偿损失的方式来代替合同的履行，守约一方要求继续履行的，应当继续履行。

② 全面履行原则。

当事人应当严格按合同约定的数量、质量、标准、价格、方式、地点、期限等完成合同义务。

③ 协作履行原则。

合同当事人各方在履行合同过程中，应当互谅、互助，尽可能为对方履行合同义务提供相应的便利条件。

④ 诚实信用原则。

是《合同法》的基本原则。

我国工程施工合同履行的现况：有些工程施工质量达不到合同约定的质量标准，甚至不合格；工期严重拖延；总投资远远超过约定工程造价。一方面建设单位的工程目标很难达到，另一方面施工企业亏损严重。对于施工单位来说进行施工合同履约管理的中心任务就是在全面履行合同义务的基础上，利用合同的正当手段，避免风险，争取尽可能多的经济利益。因此，施工企业进行履约管理的基本原则及要求是：

① 按约履行。

根据《合同法》第269条"建设工程合同是承包人进行工程建设，发包人支付价款的合同"的规定，施工企业履行施工合同的基本义务是进行工程建设：按约定质量施工、竣工、维修、按约定时间竣工、安全施工等。

根据《合同法》第281条"因施工人的原因致使建设工程质量不符合约定的，发包人有权要求施工人在合理期限内无偿修理或者返工、改建。"《合同法》第282条"因承包人的原因致使建设工程在合理使用期限内造成人身和财产损害的，承包人应当承担损害赔偿责任的规定"

根据《建筑法》第39条规定，"建筑施工企业应当在施工现场采取维护安全、防范危险、预防火灾等措施；有条件的，应当在施工现场实行封闭管理"，"施工现场对毗邻的建筑物、构筑物和特殊作业环境可能造成损害的，建筑施工企业应当采取安全防护措施。"第45条规定"施工现场安全由建筑施工企业负责。"

② 以造价管理为中心。

根据《建筑法》第18条规定："建筑工程造价应当按照国家有关规定，由发包单位与承包单位在合同中约定。公开招标发包的，其造价的约定，须遵守招标投标法律的规定。发包单位应当按照合同的约定，及时拨付工程款项。"

以造价管理为中心，施工企业就必须把营建建筑物符合合同标准的质量作为结算和实现合同造价的法定前提。《合同法》第279条规定："建设工程竣工后，发包人应当根据施工图纸及说明书、国家颁布的施工验收规范和质量检验标准及时进行验收。验收合格的，发包人应当按照约定支付价款，并接收该建设工程。"因此，确保工程质量就是实现工程价款及时结算的不可或缺的前提和条件。要依约确认和获得工程造价就必须首先依约确保合同工期。发包人与承包人结算合同造价，必须以承包人确保合同工期作为主要的条件，工期就是造价的一部分，要顺利确认结算造价，必须首先确保合同工期。

要做好施工企业合同管理，还必须抓住两个重要环节。

a. 要加强造价的中间结算。由于合同造价的确认和结算贯穿整个履约过程，而且合同价款包括履约过程中的预付款、进度款和结算款；又由于建筑物的建造都会经过基础、结构和装饰装修等阶段，中间结算就是各个阶段的预结算，是整个合同造价结算的重要环节和总体强化造价结算的关键，抓住并强化中间结算，就是抓住并强化了造价管理。

b. 必须勤于索赔、精于索赔。低中标、勤索赔、高结算同样是承包工程的国际惯例。必须把索赔作为合同造价履约管理最重要的工作，从某种意义上说以造价为中心就是以索赔为中心，造价管理就是索赔管理，尤其是在签订合同时难以确定合同造价的，履约过程中的中间预、结算和变更、增加款项，都只能通过扎实的有效的索赔才能实现。

③ 敢于和善于运用法定权利，包括三大抗辩权、法定解除权、撤销权、代位权、法定抵押权。

《合同法》第66条至第69条规定了双务合同的三大抗辩权，即同时履行抗辩权、后履行抗辩权、不安抗辩权。三者相互补充，形成一个完整的整体，共同保护合同履行中的公平与正义，使当事人的利益同时得到有效的保护。

《合同法》第 94 条规定有下列情形之一的，当事人可以解除合同：

a. 因不可抗力致使不能实现合同目的。不可抗力包括某些自然现象或者某些社会现象。作为不可抗力事件的法律后果，可以免除一方当事人未履行合同义务的责任，双方当事人都可以要求解除合同。

b. 在履行期限届满之前，当事人一方明确表示或者以自己的行为表明不履行主要债务。

c. 当事人一方迟延履行主要债务，经催告后在合理期限内仍未履行。例如，在建设工程施工合同中，发包人长期不能支付双方约定的预付工程款、工程进度款等款项，承包人多次催告并给予了宽限期，对方仍不能履行义务时，承包人可以依据本条解除合同，由违约方承担赔偿责任。

d. 当事人一方迟延履行债务或者有其他违约行为致使不能实现合同目的。此规定是指合同义务方必须在特定时间或者特定期限内履行完毕，一旦该方当事人迟延履行债务，合同的目的就无从实现，在这种情况下对方当事人无需催告就可以解除合同。

e. 法律规定的其他情形。例如，《合同法》第 95 条是关于解除权行使期的规定，第 96 条是关于解除合同程序的规定，第 97 条是关于合同解除效力的规定。

《合同法》第 73 条规定："因债务人怠于行使其到期债权，对债权人造成损害的，债权人可以向人民法院请求以自己的名义代位行使债务人的债权，但该债权专属于债务人自身的除外。代位权的行使范围以债权人的债权为限。债权人行使代位权的必要费用，由债务人负担。"第 74 条规定："因债务人放弃其到期债权或者无偿转让财产，对债权人造成损害的，债权人可以请求人民法院撤销债务人的行为。债务人以明显不合理的低价转让财产，对债权人造成损害，并且受让人知道该情形的，债权人也可以请求人民法院撤销债务人的行为。撤销权的行使范围以债权人的债权为限。债权人行使撤销权的必要费用，由债务人负担。"这两条确定了合同的保全制度。合同保全的目的在于：巩固债权人的权利；有助于治理我国三角债、多角债的顽症；防止和制止合同的诈骗行为。该制度的设立，对我国市场经济的安全运转具有重要意义。

《合同法》第 286 条规定："发包人未按照约定支付价款的，承包人可以催告发包人在合理期限内支付价款。发包人逾期不支付的，除按照建设工程的性质不宜折价、拍卖的以外，承包人可以与发包人协议将该工程折价，也可以申请人民法院将该工程依法拍卖。建设工程的价款就该工程折价或者拍卖的价款优先受偿。"这是针对施工企业工程款被严重拖欠的局面作出的切实解决的规定，赋予了被拖欠款的施工企业以法定的、优先于协议抵押权人的优先受偿权。准确理解并依法行使此项优先受偿权，可以有效保护施工企业的合法权益。

(2) 建设工程施工合同条款分析

1) 建设工程施工合同条款分析的概念

从执行的角度，是指分析、补充、解释施工合同，将施工合同目标和合同约定落实到合同实施的具体问题上和具体事件上，用以指导具体工作，使合同能符合日常工程管理的需要，使工程按合同要求施工、竣工和维修。

从项目管理的角度，是指为合同控制确定依据。合同分析确定合同控制的目标，并结合项目进度控制、质量控制、投资控制的计划，为合同控制提供相应的合同工作、合同对策、合同措施。

2）建设工程施工合同条款分析作用

① 分析合同内容，解释争议内容。在合同实施过程中，一份再标准的合同也难免会有漏洞，合同双方会有许多争执。合同争执常常起因于合同双方对合同条款理解的不一致。要解决这种争执，就必须作合同分析，按合同条文的表达，分析它的意思，以判定争执的性质。要解决争执，双方必须就合同条文的理解达成一致。尤其在索赔中，合同分析为索赔提供了理由和依据。

② 分析合同风险，制定风险对策。在合同实施前有必要对合同中存在的潜在风险作进一步的全面分析，对风险进行确认和界定，具体落实对策和措施。如果不能透彻地分析出风险，就不可能对风险有充分的准备，则在实施中很难进行有效地合同控制和风险管理。

③ 分解合同工作，落实合同责任。合同时间和工程活动的具体要求（比如工期、质量、技术、费用等）、合同方的责任关系、时间和活动之间的逻辑关系极为复杂，要使工程按计划有条理地进行，必须在工程开始前将它们落实下来，从工期、质量、成本、相互关系等各方面定义合同事件和工程活动，这就需要通过合同分析，分解合同工作落实合同责任。

④ 进行合同交底，简化管理工作。在实际工作中，承包人的各职能人员不可能人手一份合同。合同本身条款往往并不是那么直观明了，一些法律语言不容易理解，遇到具体问题，即使查阅合同也很难准确地全面理解。合同实施前的合同分析，则可以由相关合同人员将合同约定用最简单易懂的语言和形式表达出来，对各职能人员有针对性地进行合同交底，使得日常合同管理工作容易、方便。

3）建设工程施工合同条款分析基本要求

① 准确客观。

② 简明清晰。

③ 协调一致。

④ 全面完整。

4）建设工程施工合同条款分析内容

① 编码。

② 事件名称和简要说明。

③ 变更次数和最近一次的变更日期。

④ 事件的内容说明。

⑤ 前提条件。

⑥ 本事件的主要活动。

⑦ 责任人。

⑧ 成本。

5）合同特殊问题的分析和解释

① 漏洞补充。

合同漏洞是指当事人应当约定的合同条款而未约定或者约定不明确、无效或者被撤销而使合同处于不完整的状态。为鼓励交易、节约交易成本，法律要求对合同漏洞应尽量予以补充，使之足够明确、清楚，达到使合同全面适当履行的条件。根据《合同法》第61、62条的规定，补充合同漏洞的方式有：

a. 约定补充。当事人享有订立合同的自由，也就享有补充合同漏洞的自由。根据《合同法》，当事人对于合同的疏漏之处按照合同订立的规则，在平等自愿的基础上另行协商，达成一致意见作为合同的补充协议，并与原合同文件共同构成一份完整的合同。

b. 解释补充。是指以合同的客观内容为基础，依据诚实信用原则并斟酌交易惯例对合同的漏洞作出符合合同目的的填补。解释补充可以按照合同有关条款确定，也可以依据交易习惯确定。

c. 法定补充。是指在由当事人约定补充和解释补充仍不足以补充合同漏洞时，适用《合同法》关于法定补充的规定。根据法律的直接规定，对合同的漏洞加以补充。

质量要求不明确的，按照国家标准、行业标准履行；没有国家标准、行业标准的，按照通常标准或者符合合同目的的特定标准履行。质量等级要求不明确的，最低应当按质量合格的标准进行施工，不允许质量不合格的工程交付使用。如发包人要求质量等级为优质的，承包人可以适时主张优质优价。

价款或者报酬不明确的，按照订立合同时履行地的市场价格履行；依法应当执行政府定价或者政府指导价的，按照规定执行。工程价款不明确的根据国家建设标准定额进行计算。

合同工期不明确的，除国务院另有规定的以外，应当执行各省、市、自治区和国务院主管部门颁发的工期定额，按照工期定额计算得出合同工期。法律暂时没有规定工期定额的特殊工程，合同工期由双方协商，协商不成的，报建设工程所在地的定额管理部门审定。

付款期限不明确的，开工前发包人应当支付进场费及工程备料款；根据承包人的工程进度款申报报表，经审核后应拨付相应的工程进度款，以免影响后续施工；工程竣工后，工程造价一经确认，即应在合理的期限内付清。

履行方式不明确的，按照有利于实现合同目的的方式履行。

履行费用的负担不明确的，由履行义务一方负担。

② 歧义解释。

根据国际惯例，合同文件间的歧义一般按"最后用语规则"进行解释，合同文件内歧义一般按"不利于文件提供者规则"进行解释。

根据《合同法》第125条规定："当事人对合同条款的理解有争议的，应当按照合同所使用的词句、合同的有关条款、合同的目的、交易习惯以及诚实信用原则，确定该条款的真实意思。合同文本采用两种以上文字订立并约定具有同等效力的，对各文本使用的词句推定具有相同含义。各文本使用的词句不一致的，应当根据合同的目的予以解释。"

合同解释的原则有：

a. 以合同文义为出发点，客观主义结合主观主义原则。

确定合同词句含义的一般规则是，从通常的意义上揭示其涵义，无论当事人任何一方的理解到底是什么。对当事人签订合同时采用的含义，有主观主义和客观主义之分。客观主义原则要求法官以一个普通的、理性的社会成员的身份，置身于合同缔结的情境中，探究合同用语的含义以解释合同。但在合同因欺诈、胁迫、乘人之危、错误等原因致使当事人意思表示不自由、不真实时，应采取主观主义原则，充分考虑当事人的内心真意。

b. 整体解释原则。

要求将争议的合同条款视为合同的一个有机组成部分，从该合同条款、整个合同中的位置等方面阐释合同用语的含义。该方法要求：其一，在合同中一般应坚持概念用语的意义的统一性。其二，不能仅限于正式的合同文本，而应与合同有关的合同草案、谈判记录、信件、电报、电传等与合同有关的文件放在一起进行合同解释。

c. 参照交易习惯原则。

是指在合同文字或条款的含义发生歧义时，按照交易习惯予以明确或补充。运用交易习惯进行合同解释时，应遵循的原则：必须是双方均知悉该交易时方可参照交易习惯；交易习惯是双方已经知道或者应当知道而没有明确排斥者；交易习惯依其范围可分为一般习惯和特殊习惯以及当事人之间的习惯。

d. 诚实信用原则。

在合同解释中主要体现为探究当事人的真意，调和自由与公平，充分平衡双方当事人的利益，具体而言，这要求合同解释的结果不得显失公平，双方的利益大致是平衡的。

e. 符合合同目的的原则。

符合合同可以用来印证文义解释、体系解释、交易习惯的解释是正确的，或在出现无数个正确解释结果时决定各解释结果的取舍。尽管本条没有规定，合同条款可以作两种以上的解释时，应当以符合合同目的的解释为准。一般而言，依据诚实信用原则，符合目地解释原则有决定解释结果的效力。

合同条文的解释必须有统一性和同一性。在承包人的施工组织中，合同解释权必须归合同管理人员。如果在合同实施前不对合同进行分析和统一的解释，而让各人在执行中翻阅合同文本，很容易造成解释不统一和工程实施中的混乱情况。尤其对于复杂的合同，或承包人不熟悉的合同条件，以及各方面合同关系比较复杂的工程，此项工作更加重要。

(3) 建设工程施工合同实施控制

要完成目标就必须要对其实施有效的控制。控制是项目管理的重要职能之一。所谓控制就是行为主体为保证在变化的条件下实现其目标，按照实现拟定的计划和标准，通过各种方法，对被控制对象实施中发生的各种实际值和计划值进行对比、检查、监督、引导和纠正，以保证计划目标得以实现的管理活动。

工程施工合同定义了承包人项目管理的主要目标，如进度目标、质量目标、成本目标、安全目标等。这些目标必须通过具体的工程活动实现。由于在工程施工中各种干扰的作用，常常使工程实施过程偏离总目标。对整个项目实施控制就是为了保证工程实施按预定的计划进行，顺利实现预定的目标。一般来讲，工程项目实施控制包括成本控制、质量控制、进度控制、合同控制。

合同控制是指承包人的合同管理组织为保证合同所约定的各项义务的全面完成及各项权利的实现，以合同分析的成果为基准，对整个合同实施过程的全面监督、检查、对比、引导及纠正的管理活动。

成本、质量、工期是合同定义的三大目标。承包人的最根本的合同责任就是达到这三大目标，所以合同控制是其他控制的保证。通过合同控制可以使质量控制、进度控制、成本控制协调一致，形成一个有序的项目管理过程。

承包人的合同控制不仅包括与发包人之间的工程承包合同，还包括与总合同相关的其他合同，如分包合同、供应合同、运输合同、租赁合同、担保合同等，而且还包括总合同与各分合同、各分合同之间的协调控制。

1）合同控制方法

可以分为两大类，即主动控制和被动控制。

① 主动控制。

主动控制是指预先分析目标偏离的可能性，并拟订和采取各项预防性措施，以保证计划目标得以实现。主动控制的措施一般如下：

a. 详细调查并分析外部环境条件，以确定影响目标实现和计划运行的各种有利和不利因素，并将它们考虑到计划和其他管理职能当中。

b. 识别风险，努力将各种影响目标实现和计划执行的潜在因素揭示出来，为风险分析和管理提供依据，并在计划实施过程中做好风险管理工作。

c. 用科学的方法制订计划，做好计划可行性分析，消除那些造成资源不可行、技术不可行、经济不可行和财务不可行的各种错误和缺陷，保障工程的实施能够有足够的时间、空间、人力、物力和财力，并在此基础上力求计划优化。

d. 高质量地做好组织工作，使组织与目标和计划高度一致，把目标控制的任务与管理职能落实到适当的机构和人员，做到职权与职责明确，使全体成员能通力协作，为共同实现目标而努力。

e. 制定必要的应急备用方案，以应对可能出现的影响目标或计划实现的情况。一旦发生这些情况，则有应急措施作为保障，从而减少偏离量或避免发生偏离。

f. 计划应有适当的松弛度，即计划应留有余地，这样可以避免那些经常发生又不可避免的干扰对计划的不断影响，减少例外情况发生的数量，使管理人员处于主动地位。

g. 沟通信息流通渠道，加强信息收集、整理和研究工作，为预测工程未来发展提供全面、及时、可靠的信息。

② 被动控制。

被动控制是控制者从计划的实际输出中发现偏差，对偏差采取措施及时纠正的控制方式。因此要求管理人员对计划的实施进行跟踪，把它输出的工程信息进行加工、整理，再传递到控制部门，使控制人员从中发现问题，找出偏差，寻求并确定解决问题和纠正偏差。被动控制实际上是在项目实施过程中，事后检查过程中发现问题及时处理的一种控制，因此仍为一种积极的控制，并且是十分重要的控制方式。

被动控制的措施一般有：

a. 应用现代化方法、手段、仪器跟踪、测试、检查项目实施过程的数据，发现异常情况及时采取措施。

b. 建立项目实施过程中人员控制组织，明确控制责任，检查发现情况及时处理。

c. 建立有效的信息反馈系统，及时将偏离计划目标值进行反馈，以使其及时采取措施。

主动控制与被动控制对承包人进行项目管理是缺一不可的，它们是实现项目目标所必须采取的控制方式。有效的控制是将主动控制与被动控制紧密地结合起来，力求加大主动控制在控制过程中的比例，同时进行定期、连续的被动控制。

2）合同控制的日常工作

① 参与落实计划。

② 协调各方关系。

③ 指导合同工作。

④ 参与其他项目控制工作。

⑤ 合同实施情况的追踪、偏差分析及参与处理。

⑥ 负责工程变更管理。

⑦ 负责工程索赔管理。

⑧ 负责工程文档管理。

⑨ 参与争议处理。

3）合同实施情况追踪

在工程实施过程中，由于实际情况千变万化，导致合同实施与预定目标的偏差。如果不及时采取措施，这种偏差常常由小变大，逐渐积累，这就需要对合同实施情况进行追踪，以便尽早发现偏离。

① 合同实施情况追踪时，判断实际情况与计划情况是否存在偏差的依据主要有：

a. 合同和合同分析的结果。比如，各种计划、方案、合同变更文件等。它们是比较的基础，是合同实施的目标和方向。

b. 各种实际的工程文件。比如，原始记录、各种工程报表、报告、验收结果、量方结果等。

c. 工程管理人员每天对现场情况的直观了解。比如，通过施工现场的巡视、与各种人谈话、召集小组会议、检查工程质量、量方，通过报表、报告等。

② 合同实施情况追踪的对象主要包括：

a. 具体的合同事件。

b. 工程小组或分包商的工程和工作。

c. 业主和工程师的工作。

d. 工程总的实施状况。

4）合同实施情况偏差分析

合同实施情况偏差表明工程实施偏离了工程目标，应加以分析调整，否则这种差异会逐渐积累，越来越大，最终导致工程实施远离目标，使承包人或合同双方受到很大的损失，甚至可能导致工程失败。合同实施情况偏差分析是指在合同实施情况追踪的基础上，评价合同实施情况及其偏差，预测偏差的影响及发展的趋势，并分析偏差产生的原因，以便对该偏差采取调整措施。

合同实施情况偏差分析的内容包括：

① 合同执行差异的原因分析。

② 合同差异责任分析。

③ 合同实施趋向预测。

5）合同实施情况偏差处理

根据合同实施情况偏差分析的结果，承包人应采取相应的调整措施：

① 组织措施。比如增加人员的投入，重排计划或者调整计划，派遣得力的管理人员等。

② 技术措施。比如变更技术方案，采用新的更高效率的施工方案。

③ 经济措施。比如增加投入，进行经济激励方案等。

④ 合同措施。比如进行合同变更，签订新的补充协议、备忘录，通过索赔解决费用超支问题等。

（4）建设工程施工中工程变更管理

1）变更的概念

工程变更一般是指在工程施工过程中，根据合同的约定对施工的程序、工程的数量、质量要求及标准等作出的变更。工程变更是一种特殊的合同变更。

合同变更是指合同成立以后，履行完毕以前由双方当事人依法对原合同的内容所进行的修改。合同变更是针对合同内容的局部而非全部所进行的调整、修改和补充。合同变更不包括标的的变化，否则，会产生新的债权债务关系。

2）工程变更的原因

合同内容频繁的变更是工程合同的特点之一。合同变更的次数、范围和影响的大小与该工程招标文件的完备性、技术设计的正确性，以及实施方案和实施计划的科学性直接相关。合同变更一般包括以下几方面的原因：

① 业主有新的意图，业主修改项目总计划、削减预算，业主要求变化。

② 由于设计人员、工程师、承包人事先没能很好地理解业主的意图，或设计的错误，导致的图纸修改。

③ 工程环境的变化，预定的工程条件改变原设计、实施方案或实施计划，或由于业主指令及业主责任的原因造成承包商施工方案的变更。

④ 由于产生新的技术和知识，有必要改变原设计、实施方案或实施计划，或由于业主指令及业主责任的原因造成承包人施工方案的变更。

⑤ 国家计划变化、环境保护要求、城市规划变动等政府部门对建筑项目有新的要求。

工程变更对合同实施影响很大，主要表现在以下几方面：

① 导致设计图纸、成本计划和支付计划、工期计划、施工方案、技术说明和适用的规范等定义工程目标和工程实施情况的各种文件作相应的修改和变更，相关的其他计划也应作出相应的调整。所以不仅引起与承包合同平行的其他合同的变化，而且会引起所属的各个分合同的变更。有些重大变更会打乱原有的施工部署。

② 引起合同双方、承包人之间、总承包人和分包人之间合同责任的变化。

③ 有些工程变更还会引起已完工程的返工、现场工程施工的停滞、施工秩序打乱、已购材料的损失等。

3）工程变更的范围

① 合同中所列出的工程项目中任何工程量的增加或减少。

② 取消合同中任何部分的工程细目的工作，被取消的工作是由业主或其他承包人实施的除外。

③ 改变合同中任何工作的性质、质量及种类。

④ 改变工程任何部分的标高、线形、位置和尺寸。

⑤ 为完成本工程所必须的任何种类的附加工作。

⑥ 改变本工程任何部分的任何规定的施工时间安排等，有关施工顺序和时间安排，也一定是在规范里有所规定。

4）工程变更的程序

① 工程变更的提出。

a. 承包人提出的工程变更。

b. 业主提出的工程变更。

c. 工程师提出的工程变更。

② 工程变更的批准。

由承包人提出的工程变更应交与工程师并批准。由业主提出的工程变更，一般由工程师代为发出。

工程变更审批的一般原则应为：

首先，考虑工程变更对工程进展是否有利；

第二，要考虑工程变更可以节约工程成本；

第三，应考虑工程变更是兼顾业主、承包人或工程项目之外其他第三方的利益，不能因工程变更而损害任何一方的正当权益；

第四，必须保证变更工程符合本工程的技术标准；

第五，为工程受阻，比如遭遇特殊风险、人为因素、合同当事人一方违约等不得不变更工程。

③ 工程变更指令的发出及执行。

④ 工程变更价款的确定：

a. 合同中已有适用于变更工程的价格，按合同已有的价格变更合同价款；

b. 合同中只有类似于变更工程的价格，可以参照类似价格变更合同价款；

c. 合同中没有适用或类似于变更工程的价格，由承包人提出适当的变更价格，经工程师确认后执行。

5）工程变更的管理

① 注意对工程变更条款的合同分析。

对工程变更条款的合同分析应特别注意：工程变更不能超过合同规定的工程范围，如果超过这个范围，承包人有权不执行变更或坚持先商定价格后再进行变更。业主和工程师的认可权必须限制。业主往往通过工程师对材料的认可权提高材料的质量标准、对设计的认可权提高设计质量标准、对施工工艺的认可权提高施工质量标准。如果合同条文规定比较含糊或设计不详细，则容易产生争执。但是如果这种认可权超过合同明确规定的范围和标准，承包人应争取业主或工程师的书面确认，进而提出工期和费用索赔。

同时与业主及其他分包之间的任何书面信件、报告、指令等都应经合同管理人员进行技术和法律方面的审查，这样才能保证任何变更都能在控制中，不会出现合同上的问题。

② 促成工程师提前作出工程变更。

在实际工作中，变更决策时间过长和变更程序太慢会造成很大的损失。一种是施工停止，承包人等待变更指令；一种是变更指令不能迅速作出，而现场继续施工，造成更大的返工损失。这就要求变更程序尽量快捷，尽可能促使工程师提前作出工程变更。

在实际施工中如果发现图纸错误或其他问题，需进行变更，首先应通知工程师，经工程师同意或通过变更程序进行变更，否则承包人不仅得不到应有的补偿反而会带来麻烦。

③ 对工程师发出的工程变更应进行识别。

对已经收到的变更指令，特别对重大的变更指令或在图纸上作出的修改意见，应予以核实。对超出工程师权限范围的变更，应要求工程师出具业主的书面批准文件。对涉及双方责权利关系的重大变更，必须要有业主的书面指令、认可或双方签署的变更协议。

④ 迅速、全面落实变更指令。

变更指令作出后，承包人应迅速、全面、系统地落实变更指令。承包人应全面修改相关的各种文件，比如有关图纸、规范、施工计划、采购计划等，使得它们一致反映和包容最新的变更。

合同变更指令应立即在工程实施中贯彻并体现出来。在实际工程中，由于合同变更与合同签订不一样，没有一个合理的计划期，变更时间紧，难以详细地计划和分析，使责任落实不全面，容易造成计划、安排、协调方面的漏洞，引起混乱，导致损失。而这个损失往往被认为是承包人管理失误造成的，难以得到补偿。因此承包人应特别注意工程变更的实施。

⑤ 分析工程变更的影响。

合同变更是索赔机会，应在合同规定的索赔有效期内完成对它的索赔处理。在合同变更过程中就应记录、收集、整理所涉及的各种文件，如图纸、各种计划、技术说明、规范和业主或工程师的变更指令，以作出进一步分析的依据和索赔的证据。在实际工作中，合同变更前最好事先就能就价款及工程的谈判达成一致后再进行合同变更。但事实上工程变更的实施、价格谈判和业主批准三者之间存在时间上的矛盾性。所以应特别注意这样的情况，工程师先发出变更指令要求承包人执行，但价格谈判及工期谈判迟迟不能达成一致，或业主对承包人的补偿要求不批准，此时承包人应采取适当的措施来保护自身的利益。对此可采取如下措施：

a. 控制（或拖延）施工进度，等待变更谈判结果，这样不仅损失较小，而且谈判回旋余地较大。

b. 争取按承包人的实际费用支出计算费用补偿，如采取成本加酬金方法，这样避免价格谈判中的争执。

c. 应有完整的变更实施记录和照片，请业主、工程师签字，为索赔做好充分准备。

5. 工程施工合同的争议及其处理

发包人、承包人在履行合同时发生争议，可以和解或者要求有关主管部门调解。当事人不愿和解、调解或者和解、调解不成的，双方可以在专用条款内约定以下一种方式解决争议：

第一种解决方式：双方达成仲裁协议，向约定的仲裁委员会申请仲裁。

第二种解决方式：向有管辖权的人民法院起诉。

发生争议后，在一般情况下，双方都应继续履行合同，保持施工连续，保护好已完工程。当出现下列情况时，可停止履行合同：

① 单方违约导致合同确已无法履行，双方协议停止施工。

② 调解要求停止施工，且为双方接受。

③ 仲裁机构要求停止施工。

④法院要求停止施工。

四、建设工程总承包合同管理

EPC（设计—采购—施工）总承包是最典型和最全面的工程总承包方式，业主仅面对一家承包商，由该承包商负责一个完整工程的设计、施工、设备供应等工作。EPC 总承包商还可将承包范围内的一些设计、施工或设备供应等工作分包给相应的分包单位去完成，自己负责进行相应的管理工作。

1. EPC 承包合同的订立

（1）合同的订立过程

1）招标。业主在工程项目立项后即开始招标。业主通常需要委托工程咨询公司按照项目任务书起草招标文件。招标文件的内容包括：投标人须知、合同条件、业主要求和投标书格式等文件。

"业主要求"作为合同文件的组成部分，是承包商报价和工程实施的最重要依据。"业主要求"主要包括业主对工程项目目标、合同工作范围、设计和其他技术标准、进度计划的说明，以及对承包商实施方案的具体要求。

2）投标。承包商根据招标文件提出投标文件。投标文件一般包括：投标书、承包商的项目建议书（通常包括工程总体目标和范围的描述、工程的方案设计和实施计划、项目管理组织计划等）、工程估价文件等。

3）签订合同。业主确定中标后，通过合同谈判达成一致后便与承包商签订 EPC 承包合同。

（2）合同文件的组成

EPC 总承包合同文件包括的内容及执行的优先次序如下：

1）合同协议书；

2）合同专用条件；

3）合同通用条件；

4）业主要求；

5）投标书。是指包含在合同中的由承包商提交并被中标函接受的工程报价书及其附件；

6）作为合同文件组成部分的可能还有：①与投标书同时提交，作为合同文件组成部分的数据资料，如工程量清单、数据、费率或价格等。②付款计划表或作为付款申请组成部分的报表。③与投标书同时递交的方案设计文件等。

2. EPC 合同的履行管理

（1）业主的主要权利和义务

1）选择和任命业主代表。业主代表由业主在合同中指定或按照合同约定任命。业主代表的地位和作用类似于施工合同中的工程师。业主代表负责管理工程，下达指令，行使业主的权利。除非合同条件中明确说明，业主代表无权修改合同、解除合同规定的承包商的任何权利和义务。

2）负责工程勘察。业主应按合同规定的日期，向承包商提供工程勘察所取得的现场水文及地表以下的资料。除合同明确规定业主应负责的情况以外，业主对这些资料的准确性、充分性和完整性不承担责任。在通常情况下，EPC承包合同中不包括地质勘察。即使业主要求承包商承担勘察工作，一般也需要通过签订另一份合同予以解决。

3）工程变更。业主代表有权指令或批准变更。与施工合同相比，总承包工程的变更主要是指经业主指示或批准的对业主要求或工程的改变。对施工文件的修改或对不符合合同的工程进行纠正通常不构成变更。

4）施工文件的审查。业主有权检查与审核承包商的施工文件，包括承包商绘制的竣工图纸。竣工图纸的尺寸、参照系及其他有关细节必须经业主代表认可。

（2）承包商的主要责任

与施工合同相比，总承包合同中承包商的工程责任更大。

1）设计责任。承包商应使自己的设计人员和设计分包商符合业主要求中规定的标准。承包商应完全理解业主要求，并将业主要求中出现的任何错误、失误、缺陷通知业主代表。除合同明确规定业主应负责的部分外，承包商应对业主要求（包括设计标准和计算）的正确性负责。

承包商应以合理的技能进行设计，达到预定的要求，保证工程项目的安全可靠性和经济适用性。

2）承包商文件。承包商文件应足够详细，并经业主代表同意或批准后使用。承包商文件应由承包商保存和照管，直到被业主接收为止。承包商若修改已获批准的承包商文件，应通知业主代表，并提交修改后的文件供其审核。在业主要求不变的情况下，对承包商文件的任何修改不属于工程变更。

3）施工文件。承包商应编制足够详细的施工文件，符合业主代表的要求，并对施工文件的完备性、正确性负责。

4）工程协调。承包商应负责工程的协调，负责与业主要求中指明的其他承包商的协调，负责安排自己及其分包商、业主的其他承包商在现场的工作场所和材料存放地。

5）除非合同专用条件中另有规定，承包商应负责工程需要的所有货物和其他物品的包装、装货、运输、接收、卸货、存储和保护，并及时将任何工程设备或其他主要货物即将运到现场的日期通知业主。

（3）合同价款及其支付

1）合同价款。总承包合同通常为总价合同，支付以总价为基础。如果合同价格要随劳务、货物和其他工程费用的变化进行调整，应在合同专用条件中约定。如果发生任何未预见到的困难和费用，合同价格不予调整。

承包商应支付其为完成合同义务所引起的关税和税收，合同价格不因此类费用变化进行调整，但因法律、行政法规变更的除外。

当然，在总价合同中也可能有按照实际完成的工程量和单价支付的分项，即采用单价计价方式。有关计量和估价方法可以在合同专用条件中约定。

2）合同价格的期中支付。合同价格可以采用按月支付或分期（工程阶段）支付方式。如果采用分期支付方式，合同应包括一份支付表，列明合同价款分期支付的详细情况。

对拟用于工程但尚未运到现场的生产设备和材料，如果根据合同规定承包商有权获得期中付款，则必须具备下列条件之一：

①相关生产设备和材料在工程所在国，并已按业主的指示，标明是业主的财产；

②承包商已向业主提交保险的证据和符合业主要求的与该项付款等额的银行保函。

五、建设工程分包合同管理

建设部和国家工商行政管理局 2003 年印发了《建设工程施工专业分包合同（示范文本）》（GF—2003—0213）和《建设工程施工劳务分包合同（示范文本）》（GF—20032004），可配合《建设工程施工合同（示范文本）》（GF—1999—0201）使用。

1. 建设工程施工专业分包合同管理

（1）专业分包合同的订立

1）专业分包合同的内容。《建设工程施工专业分包合同（示范文本）》借鉴了 FIDIC 编制的《土木工程施工分包合同条件》，内容包括协议书、通用条款和专用条款三部分。通用条款包括：词语定义及合同文件，双方一般权利和义务，工期，质量与安全，合同价款与支付，工程变更，竣工验收及结算，违约、索赔及争议，保障、保险及担保，其他。共 10 部分 38 条。

2）专业分包合同文件的组成。专业分包合同的当事人是承包人和分包人。对承包人和分包人具有约束力的合同由下列文件组成：①合同协议书；②中标通知书（如有时）；③分包人的投标函或报价书；④除总包合同价款之外的总承包合同文件；⑤合同专用条款；⑥合同通用条款；⑦合同工程建设标准、图纸；⑧合同履行过程中承包人、分包人协商一致的其他书面文件。

从合同文件组成来看，专业分包合同（从合同）与主合同（建设工程施工合同）的区别，主要表现在除主合同中承包人向发包人提交的报价书之外，主合同的其他文件也构成专业分包合同的有效文件。

3）承包人的义务。在签订合同过程中，为使分包人合理预计专业分包工程施工中可能承担的风险，以及保证分包工程的施工能够满足主合同的要求顺利进行，承包人应使分包人充分了解其在分包合同中应履行的义务。为此，承包人应提供主合同供分包人查阅。此外，如果分包人提出，承包人应当提供一份不包括报价书的主合同副本或复印件，使分包人全面了解主合同的各项内容。

4）合同价款。合同价款来源于承包人接受的、分包人承诺的投标函或报价书所注明的金额，并在中标函和协议书中进一步明确。承包人将主合同中的部分工作转交给分包人实施，并不是简单地将主合同中该部分的合同价款转移给分包人，因为主合同中分包工程的价格是承包人合理预计风险后，在自己的施工组织方案基础上对发包人进行的报价，而分包人则应根据其对分包工程的理解向承包人报价。此外，承包人在主合同中对该部分的报价，还包括分包管理费。因此，通用条款明确规定，分包合同价款与总包合同相应部分价款无任何连带关系。

分包合同的计价方式，应与主合同中对该部分工程的约定相一致，可以采用固定价格合同、可调价格合同或成本加酬金合同中的一种。

5）合同工期。与合同价款一样，合同工期也来源于分包人投标书中承诺的工期，作为判定分包人是否按期履行合同义务的标准，也应在合同协议书中注明。

（2）专业分包合同的履行管理

1）开工。分包人应当按照协议书约定的日期开工。分包人不能按时开工，应在约定开工日期前5天向承包人提出延期开工要求，并陈述理由。承包人接到请求后的48小时内给予同意或否决的答复，超过规定时间未予答复，则视为同意分包人延期开工的要求。

因非分包人的原因而使分包工程不能按期开工，承包人应以书面形式通知分包人推迟开工日期，并赔偿分包人延期开工造成的损失，合同工期相应顺延。

2）支付管理。分包人在合同约定的时间内，向承包人报送该阶段已完工作的工程量报告。接到分包人的报告后，承包人应首先对照分包合同工程量清单中的工作项目、单价或价格复核取费的合理性和计算的正确性，以核准该阶段应付给分包人的金额。分包工程进度款的内容包括：已完成工程量的实际价值、变更导致的合同价款调整、市场价格浮动的价格调整、获得索赔的价款，以及依据分包合同的约定应扣除的预付款、承包人对分包施工支援的实际应收款项、分包管理费等。承包人计量后，将其列入主合同的支付报表内一并提交工程师。承包人应在专业分包合同约定的时间内支付分包工程款，逾期支付要计算拖期利息。

3）变更管理。承包人接到工程师依据主合同发布的涉及分包工程的变更指令后，以书面确认方式通知分包人。同时，承包人也有权根据工程的实际进展情况自主发布有关变更指令。

承包人执行了工程师发布的变更指令，进行变更工程量计量及对变更工程进行估价时，应请分包人参加，以便合理确定分包人应获得的补偿款额和工期延长时间。承包人依据分包合同单独发布的变更指令大多与主合同没有关系，诸如增加或减少分包合同规定的部分工作内容；为了整个合同工程的顺利实施，改变分包人原定的施工方法、作业程序或时间等。如果工程变更不属于分包人的责任，承包人应给予分包人相应的费用补偿或/和分包合同工期的顺延。如果工期不能顺延，则要考虑支付赶工措施费用。

进行变更工程估价时，应参考分包合同工程量表中相同或类似工作的费率来核定。如果没有可参考项目或表中的价格不适用已变更工程时，应通过协商确定一个公平合理的费用加到分包合同价内。

4）竣工验收。专业分包工程具备竣工验收条件时，分包人应向承包人提供完整的竣工资料和竣工验收报告。若约定由分包人提供竣工图，应按专用条款约定的时间和份数提交。

如果分包工程属于主合同规定的分部移交工程，则在分包人与承包人进行相关的检查和检验后，提请发包人按主合同规定的程序进行竣工验收。根据主合同无需由发包人验收的部分，承包人按照主合同规定的验收程序与分包人共同验收。

无论是发包人组织的验收还是承包人组织的验收，只要验收合格，竣工日期为分包人提交竣工验收报告之日。竣工验收发现存在质量缺陷需要修理、改正的，竣工日期则为分包人提交修复后的竣工报告之日。

2. 建设工程施工劳务分包合同管理

（1）劳务分包合同的订立

1）劳务分包合同的内容。由于劳务工作相对简单，《建设工程施工劳务分包合同（示范文本）》没有采用通用条款和专用条款的形式，只有一个施工劳务合同和三个附件。

① 劳务合同。包括：劳务分包人资质情况，劳务分包工作对象及提供劳务内容，分

包工作期限，质量标准，合同文件及解释顺序，标准规范，总（分）包合同，图纸，项目经理，工程承包人义务，劳务分包人义务，安全施工与检查，安全防护，事故处理，保险，材料、设备供应，劳务报酬，工时及工程量的确认，劳务报酬的中间支付，施工机具、周转材料的供应，施工变更，施工验收，施工配合，劳务报酬最终支付，违约责任，索赔，争议，禁止转包或再分包，不可抗力，文物和地下障碍物，合同解除，合同终止，合同份数，补充条款和合同生效。共35条。

② 附件。为"工程承包人供应材料、设备、构配件计划"、"工程承包人提供施工机具、设备一览表"和"工程承包人提供周转、低值易耗材料一览表"三个标准化格式的表格。

2）劳务分包合同的订立。劳务分包合同的发包方可以是施工合同的承包人或承担专业工程施工的分包人。《建设工程施工劳务分包合同（示范文本）》中的空格之处，经双方当事人协商一致后明确填写即可。主要内容包括：工作内容、质量要求、工期、承包人应向分包人提供的图纸和相关资料、承包人委托分包人采购的低值易耗材料、劳务报酬和支付方法、违约责任的处置方式、最终解决合同争议的方式，以及3个附表等。

（2）劳务分包合同的履行管理

1）施工管理。由于劳务分包人仅负责部分工种的施工任务，因此，承包人负责工程的施工管理，承担主合同规定的义务。承包人负责编制施工组织设计、统一制定各项管理目标，并监督分包人的施工。

劳务分包人应派遣合格的人员上岗施工，遵守安全、环保、文明施工的有关规定，保证施工质量，接受承包人对施工的监督。承包人负责工程的测量定位、沉降观测；劳务分包人按照图纸和承包人的指示施工。

劳务分包人施工完毕，承包人和劳务分包人共同进行验收，无需请工程师参加，也不必等主合同工程全部竣工后再验收。但承包人与发包人按照主合同对隐蔽工程验收和竣工验收时，如果发现劳务分包人的施工质量不合格，劳务分包人应负责无偿修复。全部工程验收合格后（包括劳务分包人工作），劳务分包人对其分包的劳务作业施工质量不再承担责任，质量保修期内的保修责任由承包人承担。

2）劳务报酬。劳务分包合同中，支付劳务分包人报酬的方式可以约定为以下三种之一，须在合同中明确约定：

① 固定劳务报酬方式。在包工不包料承包中，分包工作完成后按承包总价结算。由于劳务分包人不承担施工风险，如果分包合同履行期间出现施工变更，分包人有权获得增加工作量的报酬和工期顺延。反之，由于施工变更导致工作量减少，也应相应减少约定的报酬及减少合同工期。

② 按工时计算劳务报酬方式。承包人依据劳务分包人投入工作的人员和天数支付分包人的劳务报酬。分包人每天应提供当日投入劳务工作的人数报表，由承包人确认后作为支付的依据。

③ 按工程量计算劳务报酬方式。合同中应约定分包工作内容中各项单位工程量的单价。分包人按月（或旬、日）将完成的工程量报送承包人，经过承包人与分包人共同计量确认后，按实际完成的工程量支付报酬。对于分包人未经承包人认可，超出设计图纸范围和由于分包人的原因返工的工程量不予计量。

参 考 文 献

1. 国家标准. 建设工程工程量清单计价规范 GB 50500—2008. 北京：中国计划出版社，2008.
2. 中华人民共和国建设部. 全国统一建筑工程基础定额 GJD—101—95. 1995.
3. 中华人民共和国建设部. 全国统一建筑工程预算工程量计算规则 GJDGZ—101—95. 1995.
4. 中华人民共和国建设部. 建筑工程建筑面积计算规则 GB/T 50353—2005. 北京：中国计划出版社，2005.
5. 何佰洲、刘禹. 工程建设合同与合同管理（第 3 版）. 大连：东北财经大学出版社，2011.
6. 陈代华. 新编建筑工程概预算与定额. 北京：金盾出版社，2003.
7. 刘志才、许程洁、杨晓林. 建筑安装工程概预算与投标报价. 哈尔滨：黑龙江科学技术出版社，1998.
8. 李慧民、贾宏俊等. 建筑工程技术与计量. 北京：计划出版社，2003.
9. 杜少岚、廖远明等. 画法几何及建筑制图. 成都：四川科学技术出版社，1988.
10. 丛培风、孙刚、林毅辉、杨国兴等. 全国统一建筑工程基础定额的应用百例图解. 济南：山东科学技术出版社，2003.
11. 潘全祥. 预算员必读. 北京：中国建筑工业出版社，2005.
12. 潘全祥. 怎样当好预算员. 北京：中国建筑工业出版社，2009.
13. 梁玉成. 建筑识图. 北京：中国环境科学出版社，2002.
14. 张允明、兰剑、曹仕雄等. 工程量清单的编制与投标报价. 北京：中国建材工业出版社，2003.
15. 计富元. 工程量清单计价基础知识与投标报价. 北京：中国建材工业出版社，2005.
16. 袁建新. 袖珍建筑工程造价计算手册. 北京：中国建筑工业出版社，2003.